NEW 生化学
［第2版］

東京大学教授　　　北海道大学教授　　徳島文理大学教授
　　　　　　　　　　　　　　　　昭和大学名誉教授
堅田 利明　　　菅原 一幸　　　富田 基郎

編　集

東京　廣川書店　発行

執筆者一覧（五十音順）

板部　洋之	昭和大学教授
堅田　利明	東京大学教授
北川　裕之	神戸薬科大学教授
小宮山　忠純	新潟薬科大学教授
桜井　光一	北海道薬科大学教授
佐々木　有亮	東北薬科大学教授
新木　敏正	日本薬科大学教授
菅原　一幸	北海道大学教授
高橋　朋子	星薬科大学名誉教授
富田　基郎	徳島文理大学教授・昭和大学名誉教授
中陳　静男	星薬科大学教授
仁田　一雄	東北薬科大学教授
平岡　修	就実大学准教授
藤本　幸男	北海道薬科大学名誉教授
皆川　信子	新潟薬科大学教授
宮澤　宏	徳島文理大学香川薬学部教授
渡辺　渡	九州保健福祉大学教授

序　文

　生化学とは，生命現象を主に化学的な視点から解き明かす学問であるといえよう．生化学の発展によって生物を構成する物質の化学的理解が進み，有機的に統合された化学反応が生命活動の基礎を支え，さらにそれらが細胞から個体に至るまで見事に調和していることが理解できるようになった．近年の分子生物学の成果を内包した広義の生化学的なアプローチによる研究は，生命現象の理解に大きく貢献しており，読者の皆さんも，この素晴らしい発展を遂げた生化学という学問の体系を是非学んで頂きたい．

　生化学の内容は，生体成分の構造・機能と化学反応，さらにそれらの代謝や調節に至るまで広範囲にわたり，また現在も進展を続けている．したがって，その全体像を把握することはなかなか難しいかも知れない．そこで本書においては，それら全てを網羅することを避け，薬学領域に関連の深い事項を扱うという編集方針を基本に据えた．そのため，例えば農学系の学生にとって必要な植物についての細かな事項等は割愛され，ヒトを意識した題材が多く含まれた構成となっている．生化学を初めて学ぶ読者の皆さんは，最初は細かなことをあまり気にせずに，全体的な流れを把握するように心掛けて学習を進めて頂きたい．そして，生命現象にそれらの生体反応や構成成分がなぜ必要か，その理由や合目的性を考えて欲しい．そうすれば，生化学の学問体系が自然と理解しやすくなり，親しみを覚えるはずである．

　本書は，平成14年に日本薬学会が作成した薬学教育モデル・コアカリキュラム［生物系薬学を学ぶ］の「C9：生命をミクロに理解する」に盛り込まれた，細胞を構成する分子，生命情報を担う遺伝子，生命活動を担うタンパク質，生体エネルギー，生理活性分子とシグナル分子，遺伝子を操作するに関わる全ての項目と，それらと関連の深い「C6：生体分子・医薬品を化学で理解する」及び「C8：生命体の成り立ち」の一部をわかりやすく解説している．また，本書の各章の始めに掲げた学習目標は，上記のモデル・コアカリキュラムに現れた一般目標と到達目標を考慮して設定している．本書は，専門分野の研究者が分担執筆しているが，そのレベルについては，薬学系専門課程の学生が理解できるよう心掛けた．本書の出版に際して，執筆者一同はできる限りの努力をしたが，未だ至らぬ点があるものと思われる．読者の皆さんの率直なご意見をお聞かせ頂き，次版では指摘事項に応えてより良い教科書にしたいと考えている．

　なお，本書の出版に当たっては，廣川書店社長の廣川節男氏を始め編集部の皆様に多大なご協力を頂いた．ここに深く感謝の意を表したい．

2006年2月

編　者

目 次

I. 序論：生命のしくみ

- I.1 生物の進化と生物界 …………………………………………………… *3*
- I.2 高等生物を構成する真核細胞の構造と機能 …………………………… *5*

II. 生体成分の構造と機能

- II.1 糖 質 ………………………………………………………………… *15*
    - II.1.1 分 類 *16*
    - II.1.2 立体異性体 *16*
    - II.1.3 単糖類 *17*
    - II.1.4 二糖類 *26*
    - II.1.5 多糖類 *27*
    - II.1.6 動植物の複合糖質 *33*
    - II.1.7 細菌の細胞壁多糖 *41*
    - II.1.8 糖の定性および定量試験法（技能） *44*

- II.2 脂質と生体膜 ………………………………………………………… *49*
    - II.2.1 脂質の分類 *50*
    - II.2.2 細胞膜の構造 *66*

- II.3 核酸とその構成成分 ………………………………………………… *75*
    - II.3.1 核酸の構成成分 *75*
    - II.3.2 ヌクレオシドとヌクレオチド *80*
    - II.3.3 ヌクレオチド関連化合物 *81*

II.3.4 DNAの構造　*85*
II.3.5 RNAの種類と構造　*92*
II.3.6 核酸の性質　*97*
II.3.7 核酸の非酵素的構造変化　*98*

II.4　アミノ酸・ペプチド　*101*
II.4.1 タンパク質を構成するアミノ酸　*102*
II.4.2 タンパク質中に存在しないアミノ酸　*108*
II.4.3 アミノ酸分析　*109*
II.4.4 ペプチド　*110*

II.5　タンパク質　*114*
II.5.1 タンパク質の一般的性質　*115*
II.5.2 タンパク質の立体構造　*118*
II.5.3 タンパク質の種類　*132*
II.5.4 タンパク質研究法　*141*
II.5.5 タンパク質の試験法（定性反応，定量反応）　*159*

II.6　酵　素　*164*
II.6.1 酵素の一般的性質　*165*
II.6.2 酵素の分類　*170*
II.6.3 酵素反応の速度　*171*
II.6.4 酵素反応の阻害　*178*
II.6.5 酵素の反応機構　*183*
II.6.6 いろいろな酵素の形と働き　*188*

II.7　ビタミン　*196*
II.7.1 ビタミンの分類　*196*
II.7.2 水溶性ビタミンと補酵素　*203*
II.7.3 補酵素の関与する酵素反応　*208*
II.7.4 脂溶性ビタミン　*210*

II.8　無機物　*212*
II.8.1 生体内に含まれる無機物群　*212*
II.8.2 無機物の出納　*214*

III. 生体成分の代謝

III.1 エネルギーと生命 ……………………………………………… 225
- III.1.1 自由エネルギー　*225*
- III.1.2 自由エネルギーと化学平衡　*226*
- III.1.3 高エネルギー化合物　*228*

III.2 糖質代謝 ………………………………………………………… 235
- III.2.1 消化と吸収　*235*
- III.2.2 解糖系　*236*
- III.2.3 クエン酸回路（トリカルボン酸（TCA）サイクル）　*246*
- III.2.4 呼吸鎖と酸化的リン酸化　*253*
- III.2.5 ペントースリン酸回路　*269*
- III.2.6 糖質の生合成　*273*

III.3 脂質代謝 ………………………………………………………… 287
- III.3.1 脂肪酸の代謝　*287*
- III.3.2 脂質の全身での運搬　*297*
- III.3.3 コレステロールの生合成と代謝　*301*
- III.3.4 ステロイドホルモン　*306*
- III.3.5 エイコサノイド　*308*

III.4 アミノ酸・タンパク質代謝 …………………………………… 313
- III.4.1 タンパク質の消化，吸収　*314*
- III.4.2 アミノ酸の異化代謝　*316*
- III.4.3 アンモニアの代謝　*320*
- III.4.4 アミノ酸の同化　*325*
- III.4.5 個々のアミノ酸代謝　*331*
- III.4.6 新生タンパク質の修飾と細胞内局在化　*336*
- III.4.7 タンパク質分解　*340*

III.5 ヌクレオチド代謝 ……………………………………………… 344
- III.5.1 プリンヌクレオチドの生合成　*345*

III.5.2 ピリミジンリボヌクレオチドの生合成　347
III.5.3 デオキシリボヌクレオチドの生合成　347
III.5.4 リン酸エステルの脱離と付加経路　349
III.5.5 プリンヌクレオチドの分解　350
III.5.6 ピリミジンヌクレオチドの分解　352
III.5.7 ヌクレオチドの吸収および細胞内への取り込み　353
III.5.8 高エネルギー体としての役割　353

III.6　代謝調節　356

III.6.1 ペプチド性ホルモン　358
III.6.2 アミノ酸誘導体ホルモン　365
III.6.3 ステロイドホルモン　368
III.6.4 細胞外シグナルの分類と作用様式　374
III.6.5 細胞膜受容体　376
III.6.6 細胞内情報因子：セカンドメッセンジャー　381
III.6.7 細胞膜受容体から遺伝子発現に向かうシグナル伝達　386
III.6.8 遺伝子発現を指令する核内受容体　391
III.6.9 サイトカインとシグナル伝達　393

IV　遺伝情報

IV.1　遺伝子と染色体　417

IV.1.1 遺伝子　417
IV.1.2 DNA こそ遺伝子本体　418
IV.1.3 遺伝情報の流れ　423
IV.1.4 DNA の超らせん化　423
IV.1.5 トポイソメラーゼ　425
IV.1.6 染色体とクロマチン　428
IV.1.7 ゲノムの構造　432

IV.2　DNA 代謝　441

IV.2.1 DNA 複製　442
IV.2.2 DNA 修復　454
IV.2.3 DNA 組換え　458

IV.3　遺伝子発現 ……………………………………………………………………………… *464*
    IV.3.1　転　写　*464*
    IV.3.2　翻　訳　*474*

IV.4　組換え DNA 技術と薬学への応用 ……………………………………………… *481*
    IV.4.1　組換え DNA 技術に必要な酵素類　*483*
    IV.4.2　宿主とベクター　*488*
    IV.4.3　遺伝子クローニング　*493*
    IV.4.4　クローニングした遺伝子の解析法　*497*
    IV.4.5　医学・薬学への応用　*511*

索　引 …………………………………………………………………………………………… *519*

I.

序論：生命のしくみ

学習目標

1. 細胞は生命体の最も小さな構成単位であり，外界から取り込んだ物質を代謝してエネルギーを産生し，それ自身で成長し，さらに自己を複製する能力をもつことを理解する．
2. 細胞のもつ様々な機能は DNA に組み込まれており，その変異と選択の蓄積が生物を様々に進化させたことを理解する．
3. 高等動物の細胞は細胞小器官をもつ真核細胞であり，細菌に代表される原核細胞とは異なることを理解する．
4. 真核細胞を特徴づける細胞小器官の構造と機能，および細胞骨格の構成成分を理解し，細胞が組織・器官を構築して個体を形成することを学ぶ．

「生命とは何か」を厳密に定義することは難しいかも知れないが，生命あるものはすべて細胞 cell を基本的な単位としている．細胞は様々な物質を濃厚に含む溶液を，外部の環境から隔離するために膜構造で包み込んだ形状の小さな構成単位である．この細胞の特質は，適当な環境下において，外界から取り込んだ物質を代謝してエネルギーを産生し，それ自身で成長し，さらに分裂して同じものをつくり出す自己複製能力をもっている点にある．このような生命のしくみについて，化学の視点からその分子的基盤を研究しようとする学問が生化学 biochemistry であるといえよう．

I.1 生物の進化と生物界

地球上には，少なくても1千万種以上の生物が存在するといわれているが，ここではまず遺伝と進化の視点から，多様な生物が出現した背景について考えてみよう．近年の生化学・分子生物学による研究から，すべての細胞の機能は遺伝子 gene の中に組み込まれていることが明らかにされた．図 I.1 に細胞が自己複製する様子を模式化したが，遺伝情報は遺伝子を構成するデオキシリボ核酸（DNA），より厳密には DNA を構成している 4 種類のヌクレオチドの並び方（コドン）の中に貯蔵されている．すべての細胞において，遺伝情報は同じ法則に基づいて DNA 内に書き込まれており，本質的に同じ作業装置によって DNA から解読されている．また，細胞が 2 つに分裂して増えていく場合にも，DNA は同じ方法で複製されて娘細胞に渡される（II.3, IV.1〜IV.3 を参照）．

DNA は極めて長い重合体であり，膨大な種類のタンパク質の生産を指令するが，生産されたタンパク質は細胞の構成成分や作業装置として，細胞の様々な機能を担っている．どの細胞でも，タンパク質は同じ 20 種の単位成分（アミノ酸）が連結してつくられているが，その配列は様々

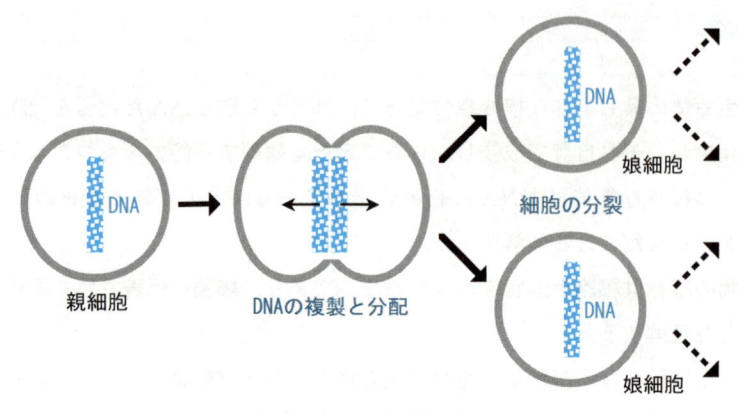

図 I.1　自己を複製する能力をもつ細胞

細胞は適当な環境下で，外界から取り込んだ物質を代謝してエネルギーを産生し，それ自身で成長し，自己を複製する能力をもつ．分裂のたびに，複製された DNA は 2 個の娘細胞に渡され，親細胞と遺伝的に同一な細胞を再生産する．
(薬学生のための細胞生物学，2005，廣川書店を一部改変)

で，それがタンパク質の固有の性質，さらには生物種の違いを決めている (II.4～II.6 を参照)．このように，本質的には同じ法則と作業装置が使われているにもかかわらず，異なる遺伝子から実に多彩な生物が生み出されているのである．

　細胞は DNA を複製して 2 つに分裂し，DNA 内に貯蔵された遺伝情報のコピーを娘細胞に渡すことで増殖する．したがって，子は親に似るが，DNA のコピーづくりはいつも完全とは限らず，時としてエラーを生じる．DNA に生じた変異 mutation は，子孫の生存や繁殖に悪い影響を与えることもあるが，逆に有利な変化を生み出すこともあり得る．生存競争においては，不利なものは絶え，有利なものは生き残りやすく，また中立的なものは影響を与えない．生命の誕生からこの数十億年の間に地球の環境は大きく変化しており，最初に出現した細胞は，外界の環境に徐々に適応しながら多世代にわたって生じた変異を様々に選択し，広範な生物種を地球上に誕生させたと考えられる．このように，生物の進化 evolution は DNA に生じた変異と選択の蓄積にその基本があるといえよう．

　数十億年以上も前に出現した祖先的な細胞は，地球上に現存する全生物のしくみの原型をもっていたと考えられるが，現存する生物種に共通して存在する分子の規則性（ヌクレオチド塩基の配列）の類似度を調べると，生物の間にある類縁関係が見出される．こうした研究から，生物界は，原核生物としての古細菌（アーキア）と真正細菌（バクテリア），そしてヒトを含む真核生物（ユーカリア）の大きな 3 つの部門に分類されることが示された．ヒトに限らず，他の動物，植物や菌類などの多細胞生物はすべて真核生物であり，さらに酵母からアメーバに至る多くの単細胞生物もまた真核生物の仲間である．なお，真核生物の細胞を特徴づける構造と機能については次節で紹介する．

　真正細菌は，細胞の構造とそれらを構成する生体分子の生化学的な特徴から，真核生物とは大

きく異なっている．細菌の中には，コレラ菌や破傷風菌などのように，病気の原因となる病原菌として恐れられているものも多いが，その一方で，多くの細菌はヒトの営みに欠かせない役割を果たしている．例えば，ヨーグルトやチーズ，パンなどの食品は，細菌の助けを借りて生産されており，また，バイオテクノロジーの研究にも細菌が利用され，ホルモンやワクチンの大量生産に役立っている（IV.4 を参照）．

一方，進化上最も古く，また外見上真正細菌と似ている古細菌は，多くの点で真核生物に近い存在であることが明らかになっている．好熱性細菌などに代表される古細菌の特筆すべき特徴は，過酷な環境下においても生息し，自己複製できる能力にある．生化学やバイオテクノロジーの研究者はこうした古細菌のもつ酵素に注目し，その研究成果が食品加工や洗濯洗剤の開発，さらには環境浄化のための技術に利用されている．

細菌よりも下等なウイルスなどは，生命体のカテゴリーには属さないと考えられる．しかしながら，ウイルス粒子は細胞と同じような DNA あるいは RNA 分子とそれらを包む膜様構造をもつ．ウイルスは自分の能力だけではその分身を作り出すことができないが，細胞に感染し，宿主細胞のもつ作業機械（複製装置）を借りてはじめて増えることができる，いわば細胞内寄生者である．ウイルス感染はヒトに後天性免疫不全症候群（エイズ）やいくつかの肝炎をもたらすが，特定の細胞に寄生するというウイルスの特性は，最近では遺伝子治療の場で応用されている（IV.4 を参照）．

I.2 高等生物を構成する真核細胞の構造と機能

生命の最も簡単なかたちは，1 つの細胞からなる細菌のような単細胞生物であるが，ヒトを含む高等動物は，細胞の集合によって組織・器官を構築し，個体を形成した多細胞生物である．個々の細胞は独自の役割を果たしながらも，入り組んだ情報連絡網により機能的に統合されて，細胞の社会を形成している．ヒトを構成する細胞は総数で 50〜100 兆個にも及び，しかも 200 以上の種類からなる．これら高等動物の細胞は真核細胞 eukaryote と呼ばれ，進化上はより古いと考えられる小型の細胞である細菌 bacteria などの原核細胞 prokaryote とは，以下に示すように，形態学的に大きく異なっている．

A 細胞膜（形質膜）

図 I.2 に真核細胞の構造を模式化したが，その内部は細胞質 cytoplasm（または cytosol）と呼ばれるゲル状の物質で満たされた構造で，核をはじめとした様々な細胞小器官（オルガネラ）cell organelle が詰め込まれている．細胞および細胞内器官は，脂質二重層からなる膜系（生体

6　I　序論：生命のしくみ

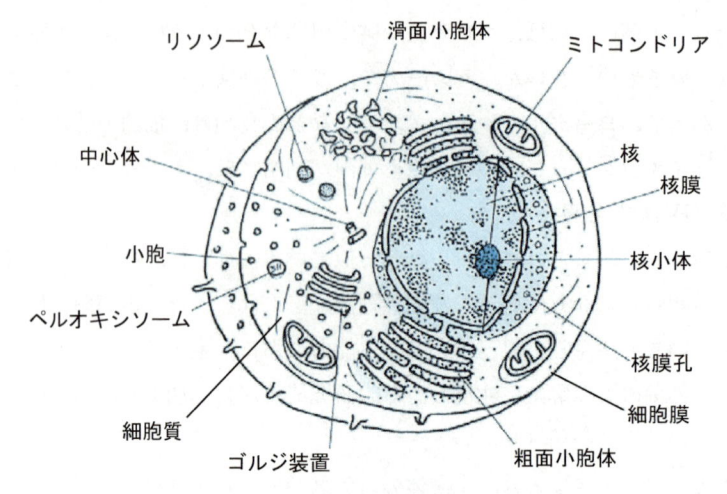

図 I.2　真核細胞（動物細胞）の模式図
図には一般的な動物細胞の構造を模式化したが，植物細胞ではさらに細胞膜の周囲が細胞壁で覆われ，細胞質には葉緑体が存在する．
（薬学生のための細胞生物学，2005，廣川書店を一部改変）

膜）によって外部と仕切られているが，細胞が外界と接する外側の膜を細胞膜（または形質膜）plasma membrane，また細胞小器官（オルガネラ）の膜をオルガネラ膜と呼ぶ．細胞膜は脂質に加えてタンパク質や少量の糖質を含んでおり，外界との隔壁となるだけでなく，物質の選択的透過やホルモンなどの細胞外シグナル分子の受容といった様々な機能を有している（II.2，III.6 を参照）．

　植物の細胞では，細胞膜の周囲が多糖のセルロース繊維からなる細胞壁 cell wall によって覆われている．また，原核細胞にも細胞壁が存在するが，この場合の細胞壁は，ペプチドグリカンと呼ばれる複雑なペプチドや糖を含んだ重合体からなり，細胞の形の維持と機械的障害から細胞を守る役割を果たしている．抗生物質ペニシリンの抗菌作用は，細菌（グラム陽性菌）のもつ細胞壁の合成阻害による．

B　核

　真核細胞における形態学的な特徴の1つは，細胞質に核膜 nuclear envelope に囲まれた明瞭な核 nucleus が存在することである．核膜の内側は核質 nucleoplasm と呼ばれ，遺伝情報を担う重合体分子の DNA が貯蔵されているが，細胞が分裂期に入ると核の構造は消失して，染色体 chromosome が出現する．核内には核小体 nucleolus があり，ここでリボソーム RNA が合成される．リボソーム RNA は細胞質で合成されたタンパク質と会合してリボソーム ribosome と呼ばれる粒子を形成し，細胞質でのタンパク質を合成する装置として働いている（IV.3 を参照）．また，核膜には核膜孔 nuclear pore という円形の穴が開いており，これを介して細胞質と核質

の間で物質の移動が行われている．

　一方，大腸菌などの核構造や他の細胞小器官をもたない原核細胞においても，DNA は遺伝情報を担っているが，その DNA は細胞質に存在し，真核細胞とは違って核膜には包まれていない．なお，eukaryote の言葉はギリシア語で"真の"を意味する *eu* と"核"を意味する *karyon* に由来し，prokaryote の *pro* は"以前"を意味する．

C　ミトコンドリア

　真核細胞に特徴的な別の細胞小器官として，ミトコンドリア mitochondrion がある．図 I.2 と図 I.3(a)に示すように，この器官は 2 層の膜系で包まれた糸状または顆粒状の構造物で，その名前は，ギリシア語で"糸"を意味する *mitos* と"粒"を意味する *chondros* に由来する．細胞質に面する外側の膜を外膜，内側の膜を内膜，内膜で囲まれた内側の部分をマトリックスと呼ぶが，内膜の一部はさらに内側に突出したクリステ crista と呼ばれる構造をつくる．ミトコンドリアは，細胞に取り込まれた栄養源の酸化で得られたエネルギーを利用して，細胞の活動源となるアデノシン三リン酸（ATP）を産生している（III.1～III.5 を参照）．したがって，ミトコンドリアなしでは，動物も植物も栄養源から酸素を用いて十分な ATP を産生することができない．こうして酸素を使って成育する生物を好気性 aerobic 生物と呼ぶが，逆に酸素の存在する環境では生存できない真核生物もあり，それらは嫌気性 anaerobic 生物と呼ばれる．なお，原核生物は嫌気性である場合が多い．ミトコンドリアは独自の DNA を多少ながらもっており，分裂の際に細胞の DNA と同様に複製されて娘細胞のミトコンドリアに渡される．この DNA もタン

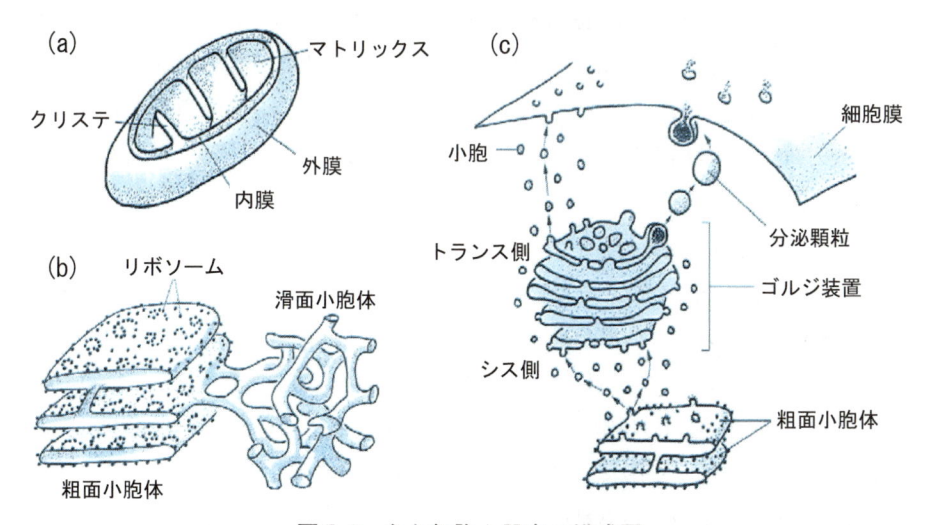

図 I.3　主な細胞小器官の模式図
(a) ミトコンドリア　(b) 小胞体　(c) ゴルジ装置
（薬学生のための細胞生物学，2005，廣川書店を一部改変）

パク質の生産を指令するが，そのしくみや動態はむしろ細菌のDNAに似たところが多い．そのため，ミトコンドリアは，真核細胞の祖先において原核生物の細菌が取り込まれ，宿主の細胞内に共生して進化したものと考えられる．ミトコンドリアのDNAは母親由来であり，母子鑑定などにこのDNAが利用されている．

　植物と藻類の細胞には，ミトコンドリアよりさらに込み入った構造をもつ葉緑体 chloroplast と呼ばれる構造物がある．葉緑体は2層の膜系に加えて，その内部に層状の膜構造をもち，そこにクロロフィル chlorophyll が存在する．葉緑体はこのクロロフィルを使って，光のエネルギーを捕えて栄養素（糖質）を産生することができる．この糖質の産生過程と共役して酸素を放出する機構を，光合成 photosynthesis という．植物細胞も動物細胞と同様に，必要に応じてミトコンドリアで糖質を酸化し，得られた化学エネルギーをATPとして貯蔵するが，葉緑体は，ミトコンドリアが必要とする糖質と酸素の両者を生み出すことができるのである．葉緑体もミトコンドリアと同じように独自のDNAをもち，分裂して複製されるが，この細胞小器官は，ミトコンドリアをすでにもつ初期の真核細胞に光合成細菌が取り込まれて共生し，進化したものと考えられている．

D　小胞体

　真核細胞の細胞質には，図I.2と図I.3(b)に示すように，膜で囲まれた層状あるいは管状の小胞体 endoplasmic reticulum（略してER）と呼ばれる小器官が存在する．英語の endoplasmic は核周辺の細胞質 endoplasm，reticulum は網状構造という意味をもつが，小胞体の一部は核膜とも融合している．小胞体には，細胞質側の表面にリボソーム粒子が付着した粗面小胞体 rough-surfaced endoplasmic reticulum（rER）と，付着していない滑面小胞体 smooth-surfaced endoplasmic reticulum（sER）がある．層状構造である粗面小胞体のリボソームでは，分泌性のタンパク質や細胞膜タンパク質などのシグナル配列をもつタンパク質の合成が行われ，合成したタンパク質を小胞体内に貯えることができる．したがって，タンパク質分泌が盛んな細胞では，粗面小胞体がよく発達している．細胞質には小胞体に結合していない遊離のリボソームも存在し，そこでは細胞質で機能するタンパク質が合成される．

　一方の滑面小胞体は，複雑に分岐した管状の構造であり，一般に脂質の合成やある種の薬物を含む異物代謝の場となるが，その機能は細胞の種類によって異なる．これは小胞体内に組み込まれた酵素の違いによるもので，その酵素タンパク質は滑面小胞体と連続している粗面小胞体で合成される．骨格筋や心筋細胞の小胞体は，筋収縮の引き金となるCa^{2+}の貯蔵場所としても機能しており，筋収縮時の急激な細胞質内Ca^{2+}の上昇は，小胞体からの放出に由来するものである．

　なお，細胞内に存在する各種の小器官は，細胞を破壊した後に連続して遠心分離することで分画することができるが，約$100,000 \times g$で1〜2時間の遠心後に得られる沈殿画分には，小胞体が断片化した粒子が含まれており，これを便宜的にミクロソーム画分と呼んでいる．

E　ゴルジ装置

　ゴルジ装置 Golgi apparatus は，細胞内におけるタンパク質の修飾と選別のために発達した細胞小器官で，その発見者であるイタリアの組織学者 Camillo Golgi の名前に由来する．この細胞小器官は，図 I.2 と図 I.3(c) に示すように，扁平な袋（嚢）状の構造物が幾層にも積み重なった部分とその周囲を取り囲む小胞からなり，その小胞には細胞の種類によって異なる様々な分泌物が含まれている．最も内側の層構造部分（シス側）は粗面小胞体に面しており，小胞体で新しく合成されたタンパク質や脂質を含む小胞を受け取る．小胞から受け渡されたタンパク質は，シス側から細胞膜側に面した層構造部分（トランス側）へと逐次小胞を介して移動していくが，この過程でゴルジ装置内の酵素によって糖鎖や脂質などの付加による修飾を受けて成熟する．成熟したタンパク質は選別・濃縮されて，小胞や分泌顆粒としてトランス側から再び放出され，細胞膜や他の器官に運搬される．なお，小胞や分泌顆粒が細胞膜と融合して内容物を細胞外に放出する分泌過程を，エキソサイトーシス exocytosis（または開口放出）という．

F　リソソーム

　リソソーム lysosome は 1 層の膜系からなる顆粒状の小器官で，その名前は顆粒内にリソソー

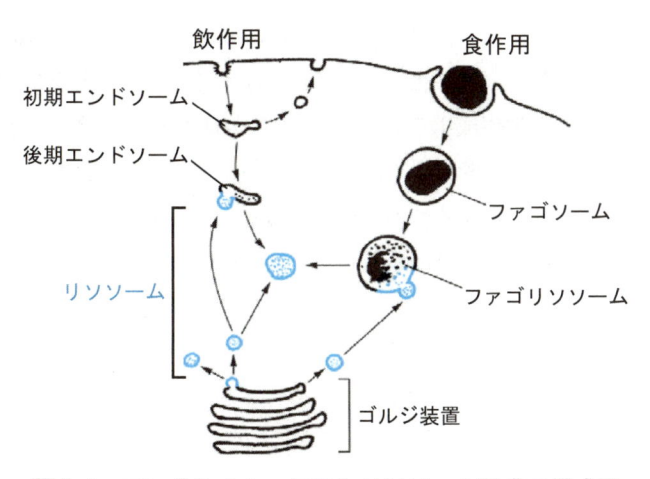

図 I.4　エンドサイトーシスとリソソーム形成の模式図
　飲作用や食作用で取込まれた物質は，初期エンドソームあるいはファゴソームを形成し，リソソーム酵素を含む小胞（一次リソソーム）と融合して後期エンドソームあるいはファゴリソソーム（二次リソソーム）となり，その中で消化が進行する．図中の青色で示した部分にリソソーム酵素が含まれており，まとめて広義のリソソーム系と呼ぶことができる．
　（薬学生のための細胞生物学，2005，廣川書店を一部改変）

ム酵素 lysosomal hydrolases と総称される種々の加水分解酵素を含むことに由来する．これらの酵素はタンパク質，多糖，脂質，核酸などの生体を構成する分子を消化することが可能で，リソソームは細胞自身あるいは細胞内で不要になった小器官を自己消化し，さらには細胞外から取込んだ異物などを処理する機能をもつ．リソソーム内にある酵素の至適 pH は酸性側にあり，細胞質内の中性付近とはかなり離れているが，リソソーム内部の pH は膜の ATP 依存性プロトンポンプの働きで酸性に保たれているので，その中でのみ消化が進行する．

　細胞外の物質は，一般にエンドサイトーシス endocytosis と呼ばれる機構で細胞内に取込まれることがあるが，この過程で細胞膜の一部が外側の物質を包み込んだ形で陥入し，小胞を形成する．図 I.4 に示すように，エンドサイトーシスの 1 種である飲作用 pinocytosis や食作用 phagocytosis においては，初期エンドソームあるいはファゴソームと呼ばれる構造物が形成されて，その中に取込まれた物質が蓄積する．これらの構造物は，ゴルジ装置から出芽したリソソーム酵素を含む小胞（一次リソソームという）と融合し，後期エンドソームあるいはファゴリソソーム（二次リソソームという）を形成する．こうして，細胞内に取込まれた物質は細胞質から隔離された小胞の内部で消化されていく．リソソームは異物の消化に関わるマクロファージや好中球などの細胞でよく発達している．

G　ペルオキシソーム

　ペルオキシソーム peroxisome は 1 層の膜系からなり，リソソームと構造的に類似しているが，その中にはある種のオキシダーゼやカタラーゼなどの酵素が含まれている．細胞の種類によって含有する個々の酵素は異なるが，過酸化物として知られる毒性分子の生成と分解に関与している．例えば，脂肪酸の分解時などに生成する過酸化水素 H_2O_2 は，細胞に障害を与えるので速やかに分解する必要があるが，ペルオキシソーム内には大量のカタラーゼが含まれているので，他の細胞小器官を傷つけることなく分解することが可能である．ペルオキシソームは，解毒機能をもつ肝臓や腎臓の細胞でよく発達しており，摂取したエタノールをアセトアルデヒドに酸化するのに役立っている．

H　細胞骨格

　真核細胞の細胞質には，今まで述べてきた細胞小器官のほかに，細胞骨格 cytoskeleton と呼ばれるタンパク質でつくられた繊維状の構造物が存在する．細胞骨格の構成要素として，図 I.5 に示すように，ミクロフィラメント microfilament，中間径フィラメント intermediate filament，微小管 microtubule の 3 種が知られている．これらの細胞骨格は，細胞の形態維持に加えて，細胞運動，細胞分裂，細胞小器官の動きや小胞輸送など，細胞の様々な活動で重要な役割を果たしている．

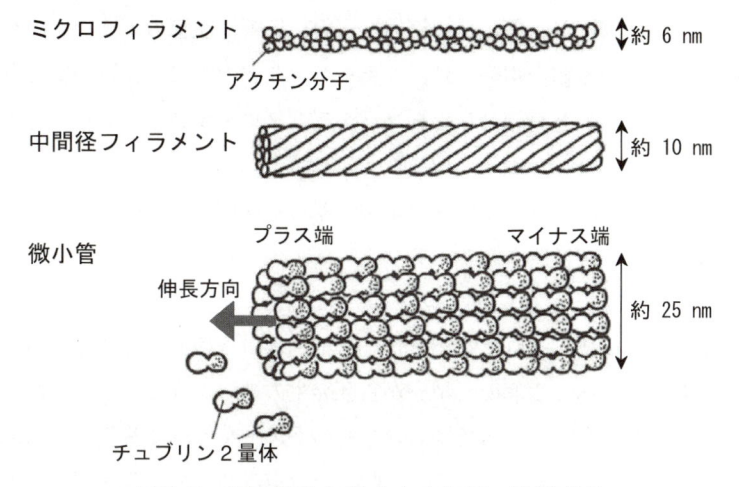

図I.5 　細胞骨格を構成する3種の繊維成分

ミクロフィラメントはアクチン分子が数珠状に連結した2重らせんであり，中間径フィラメントは糸状の分子が束ねられたものである．微小管はチュブリン2量体が規則正しく重合した中空の管状構造物である．
(薬学生のための細胞生物学，2005，廣川書店を一部改変)

　直径約6 nmのミクロフィラメントは，球状タンパク質のアクチン分子（Gアクチン）が数珠状に連なって繊維状タンパク質（Fアクチン）となり，これが2本らせん状に巻きついたもので，アクチンフィラメントとも呼ばれる．ミクロフィラメントは，筋細胞においてはミオシンと共に筋収縮に機能しているほか，神経細胞では突起の伸長などにも関与している．直径約10 nmの中間径フィラメントは，細胞の種類によってその構成タンパク質が異なってはいるが，いずれも細胞の機械的な維持に関与している．一方，直径約25 nmの中空管状繊維の微小管は，球状タンパク質であるα-チュブリンとβ-チュブリンの2量体dimerが規則正しく重合して形成されている．微小管は重合と脱重合を繰り返して伸縮しており，重合が進んで伸びていく側をプラス端，逆に脱重合して縮む側をマイナス端という．マイナス端は中心体centrosomeと呼ばれる構造に連絡している（図I.2）．微小管は細胞の機械的な維持のほかに，小胞の輸送にも関与しているが，これは微小管にモータータンパク質が結合して機能することによる．また，細胞分裂時に観察される紡錘糸も微小管である．

I 　細胞による組織・器官の構築

　細胞は多細胞生物を作り上げている構成単位ではあるが，ヒトを含む高等動物では，類似の細胞が協調的に集まって一定の配列や形態をとっており，この一定の細胞集団を組織 tissue という．ヒトであれば，結合（支持）組織，上皮組織，神経組織，筋組織などに分けられる．これらの組織がさらに統合されて，一定の形態と機能をもつようになったものが器官 organ である．

胃，肝臓，腎臓，膵臓，肺などから，骨，筋肉，皮膚，気管，血管のようなものがこれにあたる．器官や組織の間を埋めている結合組織には，コラーゲンなどのタンパク質繊維と多糖（グリコサミノグリカン）を側鎖として共有結合したタンパク質（プロテオグリカン）のゲルからなる細胞外マトリックス extracellular matrix（ECM）と呼ばれる成分があり（II.1，II.2 を参照），細胞や組織を結合させている．こうした各種の組織・器官が秩序立って配置され，さらに機能的にも統合されて，ヒトの個体が形成されている．

　各種の組織，器官を構成するそれぞれに分化した細胞は，その形態と機能において大きく異なってはいるが，それらはすべて 1 個の受精卵から胚発生の過程を経てできてきたものである．したがって，ヒトの生物種としてはすべて同じコピーの DNA をもっており，これは個々の細胞が異なる遺伝情報の使い方をするためである．細胞は自分自身やその前身が周囲の細胞から受け取った情報（シグナル）に基づいて，独自の遺伝子を適切に発現するのである．さらに細胞は周囲のシグナルを受け取るセンサーを備えており，固有の作業装置の活動能力を調節することができる．

　これから本書では，主に生化学の視点から，生体を構成する各種の成分の構造と機能（第 II 章），およびそれらの代謝と調節の機構（第 III 章），さらに遺伝情報を担う遺伝子とその発現機構（第 IV 章）を学び，素晴らしい働きをもつ細胞のしくみについて学んでいくことにする．

Key words

遺伝子	デオキシリボ核酸（DNA）	変異
進化	真核細胞	原核細胞
細胞質	細胞小器官	細胞膜
細胞壁	核膜	核
染色体	核小体	リボソーム
核膜孔	ミトコンドリア	アデノシン三リン酸（ATP）
葉緑体	クロロフィル	光合成
小胞体	粗面小胞体	滑面小胞体
ゴルジ装置	エキソサイトーシス	リソソーム
エンドサイトーシス	ペルオキシソーム	細胞骨格
ミクロフィラメント	中間径フィラメント	微小管
組織	器官	細胞外マトリックス

II.

生体成分の構造と機能

II.1 糖　質
Sugar

　糖質 sugar（あるいは糖 saccharide）は，広く動植物界に分布し，脂質，タンパク質とともに三大栄養素の1つでもある．化学的には，炭素と水からなる組成をもつので古くは炭水化物とも呼ばれたが，アルコール性水酸基とカルボニル基（アルデヒドまたはケトン）を有する化合物と，その誘導体およびそれらの脱水縮合した化合物である．生理的には，以下の3つの重要な存在意義をもつ．

1) 脂肪とともに生物の主要なエネルギー源である．
2) タンパク質，脂質とともに生体を構築する主要な構成成分である．
3) 糖鎖 sugar chain がタンパク質や脂質と共有結合して糖タンパク質，プロテオグリカン，糖脂質という複合糖質 glycoconjugate として，細胞表面，細胞内外など広く生体内で認識マーカーや情報伝達物質として存在し，膨大な情報を担うことができる独特の構造をし，生物学的に重要な様々な機能を果たしている．

　特に，最近の糖鎖生物学の大きな発展によって，II.1.6.D に示すような糖鎖の機能が明らかになりつつあり，細胞増殖因子，サイトカイン，形態形成因子などの機能性タンパク質と相互作用することによって，細胞増殖や分化，発生，組織の形態形成に必須の分子群であることが示される時代になった．したがって，健康な身体の仕組みや糖鎖構造の異常による遺伝病などの発症のメカニズムの理解は糖鎖の知識なしに語ることができない．また，バクテリアやウイルスには細胞表面の糖鎖に結合して感染するものが多く，糖鎖を利用した感染症の予防薬の開発も期待されている．血液凝固を阻止するヘパリンは血栓の防止に使用される有名な医薬品である．糖の医学・薬学におけるこのような重要性を念頭において，学習に取り組んでほしい．

学習目標

1．グルコースの構造，性質，役割を説明できる．

2．グルコース以外の代表的な単糖，および二糖の種類，構造，性質，役割を説明できる．
3．代表的な多糖の構造と役割を説明できる．
4．糖質の定性および定量試験法を実施できる．

II.1.1 分類

単糖類は加水分解によって，それ以上簡単な糖に分解することができない糖の最小単位である．一般式は $(CH_2O)_n$ で示されるが，この式に従わないものや，アミノ基を有するものやリン酸化や硫酸化で修飾されたものもある．二糖類は単糖2分子から水1分子が脱離し結合したものである．天然には乳糖やショ糖および多糖類の分解中間体である麦芽糖などがある．単糖の2〜10数分子が結合したものをオリゴ糖（少糖）と呼び，タンパク質や脂質と共有結合して糖タンパク質や糖脂質として存在し，情報伝達物質として重要な機能を担っていることが多い．多糖類は通常，単糖10分子以上の脱水縮合体であり $(C_6H_{10}O_5)_n$ の一般式で示される．バクテリアの細胞壁多糖，植物のデンプンや動物のグリコーゲンなどがその代表例である．

II.1.2 立体異性体

単糖類は分子中に不斉炭素原子 asymmetric carbon（キラル炭素）を有するために立体異性

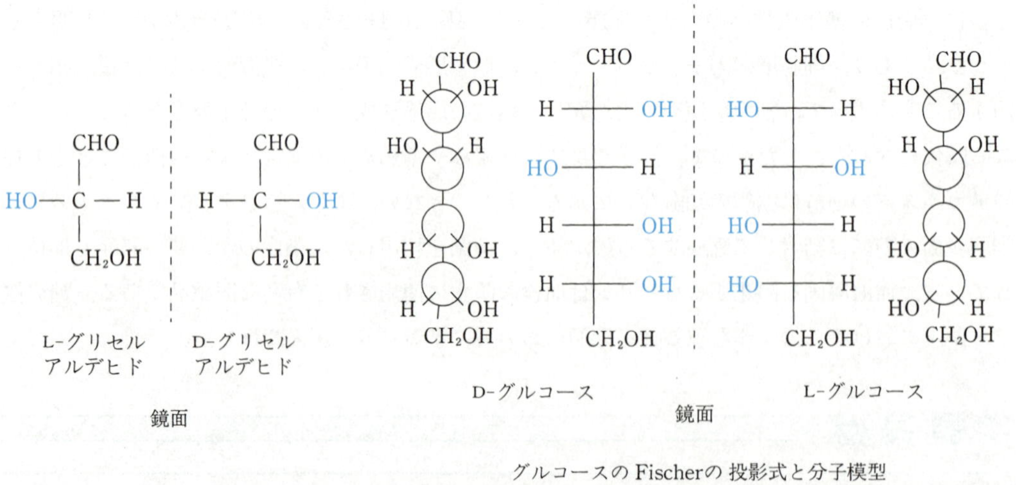

グルコースのFischerの投影式と分子模型

図 II.1.1 D体とL体

体が存在する．1個の不斉炭素原子について，この4つの基の結合は，互いに鏡像関係にある2通りの空間的配置をとることができる．両者を分類するために，エミール・フィッシャー Emil Fischer は上記の性質をもつ最も簡単な化合物であるグリセルアルデヒドを基準物質とし，アルデヒド基を上に書いたとき水酸基が右側にあるものを D 型，左側にあるものを L 型とした（図 II.1.1）．ジヒドロキシアセトン以外のすべての単糖類は，このグリセルアルデヒドの立体異性体を基準にして，D 系と L 系に分類される．この場合，官能基であるカルボニル基から最も離れた不斉炭素原子に結合している水酸基の立体位置によって分類される．D 系と L 系は立体構造上，互いに鏡像の関係にあって重ね合わせることができないので，これを光学対掌体 enantiomer とも呼ぶ．光学対掌体は融点や溶解性など化学的性質は同じであるが，光学活性（旋光性），すなわち偏光面を回転させる活性が異なる．偏光面を右に回転させるものを右旋性（＋），左のときを左旋性（－）というが，D 型，L 型と旋光方向は相関しない．ただし，D 型と L 型の施光方向は逆である．自然界にもヒトの生体内に存在する糖の大部分は D 系であり，L 系としてはイズロン酸やグロン酸やフコースなど極めて少ない．

　立体異性体は不斉炭素原子1個について2個ずつあるはずで，一般に n 個の不斉炭素原子について，2^n 個の異性体が存在する．アルドヘキソースは不斉炭素数が4個で，$2^4=16$ 個の立体異性体がある．例えば，D-グルコースの場合には，C1, C6 以外の炭素原子はすべてキラルであるので，D-グルコースは16種の立体異性体の1つである．図 II.1.2 の最下段に8種の D-系列の立体異性体が示されており，これらの L-系列が別に8種存在する．

　ケトースは同じ炭素数のアルドースよりキラル炭素が1つ少ない（例えば D-グルコースと D-フルクトース）．したがって，炭素数 n 個のケトースには 2^{n-3} 種の立体異性体がある．例えば，D-フルクトースの場合には8種の立体異性体が存在し，そのうちの D-系列の4種が図 II.1.3 の最下段に示されており，これらの L-系列が別に4種存在する．

II.1.3

単 糖 類

A　アルドースとケトース

　単糖は一般式 $(CH_2O)_n$ で表せる化合物で，そのカルボニル基の状態（アルデヒド基とケトン基の別）とその炭素数によって分類する．炭素数が 3，4，5，6 の場合，三炭糖 triose，四炭糖 tetrose，五炭糖 pentose，六炭糖 hexose などと呼ぶ．分子中にアルデヒド基をもつ糖はアルドース aldose，ケトン基をもつ糖をケトース ketose と総称する．例えば，アルデヒド基をもつ六炭糖はアルドヘキソース，ケトン基をもっていればケトヘキソースと呼ぶ．ケトン基をもつ糖はその語尾に -ulose（ウロース）を付して呼ぶこともある．例えば，D-キシロース D-xylose に対

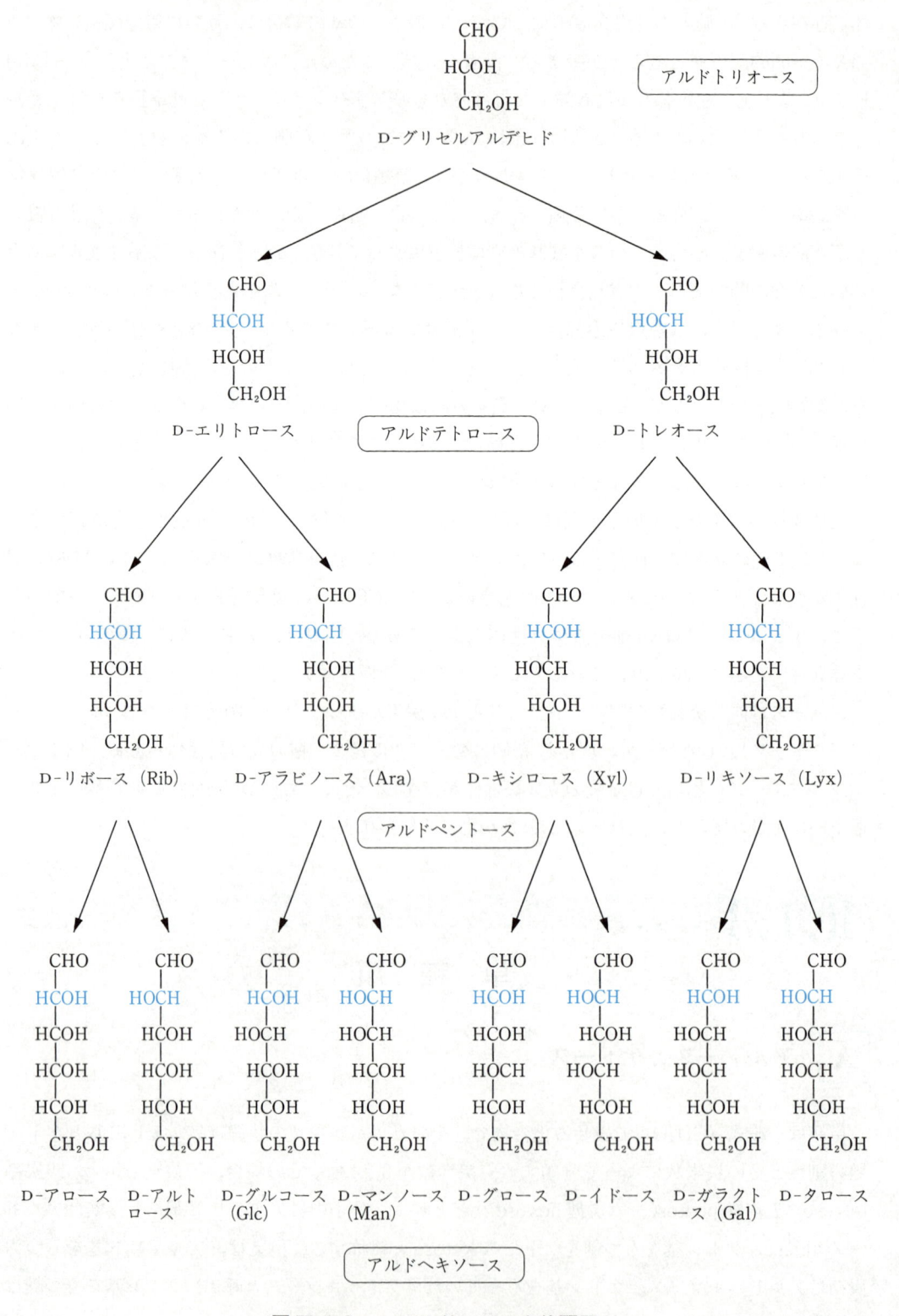

図 II.1.2　D-アルドースの立体配置

アルドトリオース
- D-グリセルアルデヒド

アルドテトロース
- D-エリトロース
- D-トレオース

アルドペントース
- D-リボース (Rib)
- D-アラビノース (Ara)
- D-キシロース (Xyl)
- D-リキソース (Lyx)

アルドヘキソース
- D-アロース
- D-アルトロース
- D-グルコース (Glc)
- D-マンノース (Man)
- D-グロース
- D-イドース
- D-ガラクトース (Gal)
- D-タロース

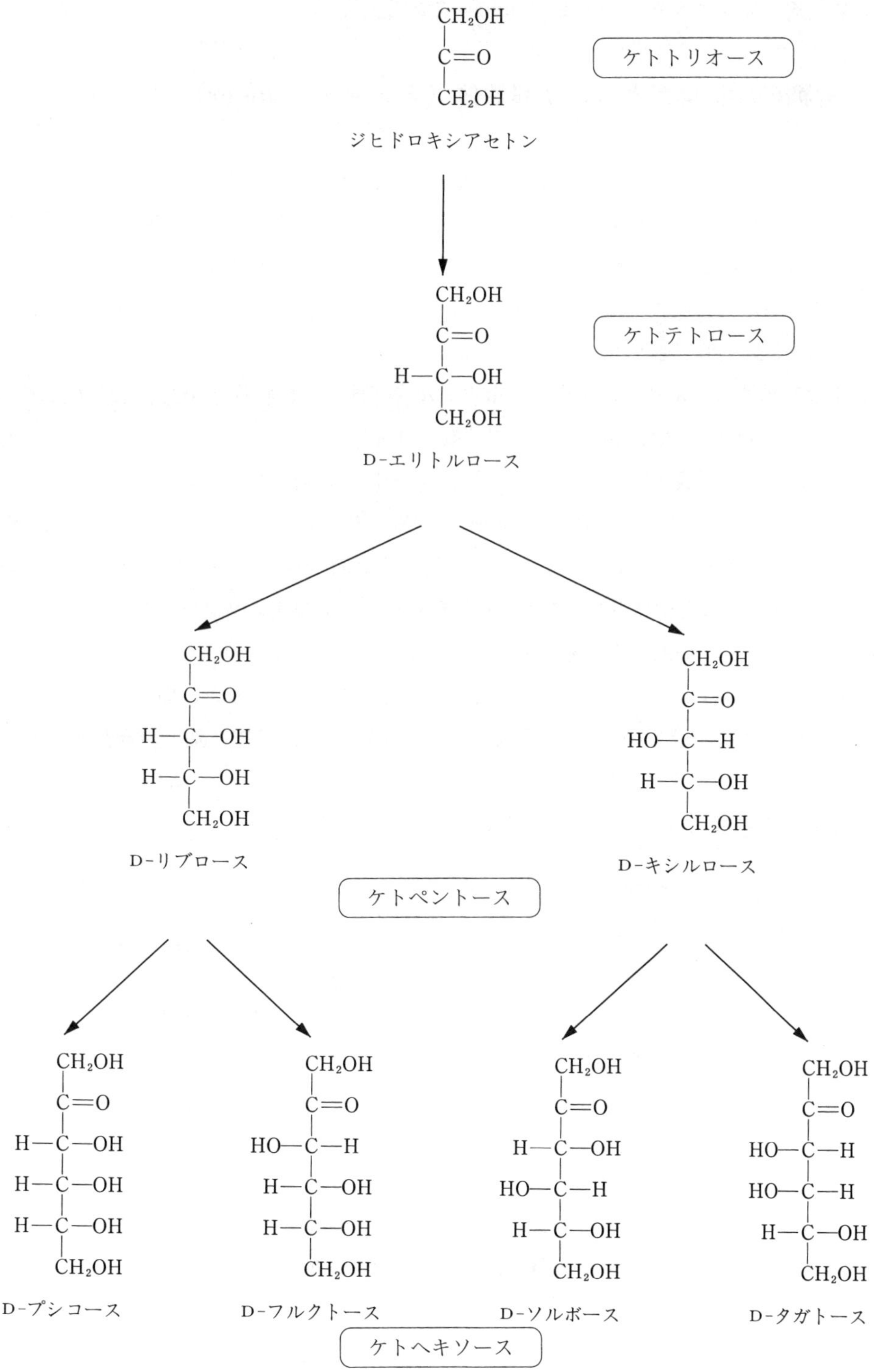

図 II.1.3　D-ケトースの立体配置

応するケトースが D-キシルロース D-xylulose である．

B 単糖の環状構造と α, β 異性体（アノマー anomer）

　炭素原子5個またはそれ以上の骨格をもつ単糖は，鎖状構造をとることもできるが，その割合は数%以下で，溶液中では大部分が環状構造として存在している．一般に遊離のアルデヒド基はアルコールと反応してヘミアセタールをつくるので，単糖のヒドロキシ基も分子内でアルデヒドやケトンのカルボニル炭素と反応し，環状ヘミアセタールをつくる（図II.1.4a,b）．ケトースの場合はヘミケタールとも呼ぶ．

　図II.1.5に鎖状のグルコースがヘミアセタールを形成して環状構造をとる場合の反応を図示する（ハース Haworth 式）．図のように環型糖には α, β 2つのアノマー構造が存在し，両者は鎖状構造を介して平衡状態にある．環が六員環の糖を同じ六員環であるピランにならいピラノースといい，五員環はフランにならいフラノースと呼ぶ（図II.1.6）．糖がこのように環状構造をとることで，新しく生じた OH 基は，ほかの水酸基とは性質が異なり，反応性に富んでいる．したがって，アルデヒドやケトン基をもつ還元糖はペプチドやタンパク質のアミノ酸のアミノ基と非酵素的に結合して褐色色素を生成するので，褐変反応（発見者の名からメイラード反応ともいう）を示し，これは食物の褐色化の原因反応と考えられている．また，血中のグルコースは成人ヘモグロビンA（HbA）の β 鎖のN末端のバリン残基の α アミノ基と結合して，糖化ヘモグロビン（グリコヘモグロビン HbA$_{1c}$）を生成する．正常人では HbA$_{1c}$ は総 HbA の6%程度だが，糖尿病では20%にもなるので，成人病検診で測定される．

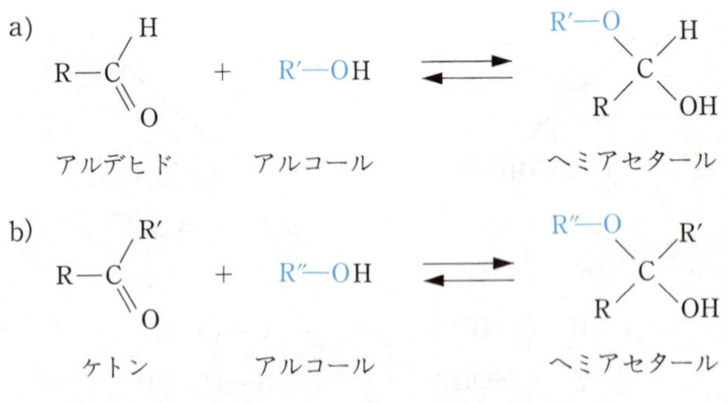

図II.1.4　ヘミアセタール

アルデヒド（a）またはケトン（b）と1分子のアルコール反応によるヘミアセタールの生成．

D-グルコース
(α, β を区別しないときの書き方)

D-グルコース
(フィッシャー Fischer の投影式)

この分子は丸まって下のようになる

4位5位の間の C-C 結合が回転する

電子密度の小さいカルボニル基のCに求核反応すると，六員環のヘミアセタールができる

α-D-グルコース
(ハース Haworth 式)

β-D-グルコース
(ハース Haworth 式)

D-グルコースの環状構造の生成
α 型と β 型が鎖状構造を介して平衡状態にある．

図 II.1.5　α-アノマーと β-アノマー

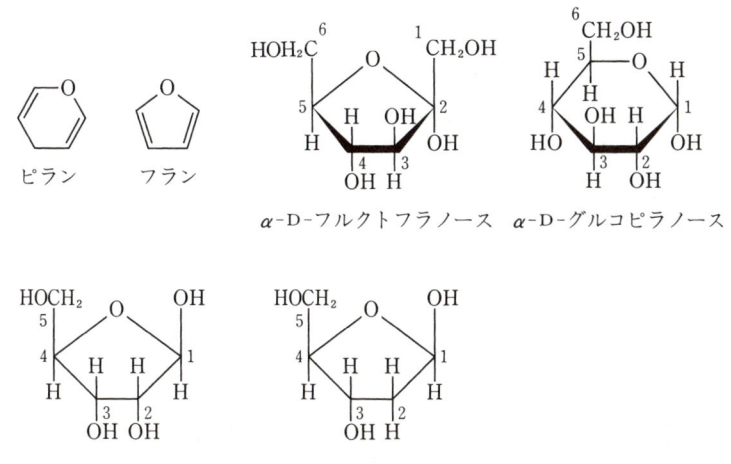

ピラン　　フラン

α-D-フルクトフラノース　　α-D-グルコピラノース

β-D-リボフラノース　2-デオキシ-β-D-リボフラノース

図 II.1.6　フラノースとピラノース

C エピマー epimer

1つの炭素原子についてだけその空間的配置の異なる立体異性体をエピマーと呼び，この変換をエピマー転換 epimerization という．D-グルコースとD-ガラクトース，またはD-グルコースとD-マンノースはそれぞれ互いにエピマーであるが，D-ガラクトースとD-マンノースは2つの炭素原子の立体位置が異なるので互いにエピマーとはいえない（図II.1.7）．アノマーはC1炭素のまわりの立体配置が異なるエピマーと考えられる．

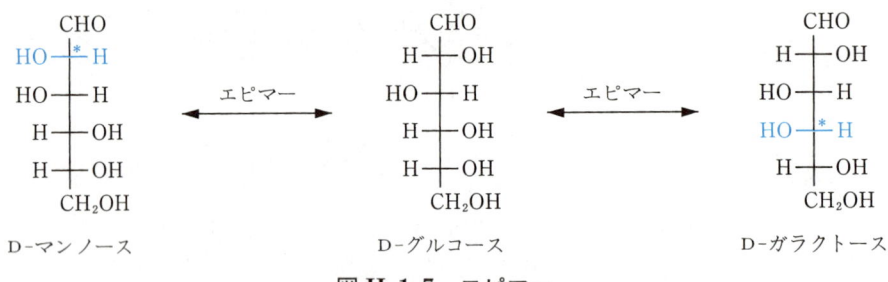

図II.1.7　エピマー

D 立体配座 conformation

ヘキソース，ペントースはピラノース型またはフラノース型をとりうる．単糖がどんな組成で平衡になるかは条件にもよるが，大体は単糖の種類で決まり，NMRで測定できる．グルコースは水溶液中でほとんどピラノース型だが，フルクトースはピラノース型67％，フラノース型33％，リボースはピラノース型75％，フラノース型25％である．しかし，多糖をつくるときはグルコースはピラノース型，フルクトースとリボースはフラノース型である．ヘキソース以上の大きな糖は原理的には七員環以上になってもよいはずだが，五員環型，六員環型のほうがずっと安定で七員環以上はほとんどできない．三員環型，四員環型はひずみが大きく不安定で，開環型の鎖状構造をとる．

ハース式では六員環は一見平らにみえるが，ピラノースの立体配座にはイス形配座 chair conformation と舟形配座 boat conformation がある（図II.1.8上段）．どちらが安定かは環の置換基の立体的な関係による．図のように舟形では「へさき」(舳先)と「とも」(後部)が同方向で互いに混み合うので不安定で，イス形のほうがより安定である．イス形では置換基は横向き（エクアトリアル，e）と縦向き（アキシアル，a）の2つに分かれる（図II.1.8上段右），シクロヘキサン型である糖の置換基はアキシアルとエクアトリアルに変換可能なので1つの糖のイス形は2通りできるが，例えばβ-D-グルコースではアキシアルな基が混み合わない左（図II.1.8下段）のほうが主である．

舟形

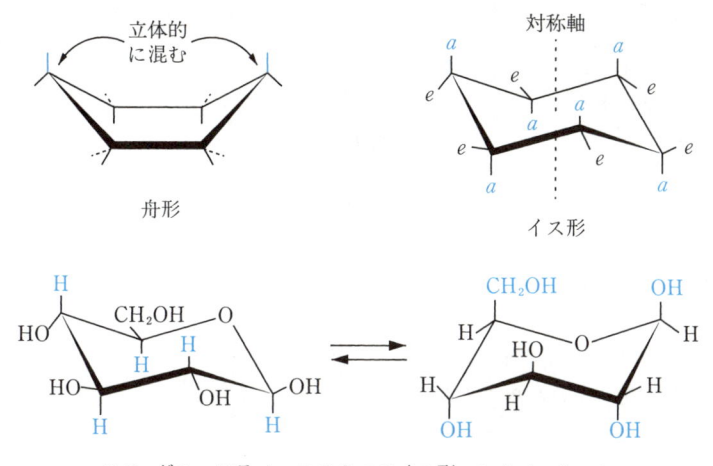

イス形

β-D-グルコピラノースの2つのイス形コンホメーション

図 II.1.8　コンホメーション

E　単糖誘導体

a)　酸化誘導体

　アルドースのアルデヒド基が酸化された誘導体を一般にアルドン酸といい，D-グルコースのアルドン酸は D-グルコン酸 D-gluconic acid といわれ，栄養強化剤として利用される．アルドースの第1級アルコールが酸化されてカルボキシ基に変わったモノカルボン酸を一般にウロン酸 uronic acid といい，天然には，D-グルコースが酸化された D-グルクロン酸 D-glucuronic acid などが知られている（図 II.1.9）．D-グルクロン酸やその異性体（エピマー）である L-イズロン酸は生体内のグリコサミノグリカンの構成成分として重要である．D-グルクロン酸は動物体内で異物代謝におけるグルクロン酸抱合体の構成物としても重要である．D-グルコン酸や D-グルクロン酸は脱水閉環して分子内環状エステルであるラクトン lactone を形成する場合もあり，L-アスコルビン酸（ビタミンC）もラクトンの一種である（図 II.1.9）．

b)　還元誘導体

i) 糖アルコール sugar alcohol

　アルドース，ケトースのカルボニル基はともに $NaBH_4$ などによるおだやかな還元で，アルコールに還元され，糖アルコール sugar alcohol になる．D-グルコースに対応する糖アルコールは D-グルシトール D-glucitol（D-ソルビトール D-sorbitol）という．リビトール，キシリトール，グリセロール，イノシトールも一種の糖アルコールである（図 II.1.10）．糖アルコールは一般に甘味が強く，D-グルシトールや D-キシリトールは甘味料として使われる．また，D-マンニト

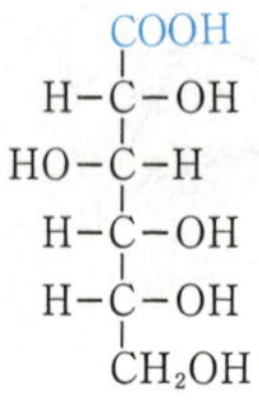

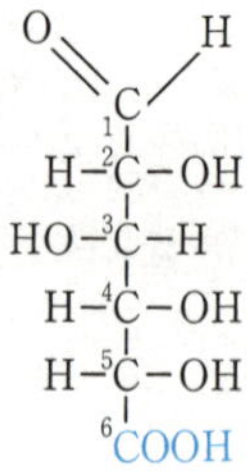

D-グルコン酸　　D-グルクロン酸

上はD-グルコースに対応するアルドン酸とウロン酸
下は上のそれぞれからできるラクトン

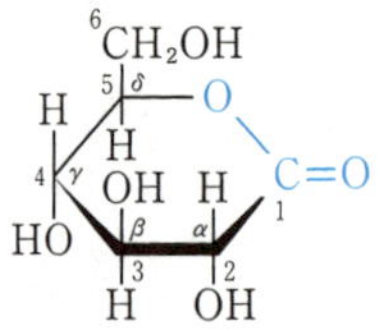

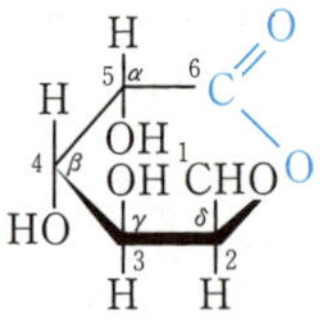

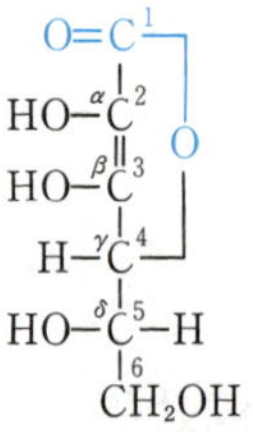

D-グルコノ-1,5-ラクトン　　D-グルクロノ-2,6-ラクトン　　L-アスコルビン酸（ビタミンC）

図 II.1.9　単糖誘導体

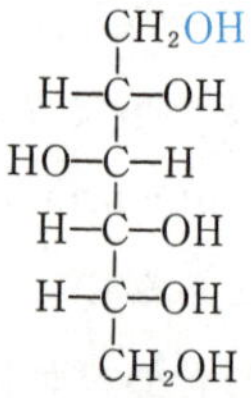

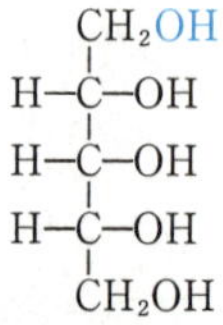

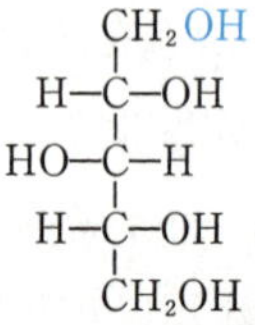

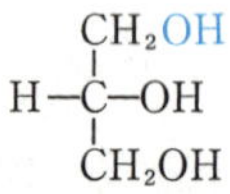

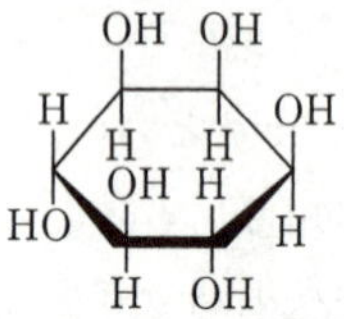

D-グルシトール　リビトール　キシリトール　グリセロール　myo-イノシトール

図 II.1.10　糖アルコール

ールはチューインガムの粘着防止剤として利用されている．リビトールはフラビン補酵素の構成成分である．

ii）デオキシ糖 deoxysugar

単糖の水酸基が水素で置換され，酸素原子の一部が失われたもの．D-リボースの誘導体である 2-デオキシ-D-リボース 2-deoxy-D-ribose は，遺伝子ＤＮＡの重要な構成成分である．血液型物質を構成している L-フコース L-fucose（L-6-デオキシガラクトース）もデオキシ糖で，生体に広く分布する（図 II.1.11）．

β-D-2-デオキシリボース   α-L-フコース
(6-デオキシ-L-ガラクトース)

図 II.1.11　デオキシ糖

iii) アミノ糖 amino sugar

単糖の水酸基の1つがアミノ基で置換されたもので，通常グルタミンのアミド基が転移されて，生合成される．生体内では六単糖の誘導体であるヘキソサミン hexosamine が多い．主なものは D-グルコース，D-ガラクトースのアミノ糖で，それぞれ D-グルコサミン D-glucosamine，D-ガラクトサミン D-galactosamine と呼ばれる．N-アセチル誘導体である N-アセチルグルコサミンは甲殻類の殻のキチンや，複合多糖の構成成分であり，N-アセチルガラクトサミンは軟骨の成分であるコンドロイチン硫酸などのムコ多糖類の構成成分として重要である．N-アセチル-D-グルコサミンと D-乳酸がエーテル結合した N-アセチルムラミン酸 N-acetylmuramic acid は，N-アセチルグルコサミンとともに細菌細胞壁のペプチドグリカンの構成成分である．N-アセチルノイラミン酸 N-acetylneuraminic acid（シアル酸 sialic acid）は，糖タンパク質や糖脂質の構成成分として動物界に広く分布し，認識マーカーとして重要で，種々の位置の水酸基がアセ

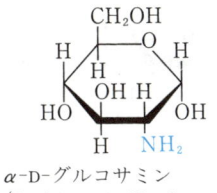

α-D-グルコサミン
(2-アミノ-2-デオキシ-
α-D-グルコピラノース)

α-D-ガラクトサミン
(2-アミノ-2-デオキシ-
α-D-ガラクトピラノース)

N-アセチル-β-D-ムラミン酸

N-アセチルノイラミン酸
(ピラノース型)

図 II.1.12　アミノ糖

チル化などによって修飾された多くの誘導体が存在する（図 II.1.12）．

II.1.4

二糖類 disaccharide

単糖 2 分子が脱水的に結合したものを二糖類という．以下，単糖 3 分子が結合したものは三糖類，4 分子結合したものは四糖類などと呼ぶ．単糖 2〜10 数分子が結合したものを少糖類（オリゴ糖）と総称する．二糖類は通常，無色結晶性で，水によく溶け，甘味がある（図 II.1.13）．両単糖のアノマー炭素がともにグリコシド結合している非還元性二糖類と，一方のアノマー炭素はグリコシド結合していない還元性二糖類に分類される．

A　還元性二糖類

1 つの単糖のアセタール OH 基（還元基）と，他の単糖のアルコール性 OH 基との間にグリコシド結合が形成されているもので，この場合，後者の糖残基に遊離のアセタール OH 基が残

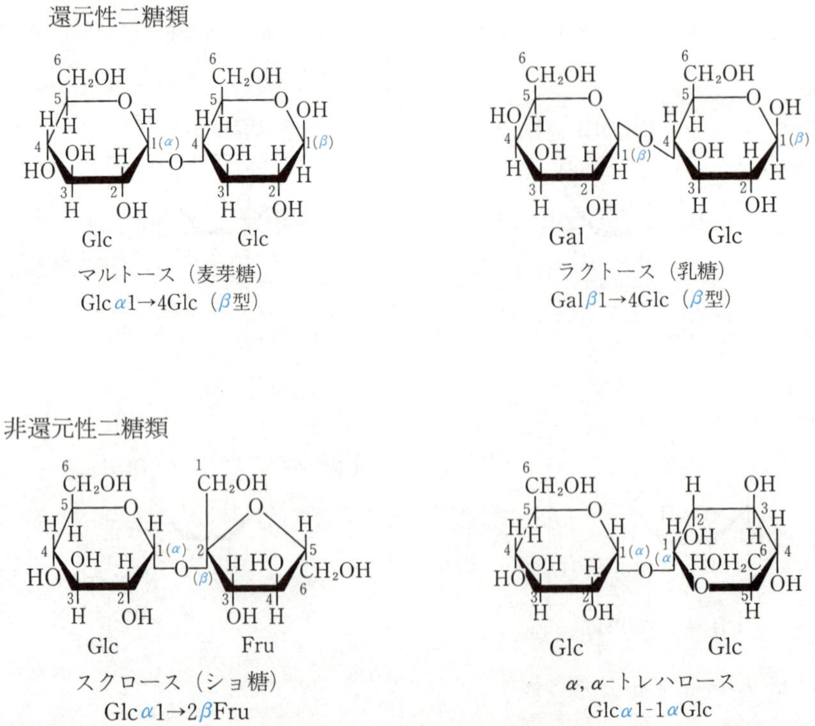
還元性二糖類
Glc
Glc
マルトース（麦芽糖）
Glcα1→4Glc（β型）
Gal
Glc
ラクトース（乳糖）
Galβ1→4Glc（β型）
非還元性二糖類
Glc
Fru
スクロース（ショ糖）
Glcα1→2βFru
Glc
Glc
α, α-トレハロース
Glcα1-1αGlc

図 II.1.13　代表的な二糖類

存するので還元性があり，還元性二糖類と呼ばれる．マルトース maltose は D-グルコースの2分子が α-1,4 グリコシド結合したものである．麦芽や水飴に多く含まれており，麦芽糖とも呼ばれる．また，デンプンやグリコーゲンにアミラーゼを作用させれば得られる．甘味があり，還元性がある．ラクトース lactose は哺乳動物の乳汁中に含まれ，人乳で7％，牛乳に約5％含まれており，乳糖とも呼ばれる．D-ガラクトースと D-グルコースが β-1,4 結合したものである．乳汁中で体温下では α 型，β 型は2：3の割合で存在する．β 型ラクトースは α 型より甘く，水に溶けやすい．

B 非還元性二糖類

グリコシド結合が，両単糖のヘミアセタール OH 基間で形成されているもので，このような二糖類には遊離のヘミアセタール OH 基がないので還元性はなく，非還元性二糖類と呼ばれる．スクロース sucrose はサトウキビ，サトウダイコンその他多くの植物に遊離の状態で存在しており，ショ糖とも呼ばれる．α-D-グルコピラノースの C1 と β-D-フルクトフラノースの C2 が結合した二糖類で還元性がない．スクロースは希酸またはインベルターゼ（転化酵素）で容易に加水分解され，D-グルコースと D-フルクトースの1：1の混合物となる．このとき旋光性は（＋）から（－）に変化するが，この現象を特に転化 inversion と呼び，その結果できた等モル混合物を転化糖 invert sugar という．スクロースは非還元糖であるが，転化によって初めて還元力を示す．転化糖はスクロースと異なる味を呈し，果糖を含むのでスクロースよりやや甘い．トレハロース trehalose は藻類，菌類，麦角などに含まれ，通常パン酵母より抽出され，甘味がある．昆虫の主要血糖で，不凍剤として機能し，耐寒性を獲得している．保湿性が高く，化粧品への応用，食品への添加が盛んに行われ，有用である．トレハロースは2分子の D-グルコースの1位の炭素間で1,1 グリコシド結合を形成しているので，3種の異性体 α,α-型，α,β-型，β,β-型が存在しうるが，天然にあるものは α,α-トレハロースである．

II.1.5 多 糖 類

多数の単糖がグリコシド結合によって重合したものを多糖 polysaccharide あるいはグリカン glycan という．動植物界に構造多糖 structural polysaccharide として，また，貯蔵多糖 storage polysaccharide として広く，豊富に分布している．多糖類はその構成単糖とは著しく異なった性質を示す．水に溶けにくく，その溶液はコロイド溶液となり，蛍光を発し，甘味はない．

天然に存在する多糖類は，きわめて種類が多いが，それぞれ構成単糖の種類やグリコシド結合の性質など，その化学的性質によって分類される．構成単糖が1種類のみからなる多糖類を単純

表 II.1.1　ホモ多糖

名称	構造	特徴
アミロース	デンプンの直鎖状構造部分で，Glcα1→4Glc の繰り返し構造．	らせん構造をとる．植物の種子や塊茎に貯蔵されるエネルギー物質．
アミロペクチン	アミロースに Glcα1→6 結合の分岐がある．	デンプンの分枝構造部分をいう．
グリコーゲン	デンプンのアミロペクチン部分と類似の構造．ただし，分岐の頻度がより高い．	「動物性デンプン」といわれる．肝，筋肉でエネルギー源として貯蔵される．
セルロース	Glcβ1→4Glc の繰り返した直鎖状多糖．	植物の構造を構築．ヒトにはセルラーゼがないので，消化できない．
キチン	N-アセチルグルコサミンが β1→4 結合で重合した直鎖状多糖．	カニ，エビなどの甲殻類，昆虫の外殻を構成する構造多糖．
デキストラン		乳酸菌の一種がつくるグルコースのポリマー．ゲルろ過クロマトグラフィーの担体（セファデックス）として利用されている．α1→6 結合を主体とし（65％以上），α1→3，α1→2 結合も含む．

多糖類（ホモ多糖），2種以上の単糖から構成されているものを複合多糖類（ヘテロ多糖）という．代表的なホモ多糖を表 II.1.1 に示す．また，ウロン酸やエステル硫酸を多く含むものは酸性多糖，中性糖のみのものは中性多糖という．従来，ムコ多糖と呼ばれた一群の多糖（現在はグリコサミノグリカンという）がある．それらはウロン酸とアミノ糖を構成糖としておりヘテロ多

糖であるが，自然状態ではほとんどがタンパク質と結合しているので，プロテオグリカンのところで後述する（II.1.6B）．

A ホモ多糖 homopolysaccharide

a) デンプン starch

植物が生産貯蔵する多糖で，穀物の種子，塊茎中にデンプン顆粒として大量に蓄えられており，生物の主要なエネルギー源となっている．デンプンは D-グルコースのみからなるグルカン glucan で，分子量は数万〜数百万の種々の大きさの分子からなる．デンプンを水中で加熱均一化したのち，ブタノールなどの高級アルコールを加えると，直鎖成分のアミロースが複合体として沈殿するのでアミロペクチンと分離することができる．

i) アミロース amylose

アミロースはデンプン顆粒の内側の部分に担当し，数千残基の D-グルコースが α-1,4 グリコシド結合で結合した直鎖状分子で分子量は 50 万〜200 万位である．つまりセルロースの異性体であるが，構造的には全く異なり，アミロース分子は α 結合のため 6 個のグルコースが 1 回転となるような右巻きらせん構造をとる．多糖のヨウ素デンプン反応は，ヨウ素分子がこのらせんの中に入ることによって生じ，アミロースでは青紫色を呈する．一般に糖鎖には方向があり，還元末端のグルコース残基は鎖状構造をとるので還元性を有する（図 II.1.14）．

ii) アミロペクチン amylopectin

デンプン顆粒の外側の皮膜に相当する部分をアミロペクチンという．D-グルコースの α-1,4 結合のほかに，平均 24 グルコース単位ごとに 1 個の α-1,6 結合の分枝構造をもち，分子量は 1000 万を超える巨大分子の混合物である．ヨウ素デンプン反応は弱く，赤紫色を呈する．

デンプンは植物の種類によって固有の形態をもって存在している．デンプン顆粒はアミロースとアミロペクチンの分子間でミセルを形成し，冷水に不溶の巨大分子である．デンプンに水を加えて加熱すると，粘性の高い半透明のデンプン糊となる．この現象は糊化あるいは α 化と呼ばれ，糊化によって生ずるデンプン糊を α-デンプン，もとのデンプンを β-デンプン（生デンプン）という．β-デンプンは冷水に不溶で，アミラーゼの作用を受けにくいが，α-デンプンは冷水に溶けて糊状になり，アミラーゼで消化されやすい．α-デンプンは室温に放置すると徐々に β-デンプンにまで戻るが，これはデンプンの老化現象と呼ばれる．たとえば，餅を放置すると固くなり，層状のひび割れが生ずるのも β-デンプンへの逆戻りによる．

デンプンは希酸またはアルカリ，あるいはアミラーゼによって加水分解される．デンプンを酸で加水分解したときに生ずる少糖の混合物を総称してデキストリン dextrin という．また，デン

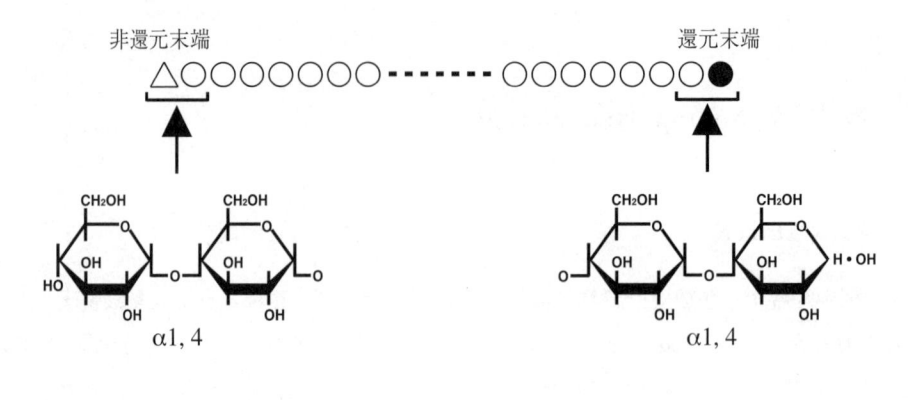

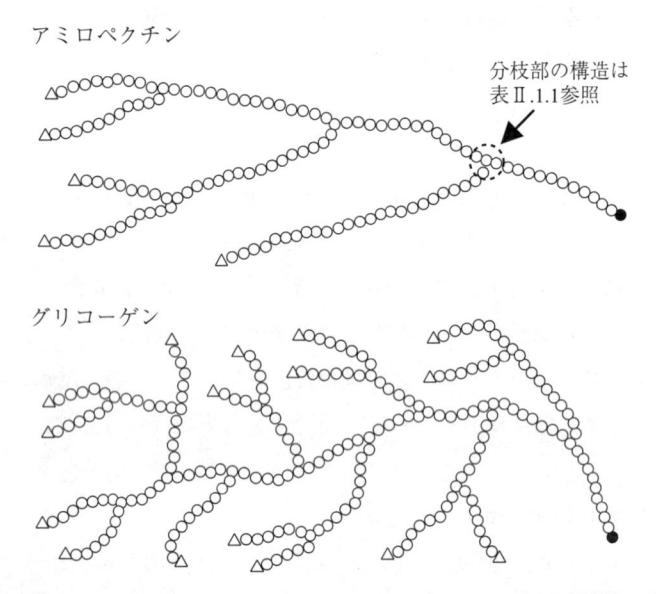

図 II.1.14　アミロース，アミロペクチン，グリコーゲンの構造の概念図
アミロースは直鎖状，アミロペクチンはグルコース 24～30 残基ごとに分枝，グリコーゲンは 8～12 残基ごとに分枝している．

プンが α-アミラーゼで分解されると，主として二糖マルトースが生成され，さらにマルターゼでグルコースに分解される．アミラーゼで分解されずに残ったデキストリンは特に限界デキストリン limit dextrin と呼ばれる．これはアミロペクチンの α-1,6 結合が分解されないために生ずる．アミロペクチンやグリコーゲンでは，還元末端のグルコース残基はただ 1 個であるが，非還元末端のグルコース残基は多数存在する（図 II.1.14）．

b)　グリコーゲン glycogen

動物の貯蔵多糖で，主に肝臓と筋肉の細胞質中に多量に含まれている．デンプンと構造，性質

が似ているところから動物性デンプンとも呼ばれる．分子はグルコースが重合したもので，アミロペクチンと類似の，より高度に分岐した構造をとっている．前者はグルコース 24～30 残基ごとに分枝しているが，後者は 8～12 分子ごとに分枝している．生合成はグリコゲニンというタンパク質のチロシン残基の水酸基にグルコースが転移されて開始される．筋肉グリコーゲンの場合，分子量はおよそ 100 万である．グリコーゲンは無味，無臭の白色粉末で，水に膨化して徐々に溶けて膠質溶液となり，強い蛍光を発する．アルカリを加えると透明な液となる．還元性はなく，ヨウ素反応で赤褐色を呈する．肝臓のグリコーゲンは細胞質でグリコーゲンホスホリラーゼ（または単にホスホリラーゼ）によって加リン酸分解されてグルコース 1-リン酸を生成し，グルコース 1-リン酸はグルコース 6-リン酸に変換され，ホスファターゼによってグルコースとなり，血中に放出され，全身の組織に供給される．一方，筋肉や他の組織のグリコーゲンはホスホリラーゼで分解され，グルコース 1-リン酸を経てグルコース 6-リン酸となり，主に解糖系で分解されて，それぞれの組織のエネルギー源となる．分解酵素が遺伝的に欠損した多種類の先天性代謝異常が知られており，糖原病といわれる．

c) セルロース cellulose

植物の細胞壁，木質部に含まれる構造多糖類で，自然界に最も多く存在する有機化合物である．木材の強固な構造はフェノール性ポリマーであるリグニンとセルロースで形成されている．綿毛は純粋に近いセルロースである．セルロースの構造は D-グルコースが β-1,4 結合した直鎖状分子で，一種の β-グルカンであり，分子量は 40 万～100 万である．D-グルコースが β-1,4 結合で 2 分子結合した二糖をセロビオースという．セルロースは化学的加水分解のほかにセルラーゼで分解される．ヒトは消化液中にセルラーゼを含まないので，セルロースを栄養素として利用できない．草食動物は腸内細菌がもつセルラーゼでセルロースを分解して利用している．セルロース繊維は，グルカン鎖が 40 本以上も平行に並び，そのシートがさらに重なり，これらのグルカン鎖は水素結合で固定され極めて強固な構造をつくる．したがって，消化には時間を要し，反すうが必要であり，木造家屋がシロアリに食われるのに何年もかかるのもこのためである．

d) キチン chitin

セルロースに次いで自然界に多い多糖であり，下等動物，特にエビ，カニなどの甲殻類，昆虫，クモなどの節足動物の外殻に多い．構造は N-アセチル-D-グルコサミンの β-1,4 結合直鎖状ホモポリマーである．その構造は，グルコースの 2 位の水酸基がアセトアミド基に置換している以外はセルロースと同じで，X線解析でもキチンとセルロースの構造は似ている．キチナーゼという酵素で加水分解され，N-アセチル-D-グルコサミンやそのオリゴ糖に分解される．N-アセチル-D-グルコサミンが β-1,4 結合で 2 分子結合した二糖をキトビオースという．キチンを濃アルカリと溶融して脱アセチル化したものをキトサンと呼び，抗菌繊維や食品添加剤として実用化され，生分解性ポリマーであることを利用し，再生医療で人工皮膚にも利用されている．

e) デキストラン dextran

デキストランは乳酸菌の一種がつくるグルコースの重合体で，α-1,6-グルカンであるが，$\alpha 1\to 2$ や $\alpha 1\to 3$ 構造が枝分かれ部分に存在する．エピクロルヒドリンで架橋して不溶化したデキストランはカゴ状構造を形成し，そのカゴ状構造による分子篩作用によって高分子と低分子物質の分離に利用される．デキストランからカゴの網目の大きさの異なるものを段階的により分けたものがセファデックス Sephadex である．

f) ペクチン pectin

高等植物の細胞間に存在し，D-ガラクツロン酸（D-ガラクトースの6位の CH_2OH が $COOH$ に酸化されたウロン酸）が $\alpha 1\to 4$ 結合したポリマーで，カルボキシ基がメチルエステル化された度合いが植物によって異なる．

B　ヘテロ多糖 heteropolysaccharide

ヘテログリカンともいう．数種類の単糖から構成されており，構成糖の種類と構造によって，自然界には多種類のヘテロ多糖が存在する．後述するグリコサミノグリカンが代表的なものであるが，プロテオグリカンの項で扱う．中性糖から成るものとしては，D-グルコースとD-マンノースが互いに $\beta 1\to 4$ 結合したグルコマンノグリカンであるコンニャクマンナン，木材のグルコマンナンなどがある．中性糖とウロン酸から成るものとしては，アラビアゴム（L-アラビノース，L-ラムノース，D-ガラクトースおよびD-グルクロン酸より成る）が知られている．

アルギン酸 alginic acid は褐藻類の構造多糖で，昆布の乾燥重量の60％を占める．構造はD-マンヌロン酸のポリマーからなる直鎖状分子が主体である．水溶液は粘性が高く，ナトリウム塩は糊料として利用される．糸状ゲルを形成し，アルギン酸繊維は手術糸として用いられる．

アガロース agarose はテングサなど紅藻類の細胞壁成分として存在する．構造はD-ガラクトースと3,6-アンヒドロ-L-ガラクトースが β-1,4 結合したアガロビオースが α-1,3 結合で連なった中性多糖である．この構造は寒天のおよそ70％を占めている．アガロースの1～2％液は加熱で溶解し，冷却すると多糖鎖の水酸基間の水素結合が大きな網目を形成しゼリー状に固まり，高分子がその中を自由に拡散できるので，電気泳動の支持体や細胞培地として広く利用され，クロマトグラフィーの担体としても最適である．

II.1.6 動植物の複合糖質

複合糖質 complex carbohydrate (glycoconjugate) は糖鎖がタンパク質や脂質と共有結合した物質の総称で，広く動植物の組織，細胞，あるいは体液中などに見出される．1) 糖タンパク質，2) プロテオグリカン，3) 糖脂質に大別される．

A 糖タンパク質 glycoprotein

糖鎖が共有結合したタンパク質を糖タンパク質といい，生体内のタンパク質の半数以上がそうである．細胞膜，血漿，粘液中の糖タンパク質，ある種のホルモン，酵素，卵白アルブミン，レクチン，コラーゲン，血液型物質など，生物界に広く分布し，結合している糖鎖は生理的に重要な意義をもっている．糖タンパク質は構成単糖の種類，糖の含量，糖鎖の長さ，糖鎖とタンパク質との結合様式などにおいて多様である．構成単糖はガラクトース，マンノース，フコース，N-アセチルグルコサミン，N-アセチルガラクトサミン，N-アセチルノイラミン酸（シアル酸）などであり，1〜10 数本の糖鎖が 1 本の芯タンパク質 core protein に結合したものが多い．糖の含量は 3〜95％と種類によって異なる．図II.1.15 に，N-グリコシド型の糖鎖（血清糖タンパク質などに見出される）と胃粘膜の糖タンパク質などによく見出される O-グリコシド型糖鎖の代表的な構造とそれらの糖鎖とタンパク質との結合部分の構造を示す．

糖鎖との結合に関与するタンパク質のアミノ酸残基は，アスパラギン，セリン，トレオニンである．アスパラギンはアミド窒素を介して糖と N-グリコシド結合している．セリンとトレオニンはその水酸基で O-グリコシド結合しており，結合に関与する糖は N-アセチルガラクトサミンが多い．糖タンパク質は生体内の認識マーカーとして作用し，生物学的情報を担っている．すなわち，細胞の増殖，分化，形質転換，移動，エンドサイトーシスなどに関わっている．

B プロテオグリカン proteoglycan

グリコサミノグリカン glycosaminoglycan というヘテロ多糖類を 1 本以上結合したタンパク質をプロテオグリカンと総称しており（図II.1.16），広義の糖タンパク質である．プロテオグリカンは，動物の結合組織の細胞間基質や関節液などの構成成分となっており，その糖鎖部分であるグリコサミノグリカンは以前はムコ多糖と呼ばれた．グリコサミノグリカンの分解酵素が遺伝的に欠損しているムコ多糖代謝異常症 mucopolysaccharidosis といわれる一群の先天性代謝異常症がよく知られている．ヒアルロン酸は，他のグリコサミノグリカンと異なり，硫酸化され

(A) *N*-グリコシド型糖鎖
 　　 (Asn 結合型糖鎖)

NeuAc-Gal-GlcNAc
NeuAc-Gal-GlcNAc — Man
NeuAc-Gal-GlcNAc — Man

Man-GlcNAc-GlcNAc-Asn

N-アセチル-D-グルコサミン (GlcNAc)

(B) *O*-グリコシド型糖鎖
 　　 (ムチン型糖鎖)

NeuAc—Gal—GalNAc-Ser/Thr

芯タンパク質

N-アセチル-D-ガラクトサミン (GalNAc)

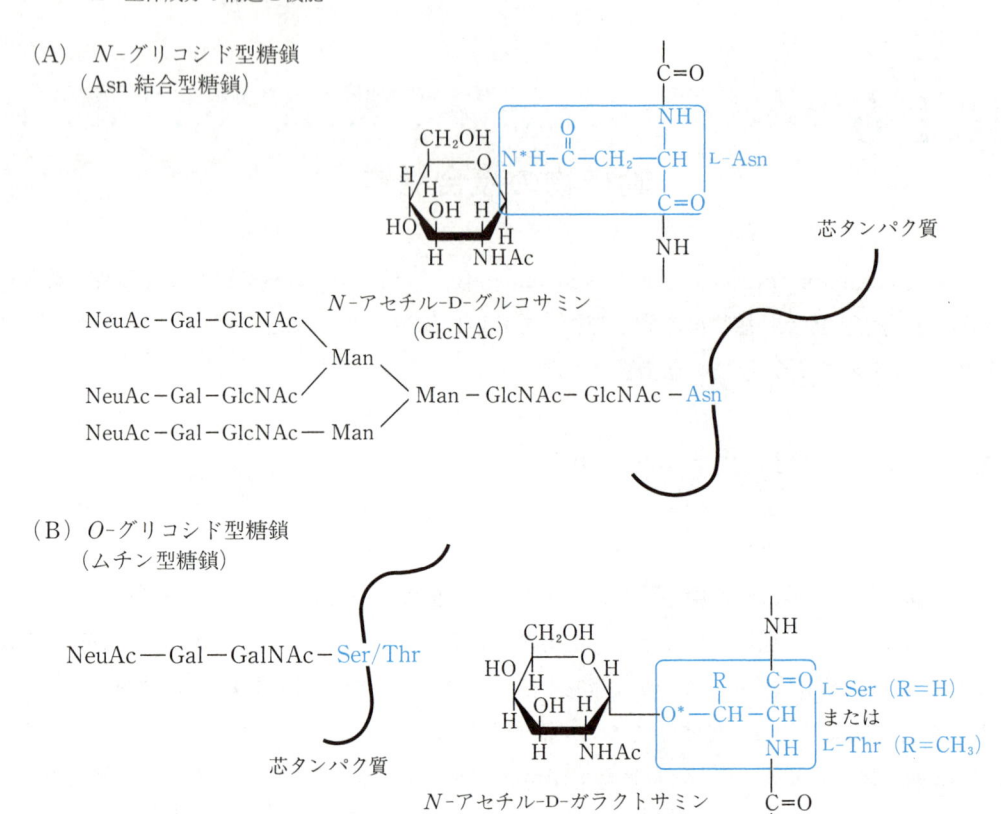

図 II.1.15　糖タンパク質の代表的な糖鎖構造と糖鎖のタンパク質への結合部分の構造
A：*N*-グリコシド型糖鎖は還元末端の GlcNAc 残基がポリペプチド鎖中の Asn 残基のアミド基の窒素原子 N* を介して結合しており，Asn 結合型糖鎖ともいわれる．
B：*O*-グリコシド型糖鎖では，還元末端の GalNAc 残基がポリペプチド鎖中の Ser または Thr 残基の側鎖の水酸基の酸素原子 O* を介して結合しており，ムチン型糖鎖ともいわれる．

ておらずタンパク質に共有結合していないが，その構造上の類似性からグリコサミノグリカンに分類されている．以下に，個々のグリコサミノグリカンについて解説する．

a)　ヒアルロン酸 hyaluronic acid

　眼の硝子体，皮下，関節液，ニワトリのトサカなどに存在する．ある種の病原細菌によっても合成される．D-グルクロン酸と *N*-アセチル-D-グルコサミンが交互に β-1,3 および β-1,4 結合で直鎖状に結合した構造であり（図 II.1.17），分子量は 20 万～数百万にも及ぶ．分子量が大きく，互いに反発する陰イオン基がたくさんあるので，ヒアルロン酸は溶液中では乾燥状態の 1000 倍もの体積を占め，高度に水和された分子となり，保水剤として多くの化粧品に使用されている．また，粘性が高く，関節液中では衝撃吸収と潤滑に役立っている．ヒアルロン酸はヒアルロニダーゼで分解されるが，精子が卵子の皮膜を貫いたり，細菌が皮膚から侵入するときこの

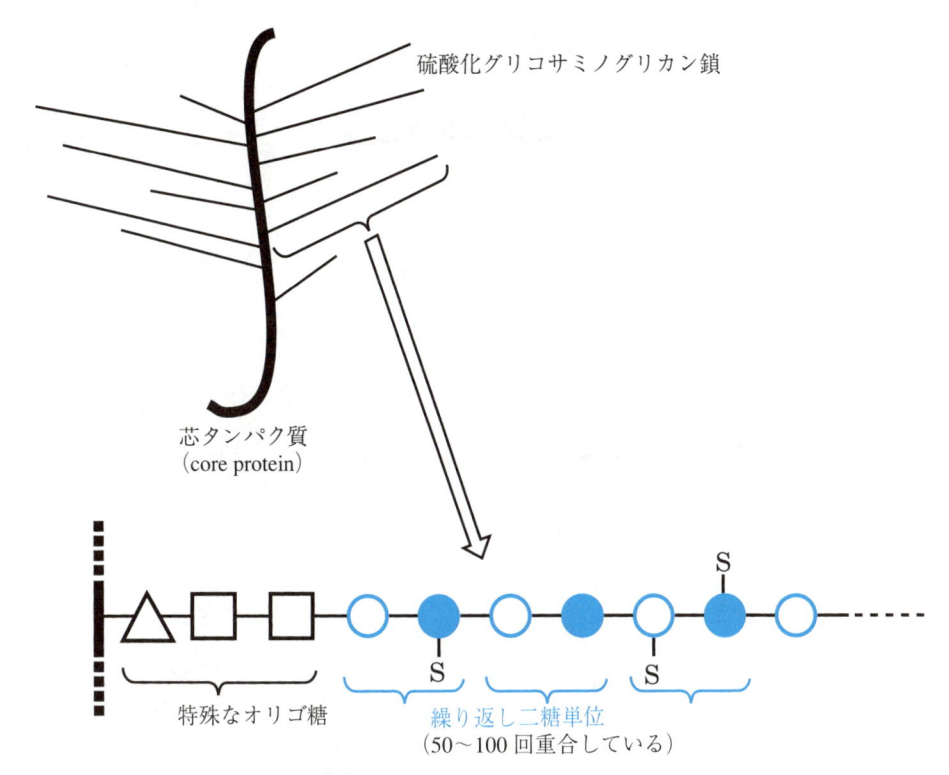

図 II.1.16 プロテオグリカンの構造

プロテオグリカンは芯タンパク質に通常複数の硫酸化グリコサミノグリカン鎖が共有結合した構造をしている．ケラタン硫酸では枝分かれした部分もあるが，それ以外のグリコサミノグリカン鎖は二糖の繰り返し単位が 50〜200 回重合した直鎖状構造で，タンパク質へは特殊な構造をしたオリゴ糖を介して共有結合している．図中の S は硫酸基を表し，図 II.1.17 に示すようにさまざまな位置が硫酸化されうる．

酵素が働く．ヘビや昆虫の毒液中にもこの酵素が含まれ，毒素の侵入を助ける役割を演じている．関節炎の治療や白内障の手術の後の治療に広く用いられている薬である．

b) コンドロイチン硫酸 chondroitin sulfate

角膜や骨の成分で D-グルクロン酸と N-アセチル-D-ガラクトサミンが $\beta 1 \rightarrow 3$ と $\beta 1 \rightarrow 4$ で繰り返した構造をしており，硫酸化される水酸基の違いによって A，C などいくつかの種類が存在する（図 II.1.17）．A と C は軟骨の主成分であり，A では N-アセチル-D-ガラクトサミンの 4 位，C では 6 位が硫酸化されており，D-グルクロン酸の 2 位や 3 位が硫酸化された種類も知られている．いずれも分子量は 4 万〜5 万で直鎖構造である．関節炎やリウマチやの治療薬して広く用いられている．

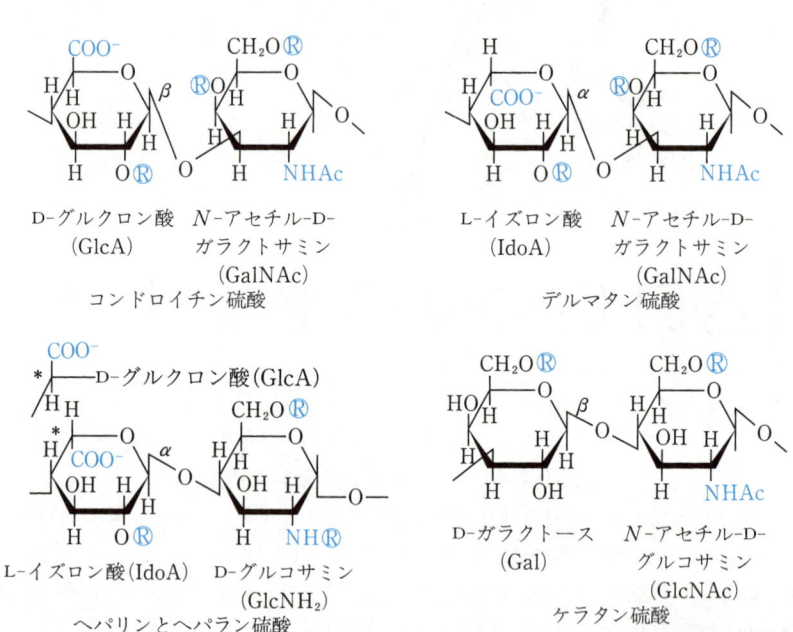

図 II.1.17 各種のグリコサミノグリカンの代表的な繰り返し二糖単位の構造
Ⓡ は H または SO_3^- で,この位置が硫酸化されうることを示している.
*D-グルクロン酸と L-イズロン酸の場合がある.

c) デルマタン硫酸 dermatan sulfate

L-イズロン酸と N-アセチル-D-ガラクトサミン-4-硫酸が $α1 \rightarrow 3$ と $β1 \rightarrow 4$ の繰り返した構造からなり,皮膚や腱,大動脈などの構成成分となっている.L-イズロン酸が発見されるまでは,D-グルクロン酸が含まれていると考えられていたので,コンドロイチン硫酸 B と呼ばれていた.コンドロイチン硫酸の構造異性体と考えられる.

d) ヘパリン heparin

腸管内壁,皮膚や肺などの肥満細胞中に顆粒として存在し,炎症時などに放出される.強い血液凝固阻止作用を有し,手術後に血液凝固防止のため臨床的に用いられる重要な薬である.ヘパリンはウロン酸(D-グルクロン酸あるいは L-イズロン酸)と D-グルコサミンが交互に繰り返し

た構造から成り，二糖単位当たり平均 2.5〜3 個の硫酸基を含む（図 II.1.17）．グリコサミノグリカンの中でも最も硫酸化の程度が高い．

e）ヘパラン硫酸 heparan sulfate

肝，肺，腎，脾，脳，血管などから単離されたが，哺乳動物のプロテオグリカンとして，哺乳動物細胞の表面の普遍的成分として存在する．構造上，ヘパリンとよく似ており，繰り返し二糖単位はウロン酸（D-グルクロン酸または L-イズロン酸）と D-グルコサミンからなるが（図 II.1.17），ヘパリンよりもグルクロン酸含量とグルコサミンのアセチル化の程度が高く，硫酸化の程度が低い．硫酸化されうる位置は，ヘパリンの場合と同じである．血管内皮細胞表面で血液凝固阻止の役割を担い，また，細胞増殖因子と特異的に結合して，細胞増殖の調節をしているなど多くの生物学的機能をもつと考えられている．ヘパラン硫酸の分解の遺伝的代謝異常症であるムコ多糖代謝異常症として，ハーラー Hurler 症候群やハンター Hunter 症候群などが知られている．

f）ケラタン硫酸 keratan sulfate

眼の角膜や軟骨に見出される．D-ガラクトース残基または D-ガラクトース-6-硫酸残基と N-アセチル-D-グルコサミン 6-硫酸残基が交互に β (1→4) 結合している（図 II.1.17）．硫酸含量が一定しないのと，少量のフコース，マンノース，N-アセチルグルコサミン，シアル酸も含むので，非常に不均一な分子である．

C　糖脂質 glycolipid

糖と脂質が共有結合した物質群を糖脂質といい，グリセロ糖脂質，スフィンゴ糖脂質，その他のものに大別される．

a）グリセロ糖脂質 glyceroglycolipid

グリセロ糖脂質は親水基として炭水化物をもち，脂溶性（非極性）基としてアシルグリセロールをもつ糖脂質の一群の総称である．哺乳動物精巣では，D-ガラクトース-3-硫酸をもつセミノリピドが主要糖脂質である（図 II.1.18A）．また，グリセロリン酸を骨格としてもつグリセロリン脂質は生体膜の構成成分として重要であるが，そのうちホスファチジルイノシトール（図 II.1.18B）はグリセロ糖脂質でもあり，動物細胞の全リン脂質の 2〜13％程度を占める．また，動物細胞のタンパク質の中にはオリゴ糖架橋を介して細胞膜に埋め込まれたホスファチジルイノシトールに共有結合しているものがあり，このような糖脂質の部分をグリコシルホスファチジルイノシトールアンカー（GPI アンカー）と呼ぶ（図 II.1.18C）．

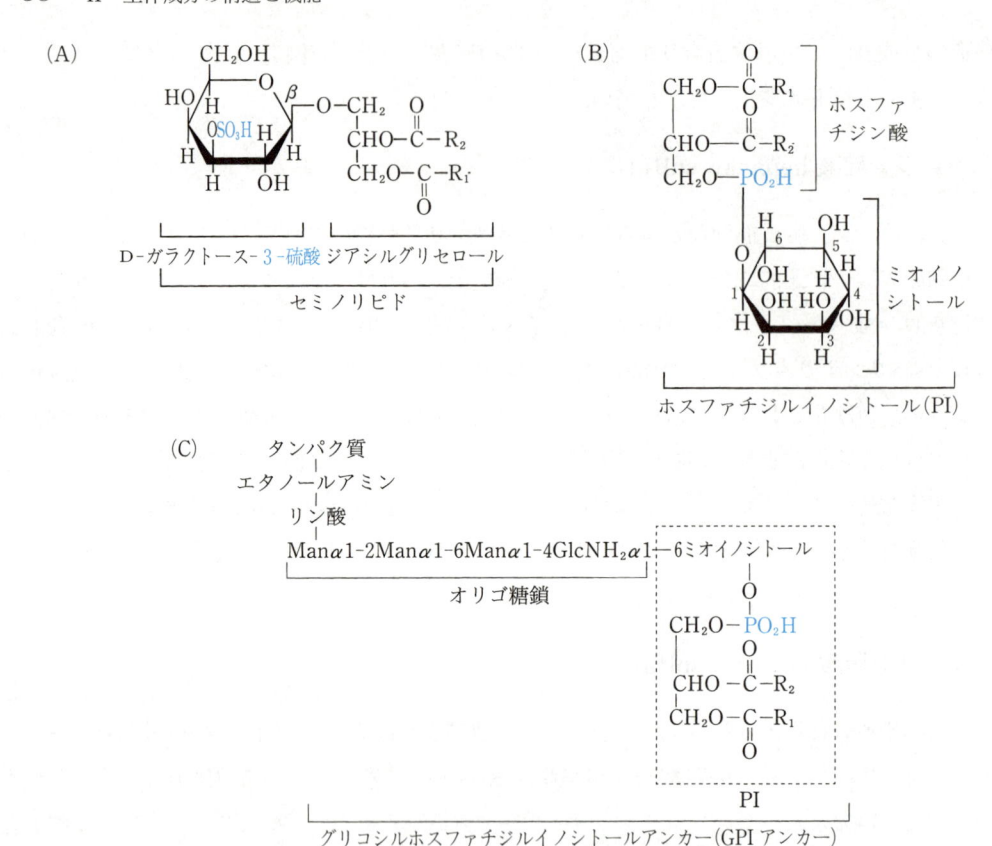

図 II.1.18　グリセロ糖脂質の構造と GPI アンカー

b) スフィンゴ糖脂質 glycosphingolipid

　生体膜の主な成分で，特に脳白質に多い．C_{18} アミノアルコールであるスフィンゴシンの誘導体と脂肪酸がそのアミノ基に結合した同族体であり，これらの N-アシル誘導体をセラミドという（図 II.1.19A）．一番簡単なスフィンゴ糖脂質はセラミドに D-グルコースや D-ガラクトースが結合したもので，セレブロシドと呼ばれる．グルコセレブロシドを図 II.1.19A に示す．セラミドにシアル酸を含むオリゴ糖が結合したものを総称してガングリオシドと呼び，細胞表面の膜の主成分で，脳に多い．オリゴ糖鎖の構造の違いにより 60 種以上に分類されるが，代表的な G_{M1}，G_{M2}，G_{M3} ガングリオシドの構造を図 II.1.19B に示した．コレラトキシンなどの細菌の毒素タンパク質の受容体もガングリオシドである．

D　複合糖質の機能

　複合糖質は，細胞表面に存在することが多く，細胞間相互作用や細胞外の環境因子による細胞

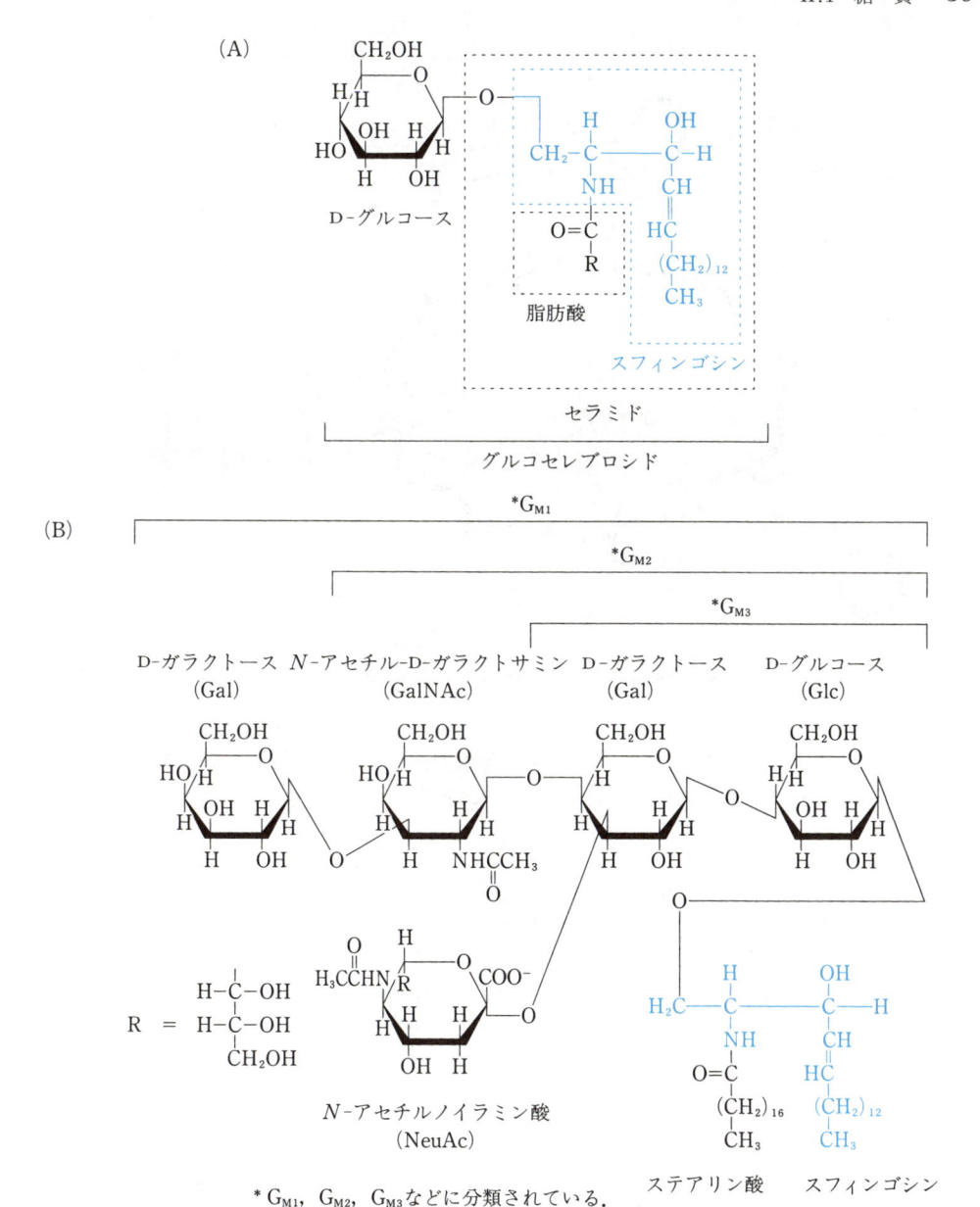

図 II.1.19 スフィンゴ糖脂質（A）とガングリオシド（B）の構造

の認識において大きな役割をもつ．例えば，バクテリアやウイルスは上記の複合糖質の糖鎖部分に結合して感染することが多い（図II.1.20）．インフルエンザウイルスは細胞表面のシアル酸を含むオリゴ糖に結合して感染する．ジフテリア毒素は糖脂質の糖鎖に結合して作用するタンパク質である．糖タンパク質や糖脂質の糖鎖は血液型抗原（表II.1.2）としても知られており，細胞の分化やがん化のマーカーになっている場合もある．また，炎症部位における白血球と血管内皮細胞との接着には，細胞接着分子であるセレクチンといわれるタンパク質（糖鎖を認識する

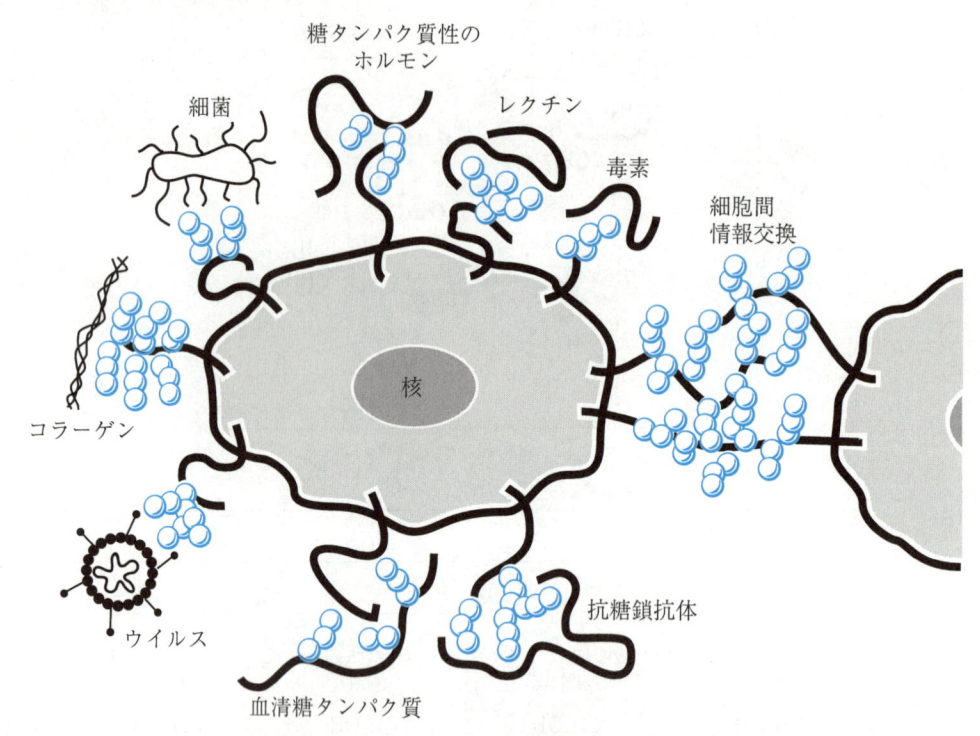

図 II.1.20 細胞表面の複合糖質の糖鎖の多彩な生物学的機能の概念図
(永井克孝編:糖鎖,図1・1,東京化学同人を改変)

表 II.1.2 血液型糖鎖抗原の構造

型	抗　原
(O)H	Galβ(1→4) GlcNAc-R 　　　↑2 　　　｜1 　　Fuc α
A	GalNAcα(1→3) Galβ(1→4) GlcNAc-R 　　　　　　　　↑2 　　　　　　　　｜1 　　　　　　　Fuc α
B	Galα(1→3) Galβ(1→4) GlcNAc-R 　　　　　　↑2 　　　　　　｜1 　　　　　Fuc α

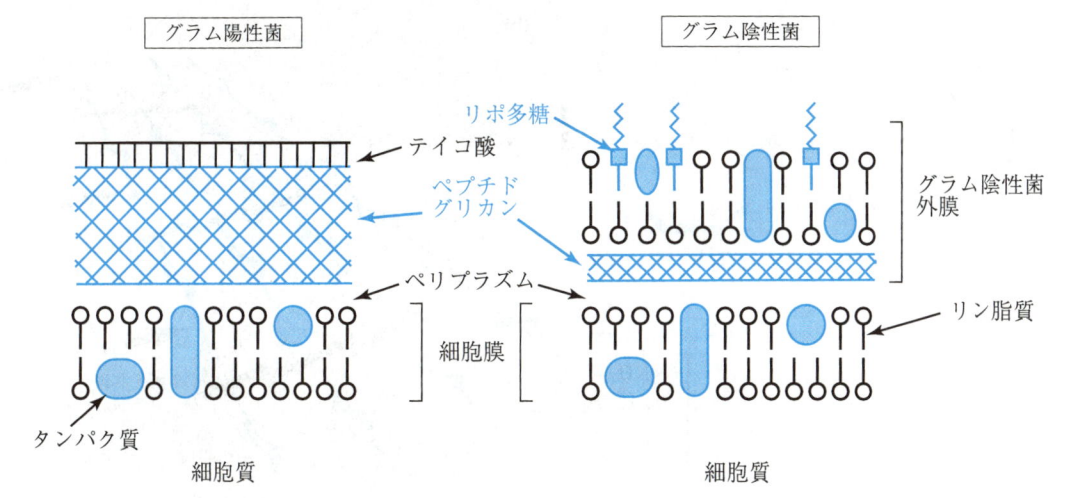

図 II.1.21　細菌細胞壁の構造
（池北雅彦，入村達郎，辻　勉，堀戸重臣，吉野輝雄共著（1997）糖鎖学概論，丸善）

一種のレクチン）による糖鎖の認識機構が関与しており，白血球の組織への浸潤の開始に関与する．細胞表面のプロテオグリカンのグリコサミノグリカン側鎖は細胞外のコラーゲン，細胞増殖因子 growth factor，炎症反応や細胞の増殖・分化を制御するサイトカイン cytokine などの一群のタンパク質との相互作用が知られており，ウイルスのレセプターとしても機能している．

II.1.7 細菌の細胞壁多糖

　細菌は，細胞膜の外側を覆う細胞壁をもち，この細胞壁は機械的強度に優れ，細菌の形態をつくるとともに，外界との浸透圧の差から細胞を保護している．細菌細胞壁は特徴的な構造を有している．細菌は，グラム染色法によって，染色されるもの（グラム陽性菌）と染色されないもの（グラム陰性菌）とに分類され，この染色性の違いは細胞壁の構造の違いに由来している（図 II.1.21）．いずれの細胞壁もその内側に細菌細胞壁の基本骨格であるペプチドグリカンをもち，陽性菌ではその外側をテイコ酸という高分子物質に覆われ，一方，陰性菌ではリン酸，リポタンパク質，およびリポ多糖（LPS）などからなる外膜に囲まれている．広い意味で，バクテリアのリポ多糖やペプチドグリカンを複合糖質に含めることもあるが，ここでは別に取り扱うことにした．

図 II.1.22　ペプチドグリカン

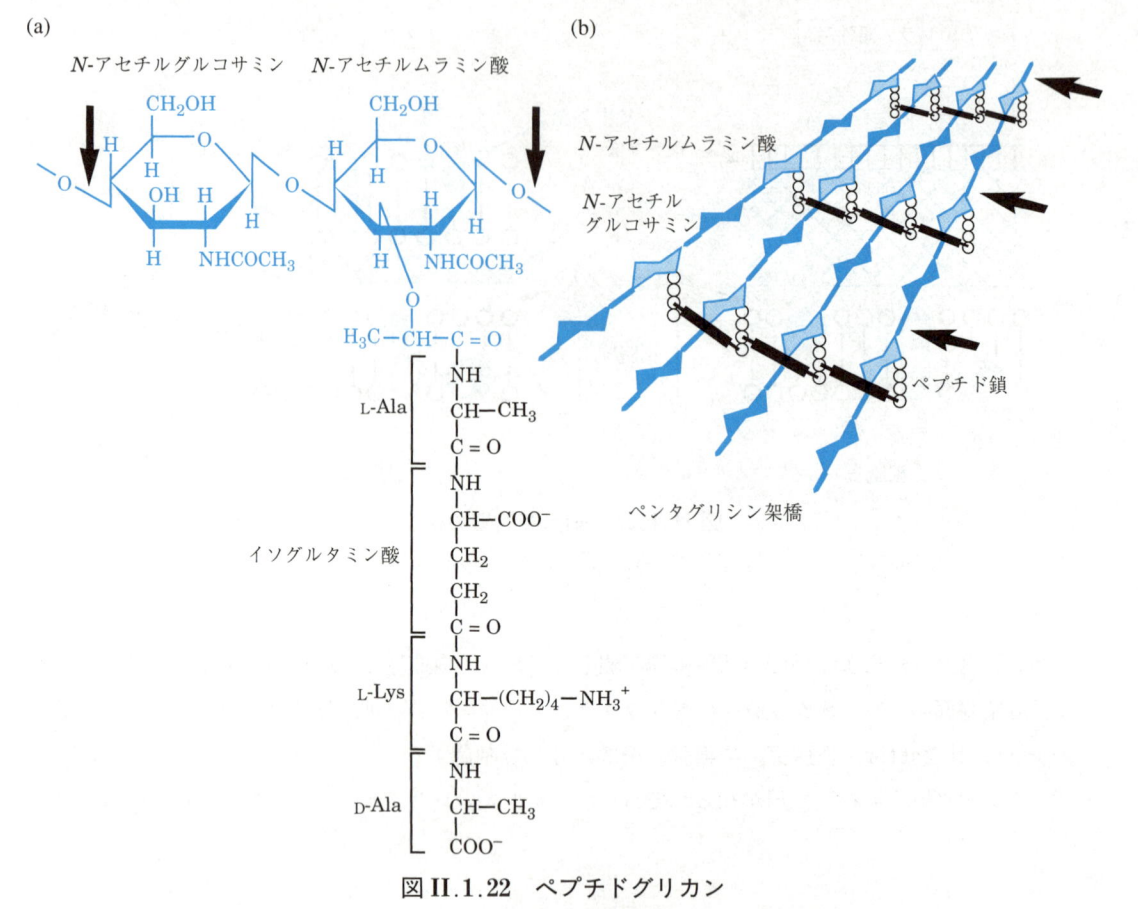

(a), (b) における矢印（↓）はリゾチームの作用部位を表す.
グルタミン酸は γ-カルボキシ基で L-Lys とイソペプチド結合しているので, イソグルタミン酸残基と呼ばれる.
(ヴォートの生化学, p.299, 東京化学同人より転載)

A　ペプチドグリカン peptidoglycan

　細菌細胞は一般に多糖とポリペプチドの鎖が縦横に共有結合した袋状の分子ペプチドグリカン peptidoglycan で覆われる. 多糖鎖は N-アセチルグルコサミンと N-アセチルムラミン酸が交互に β (1→4) 結合している（図 II.1.22）. N-アセチルムラミン酸の乳酸基は D-アミノ酸を含む短いペプチドにより架橋されている.

　そのペプチドの構造はバクテリアの種によって決まる. グラム陽性の *Staphylococcus aureus*（黄色ブドウ球菌）では L-Ala-D-イソグルタミル-L-Lys-D-Ala からなるテトラペプチドで, その末端カルボキシ基につながるペンタグリシン鎖が隣りのテトラペプチドの Lys の ε-アミノ基に結合して架橋する. 細菌細胞壁はそのようなペプチドグリカンの重層で, 層同士も架橋してお

り，グラム陽性菌では 20 層もある．ペニシリンやセファロスポリンなどの β-ラクタム系抗生物質は，ペプチドグリカンの生合成の最終段階のペプチド架橋反応を阻害することにより抗菌活性を示す．

　このペプチドグリカンは D-アミノ酸を含むのでプロテアーゼは作用しない．しかし，涙や粘液など分泌液や卵白にはリゾチームがあり，これが N-アセチルグルコサミンに結合した $\beta1\rightarrow4$ ムラミド結合を加水分解し，バクテリアを殺す．おそらく感染防止の役割があるのだろう．したがって，グラム陽性菌はリゾチーム処理すると細胞壁が分解され溶菌する（グラム陰性菌はリゾチーム抵抗性）．リゾチームは 1922 年英国の細菌学者アレキサンダー・フレミング Alexander Fleming がくしゃみで飛んだ粘液が培養細菌を溶かすことから発見した．Fleming はこれがどの細菌にも効くことを願ったが，病原菌には効果がない．宿主のバクテリアからのウイルスの放出は，ウイルスの感染サイクルの重要なステップであるが，ある種のウイルスは，このときリゾチームの生産を促す．

B　リポ多糖 lipopolysaccharide

　グラム陰性菌表層のペプチドグリカンを取り囲んで存在する外膜の重要構成成分である．リポ

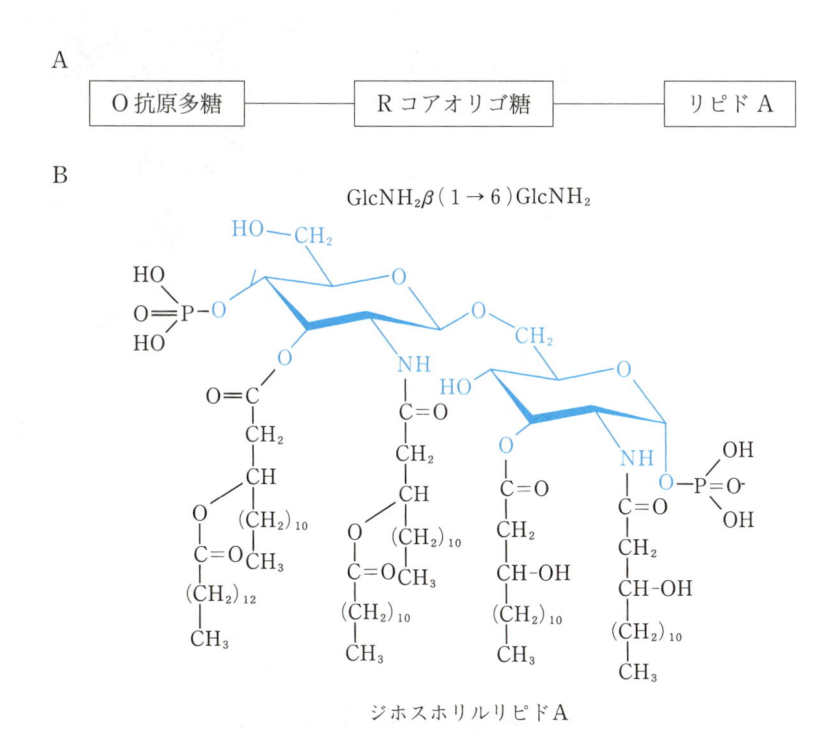

図 II.1.23　リポ多糖（LPS）の基本構造

基本構造（A）とリピド A の構造（B）．図 B は大腸菌型の毒性ジリン酸型であるが，図の右側のリン酸基を欠いた低毒性モノリン酸型も知られている．

多糖は細菌内毒素エンドトキシン endotoxin とも呼ばれ，動物の血液凝固系や免疫応答を過剰に亢進させ，発熱やショック症状を引き起こし，死に至らせることすらある．最近では，O157抗原をもつ大腸菌が出血性大腸炎を起こし，猛威をふるった．リポ多糖はリピド A と呼ばれる脂質とこれに共有結合した各種の糖から成り（図 II.1.23A），非還元末端の糖鎖を外界に向けて存在する．毒性の本体はリピド A に存在し，リピド A は 2 分子のグルコサミン，リン酸，脂肪酸とから成っている（図 II.1.23B）．糖鎖部分はリピド A に直接結合した R コアオリゴ糖（近縁の菌では比較的均一な構造をとる）と呼ばれる部分と，菌種によって異なる構造をとることによって強い抗原性を示す O 抗原多糖部分から成っている．

II.1.8 糖の定性および定量試験法（技能）

簡便な呈色反応を利用した糖の検出法には，様々な方法があるが，ここでは代表的な，糖の還

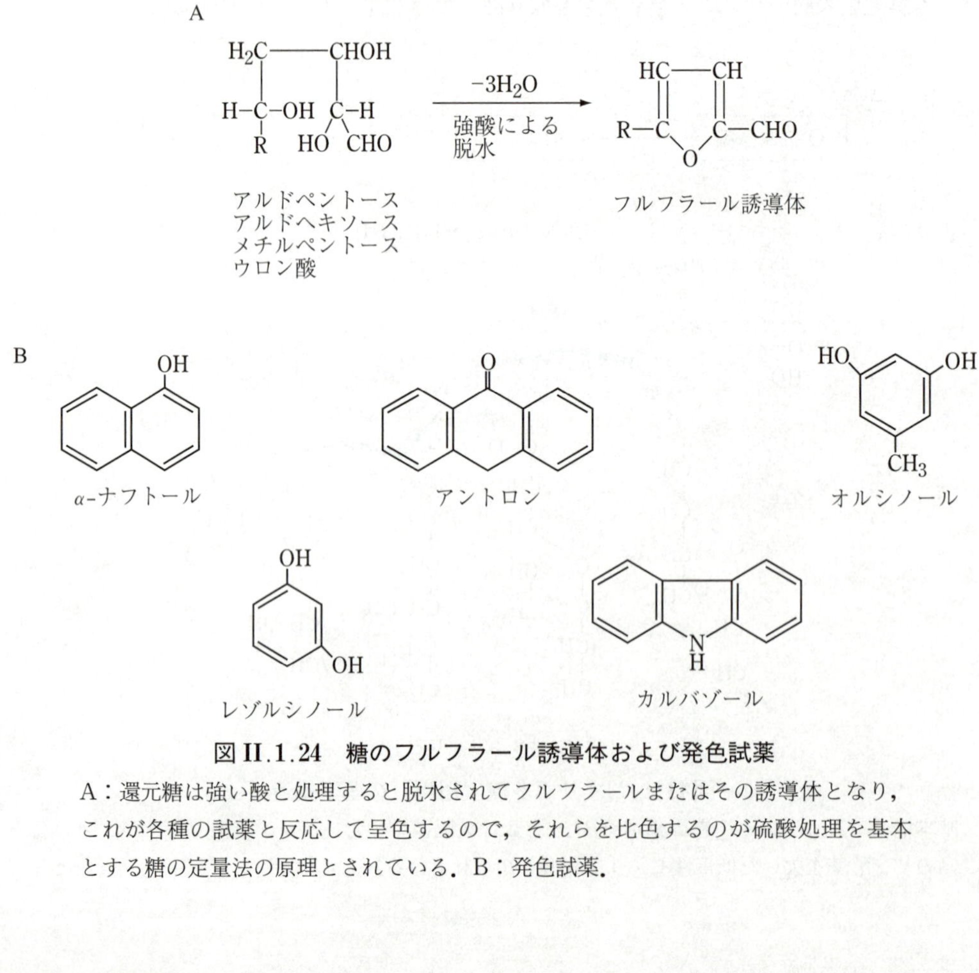

図 II.1.24 糖のフルフラール誘導体および発色試薬
A：還元糖は強い酸と処理すると脱水されてフルフラールまたはその誘導体となり，これが各種の試薬と反応して呈色するので，それらを比色するのが硫酸処理を基本とする糖の定量法の原理とされている．B：発色試薬．

元力を利用する方法と，糖が強酸条件の下で加熱すると生成するフルフラールやフルフラール誘導体（図II.1.24A）が酸性条件下でフェノール類や芳香族アミンなどの発色試薬（図II.1.24B）と反応して特有の色素ができることを利用した検出法について述べる．

A 糖の定性試験法

a) フェーリング反応

還元糖の検出と定量に用いられる．硫酸銅水溶液（$CuSO_4 \cdot 5H_2O$ 34.6 g/500 mL）と等量の酒石酸カリウムナトリウム水溶液（酒石酸カリウムナトリウム 173 g および水酸化ナトリウム 50 g/500 mL）を混合した青紫色のフェーリング試液を調製する．これを試験管にとり，還元糖を含む試料溶液を加えて煮沸すると，Cu^{2+} が還元されて酸化銅（I）の赤色沈殿を生じる．

b) トレンス反応（銀鏡反応）

グルコースなどの還元糖を含む試料 1 mL を試験管にとり，硝酸銀水溶液 2.5 mL を加える．駒込ピペットでアンモニア水を 1 滴ずつ，よくかき混ぜながら，一度生じた褐色の沈殿がちょうど消えるまで加えると，透明になる．一方，上のアンモニア性硝酸銀溶液に還元糖を含む試料溶液 1 mL を加え，手早く混ぜてから，ビーカーの 60 ℃の湯の中に浸すと，湯の中の試験管内に銀鏡の膜ができる．

c) モーリッシュ反応

糖を含む試料水溶液約 1 mL に，エタノールに溶解した 15 % α-ナフトール溶液（α-ナフトール 1 g を 94 % エタノールに溶解し，20 mL にしたもの）数滴を加えた後，試験管内壁を伝わらせながら静かに濃硫酸を加えると，下に濃硫酸，上に水の層ができ，その境に紫色の着色層ができ，攪拌すると，全体が着色する．

d) アントロン-硫酸法

汎用されるヘキソースの比色定量法の一つで，加水分解することなくできる．濃硫酸中で生成する糖のフルフラール誘導体がアントロンと反応して生成する青緑色素（吸収極大 620〜625 nm）を比色定量する．試料溶液 1 mL 中にアントロン試薬（アントロン 0.2 g を 95 % 硫酸 100 mL に溶解）を 2 mL 加えて，攪拌すると発色する．ウロン酸は 540〜550 nm に吸収極大をもち，アミノ糖は反応しない．

e) セリワノフ反応

強酸の存在でケトヘキソースがアルドヘキソースよりも容易にフルフラール誘導体に変わり，

レゾルシノール（レゾルシンともいう）と結合して赤色物質を生じることを利用するケトースの検出法．試料溶液 1 mL にセリワノフ試薬（0.5％レゾルシノール 3.5 mL に濃塩酸 12 mL を加え，水で 35 mL にしたもの）5 mL を加えて過熱すると速やかに赤色を呈する．アルドースは 10 倍量で同程度に発色する．

B 糖の定量試験法

a) ソモギ-ネルソン法

最初に開発された糖の比色定量法で，糖類の還元力に基づく．原理は，弱アルカリ性溶液中で糖によって Cu^{2+} から還元されて生じた Cu_2O によって，硫酸酸性でヒ素モリブデン酸塩をモリブデンブルーに還元し，その青色の吸光度から糖の濃度を求める．試験管中で試料溶液 1 mL（還元糖として 10〜180 μg を含む）と銅試薬（下記）1 mL を混ぜ，ガラス玉でキャップし，沸騰水浴中で 10 分間加熱する．その後，流水で室温まで急冷し，Nelson 試薬（発色試薬）1 mL を加え，静かによく混ぜる．激しく撹拌してはいけない．10 分後，660 nm の吸光度を測定する．

ⅰ) 銅試薬

A 液：硫酸銅水溶液（$CuSO_4 \cdot 5H_2O$ 15 g/100 mL）と B 液：（Na_2CO_3 25 g とロシェル塩（酒石酸ナトリウムカリウム四水和物 $KNaC_4H_4O_6 \cdot 4H_2O$）25 g，$NaHCO_3$ 20 g，Na_2SO_4 200 g を蒸留水に溶解し，1 L としたもの）を使用直前に A 液 1 mL と B 液 25 mL の割合で混合して用いる．

ⅱ) Nelson 発色試薬

濃硫酸 42 g と $Na_2HAsO_4 \cdot 7H_2O$ 3 g をあらかじめ 50 mL の水に溶かしておき，$(NH_4)_6Mo_7O_{24} \cdot 4H_2O$ の水溶液（25 g/900 mL）を加えて，さらに蒸留水で 1 L にしたもの．

b) カルバゾール-硫酸法

カルボニル化合物がインドールと硫酸の存在下で加熱反応して呈色することを利用し，インドール類似構造体であるカルバゾールを利用する．ウロン酸の定量に用いられる．ここでは，コンドロイチン硫酸等の定量に応用されるウロン酸の測定法である Bitter-Muir 法を記す．氷冷した硫酸（0.025 M ホウ砂［$NaB_4O_5(OH)_4$］$\cdot 8H_2O$）5 mL を試験管にとり，試料 1 mL（ウロン酸 4〜40 μg）を重層し，氷冷しながら混和する．沸騰湯浴中で 10 分間加熱後，水冷し，カルバゾール試薬を 0.2 mL 加え，混和し，沸騰湯浴中で 15 分間加熱し，発色後，水冷し，比色する．

c) ビアル反応

ペントースの比色定量法の一つ．濃硫酸によって生じるフルフラールがオルシノールと反応して発色する．プリン塩基に結合したリボースも塩酸によって遊離し，フルフラールを与え発色するので，RNA の定量にも用いられる．試料溶液 2 mL（ペントースとして 10～30 μg を含む）に鉄試薬（$FeCl_2 \cdot 10H_2O$ 0.1 g を濃塩酸 100 mL に溶かしたもの）2 mL およびオルシノール試薬（オルシノール 1 g を 95％エタノール 100 mL に溶かしたもの）2 mL を加え，試験管口をガラス玉でふさぎ 20 分間過熱すると，青緑色を呈する．水冷して 660 nm の吸光度を測定する．

d) フェノール硫酸法

中性糖，特にヘキソースのために汎用される定量法．加水分解せずに，ほとんどの単糖，オリゴ糖，多糖およびそれらのメチル化糖に適用できる．糖（10～100 μg）を含む試料溶液 0.2 mL を試験管に入れ，5％フェノール液 0.2 mL を添加後，濃硫酸 1.0 mL を速やかに液面に滴下するように加え混合する．10 分放置後，混合し室温で 10～20 分間放置後に呈する黄色を比色する．ヘキソースは 490 nm，ペントースやウロン酸は 480 nm でそれぞれ測定する．

Key words

糖鎖	糖タンパク質	プロテオグリカン
糖脂質	複合糖質	グリセルアルデヒド
ジヒドロキシアセトン	アルドース	ケトース
三炭糖	四炭糖	五炭糖
六炭糖	アルドヘキソース	ケトヘキソース
ヘミアセタール	ハース式	ピラノース
フラノース	褐変反応	メイラード反応
糖化ヘモグロビン	エピマー	D-グルコース
D-ガラクトース	D-マンノース	D-フルクトース
D-キシロース	光学対掌体	立体配座
イス形配座	舟形配座	エクアトリアル
アキシアル	アノマー	アノマー炭素
アルドン酸	D-グルコン酸	ウロン酸
D-グルクロン酸	L-イズロン酸	L-アスコルビン酸
ラクトン	糖アルコール	D-ソルビトール
D-マンニトール	リビトール	キシリトール
グリセロール	イノシトール	2-デオキシ-D-リボース

デオキシ糖	L-フコース	アミノ糖
ヘキソサミン	D-グルコサミン	D-ガラクトサミン
N-アセチル-D-グルコサミン	*N*-アセチルノイラミン酸	シアル酸
N-アセチルムラミン酸	ペプチドグリカン	マルトース
麦芽糖	スクロース	転化糖
インベルターゼ	トレハロース	グリカン
ホモ多糖	ヘテロ多糖	ムコ多糖
プロテオグリカン	グリコサミノグリカン	デンプン
グルカン	アミロース	アミロペクチン
デキストラン	デキストリン	限界デキストリン
グリコーゲンホスホリラーゼ	ホスホリラーゼ	セルラーゼ
キチナーゼ	リゾチーム	糖原病
セルロース	セロビオース	キチン
キトサン	キトビオース	ペクチン
グルコマンノグリカン	アルギン酸	アガロース
アガロビオース	*N*-グリコシド結合	*O*-グリコシド結合
Asn 結合型糖鎖	ムチン型糖鎖	レクチン
ムコ多糖代謝異常症	ヒアルロン酸	コンドロイチン硫酸
デルマタン硫酸	ヘパリン	ヘパラン硫酸
ケラタン硫酸	グリセロ糖脂質	スフィンゴ糖脂質
ホスファチジルイノシトール	スフィンゴシン	セラミド
セレブロシド	セミノリピド	グルコセレブロシド
ガングリオシド	セレクチン	細胞増殖因子
サイトカイン	ペプチドグリカン	リポ多糖
エンドトキシン	リピド A	O 抗原多糖
フェーリング反応	トレンス反応	銀鏡反応
モーリッシュ反応	アントロン-硫酸法	セリワノフ反応
レゾルシノール	ソモギ-ネルソン法	カルバゾール-硫酸法
ビアル反応	フェノール硫酸法	

II.2 脂質と生体膜
Lipids and Biomembrane

学習目標

1. 脂質を分類し，構造の特徴と役割を説明できる．
2. 脂肪酸の種類と役割を説明できる．
3. 代表的なステロイドホルモンを列挙できる．
4. 代表的なエイコサノイドを列挙できる．
5. 細胞膜の構造と性質について説明できる．
6. 細胞膜を構成する代表的な生体分子を列挙し，その機能を説明できる．
7. 細胞膜を介した物質移動について説明できる．

　糖，タンパク質と並ぶ三大栄養素の1つである脂質 lipid は，脂溶性，つまり油に溶けやすく水に溶けにくい性質をもつ一群の生体成分である．生体内での脂質のおもな働きは，

1) 生体膜を構築する
2) 生体のエネルギー源であり，またエネルギーを貯蔵する
3) ホルモンなど微量でも生体機能の調節に必要な成分をつくる

の3点をあげることができる．

　細胞は生命の基本単位であるが，何よりもまず細胞は生体膜で包まれ，ある空間が仕切られているから細胞としての性質が現れる．細胞の中で行われるさまざまな生命活動は，実は生体膜上あるいは膜の内外を介して行われるものが多い．また，脂質は糖と並ぶ生体のエネルギー源である．エネルギー供給が過剰のときには，脂肪を脂肪細胞などいろいろな組織に貯蔵してエネルギーを備蓄し，必要なときにそれを分解してエネルギーを取り出している．また，さまざまな生体機能調節分子のうち，かなりのものは脂質からつくられているのである．

II.2.1 脂質の分類

一般に脂溶性の物質を総称して脂質と呼ぶ．脂質は，生体の構成成分として，糖質，タンパク質，核酸と並んで，主要な成分の1つである．

脂質は非常に多様な成分を含み，したがって，多くの種類に分かれるが，まず全体として単純脂質と複合脂質に大別できる．単純脂質は，例えば脂肪酸やコレステロールに代表されるように，炭素，水素，酸素から成り，有機溶媒に溶けやすい脂質である（表II.2.1）．一方，複合脂質は単純脂質の基本構造に，さらに糖，リン酸，硫酸，塩基などが結合している脂質の総称である．複合脂質は分子内に疎水性部分と親水性部分とをもつため，両親媒性，つまり水にも有機溶媒にも親和性をもつ物質である．

表II.2.1　脂質の分類

単純脂質―――炭素，水素，酸素から成り，アセトンなどの有機溶媒に溶けやすい物質
- 脂肪酸
  - 飽和脂肪酸
  - 不飽和脂肪酸
- 中性脂肪　トリアシルグリセロールなど
- ステロール　コレステロール，エルゴステロールなど
- イソプレノイド　脂溶性ビタミン類，フラボノイドなど
- ワックス

複合脂質―――単純脂質の基本構造に，糖，リン酸，硫酸，塩基などが結合．疎水性部分と親水性部分をもつために両親媒性を示す．
- リン脂質
  - グリセロリン脂質
  - スフィンゴリン脂質
- 糖脂質
  - グリセロ糖脂質
  - スフィンゴ糖脂質
- その他　GPIアンカー，リポ多糖など

A　単純脂質

a) 脂肪酸

脂肪族炭化水素の末端がカルボン酸になっているものを脂肪酸という．天然には，直鎖状のものが多い．生体内のおもな脂肪酸の炭素数は14〜22で，いずれも偶数である（図II.2.1）．炭

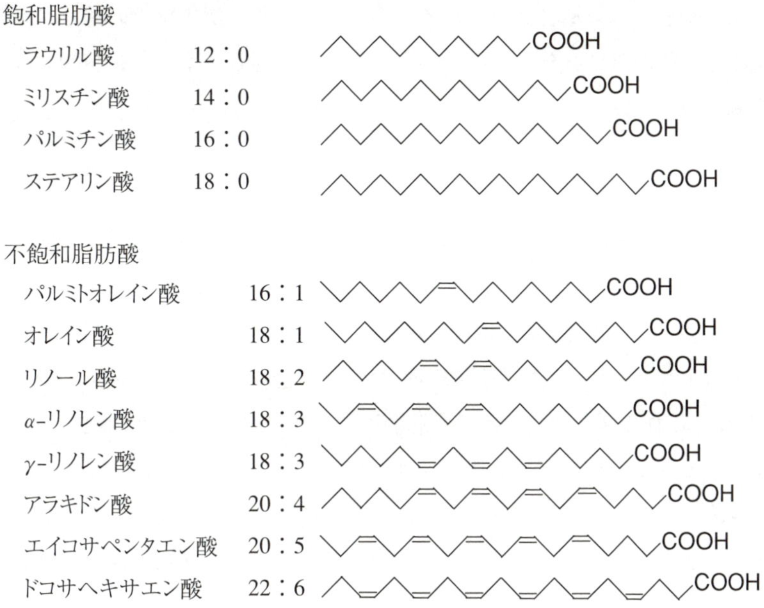

飽和脂肪酸
　ラウリン酸　　　　　12：0
　ミリスチン酸　　　　14：0
　パルミチン酸　　　　16：0
　ステアリン酸　　　　18：0

不飽和脂肪酸
　パルミトオレイン酸　16：1
　オレイン酸　　　　　18：1
　リノール酸　　　　　18：2
　α-リノレン酸　　　　18：3
　γ-リノレン酸　　　　18：3
　アラキドン酸　　　　20：4
　エイコサペンタエン酸　20：5
　ドコサヘキサエン酸　22：6

図 II.2.1　脂肪酸の種類

素数 12 個以下，あるいは 24 個以上の脂肪酸もあるが，含量は低い．分子内に二重結合を含まない脂肪酸を飽和脂肪酸，二重結合を含む脂肪酸を不飽和脂肪酸という．特に二重結合を 2 個以上もつ脂肪酸を高度不飽和脂肪酸という．高度不飽和脂肪酸は，プロスタグランジンのような体内で重要な働きをもつ成分の原料となるなど大切な成分である．二重結合が多いと酸化反応を受けて変性しやすいが，高度不飽和脂肪酸の酸化反応を抑制するビタミン E などの抗酸化物質により保持される．

Box II.2.1

脂肪酸の名称

　脂肪酸 fatty acid の名称は，元になる炭化水素名に酸を付ける．英語では，語尾に -oic acid を付けて表す．しかし，生体成分として主要な脂肪酸には慣用名が使われることのほうが多いので，こちらを覚えておく必要がある．例えば，炭素 16 個の飽和脂肪酸であれば，ヘキサデカン酸 hexadecanoic acid であるが，通常はパルミチン酸と呼ばれる．同様に，炭素 18 個で二重結合を 1 つ含む不飽和脂肪酸は，オクタデセン酸 octadecenoic acid であるが，オレイン酸と呼ばれる．慣用名はその脂肪酸が多く含まれている油脂の名称と関連する場合がある．例えば，パルミチン酸 palmitic acid はヤシ油 palm oil，ステアリン酸 stearic acid は牛脂 stead，オレイン酸 oleic acid はオリーブ油 olive oil に多く含まれていることに由来する．魚油に多く含まれることが知られているエイコサペンタエン酸 eicosapentaenoic acid やドコサヘキサエン酸 docosahexaenoic acid は，特別な慣用名はなくこのまま呼ばれるか，あるいは EPA，DHA の略称で呼ばれている．

天然の不飽和脂肪酸の二重結合はシス型である．そのため，炭化水素の鎖は二重結合の位置で屈曲する．飽和脂肪酸が直鎖状分子であり融点が高いのに対し，不飽和脂肪酸は分子内の運動に自由度があり融点が低い．

b）　中性脂肪

グリセロールの3つの水酸基に脂肪酸がエステル結合したものがトリアシルグリセロールである．トリアシルグリセロールは，トリグリセリドとも呼ばれる．余剰の脂肪酸を貯蔵するときには，トリアシルグリセロールとして脂肪組織内に蓄える．グリセロールに脂肪酸が2つだけ結合したものはジアシルグリセロール，脂肪酸が1つだけ結合したものはモノアシルグリセロールである（図II.2.2）．これらグリセロールの脂肪酸エステルを総称して中性脂肪と呼ぶ．

脂質貯蔵体であるトリアシルグリセロールは脂肪組織を中心に大量に存在する．一方，ジアシルグリセロール，モノアシルグリセロールは代謝中間体であり，生体内での存在量は非常にわずかである．また，トリアシルグリセロールは血液中のリポタンパク質の構成成分としても大量に存在する．

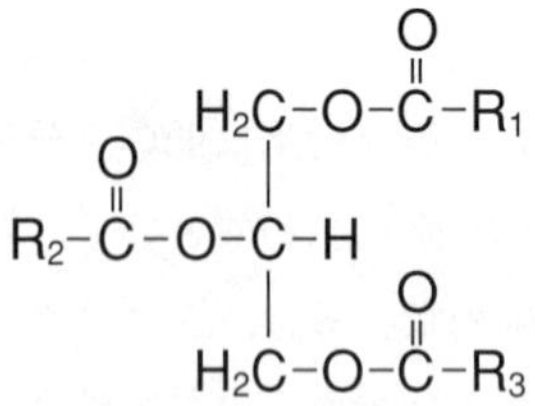

トリアシルグリセロール

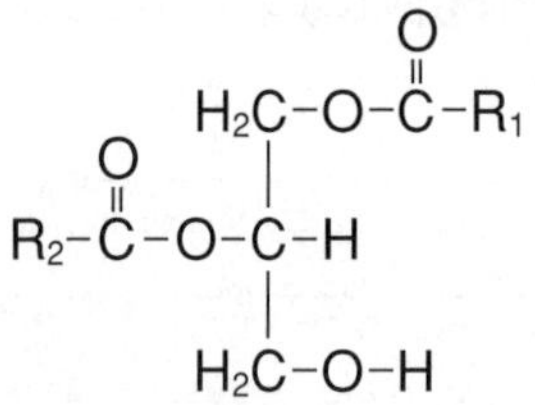

ジアシルグリセロール

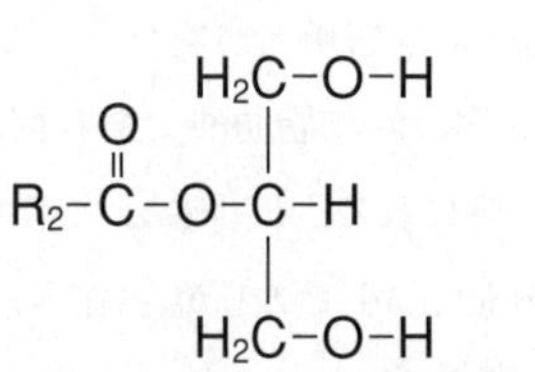

モノアシルグリセロール

図II.2.2　中性脂肪

c）　ステロール

図II.2.3に示すような炭化水素の4つの環からなる構造をステロイド骨格と呼ぶ．生体内で

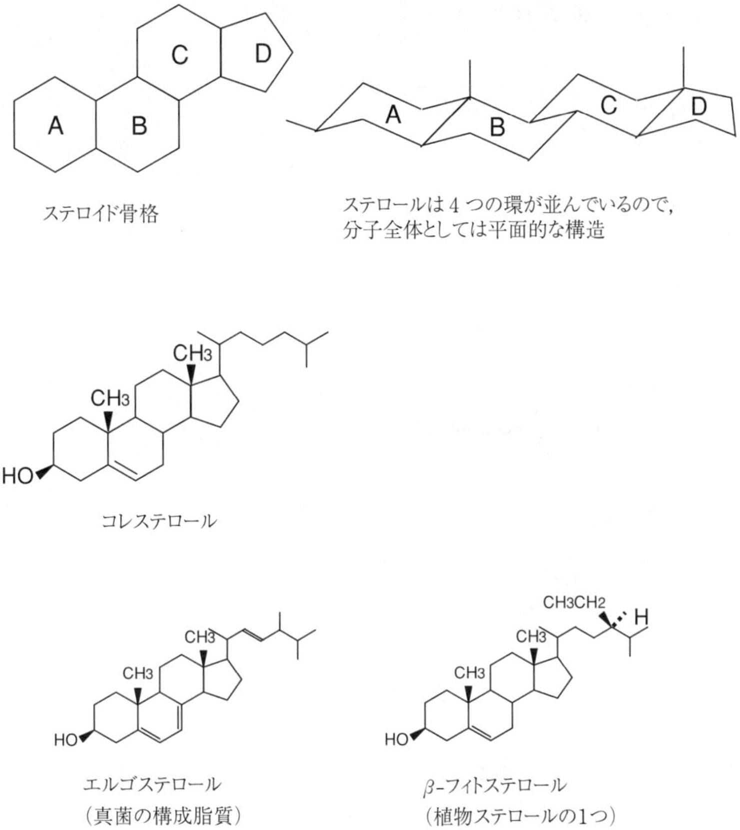

ステロイド骨格

ステロールは4つの環が並んでいるので，分子全体としては平面的な構造

コレステロール

エルゴステロール
（真菌の構成脂質）

β-フィトステロール
（植物ステロールの1つ）

図 II.2.3 ステロール

　は，ステロイド骨格をもつさまざまな物質があり，ステロールと総称される．ステロール類の中で中心的な分子はコレステロールである．動物の細胞膜，血漿リポタンパク質をはじめ種々の組織に分布している．特に動脈硬化巣に蓄積することでも知られている．
　コレステロールは動物にのみ存在し，植物や真菌（カビ類）には別のステロールが含まれている．植物には何種類かのステロールが含まれているが，それらを総称してフィトステロールと呼ぶ．また，真菌にはエルゴステロールが含まれている（図 II.2.3）．
　コレステロールは，ステロイド骨格を横からみたときの図からわかるように，比較的平面的な構造をしているため，脂肪酸などに比べると分子内の動きは制限され変形しにくい性質の分子である．そのため，生体膜全体の分子運動を制限し，膜の安定性を増す作用がある．細胞膜中ではリン脂質の1つであるスフィンゴミエリンと結合した複合体を形成している．
　コレステロールの水酸基に脂肪酸がエステル結合したものをコレステロールエステルと呼ぶ．一方，脂肪酸が結合していないコレステロールを遊離コレステロールと呼ぶ（図 II.2.4）．細胞膜中にはおもに遊離コレステロールが存在し，血漿リポタンパク質中や細胞内の脂肪蓄積部位にある場合には，コレステロールエステルとなっている．

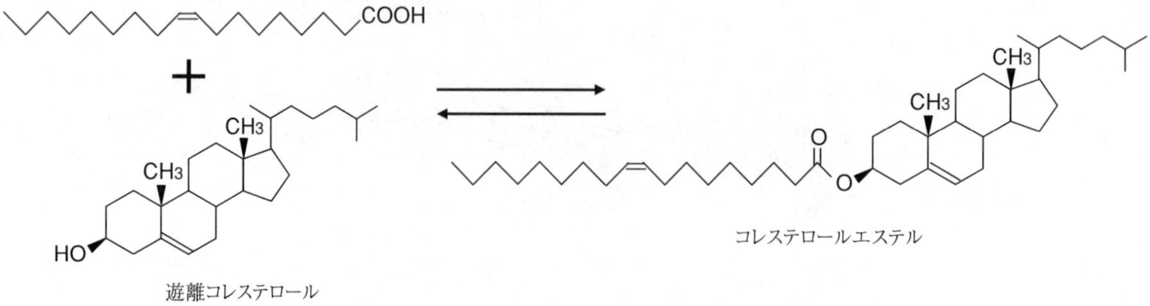

図 II.2.4　コレステロール

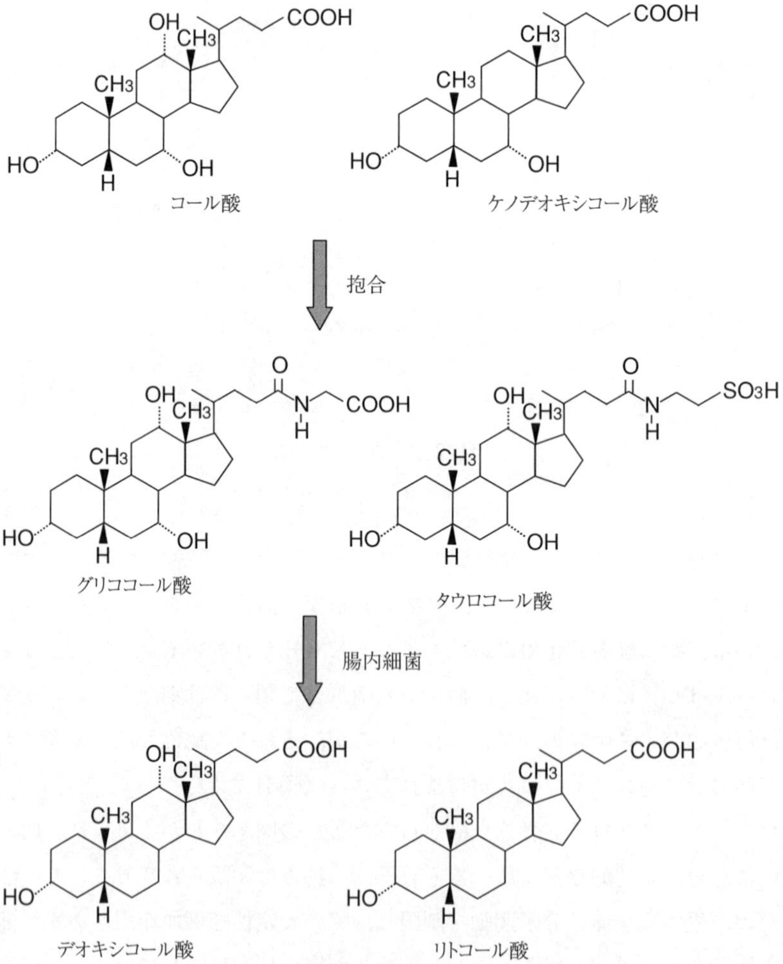

図 II.2.5　胆汁酸

コレステロールは肝臓で代謝されて胆汁酸となる．コレステロールの水酸化反応によりコール酸，ケノデオキシコール酸が産生される．さらに，グリシンやタウリンによる抱合を受けたものが，胆汁中に分泌される．腸管内に分泌された胆汁酸は，腸内細菌によってさらに代謝されて，デオキシコール酸やリトコール酸に変換される．

コレステロールを原料として，卵巣や精巣などの性腺では一連の性ホルモンが，副腎皮質では副腎皮質ホルモンがつくられている．これらステロール類のホルモンを総称してステロイドホルモンと呼んでいる（II.2.1 C-b 参照）．コレステロールの生合成中間体 7-デヒドロコレステロールからはビタミンDもつくられ，Ca^{2+}の吸収と骨形成に寄与している．

　また，肝臓ではコレステロールが酸化されて大量の胆汁酸がつくられ，消化液である胆汁中に分泌される．胆汁酸は界面活性作用をもち，食物中の脂質を分散させて小腸での分解・吸収を助ける成分である（図II.2.5）．肝臓でつくられたコール酸やケノデオキシコール酸は，グリシンまたはタウリンと結合し，抱合胆汁酸として胆汁中に存在する．腸内に分泌された抱合胆汁酸は腸内細菌によって代謝され，デオキシコール酸，リトコール酸となって作用する．肝臓でつくられた胆汁酸を一次胆汁酸，腸内で変換されてできた胆汁酸を二次胆汁酸と呼ぶ．

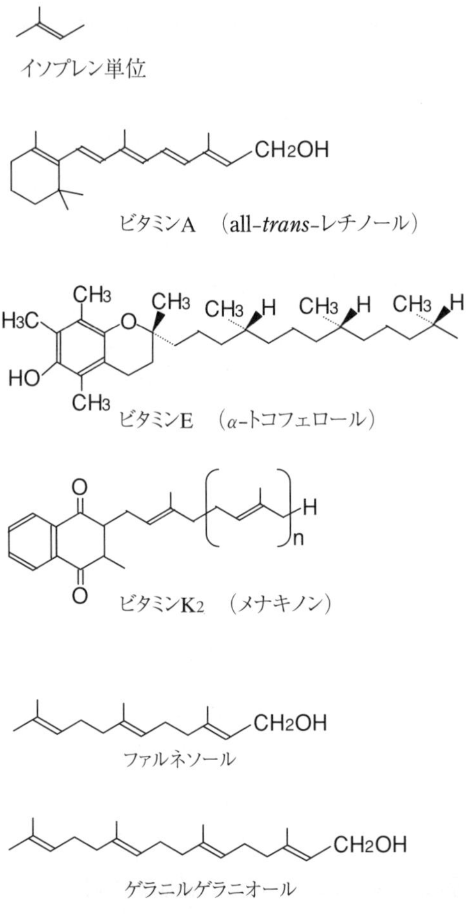

図 II.2.6　イソプレノイド

d) イソプレノイド

イソプレノイドはイソプレン骨格をもつ脂質の総称である．イソプレンは，分岐したメチル基をもつイソペンテンの構造に相当し（図II.2.6），このイソプレンの重合を経てできる産物をイソプレノイド，またはテルペノイドとも呼ぶ．イソプレン骨格の炭素数は5なので，10，15など5の倍数で，さらに水酸化，環化などの修飾を受けてさまざまな代謝産物がつくられる．植物などでは，芳香をもつメンソール，果物や香辛料などに多く含まれるポリフェノール類，生薬成分に多いアルカロイドなどは，みなイソプレノイドである．脂溶性ビタミン類である all-*trans*-レチノール（ビタミンA），β-カロテン，α-トコフェロール（ビタミンE），メナキノン（ビタミンK_2）は，食品から摂取しなければならない生体必須成分であるが，いずれもイソプレノイドである（図II.2.6）．動物の体内で合成されるイソプレノイドには，ステロールをその代表として，そのほかにドリコール，ファルネソール，ゲラニルゲラニオールなどがある．

e) ワックス

脂肪酸と高級アルコールがエステル結合したものである．非常に疎水性が強く，水をはじく．ツバキなど植物の葉の表面コーティングの成分である．あるいは鯨油にも含まれ，皮革保護油として古くから利用されてきた．ろうそくのロウでもある（図II.2.7）．

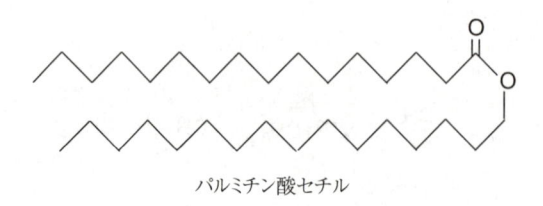

パルミチン酸セチル

図II.2.7　ワックス

B　複合脂質

分子内にリン酸，糖，塩基などの親水性構造が結合した一群の脂質を複合脂質と呼ぶ．複合脂質は，分子内に疎水性部分と親水性部分が共に存在しているので，両親媒性を示す．脂質ではあるが，分子の一部分で水分子と水素結合を結んで安定化する性質をもつ．

親水性部分にリン酸を含むものをリン脂質，糖を含むものを糖脂質と呼ぶ．また，疎水性部分がジアシルグリセロールなどグリセロールに由来するものを，グリセロリン脂質，またはグリセロ糖脂質という．一方，アミノ酸のセリンに脂肪酸が結合してできたセラミドを疎水性部分にもつ脂質を，スフィンゴリン脂質，またはスフィンゴ糖脂質と呼んで分類している（表II.2.1）．

より独特の構造をもつ複合脂質として，細胞表面でタンパク質と結合している脂質であるグリ

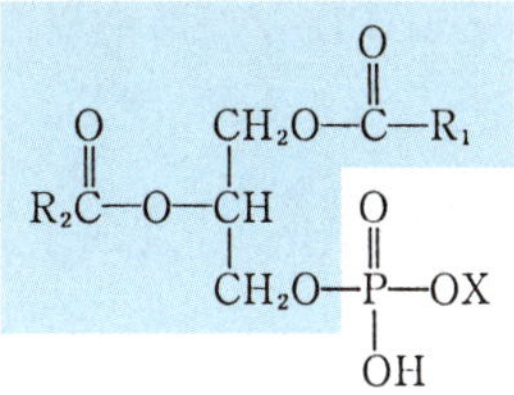

グリセロリン脂質の基本骨格
(グリセロール-3-リン酸)

置換基 X		リン脂質名
X-OH名	Xの構造	
水	$-H$	ホスファチジン酸
コリン	$-CH_2CH_2N^+(CH_3)_3$	ホスファチジルコリン（レシチン）
エタノールアミン	$-CH_2CH_2NH_3^+$	ホスファチジルエタノールアミン
セリン	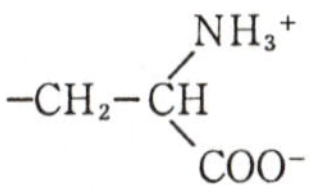 $-CH_2-CH(NH_3^+)COO^-$	ホスファチジルセリン
グリセロール	$-CH_2CH(OH)CH_2OH$	ホスファチジルグリセロール
ホスファチジルグリセロール	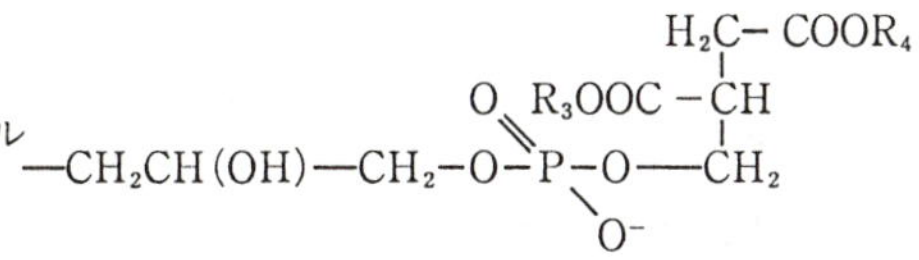 $-CH_2CH(OH)-CH_2-O-P(O^-)(=O)-O-CH_2-CH(OOCR_3)-CH_2-COOR_4$	ジホスファチジルグリセロール（カルジオリピン）
myo-イノシトール	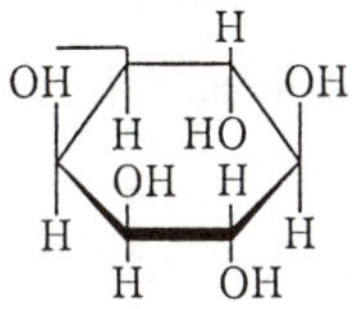 （イノシトール環構造）	ホスファチジルイノシトール

図 II.2.8 リン脂質

おもなリン脂質の構造を示す．その多くはグリセロリン脂質に属し，ジアシルグリセロールを共通の基本骨格としてもっている．

コシルホスファチジルイノシトール（GPI）アンカーや，グラム陰性菌の外膜の構成成分であるリポ多糖（LPS）などがある．

a） リン脂質

親水性部分にリン酸を含む複合脂質をリン脂質という．細胞を包んでいる細胞膜や，ミトコンドリアや小胞体などの細胞内小器官をつくっている生体膜の主要構成成分である．グリセロールに脂肪酸が結合したジアシルグリセロールなどを疎水性部分にもつものを，グリセロリン脂質，アミノ酸のセリンに脂肪酸が結合してできたセラミドを疎水性部分にもつ脂質をスフィンゴリン脂質という．生体膜の主な構成リン脂質のうち，ホスファチジルコリン，ホスファチジルエタノールアミン，ホスファチジルセリン，ホスファチジルイノシトール，カルジオリピンはグリセロリン脂質であり，スフィンゴミエリンはスフィンゴリン脂質である（図II.2.8）．

ⅰ）ホスファチジルコリン

ジアシルグリセロールの水酸基にリン酸が結合し，そこにさらにコリンが結合したリン脂質である．レシチンとも呼ばれる．生体を構成するリン脂質のうちでも最も含量が多く，生体膜の脂質二重層を構成するための主要なリン脂質である．コリンの四級アンモニウムは常に正電荷をもち，リン酸部分は負電荷をもつため分子全体では中性である．

ⅱ）ホスファチジルエタノールアミン

ジアシルグリセロールの水酸基にリン酸が結合し，そこにさらにエタノールアミンが結合したリン脂質である．ホスファチジルコリンとの違いは，トリメチルアミンの四級アンモニウムの部分が一級アミンになっていることである．このアミノ基は生理的pHでは解離できるが，リン酸部分の影響で分子全体ではやや酸性を示す．

ホスファチジルエタノールアミンもジアシル型が基本的構造であるが，一部には，アルキル型，あるいはプラズマローゲン型（アルケニル型）も存在する．特に，脳組織のホスファチジルエタノールアミンはプラズマローゲン型（アルケニル型）の含量が多い（図II.2.11参照）．

ⅲ）ホスファチジルセリン

ジアシルグリセロールの水酸基にリン酸が結合し，そこにさらにセリンが結合したリン脂質である．極性部分には，リン酸ジエステルとセリンのアミノ基，カルボキシ基があるため，1個の正電荷と2個の負電荷をもち，分子全体では酸性を示す．ホスファチジルイノシトールやカルジオリピンと共に酸性リン脂質と呼ばれている．

ⅳ）ホスファチジルイノシトール

ジアシルグリセロールの水酸基にリン酸が結合し，そこにさらに糖アルコールであるイノシト

ールが結合したリン脂質である．極性部分の電荷としては，リン酸ジエステルの負電荷のみがあるので，分子全体で酸性を示す．ホスファチジルセリンやカルジオリピンと共に酸性リン脂質と呼ばれている．

　ホスファチジルイノシトールのイノシトール部分の水酸基はさらにリン酸化されて，ホスファチジルイノシトール 4-リン酸，ホスファチジルイノシトール 4,5-二リン酸（PIP$_2$），ホスファチジルイノシトール 3,4,5-三リン酸などもつくられる．これらの生体膜中での含量はわずかであるが，細胞応答のシグナル伝達に関わる分子として，極めて重要である（図 II.2.9）．細胞が

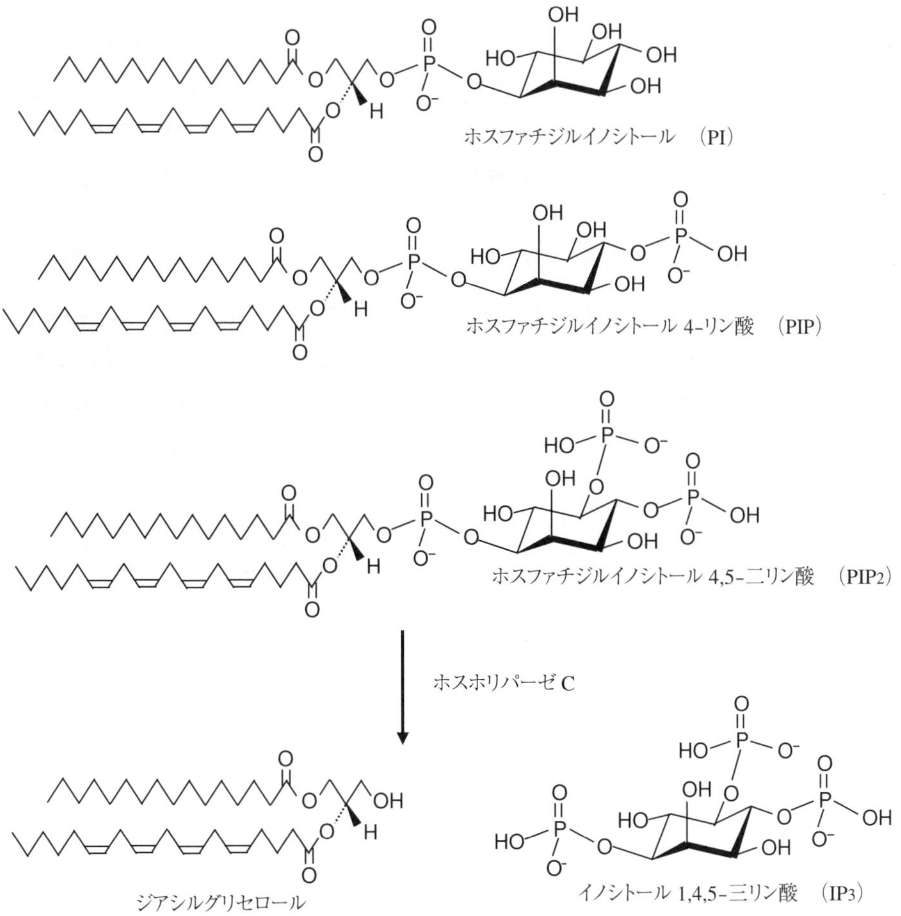

図 II.2.9　ホスファチジルイノシトール

ホスファチジルイノシトール（PI）は，イノシトール部分にさらにリン酸化を受けることがあり，リン酸が 1 つ加わったホスファチジルイノシトール 4-リン酸（PIP）やホスファチジルイノシトール 4,5-二リン酸（PIP$_2$）などもつくられる．ホスホリパーゼ C は，リン脂質のリン酸ジエステルを加水分解する酵素で，細胞内の情報伝達にも関わる重要な酵素である．この酵素によって PIP$_2$ は，ジアシルグリセロールとイノシトール 1,4,5-三リン酸（IP$_3$）とに分解される．

刺激を受けたときに，ホスファチジルイノシトール-4,5-二リン酸（PIP_2）がホスホリパーゼC という酵素によりジアシルグリセロール（DG）とイノシトール-1,4,5-三リン酸（IP_3）に分解される．これが一連の細胞内情報伝達の初発反応として多くの細胞応答の場面でみられる反応である．

v）ホスファチジン酸

ジアシルグリセロールの水酸基にリン酸が結合しただけのリン脂質である．生体膜中での含量は非常にわずかで，種々のリン脂質の合成・分解における重要な代謝中間体である．

vi）カルジオリピン

2分子のホスファチジン酸のリン酸部分がグリセロールとエステル結合で結び合ったものである．分子内に2個のリン酸をもち酸性を示す．細胞表面の細胞膜にはなく，ミトコンドリアの膜に局在する．そのため，ミトコンドリアの発達している心筋や褐色脂肪組織に多く含まれている．

vii）スフィンゴミエリン

スフィンゴミエリンは，スフィンゴリン脂質の代表である．グリセロールではなく，セリンに脂肪酸が結合してできたセラミドを疎水性部分にもつが，極性部分はホスファチジルコリンと同様にリン酸とコリンから成っている．スフィンゴミエリンは，生体膜の主要構成脂質の1つであり，膜上でコレステロールと結合した複合体をつくっている．神経線維を取り巻いているミエリ

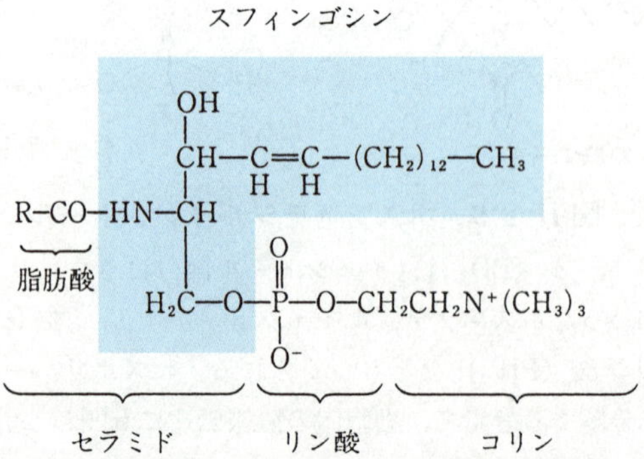

図 II.2.10 スフィンゴミエリン

ン鞘は，神経細胞を補佐している樹状細胞の細胞膜がぐるぐる巻きついたものであり，脳はスフィンゴミエリンとコレステロールに富んでいる組織である．

スフィンゴ脂質の疎水性部分はセラミドであるが，そのセラミドはスフィンゴシンと脂肪酸がアミド結合したものである（図 II.2.10）．

Box II.2.2

生理活性リン脂質

微量成分で強力な生理活性を示すリン脂質がみつかっている．

血小板凝集作用，白血球遊走作用，血管透過性亢進作用，また腎臓においてグリコーゲン分解促進作用など，多彩な作用を示す血小板活性化因子 platelet-activating factor（PAF）は，ホスファチジルコリンの一種である（図 II.2.11）．血小板活性化因子の脂肪酸の一方が炭素 2 個のアセチル基であり，もう一方の炭化水素鎖はエステル結合ではなくエーテル結合しているのが特徴である．疎水性部分がこのようにエーテル結合を含むものをアルキル型リン脂質と呼び，ジアシル型リン脂質と区別する．また，アルキル型にさらに二重結合が含まれているビニルエーテル結合をもつものもあり，プラズマローゲン型（アルケニル型）リン脂質と呼んでいる．

リゾホスファチジン酸は，ホスファチジン酸の脂肪酸が 1 個除かれたものである．また，スフィンゴシン-1-リン酸は，セラミドの脂肪酸が除かれたスフィンゴシンにリン酸が結合した形の脂質である．これらはいずれも，微量ながら血中に存在する脂質で，種々の細胞に対する増殖刺激因子である．

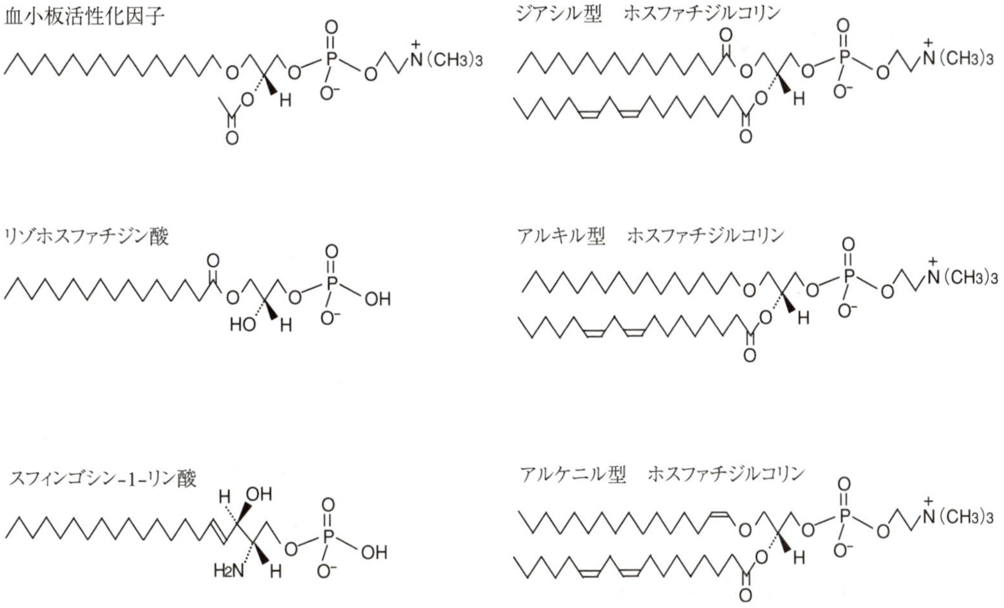

図 II.2.11　生理活性リン脂質

b) 糖脂質

親水性部分に糖を含むものを糖脂質と呼ぶ．ジアシルグリセロールに糖が結合したグリセロ糖脂質と，セラミドに糖が結合したスフィンゴ糖脂質に大別される．糖脂質は細胞膜の表面側に存在して，細胞の外側に糖鎖部分を露出させていて，細胞表面で他の細胞や外来の成分との結合に関わっている．

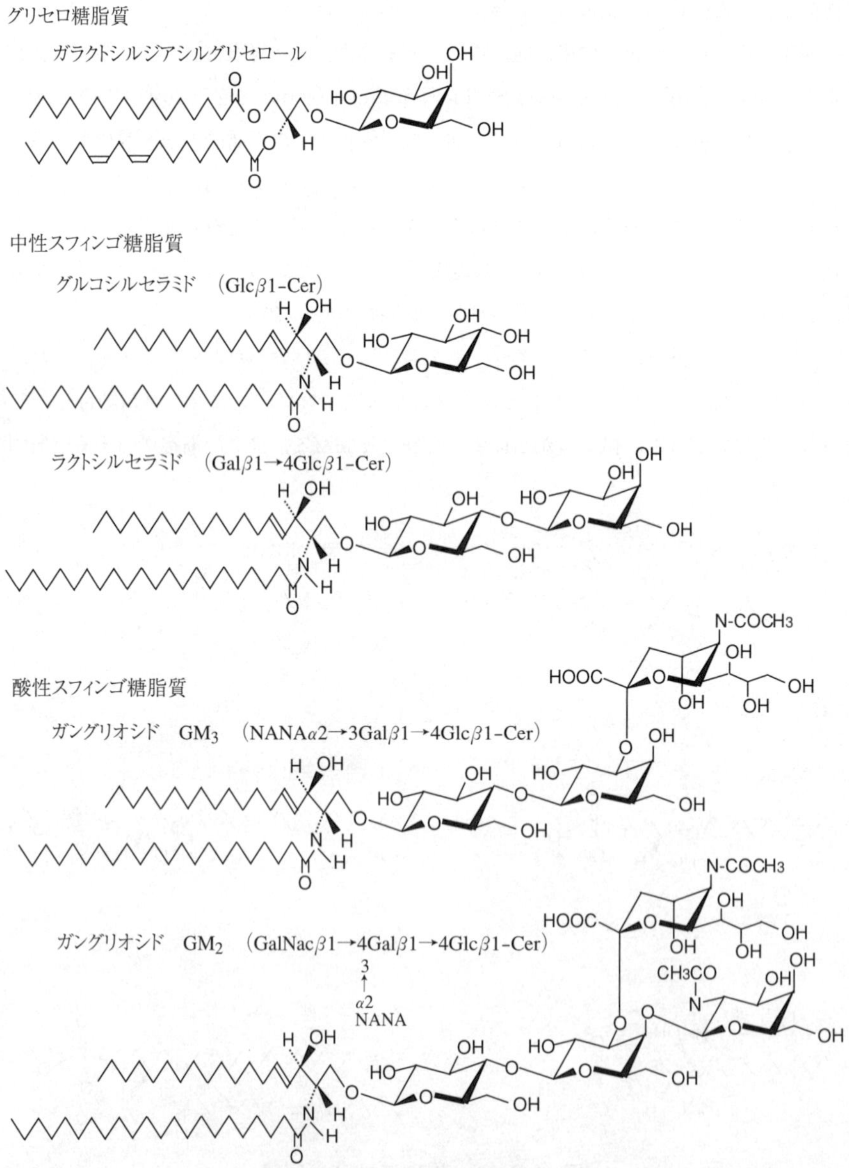

グリセロ糖脂質
　ガラクトシルジアシルグリセロール

中性スフィンゴ糖脂質
　グルコシルセラミド （Glcβ1-Cer）
　ラクトシルセラミド （Galβ1→4Glcβ1-Cer）

酸性スフィンゴ糖脂質
　ガングリオシド GM$_3$ （NANAα2→3Galβ1→4Glcβ1-Cer）
　ガングリオシド GM$_2$ （GalNacβ1→4Galβ1→4Glcβ1-Cer）
　　　　　　　　　　　　　3
　　　　　　　　　　　　　↑
　　　　　　　　　　　　α2
　　　　　　　　　　　NANA

図 II.2.12　糖脂質

ⅰ) グリセロ糖脂質

　ジアシルグリセロールの水酸基に1個ないし数個の糖がグリコシド結合したものである．モノガラクトシルジアシルグリセロール，ジガラクトシルジアシルグリセロールなどがある（図Ⅱ.2.12）．

ⅱ) 中性スフィンゴ糖脂質

　セラミド，またはスフィンゴシンの水酸基に少なくとも1個以上の糖を含み，酸性の糖は含まないもの．セラミドの水酸基にD-ガラクトースがグリコシド結合したもの，つまりガラクトシルセラミドは，ミエリンの細胞膜成分として脳組織に多く含まれている中性スフィンゴ糖脂質で，通称セレブロシドと呼ばれる．オリゴ糖の結合したものもあり，セラミドにラクトース（D-Gal $\beta1\to4$D-Glc）が結合したラクトシルセラミド，さらにいくつかの糖が繋がった糖鎖をもつものなどである（図Ⅱ.2.12）．赤血球膜上の中性スフィンゴ糖脂質には，ABO式血液型の決定因子となる糖脂質がある．

ⅲ) 酸性スフィンゴ糖脂質（ガングリオシド）

　スフィンゴ糖脂質のうちで，酸性糖であるシアル酸を含むものをガングリオシドと呼ぶ．シアル酸はノイラミン酸の誘導体の総称であるが，代表的なものは N-アセチルノイラミン酸（NANA）である．最も単純な構造のガングリオシドは，ラクトシルセラミドに N-アセチルノイラミン酸が結合した GM_3 である（図Ⅱ.2.12）．GM_3 に N-アセチルガラクトサミンが結合したものは，GM_2 という．先天性神経障害を起こすテイ・サックス病の神経組織ではこの GM_2 が蓄積する．さらに糖鎖が伸びたもの，シアル酸の数の増えたもの，シアル酸の種類の違うものなど，ガングリオシドは多様である．

C　生理活性脂質

　脂質の分類としては，単純脂質の範囲に含まれるものだが，微量で生体の恒常性やさまざまな生理的反応を調節している重要な脂質が数多く知られている．ここでは特に，アラキドン酸に由来する一群の生理活性脂質であるエイコサノイドと，コレステロールから合成されるステロイドホルモンについて触れる．Box Ⅱ.2.2の中で紹介した血小板活性化因子，リゾホスファチジン酸，スフィンゴシン-1-リン酸も生理活性をもつ脂質であるが，これらはリン脂質に含まれる．

a）エイコサノイド

　脂肪酸の一種であるアラキドン酸（C20：4）から，多様なホルモン様の生理活性物質が産生されている．プロスタグランジン，トロンボキサン，ロイコトリエンなどに分類される（図Ⅱ.2.13）．エイコサノイドとは，炭素20個の脂肪酸から由来する脂質の総称であるが，一般的には，

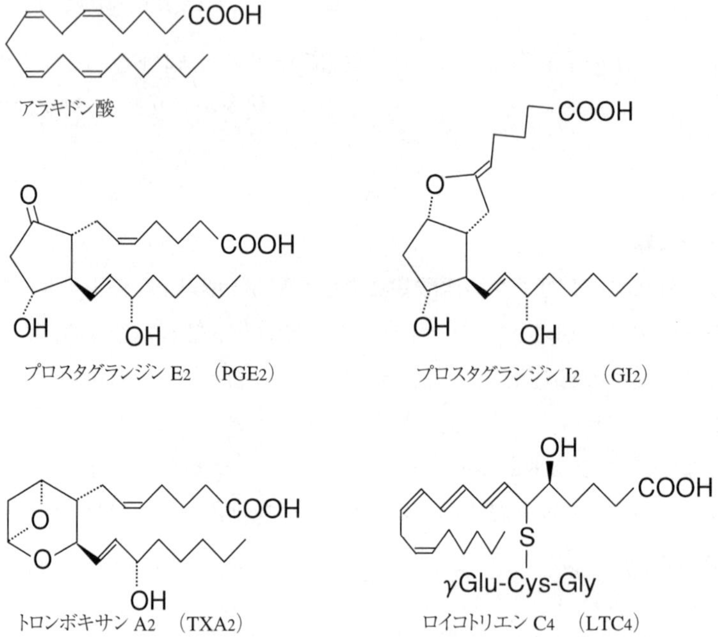

図Ⅱ.2.13 エイコサノイド

上記のプロスタグランジン，トロンボキサン，ロイコトリエンなどのアラキドン酸に由来する生理活性物質およびその類縁体のことを指す．

エイコサノイドは，白血球などの細胞で合成されて細胞外に放出され，そのごく近傍で作用する．そのため，特定の内分泌腺から放出された後，血流に乗って離れた組織や全身の組織に作用するホルモンとは区別して，オータコイドに分類される．エイコサノイドの反応性は強力であるが，不安定で，数分から数秒で分解されてしまうものもある．

エイコサノイドは，炎症促進，痛み刺激，分娩誘発，血液凝固などさまざまな反応に関わっている．アスピリンに代表される非ステロイド性抗炎症薬（NSAIDs）は，プロスタグランジンやトロンボキサンの合成を阻害することで，炎症を抑制しているのである．

b) ステロイドホルモン

ステロイドホルモンは，コレステロールから合成されるホルモンの総称である．ステロイドホルモンは，精巣，卵巣，胎盤などの性腺から分泌される性ホルモン，副腎皮質から分泌される糖質コルチコイドと鉱質コルチコイドの3種類に大別される．

性ホルモンは，ヒトの性徴，つまり男らしい，または女らしい体つきをつくり，また生殖器の活動を調節している．アンドロゲン（男性ホルモン）にはテストステロンを代表として，アンドロステンジオン，デヒドロエピアンドロステロンの3種類があり，エストロゲン（女性ホルモン）にはエストラジオールを代表として，エストロン，エストリオールの3種類がある．また，黄体ホルモンは，プロゲステロンである（図Ⅱ.2.14）．

性ホルモン

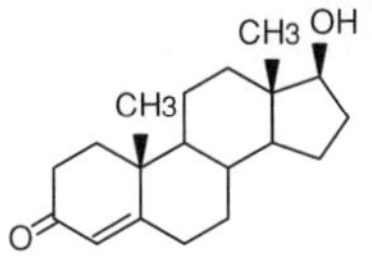

テストステロン
（アンドロゲン）

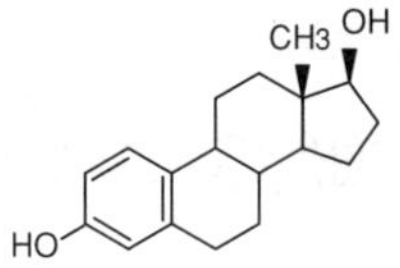

エストラジオール
（エストロゲン）

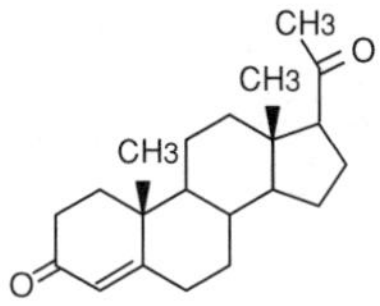

プロゲステロン
（黄体ホルモン）

副腎皮質ホルモン

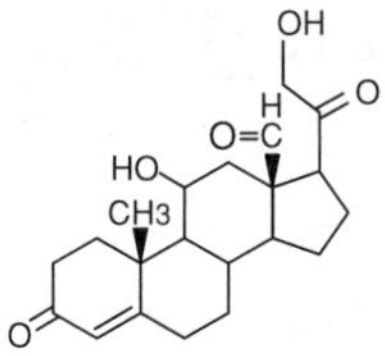

アルドステロン
（鉱質コルチコイド）

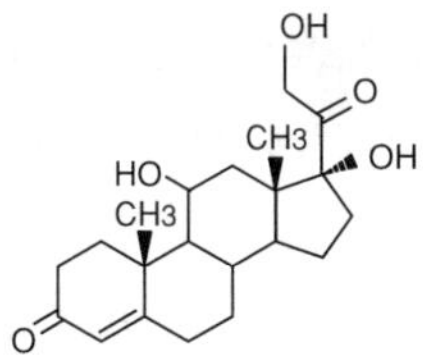

コルチゾール
（糖質コルチコイド）

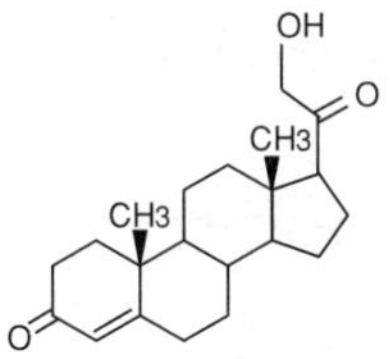

デオキシコルチコステロン
（鉱質コルチコイド）

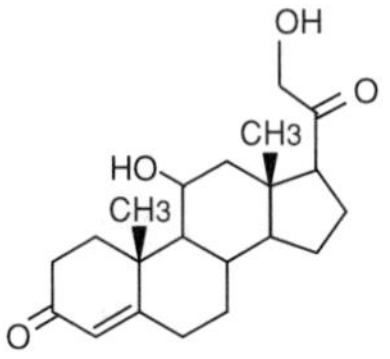

コルチコステロン
（糖質コルチコイド）

図 II.2.14　ステロイドホルモン

　糖質コルチコイドは副腎皮質の束状層から分泌され，コルチゾール，コルチコステロンなどの物質が含まれる．糖質コルチコイドは，肝臓での糖新生を促進し，末梢組織でのグルコース取込みを抑制し，血糖値を上昇させる．筋肉組織でのタンパク分解，脂肪組織での脂肪分解を促進するので，血中にアミノ酸や脂肪酸が放出される．また，抗炎症作用や免疫抑制作用も併せもつ．

　鉱質コルチコイドは副腎皮質の球状層から分泌され，アルドステロン，デヒドロコルチコステロンなどの物質が含まれる．鉱質コルチコイドは，腎臓での Na^+ と水の再吸収を促進し，体液量を維持し，血圧を一定に保つ働きをもつ．

II.2.2 細胞膜の構造

A 脂質二重層

　脂質は脂溶性をもち水には溶けにくい物質である．したがって，水に脂質を混ぜても，脂質は集まって水と分離し，互いに混ざり合おうとはしない．しかし，リン脂質のように両親媒性の脂質は完全に水に溶けるわけではないが，分子内に親水性部分をもつため，水分子との間に水素結合を結び安定化しうる性質をもつ．このような両親媒性脂質分子が多数あれば，疎水性部分同士，親水性部分同士を近づけて集合体をつくり，親水性部分が周囲の水分子と接し，一方，疎水性部分は水分子から遠ざけられた状態になる．ホスファチジルコリンなどのリン脂質は，親水性部分と疎水性部分との大きさが均衡しており，図II.2.15 に示すような，脂質二重層を形成する．つまり，リン脂質が同じ方向に並んで平面をつくり，これが脂肪酸側を内側にして2枚貼り合わせたような構造である．

　脂質の種類によっては，脂質二重層構造ではなく，ミセルを形成する（図II.2.16）．例えば，脂肪酸のアルカリ塩，つまり石けんは，炭化水素部分に比べカルボキシ基部分のかさ高さのため，平面に並ぶことができず球状の集合体をつくる．ミセルの中心部は疎水性なので，疎水性物質をミセル内部に封入し，ミセル全体として水に懸濁した状態にすることができる．このような性質によって，水では落ちない（つまり脂溶性の）汚れ物質を石けんで洗い落とすことができるのである．

　ホスファチジルコリンなどのリン脂質，あるいはそれにコレステロールを含む脂質混合物の場合には，脂質二重層を形成しやすい．試験管の中でこれらの脂質を緩衝液中に懸濁すると，比較的容易に脂質二重層からなる小胞を形成する．このような人工的な膜小胞をリポソームと呼ぶ（図II.2.16）．リポソームは，生体膜のモデルとしてさまざまな研究に用いられるほかに，薬物を封入し安定化させたり患部への到達効率を高めたりする薬剤投与方法に応用されている．

B 細胞膜の構造

　生体の基本単位となる細胞は，すべて膜に包まれている．細胞を包み，細胞外の環境と区別している膜を細胞膜（または形質膜）といい，また細胞内小器官の膜なども含めた種々の膜を総称して生体膜という．生体膜の基本構造は，リン脂質の脂質二重層である．実際の細胞膜の構成成分には，リン脂質に加えて，かなりの割合のコレステロールとタンパク質が含まれている．一部

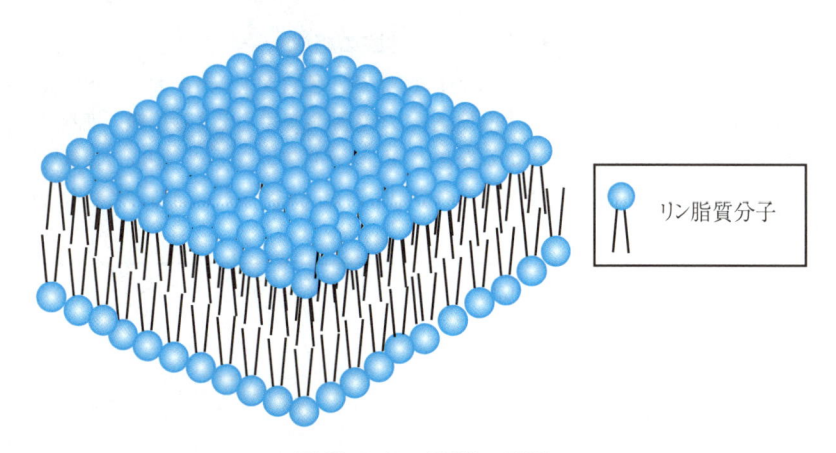

図 II.2.15　脂質二重層
リン脂質を主とした脂質分子が親水性部分と疎水性部分を寄せ合い平面的に並び，さらに2枚のシートが貼り合わさったような構造を，脂質二重層と呼ぶ．脂質二重層は，細胞を構成する生体膜の基本的な構造である．

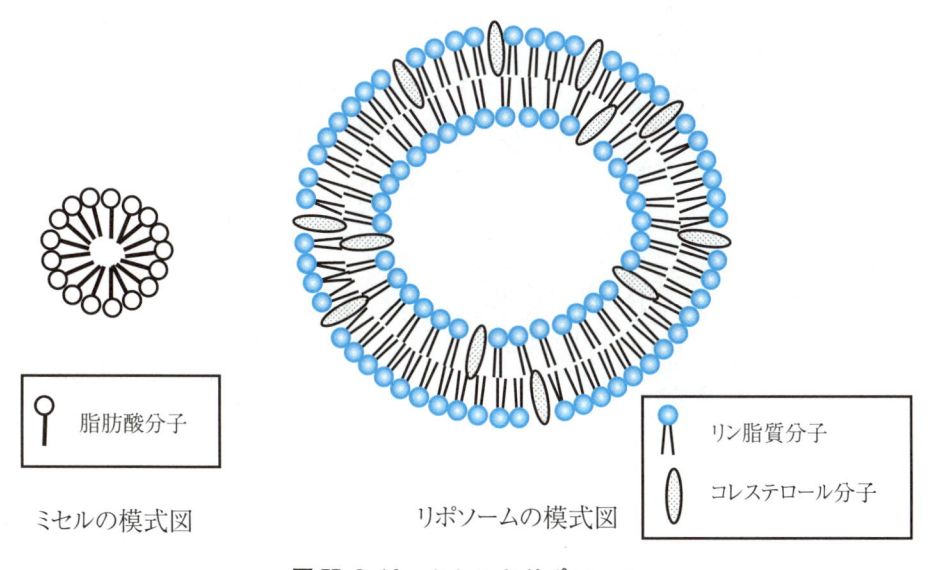

図 II.2.16　ミセルとリポソーム
両親媒性分子が親水性部分と疎水性部分を寄せ合ってつくる比較的小さな集合体をミセルと呼ぶ．脂質二重層構造によってできる閉鎖小胞をリポソームと呼ぶ．

糖脂質や糖タンパク質も含まれているが，必ずしも量的には多くない（表 II.2.2）．赤血球膜では，脂質とタンパク質がほぼ1:1の割合で含まれ，その脂質のうちの約60％がリン脂質，30％がコレステロールとなる．脳内の神経線維を発達した細胞膜で包んでいるミエリン組織では，タンパク質に比べて脂質が約4倍も多く，その脂質のうちの約50％がリン脂質，25％がコレステロールである．

表 II.2.2　生体膜の組成

生体膜の発達している代表として，赤血球（細胞内小器官が失われており，ほぼ純粋に細胞質膜のみからなる）とミエリン（中枢神経系の有髄神経を中心とする組織，細胞膜が発達したシュワン細胞が神経線維をぐるぐる巻きにして保護している）の，組成（重量％）を示した．生体膜は脂質を主成分とするが，その中の脂質組成や，タンパク質の含量などは細胞や組織ごとに違いもある．

	赤血球	ミエリン
脂質	43	79
リン脂質	28	38
コレステロール	11	21
糖脂質	4	20
タンパク質	49	18
糖質	8	3

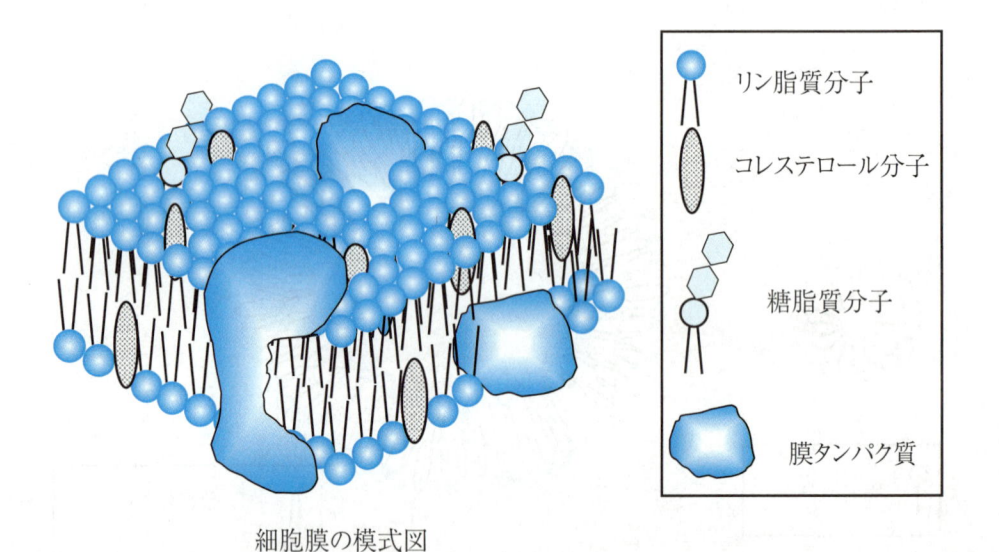

細胞膜の模式図

図 II.2.17　細胞膜の構造

細胞膜は，リン脂質の脂質二重層を基本構造としているが，さらにコレステロールが加わり，また細胞表面側のシートには糖脂質も加わっている．また，多数のタンパク質も組み込まれており，膜タンパク質と呼ばれている．膜タンパク質は，細胞の内側から膜に接しているもの，細胞表面側で膜に接しているもの，そして膜を完全に貫通し細胞の表面にも細胞質側にも接しているものもある．

これらの構成成分が，脂質二重層構造をつくると同時にそこにタンパク質が組み込まれた形で集合体を形成する（図 II.2.17）．そこには，少量ながら糖脂質も加わっている．実際の細胞膜では，このように多くの構成成分が混ざり合った集合体をつくっているのだが，それはランダム

に固まっているのではなく，ある方向性をきちんと守った配列がつくられている．脂質二重層の内側（細胞質側）には，ホスファチジルセリンやホスファチジルイノシトールのような酸性リン脂質が多く，細胞外側にはホスファチジルコリン，スフィンゴミエリンが多く分布している．また，糖脂質は細胞外側にしかない．タンパク質は，膜を貫通しているもの，膜の表面に結合しているものなどがあるが，その膜への結合の仕方はそれぞれ決まっている．

C 細胞膜の特徴

生体膜の最も基本的な機能は，膜で仕切られた空間（細胞や細胞小器官）の環境を外部と異なる状態で保つことである．脂質二重層でできた生体膜はその両面が親水性部分で，その間に疎水性部分の層が挟まれた構造になっている．そのため，多くの親水性物質，荷電性物質が透過しにくい性質をもつ．

細胞の内外，あるいは細胞質内と細胞小器官の内部を比べると，そこに含まれているさまざまな物質の組成や濃度が異なっている．膜を隔ててある物質の濃度に差があることを濃度勾配という．Na^+，K^+などおもなイオンの細胞内外の濃度をみると，大きな濃度差があることがわかる（表II.2.3）．

a） 細胞膜の内外での物質輸送

細胞は，脂質二重層を基本構造とする細胞膜で包まれている．細胞膜は細胞の外壁であり，細胞内の成分が細胞外に漏れ出てしまうことがないように，また細胞外の物質が無制限に侵入しな

表 II.2.3 細胞内外のイオン組成（mM）

	K^+	Na^+	Cl^-	HCO_3^-	Mg^{2+}	Ca^{2+}	タンパク質
細胞内	139	12	4	12	0.8	<0.0002	138
細胞外	4	145	116	29	1.5	1.8	9

表 II.2.4 細胞膜内外での物質輸送

膜輸送 ——— 膜内を透過して膜の反対側に物質が移行する動き
単純拡散：濃度勾配に従う，担体は介在しない
促進拡散：濃度勾配に従う，担体による選択的な物質透過
能動輸送：エネルギーを使って濃度勾配に逆向きの物質透過
膜動輸送 ——— 膜の変形を伴って液体，分子，粒子なども丸ごと取り込む動き
エンドサイトーシス：細胞外の物質を細胞内に取り込む
エキソサイトーシス：細胞内の分泌小胞中の物質を細胞外に放出

いようにする障壁でもある．しかし一方では，細胞が生命活動を営むためには，さまざまな物質を細胞外から取り込み，あるいは細胞外へ排出する必要がある．細胞膜には，こうした物質のやり取りを担う仕組みが組み込まれている．膜の内外での物質輸送の様式は，その物質が膜を透過して輸送される場合と，膜の変形を伴って比較的大きな粒子でも丸ごと取り込まれる場合がある（表II.2.4）．膜輸送は単純拡散，促進拡散，能動輸送に分けて考えられる．

i) 単純拡散

種々の低分子物質やグルコースなど，多くの物質は細胞内外で濃度勾配が存在し，その物質は濃度の高い側から膜に溶け込み膜脂質分子と相互作用しながら濃度の低い側に向けて移行する（図II.2.18）．この作用は単純拡散と呼ばれ，単純拡散の効率は物質の膜脂質との親和性，物質の濃度差などによって決まる．

ii) 促進拡散

単純拡散は，個々の分子運動の結果，その一部が膜を透過する動きである．ある物質に結合し選択的に膜の反対側に移行させる担体（キャリア）またはチャネルを介する場合，単純拡散よりもはるかに効率よく物質が輸送される．このように物質が濃度の高い側から低いほうへ，しかし担体を介して輸送される場合を促進拡散という（図II.2.18）．

グルコースの細胞内外への輸送は，グルコーストランスポーターと呼ばれる担体の働きによる．アミノ酸の取込み，脂肪酸の取込みにもそれぞれに対する担体が関わっている．アクアポリンは，水分子を効率よく膜透過させるキャリアタンパク質であり，例えば腎尿細管での水の再吸収のような大量の水分子の輸送を担っている．

アセチルコリン受容体は，ある条件下でのみNa^+イオン，K^+イオンを選択的に透過させるチャネルである．アセチルコリンは副交感神経の節後線維から遊離される神経伝達物質であり，すぐ近傍のシナプス後膜に受容体がある．この受容体は通常はイオンを透過させることはないが，アセチルコリンが結合したときのみ，タンパク質の立体構造を変化させてタンパク質分子内にイオンの透過できる孔を開き，一過的にイオンを促進拡散させる．同様に，ある刺激に応じてイオンを促進拡散させるものに，電位依存性K^+チャネルなどが知られている．

iii) 能動輸送

細胞は，ATPの加水分解で得られるエネルギーやある物質の濃度差ポテンシャルを利用して，低濃度側から高濃度側に濃度勾配に逆らって物質を輸送させることができる．このような，濃度勾配に逆らった物質輸送を能動輸送という（図II.2.18）．

Na^+, K^+-ATPaseは，ATPのエネルギーを用いて，細胞内からNa^+を排出し，細胞外からK^+を取り込む．細胞内外のNa^+とK^+の濃度勾配は細胞膜の分極を生み，一過的なイオンの動きによって膜が脱分極することが，細胞の電気的インパルスとなる．このように重要な細胞内外

単純拡散

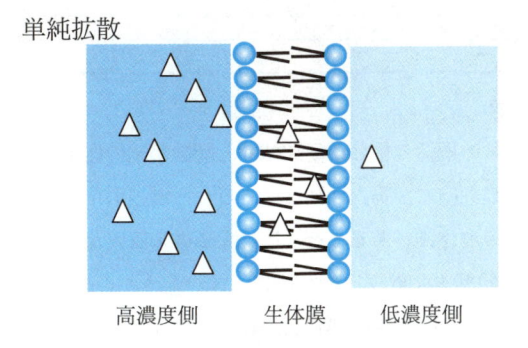

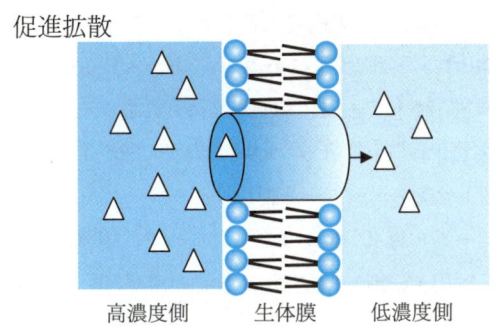

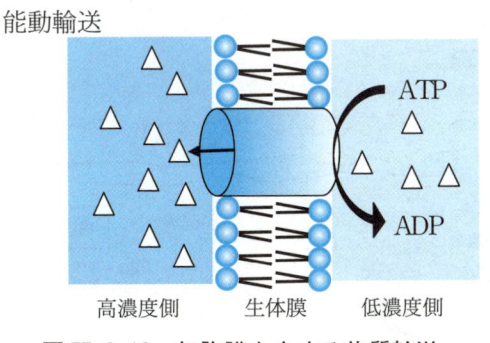

促進拡散

能動輸送

図 II.2.18　細胞膜を介する物質輸送

単純拡散は，膜を透過しようとする分子が膜脂質分子と相互作用をしながら一部膜の反対側に移行する動きである．促進拡散は，ある分子を通過させる性質のタンパク質（トランスポーター）を介して膜の反対側に移行する動きである．能動輸送は，ある分子が低濃度側から高濃度側へ濃度勾配に逆らって膜の反対側に移行する動きである．この場合，分子の移動にはATPなどのエネルギーを必要とし，特異的な輸送を可能とするポンプの働きをするタンパク質が存在する．

のNa^+とK^+の濃度勾配は，Na^+,K^+-ATPaseの働きによって保たれているのである．

H^+,K^+-ATPaseは，ATPのエネルギーを用いて，細胞内からH^+を排出し，細胞外からK^+を取り込む．リソソーム内を酸性化するために，あるいは胃酸を分泌して胃液を酸性化するために働いている．

Box II.2.3

グルコースの吸収機構

　小腸におけるグルコースの取込みには，促進拡散と能動輸送の作用が組み合わさった巧妙な仕組みが働いている．小腸粘膜細胞は，腸内に流れてくる食べ物の消化物と直接している腸の表面部分の細胞である．食べ物の消化物があるとそこには大量の栄養素があり，グルコースもその1つである．このグルコースを効率よく取り込むために，Na^+イオンの濃度勾配が利用されている（図II.2.19）．小腸粘膜細胞の腸管内腔側の細胞膜上にあるNa^+-グルコース共輸送体が，Na^+の濃度差のポテンシャルを利用してNa^+が細胞内に入るとともにグルコースを細胞内に輸送する．細胞内のNa^+は，細胞の腸管組織側の細胞膜上にあるNa^+,K^+-ATPaseによってATP加水分解のエネルギーを用いて細胞外に排出されて，濃度勾配が維持されている．グルコースが細胞内に取り込まれてくると，細胞内と腸管組織側（組織液）の間に濃度勾配が生じる．腸管組織側の細胞膜上にあるGLUT2（グルコーストランスポーター2型）はグルコースを選択的に促進拡散する担体であり，小腸粘膜細胞にグルコースの濃度勾配が生じるに従って，組織液側にグルコースを輸送する．全体としてみると，ATPを用いて維持されているNa^+の濃度勾配によって，グルコースが効率よく輸送される仕組みができ上がっている．

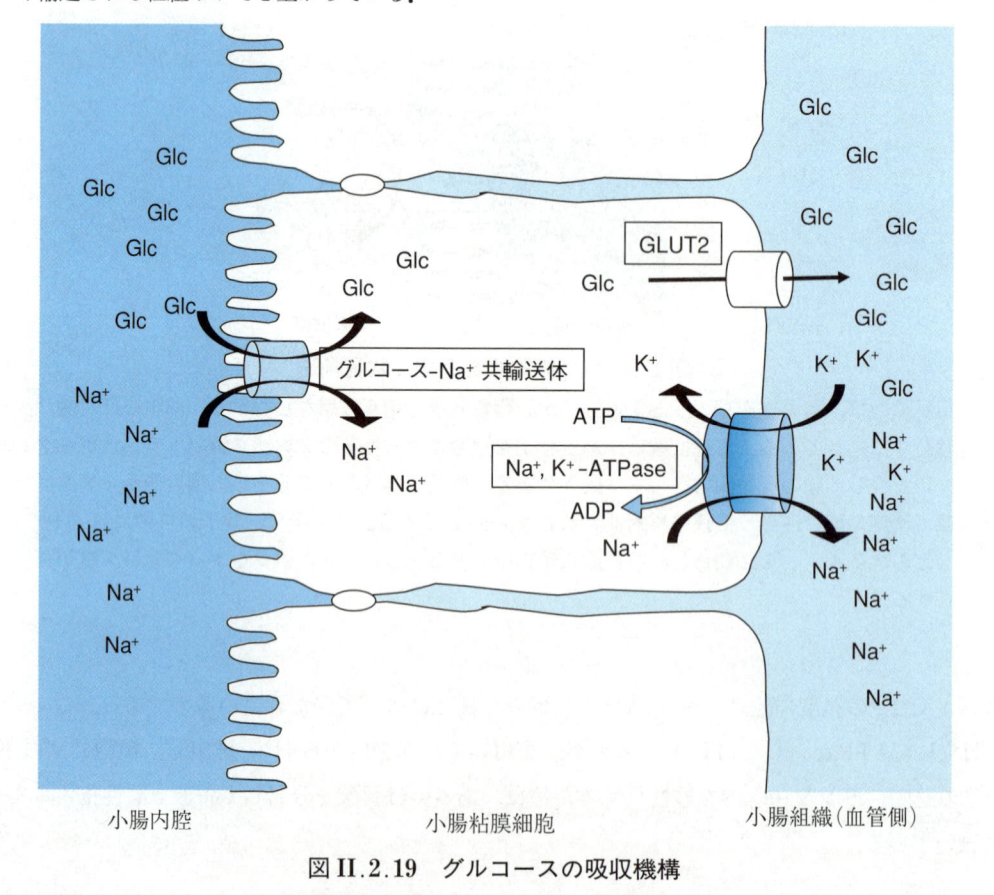

図 II.2.19　グルコースの吸収機構

D 膜動輸送

　細胞膜の一部が大きく動いて細胞が外部から物質を取り込み，あるいは細胞内の成分を外部に分泌することがある．細胞膜が大きくへこみながら外部の物質や大きな粒子，場合によっては周囲の細胞を丸ごと包み込むようにして働く動きをエンドサイトーシスという（図II.2.20）．一方，細胞内の分泌小胞が細胞膜と融合して小胞内部の物質が放出される動きをエキソサイトーシスという．

　マクロファージなどの白血球細胞が外来異物を取り込んで消化するために，盛んにエンドサイトーシスが行われる．血漿中でコレステロールの運搬役である低密度リポタンパク質（LDL）や鉄イオン運び屋であるトランスフェリンは，細胞表面の受容体に結合した後に，エンドサイトーシスによって細胞内に取り込まれる．インフルエンザなどのウイルス感染の際にも，ウイルスはエンドサイトーシスされることによって細胞内に侵入する仕組みがある．

　ホルモンや，血漿タンパク質は，それぞれの特定の細胞で合成されてから血中に分泌される．これらの物質の分泌はエキソサイトーシスの機構によって起こる．シナプスにおける局所的な物質の放出反応も，同様にエキソサイトーシスによっている．

エンドサイトーシス　　　　エキソサイトーシス

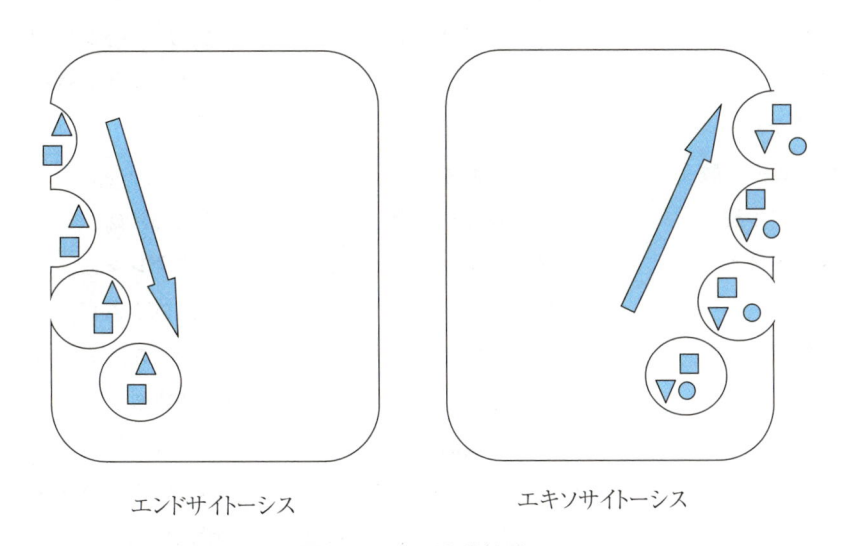

図 II.2.20　膜動輸送
細胞膜が大きくへこみながら外部の物質や大きな粒子を丸ごと包み込むようにして取り込んでいく動きをエンドサイトーシスという．一方，細胞内の分泌小胞が細胞膜と融合して細胞膜と一体化するとともに，小胞内部の物質が放出される動きをエキソサイトーシスという．

Key words

脂肪酸	飽和脂肪酸	パルミチン酸
ステアリン酸	不飽和脂肪酸	オレイン酸
幾何異性体	必須脂肪酸	リノール酸
リノレン酸	α-リノレン酸	γ-リノレン酸
アラキドン酸	エイコサペンタエン酸	ドコサヘキサエン酸
エイコサノイド	プロスタグランジン	トロンボキサン
ロイコトリエン	プロスタグランジン E_2	トロンボキサン A_2
ロイコトリエン C_4	中性脂肪	モノアシルグリセロール
ジアシルグリセロール	トリアシルグリセロール	トリグリセリド
ワックス	複合脂質	リン脂質
グリセロリン脂質	グリセロール-3-リン酸	ホスファチジン酸
ホスファチジルコリン	ホスファチジルエタノールアミン	ホスファチジルセリン
ホスファチジルグリセロール	ホスファチジルイノシトール	レシチン
ホスホイノシチド	カルジオリピン	プラズマローゲン
スフィンゴリン脂質	セラミド	セレブロシド
スフィンゴミエリン	ガングリオシド	モノガラクトシルグリセロール
ステロイド	ステロール	スチグマステロール
β-シトステロール	エルゴステロール	コール酸
デオキシコール酸	ケノデオキシコール酸	リトコール酸
グリココール酸	タウロコール酸	抱合胆汁酸
テルペノイド	イソプレン	スクアレン
生体膜	細胞膜	細胞内小器官
細胞内部環境の保持	細胞外部と細胞内部	情報(信号)の受容と細胞内への伝達に関与
親水性	疎水性	両親媒性
ミセル	脂質二重層	生体膜の流動性
リポソーム	表在性タンパク質	内在性タンパク質
膜の流動性	膜輸送	膜動輸送
受動輸送	能動輸送	エンドサイトーシス
エキソサイトーシス	単純拡散	促進拡散
輸送担体	チャネル	共輸送

II.3 核酸とその構成成分

学習目標

　単純な生物といえども，生命を維持し新たな細胞を生成していくため，情報とその処理システムをもっている．膨大な数の分子の相互作用を環境の中でリアルタイムに管理して生存している．そうした情報および情報処理システムは，独特な立体構造をもつ生体分子の中に先天的に準備されている．その生命のプログラムともいえる遺伝情報を担う生体分子は核酸である．遺伝情報は核酸に含まれるヌクレオチドの配列の中に格納されている．そして生物は，格納された情報を維持し，活用し，子孫に伝えていく独特の仕組みをもっている．この章では，生命の本質ともいえる遺伝情報に関わる仕組みを理解するために，核酸の構造と機能について理解することを目標とする．また，核酸構成成分は遺伝情報を担うだけでなく，多くの代謝反応に関与すること，ホルモンをはじめとする細胞への刺激に対する情報伝達分子として機能すること，さらにエネルギーの貯蔵分子として機能することも学習する．さらに，遺伝情報の変化（変異）にもつながる核酸成分の生体内での反応物に関して学習する．

II.3.1 核酸の構成成分

　核酸 nucleic acid は，その構成単位であるヌクレオチド nucleotide が多数重合した巨大分子である．ヌクレオチドは含窒素塩基，五炭糖（ペントース），リン酸の3つの部分から構成されている（図II.3.1）．五炭糖の違いにより，核酸はリボ核酸 ribonucleic acid（RNA）とデオキシリボ核酸 deoxyribonucleic acid（DNA）に区別され，性質および機能が異なる．

図 II.3.1　ヌクレオチドの一般構造

リボヌクレオチド（RNAを構成）　　デオキシリボヌクレオチド（DNAを構成）

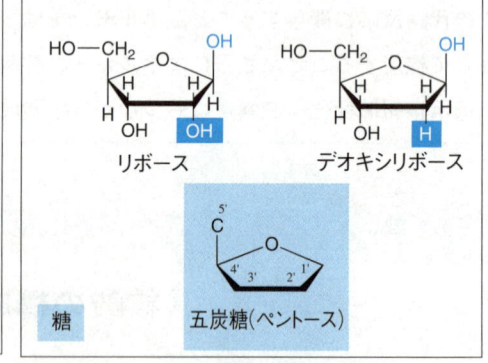

図 II.3.2　ヌクレオチドを構成する塩基，糖，リン酸

塩基のプリン骨格，ピリミジン骨格の位置を示す番号はそのままの数字で表し，ペントースの炭素原子の位置は，数字に ′ を付けて区別する．

A　塩　基

ヌクレオチドを構成する含窒素塩基は，プリン骨格をもつ**プリン塩基** purine とピリミジン骨

格をもつピリミジン塩基 pyrimidine の誘導体である．その炭素原子と窒素原子の位置を表す番号が慣例的に決められている（図II.3.2）．プリン塩基としてアデニン adenine（A）とグアニン guanine（G）があり，ピリミジン塩基にはシトシン cytosine（C），チミン thymine（T），ウラシル uracil（U）が主である．DNA と RNA では構成塩基に違いがあり，プリン塩基は同じだが，ピリミジン塩基は，DNA ではシトシンとチミンであるが，RNA ではチミンの代わりにウラシルが用いられる．

この5種類以外に，DNA には 5-メチルシトシン，N-6-メチルアデニンなどのメチル化された塩基が存在し，遺伝子の発現や複製の開始などに関係がある．また，トランスファー RNA に

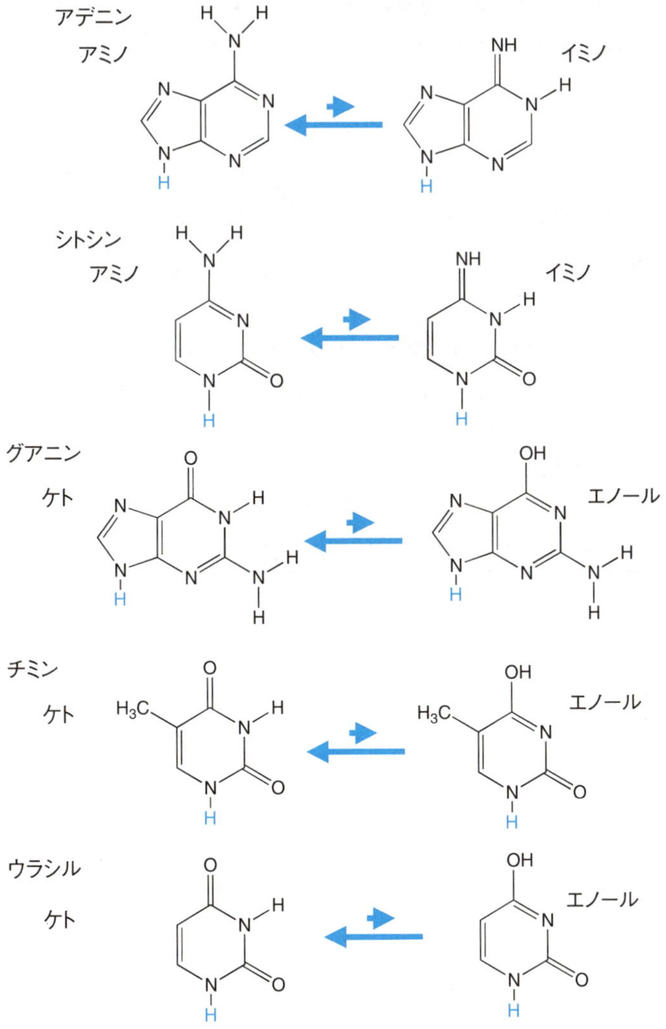

図 II.3.3　アデニン，シトシン，グアニン，チミン，およびウラシルの互変異性
生理的条件では，塩基のアミノ互変異性体とケト互変異性体がほとんどである．ヌクレオチドでは青色の水素原子のところで五炭糖と結合する．

は種々の修飾を受けた塩基が存在する（後述，図II.3.24）．

　また，プリン塩基とピリミジン塩基は互変異性を示す．すなわち，窒素原子を含む3つの原子配列中の水素原子と二重結合の位置がシフトしうる構造体をもつ．この性質は核酸分子中の塩基の相互作用に影響し，構造変換をもたらすため重要である．アデニンとシトシンはアミノ型とイミノ型が存在し，グアニン，チミン，ウラシルはケト型とエノール型をとる（図II.3.3）．生理的pHではアミノ型とケト型がより安定である．

B 糖

　核酸を構成するヌクレオチドの糖部分は，ペントースであるリボースがフラノース構造（五員環構造）をとっている．RNAではリボース ribose で，DNAでは $2'$-デオキシリボース $2'$-

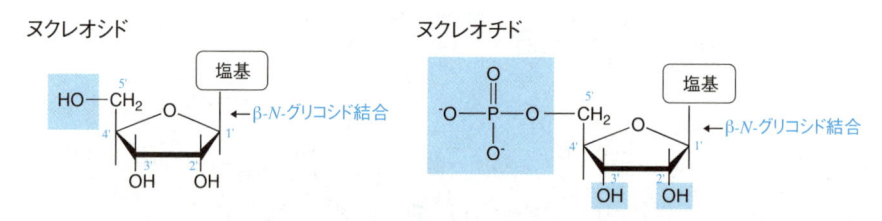

図II.3.4　ヌクレオシドとヌクレオチド

　ヌクレオチドは，糖にリン酸が1つあるいは複数結合したものである．$5'$の位置にリン酸がついたものは，$5'$-リン酸と呼ばれる．$2'$，$3'$の位置にも結合したものもあり，それぞれ $2'$-リン酸，$3'$-リン酸と呼ばれる．

表II.3.1　ヌクレオシドとヌクレオチドの命名法

塩　基	ヌクレオシド （塩基＋糖）	ヌクレオチド （塩基＋糖＋リン酸）	核　酸
プリン			
アデニン	アデノシン	アデニル酸	RNA
	デオキシアデノシン	デオキシアデニル酸	DNA
グアニン	グアノシン	グアニル酸	RNA
	デオキシグアノシン	デオキシグアニル酸	DNA
ピリミジン			
シトシン	シチジン	シチジル酸	RNA
	デオキシシチジン	デオキシシチジル酸	DNA
チミン	チミジン	チミジル酸	DNA
ウラシル	ウリジン	ウリジル酸	RNA

チミンの場合，デオキシチミジン，デオキシチミジル酸ともいうが，DNAに限られているため，デオキシを省略することのほうが多い．

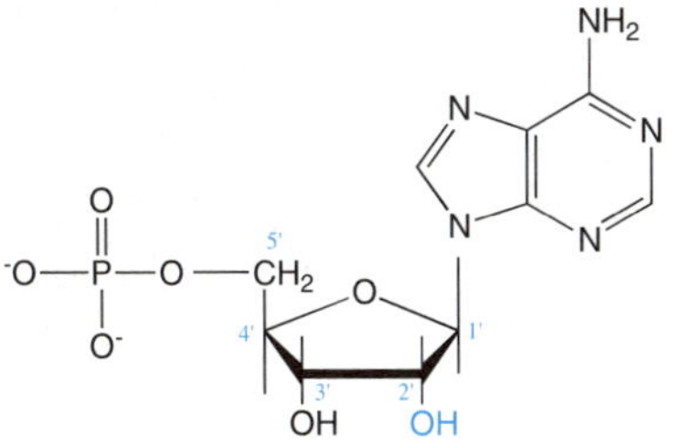

アデノシン 5′-一リン酸 (AMP) 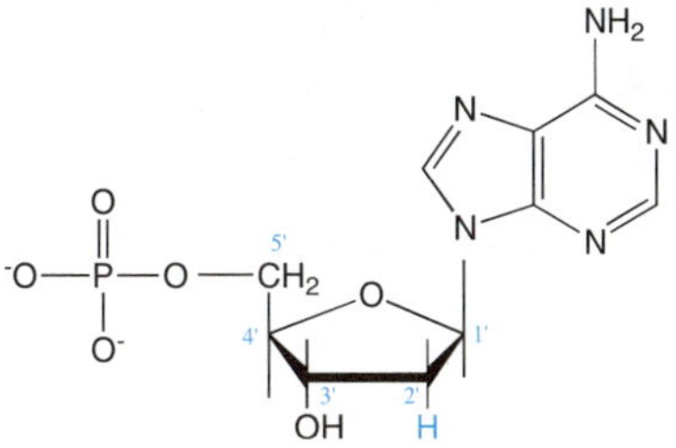　　　　デオキシアデノシン 5′-一リン酸 (dAMP)

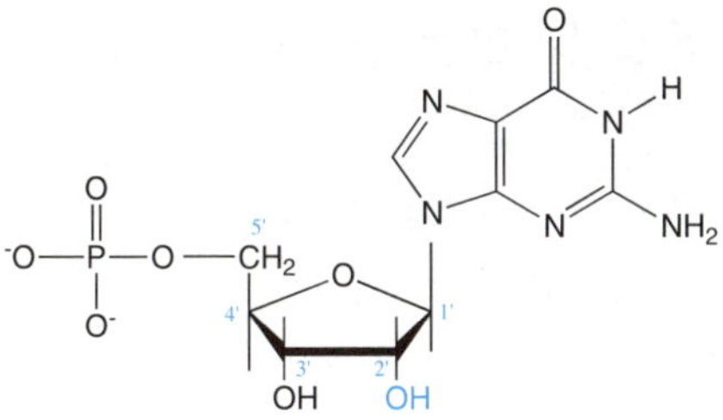

グアノシン 5′-一リン酸 (GMP) 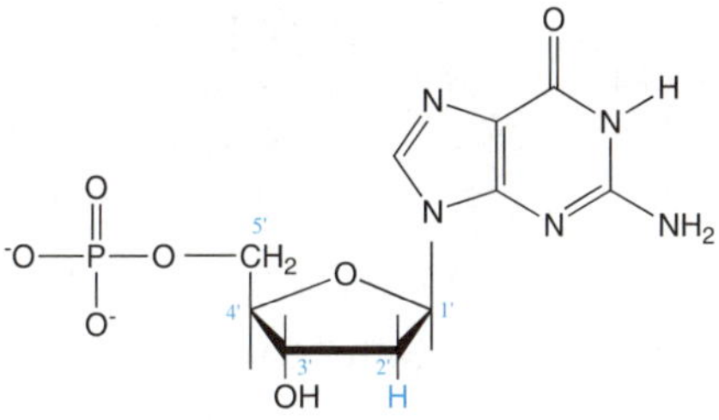　　　　デオキシグアノシン 5′-一リン酸 (dGMP)

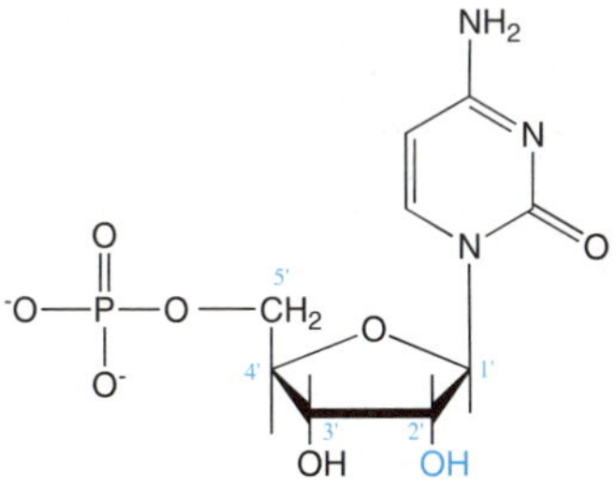

シチジン 5′-一リン酸 (CMP) 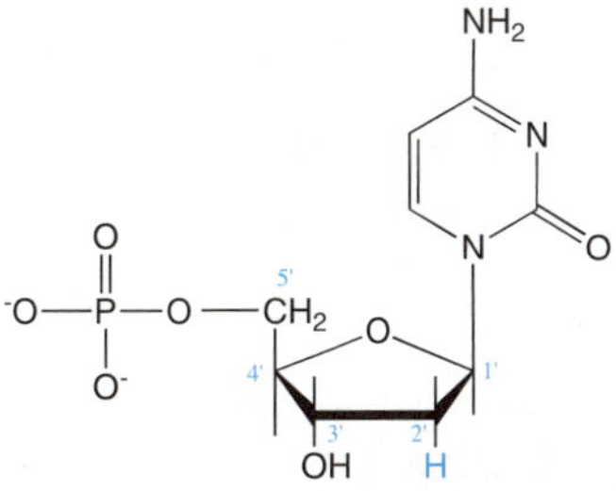　　　　デオキシシチジン 5′-一リン酸 (dCMP)

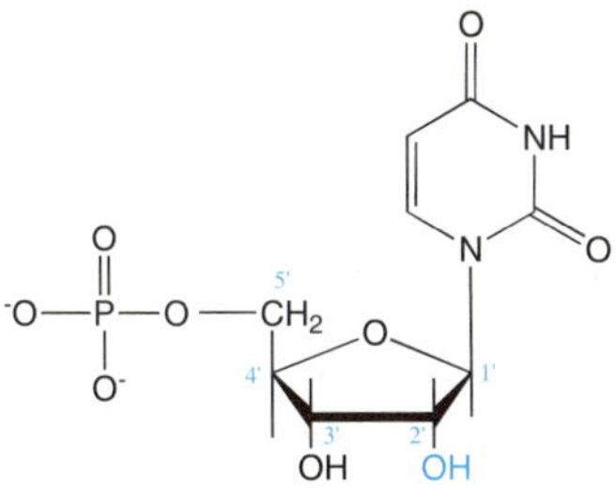

ウリジン 5′-一リン酸 (UMP) 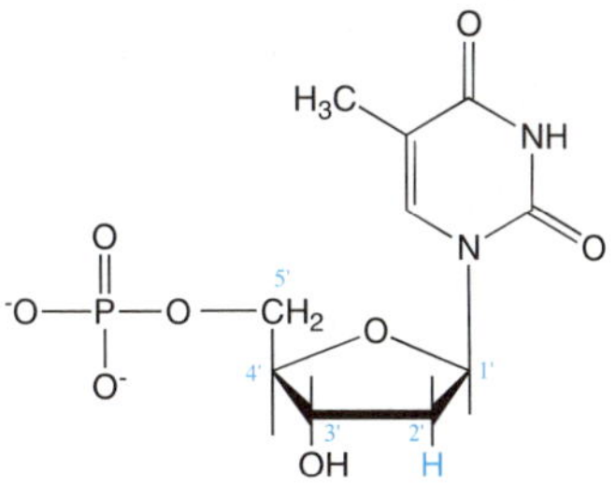　　　　デオキシチミジン 5′-一リン酸 (dTMP)

図 II.3.5　代表的なリボヌクレオチドとデオキシリボヌクレオチド
塩基がチミンの場合は，DNA に限られるため，「デオキシ」や「d」が省略されて表記されることがある．

deoxyribose である．ヌクレオチドを構成する糖の各炭素原子の位置を表す番号は，塩基部分と区別するため番号に ′ をつける（C-1′，C-2′など，ダッシュ（英語では prime）と発音する）．

C リン酸

ヌクレオチドのリン酸部分は，ペントースのC-5′についたヒドロキシ基にリン酸が結合したもので，結合しているリン酸の数により一リン酸，二リン酸，三リン酸などがある（図II.3.2）．

II.3.2 ヌクレオシドとヌクレオチド

1つのプリン塩基あるいはピリミジン塩基が，*β-N-*グリコシド結合を介してペントースのC-1′に結合している分子をヌクレオシド nucleoside という（図II.3.4）．ペントースとしてリボースとデオキシリボースが用いられるので，リボヌクレオシドとデオキシリボヌクレオシドと呼ばれる2種類が存在する．ヌクレオチドはしたがってペントースに1つあるいは複数のリン酸基が結合したヌクレオシドである．天然に存在するほとんどのヌクレオチドはC-5′にリン酸が結合したものだが，C-3′，C-2′にもリン酸は結合できる．それぞれの塩基に対応したヌクレオシドとヌクレオチドの名称を表に示した（表II.3.1）．また，代表的なリボヌクレオチドとデオキシリボヌクレオチドの構造と略称も示した（図II.3.5）．

また，ヌクレオシドの*β-N-*グリコシド結合は回転でき，糖に対して2つのコンホメーション，すなわち *syn* 形と *anti* 形をとることができる．プリン塩基は *syn* 形と *anti* 形のいずれかのコン

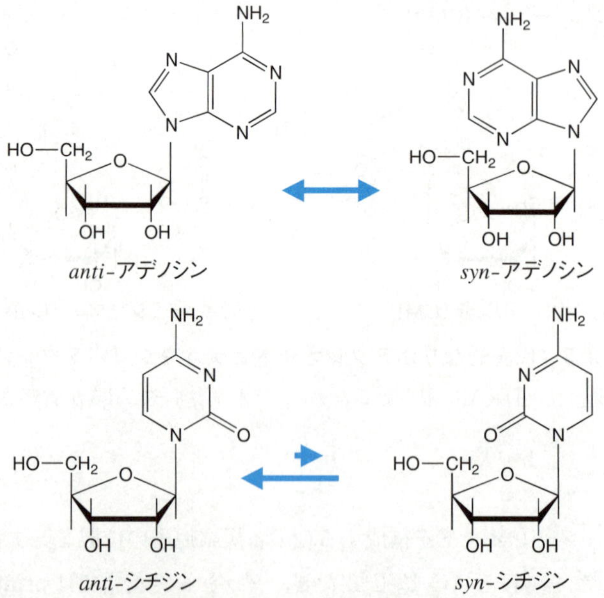

anti-アデノシン ↔ *syn*-アデノシン

anti-シチジン → *syn*-シチジン

図 II.3.6　*β-N-*グリコシド結合の回転によるヌクレオシドの2つのコンホメーション

ホメーションがとれる．一方，ピリミジン塩基はC-2のカルボニル酸素が大きく，糖との間の立体傷害により *syn* 形はとりにくい（図 II.3.6）．

II.3.3 ヌクレオチド関連化合物

ヌクレオチドは核酸の構成単位としての役割のほか，細胞の中でのエネルギー貯蔵物質として，また，その関連化合物は酵素の補助因子である補酵素や情報伝達因子，さらに代謝の中間体としても機能している．

A エネルギー貯蔵物質としてのヌクレオチド

アデノシン5′-三リン酸 adenosine 5′-triphosphate（**ATP**）の β 位と γ 位のリン酸結合を加水分解すると大きな自由エネルギーが放出される．このリン酸結合を高エネルギーリン酸結合といい，生体内でのエネルギーの貯蔵場所として利用されている（図 II.3.7）．また，ATP は他の化合物をリン酸化するリン酸の供与体としても重要である．**アデノシン5′-二リン酸** adenosine 5′-diphosphate（**ADP**）も，1つの高エネルギーリン酸結合をもつ．他の UTP，CTP，GTP はエネルギー貯蔵物質というよりも，RNA の生合成の前駆物質や種々の代謝中間体として利用される．

B 補酵素の構成成分としてのヌクレオチド

酵素の中には補助因子として補酵素を必要とするものが存在する．その補酵素の構造内にアデノシンを含むものがある．**コエンザイム A**（CoA）は，アシル基転移反応に関与する（図 II.3.

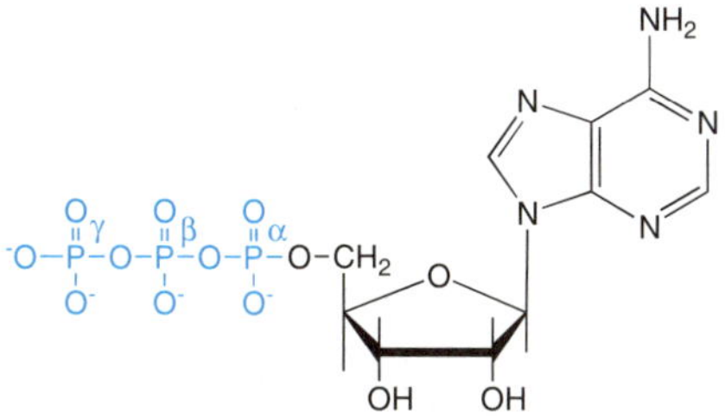

アデノシン 5′- 三リン酸
（ATP）

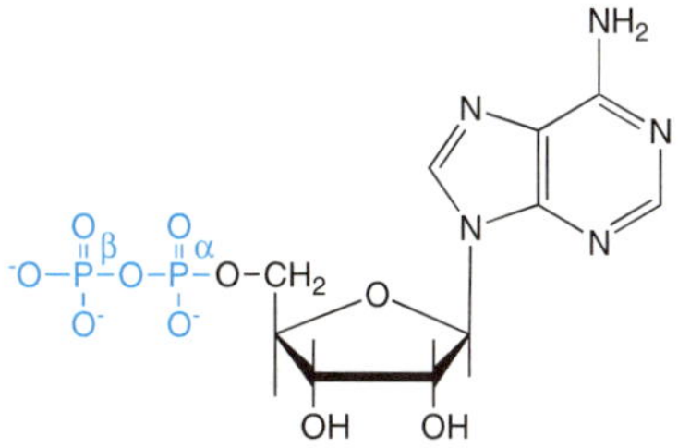

アデノシン 5′- 二リン酸
（ADP）

図 II.3.7 ATP と ADP

ATP，ADP のリン原子は図のように α，β，γ と命名される．

8）．ニコチンアミドアデニンジヌクレオチド（NAD$^+$），ニコチンアミドアデニンジヌクレオチドリン酸（NADP$^+$），フラビンアデニンジヌクレオチド（FAD）は多くの酸化還元酵素の補酵素として機能する（図II.3.9，10）．このほか，ビタミン B$_{12}$ の１つの活性型であるデオキシアデノシルコバラミンもアデノシンを構造内に含んでいる．

図II.3.8　コエンザイム A の構造

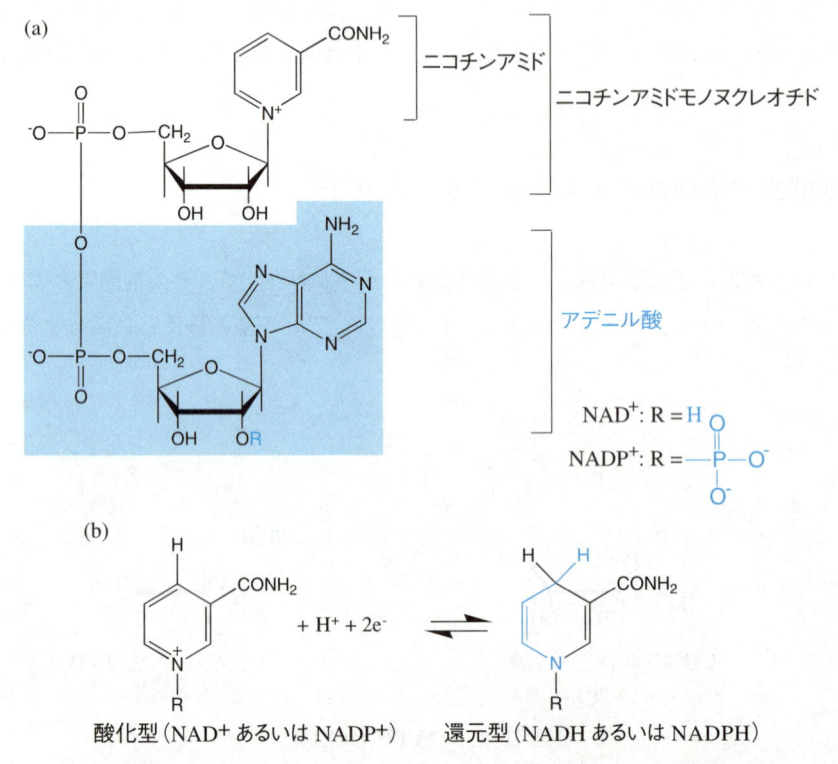

図II.3.9　NAD$^+$ と NADP$^+$ の構造(a)とその酸化型と還元型(b)

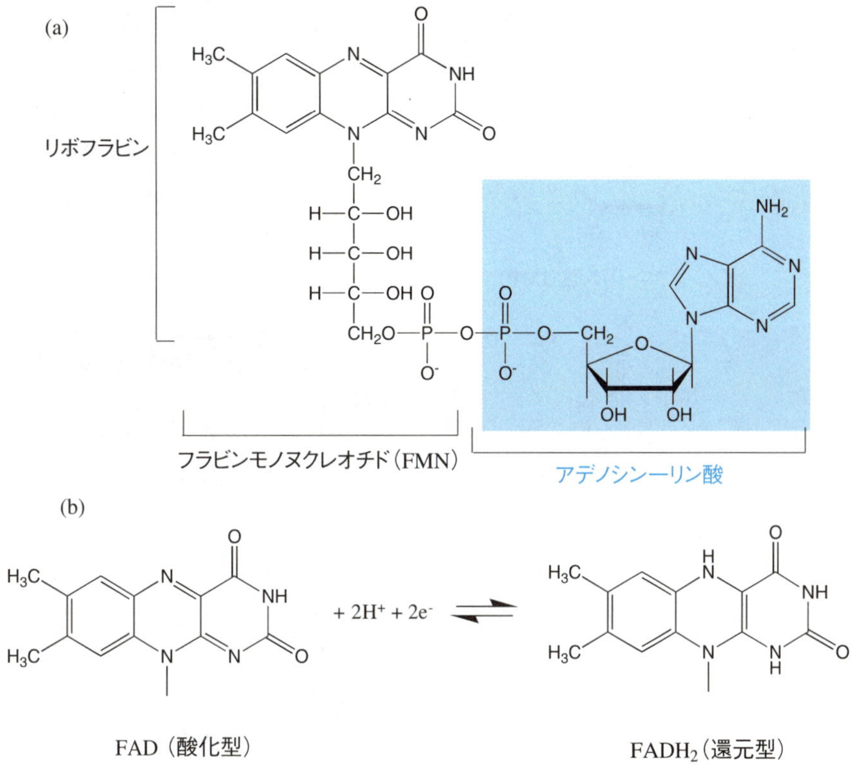

図 II.3.10　FAD の構造 (a) とその酸化型と還元型 (b)

C　生合成の中間体，代謝中間体

　生合成や代謝の中間体として利用されているヌクレオチドがある．イノシン 5′-一リン酸 (IMP) はプリンヌクレオチドの生合成の中間体である．IMP の塩基部分はヒポキサンチンである．メチル基の転移に関与する S-アデノシルメチオニンは，アデノシンを含む．また，グリコーゲン合成時に，グルコース 1-リン酸と UTP から UDP-グルコースができ，グリコーゲンシンターゼにより新たな α(1→4) グリコシド結合が生成する．CDP-コリンは，コリンリン酸と CTP から生成し，ホスファチジルコリンの生合成の中間体である（図 II.3.11）．

D　ADP リボシル化

　補酵素 NAD から ADP リボース部分がタンパク質に転移される反応が存在する（図 II.3.12）．転移する ADP リボースが 1 つの場合はモノ ADP リボシル化といい，いくつも重合されて移るものをポリ ADP リボシル化という．コレラ毒素はシグナル伝達系の G タンパク質をモノ ADP リボシル化し，シグナルを遮断する．ヒストン H1，H2B などのクロマチンタンパク質

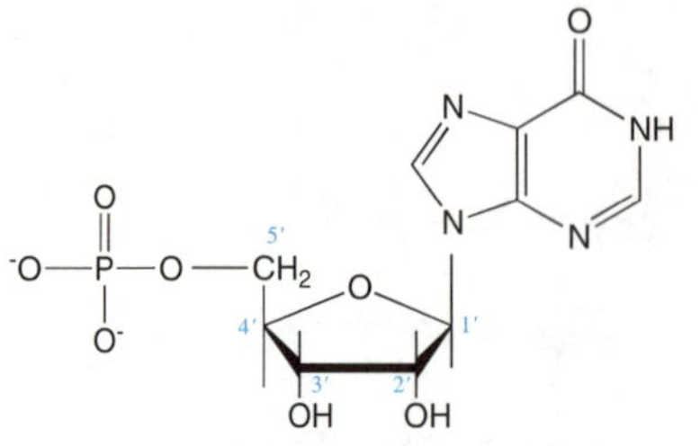

イノシン 5′-一リン酸（IMP）

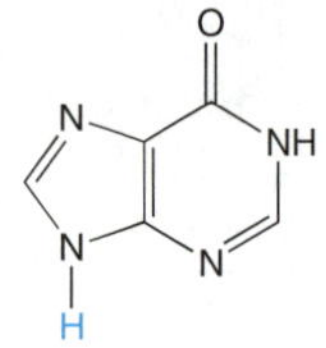

ヒポキサンチン

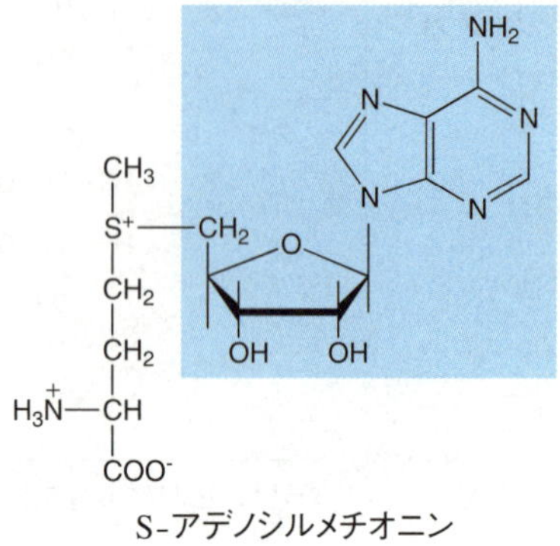

S-アデノシルメチオニン

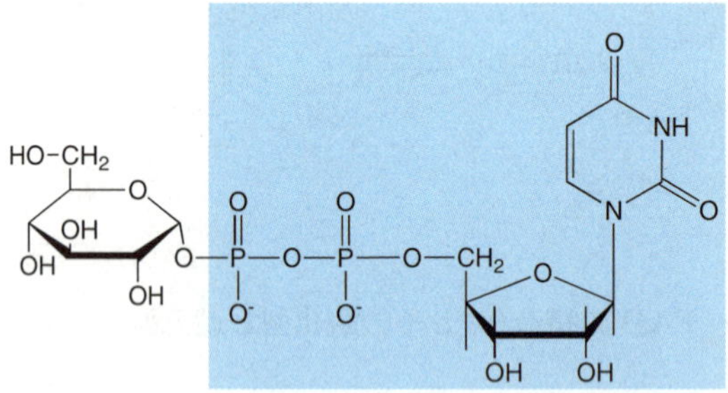

UDP-グルコース

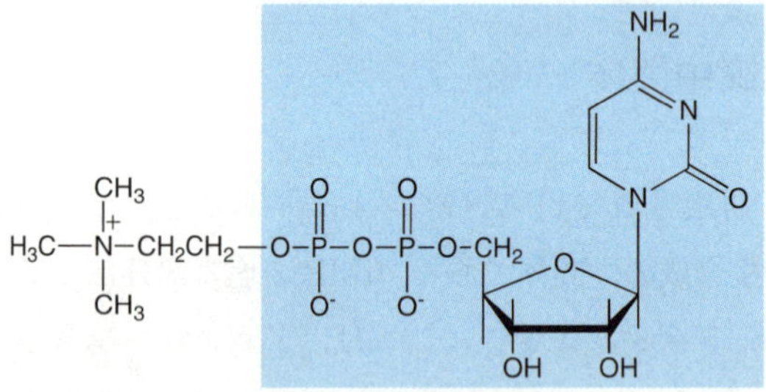

CDP-コリン

図 II.3.11　前駆体や代謝中間体として利用されるヌクレオチド

のポリ ADP リボシル化がよく知られ，DNA 修復や細胞死に役割を果たしている．

E　情報伝達分子としてのヌクレオチド

細胞はホルモンや神経伝達物質などの細胞外からの刺激によって，適応した反応をする．細胞外の化学物質は情報を伝えるためのファーストメッセンジャーである．細胞表面の受容体で受け取った情報を細胞内で伝える物質を**セカンドメッセンジャー** second messenger という．セカンドメッセンジャーにヌクレオチドがしばしば用いられる．その代表的なものは，**アデノシン 3′,**

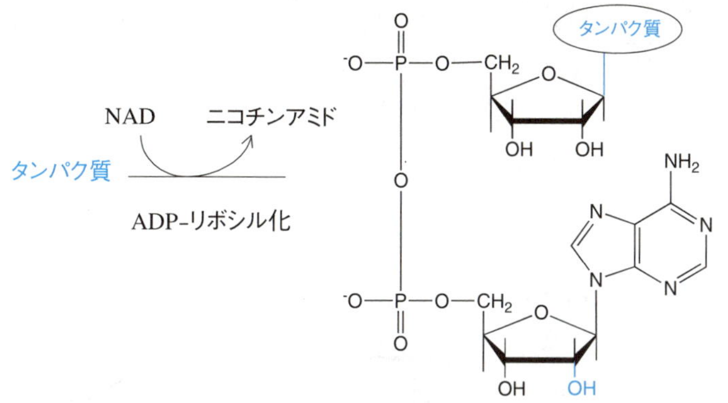

図 II.3.12 タンパク質の ADP-リボシル化
図ではモノ ADP リボース化を示した．ポリ ADP リボース化では，図のタンパク質を除いた青で示した部分が $\alpha(1\to2)$ グリコシド結合で連なっていく．

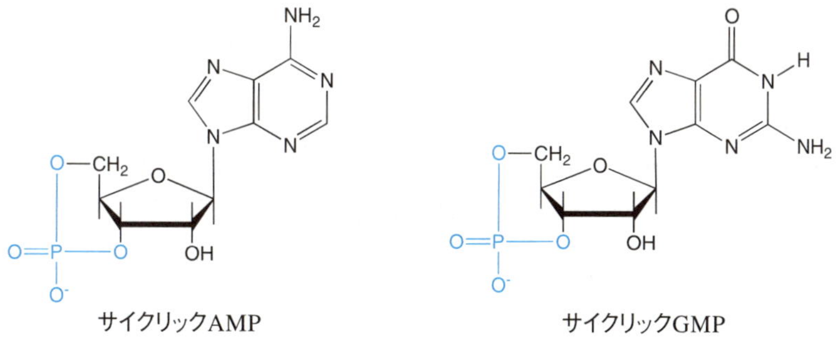

図 II.3.13 サイクリック AMP とサイクリック GMP の構造

5′サイクリック一リン酸 adenosine 3′,5′-cyclic monophosphate（サイクリック AMP，cAMP）で，細胞膜の内側に存在するアデニル酸シクラーゼという酵素によって ATP から生成する（図 II.3.13）．サイクリック AMP は，あらゆる生物において代謝の調節因子として機能している．

グアノシン 3′,5′サイクリック一リン酸（サイクリック GMP，cGMP）も多くの細胞内で代謝の調節因子として機能している．

II.3.4
DNA の構造

A　オリゴヌクレオチドとポリヌクレオチド

4 種類のヌクレオチドの多量体である DNA は，直鎖状であり分枝はない．多量体重合の基質

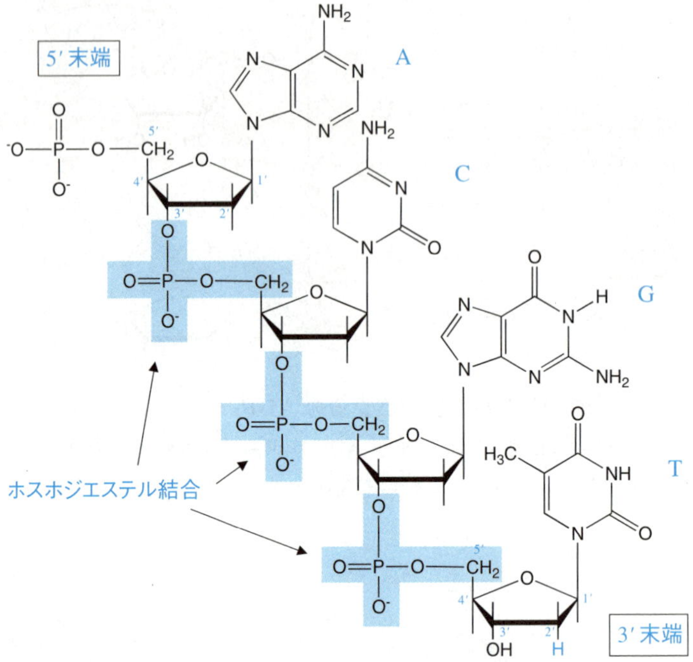

図 II.3.14 DNA 鎖の構造
各デオキシリボヌクレオチドが 3′–5′ ホスホジエステル結合により結合している．
この図に描かれている DNA 鎖の塩基配列は，5′-ACGT-3′ である．

となるのはヌクレオシド三リン酸のみである．重合反応では，C-3′ のヒドロキシ基と隣のヌクレオチドの C-5′ のリン酸が反応してホスホジエステル結合 phosphodiester bond の形成と二リン酸の除去が起こる．したがって，一方の端の C-5′ に未反応の三リン酸が結合し（5′末端または 5′-P 末端），もう一方の端の C-3′ には未反応のヒドロキシ基（3′末端または 3′-OH 末端）がついている構造になる．このように DNA はリン酸基とペントースがホスホジエステル結合で交互に結合した部分が骨格となり，塩基は側鎖として骨格上に一定間隔で結合している構造をしている（図 II.3.14）．数多くのヌクレオチドが重合したものをポリヌクレオチド polynucleotide という．50 個以下のヌクレオチドが重合したものを特にオリゴヌクレオチド oligonucleotide という．

ポリヌクレオチドの構造を表記する場合，完全な構造式で表すと大変な手間と紙面を要する．そこで，簡単に示す表記法がいくつかある．1 つはデオキシリボースを縦線で示し，線の上端を C-1′ の炭素原子，下端を C-5′ 炭素原子として，塩基を A，G，C，T の一文字表記で示す（図 II.3.15）．ホスホジエステル結合は―P―で表す．また，pApCpGpTpGpGpT，pACGTGGT-OH，pACGTGGT などと表記する．特に断りがない限り，左側が 5′側，右側が 3′側を表すのが慣例となっている．また，単に 5′-ACGTGGT-3′，ACGTGGT とも表す．

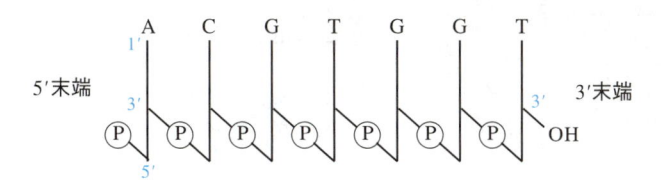

```
      A   C   G   T   G   G   T
      1'
5'末端  3'                              3' 3'末端
      ⓟ  ⓟ  ⓟ  ⓟ  ⓟ  ⓟ  ⓟ  OH
         5'
```

図 II.3.15　ポリヌクレオチドの1つの表記法

B　DNA の塩基組成

1940 年代の後半，Chargaff らによって多くの生物種から DNA の塩基組成が調べられた．その結果，どの生物種においてもアデニン残基の数はチミン残基数に等しく（A＝T），グアニン残基の数はシトシン残基数と等しい（G＝C）こと，すなわちプリン塩基の総和とピリミジン塩基の総和が等しいこと（A＋G＝T＋C）が明らかにされた（これをシャルガフの法則という）．DNA の塩基組成は生物種によって異なるがそれぞれ固有であり，組織，年齢，栄養などの条件に左右されず不変である．各生物種の DNA の塩基組成は G＋C 含量で比較され，細菌では 25〜75％と種による違いが大きく，哺乳動物では 39〜46％の範囲である．このシャルガフの法則が基になって塩基対形成の考え方が導入され，二重らせん構造発見への手がかりの 1 つとなった．

C　二重らせん double helix

1953 年，James Watson と Francis Crick は，DNA の三次構造モデル，すなわち二重らせん構造を提案した（図 II.3.16）．このモデルは単に DNA の構造を示すだけでなく，遺伝の分子機構をも示唆し，現代隆盛を極めている分子生物学の原点といわれるものである．

このモデルは 2 本のポリヌクレオチドの鎖が共通な軸を中心に右巻きの二重らせんを成す．2 本の鎖の 5′末端→3′末端の方向は互いに逆方向を向いている（図 II.3.17）．親水性のデオキシリボースと負電荷をもつリン酸基の交互に並んだ骨格部分は，らせんの中心軸から遠い外側に配置している．プリン塩基やピリミジン塩基は軸に近い内側に配置し，かつ水素結合で塩基対 base pair を形成する．

この画期的モデルの発見の背景には，シャルガフの法則以外にいくつかの重要な研究結果があった．DNA 繊維の水分含有量の正確な測定結果は，ヌクレオチドどうしの空間的配置を決定するのに寄与し，DNA の X 線回折像は DNA の構造がらせんの特徴を示し，核酸塩基であるチミン，グアニンの構造としてケト型が優位であるということは，塩基対の概念を引き出すのに役立った情報である．この二重らせん構造は，化学的および生物学的データから現在ではすでに支持されている．

ワトソン-クリックの二重らせん構造の重要な特徴は，2 本の DNA 鎖間でアデニン(A)とチミン(T)，シトシン(C)とグアニン(G)が水素結合で塩基対を形成することである（図 II.3.18）．

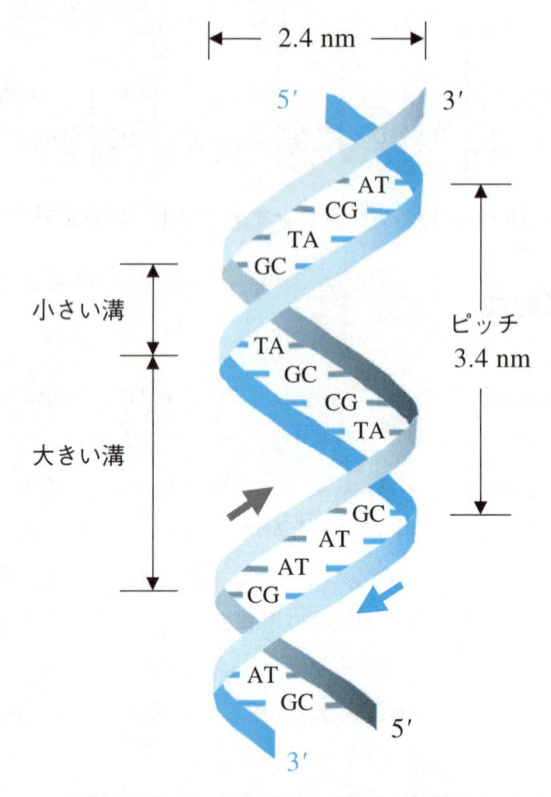

図 II.3.16　DNA の二重らせん構造
水色と灰色のリボンで示したものは DNA 鎖の糖-リン酸骨格を表す．らせんのピッチは，らせんが 1 回転するのに要する長さである．互いの DNA 鎖の 5′→3′ の向きは逆になっている．

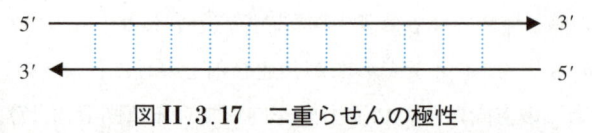

図 II.3.17　二重らせんの極性
相補的な塩基が水素結合(………)で対を成した 2 本鎖 DNA は 5′→3′ 方向が逆向きになっている．

いい換えると，これ以外の組み合わせの塩基対はできない．A：T の塩基対では 2 本の水素結合であるのに対し，C：G 塩基対では水素結合が 3 本形成される．したがって，C：G 塩基対の結合のほうが強い．塩基対形成が特異的であることから，DNA の 2 本鎖の一方の鎖の塩基の順番（塩基配列）は，他方の鎖の塩基配列を自動的に決定することになる．このことを DNA の 2 本鎖は 相補的 complementary であるという．また，2 本鎖は互いに逆平行に配置している．二重らせんの直径は 2.4 nm であり，塩基の面はらせん軸にほぼ垂直で，らせんが 1 巻きするごとに約 10 塩基対が存在している．らせんのピッチ（らせんが 1 回転する間隔）は 3.4 nm なので，1 塩基対ごとに 0.34 nm らせんを移動する．また，この二重らせん構造の外側の面は平坦ではなく，2 つの溝がらせん形を描いている．大きい溝 major groove は幅が広くて深く，小さい溝

図 II.3.18 AT および GC 塩基対構造（Watson-Crick 塩基対）
各 AT 塩基対では 2 つの，各 GC 塩基対では 3 つの水素結合が形成される．

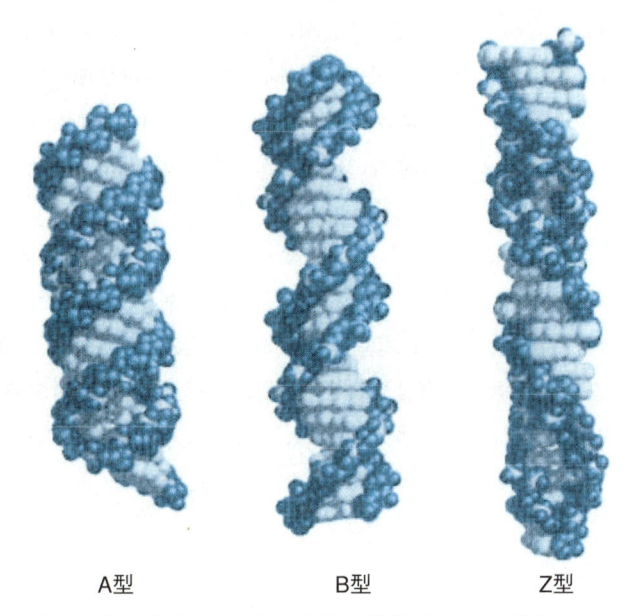

図 II.3.19 A 型，B 型，Z 型 DNA の構造
A 型，B 型，Z 型 DNA の空間充塡モデルである．図中の核酸分子はそれぞれ 24 塩基対分を示している．白丸は塩基対部分を，青丸は糖-リン酸の骨格部分を示す．

minor groove は幅が狭くて浅いものである．これらの溝，特に大きい溝は遺伝子の発現を調節する DNA 結合タンパク質が，特定の塩基配列を認識し相互作用する上で重要である（図 II.3.16）．このワトソン-クリック型の構造は **B 型 DNA** と呼ばれている．水分の多い条件でとる構造である．しかし，デオキシリボースには柔軟性があり C-$1'$ の N-グリコシド結合が回転できるため，DNA の構造も柔軟である．DNA 分子の水分量を変化させると二重らせんの形態も変

表 II.3.2　A, B, Z 型 DNA の構造の比較

	B 型 (Watson-Crick の構造)	A 型	Z 型
らせんの巻き方向	右巻き	右巻き	左巻き
らせんの直径	2.4 nm	2.6 nm	1.8 nm
1 巻きごとの距離(ピッチ)	3.4 nm	2.5 nm	4.5 nm
1 巻きごとの塩基対数	10	11	12
大きい溝	広く深い	狭く深い	平ら
小さい溝	狭く浅い	広く浅い	狭く深い
らせん軸に対する塩基面の傾き	$-1.2°$	$+18°$	$-9°$
グリコシド結合の構造	*anti*	*anti*	*anti*(C), *syn*(G)

化する．B 型以外の構造として A 型と Z 型がよく知られている（図 II.3.19）．

A 型 DNA は，水分が少ないときにとる典型的な構造である．B 型同様右巻きである．塩基対の面はらせん軸に対して直角ではなく約 20 度傾いている．らせんの直径は B 型と比べやや大きく，塩基対間の距離は短く，B 型 DNA をらせん軸の上下から力を加えて少しつぶしたような構造である．2 つの溝があるが，一方は B 型より狭くて深く，他方は広くてより浅い．2 本鎖 DNA 以外に 2 本鎖 RNA，DNA 鎖と RNA 鎖の混成二重らせんはこの構造をとることが知られている．

Z 型 DNA は，本質的に A 型，B 型 DNA と異なって左巻きである．らせんの直径は細く，塩基対間の距離は B 型より長い．DNA の骨格を成すリン酸基をつないだ線がジグザグ zigzag であることから Z 型と呼ばれる．プリン塩基とピリミジン塩基が交互にくる配列（特に CGCG-CG）がもっとも Z 型をとりやすい．溝は深い小さい溝と平たい大きい溝があるが，溝の幅に差は少なく表面は比較的滑らかである．Z 型 DNA は，遺伝子の発現調節に関与していることが指摘されている．表 II.3.2 にそれぞれの構造の特徴をまとめた．

D　その他の構造

長い染色体の中には，DNA の塩基配列によって特別な構造をとりうる部分が存在する．そうした領域は染色体上で何らかの目印となって，DNA が関わる代謝や反応に影響を及ぼしている．

アデニンが 4 つ以上並んだ配列は自然に曲がりベント DNA と呼ばれる．ゲノム中の重要な領域に頻繁にみられ，遺伝子発現との関連が示唆されている．

また，2 本鎖 DNA の片方の DNA 鎖の中だけで塩基対を形成して，ヘアピン hairpin や十字形構造 cruciform になることができる DNA 配列がある（図 II.3.20）．このような DNA 塩基配列をパリンドローム palindrome（回文配列）と呼ぶ．ただし，「たけやぶやけた」のように前から読んでも後ろから読んでも同じになる文字配列（回文）になっている文章中の回文配列とは異

```
   5'                                                              3'
    ━━━━━GTCGAA ATCCT TCGAC━━━━━▶
         ┊┊┊┊┊┊ ┊┊┊┊┊ ┊┊┊┊┊
   ◀━━━━━CAGCTT TAGGA AGCTG━━━━━
   3'                                                              5'
```

                              ↓

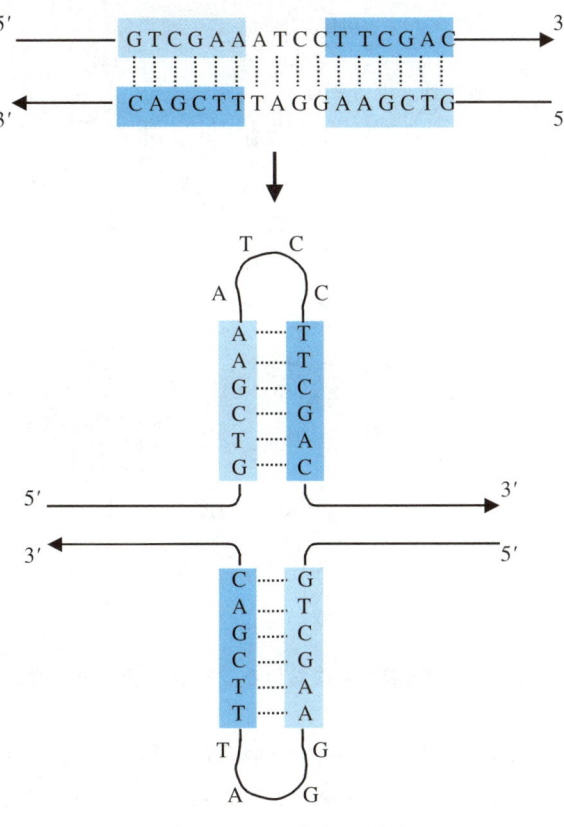

図 II.3.20　十字形構造

色の違った配列がパリンドロームになっている．同じ DNA 鎖内で塩基対を形成して，十字形構造をとりうる．

なり，DNA 上のパリンドロームは，回文の中間まで一方の鎖を読んだら，他方の鎖に移って読むという関係になっている．これは，相補的な塩基のみが対を形成するからである．パリンドローム構造をとっている DNA 配列は逆方向反復配列 inverted repeat と呼ばれる．こうした構造の役割は明らかになっていないが，さまざまなタンパク質が DNA に結合することと関係があると考えられている．短い特定のパリンドローム配列を切断する制限酵素があるが，酵素が作用するときにパリンドロームが重要な役割をしていることを示す一例である．

　2本鎖 DNA の片方の鎖でプリン塩基が連続している配列，すなわちもう一方の鎖ではピリミジン塩基が連続した配列は，三重らせん triple helix 構造をとることが知られている（H 型 DNA とも呼ばれる）．3 本目のらせんを形成するオリゴヌクレオチドは，他の 2 本が形成するワトソン–クリック塩基対を維持したまま大きい溝に適合し，特異的な水素結合を形成する（フーグスティーン型塩基対 Hoogsteen pairing）（図 II.3.21）．この構造の重要性はあまりわかっていないが，遺伝子発現や遺伝的組換えでの役割が指摘されている．

　グアニンは強いフーグスティーン型塩基対をつくり，さらに会合して G カルテットという環

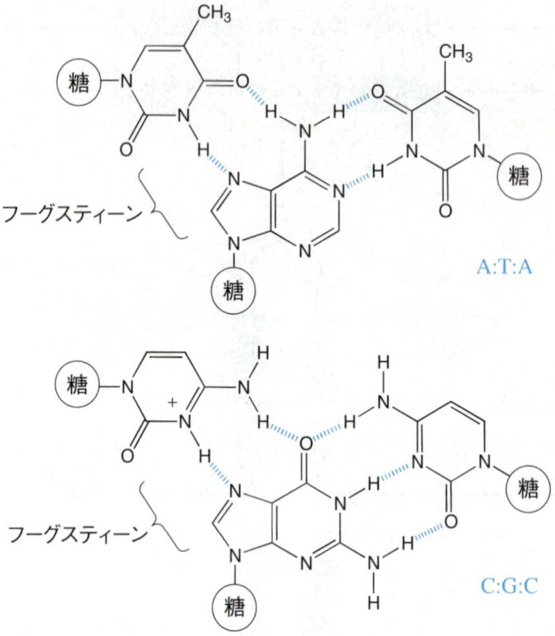

図 II.3.21　三重鎖 DNA におけるフーグスティーン型塩基対

状 4 量体を形成しうる．実際，繊毛原生動物 *Oxytrichia* のテロメアの 3′末端には $d(T_4G_4)_2$ という配列が突出していて，G カルテットを形成し，また G カルテットに結合するタンパク質も見いだされている．

II.3.5　RNAの種類と構造

　RNA はポリヌクレオチドの一種であり，そのほとんどがタンパク質合成に関与している．RNA 分子は転写と呼ばれる過程で DNA から合成される．糖鎖部分は DNA がデオキシリボースであるのに対して，RNA 分子ではリボースである．RNA は基本的に 1 本鎖として存在するが，分子内の相補塩基間での対合によって，きわめて複雑な三次構造をとることができる（図 II.3.22）．アデニンと塩基対を形成するのは，DNA がチミンであるのに対して RNA ではウラシルが用いられる．また修飾を受けた塩基が存在する．代表的な RNA として，メッセンジャー RNA，トランスファー RNA，リボソーム RNA がある．さらに，RNA 自身に RNA を切断する酵素活性をもつものがあり，リボザイム ribozyme と呼ばれる．

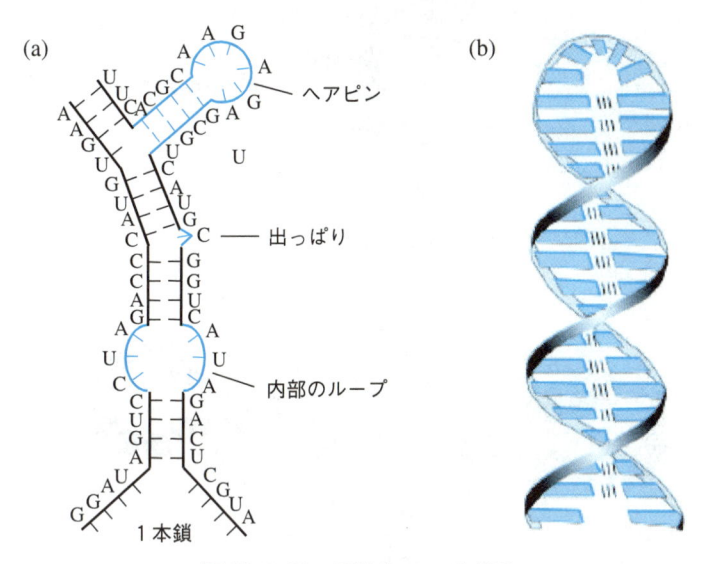

図 II.3.22　RNA の二次構造
(a) 短い相補的塩基が対合することで，さまざまなタイプの二次構造が RNA 分子内にできる．
(b) ヘアピン二重らせん構造．対合した RNA は一般に A 型で右巻きの二重らせんを形成する．

A　メッセンジャー RNA

　DNA 上の遺伝情報は，RNA を介してタンパク質として発現される．タンパク質合成のための遺伝情報の運び屋がメッセンジャー RNA　messenger RNA（mRNA）である．mRNA の塩基配列がタンパク質のアミノ酸配列を規定している．細胞内では全 RNA の約 5％程度である．
　原核生物では，転写直後からリボソームが結合し，タンパク合成が開始される．また，mRNA それぞれが複数のポリペプチド鎖をコードしていることが多い（この性質をポリシストロン性 polycistronic という）．一方，真核生物の mRNA は単一のポリペプチド鎖しかコードしていない（モノシストロン性 monocistronic）．真核生物の転写直後の mRNA は，非常に大きな前駆体分子であり，修飾を経て成熟 mRNA になる．成熟過程の最初に，mRNA の 5′末端に 7-メチルグアノシンが結合する（キャップ構造の形成）．巨大前駆体の中にはイントロンと呼ばれる成熟 mRNA には入らない配列（主にペプチドをコードしない配列）があるが，そのイントロンが除去される（この過程をスプライシング splicing と呼ぶ）．そして 3′末端にはポリ(A)テールと呼ばれる約 200 ヌクレオチドのポリアデニル酸が付加され，成熟 mRNA になる．

B　トランスファー RNA

　アミノ酸をタンパク質合成の場であるリボソームへ輸送するのがトランスファー RNA　transfer RNA（tRNA）である．tRNA はタンパク質を構成するアミノ酸と特異的に結合する．し

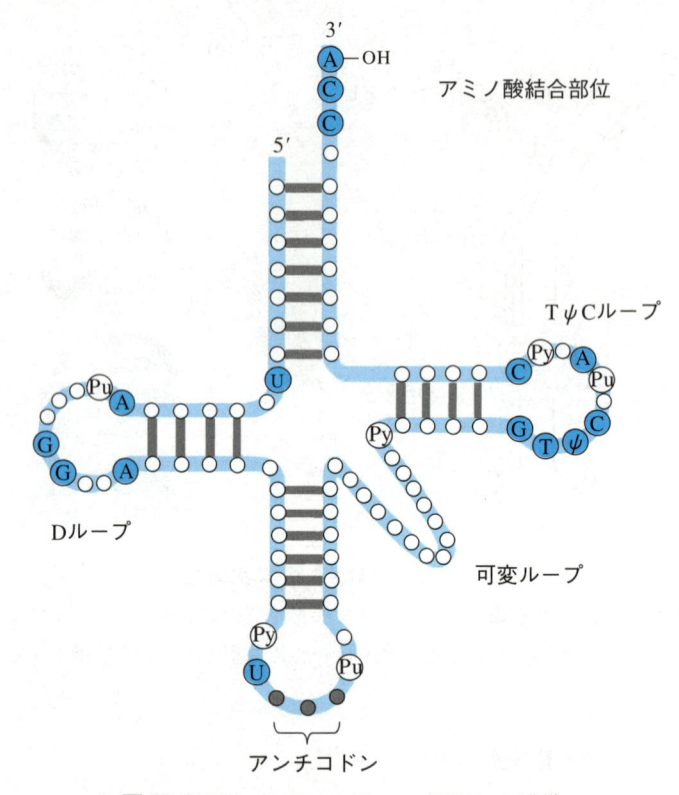

図 II.3.23　トランスファー RNA の構造
地の青いところは，どの tRNA でも比較的保存されている塩基を表し，Py にはピリミジン塩基，Pu にはプリン塩基が配置する．ψ はプソイドウリジンである．3′末端にコドンに対応したアミノ酸が結合する．

たがって，どの生物も多種類（20 種のアミノ酸それぞれに少なくとも 1 種）の tRNA 分子をもつ．長さが 75 ヌクレオチド前後の 1 本鎖 RNA で，分子内塩基対合によりクローバー葉構造をした二次構造をとる（図 II.3.23）．tRNA 分子には，A,C,G,U 以外に特殊な塩基や修飾された塩基が 10％程度存在する．例えば，プソイドウリジン（ψ），4-チオウリジン（s^4U），イノシン（I），7-メチルグアノシン（m^7G）などがある（図 II.3.24）．これら修飾塩基の機能ははっきりしていないが，翻訳の忠実度を高めていると考えられている．

　tRNA 分子は，機能的に重要な部分であるアンチコドン anticodon と 3′末端部分が突出している．アンチコドンは，mRNA のコドン（アミノ酸を指令する暗号を含む 3 つの塩基配列）と塩基対を形成する配列である．3′末端にはアンチコドンの配列に応じた特異的なアミノ酸が共有結合する．この結合がアシル結合であるため，アミノ酸が結合した tRNA をアミノアシル tRNA という．

修飾ウリジン

プソイドウリジン（ψ）　4-チオウリジン（s⁴U）　ジヒドロウリジン（D）　リボチミジン（T）

修飾アデノシン　　　　　　　　　　　修飾シチジン　　　修飾グアノシン

イノシン（I）　N⁶-メチルアデノシン（m⁶A）　5-メチルシチジン（m⁵C）　7-メチルグアノシン（m⁷G）

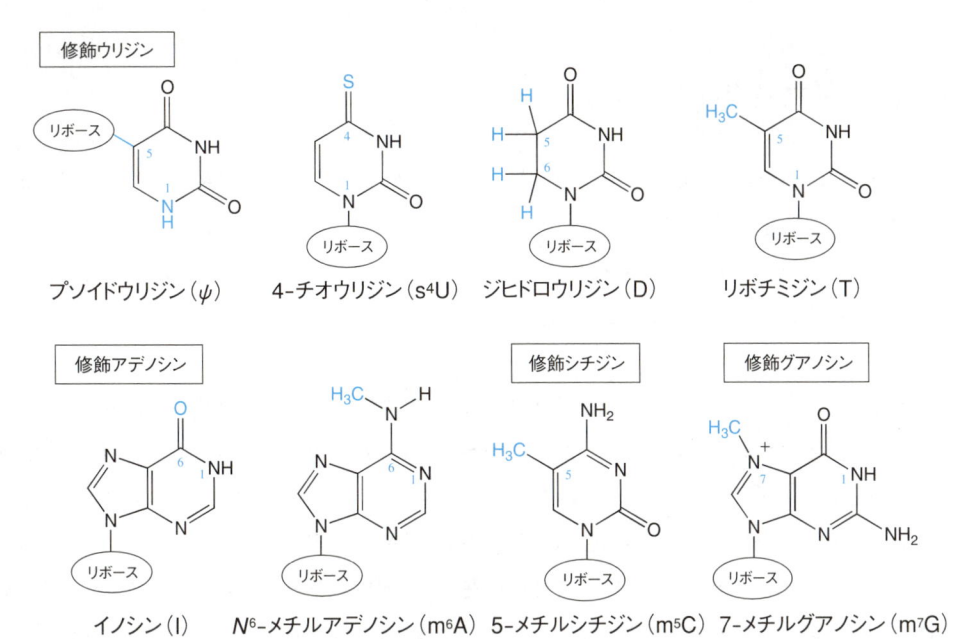

図 II.3.24　トランスファー RNA にみられる修飾塩基とその標準略号

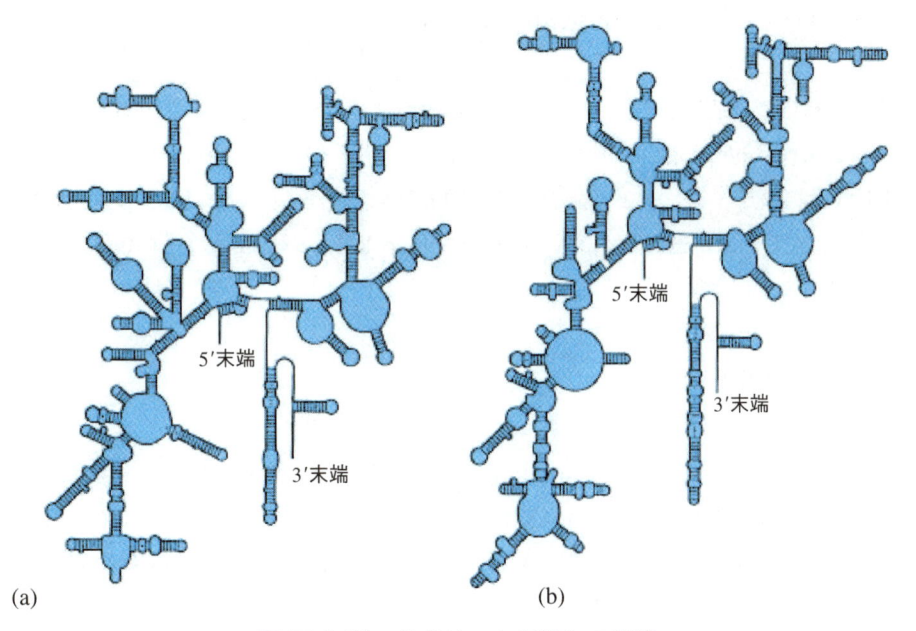

(a)　　　　　　　　　　　　　　(b)

図 II.3.25　リボソーム RNA の構造

(a) 大腸菌の 16S RNA，(b) 出芽酵母の 18S RNA の構造の比較．塩基配列はかなり異なっているが，二次構造はよく似ている．機能的なドメインの構造が保存されていることを示唆している．
(R. R. Gutell, B. Weiser, C. R. Woese, H. F. Noller (1985) *Prog. Nucleic Acid Res. Mol. Biol.* **32**, 183, マッキー生化学（第3版），p.546, 化学同人)

C リボソーム RNA

リボソーム RNA ribosomal RNA（rRNA）は，タンパク質合成の場であるリボソームの構成成分であり，細胞内に最も多量に存在する RNA 分子である（全 RNA 量の約 80％）．いろいろな種の対応する rRNA を比較すると，塩基配列は異なっているが二次構造が非常によく似ており，機能的に保存されていることを示している（図 II.3.25）．リボソームは大サブユニットと小サブユニットからできている．

原核生物のリボソーム RNA は 3 種類あり，大サブユニット（50S）に 23S rRNA と 5S rRNA が存在し，小サブユニット（30S）に 16S rRNA が存在する．それぞれ 34 個と 21 個のタンパク質とともに複合体を形成している．真核生物のリボソーム RNA は 4 種類ある．大サブユニット（60S）に 28S rRNA，5.8S rRNA，5S rRNA と約 50 のタンパク質，小サブユニット（40S）に 18S rRNA と約 30 のタンパク質が存在する．リボソーム RNA は，タンパク質-RNA 複合体であるリボソームの構造的足場としてだけでなく，mRNA のどこからタンパク質合成を開始するかを決める働きもある．

D ヘテロ核 RNA と核内低分子 RNA

真核生物の核内には遺伝子の一次転写物である長い RNA が存在する．これは長さが不均一なためヘテロ核 RNA heterogeneous nuclear RNA（hnRNA）と呼ばれ，mRNA の前駆体である．hnRNA はスプライシングと修飾を受け成熟 mRNA となる．また，長さが 60〜300 塩基の RNA が数種存在し，核内低分子 RNA small nuclear RNA（snRNA）といい，スプライシングに関与している．

E ミクロ RNA

多細胞生物において，21〜25 ヌクレオチドの RNA が遺伝子発現を抑制する現象が最近見いだされた．線虫をはじめ哺乳動物においてターゲットとする mRNA を分解したり，翻訳抑制をすることで発現を抑える．この短い RNA をミクロ RNA micro RNA（miRNA）という．発生や分化の過程で miRNA が関与することがわかってきている．

II.3.6 核酸の性質

A　紫外線吸収

プリン骨格やピリミジン骨格をもつヌクレオチドは，芳香環構造のため紫外線（UV）を吸収する．吸収は 260 nm 付近で極大となる．ヌクレオチドが結合した DNA では UV 吸収が減少する．これは近接した塩基が非共有結合的な相互作用をすることによって引き起こされる現象である．この効果を淡色効果という．また，2本鎖 DNA がこわれ1本鎖 DNA になると逆の現象，すなわち UV 吸収が増加する．これを濃色効果という．RNA についても同様である．この性質を利用して，DNA や RNA の構造変化を調べることができる．

B　変　性

2本鎖 DNA の塩基対を形成している水素結合が切断され，二重らせん構造が崩壊することを

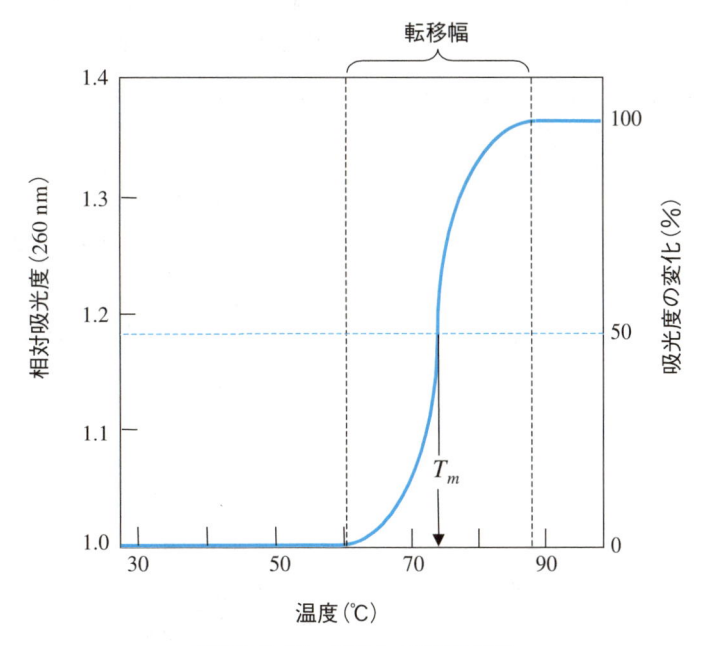

図 II.3.26　DNA の融解曲線

2本鎖 DNA を加温していくと，部分的に1本鎖になりはじめ，濃色効果により吸光度が上昇していく．完全に1本鎖になったときの吸光度の変化の半分の位置の温度を融点（T_m）という．

変性 denaturation あるいは融解 melting という．水素結合の切断は熱や低塩濃度，アルカリ条件で促進される．加熱処理により変性させた場合，濃色効果による吸光度の上昇は狭い温度範囲で起こる．DNA の変性が協同的で，構造の一部が崩れると残りが不安定化するからである．温度と吸光度の変化の関係をグラフにすると，変化する範囲ではＳ字型になる（図II.3.26）．そのＳ字の中点の温度を融点 melting temperature（T_m）という．水素結合が強いＧ：Ｃ塩基対を多く含む DNA 塩基配列ほど T_m は高くなる．

変性 DNA 溶液を急冷すると，相補鎖全体が相手をみつける以前に一部の塩基対が固定されるため塩基対は一部しか再生しない．しかし，変性 DNA 溶液をゆっくり冷却したり，温度を T_m より約25℃低い範囲で保つと，長い領域で正しく塩基対を形成することができる．これをアニーリング annealing あるいは再生 renaturation という．

II.3.7 核酸の非酵素的構造変化

DNA は比較的安定なため，情報を保存するのに適した分子である．しかし，環境中の物理的，化学的刺激により，損傷を受けやすい一面もある．自然条件下でも DNA は損傷を受け，その結果，DNA 塩基配列の変化，すなわち突然変異が引き起こされる．

DNA を構成する塩基は水の中で，自然に損傷を受ける．加水分解反応により，脱プリン反応や脱アミノ反応が起こる（図II.3.27）．脱プリン反応では，プリン塩基とデオキシリボースの

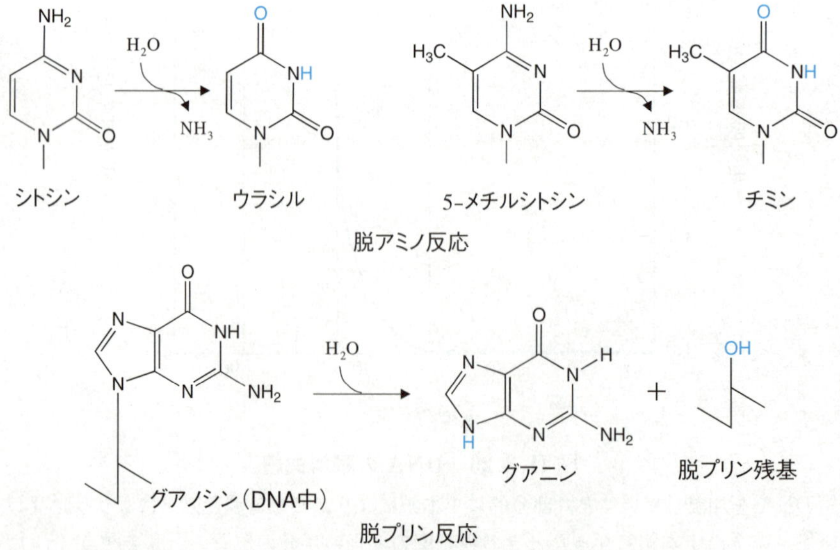

図II.3.27　水溶液中で起こりやすい DNA 塩基の変換

間の N-グリコシド結合が開裂する．毎日，ヒトの細胞では約 10^4 個のプリン塩基が失われている．また，シトシンは脱アミノ反応で毎日細胞当たり約 100 個ほどウラシルになる．ウラシルはアデニンと塩基対を形成することになる．いずれも修復機構で直されないと，次の DNA 複製で点変異 point mutation が起こることになる．

点変異は 2 つのカテゴリーに分けられる．トランジション変異 transition mutation は，ピリ

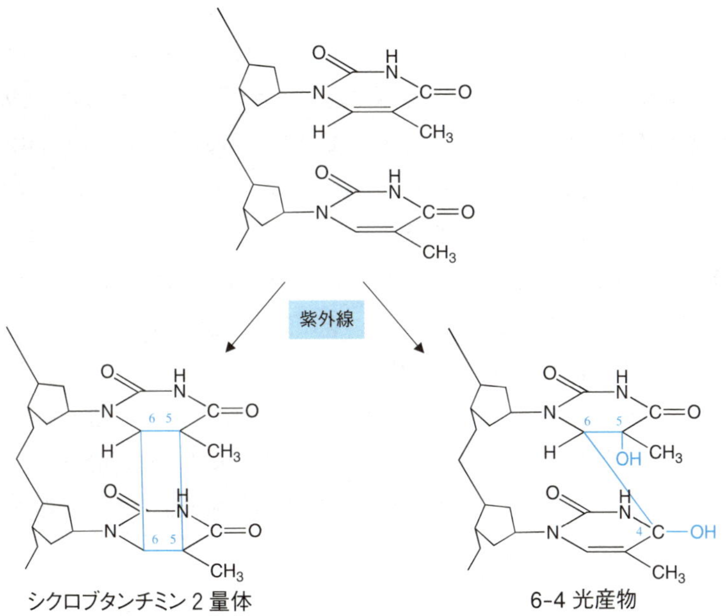

図 II.3.28 紫外線によるピリミジン 2 量体の形成

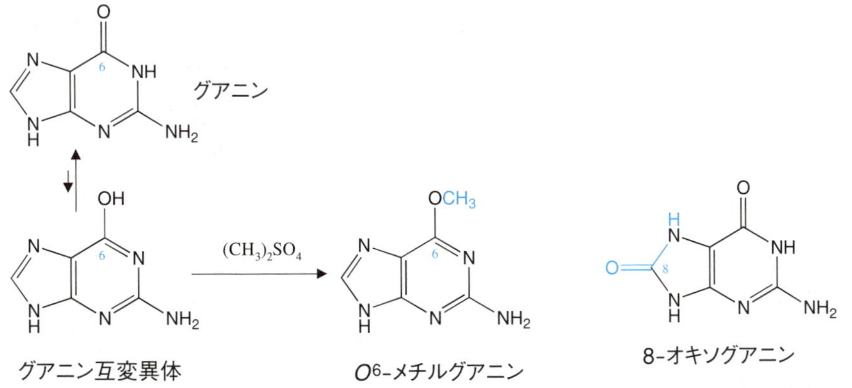

図 II.3.29 アルキル化と酸化による DNA の傷害

DNA 塩基は，アルキル化剤によりアルキル化を受け，活性酸素などにより酸化される．グアニンの場合，ジメチル硫酸などによって互変異体を介して，O^6-メチルグアニンになる．また，代表的な酸化物は 8-オキソグアニンである．

ミジン塩基が別のピリミジン塩基に，またプリン塩基が別のプリン塩基に変換するタイプの変異をいう．**トランスバージョン変異** transversion mutation は，プリン塩基がピリミジン塩基にあるいは逆でピリミジン塩基からプリン塩基に変換するタイプの変異のことをいう．

X線，γ線，紫外線などのイオン化を引き起こす放射線は，DNA構造を変えてしまう場合もある．放射線による損傷はフリーラジカルに起因するもので，DNA鎖の切断，環構造の開裂，塩基の修飾などが起こる．紫外線によって生じる最も一般的な損傷は，**ピリミジン2量体**である．これにはシクロブタン型ピリミジン2量体と6-4光産物がある（図II.3.28）．

化学物質によってもDNAは損傷を受ける．ジメチル硫酸やジメチルニトロソアミン，ナイトロジェンマスタードなどのアルキル化剤によって，グアニンとアデニンはアルキル化される．アルキル化されたO^6-メチルグアニンは，シトシンではなくチミンと塩基対を形成する（図II.3.29）．また，亜硝酸による脱アミノ化がある．亜硝酸はニトロソアミンや亜硝酸ナトリウムから生じ，アデニン，グアニン，シトシンを脱アミノ化し，それぞれヒポキサンチン，キサンチン，ウラシルに変換する．さらに，放射線や酸化的ストレスによって生じる活性酸素は，最も変異が起こりやすい損傷をDNAに与える．特にグアニンの酸化で生じる8-オキソグアニンは，シトシン同様にアデニンとも塩基対を形成する（図II.3.29）．

このほかにも，多くの生体異物によってDNAには付加物がついた塩基が観察される．これらの多様な損傷塩基は遺伝情報を変化させうるが，にもかかわらず，遺伝情報の担い手として核酸が選ばれているのは，損傷を修復する機構が唯一存在する巨大分子だからである．DNA修復機構については，第IV-2章で触れる．

Key words

ヌクレオチド	プリン塩基	ピリミジン塩基
ヌクレオシド	サイクリック AMP	ホスホジエステル結合
5′末端	3′末端	相補的
塩基対	B型 DNA	A型 DNA
Z型 DNA	十字形構造	逆方向反復配列
フーグスティーン型塩基対	メッセンジャー RNA	トランスファー RNA
リボソーム RNA	ヘテロ核 RNA	核内低分子 RNA
ミクロ RNA	淡色効果	アニーリング
点変異	トランジション変異	トランスバージョン変異
ピリミジン2量体		

II.4 アミノ酸・ペプチド

Amino acid・peptide

学習目標

　私たちの身体を形造っている筋肉，臓器などの主要成分であるタンパク質や，酵素，ホルモンなど生体の機能を調節する生理活性物質の多くを構成しているのがアミノ酸 amino acid である．アミノ酸の役割はタンパク質の素材だけではなく，体内でアミノ酸が分解をうけて生理活性アミン類などもつくられる．また最近では，アミノ酸そのものが調味料をはじめとして，医療，飼料，サプリメントや飲料などの栄養補助食品，あるいは化粧品など，広汎にわたって利用されている．

　体内でのアミノ酸の生理的な意義には主に次のようなものがある．
　1) ペプチドやタンパク質を構成し，その生理機能に関わる．
　2) 生理活性アミンや核酸塩基など生体内含窒素化合物の原料となる．
　3) 炭素骨格部はエネルギー源となる．

　項目 2) および 3) はアミノ酸・タンパク質の代謝 (III.4) およびヌクレオチド代謝 (III.5) で詳述される．1) のタンパク質については次章 (II.5) で詳述されるが，アミノ酸とアミノ酸の重合体であるペプチドやタンパク質の物理化学的な性質は共通するところが多い．タンパク質の機能を分子レベルで理解したり，上記の代謝を理解するためには，本章でまずアミノ酸の種類，構造，特性を知ることが必要不可欠なので，本章でそのための基本知識を身につけてほしい．

　広い意味でのアミノ酸 amino acid は，アミノ基と酸性基をもつ有機化合物の総称であるが，単にアミノ酸といえば，同一炭素 ($C\alpha$) にアミノ基とカルボキシ基が結合した α-アミノ酸を指す．自然界には遊離の状態でも存在するが，大部分はタンパク質 protein やその低分子体であるペプチド peptide の構成成分として存在する．ペプチドやタンパク質の生体内での機能は，英語のアルファベットと単語の関係に似て，アミノ酸の種類と並び方（配列）で機能が決まる．アミノ酸配列 amino acid sequence は，タンパク質の設計図として遺伝子 DNA に書き込まれている．

ペプチドやタンパク質を構成する，すなわち，遺伝暗号にコードされているアミノ酸は20種類存在し，タンパク質の中で，それぞれのアミノ酸の側鎖 side chain である官能基 functional group がその機能発現や構造維持に重要な役割を果たしている．生体内にはこれら20種類以外にも生理的に重要な役割をもつアミノ酸も存在する．本章ではアミノ酸の種類，構造，特性，さらにペプチド分子の構造や生理活性ペプチドについて述べる．

II.4.1 タンパク質を構成するアミノ酸

A α-アミノ酸の立体化学

ペプチドやタンパク質を構成するアミノ酸は20種類存在し，これらはプロリンを除いて R－CH(NH_2)－COOH の一般式で示される．これらのアミノ酸は α-炭素にアミノ基 amino group とカルボキシ基 carboxy group をもち，側鎖(R)が異なる．α-アミノ酸はグリシンを除いて Cα 炭素は不斉炭素 asymmetric carbon で，2種の立体異性体 stereoisomer が存在する．図II.4.1のように，これら異性体は Fischer 式でのグリセルアルデヒドの D，L に準じ，D または L を付して表示する．天然に存在するタンパク質構成アミノ酸は L 型である．L-アミノ酸と D-アミノ酸は鏡に映したときの実像と鏡像の関係にあり，これらはエナンチオマー enantiomer 異性体である．イソロイシンとトレオニンは Cβ 炭素も不斉炭素なので，理論的には4種の異性体*が存在する．

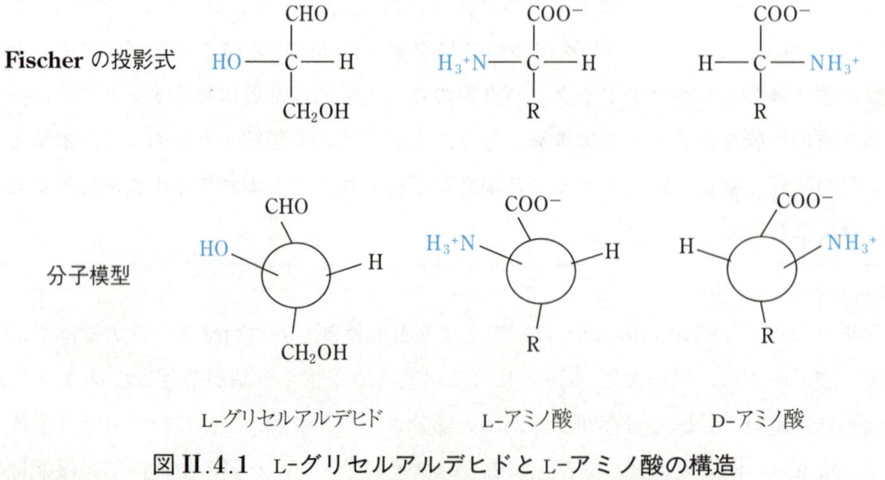

図 II.4.1　L-グリセルアルデヒドと L-アミノ酸の構造

---

* イソロイシンとトレオニンの Cβ 不斉炭素に基づく異性体はアロ allo- を付して呼ばれる（例えば D-アロイソロイシン）．しかし自然界におけるアロ体の存在は非常に少ない．

B アミノ酸の種類

20種類のα-アミノ酸の名称, 構造, 記号を表II.4.1に示す. それぞれのアミノ酸は, 生理

表II.4.1 タンパク質を構成するアミノ酸の種類, 構造および記号

側鎖非極性アミノ酸

グリシン glycine (Gly) G

$$H_3^+N-\underset{\underset{H}{|}}{\overset{\overset{COO^-}{|}}{C}}-H$$

アラニン alanine (Ala) A

$$H_3^+N-\underset{\underset{CH_3}{|}}{\overset{\overset{COO^-}{|}}{C}}-H$$

バリン* valine (Val) V

$$H_3^+N-\underset{\underset{\underset{CH_3\ CH_3}{|}}{\overset{|}{CH}}}{\overset{\overset{COO^-}{|}}{C}}-H$$

ロイシン* leucine (Leu) L

$$H_3^+N-\underset{\underset{\underset{\underset{CH_3\ CH_3}{|}}{\overset{|}{CH}}}{\overset{|}{CH_2}}}{\overset{\overset{COO^-}{|}}{C}}-H$$

イソロイシン* isoleucine (Ile) I

$$H_3^+N-\underset{\underset{\underset{C_2H_5}{|}}{\overset{|}{CH_3-C-H}}}{\overset{\overset{COO^-}{|}}{C}}-H$$

プロリン proline (Pro) P

(環状構造 H$_2^+$N を含むピロリジン環-COO$^-$)

メチオニン* methionine (Met) M

$$H_3^+N-\underset{\underset{\underset{\underset{S-CH_3}{|}}{\overset{|}{CH_2}}}{\overset{|}{CH_2}}}{\overset{\overset{COO^-}{|}}{C}}-H$$

フェニルアラニン* phenylalanine (Phe) F

$$H_3^+N-\underset{\underset{\underset{C_6H_5}{|}}{\overset{|}{CH_2}}}{\overset{\overset{COO^-}{|}}{C}}-H$$

トリプトファン* tryptophan (Trp) W

$$H_3^+N-\underset{\underset{\text{(indole)}}{\overset{|}{CH_2}}}{\overset{\overset{COO^-}{|}}{C}}-H$$

極性無電荷アミノ酸

セリン serine (Ser) S

$$H_3^+N-\underset{\underset{\underset{OH}{|}}{\overset{|}{CH_2}}}{\overset{\overset{COO^-}{|}}{C}}-H$$

トレオニン* threonine (Thr) T

$$H_3^+N-\underset{\underset{\underset{CH_3}{|}}{\overset{|}{H-C-OH}}}{\overset{\overset{COO^-}{|}}{C}}-H$$

システイン cysteine (Cys) C

$$H_3^+N-\underset{\underset{\underset{SH}{|}}{\overset{|}{CH_2}}}{\overset{\overset{COO^-}{|}}{C}}-H$$

アスパラギン asparagine (Asn) N

$$H_3^+N-\underset{\underset{\underset{CONH_2}{|}}{\overset{|}{CH_2}}}{\overset{\overset{COO^-}{|}}{C}}-H$$

グルタミン glutamine (Gln) Q

$$H_3^+N-\underset{\underset{\underset{\underset{CONH_2}{|}}{\overset{|}{CH_2}}}{\overset{|}{CH_2}}}{\overset{\overset{COO^-}{|}}{C}}-H$$

チロシン tyrosine (Tyr) Y

$$H_3^+N-\underset{\underset{\underset{\text{-OH}}{\overset{|}{C_6H_4}}}{\overset{|}{CH_2}}}{\overset{\overset{COO^-}{|}}{C}}-H$$

表 II.4.1 つづき

極性電荷アミノ酸

アスパラギン酸
aspartic acid (Asp) D

グルタミン酸
glutamine acid (Glu) E

ヒスチジン*
histidine (His) H

リジン*
lysine (Lys) K

アルギニン
arginine (Arg) R

* ヒトの必須アミノ酸

的条件下では，図の構造のように荷電する．

　これらアミノ酸は，通常三文字または一文字記号で表される．アミノ酸の側鎖Rの種類により，いくつかのカテゴリーに分類される．グリシン，アラニン，バリン，ロイシン，イソロイシン，プロリンなどは脂肪族アミノ酸に分類され，側鎖アルキル鎖が長いほど疎水性は増す．プロリンはイミノ酸で環状構造をもつ．生理的条件下では，アスパラギン酸やグルタミン酸は分子全体として負電荷をもつ酸性アミノ酸で，リジン，アルギニンおよびヒスチジンは正電荷をもつため塩基性アミノ酸である．アルギニン側鎖グアニジノ guanidino 基は最も塩基性の強い側鎖官能基である．セリン，トレオニン，アスパラギン，グルタミンは，極性基をもつが荷電をもたない中性アミノ酸で，これらは親水性である．フェニルアラニン，チロシン，トリプトファンは芳香族アミノ酸で，バリン，ロイシン，イソロイシンと並んで疎水性アミノ酸である．システインおよびメチオニンは含硫黄アミノ酸であり，メチオニンは疎水性アミノ酸でもある．

　植物や微生物ではタンパク質構成アミノ酸のすべてを生合成できるが，動物では約半数が生合成できず，食餌から摂取する必要がある．これらのアミノ酸を必須アミノ酸 essential amino acid と呼び，成人ヒトではバリン，ロイシン，イソロイシン，トレオニン，メチオニン，フェニルアラニン，トリプトファン，リジン，ヒスチジン*の9種が必須アミノ酸である．

---

* 以前は幼児のみ必須アミノ酸とされていたが，1985年，国連の機関（FAO/WHO/UNU）の報告書では，成人にとっても必須アミノ酸として扱われるようになった．

C アミノ酸の両性イオン

アミノ酸は水溶液中で正負両電荷，すなわち両性イオン twitter ion をもつ．またその水溶液の液性（pH）によって荷電状態が変化する．例えば，図II.4.2にアラニンの滴定曲線を示す．

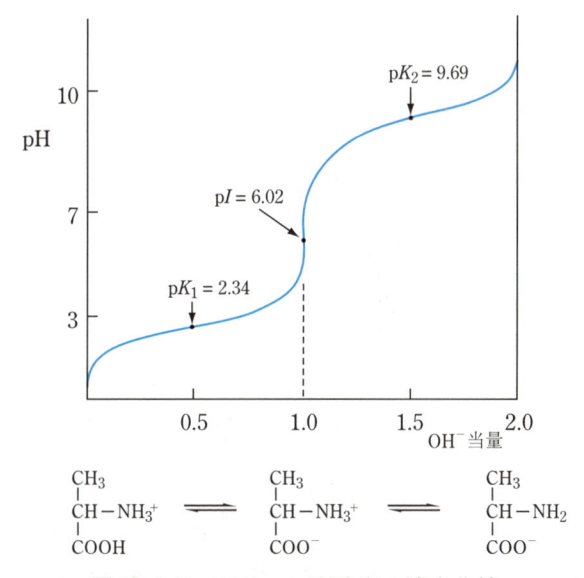

図II.4.2 アラニン塩酸塩の滴定曲線

アラニンは十分な酸性領域では完全な正電荷型，十分なアルカリ領域ではすべて負電荷型として存在する．中性付近では正負両イオンがつり合い，見かけ上無電荷型となるが，このときのpHは等電点 isoelectric point（pI）と呼ばれる．官能基が解離し，解離型と非解離型の等量点が解離基のpK値であり，この地点で最も緩衝作用が強まることがわかる．表II.4.2に主なアミノ酸の官能基のpK値を示す．アミノ酸の等電点は，正味の電荷がつり合う（零）点の前後の

表II.4.2 主なアミノ酸のpK値とpI値

アミノ酸	pK_1（αCOOH）	pK_2	pK_3	pI
アラニン	2.34	9.69（αNH$_2$）	−	6.02
アスパラギン酸	1.88	3.65（βCOOH）	9.60（αNH$_2$）	2.77
グルタミン酸	2.19	4.25（γCOOH）	9.67（αNH$_2$）	3.22
チロシン	2.20	9.11（αNH$_2$）	10.07（フェノール性OH基）	5.66
ヒスチジン	1.78	5.97（イミダゾール基）	8.97（αNH$_2$）	7.47
リジン	2.20	8.90（αNH$_2$）	10.28（εNH$_2$）	9.59
アルギニン	2.18	9.09（αNH$_2$）	13.20（グアニジノ基）	11.15

平均値として得られる．したがって，塩基性アミノ酸はアルカリ性側に，酸性アミノ酸では酸性側に，中性アミノ酸は中性付近に等電点をもつ．pH が約 7 の生理的条件下では，酸性アミノ酸や塩基性アミノ酸の側鎖官能基もそれぞれ負および正に解離する．図 II.4.3 にアスパラギン酸の滴定曲線を示した．また図 II.4.4 に示すように，ヒスチジンでは側鎖イミダゾール基の pK_a

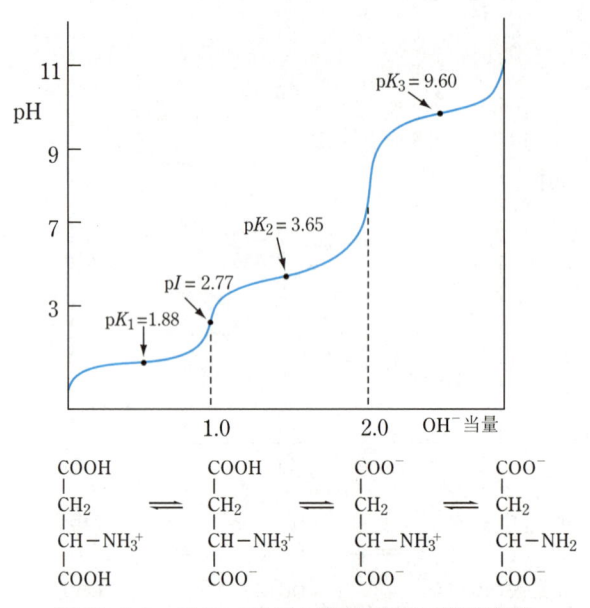

図 II.4.3　アスパラギン酸塩酸塩の滴定曲線

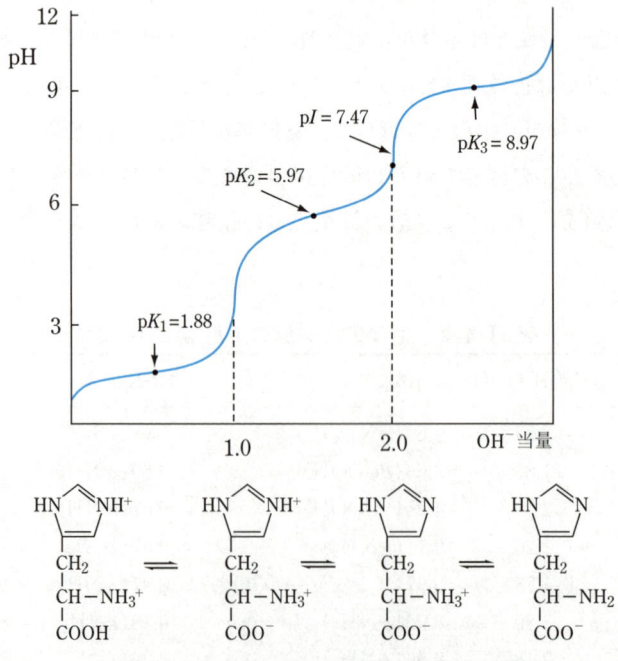

図 II.4.4　ヒスチジン塩酸塩の滴定曲線

値は約 6 で，タンパク質中にあるときは約 7 である．すなわち中性付近でプロトン（H$^+$）を失うため，生理的条件下でプロトンの交換が可能である．このことは特定の酵素の触媒機能と関係している．システインの側鎖チオール基は pH 8 付近（pK_a=8.33）で，また，チロシンの側鎖水酸基（pK_a=10.07）はより高い pH でイオン化する．これら pK 値は遊離アミノ酸の場合であり，タンパク質に取り込まれた場合はその環境の違いで多少異なる．

D　側鎖が修飾されたアミノ酸

ペプチドやタンパク質のアミノ酸側鎖の中には，タンパク質に取り込まれた後で化学的に修飾をうけているアミノ酸（図 II.4.5）がある．**シスチン** cystine は酸化反応によりシステイン同士で **SS 結合** disulfide bond をつくり，タンパク質の立体構造形成に関わる．**4-ヒドロキシプロリン** 4-hydroxyproline や **5-ヒドロキシリジン** 5-hydroxylysine はコラーゲン collagen に多く存

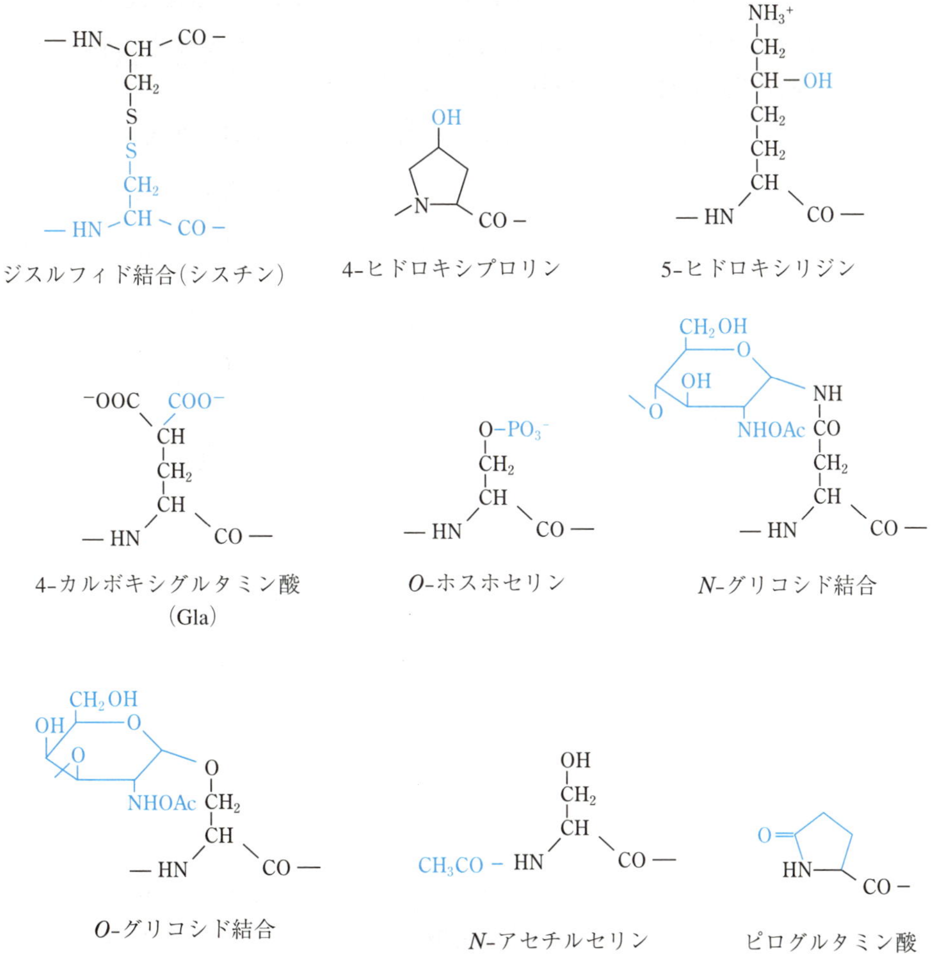

図 II.4.5　側鎖が修飾されたアミノ酸

在する．側鎖水酸基がリン酸化されたセリン，チロシン，トレオニン残基は酵素の機能と密接に関係している．γ-カルボキシグルタミン酸 4-carboxyglutamic acid（Gla）は，血液凝固因子の１つのプロトロンビン prothrombin の構成アミノ酸である（具体的には，次章　タンパク質を参照）．

II.4.2　タンパク質中に存在しないアミノ酸

生体中には，タンパク質中には存在しないものの，生体内で重要な役割を果たすアミノ酸がある．これらは前記のアミノ酸の代謝物ではあるが，それ自身が生理作用をもつものや，生体内代謝において大切な役割を果たしているものがある．例を図 II.4.6 に示す．オルニチン ornithine やシトルリン citrulline は尿素サイクルの中間体である．β-アラニン β-alanine はパントテン酸や補酵素 A の成分となり，タウリン tauline は抱合胆汁酸の成分として必要である．γ-アミノ酪酸 γ-aminobutyric acid(GABA)は神経伝達物質の１つであり，チロキシン tyroxine は甲状腺ホルモンである．ホモシステイン homocysteine はメチオニンの代謝で生成する．

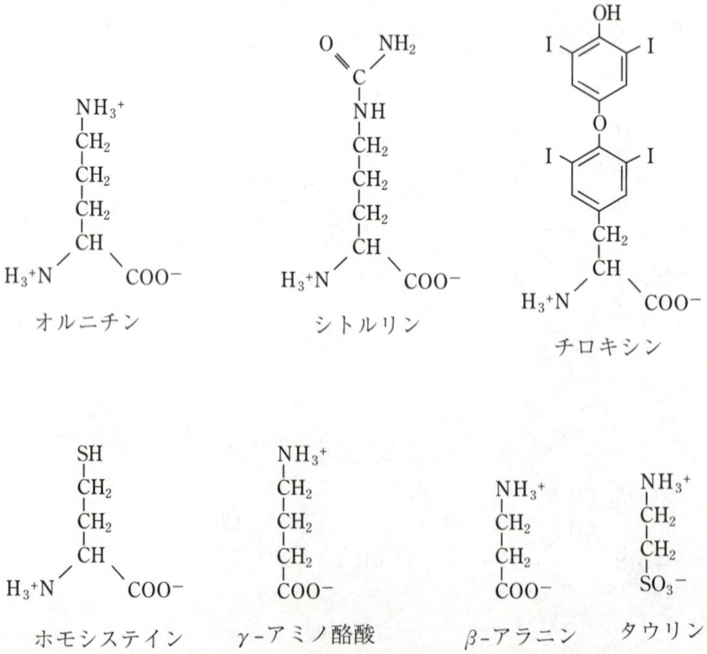

図 II.4.6　タンパク質中に存在しないアミノ酸

II.4.3 アミノ酸分析

現在，遊離のアミノ酸を定量できる全自動のアミノ酸分析計 amino acid analyzer が市販され，医学，薬学，食品化学など，広い分野で使用されている．ペプチドやタンパク質を構成するアミノ酸の組成を調べることは，それらの構造解析の第一歩である．ペプチドやタンパク質は加水分解（一般的には封管中 6 M HCl，110 ℃，24～48 時間）した後でアミノ酸分析を行う．一般的には陽イオン交換樹脂を用いるイオン交換クロマトグラフィー ion-exchange chromatography の原理を利用する．アミノ酸混合物の希酸溶液を樹脂（スルホン酸基を有する樹脂）を入れたカ

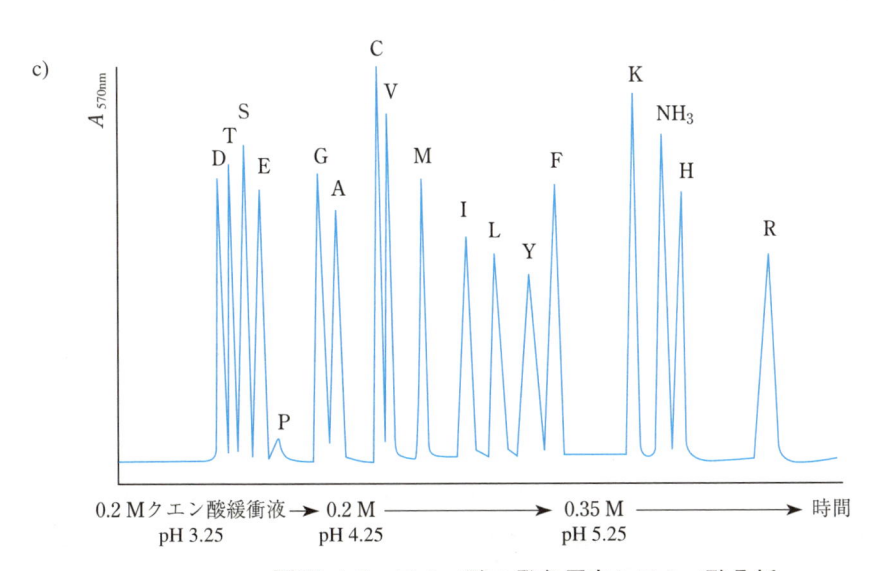

図 II.4.7 アミノ酸の発色反応とアミノ酸分析

ラムに充塡し，pH やイオン強度を徐々に上げながら溶出する．アミノ酸は溶液での荷電状態に応じて樹脂のスルホン酸基と競合し，おおよそ，酸性アミノ酸，中性アミノ酸，塩基性アミノ酸の順に溶出される．溶出液はニンヒドリン ninhydrin 試液と加熱されることで青紫色に発色し（図 II.4.7a），発色度は 570 nm の波長の吸光度として記録される（プロリンやヒドロキシプロリンは黄色に着色するので，440 nm の波長で比色定量される）．図 II.4.7c に分析例を示す．ニンヒドリンを発色試薬とする方法では，数ナノモルの個々のアミノ酸を含む試料を約 30 分で定量分析できる．ニンヒドリンの代わりに o-フタルアルデヒド o-phthalaldehyde（図 II.4.7b）などの蛍光試薬を使用することで，より高感度（ピコモルレベル）で定量できる．

II.4.4 ペプチド peptide

2 個のアミノ酸同士で，一方のアミノ酸のアミノ基と他方のアミノ酸のカルボキシ基の間で脱水縮合した構造の化合物がペプチド peptide であり，生じた −CONH− 結合をペプチド結合 peptide bond という（図 II.4.8a）．アミノ酸の数で，ジペプチド，トリペプチド，デカペプチドなどと呼ぶ．またアミノ酸数 10 個程度までをオリゴペプチド oligopeptide，それ以上をポリペプチド polypeptide と総称する．ポリペプチドとタンパク質を明確に区別する基準はないが，一般にアミノ酸が 100 個程度まではポリペプチドであるが，それ以上はタンパク質の名称が使われる．

ペプチド結合は図 II.4.8b のように共鳴構造を有し，C—N 結合は二重結合と似た性質をもっている．そのため，CONH 原子は同一平面上に位置し（図 II.4.8c），C—N 結合の自由回転は妨げられる．したがって，立体的にみると，C_n^α—C 結合や N—C_{n+1}^α 結合は回転可能であるが，ペプチドやタンパク質の中での動きはある程度制限されることになる．またほとんどの場合，隣接する C^α 炭素がペプチド結合をはさんでトランス型で，隣接する側鎖の立体障害が小さい配置をとっている．これらの特徴はタンパク質の高次構造の形成に大きく関わっている（タンパク質の章を参照）．

ペプチド分子は，通常その両端に遊離したアミノ基とカルボキシ基をもち，それぞれを N 末端（アミノ末端）N-terminus および C 末端（カルボキシ末端）C-terminus と呼ぶ．図 II.4.9 のように，アミノ酸配列を示す場合は三文字記号を用い，ハイフンでつなぐ．この場合左から右に，N 末端から C 末端方向のアミノ酸を記す．N 末端のアミノ基または C 末端カルボキシ基が遊離であることを強調する場合は，それぞれ H および OH をハイフンで付す．大分子ペプチドやタンパク質の場合は一文字記号を用い，ハイフンを入れずに N 末端から C 末端方向に記号のみを羅列する．哺乳動物のペプチドやタンパク質を構成するアミノ酸は L 型であるが，微生物や昆虫類がつくるペプチドには D-アミノ酸が含まれることがある．D-アミノ酸は三文字記号の前に D をハイフンでつなぎ明示する．いくつかの例を表 II.4.3 に示す．

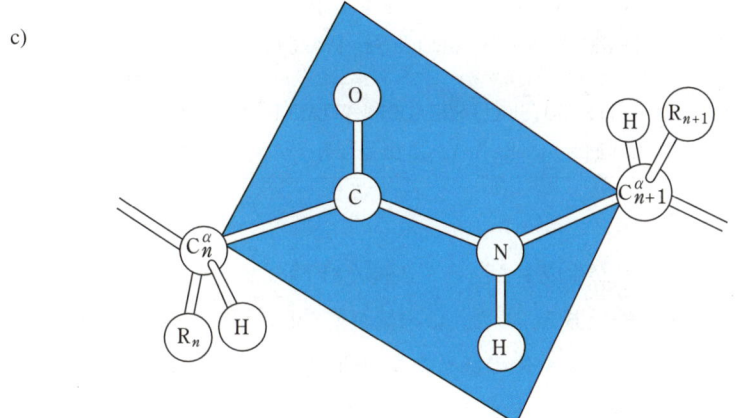

図 II.4.8　ペプチド結合

三文字表記：Tyr-Gly-Gly-Phe-Leu
一文字表記：YGGFL
構造：

図 II.4.9　ペプチドの表記と構造

　生体内ではペプチド性ホルモンや神経ペプチドなど様々なペプチドが生理機能を維持するために働いており，これらは生理活性ペプチド biologically active peptide と呼ばれている．これらペプチドのほとんどは，翻訳によってまず高分子前駆体ポリペプチドが生合成され，そのあとで特異な酵素によって限定分解（プロセシング processing）をうけて生成することが知られている．その際，塩基性アミノ酸対（Lys-Arg, Arg-Lys, Arg-Arg, Lys-Lys）の配列でプロセシン

表 II.4.3　いくつかのペプチドの構造と機能

名　称	構　造	機　能
グルタチオン	Glu　あるいは　Glu(Cys-Gly) └Cys-Gly	抗酸化作用
甲状腺刺激ホルモン放出ホルモン（TRH）	pGlu-His-Pro-NH$_2$	甲状腺刺激ホルモンの分泌作用
オキシトシン	┌─S────────S─┐ Cys-Tyr-Ile-Gln-Asn-Cys-Pro-Leu-Gly-NH$_2$	子宮収縮作用
ブラジキニン	Arg-Pro-Pro-Gly-Phe-Ser-Pro-Phe-Arg	血圧降下作用
黄体形成ホルモン放出ホルモン（LHRH）	pGlu-His-Trp-Ser-Tyr-Gly-Leu-Arg-Pro-Gly-NH$_2$	黄体形成ホルモンおよび卵胞刺激ホルモンの放出作用
グルカゴン	HSQGTFTSDYSKYLDSRRAQDFVQWLMNT	血糖上昇作用
グラミシジンS	cyclo(-Val-Orn-Leu-D-Phe-Pro-Val-Orn-Leu-D-Phe-Pro-)	抗菌作用

グをうけ，生理活性ペプチドが生成する．アミノ酸数 81 個のプロインスリンから 51 個のインスリンが生成するのはその一例である．また，C 末端がアミド化されたペプチドが特に視床下部ホルモン類に多くみられるが，そのための特異的な配列（Gly-Lys-Arg）も知られている．これらはプロセシングシグナル processing signal と呼ばれている．そのため，現在では前駆体タンパク質の mRNA や遺伝子 DNA 配列から生理活性ペプチドの配列予測が可能である．図 II.4.10 に β-エンドルフィンや ACTH などの前駆体タンパク質の例を示す．

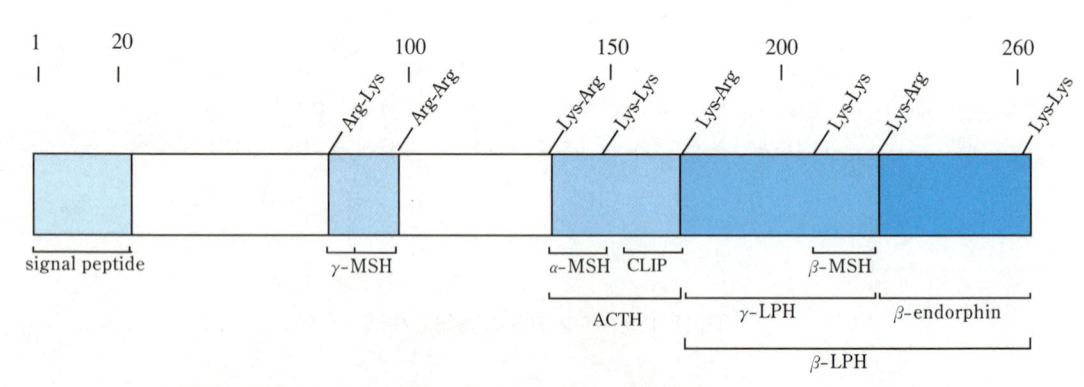

図 II.4.10　β-エンドルフィンや ACTH の前駆体タンパク質の構造*

* 数字はN末端からのアミノ酸残基数．略号は次の通り．
ACTH＝副腎皮質刺激ホルモン adrenocorticotropic hormone, MSH＝メラニン細胞刺激ホルモン melanocyte stimulating hormone, LPH＝リポトロピン lipotropic hormone, CLIP＝ACTH 様ペプチド corticotropin-like imtermediate lobe peptide
(Nakanishi ら, *Nature*, **278**, 423 (1979) から引用，一部変更)

Key words

アミノ酸	α-アミノ酸	アミノ酸側鎖
アミノ酸側鎖官能基	不斉炭素	立体異性体
エナンチオマー	タンパク質構成アミノ酸	グリシン
アラニン	バリン	ロイシン
イソロイシン	プロリン	メチオニン
フェニルアラニン	チロシン	トリプトファン
セリン	トレオニン	システイン
アスパラギン酸	アスパラギン	グルタミン酸
グルタミン	ヒスチジン	リジン
アルギニン	三文字記号	一文字記号
ヒト必須アミノ酸	両性イオン	等電点（pI）
pK 値	滴定曲線	4-ヒドロキシプロリン
5-ヒドロキシリジン	SS ジスルフィド結合	γ-カルボキシグルタミン酸
オルニチン	シトルリン	β-アラニン
タウリン	GABA	チロキシン
ニンヒドリン	イオン交換クロマトグラフィー	アミノ酸分析
ペプチド	ペプチド結合	ポリペプチド
N 末端	C 末端	生理活性ペプチド
プロセシング	プロセシングシグナル	

II.5 タンパク質

Protein

学習目標

1. タンパク質の多様性を構造から説明できる．
2. タンパク質の一次，二次，三次，四次構造を説明できる．
3. タンパク質の変性について，構造と機能の面から説明できる．
4. タンパク質の主要な機能を列挙でき，関連する機能タンパク質の構造と機能を例を挙げて概説できる．
5. タンパク質の機能発現に必要な翻訳後修飾について説明できる．
6. タンパク質の取り扱いにおける注意事項および基本的な分離精製法について説明できる．
7. タンパク質の基本的な分子量測定法・構造解析法について説明できる．
8. アミノ酸・タンパク質の定性・定量試験法について説明できる．

　タンパク質 protein は，生命現象の中心的な役割を担っている生体高分子である．もう少し簡単にいうと，タンパク質は，私たちのからだの中で昼も夜も休まず働いている活発な分子であり，私たちのからだを動かしている主役である．タンパク質は，20種類のアミノ酸が**ペプチド結合** peptide bond によって鎖のようにつながった**ポリペプチド** polypeptide であり，構成単位であるアミノ酸の種類，並び方（配列順序），鎖の折りたたまれ方（高次構造）によって多様な構造をとることができる（図 II.5.1）．前章で学んだように構成単位となるアミノ酸側鎖の性質がそれぞれ大きく異なるために，糖質，脂質，核酸などと比べ，タンパク質にはたくさんの種類が存在する．実際に，ヒトのような高等な哺乳類では，からだの中で働いているタンパク質は数万種類にのぼり，それぞれのタンパク質がそれぞれの仕事を担っている．すなわち，複雑なからだを間違えることなく組み立て，そして，体外からの刺激に的確に対応しながら生体を動かしていくためには何万種類ものタンパク質が必要となる．本章では，タンパク質の複雑な化学構造と，大きな生体システムにおける機能との関係を理解するための基本事項を扱う．

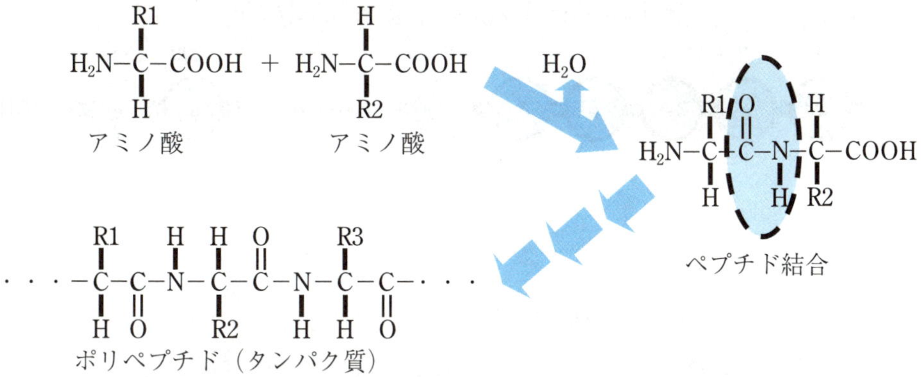

図 II.5.1　ペプチド結合によるポリペプチドの形成

II.5.1

タンパク質の一般的性質

A　タンパク質の構造の多様性

　生物は，タンパク質を主体にして多様で複雑な生命の営みを維持している．これは，タンパク質がほぼ無限の多様性を秘めた分子だからである．いい換えると，"タンパク質は，無限に近い種類の形（構造）をとることができ，それぞれが異なった働き（機能）をもつことができる"ということである．ここで，その理由について考えてみる．タンパク質は，20種類のアミノ酸が100個程度から長いものになると2000個程度直鎖状に連なったポリペプチドである．その多様性を数字で表現すると天文学的数字になる．例えば，平均的な大きさをもつ1000個のアミノ酸が連なったタンパク質について考えてみる．その並び方の組合せは，20^{1000}通りで，これを計算すると約$1×10^{1301}$通りとなる（図II.5.2）．地球が誕生して約46億年が経過したと考えられており，その長さを秒で表すと約$1.4×10^{17}$秒となるが，仮に，1秒間に100億種類（10^{10}種類）のタンパク質が生まれたとすると，地球が誕生して今日までに約$1.4×10^{27}$種類のタンパク質が誕生した計算になる．これは先ほどの数字（$1×10^{1301}$）と比較すると，あまりにも小さな数字である．このことは，タンパク質が無限の可能性を秘めた分子であり，生物が何かを行うとき，たいていのことはタンパク質を使って実現できることになる．確かに，地球上では零下数十度の寒い場所から，80度以上の高温の場所にいたるまで生物が生存している．これは，タンパク質がそのような過酷な状況下でも壊れずに機能できる可能性をもつことに起因している．それ故に，生物は，生命反応の中心的な役割を果たす機能分子（主役）としてタンパク質を採用したと考えられる．

1000個のアミノ酸が結合したポリペプチド

H_2N — 1 — 2 — 3 — 4 — 5 — 6 ……… 999 — 1000 — COOH

20通り × 20通り × 20通り × 20通り × ………… 20通り × 20通り

⇓

$20^{1000} ≒ 10^{1301}$ 通りの組合せ

⇓

無限の多様性を秘めた分子

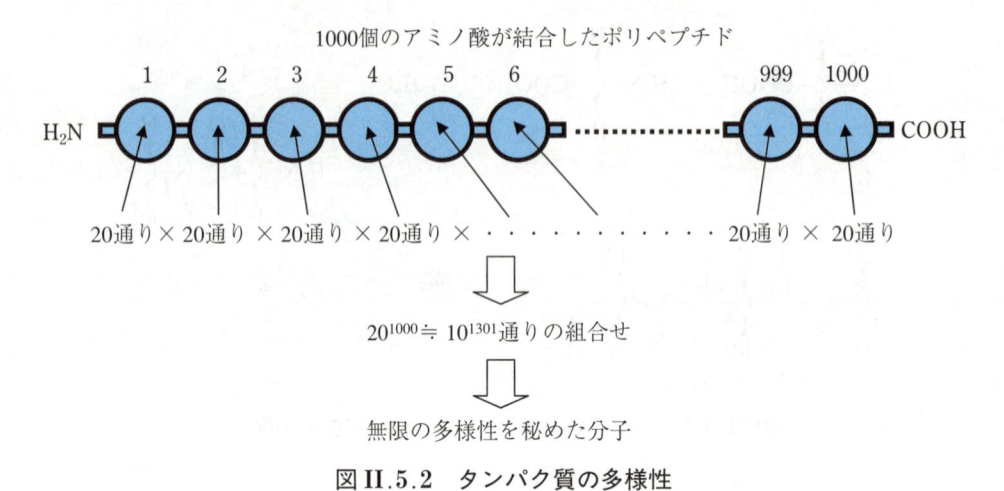

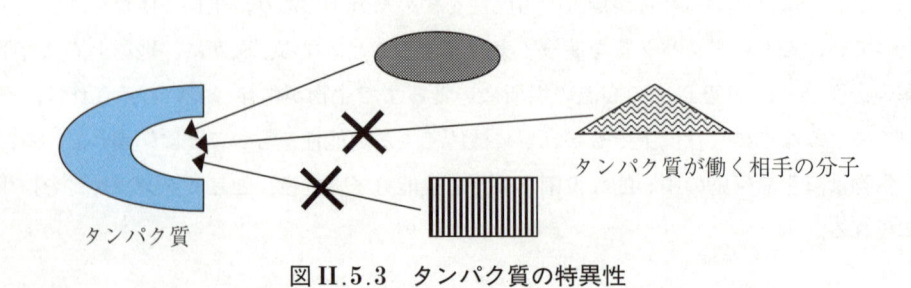

図 II.5.2　タンパク質の多様性

B　タンパク質の機能の多様性と特異性

　タンパク質はさまざまな形（構造）を形成しうることを説明した．実際に，我々のからだの中にはたくさんの種類の形をもったタンパク質が存在し，それぞれが別々の働き（機能）をもっている．触媒作用（酵素作用），分子輸送，構造形成・保持，生体防御，代謝調節，貯蔵，細胞運動など，多くの役割をさまざまな生命現象の場で果たしている．つまり，タンパク質の多様性は形だけではなく，その働きにおいても多様である（表 II.5.1 にタンパク質の機能についてまとめた）．しかも，その多彩な機能は特異的な相手にのみ作用する．このとき，タンパク質分子の形と働きの間には切っても切れない関係にある．ほとんどの場合，タンパク質の表面には，他の分子に対して何らかの作用をするための窪みや溝があり，相手の分子を引き込み，しっかりと捕まえやすい形をしている（図 II.5.3）．つまり，タンパク質分子の形には意味があって，働く相手に応じて固有の形をもつことにより，特有の相手にのみ極めて正確に作用し（特異性），そして固有の機能を発揮する（タンパク質の特異性，基質特異性：次章参照）．このようなタンパク質がもつ多様性および特異性という性質のおかげで，さまざまな生命現象の場における生体分子の役割分担を可能にさせている．

図 II.5.3　タンパク質の特異性

表 II.5.1 タンパク質の多様な機能

機 能	例
生体反応の触媒	酵素：消化，エネルギー産生，そして生合成などの生化学反応において特異的かつ高速で触媒として働く（次章参照）
特定分子の輸送	細胞膜あるいは細胞間で分子やイオンの輸送担体として働く 細胞膜のイオンポンプ，酸素を運搬するヘモグロビンなど
構造の維持	細胞や組織などの保護や支持体として働く コラーゲン，ケラチン，エラスチンなど
外来物質に対する防御	生体を守るために侵入物を不活性化し排除する 免疫グロブリン（抗体）
物質の代謝調節	ホルモン：恒常性の維持，個体成長，生殖，消化などの生理活動を調節する．インスリン（糖代謝），アドレナリン（神経伝達）など
栄養物の貯蔵	有機質，無機質の貯蔵体として働く オボアルブミン（有機窒素），フェリチン（鉄）など
収縮などの運動	アメーバ様運動，鞭毛運動，細胞分裂などの細胞活動や筋肉の収縮 アクチン，ミオシン，チューブリンなど

C タンパク質の分類

　タンパク質が構造的にそして機能的に多様であることから，その分類のしかたも必然的に多様となる．化学組成に基づいた分類によると，単純にアミノ酸がつながっただけの状態で機能する単純タンパク質（加水分解によりアミノ酸のみを生じるタンパク質）と，アミノ酸がつながったポリペプチドに加えて糖，脂質などの有機質やリン酸，金属などの無機質が補欠分子族 prosthetic group として結合した状態で機能する複合タンパク質に分けられる．複合タンパク質は補欠分子族の有無がそのタンパク質の機能調節に関与している場合が多く，補欠分子族を含まない状態をアポタンパク質（一般に不活性型である），含む状態をホロタンパク質（一般に活性型である）と呼ぶ．補欠分子族として含まれる成分によって糖タンパク質，リポタンパク質，ヘムタンパク質，金属タンパク質などに分類される．これとは別に，全体的な形状による分類では，水溶液中における存在状態が球状の分子である球状タンパク質と，水に不溶性で物理的に強く弾力性のある長い紐（ひも）状の分子である繊維状タンパク質に分けられる．球状タンパク質は，一般的に形状が変化しやすく（安定性に乏しい），酵素や輸送タンパク質のような活性をもっている場合が多い．一方，繊維状タンパク質は安定な構造をもち，細胞の骨格構造をつくって強度を与えたり，細胞間に存在し細胞を保護する役割をもつものが多い．また，各タンパク質の表面の電荷の状態により，塩基性タンパク質，中性タンパク質，酸性タンパク質などに分類され，また，タンパク質の存在する場所によっても分類され，膜タンパク質，核タンパク質，細胞質タンパク

a)

単純タンパク質　補欠分子族　複合タンパク質

b)

球状タンパク質　　2本のタンパク質が紐状に組み合わされた状態を示す
繊維状タンパク質

c)

細胞外分泌タンパク質　　細胞膜膜タンパク質
核　核タンパク質　　細胞の構造　　細胞質 細胞質タンパク

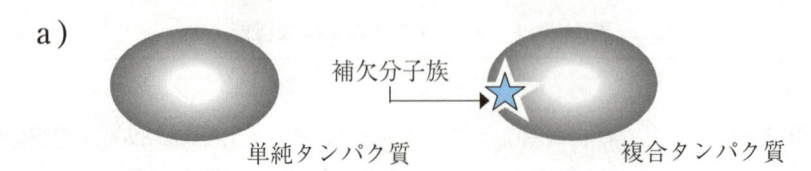

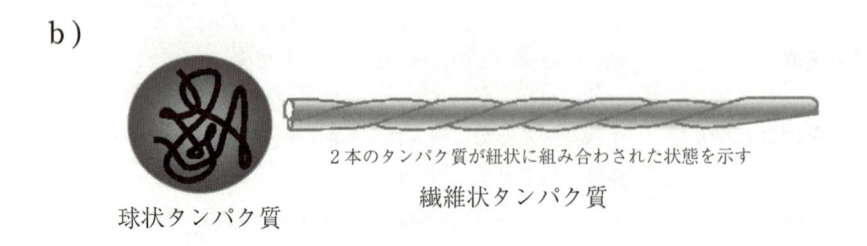

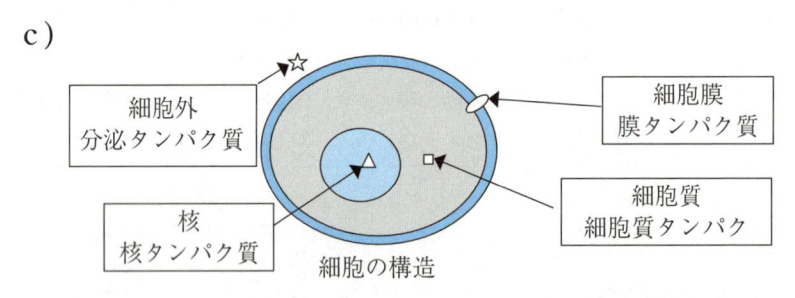

図 II.5.4　タンパク質の分類
a) 構成成分による分類　b) 形状による分類　c) 存在場所による分類

質，細胞外タンパク質（分泌タンパク質）などに分類することができる．タンパク質分類の例を図 II.5.4 に示す．

II.5.2　タンパク質の立体構造

　単純な鎖状ではなく，秩序だった立体構造をもつポリペプチドをタンパク質という．何万種類ものタンパク質がそれぞれの反応を担当するためには，タンパク質の構造がひとつひとつ皆違ったものでなければならない．そのような各タンパク質の固有の構造は自然に偶発的に形成されたものではなく，秩序だった原理に基づいて構築される．では，タンパク質の"秩序だった構造"とはどのような構造だろうか？　タンパク質はアミノ酸が鎖状に並んだ紐状の物質であるが，紐のように単純に伸びた状態では機能できない．その紐が立体的（三次元状）に固有の形に秩序だって折りたたまれる（フォールディング　folding）ことによって，固有の機能をもったタンパク質となる．タンパク質の立体構造は，一次構造 primary　structure から四次構造 quaternary

a)

H₂N—①②③④⑤●●●●●○—COOH　　1,2,3,4,5・・・：アミノ酸

　　　　　　　SS結合
　　　　　　S——S
H₂N—─©──©─—COOH　　©：システイン

b)

α-ヘリックス　　　β-プリーツシート
β-ターン

c)

d)

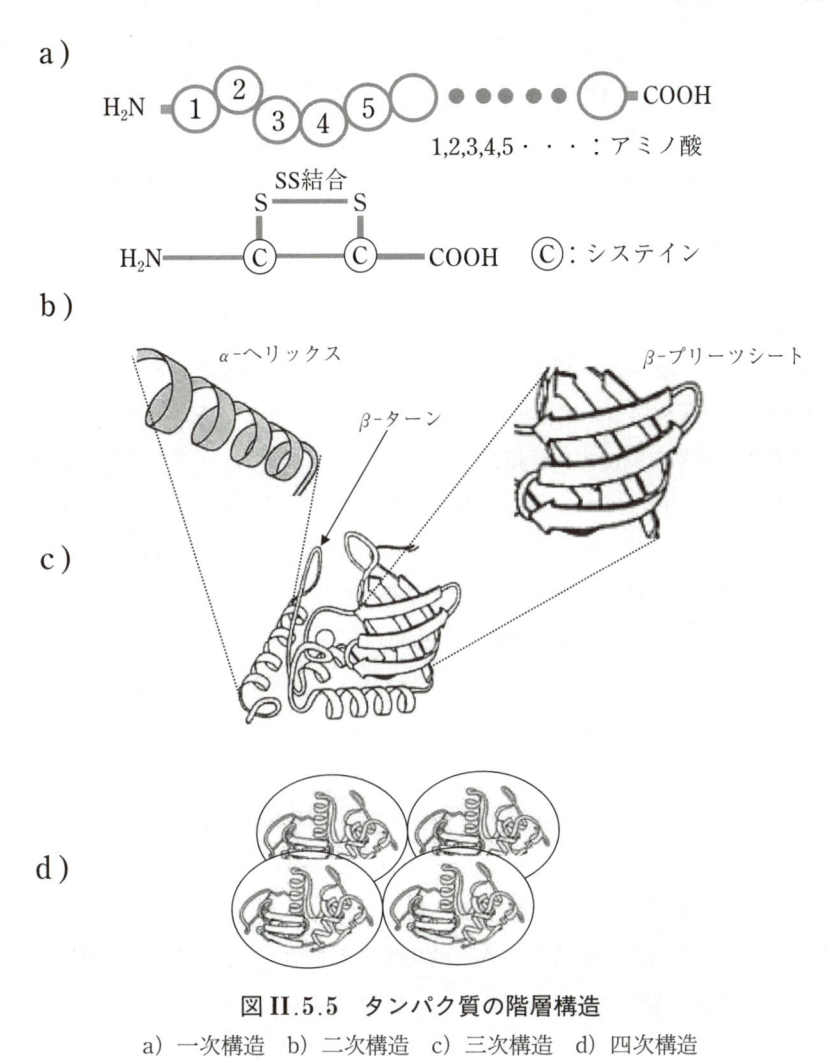

図Ⅱ.5.5　タンパク質の階層構造
a) 一次構造　b) 二次構造　c) 三次構造　d) 四次構造

structure の秩序だった階層構造（図Ⅱ.5.5）で考えられ，二次構造 secondary structure, 三次構造 tertiary structure および四次構造のことを一般に高次構造と呼ぶ．タンパク質が立体構造を構築するためには，何種類かの分子内相互作用が必要である．SS 結合（ジスルフィド結合：disulfide bond），静電相互作用（イオン結合），水素結合，疎水性相互作用，ファン・デル・ワールス力などが挙げられる．主として，SS 結合は三次構造および四次構造に，イオン結合は三次構造に，水素結合は二次構造 secondary structure および三次構造に，疎水性相互作用は三次構造および四次構造に，そしてファン・デル・ワールス力は三次構造および四次構造の形成に大きく寄与している．この項では，各階層構造の解説と，これら分子内の力が構造形成にどのように関わっているかを説明する．

A　タンパク質の一次構造

　タンパク質の鎖の中でアミノ酸が並ぶ順序，すなわちアミノ酸配列（シークエンス：sequence）の違いが，形の違うタンパク質となる．例えば，バリン-トリプトファンという順番が，トリプトファン-バリンという順番に変わるだけで構造も性質も異なる．このようなアミノ酸の直線的な並び方を一次構造といい，これは遺伝子のもつ遺伝情報（核酸塩基配列）によって決められている．また，タンパク質の内部に存在するお互いに遠く離れたシステイン残基間で形成されるSS結合の位置情報も一次構造に含まれる（図II.5.5.a）．SS結合はタンパク質の高次構造の形成に重要な役割を果たす共有結合である（2-3，E参照）．ペプチド結合が繰り返して繋がった鎖状部分を主鎖 main chain またはバックボーンと呼び，主鎖のα-炭素から種々のアミノ酸の側鎖 side chain が突き出ている．また，ポリペプチドの一方の端に，最初のアミノ酸由来のアミノ基が，他方の端に，最後のアミノ酸由来のカルボキシ基が存在し，それぞれをアミノ末端（N末端），カルボキシ末端（C末端）と呼ぶ．

B　タンパク質の二次構造

　いかなるタンパク質も，機能を発揮するためには固有の立体構造をもたなければならない．ペプチド鎖は，極性が高いC=O基やN-H基に起因した親水性なので，水素結合で中和しなければならず，そのために主鎖がとりうる構造は，側鎖の嵩（かさ）高さと極性を打ち消す形として，主に2種類の局所的に規則的な構造をとる．ポリペプチド鎖が規則的にらせん状に巻いたα-ヘリックス α-helix 構造や紐状に伸びた複数のβ構造（β-structure またはβ-ストランド：β-strand）がシート状に並んでつくられるβ-プリーツシート構造，さらにβ構造で形成されたループ状構造であるβ-ターン β-turn などがある．このようなタンパク質内部の局所的にまとまった規則的な立体構造を二次構造という（図II.5.5.b）．

a）　α-ヘリックス

　α-ヘリックスは，その名の通りポリペプチドを右巻きのらせん状に巻いた強固な円筒形の構造である（図II.5.6.a）．らせん構造の上と下にくるポリペプチド鎖間に水素結合の糸を張ることによって強度をもたせている．α-ヘリックスは3.6残基で右回りに1周し，アミノ酸残基nのC=O基とn+4のN-H基が水素結合を形成した，ピッチが0.54nmのらせん構造である．α-ヘリックスの水素結合の特徴として，別々のらせん構造間で形成されるものではなく同一のらせん構造内で形成され，らせん構造自体に強度を与えるものである．また，アミノ酸の側鎖は，らせん構造の外側に突き出ている形をとるので，安定ならせん構造の形成には側鎖の性質が重要となる．プロリン残基は水素結合を形成するN-H基がないので，ペプチド鎖はそこで折れ曲が

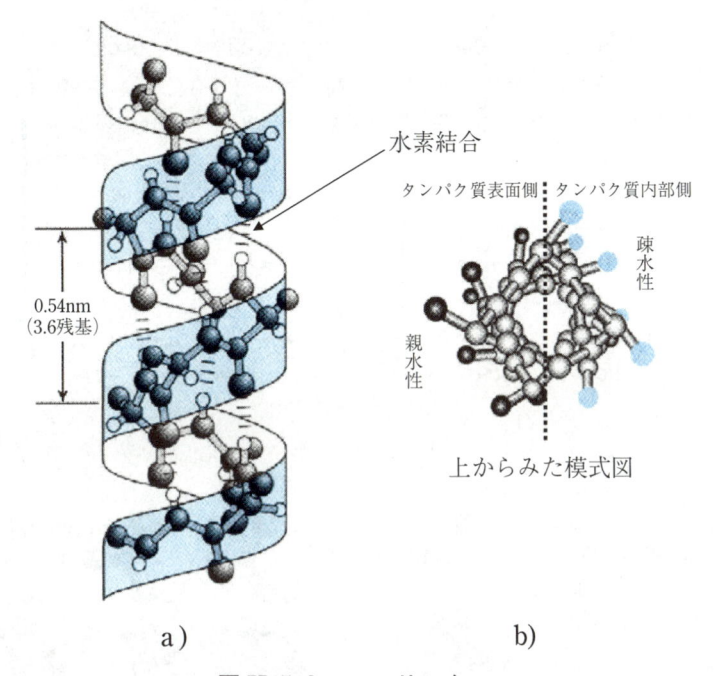

図 II.5.6　α-ヘリックス
a) らせん構造と水素結合　b) ヘリックスの両親媒性構造
(医薬必修 生化学, p.39, 廣川書店 より引用)

り，連続したα-ヘリックス構造をとることができない．また，アスパラギン酸，グルタミン酸，アルギニン，リジンなどの荷電した側鎖が互いに反発しあうように隣接して存在する場合や，立体的に障害となるバリンやイソロイシンなどが存在する場合も，ヘリックス構造をとれなくなる．このような場合，部分的に不規則な構造をもったランダムコイル random coil 構造をとる．

　ヘリックス構造をもつペプチドをらせん構造の上からみるように表示すると，らせん構造の片側に親水性の側鎖をもつアミノ酸が並び，その反対側に疎水性の側鎖をもつアミノ酸が並ぶことが多い（図 II.5.6.b）．このような両親媒性のヘリックス構造は，タンパク質の表面に存在し，他のタンパク質や極性分子と強く相互作用する．

b)　β-プリーツシート

　β-プリーツシートは，ほとんど伸びきった紐状のペプチド鎖領域（β構造）の折り返しが続いた広いシート状の構造である．シート内の1本のβ構造中のC＝O基とその隣のβ構造中のN-H基に水素結合が形成され，となりあったβ構造間に横糸を通したように水素結合の糸を張り，強いひだ状の板（プリーツシート pleated sheet）構造をつくっている（図 II.5.7）．シートの構造には2種類あり，並んだβ構造の向きが同じ平行プリーツシート，お互い逆の向きである逆平行プリーツシートがある．平行β-プリーツシートでは水素結合の距離が一定であり，逆平行β-プリーツシートでは水素結合距離が近い個所と遠い個所が交互に現れる．α-ヘリックス

逆平行 　　　　　　　　　平行

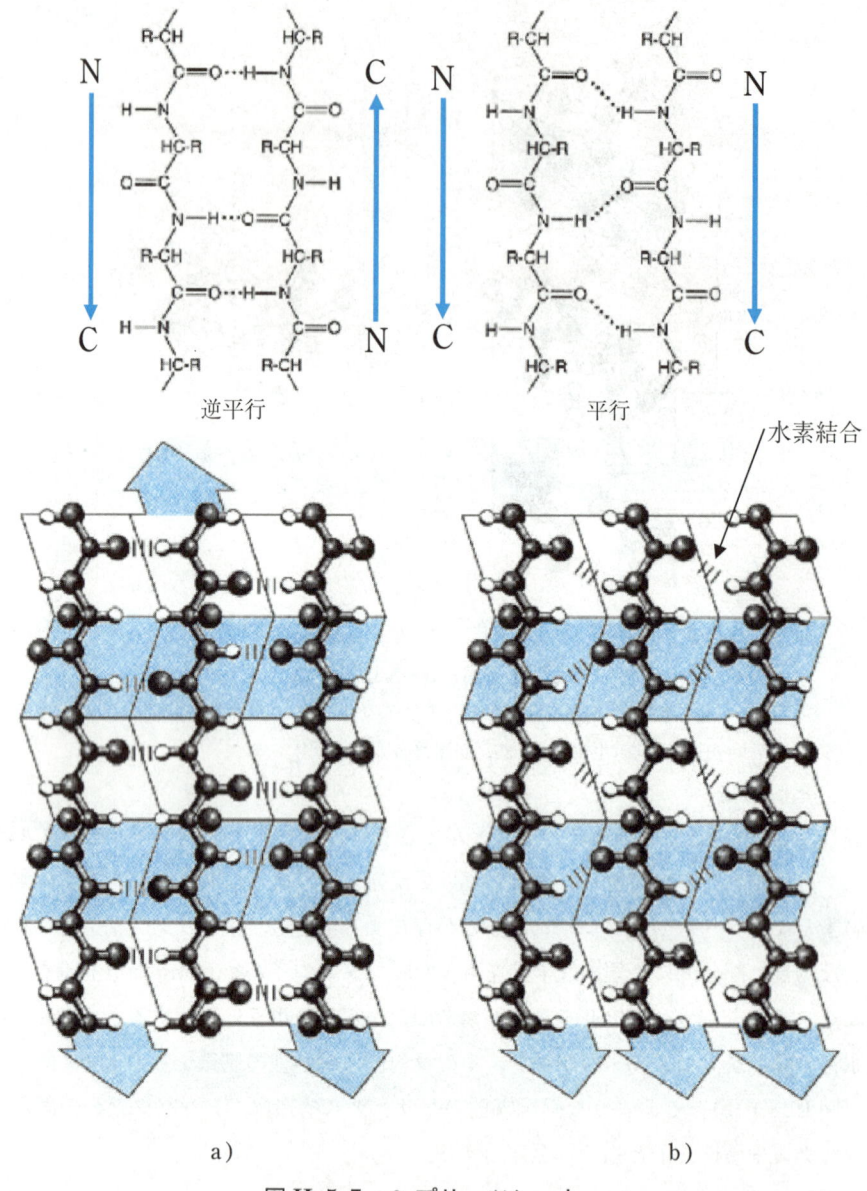

図 II.5.7　β-プリーツシート
a) 逆平行 β-プリーツシート　　b) 平行 β-プリーツシート
(医薬必修 生化学, p.40, 廣川書店 より引用)

と同じように，β-プリーツシートもタンパク質の内側を向く面が疎水性となり，外側（溶媒側）に向く面が親水性になる傾向がある．

c)　β-ターン

α-ヘリックスと β-プリーツシートの境など，二次構造間を連結する自由度の高い β-ターン

と呼ばれるループ領域がある（図II.5.5）．ループ領域には，分子の表面に露出し溶媒の水分子と水素結合して安定するために，親水性および荷電アミノ酸が多く使われる．さらに，ループ領域は二次構造の連結以外に，タンパク質間の相互作用部位，酵素の活性中心の形成に関与する．

C　タンパク質の三次構造

α-ヘリックスの柱とβ-プリーツシートの板を材料にして，それらをいくつか組み合わせてタンパク質という独特の建物をつくっている．この建物の全体的な立体構造を三次構造という．三次構造を構築するためには，釘やネジなどの補強材に相当するいくつかの分子間相互作用が必要となる．補強作用（三次構造の安定化）には，先に述べた疎水性相互作用，ファン・デル・ワールス力，静電相互作用（イオン結合），水素結合などの比較的弱い非共有結合のほか，ジスルフィド結合のような強い共有結合がある（図II.5.8）．一般に，タンパク質の折りたたまれ方を決定する原理として，水と馴染まない疎水性アミノ酸が，水に触れないようにタンパク質内部に隠れて疎水性コアを形成し，水に溶けやすい親水性アミノ酸は，タンパク質分子表面に位置することによって他の親水性分子との相互作用を可能にしている．

a)　疎水性相互作用

ポリペプチド鎖中に形成される疎水性相互作用は，構成アミノ酸の極性をもたない側鎖（脂溶性側鎖）どうしが互いに接近すると，その周囲にある水分子が極性分子としてエネルギー的に安定になるような形にお互いに会合し直すために，結果的に非極性側鎖どうしが寄り集まる力とな

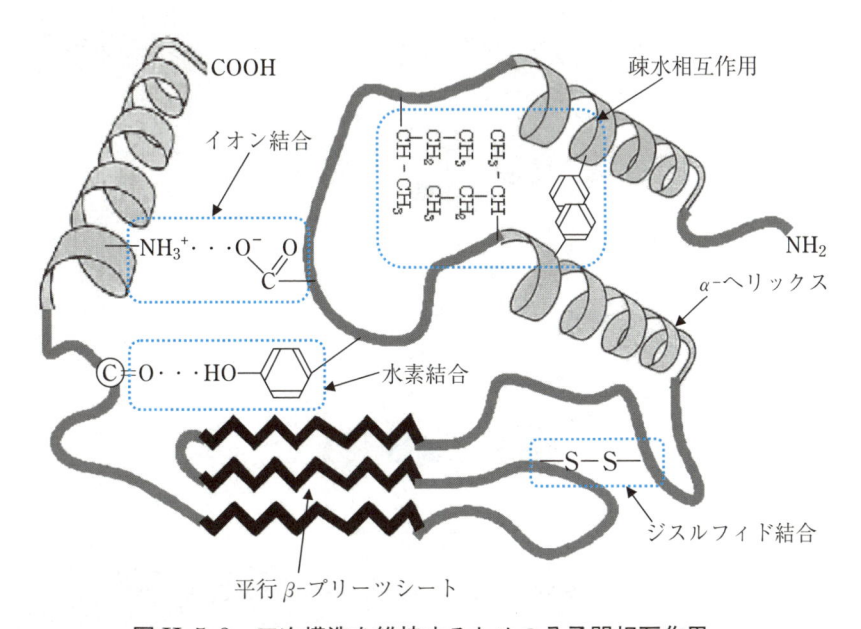

図II.5.8　三次構造を維持するための分子間相互作用

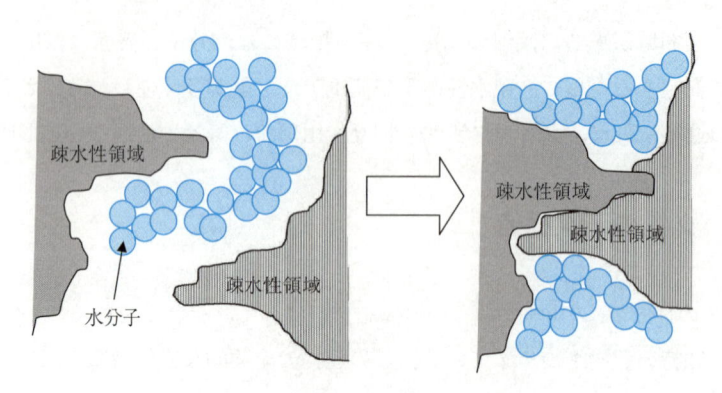

疎水性領域
水分子
疎水性領域
疎水性領域
疎水性領域

図 II.5.9　疎水性相互作用の概念図

る．その結果，ロイシンやバリンなどの疎水性のアミノ酸がタンパク質の内部に集まり，親水性のアミノ酸がタンパク質の表面に集まる（図 II.5.9）．この相互作用は三次構造の安定化に最も強く関与する力である．

b）ファン・デル・ワールス力

　疎水性相互作用によって疎水性の側鎖が集まると，その構造はファン・デル・ワールス力によってさらに安定化する．もともと中性であった2つの分子がある距離まで近づくと，互いの分子の中の電子は反発して避けあう（斥力）．その結果，一方の分子中の一時的にプラスを帯びた部分と，他方の分子中のマイナスを帯びた部分が向かい合って，全体的には弱く引き合うことになる（引力）．この弱い分子間力がファン・デル・ワールス力である（図 II.5.10）．この力が働く

もともと電気的に中性な2つの分子が接近すると

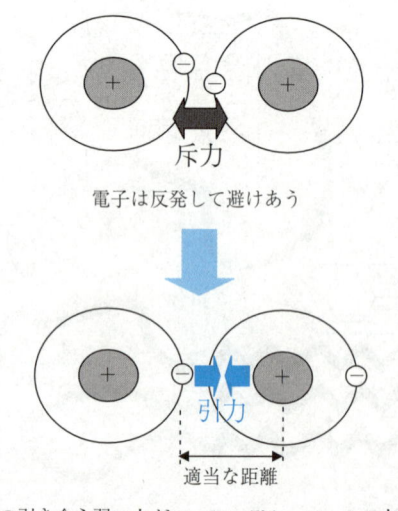

斥力

電子は反発して避けあう

適当な距離

引力

この引き合う弱い力がファン・デル・ワールス力である

図 II.5.10　ファン・デル・ワールス力が生じる原因

ためには引力と斥力がつり合う適当な距離が必要となる．

c) 静電相互作用（イオン結合）

生理的 pH では，リジンやアルギニン，ヒスチジンなどの塩基性アミノ酸はプロトン化されカチオンとなり，アスパラギン酸やグルタミン酸などの酸性アミノ酸は解離してアニオンとなる．これらのアミノ酸は，タンパク質内部において反対の電荷をもったものどうしとして引き合う．この非共有結合性の電気的な相互作用を静電相互作用あるいはイオン結合と呼ぶ．タンパク質においては，親水性である分子表面に存在している場合が多い．この相互作用は，ファン・デル・ワールス力のように分子間の距離の影響をあまり受けない．

d) 水素結合

N 原子や O 原子などの電気陰性度の高い原子は，他の原子との共有結合の際に共有電子対を自分のほうに引き寄せるために，わずかにマイナス電荷を帯びた（δ^-）原子となる．一方，電気陰性度の低い水素原子は，そのような電気陰性度の高い原子と共有結合すると，わずかにプラス電荷を帯びた（δ^+）原子となる．水素結合は，わずかにプラス電荷を帯びた水素原子とわずかにマイナス電荷を帯びた原子（N，O など）間で生じる弱い静電的な相互作用である（図 II.5.11）．

水素結合は生命現象にとって非常に重要な働きを担っている．生体内タンパク質を構成する 20 種類のアミノ酸のうち，12 種類は水素結合に関与できる側鎖を有しており，さらにペプチド結合に使われている N–H 基と C=O 基も水素結合に関与できる．したがって，タンパク質の二次構造，三次構造の構築に水素結合は重要な相互作用となる．さらに，DNA の二重らせん構造中の塩基対の形成にも重要な役割を果たしている．

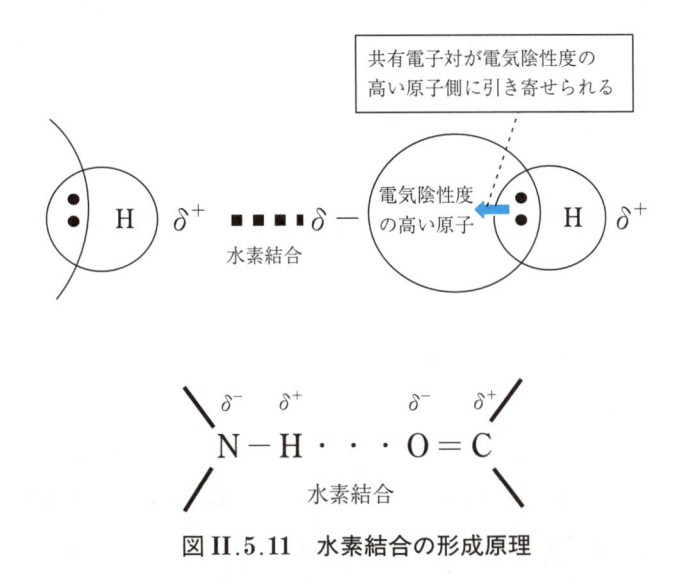

図 II.5.11　水素結合の形成原理

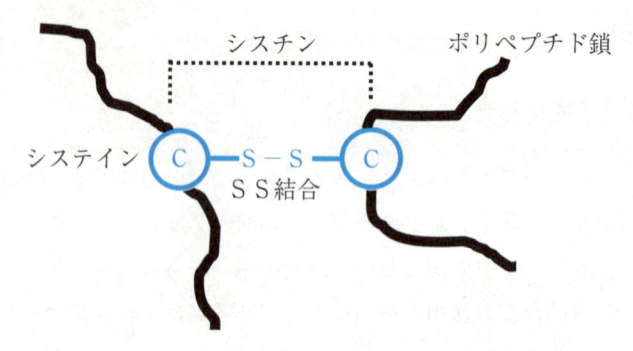

図 II.5.12　システイン間で形成される SS 結合

e) 共有結合（SS結合）

　システインは，側鎖にスルフヒドリル基（SH 基）をもっており，タンパク質内の別のシステインの SH 基と SS 結合によって結ばれてシスチン残基を形成する（図 II.5.12）．この結合は，共有結合であるが，一般の共有結合とは異なり酸化的環境下で容易に形成され，また還元的環境下で容易にもとの SH 基に戻る．タンパク質内の遠く離れたシステインどうしの間で形成されると，ペプチド鎖が折れ曲がり高次構造が形成される．分子内 SS 結合は細胞外に分泌されるタンパク質に多く，細胞内で働くタンパク質には存在しない．また，ある増殖因子の受容体などのように，分子間で SS 結合を形成し，タンパク質の機能に重要な役割を果たす場合もある．

f) タンパク質の折りたたみの原理

　比較的単純なタンパク質の両端を手でもって左右に引っ張ることができたならば，1 本の長い紐になる．このときタンパク質はただの紐とは異なり，両手を離してやると，またするすると形状記憶合金のように自発的に元の形に戻っていく．その過程は段階的に進行する．最初の段階は存在環境が水中であるために，疎水性相互作用によりポリペプチド鎖の疎水性アミノ酸どうしが集まって立体構造形成のための核（疎水性コア）ができる．このとき，親水性のアミノ酸は水と親和性が高いために外側に存在する．次に，極めて短時間に，α-ヘリックスや β-プリーツシートなどの二次構造が次々に形成され，さらに，これらの構造が核になって次第にゆっくりと三次構造の組み立てが進む．最終的にエネルギー的に最も安定になるように側鎖の局所的な再配置が起こり正確な立体構造が形成される．このような現象は比較的小さな単純なタンパク質で観察されるが，大きな複雑なタンパク質になるほど自発的な折りたたみは起こりにくくなる．細胞内では，大きな複雑なタンパク質でもその折りたたみは極めて速やかに起こる．それには，分子シャペロン molecular chaperone と呼ばれる一群のタンパク質が寄り添って折りたたみを助けている．風邪などでからだが高温になったときに，熱によって壊れかけたタンパク質を正常に戻すために，熱ショックタンパク質 heat shock protein と呼ばれる一群のタンパク質が誘導され，その破壊を回避する．実は，この熱ショックタンパク質も分子シャペロンである．

D タンパク質の四次構造

多くのタンパク質は三次構造の状態で単量体 monomer として機能する場合が多い．しかし，ヘムタンパク質や受容体などのタンパク質は，三次構造をもつ2本以上のポリペプチドが非共有的あるいは共有的な結合によって互いに寄り集まって多量体（オリゴマー oligomer）構造をとった状態で機能する場合がある．この多量体構造を四次構造といい，各構成ポリペプチドをサブユニット subunit という．また，このオリゴマー形成には，単一種類のポリペプチド鎖が集合する場合と複数種類のポリペプチド鎖が集合して機能する場合がある．前者をホモオリゴマー homooligomer，後者をヘテロオリゴマー heterooligomer と呼ぶ．例えば，乳酸脱水素酵素は，生体内で4分子が会合し4量体のホモオリゴマーとして機能する．また，筋肉にあるミオグロビンタンパク質は単量体として酸素を貯蔵する機能をもっているが，ヘモグロビンは，そのミオグロビンとよく似た2種類のタンパク質が4分子集まってヘテロオリゴマーとして四次構造を形成し，細胞への酸素の運搬を担っている．ミオグロビン，ヘモグロビンについては，II.5.3-2 複合タンパク質の項で詳しく説明する．

a) アロステリック効果

機能タンパク質と相互作用する物質をリガンド ligand と呼ぶ．機能タンパク質の四次構造におけるサブユニット間の相互作用が，リガンドの結合に影響を及ぼす場合がある．1つのサブユニットにリガンドが結合したのち，そのサブユニットが隣のサブユニットに相互作用して次のリガンドの結合が強くなったり弱くなったりする場合がある．こうした挙動をアロステリック効果 allosteric effect と呼ぶ．先に述べたヘモグロビンは，アロステリック効果を示す代表的なオリゴマーである．ヘモグロビンの1つのサブユニットに酸素（ヘモグロビンのリガンド）が結合するとその三次構造が変化し，その変化の影響を受けてさらに隣のサブユニットの三次構造が大きく変化し酸素結合能に影響を及ぼす．このアロステリック効果は，酸素分圧の高い肺や低い末梢組織におけるヘモグロビンの酸素結合力を調節するメカニズムとなっている．

b) オリゴマータンパク質の表記方法

オリゴマータンパク質の表記方法は，一般にギリシャ文字を用いてサブユニットの型を示し，添え字の数値によってサブユニットの数量を示す．例えば，先に述べたヘモグロビンは2本のα鎖と2本のβ鎖からなるヘテロオリゴマーであり，$\alpha_2\beta_2$と表記される．また，乳酸脱水素酵素は，生体内で4量体のホモオリゴマーとして存在するが，骨格筋でつくられるM型と心筋でつくられるH型の2種類のサブユニットの組合せで5種類のアイソザイムがある．主要なものは筋肉内ではM_4，心臓ではH_4と表記されている．

Box II.5.1

四次構造の異常と病気：鎌状赤血球貧血症

　ヘモグロビンは，私たちの赤血球の中にあるタンパク質で，鉄を含んでおり，血が赤いのもこのためである．貧血はからだに酸素が有効に運ばれなくなる病気で，だるい，やる気がないなど疲れやすい症状を示す．原因は，ヘモグロビンの不足，すなわち鉄分の不足に起因する酸素の不足である．ヘモグロビンは，2種類のタンパク質 α-グロビンと β-グロビンが2分子ずつ $\alpha_2\beta_2$ という形で4量体となって活性を示す．このうち，グロビン遺伝子DNAのAからTへの一塩基の変異により，β-グロビンタンパク質の6番目のアミノ酸であるグルタミン酸が，バリンに変化することが鎌状赤血球貧血症を起こす原因となる．変異 β-グロビンを含むヘモグロビンは，負に帯電したグルタミン酸が疎水性のバリンに置換されるので，酸素の遊離に伴って本来の四次構造を形成できず，赤血球内で重合し絡まり合って，不溶性の繊維状の物質となる．その結果，赤血球が鎌のように変形し，酸素と結合する能力が低く溶血しやすい細胞になるために貧血が強くなる．重症になると，脳卒中を患うようになり生命に危険が及ぶ．これは，異常な四次構造の形成が病気に結びついた1つの例である．

　一方で，鎌状赤血球貧血症の人は，マラリアに強いという事実がある．マラリア感染症は，現在でも死亡原因の上位に入っているたいへんに恐ろしい病気である．この病気は，マラリア原虫が赤血球内で繁殖して赤血球を破壊してしまうことにより発症するが，鎌状赤血球は，変形して硬いためにマラリア原虫の繁殖が起こらず発症には至らない．このマラリア感染症と鎌状赤血球貧血症患者の分布が一致しており，病気が感染を防ぐという状況になっている．しかし，皮肉にもこのマラリアの感染を免れることにより，鎌状赤血球貧血症原因遺伝子の保因者の生存する確率が高くなり，その遺伝子が集団から除かれずに子孫へ受け継がれてしまう結果となっている．
（生物図鑑，p.95，数研出版より引用）

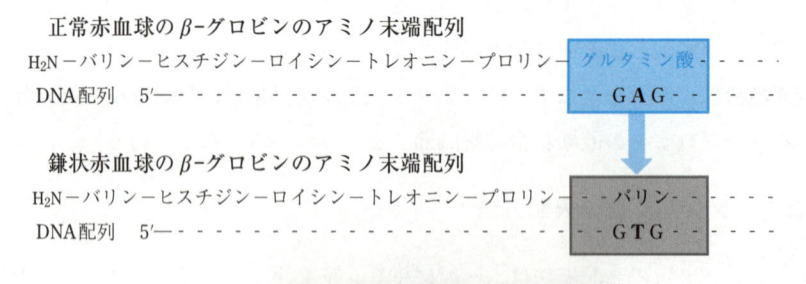

正常赤血球の β-グロビンのアミノ末端配列
H$_2$N－バリン－ヒスチジン－ロイシン－トレオニン－プロリン－－グルタミン酸－－
DNA配列　5′－－－－－－－－－－－－－－－－－－－－－GAG－－

鎌状赤血球の β-グロビンのアミノ末端配列
H$_2$N－バリン－ヒスチジン－ロイシン－トレオニン－プロリン－－バリン－－
DNA配列　5′－－－－－－－－－－－－－－－－－－－－－GTG－－

ヘモグロビン β-グロビンタンパク質遺伝子の変異に起因する鎌状赤血球

E　タンパク質の修飾

　タンパク質の多くは，その機能を発揮するために遺伝子から転写・翻訳されたあとに，種々の修飾（プロセシング processing）を受けて成熟タンパク質となる．この過程を翻訳後修飾と呼ぶ．20種類のアミノ酸が並ぶだけでは，それぞれの機能を発揮するには不十分な場合が多い．タンパク質の翻訳後修飾は，2つのタイプに大別される．第1タイプは，ペプチド結合の切断を伴うもので，開始メチオニン残基の除去や，不活性な前駆体（プレプロタンパク質またはプロタンパク質　図II.5.13）からのペプチド断片除去による活性化体への変換などがこれにあたる．第2タイプは，タンパク質中の特定のアミノ酸残基に何らかの分子が共有結合する場合で，リン酸，脂質，糖鎖など，付加される物質の種類は200種類以上知られている．表II.5.2に，タンパク質の主な翻訳後修飾の種類とその役割についてまとめた．なお，第2タイプについては，後述の複合タンパク質の項でいくつかの代表例を具体的に紹介する．

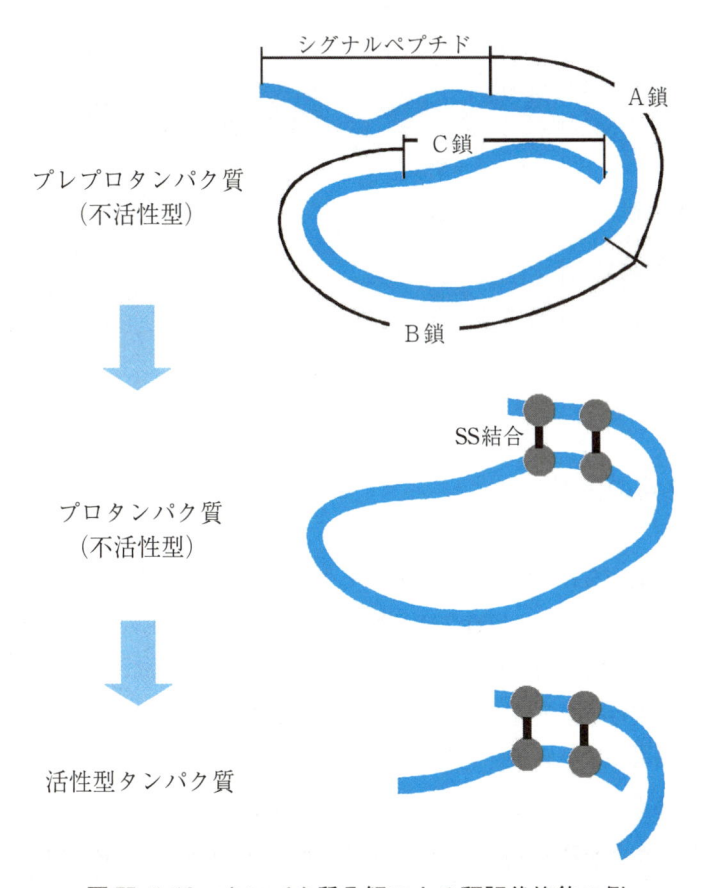

図II.5.13　タンパク質分解による翻訳後修飾の例

表 II.5.2 タンパク質の主な翻訳後修飾とその役割

修　飾	修飾を受ける対象	役　割
第1タイプ プロテアーゼによる切断	アミノ末端のメチオニン シグナルペプチドの除去 プロタンパク質からのペプチド除去	タンパク質活性化
第2タイプ アセチル化	アミノ末端 リジン	タンパク質分解阻害 転写制御
リン酸化	セリン トレオニン チロシン	細胞内情報伝達
硫酸化	チロシン	タンパク質輸送
ヒドロキシ化	プロリン リジン	構造形成・保持
ADP-リボシル化	グルタミン酸 リジン	細胞分裂・分化
アミド化	カルボキシ末端	ホルモン活性化
グリコシル化	セリン トレオニン アスパラギン	細胞認識・安定化
ユビキチン化	アミノ末端 リジン	タンパク質分解
脂質付加	アミノ末端 システイン	タンパク質間相互作用

F　タンパク質の変性

　タンパク質が高次構造を維持できなくなり，その働き（生物活性）を失うことを変性 denaturation という．一般に，タンパク質は，極端な pH の変化，有機溶媒，カオトロピック試薬（尿素，塩酸グアニジン），界面活性剤などの化学的要因や，加熱，凍結，撹拌，放射線などの物理的要因により容易に変性し，不可逆的な沈殿，凝固などを起こしやすい．変性により水素結合，疎水結合，イオン結合などの非共有結合は破壊されるが，ペプチド結合やジスルフィド結合などの共有結合は破壊されないので，一次構造は変化しない．表 II.5.3 にタンパク質の代表的な変性要因とその理由をまとめた．また，変性には可逆的な場合もあり，温和な条件で変性させたあと変性因子を取り除くと，タンパク質の高次構造が本来の状態（天然型 native state）に戻り，

表 II.5.3 タンパク質の代表的な変性要因と変性の理由

要因	理由
強酸・強塩基（pH変化）	・アミノ酸側鎖がpH変化によりプロトン化を引き起こし，水素結合やイオン結合が破壊される．
有機溶媒	・アセトンやアルコールなどの水溶性の有機溶媒は，タンパク質の極性基と水素結合を形成し，また，内部の疎水性相互作用を妨害する．
カオトロピック試薬	・尿素や塩酸グアニジンなどの両親媒性の変性剤分子は水素結合や疎水性相互作用を断ち切る．
還元剤	・β-メルカプトエタノールやジチオスレイトールなどの還元剤はジスルフィド結合を切断する．
界面活性剤	・SDSのようなイオン性界面活性剤は，疎水性基がタンパク質の疎水性領域に強く結合し高次構造を破壊する．
塩濃度	・タンパク質に塩類のイオンを多量に添加すると，水分子がタンパク質分子から排除され，タンパク質分子内のイオン性相互作用が乱れタンパク質は凝集する．
温度変化	・温度の上昇により分子振動が増し，水素結合などの弱い結合が破壊される．また，凍結により，タンパク質内部の水体積が膨張し，高次構造が崩れる場合がある．
重金属イオン	・水銀や鉛のような重金属イオンは，負電荷をもった側鎖とイオン結合を形成し，分子内のイオン性結合を乱す．また，SH基と結合し高次構造とその機能に大きく影響する．

再びその働きを回復することがある．そのような場合を再生 renaturation という．このように，一次構造が変わらない条件で変性と再生が起こることは，タンパク質の高次構造がアミノ酸配列によって規定され，そして高次構造がタンパク質の機能に重要であることを示唆している（図II.5.14）．

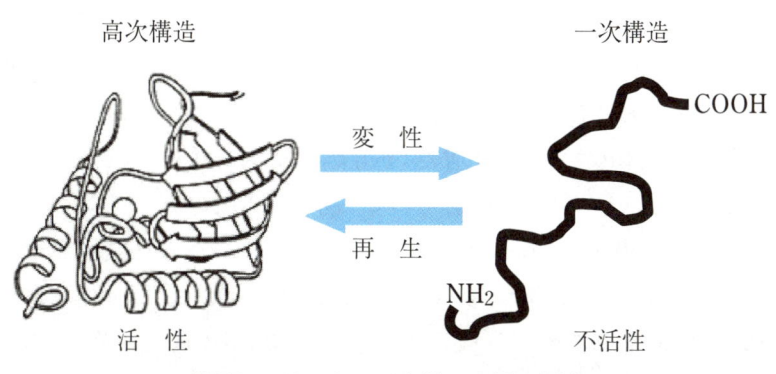

図II.5.14 タンパク質の変性と再生

II.5.3 タンパク質の種類

タンパク質は，ポリペプチドだけを固有の成分とする単純タンパク質と，ポリペプチド以外の無機物質や有機物質を含む複合タンパク質に大別される．

A 単純タンパク質

完全加水分解により，アミノ酸のみを生じるタンパク質を単純タンパク質と呼ぶ．単純タンパク質は，その形状により，水溶液中における存在状態が球状の分子である球状タンパク質と，水に不溶性で物理的に強く弾力性のある長い紐状の分子である繊維状タンパク質に分けられる．この項では，それぞれの代表的なタンパク質について，その構造と機能の関係を扱う．

a) 球状タンパク質の例：血清アルブミン

球状タンパク質の代表例として血清アルブミン serum albumin を例に挙げて紹介する．

血清アルブミンは，血清タンパク質の中で最も多量に存在し，血清全タンパク質の50〜60％を占め，肝臓で合成される分子量66,000の単量体として機能する水溶性球状タンパク質である．その機能としては，血中の脂肪酸，胆汁色素，各種薬剤などの脂溶性物質や難溶性物質を結合し輸送タンパク質として働く．また，その存在量の多さから血管内外の浸透圧の差に影響し，毛細血管壁を介した水や低分子物質の移動に関与している．

b) 繊維状タンパク質の例：コラーゲン

コラーゲン collagen は，典型的な繊維状タンパク質の1つで，脊椎動物においてからだの総タンパク質の約30％近くを占め，最も豊富に存在するタンパク質である．ヒトで見出されるコラーゲンの約90％は，歯，硬骨，皮膚や腱にみられる．コラーゲン分子は結合組織の細胞で合成されたのち，細胞外へ分泌され結合組織間質の一部となり，周囲の組織を支える役割を担っている．柔軟性と強度を合わせもち，存在する場所によりいろいろな形と機能をもっている．コラーゲンの基本構造は，3本の左巻きヘリックスが互いにねじれ合い，"コラーゲンらせん"と呼ばれる右巻きの三重鎖ヘリックスを形成している（図II.5.15）．コラーゲンのアミノ酸組成を調べると，グリシン (Gly) が全体の3分の1を占めている．これは，左巻きらせん中のアミノ酸配列中に Gly-X-Y の繰り返し構造が多数存在するためである．グリシンは，大きな側鎖をもたないことから三重鎖の形成に適している．また，プロリン含量が高く，その半分はヒドロキシ化されたヒドロキシプロリン hydroxyproline として存在している．ヒドロキシプロリンは，α-

左巻きらせん

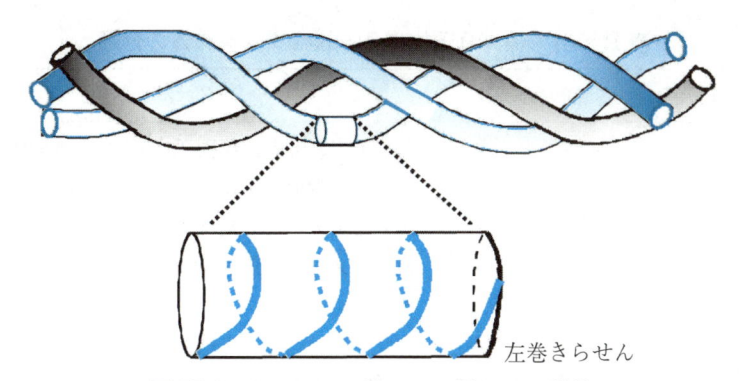

図 II.5.15　コラーゲンの三重らせん構造

ヘリックス（右巻き）構造の形成を妨げるとともに，グリシンと同様に，三重らせん構造の形成および安定化にも重要な役割を果たしている．さらに，リジンがヒドロキシ化された**ヒドロキシリジン** hydroxylysine も存在し，そのヒドロキシ基に糖が結合することによって，コラーゲンが集まりやすくなり繊維質の形成要因となっている．不溶性コラーゲンを熱水で処理すると一部ペプチド結合が切れて可溶化し，**ゼラチン** gelatin となる．結合組織を熱水処理してコラーゲンをゼラチン化して除いたあとに残る不溶性の硬タンパク質を**エラスチン** elastin と呼ぶ．エラスチンは靱帯，大動脈，皮膚などの伸展性に富んだ組織に多く含まれ，弾性を与える構造タンパク質である．コラーゲンと同様に，グリシン，ヒドロキシプロリン含量が高いが，ヒドロキシリジンを含まない点がコラーゲンと異なっている．

その他，繊維状タンパク質として，毛，爪，羽などをつくっている硬タンパク質の 1 つである**ケラチン** keratin や，絹の主要タンパク質である**フィブロイン** fibroin，血液凝固に関する**フィブリン** fibrin，筋肉の収縮に関与する**ミオシン** myosin および**アクチン** actin，細胞分裂時の紡錘体形成に関与する**チューブリン** tubulin，核膜の裏打ちタンパク質である**ラミン** lamin などがある．

B　複合タンパク質

生物が複雑なからだのしくみを保っていくためには，20 種類のアミノ酸の働きだけでは不十分である．タンパク質の多くは，金属やビタミン，色素などのアミノ酸以外の補欠分子族を含み，その化学的性質によって本来の機能を発揮する．この項では，代表的な複合タンパク質の構造と機能について補欠分子族の役割を交えながら紹介する．複合タンパク質は補欠分子族の種類によって表 II.5.4 に示すように分類される．

a)　糖タンパク質

複合タンパク質の中で最も多いのが**糖タンパク質** glycoprotein である．タンパク質中のセリ

表 II.5.4 補欠分子族による複合タンパク質の分類

分 類	補欠分子族	タンパク質
糖タンパク質	糖質	ホルモン，酵素，免疫グロブリン，受容体，ムチン（潤滑作用），コラーゲン（構造タンパク質）
リポタンパク質	脂質	血漿リポタンパク質（LDL，HDL，他），膜結合タンパク質
核タンパク質	核酸	ヌクレオソーム，リボソーム
リンタンパク質	リン酸	カゼイン，ホスビチン，ビテリン
フラビンタンパク質	リボフラビン	フラビン酵素
色素タンパク質	ヘム	ヘモグロビン，ミオグロビン，シトクロム，カタラーゼ
金属タンパク質	鉄	トランスフェリン，フェリチン
	銅	セルロプラスミン，アスコルビン酸酸化酵素
	亜鉛	アルコール脱水素酵素，炭酸脱水酵素
	モリブデン	キサンチン酸化酵素
	セレン	グルタチオンペルオキシダーゼ
	銅＋亜鉛	スーパーオキシドジスムターゼ

ン残基あるいはトレオニン残基の水酸基（OH基），あるいは，アスパラギンのアミド基（$CONH_2$基）に糖が共有結合したタンパク質を糖タンパク質という．水酸基への結合は **O-グリコシド結合**，そしてアミド基への結合を **N-グリコシド結合** と呼ぶ（図II.5.16）．付加される糖の長さは，単糖 monosaccharide である場合と多糖 polysaccharide である場合がある．また，結合している糖の種類には，アラビノース，フコース，ガラクトース，グルコース，キシロース，N-アセチルガラクトサミン，N-アセチルグルコサミン，N-アセチルノイラミン酸，そしてウロン酸などがある．糖はどれも水酸基を数多くもつ親水性の高い分子であるため，タンパク質分子全体の水溶性を高めることによってその安定性を増加させている．また，細胞の外へ分泌されるタンパク質に糖が付加されるものが多く，細胞外における安定性の向上や，生体膜タンパク質の一部として細胞表面に提示されて，細胞間の認識，抗原として，あるいはウイルスの受容体として作用する場合がある．多糖が結合する場合は，2～10個の単糖が連なった **オリゴ糖** oligosaccharide，あるいは単糖が10個以上連なった **グリカン** glycan が結合する．結合多糖の最も外側の単糖は負電荷をもつ N-アセチルノイラミン酸（シアル酸の一種）であることが多く，このことによりタンパク質表面は負電荷に帯電し，負電荷間の反発からタンパク質どうしの凝集を防ぐ役割を果たしている．

b） リポタンパク質

血液中において水に溶けない脂質を運搬する役割を担うのが，種々の **リポタンパク質** lipo-

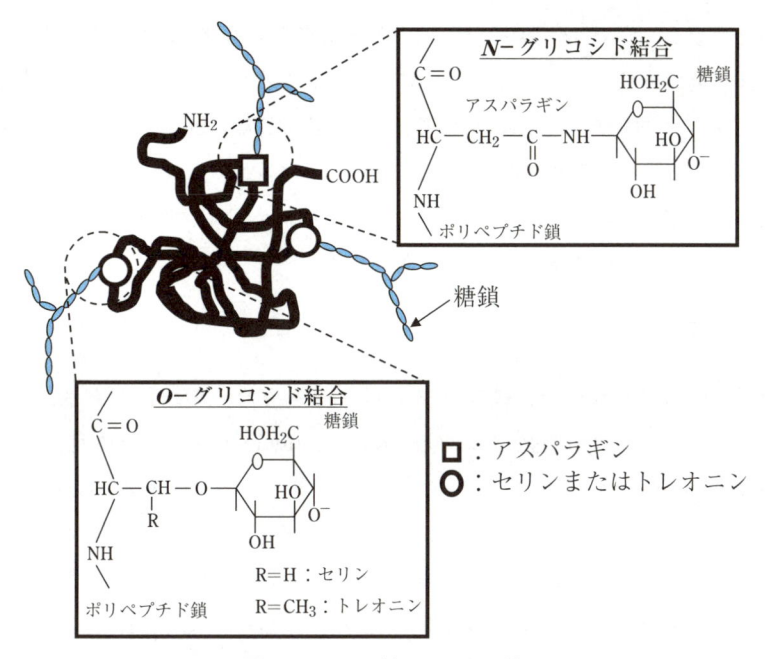

図 II.5.16 糖タンパク質

protein である．本来，リポタンパク質は脂質を共有結合しているタンパク質全般を指すが，哺乳動物の血漿中にみられる脂質を運搬する分子複合体を指す用語として頻繁に使われている．血漿リポタンパク質は，約 45〜98％ の脂質を含むタンパク質複合体である．複合体の中心に，トリアシルグリセロール，リン脂質，コレステロールエステルなどの非極性脂質や，脂質の過酸化を防ぐための α-トコフェロールやカロテノイドなどの脂溶性抗酸化分子を含み，その周りをリン脂質を主成分とした両親媒性脂質の単層が覆っている（抗酸化分子の機能の詳細についてはビタミンの章を参照）．さらにアポタンパク質がその外側を覆う形で水に馴染みやすい球状複合体を形成している．まるで，水に溶けない脂質を集めて大量に運搬するための巨大な輸送車のごとく働く．この輸送車は脂質を大量に含んでいるために，単純タンパク質と比較して比重が小さく，小さいものから順に，キロミクロン chylomicron，超低密度リポタンパク質 very low density lipoprotein（VLDL），低密度リポタンパク質 low density lipoprotein（LDL），高密度リポタンパク質 high density lipoprotein（HDL）などに分類される．タンパク質含量が約 2％ で極低密度の巨大タンパク質であるキロミクロンは，食事由来の外因性の脂質を小腸から各組織に運搬する役割をもち，また，VLDL は肝臓で生合成された内因性の脂質を各組織に運搬する．VLDL が体中を巡る間に，トリアシルグリセロール，アポタンパク質，リン脂質が徐々に取り除かれ，約 38％ のコレステロールを含む LDL へと形を変えていく．結果的に，LDL は末梢組織へコレステロールを運搬し，細胞表面上にある LDL 受容体と結合したのち細胞内に取り込まれる．一方，タンパク質含有量が約 55％ で高密度の比較的小さな直径をもつ HDL は肝臓で合成され，過剰にあるコレステロールを末梢組織から肝臓に運び処理するための運搬体として機能

する．したがって，コレステロールを摂取しすぎると，末梢組織に脂質を運ぼうとして，血漿中にLDLが充満し高脂血症となる．このようにLDLは血漿中のコレステロール濃度を高めるため，俗に悪玉コレステロールと呼ばれている．一方，HDLは，血漿中のコレステロールを回収し，その血中濃度を低くする働きがあり，俗に善玉コレステロールと呼ばれている．アポタンパク質は，複合体全体の構造の維持と細胞表面上の受容体への結合に重要な役割を担っている．血漿リポタンパク質についての詳細は脂質の章で扱う．

c) 核タンパク質

核タンパク質 nucleoprotein は，核酸とタンパク質の複合体の総称であり，核酸がDNAかRNAによって，デオキシリボ核タンパク質 deoxyribonucleoprotein（DNP），またはリボ核タンパク質 ribonucleoprotein（RNP）と呼ぶ．DNPの例としては，ヌクレオソーム nucleosome を構成するヒストン histone タンパク質が挙げられる．ヌクレオソームは，リジンやアルギニンを多く含む塩基性タンパク質であるヒストンの8量体に，負に荷電しているDNAが2周巻きついた複合体である（図II.5.17）．とてつもなく長いゲノムDNAの収納管理のためのパッケージングに重要な役割を果たしている．つまり，クロマチン chromatin や染色体 chromosome 構造を形成するための基本単位である．また，RNPの例としては，リボソーム ribosome が挙げられる．リボソームは，タンパク質とrRNA（リボソームRNA）との複合体であり，核小体で組み立てられたのち，細胞質内に輸送されてタンパク質合成装置として働く．原核細胞リボソームの場合は，RNAと塩基性タンパク質の比が2：1の複合体（70S）であり，真核細胞では1：1の複合体（80S）である．核タンパク質と核に局在する核内タンパク質 nuclear protein とを混同しないよう注意が必要である．

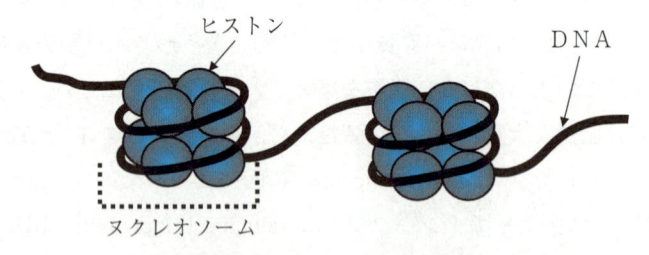

図II.5.17　核タンパク質

d) リンタンパク質

リンタンパク質 phosphoprotein, phosphorylated protein は，単純タンパク質にリン酸が共有結合したものの総称である．リン酸がタンパク質中のセリン残基やトレオニン残基，チロシン残基のOH基にエステル結合（図II.5.18）されたもので，代表的なリンタンパク質として，乳汁の主成分であるカゼイン casein，あるいは卵黄中のホスビチン phosvitin などがある．カゼインは，すべてのアミノ酸を含む，栄養上重要なタンパク質である．分子内の16個のセリン残基の

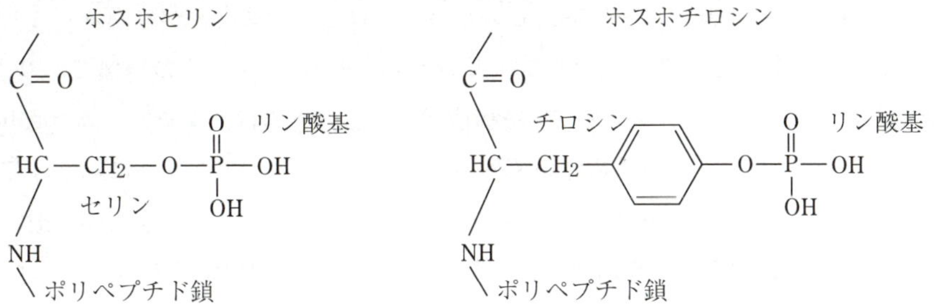

図 II.5.18 リンタンパク質中のアミノ酸残基のリン酸化

うち5〜7個がリン酸化 phosphorylation されることによってカゼイン-リン酸複合体の形で会合し，カゼインミセルとして乳汁内にコロイド状に分散する．ホスビチンは，分子内のすべてのセリン残基がリン酸化されている．このリン酸基を介してカルシウム，マグネシウム，鉄，亜鉛，マンガンなどの2価の金属イオンとキレート結合し，特に鉄の貯蔵庫としての機能を担っている．また，金属イオンによる卵黄脂質の酸化防止やリンの供給源としても役立っている．その他，細胞内におけるタンパク質のリン酸化，脱リン酸化は，細胞増殖と分化，細胞の形態と運動，細胞周期，代謝，転写活性などのさまざまな細胞機能の調節に重要である．

e) フラビンタンパク質

補欠因子族としてフラビン flavin を含むタンパク質をフラビンタンパク質 flavoprotein という．例として，FAD（フラビンアデニンジヌクレオチド flavin adenine dinucleotide）を含むコハク酸デヒドロゲナーゼや，FMN（フラビンモノヌクレオチド flavin mononucleotide）を含むキサンチンオキシダーゼなど，生体内のエネルギー生成反応に重要な役割を果たしている酵素がある．これらの酵素は，補酵素 coenzyme として FAD あるいは FMN を水素原子の供与体あるいは受容体として用い，酸化還元反応を触媒する．リボフラビン（ビタミン B_2）は，FAD や FMN の構成成分である（ビタミンの章を参照）．

f) 色素タンパク質

補欠分子族として色素を結合したタンパク質の総称を色素タンパク質 chromoprotein という．酸素運搬，酸化還元反応，光化学反応などに関与するものが多い．色素タンパク質の代表的な例には，鉄ポルフィリンを含むミオグロビン，ヘモグロビン，カタラーゼ，ペルオキシダーゼなどがあり，また，マグネシウムポルフィリンを含むクロロフィル，銅金属錯イオンを含むヘモシアニン，そして，レチナールを含むロドプシンなどがある．この項では，色素タンパク質の一種であるヘムタンパク質 hemoprotein に焦点を当てて説明する．

ポルフィリン porphyrin に鉄が配位した化合物をヘム heme と呼び，そのヘムをもつタンパク質をヘムタンパク質と呼ぶ．ポルフィリンは4個のピロール環が4個のメチレン橋で閉環した化

合物で，その側鎖にメチル基，エチル基，ビニル基，プロピオン酸などが置換することにより各種のポルフィリンが生じる．プロトポルフィリン protoporphyrin はその一種であり，図 II.5.19 に示す構造をもつ．プロトポルフィリンを構成成分にもつヘムは，プロトヘム protoheme と呼ばれる．ヘムはポルフィリン系鉄錯体の慣用名で，構成するポルフィリンに対応してその呼び名が変わる．ただし，慣用的に単にヘムといえば，プロトポルフィリンの鉄錯体を指す．クロロフィル chlorophyll は，マグネシウムが配位したポルフィリン系の色素である．

ヘムは 540〜580 nm に吸収極大をもつので，ヘムタンパク質は色素タンパク質の一種である．カタラーゼなどの酸化還元酵素や，ヘモグロビンのような酸素運搬体やミオグロビンのような酸素貯蔵体などが含まれ，いずれもヘム鉄が，酸素との結合や酸化還元反応に関与することにより機能を発揮する．

ミオグロビン myoglobin は，酸素を貯蔵するヘムタンパク質で，分子量 17,000 の単量体タンパク質である．骨格筋や心筋に高濃度に存在し，鉄プロトヘムを 1 分子含むことから，これらの組織を赤色にさせている．1961 年にマッコウクジラのミオグロビンの立体構造（三次構造）が X 線結晶構造解析法 X-ray crystal-structure analysis により明らかにされ，タンパク質の立体構造が解明された最初の例となった．ミオグロビンのタンパク質成分であるグロビンタンパク質は，8 つの α-ヘリックスを含む球状タンパク質で，1 分子の鉄プロトヘムが内在している（図 II.5.20）．このヘムは，酸素と可逆的に結合するが，常に酸素との親和性が高く，ヘモグロビン

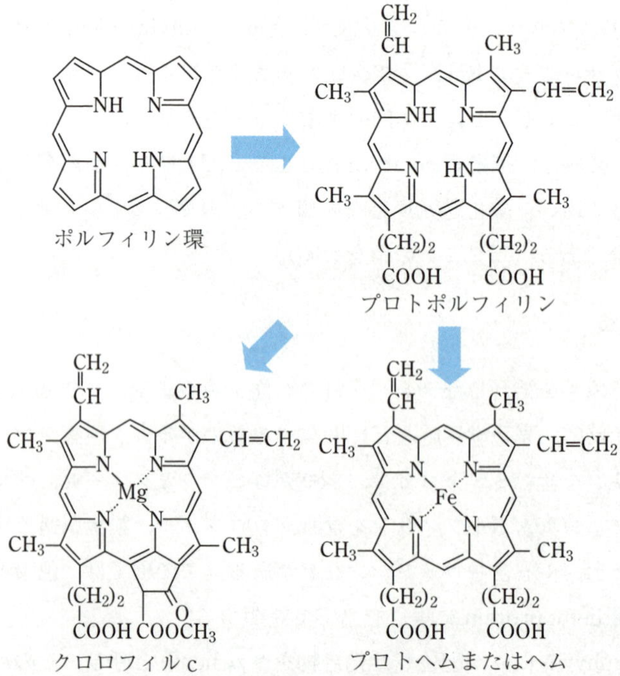

図 II.5.19 ヘムの構造

図 II.5.20　マッコウクジラミオグロビンの立体構造
(医薬必修 生化学, p.41, 廣川書店より引用)

のようなアロステリック効果を示さないことから，生理的には酸素の貯蔵体として機能する．ミオグロビンは，通常，筋肉組織に存在し，血液中に存在するヘモグロビンと区別される．

　ヘモグロビン hemoglobin は，2本の α-グロビンと2本の β-グロビンからなる4量体タンパク質（$\alpha_2\beta_2$）であり，各々のサブユニットに1分子の鉄プロトヘムが結合する．それぞれのサブユニットの三次構造は，ミオグロビンとよく似た構造をもつ（図II.5.21）．これらのサブユニットは，水素結合や疎水結合により互いに重なり合って一定の四次構造を形成している．ヘモグロビンの機能は，肺から全身の組織へ酸素を運搬することである．図II.5.22は，ミオグロビンとヘモグロビンの酸素結合曲線を示している．このグラフから，ミオグロビンは末梢組織の酸素濃度が低い状態でも分子内に酸素を保持できることを示しており，酸素貯蔵体に適した能力が備わっていることが理解できる．一方，ヘモグロビンは，酸素濃度の高い条件下では酸素と強く結合するが，低い条件下ではその親和性が弱くなり，酸素を放出しやすいことを示している．すなわち，酸素濃度に応じて酸素に対する親和性を変化させることができ，酸素濃度の高い動脈血では酸素と強く結合し，酸素濃度の低い静脈血ではその親和性が低下し酸素を放出しやすくなっている．このことは，肺で受け取った酸素を各組織に運搬するのに適した性質である．そのようなヘモグロビンの酸素に対する親和性の変化は，アロステリック効果による高次構造の変化で説明される．ヘモグロビンの各サブユニットは，酸素結合状態のオキシ型（オキシヘモグロビン）と脱酸素状態のデオキシ型（デオキシヘモグロビン）の三次構造の違いで区別することができる．酸素が結合したあとのオキシ型への三次構造の変化は，隣のサブユニットの構造変化を誘導して酸素に対する親和性を変化させる．このように生体内におけるヘモグロビンの酸素結合能は，酸

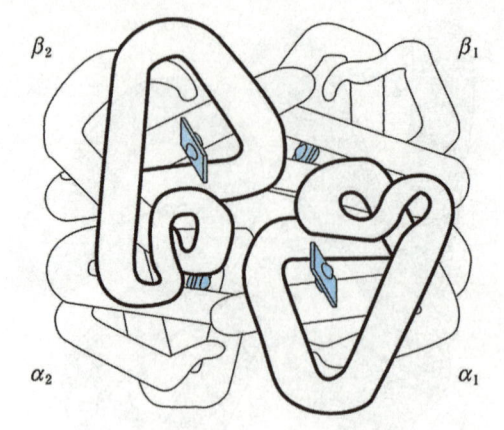

図 II.5.21　ヘモグロビンのサブユニット構造
（医薬必修 生化学，p.42，廣川書店 より引用）

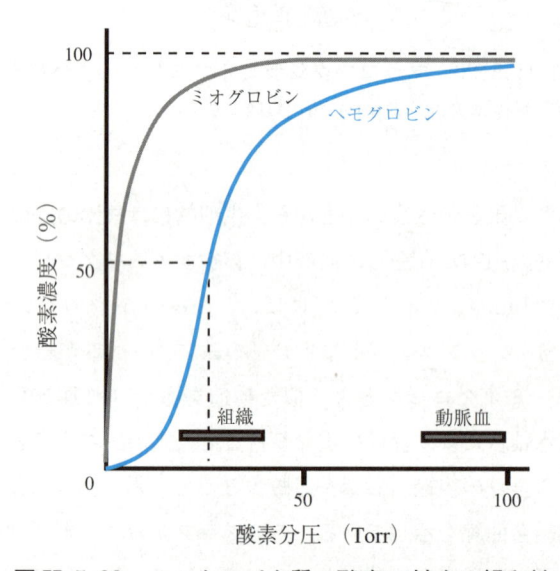

図 II.5.22　ヘムタンパク質の酸素に対する親和性

素濃度に依存してアロステリック効果により高次構造が相互変換しながら，その場の状況に適した形で酸素と結合するように巧妙に調節されている．

g）金属タンパク質

　鉄，銅，亜鉛，マンガン，モリブデン，セレンなどの金属イオンを1個から数個結合したタンパク質を総称して金属タンパク質 metalloprotein と呼ぶ．

　鉄タンパク質は，一般に，前項で紹介したヘモグロビンのようなプロトヘムをもつヘム鉄タンパク質と，ヘムをもたない非ヘム鉄タンパク質に分けられる．ヒトのからだは大量に鉄を必要と

するために，肝臓に貯蔵庫を設けて，からだが必要とする量の鉄を蓄えている．その貯蔵庫は，非ヘム鉄タンパク質であるフェリチン ferritin というタンパク質からできている．フェリチンは，自分と同じくらいの重さの鉄イオンを貯蔵し，からだが鉄を必要とするときに血中の鉄輸送タンパク質であるトランスフェリン transferrin に渡す．トランスフェリンは，必要なところに必要量の鉄イオンを運搬する．

銅タンパク質は，銅イオンを含むので青色を呈するものが多い．セルロプラスミン ceruloplasmin は，分子量 132,000 のポリペプチドに 8 個の 2 価の銅イオンが結合した青色タンパク質で，銅の代謝に関与している．また，2 価の鉄を 3 価に酸化する酵素活性ももっている．アスコルビン酸酸化酵素 ascorbic acid oxidase やシトクロム c 酸化酵素 cytochrome c oxidase などの酵素も銅を含むタンパク質である．

そのほか，モリブデンを含むキサンチン酸化酵素 xanthine oxidase, 亜鉛を含むアルコール脱水素酵素 alcohol dehydrogenase や炭酸脱水酵素 carbonic anhydrase, セレンを含むグルタチオンペルオキシダーゼ glutathione peroxidase, 銅と亜鉛の両方を含むスーパーオキシドジスムターゼ superoxide dismutase などが金属酵素として知られている．これらの酵素では，金属は酵素の活性中心に結合して補酵素として働く．それぞれの酵素の働きについては次章で扱う．

II.5.4 タンパク質研究法

タンパク質は生体構成成分の中で最も基本的かつ不可欠な分子であり，生命を分子のレベルで理解するためには，タンパク質の理解が重要であることは改めて言うまでもない．これまで述べてきたように，タンパク質は，それぞれが固有の一次構造を有し，その情報に基づいて局所的に二次構造を形成するとともに，さらに折りたたまれて各タンパク質に固有の三次構造をつくる．また，ある場合には，複数のサブユニットが会合して四次構造をつくるなど，きわめて多種多様な構造および機能をもつ．したがって，その物性も存在量も千差万別であり，未変性状態のタンパク質を高い収率で安定に単離する，あるいは，その物性を詳細に解析するためには，多様な手段を講じなければならない．

A タンパク質の取り扱い方

タンパク質の多くは，温度，pH，変性剤，酸化などによって容易に変性し，活性を失う．化学試薬を溶解する際には加熱しながら強く撹拌を行う場合があるが，タンパク質を扱う場合はいつも氷上で処理することを原則とし，撹拌もできるだけ泡立ちを避けるために静かに行う．組織抽出液中のタンパク質を安定に保つためには，低温を維持するとともに，タンパク質分解酵素

（プロテアーゼ protease）の攻撃を回避するための阻害剤，疎水性吸着を防ぐための界面活性剤や多水酸基性化合物である多糖類，生理的イオン強度を保つための塩類，SH 基を保護するための還元剤などの添加が安定化剤として有効である．場合によっては，基質，リガンド，補欠分子族などを添加し，さらに安定性を向上させることも考えなければならない．また，不安定なタンパク質を扱う際には時間も重要な要因であり，一連の実験はできるだけ短期に行い，長期中断する場合は小分けして凍結保存するなどの工夫も，場合によっては必要である．さらに，濃度にも注意が必要である．低濃度になると試験管壁への付着が起こりやすくなり，安定性が低下することがよくある．表 II.5.5 に，タンパク質を安定に扱うための諸注意をまとめた．

表 II.5.5　タンパク質を安定に扱うための諸注意

要因	処理方法
温度	・低温（1〜5℃）で処理または保存する．
時間	・短時間で操作する．
	・長期保存の場合は凍結保存する．
pH	・最適な pH に保つ．
添加剤	・安定化試薬（界面活性剤，塩類，多糖類，還元剤等）を添加する．
	・プロテアーゼ阻害剤を添加する．
濃度	・低濃度で不安定な場合が多い．
物理的要因	・激しい撹拌などを行わない．

B　タンパク質の分離精製

　組織あるいは細胞から，特定のタンパク質を純粋な状態で取り出すことを分離精製という．多種多様な構造および機能をもつタンパク質を，未変性状態で高い収率で安定に単離するためには，多様な手段を講じなければならない．したがって，ほとんどのタンパク質に共通の分離精製のための一般法則を確立することは困難であり，特に，その性質が不明瞭な場合には十分な試行錯誤が必要となる．

a）タンパク質の抽出

　タンパク質の分離精製を行う際の第一歩として，目的タンパク質をなるべくたくさん含む生体試料を選定したのち，そこから未変性状態で効率よく安定に抽出（可溶化）する手段を検討することが必要となる．前述したタンパク質の安定化項目について検討を重ね，得られた条件下で試料を機械的に注意深く破砕（ホモジナイズ homogenize）しながら，なるべく多くの目的タンパク質が水に可溶性となるような抽出操作を行う．このとき，疎水性の高い膜タンパク質を生体膜試料から抽出する際には，特に可溶化条件を細かく検討する必要がある．一般に，界面活性剤の

種類や濃度，pH，温度，時間，可溶化後の安定化操作方法などが重要な検討項目となる．特に，界面活性剤の選定が重要なポイントとなる．Triton X-100 や Nonidet-P40 などの非イオン性の界面活性剤を 1% 程度の濃度で添加することが有効な場合が多い．図 II.5.23 に，生体試料からの目的タンパク質の分離精製のための概要を示した．

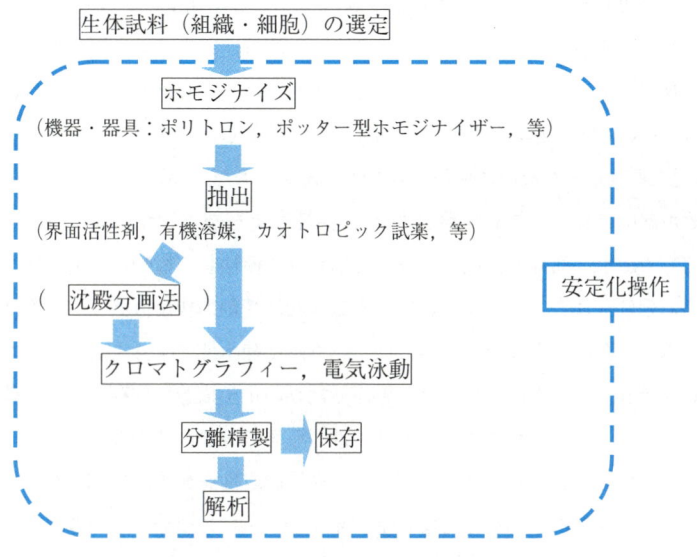

```
生体試料（組織・細胞）の選定
            ↓
       ホモジナイズ
  （機器・器具：ポリトロン，ポッター型ホモジナイザー，等）
            ↓
          抽出
  （界面活性剤，有機溶媒，カオトロピック試薬，等）
       ↙        ↓
  （沈殿分画法）   │                安定化操作
       ↘        ↓
      クロマトグラフィー，電気泳動
            ↓
       分離精製 → 保存
            ↓
          解析
```

図 II.5.23　タンパク質分離精製の流れ図

Box II.5.2

タンパク質精製に利用される界面活性剤

少量で界面または分子表面の諸性質を変化させる性質をもつ一群の物質を界面活性剤 surfactant という．1つの分子の中に疎水性の部分と親水性の部分をもつ両親媒性の化合物で，ある濃度（臨界ミセル濃度）以上で疎水性部分を内側にしたミセル micelle と呼ばれる大きな会合体を形成する．タンパク質の取り扱いの際には，細胞膜の溶解，膜タンパク質の可溶化，試験管壁などへの非特異的吸着の防止，タンパク質どうしの疎水性領域を介した非特異的吸着の防止などの目的で用いられる．そのために必要となる界面活性剤の条件として，クロマトグラフィーを妨害しない（280 nm 付近に吸収をもたない，使用する pH で電荷をもたない），タンパク質溶液から除きやすい（臨界ミセル濃度が高い，ミセルが小さい），活性測定を妨害しないなどがあげられる．界面活性剤は極性部分や疎水性部分の構造によって分類され，極性基の種類から非イオン性，イオン性，両性界面活性剤に分けられる．タンパク質に対する界面活性剤の作用機構は，界面活性剤分子中の疎水性部分が疎水性相互作用を破壊し，膜に埋め込まれた疎水性タンパク質をミセル内に溶かし込み，水層に分散させる．この作用の強さは，界面活性剤の化学構造に依存する．一般に，イオン性界面活性剤は最も強力で，タンパク質内部の疎水性領域まで破壊し変性させてしまうため，未変性状態で可溶化させる目的には不向きである．タンパク質の変性を最小限に抑えながら，効率よく抽出を行うために，親水性基に電荷をもたないポリオキシエチレンや糖をもつ非イオン性界面活性剤がよく使用される．使用頻度の高い非イオン性界面活性剤には，Triton X-100（ポリオキシエチレンオクチルフェニルエーテル），Nonidet-P40（NP40：ポリオキシエチレンノニルフェニルエーテル），Tween（ポリオキシエチレンソルビトールエステル），オクチルグルコシドなどがある．目的のタンパク質に対してどの界面活性剤が適しているかは実際に実験を行って確かめる必要がある．

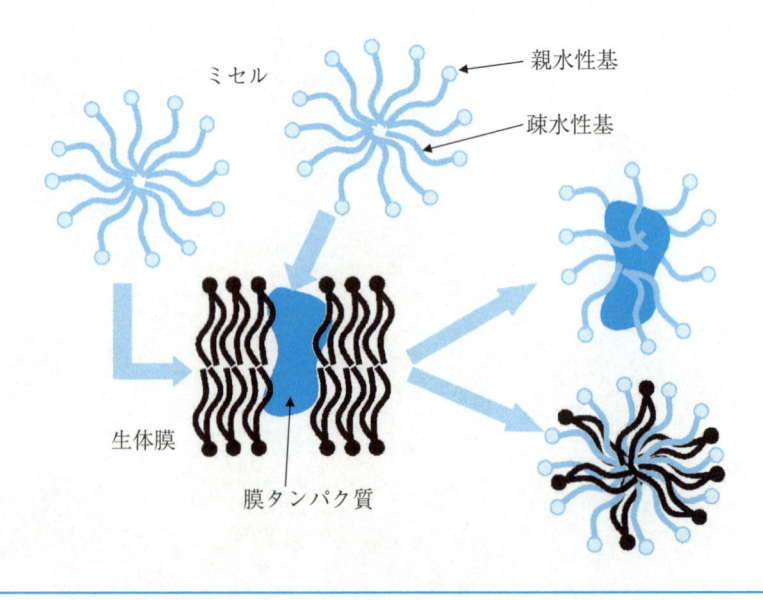

b) タンパク質の物性の違いによる分離精製方法

　タンパク質のアミノ酸組成や配列の違いは，等電点，溶解度，分子量，化合物との結合性の違いなどの物性に反映される．これらの物性の違いを利用することによって，目的のタンパク質の存在を確認したり，大量の混合物の中から微量のタンパク質を分離することが可能になる．表II.5.6 に，タンパク質の物性の違いを利用した分離方法をまとめた．特定のタンパク質を1回の分離操作で完全に精製することは困難であるが，いくつかの方法を組み合わせることで，純粋なタンパク質を単離することができる．この項では，種々の一般的なタンパク質分離精製方法について扱う．

ⅰ）沈殿分画法
　多種類のタンパク質を高濃度に含む生体試料中から目的のタンパク質を精製する場合，それらを何の前処理もしないで直接カラムで分離することは困難である．あらかじめ粗分画を行う必要

表 II.5.6　タンパク質の性質の違いに基づく分離方法

性　質	分離手段
溶解度	沈殿分画法：塩析
荷電状態	イオン交換クロマトグラフィー
	電気泳動法
大きさ（分子量）	ゲルろ過クロマトグラフィー
	超遠心法
	電気泳動法
	限外ろ過法
結合性	アフィニティークロマトグラフィー
疎水性	疎水性クロマトグラフィー

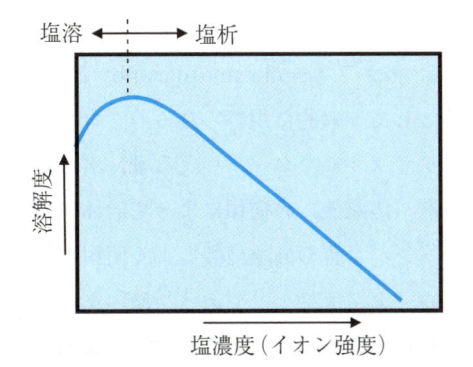

図 II.5.24　イオン強度によるタンパク質溶解度の変化

表 II.5.7 沈殿剤によるタンパク質沈殿の原理

沈殿処理	原　理
硫酸アンモニウム	・タンパク質をとりまく自由水が塩イオンに奪われ，タンパク質間相互作用が増すため．
有機溶媒沈殿	・有機溶媒によってタンパク質表面の水和水が奪われる．
等電点沈殿	・タンパク質の等電点と同じ pH ではタンパク質表面の総電荷がゼロになり，溶解度が最も低下する．
水溶性ポリマーによる沈殿	・ポリマー分子内に多数の水酸基をもつために，水素結合によりタンパク質の水和水が奪われ，代わって水溶性ポリマーがタンパク質と結合するために溶解度が低下する．

がある．そのようなときに，最もよく利用されるのは，硫酸アンモニウム（硫安）による塩析 salting-out である．図 II.5.24 でわかるように，水溶液中におけるタンパク質の溶解度は低濃度の塩の添加で上昇し（塩溶 salting-in），さらに，塩濃度を増加すると逆に溶解度は低下する（塩析）．タンパク質が塩析される塩濃度は，タンパク質の種類によって異なる．一般に，大きいタンパク質ほど塩析されやすいため，これを利用してタンパク質を大まかに分画することができる．タンパク質の塩析では，塩濃度を再び下げると沈殿は再溶解し，生物活性が回復する場合が多い．塩析剤としては，溶解度が高く，タンパク質の変性を起こしにくい硫酸アンモニウムがよく用いられる．

　塩析以外にもアセトンやエタノールなどを用いた有機溶媒沈殿法や，ポリエチレングリコール，デキストランなどの水溶性ポリマーを用いた沈殿法がある．さらに，各タンパク質の等電点（pI）の違いを利用した等電点分画法もしばしば利用される．これらの方法は，不純物の除去にも有効である．タンパク質沈殿法の原理を表 II.5.7 に示した．

ii）カラムクロマトグラフィー

　沈殿分画法などの粗分画は，総タンパク質量が非常に多いときに，それらを大まかに分画する方法であるため，精製の初期段階で使われることが多い．粗分画処理によってある程度不純物が取り除かれたあとに，クロマトグラフィー chromatography と呼ばれる手法がタンパク質精製における最も効率の良い方法として一般的に用いられる．クロマトグラフィーは，カラムクロマトグラフィー，薄層クロマトグラフィー，ペーパー（ろ紙）クロマトグラフィーなどに分類され，溶質の移動に用いられる移動層（溶離液）の種類によって液体クロマトグラフィーとガスクロマトグラフィーに分類される．タンパク質の分離精製でよく使用されるクロマトグラフィーは，主としてカラムを用いる液体クロマトグラフィーである．液体クロマトグラフィーは，ガラスの筒に担体と呼ばれる樹脂（固定相）を詰めたカラムに，試料を添加したのち溶離液を流すと，固定相と溶質の相互作用の違いによってそれぞれの溶質分子が異なる速度で移動するために，分離す

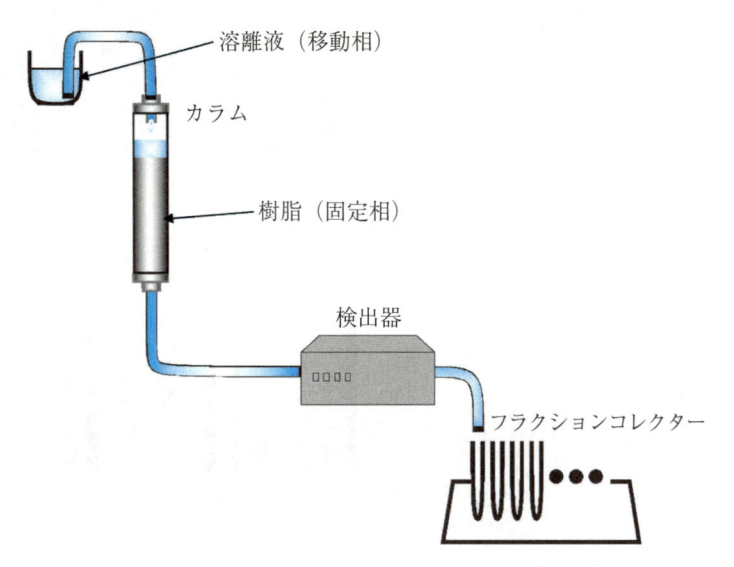

図 II.5.25　カラムクロマトグラフィーの概略図

ることができる手法である（図II.5.25）．これまでに，クロマトグラフィーはタンパク質精製の慣用的手段として用いられ，新しい樹脂担体の開発など，さまざまな改良が施されてきた．しかし，従来の技術では，担体が速い流速に耐えるものがなかったために，低流速で数時間から数日かけて分離を行うのが一般的であった．近年，ステンレス製の管に詰められた樹脂を用いて高圧下短時間で分離する高速液体クロマトグラフィー high performance liquid chromatography（HPLC）が開発され，タンパク質の高感度・高分解の分離手段として用いられるようになった．図II.5.26 および図II.5.27 に各クロマトグラフィーの原理を示した．

① イオン交換クロマトグラフィー

　イオン交換クロマトグラフィー ion-exchange chromatography は，タンパク質を精製する方法として最も一般的であり，可溶性タンパク質のほとんどすべてに適用できる．荷電しているタンパク質を反対電荷をもつ樹脂担体中に保持させ，タンパク質と同じ電荷をもつ塩類の濃度を増大させることによってイオン結合の弱いものから順に溶出させる．セルロースにジエチルアミノエチル基を導入した DEAE-セルロース陰イオン交換樹脂や，カルボキシメチル基を導入した CM-セルロース陽イオン交換樹脂などがある．

② ゲルろ過クロマトグラフィー

　ゲルろ過クロマトグラフィー gel filtration chromatography は，溶質分子の大きさの違いを利用する分離法である．架橋したデキストランやアガロースなどの立体的な網目構造をもつ多孔性ゲルを充塡したカラムに試料を添加したのち，緩衝液を移動相として流し続けると，分子量の大きな分子から順に溶出される．この現象は，分子量の小さいものほどゲル孔の内部まで侵入するために結果的に移動経路が長くなり，ゲル穴に入りにくい大きな分子よりも遅れて溶出されることに起因している．

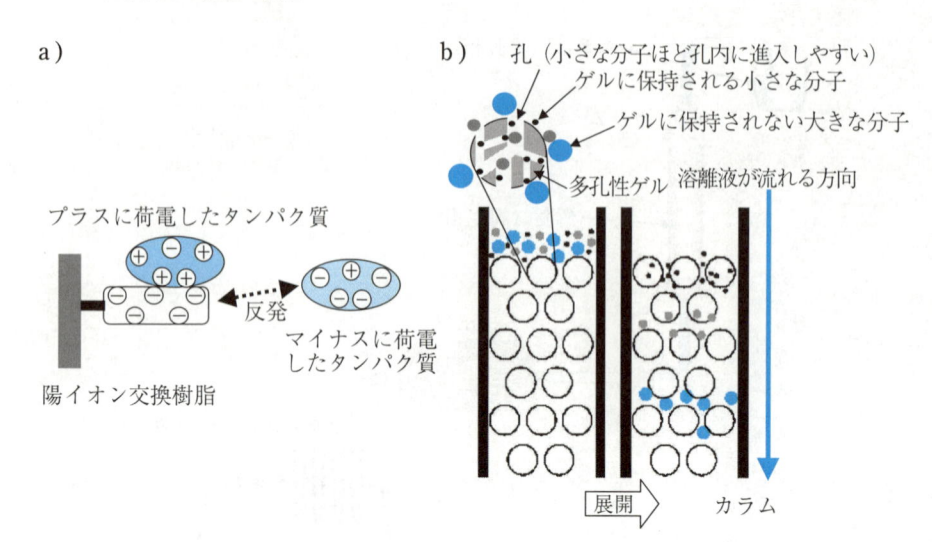

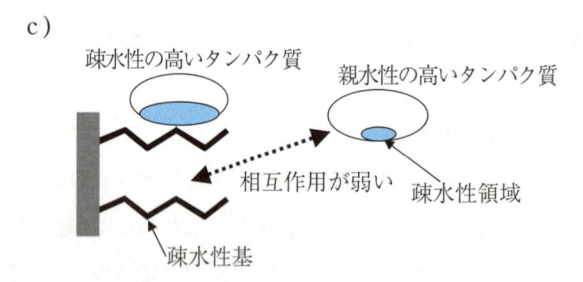

図 II.5.26 各種クロマトグラフィーの分離原理
a) イオン交換クロマトグラフィー　b) ゲルろ過クロマトグラフィー
c) 疎水性クロマトグラフィー

③ 疎水性クロマトグラフィー

疎水性クロマトグラフィー hydrophobic interaction chromatography は，タンパク質中の疎水性基と，樹脂担体に固定されたフェニル基やブチル基などの疎水性基との間の疎水的相互作用に基づく分離法である．タンパク質は高イオン強度下では静電相互作用が弱まり，疎水性相互作用が強くなる．疎水性クロマトグラフィーでは，通常，1〜2.5 M 程度の硫酸アンモニウム（硫安）の存在下で疎水性相互作用によりタンパク質をカラムに吸着させ，その後，塩濃度を徐々に下げて疎水性相互作用を弱めることによりタンパク質を溶出させる．このクロマトグラフィーは，カラムに添加する前の脱塩操作が不要であるために有効であるが，高濃度の塩でタンパク質が変性して沈殿することがあるので検討が必要である．

④ アフィニティークロマトグラフィー

これまで述べてきたように，一般に化学的性質の違いを巧みに利用して種々のカラムクロマトグラフィーを組み合わせることによって，粗抽出液から目的のタンパク質を単一に精製することができる．しかし，タンパク質の安定性の問題，時間的な制約，経験に基づく技術的な問題など

リガンド　試料

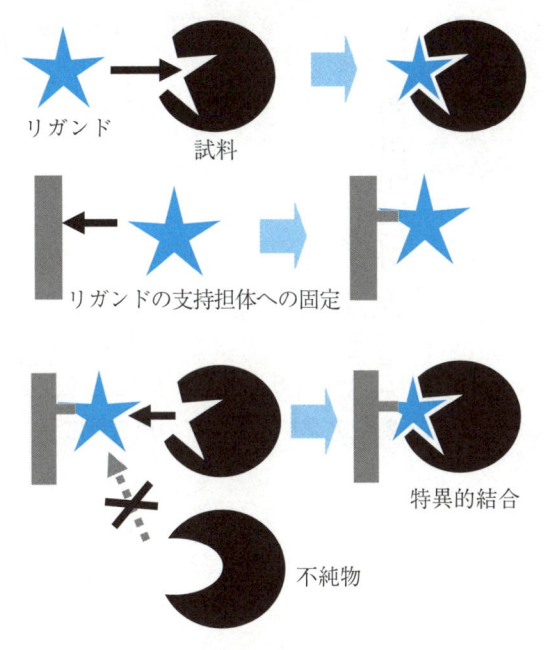

リガンドの支持担体への固定

特異的結合

不純物

図 II.5.27　アフィニティークロマトグラフィーの原理

で，簡便に迅速に精製操作を行わなければならない場合がある．そのようなときは，アフィニティークロマトグラフィー affinity chromatography が大きな威力を発揮する．図 II.5.27 にアフィニティークロマトグラフィーの原理を模式的に示した．アフィニティークロマトグラフィーの成功には，試料特異的リガンドが存在し，そのリガンドを支持担体に安定に保持できること，そして，リガンドに特異的に結合した目的タンパク質を，活性を保ったまま選択的に溶出させることが条件となる．このクロマトグラフィーを行うだけでタンパク質が 10,000 倍以上の倍率で精製できることもある．

iii）電気泳動

　両性電解質であるタンパク質を適当な pH にすると電荷を帯びる．このときの各タンパク質の電荷の差を利用してタンパク質を電気的に移動させて分画する方法を電気泳動 electrophoresis という．正の電荷をもつものは陰極へ移動し，負の電荷をもつものは陽極に移動する．電荷がゼロのものは移動しない．電気泳動は生化学の分野で最も一般的に使われている手法であり，支持体としてはポリアクリルアミドゲルまたはアガロースゲルなどが用いられる．どちらの場合も，ゲルろ過クロマトグラフィーと同様に，タンパク質の分子量と形状に基づいて分離される．最も汎用されるポリアクリルアミドゲルは，アクリルアミドの長鎖重合体である（図 II.5.28）．重合時に N,N'-メチレンビスアクリルアミド（BIS）を混入すると，ポリアクリルアミド間がところどころ架橋され，親水性で多孔性のゲルとなる．このゲルは，網目の大きさを調節することで分子ふるいの効果をもたせることができる．ゲルを円柱状にして泳動するディスクゲル電気泳

図 II.5.28　アクリルアミドの重合反応

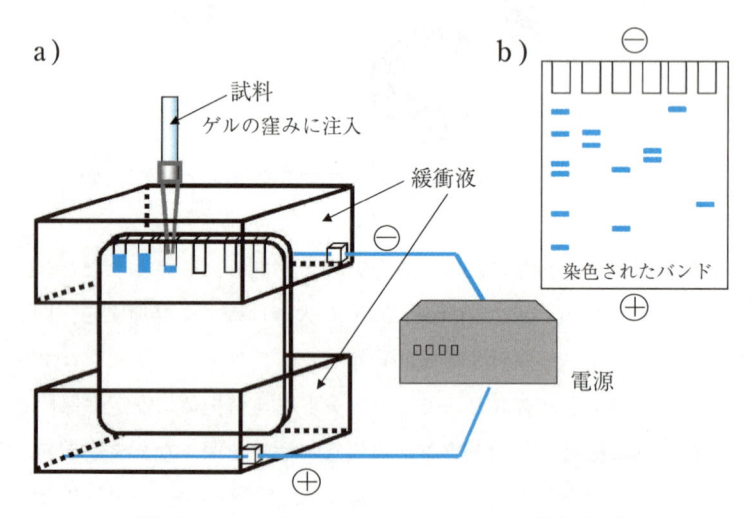

図 II.5.29　ポリアクリルアミドゲル電気泳動
a) スラブゲル電気泳動装置　b) 染色されたゲル

動法 disc gel electrophoresis と，2 枚のガラス板の間に調製した平板状のゲルを用いて泳動する**スラブゲル電気泳動法** slab gel electrophoresis がある．図 II.5.29 にスラブゲル電気泳動法の概略を示した．

その他の電気泳動法として，pH 勾配のあるゲルを用いてタンパク質の電荷がゼロを示す pH（等電点）のところに濃縮する**等電点電気泳動法** isoelectric focusing electrophoresis がある．

iv) タンパク質の脱塩と濃縮

タンパク質の精製を行う際に，クロマトグラフィーが大いに有効であることを説明した．しかし，タンパク質含量が少なく，しかも大容量の試料の場合には，カラムにかける際に長時間を要するなどの操作性の問題および試料の安定性の問題などが生じ，前もって試料を濃縮する必要が

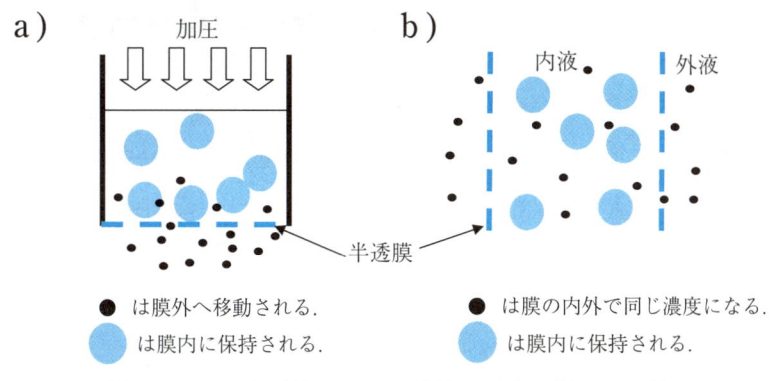

図 II.5.30　半透膜を用いた濃縮・脱塩，緩衝液置換
a) 限外ろ過法の概略　　b) 透析法の概略

● は膜外へ移動される．　　● は膜の内外で同じ濃度になる．
● は膜内に保持される．　　● は膜内に保持される．

ある．試料の濃縮には，前述の塩析が有効であるが，高濃度の塩による変性を起こす場合は不向きである．また，イオン交換カラムにかける際には，あらかじめ混在する塩類を取り除くことや適切な緩衝液への置換が必要になる．これらの問題が生じたときには，限外ろ過法 ultrafiltration や透析法 dialysis などの手法が有効である．

　限外ろ過法は，直径 2〜200 nm までの多孔性の半透膜を使用して，一方向に力を加えて一定分子量以上の溶質を濃縮保持し，それ以下の分子量をもつものをろ過して分離する方法である．分子量 100 前後の低分子から，タンパク質，核酸，コロイド状物質などの高分子に至るまで適用することができる．

　透析は，溶媒や低分子イオンは通過するが，高分子溶質は通過できない半透膜の性質を利用して，高分子溶液中の低分子成分を除いたり，望みの緩衝液に置換したりする操作である．このとき，半透膜を介して両液間の溶質濃度が等しくなるまで溶媒が両液間を移動する．限外ろ過の場合は，液を加圧して一方向に水分子や低分子を除く方法であるが，透析の場合は，自然拡散によって両液間で低分子の交換が起こる．孔径を選ぶことにより，分画する物質の大きさの範囲を決めることができる．材質はセルロースがよく用いられる．図 II.5.30 に透析法および限外ろ過法の概略を示した．

C　タンパク質の構造解析方法

a)　分子量の測定

　タンパク質の分子量は，その実体を理解するための 1 つの有用な情報となる．タンパク質の大きさや分子量を正確に測定することにより，球状タンパク質や繊維状タンパク質などの形状の違いや，大きな会合体を形成する四次構造に関する情報を得ることができる．タンパク質などの生体高分子の分子量測定には浸透圧，光散乱，沈降平衡などを利用した方法や，簡便な方法とし

て電気泳動やクロマトグラフィーが用いられるが，いずれの方法も信頼性，簡便性などの面で一長一短がある．

ⅰ）SDS-ポリアクリルアミドゲル電気泳動法（SDS-PAGE）による分子量の測定

SDS-ポリアクリルアミドゲル電気泳動法 sodium dodecylsulfate polyacrylamide gel electrophoresis（**SDS-PAGE**）は，陰イオン性界面活性剤であるドデシル硫酸ナトリウム（SDS）存在下でポリアクリルアミド電気泳動を行い，タンパク質の精製度の分析や分子量を測定する方法である．試料タンパク質をSDS存在下で煮沸すると，タンパク質分子をほぼ完全に変性させると同時に，SDSの疎水性部分がタンパク質に結合し，全体がほぼ均一に負電荷をもった状態になる（図Ⅱ.5.31）．このとき，アミノ酸2個に対してSDSが1分子の割合で結合する．SDS-ポリペプチド複合体はタンパク質の種類に関係なくほぼ同一の立体構造をとると考えられており，ポリアクリルアミドゲル中で電気泳動すると，ゲルの分子ふるい効果と電荷の効果によって，それぞれの分子量の差だけに依存して分離することが可能となる．SDS-PAGEでは，小さいタンパク質ほど速く移動するので，分子量マーカー（分子量が既知である複数のタンパク質の混合物）と比較することでおよその分子量が推定できる．タンパク質の移動度はゲルの硬さ（濃度）に依存するため目的のタンパク質の分子量に応じて適当な硬さのゲルを作製する．アクリルアミ

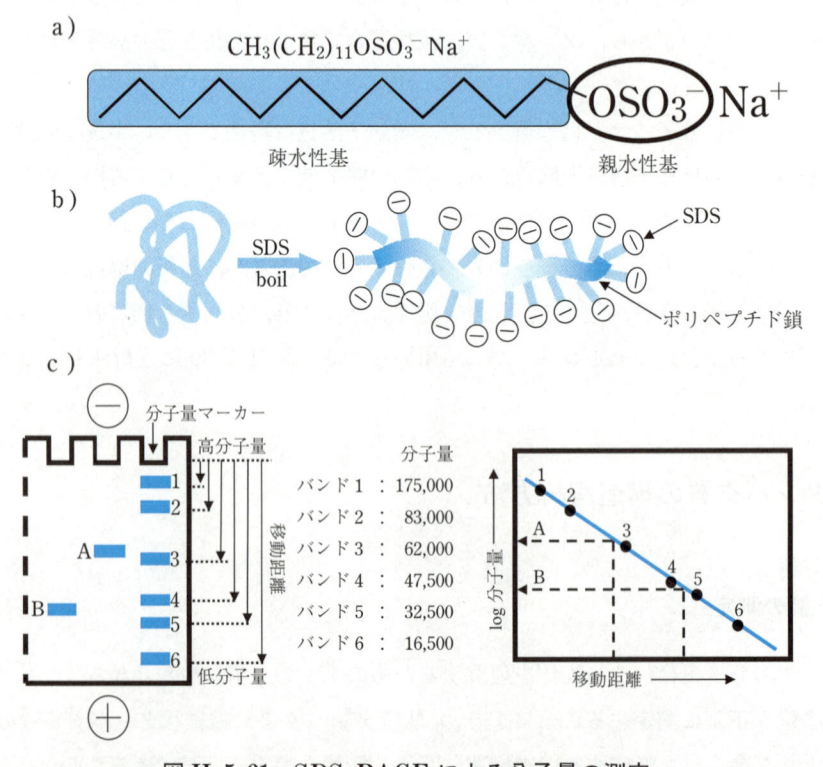

図Ⅱ.5.31　SDS-PAGEによる分子量の測定
a）SDSの構造　b）ポリペプチド鎖とSDSの疎水性相互作用　c）分子量測定

ドの濃度を高くするほど硬いゲル，すなわち網目構造が細かいゲルとなり，小さいタンパク質を分離するのに適したゲルができる．

ii) ゲルろ過法による分子の大きさの測定

　SDS-PAGE では，タンパク質が SDS によって変性するため，未変性状態の球状分子の大きさや四次構造をもつタンパク質の会合体の大きさを測定することはできない．前述のゲルろ過クロマトグラフィーは，変性していない球状タンパク質分子の大きさを求めるのに適している．球状タンパク質の場合，溶出するまでに流した移動相の液量とその分子の大きさの対数がほぼ直線を示すので，分子量の大まかな推定が可能となる．

iii) 超遠心法による分子量の測定

　生体高分子の分子量を測定する最も信頼性の高い簡便な方法として，超遠心 ultra centrifugation による沈降平衡法がある．回転するローター中にタンパク質溶液を置き，地球重力の数万から数10万倍の遠心力を加えると，分子量に依存した速さで沈降する現象を利用した方法である．一般に，一定条件下で沈降する速度（沈降係数 S）は分子量の関数になるので，沈降係数を求めて分子量を測定することができる．超遠心法の1つの手法であるショ糖密度勾配法 sucrose density gradient centrifugation では，遠沈管内に形成されるショ糖の密度勾配によって試料の拡散を抑えるので，分離がよく分画操作が容易になる．

iv) 質量分析法による分子量の測定

　質量分析法 mass spectrometry（MS）は，近年，急速に技術の進展がみられる方法である．マトリックスと呼ばれるイオン化促進試薬と混合したタンパク質試料に，レーザーを照射することによってタンパク質をイオン化したのち加速電圧をかけると，運動エネルギーの付与により高真空中のチューブ内で自由飛行を始める．このとき，分子の大きさによって飛行速度が異なるために分子量を測定することが可能となる．分子量 100 程度の低分子化合物から分子量 10 万以上のタンパク質まで測定が可能である．SDS-PAGE やゲルろ過法に比べ，はるかに精度が高く，さらに，タンパク質の翻訳後修飾などの微細な構造変化の解析にも威力を発揮する．反面，測定装置が高価であること，四次構造の解析に難点がある．

b) アミノ酸組成解析

　タンパク質の機能は高次構造に依存するが，現在の技術ではその立体構造を解析することは容易ではない．通常，純粋に近いタンパク質が得られた場合には，まず，そのアミノ酸組成を調べることによって化学構造に関する基本情報を得る．アミノ酸組成はそのタンパク質に特有のパターンを示すことから，得られたタンパク質が既知のものであれば，その同定の助けとなる．また，その結果から等電点などのイオン的な性質や疎水性の強弱などが推定でき，クロマトグラフィー

に用いる条件や電気泳動での移動度の予測が可能となる．さらに，この手法は，タンパク質構成アミノ酸の組成解析にとどまらず，血液・尿などの生体液中に存在する新陳代謝過程でつくられるおおよそ50種類近くの遊離アミノ酸の分析に応用され，通常の疾患のほか，先天性代謝異常症のような遺伝性疾患などの病気を診断する手がかりとなる．

i) タンパク質の完全加水分解

タンパク質のアミノ酸組成解析を行うためには，まずタンパク質を完全にアミノ酸に加水分解する必要がある．通常，タンパク質を 6 mol/L の塩酸中で 110℃，24 時間反応させて加水分解する．このとき，トリプトファンは完全に分解され，さらに，システインも種々の化合物に変化するために，それぞれ定量性を示さない．また，アスパラギンおよびグルタミンからはアンモニアが遊離し，それぞれアスパラギン酸およびグルタミン酸として検出されるために定量性に問題がある．

ii) アミノ酸の分離と検出

アミノ酸は水溶液中ではイオン化状態にあるので，加水分解後の混合状態のアミノ酸はイオン交換クロマトグラフィーで分離することができる．このとき，分離されたアミノ酸溶液は無色透明なので，ニンヒドリンと反応させて青紫色に発色（詳細はタンパク質の定性試験の項で説明する）させたのち，570 nm の波長の吸光度を測定することによってその含量を決定する（プロリンやヒドロキシプロリンは黄色に発色し，440 nm の波長で検出される）．現在は，完全自動分析装置（アミノ酸自動分析計 amino acid analyzer）が開発され，数ナノモルの試料を 30 分以内で定量分析することができる．さらに，ニンヒドリンに代わり，O-フタルアルデヒドを用いる蛍光分析ではピコモルレベルの分析が可能となっている．

c) 一次構造（アミノ酸配列）の解析

タンパク質の機能は，アミノ酸配列（一次構造）や立体構造情報と密接に関係している．タンパク質において，アミノ酸配列から得られる情報は，アミノ酸組成から得られる情報に比べると格段に多くなる．例えば，膜タンパク質における膜貫通部位や抗体タンパク質が認識する抗原部位を推測する際には，アミノ酸配列情報から疎水性領域を検索して，その分布を作成することにより予測が可能となる．また，2 種類のタンパク質のアミノ酸配列に類似性（ホモロジー homology）があるかどうか，あるいは，特定の機能を推定するための目安となるモチーフ motif 配列の有無，リン酸化や糖鎖結合部位などの翻訳後修飾部位の同定，そして基質や補欠分子族の結合位置などを検索することにより，そのタンパク質の機能を推定することも可能となる（図 II.5.32）．特に，モチーフは，タンパク質のアミノ酸配列において，共通の特徴をもつ配列パターンで，タンパク質の進化の過程で特に強く保存されてきたものであり，そのパターンは特定の生命反応に対応している．したがって，タンパク質の機能の推定に重要な情報を提供する．

ある既知のセリンプロテアーゼのアミノ酸配列
Gly-Ala-Tyr-Phe-Val-Gly-Asp-Ser-Gly-Gly-Lys-Glu-Met------------Gly-Ala-Ala-----

Lys-Val-Tyr-Phe-Leu-Gly-Asp-Ser-Gly-Gly-Arg-Asp-Met------------Val-Ala-Ala-----
未知タンパク質のアミノ酸配列

セリンプロテアーゼ活性部位に特有のモチーフ配列（GDSGG）

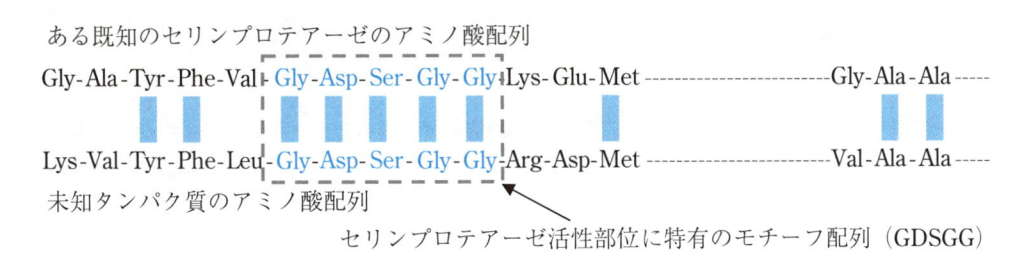

アミノ酸配列の相同性が高い活性部位のモチーフ配列を含む → この未知タンパク質はセリンプロテアーゼとして機能すると推定される

図 II.5.32　一次構造の情報からの機能予測

表 II.5.8　アミノ酸配列決定法

名　称	原　理
N 末端アミノ酸配列決定法	
エドマン分解法	・アミノ酸の N 末端とフェニルイソチオシアネートを反応させた後，酸で処理することによってフェニルチオヒダントイン誘導体を遊離させ同定
ダンシル化法	・アミノ酸の N 末端をダンシル化後，加水分解してダンシル化アミノ酸の蛍光を測定し同定
ジニトロフェニル化法	・アミノ酸の N 末端をジニトロフェニル化後，加水分解してジニトロフェニル化アミノ酸を同定
アミノペプチダーゼ法	・N 末端から順にアミノペプチダーゼによりアミノ酸を遊離
C 末端アミノ酸配列決定法	
ヒドラジン分解法	・ヒドラジン処理により，C 末端から遊離したアミノ酸を同定．このとき，新たな C 末端のカルボキシル基はヒドラジドとなる．
カルボキシペプチダーゼ法	・C 末端から順にカルボキシペプチダーゼによりアミノ酸を遊離

　一次構造を解析するためには，ポリペプチドの N 末端あるいは C 末端から順次ペプチド結合を切断し，遊離したアミノ酸を同定していく方法がある．表 II.5.8 に示すような化学的方法と酵素的方法があり，この項では，N 末端からの解析法として，現在最も汎用されているフェニルイソチオシアネート phenylisothiocyanate（PITC）を用いて化学的に N 末端から順次アミノ酸を分析するエドマン分解法 Edman degradation procedure について，また，C 末端からの解析法として，カルボキシペプチダーゼ carboxypeptidase を用いた酵素的方法について扱う．

i）N末端アミノ酸配列解析法

① エドマン分解法

エドマン分解法の概略を以下に説明する．タンパク質あるいはペプチドのN末端部分のα-アミノ基にフェニルイソチオシアネート（PITC）を反応させて，フェニルチオカルバミル誘導体（PTC-タンパク質）とする．次に，トリフルオロ酢酸によってN末端のペプチド結合を選択的に切断することによって，アニリノチアゾリン（ATZ）-アミノ酸および新たなα-アミノ末端をもつタンパク質を形成させる．さらに，遊離したATZ-アミノ酸を酸で処理して安定なフェニルチオヒダントイン（PTH）-アミノ酸に変換したのち，C18逆相カラムを用いた高速液体クロマトグラフィーによりアミノ酸を同定する．上記の操作を繰り返して，順次N末端からPTH-アミノ酸を遊離させて配列を決定する（図II.5.33）．PTH-アミノ酸は，269 nmでの吸光度を測定することによって検出し，1サイクルは約1時間で終了する．段階的分解と分析を自動化したアミノ酸配列分析装置 protein sequencer が開発されている．数10ピコモルのタンパク質量で，N末端から20〜30残基のアミノ酸配列を決定することができる．ただし，N末端のα-アミノ基が修飾されていれば（アセチル化，ホルミル化，ピログルタミル化，ミリスチル化など）エド

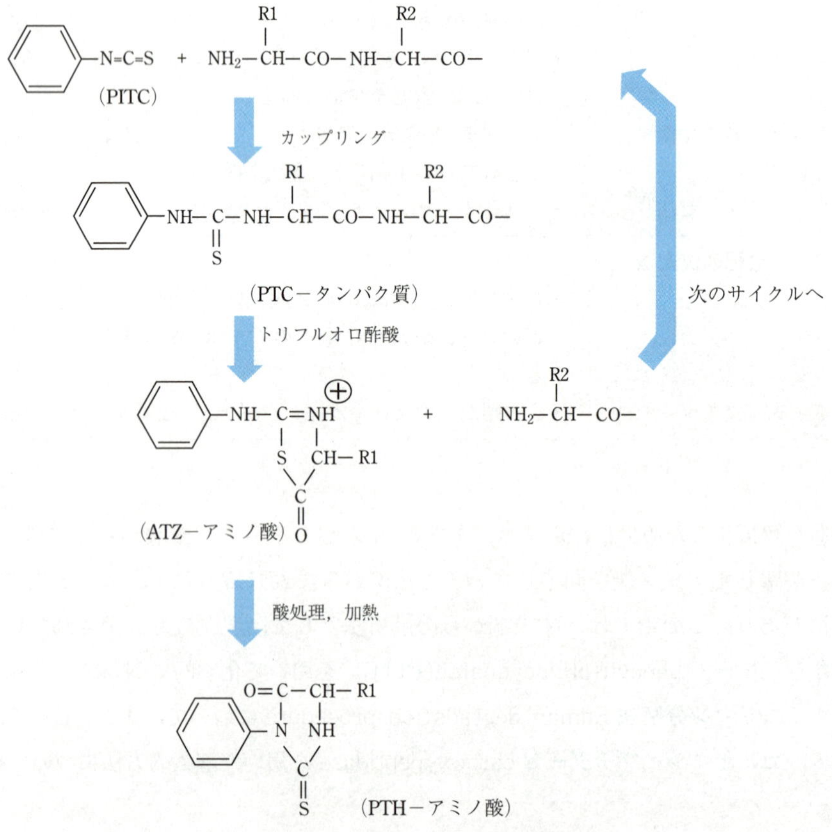

図II.5.33　エドマン分解法の反応機構

マン分解は進行せず，配列解析を行うことはできない．

ⅱ）C 末端アミノ酸配列解析法
① カルボキシペプチダーゼ法

C 末端のアミノ酸配列を決定するには，カルボキシペプチダーゼ Y carboxypeptidase Y を用いた酵素による分解を行い，C 末端側から順次遊離するアミノ酸残基を同定する方法がある．具体的には，ペプチドを 0.2% SDS/0.2 M エチルモルフォリン（pH 5.9）溶液に溶解して加熱変性させ，次いで 0.1M リン酸緩衝液（pH 5.6）に溶解した適量のカルボキシペプチダーゼ Y を加え，37℃で反応させる．一定量の反応混液を経時的に採取し，その 1/5 量の酢酸を加えてペプチドを沈殿させて反応を停止し，上清中の遊離したアミノ酸をアミノ酸分析計で同定して配列を決める．アミノ酸分析計の代わりに質量分析計を用いて同定する方法もある．

d） 二次構造の解析

ⅰ）二次構造を推定する実験方法

タンパク質に含まれるグリシン以外のアミノ酸は，光学活性をもつのでタンパク質は旋光性を示す．タンパク質の旋光度はそれぞれのアミノ酸の旋光度の和になり，その値はタンパク質の立体構造によって変化する．光学活性な物質に特異的にみられる現象で，いろいろな波長の光に対する旋光度の変化で示される旋光分散 optical rotatory dispersion（ORD）と左右の円偏光が光学活性物質を通過するときの吸光度の差を測定して得られる円二色性 circular dichroism（CD）がある．これらはタンパク質の二次構造に関する情報や構造変化の指標を得るために有効となる．また，赤外吸収スペクトルの測定やラマン分光によるタンパク質の二次構造の推定も有効である．

ⅱ）CD スペクトルによる二次構造の推定

円二色性はタンパク質の構造変化に敏感である．遠紫外 CD，すなわち，170～260 nm の波長領域の CD が二次構造を反映し，260～330 nm の近紫外 CD は芳香族基の光学活性環境や三次構造の判断基準となる．CD スペクトルの測定によって二次構造を推定することができるのは，α-ヘリックス，β 構造，ランダムコイル構造であり，それぞれの紫外部領域でのスペクトルパターンと強度が異なることに起因する．α-ヘリックスの場合に，208～209，222 nm に負の極大，191～193 nm に正の極大，β 構造では 216～218 nm に負の極大，195～200 nm に正の極大，ランダムコイル構造では 195～200 nm に負の極大が観察される（図 II.5.34）．一方，250～300 nm の波長範囲で測定される CD スペクトルは，アミノ酸残基の芳香族側鎖に由来するもので，遠紫外 CD よりも鋭敏に変化を検出できる．例えば温度や pH の変化，変性剤添加，リガンドの結合などによって生ずる芳香族基の周辺の微細な環境変化を観察することができる．これらは二次構造の変化を伴わない微妙な変化に対応して検出されるため，タンパク質の構造形成の中間状態の

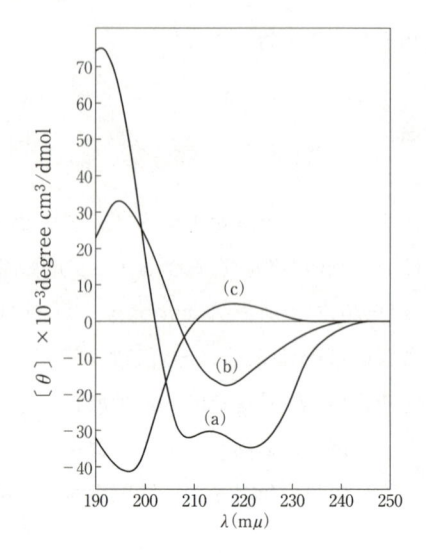

図 II.5.34　ポリ-L-リジンの CD スペクトル
(a) α-ヘリックス (pH 11.1, 22℃), (b) β-構造 (pH 11.1, 52℃で15分間加熱後22℃に冷却), (c) ランダムコイル (pH 5.7). いずれも平均残基あたりのモル楕円率で表示.

研究，組換えタンパク質の構造の評価などにも活用される．

iii) 赤外スペクトルによる二次構造の推定

タンパク質の赤外線吸収スペクトルでは，波数（波長の逆数で表し，単位は cm^{-1}) が 1,500～1,700 の範囲にペプチド結合に特異的な吸収帯があり，二次構造の推定に用いられる．これはアミノ酸残基がペプチド鎖に組み込まれた構造をとることで，各原子間の運動（伸縮，振動，回転）が変化し，吸収帯のシフトとして観測されるためである．α-ヘリックスでは 1,650 cm^{-1} と 1546 cm^{-1} に，平行 β-プリーツシート構造では 1,630 cm^{-1} と 1,530 cm^{-1} に，逆平行 β-プリーツシート構造では 1,632 cm^{-1} と 1,530 cm^{-1} に，ランダムコイル構造では 1,655 cm^{-1} と 1,535 cm^{-1} に主な吸収が観察される．

iv) ラマン分光による二次構造の推定

タンパク質溶液にレーザー光（または強い可視光）を当てると，当てた光と同じ振動数の強い散乱光とともに，弱い散乱光（ラマン散乱 Raman scattering）が観察される．このようなタンパク質のラマン分光では，アミドの振動数で二次構造がわかり，S-S や C-S 伸縮振動数でシステイン架橋やメチオニン側鎖の構造，チロシンやトリプトファンの環境や水素結合の有無を推定することができる．

e) 三次構造および四次構造の解析

タンパク質の三次構造の決定には，主に，X 線結晶構造解析法が用いられ，ペプチドや比較的分子量の小さいタンパク質の場合には核磁気共鳴 (NMR) による解析が有効である．

ⅰ）**タンパク質高次構造の X 線結晶構造解析**

　タンパク質 1 分子の大きさは約 10 nm 程度かそれ以下であるので，タンパク質の立体構造を解析するためには波長の短い（0.07〜0.25 nm）電磁波である X 線が用いられる．X 線結晶構造解析法とは，タンパク質分子が規則正しく並んでできた結晶（単結晶）に X 線を照射して得られる散乱 X 線の回折パターンおよび強度から，フーリエ変換で結晶中の電子密度分布を求め，最終的にタンパク質立体構造のモデルを構築する方法である．一般的にタンパク質の結晶を得ることが困難であるため，この方法での律速段階となっていることは知っておくべきである．

ⅱ）**タンパク質高次構造の核磁気共鳴（NMR）による構造解析**

　核磁気共鳴（NMR）によるタンパク質構造解析法は，強い磁場に置かれたタンパク質中の水素原子（プロトン，^1H）の核スピンの共鳴を観察することにより，立体構造を解析する方法である．この方法により水溶液中のタンパク質の構造を推定できるため，結晶化できないタンパク質の解析に非常に有効である．また，タンパク質の動的な構造の解析（分子間相互作用による構造変化や三次構造の折りたたみの過程など）および結晶化が困難となるフレキシブル（柔軟）で不規則な構造の解析も可能である．しかし，超高磁場（プロトンの共鳴周波数で 800 Hz）でも分子量が 30,000 程度までのタンパク質しか解析できないのが難点である．

ⅲ）**分子間相互作用の測定法**

　多くの分子間相互作用測定法は，溶液中で測定する方法と何らかのチップ上で測定する方法とに分類される．前者は，アフィニティークロマトグラフィー，超遠心(沈降平衡)法，そしてゲルろ過法などの流体力学的方法および蛍光変化や円二色性スペクトルの変化などを測定する分光学的方法などが相当し，後者には，表面プラズモン共鳴 surface plasmon resonance（SPR）の測定を原理とした分子間相互作用解析装置であるビアコア Biacore を用いる方法がある．ビアコアは，リガンドとなる分子をセンサーチップ表面に固定し，相互作用する分子（アナライト）を反応させたのちに生じるチップ表面上の質量変化を表面プラズモン共鳴シグナルとして検出する装置で，分子間の親和性の強弱，結合・解離の速さ，濃度などの情報を得ることができる．

Ⅱ.5.5　タンパク質の試験法（定性反応，定量反応）

A　アミノ酸・タンパク質の定性試験

　タンパク質は，重金属，アルカロイド試薬，酸，熱処理などによって着色または沈殿する．これらの試薬による変化は，それぞれの試薬がタンパク質中のアミノ酸残基に結合することによっ

てタンパク質全体が疎水性を呈したり，電気的に中性の巨大分子になることに基づいている．表II.5.9にアミノ酸またはタンパク質に対する種々の化学試薬や色素に対する反応性をまとめた．

表II.5.9 アミノ酸・タンパク質の検出反応

反応名	操作および原理
キサントプロテイン反応	操作：濃硝酸を加えて加熱 原理：ベンゼン環のニトロ化．フェニルアラニン，チロシン，トリプトファンを含むタンパク質と反応 色　：黄色，塩基性にすると橙黄色
ビウレット反応	操作：アルカリ性（水酸化ナトリウム）にして硫酸銅と反応 原理：2つ以上のペプチド結合がCu^{2+}と錯体を形成 色　：青紫色
ニンヒドリン反応 （図II.5.35）	操作：ニンヒドリン水溶液を加えて加熱 原理：α-アミノ基とニンヒドリンが反応 色　：青紫色
ミロン反応	操作：ミロン試薬（水銀＋濃硝酸）を加えて加熱 原理：ニトロ化されたフェノール基（チロシン）と水銀の錯体形成 色　：白色から加熱により赤色へ
酢酸鉛反応	操作：アルカリ性下（水酸化ナトリウム）で酢酸鉛を加えて加熱 原理：システインから遊離したS^-がPb^{2+}と反応してPbS沈殿 色　：黒色
フォリン反応	操作：アルカリ性下（炭酸ナトリウム）でフォリン試薬（リンモリブデン酸，リンタングステン酸混液）を加える 原理：フォリン試薬がチロシンによって還元されてモリブデンブルーを生成 色　：青紫色
坂口反応	操作：アルカリ性下（水酸化ナトリウム）でα-ナフトールおよび次亜塩素酸ナトリウム溶液を加える 原理：アルギニンのグアニジノ基と反応 色　：赤色
パウリ反応	操作：酸性化（塩酸）でスルファニル酸，亜硝酸ナトリウムを加えて冷却 原理：ジアゾ化合物がアルカリ性でチロシンのフェノール基やヒスチジンのイミダゾール基と反応してアゾ色素を形成 色　：赤色
エールリッヒ反応	操作：エールリッヒ試薬（p-ジメチルアミノベンズアルデヒド）の塩酸溶液を滴下する 原理：トリプトファンのインドール基とエールリッヒ試薬が縮合 色　：青紫色

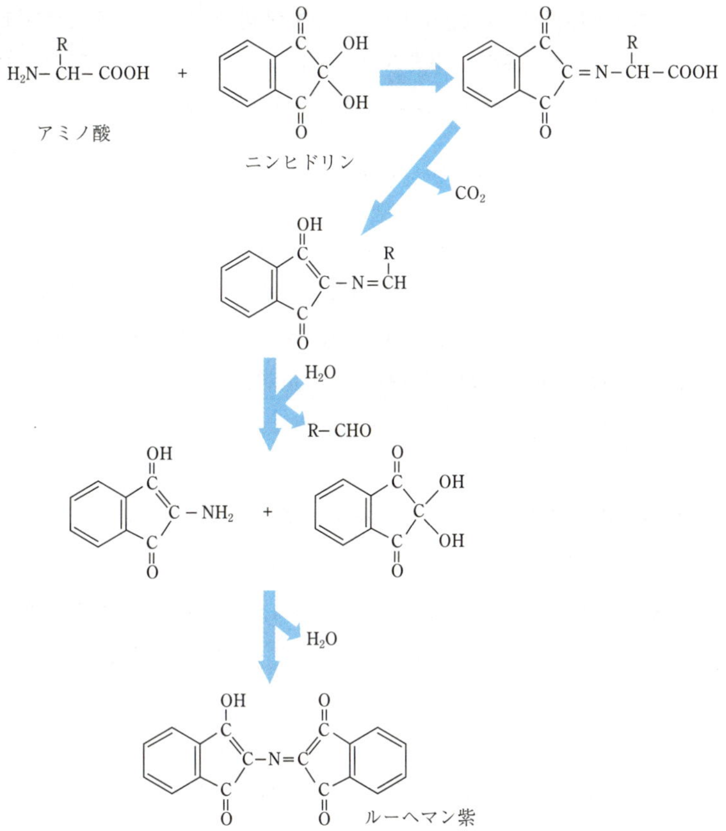

図 II.5.35　ニンヒドリン反応

B　タンパク質の定量試験

タンパク質の濃度を定量する方法には，紫外（UV）吸収法，ブラッドフォード法，ビウレット法，ローリー法，ビシンコニン酸法，ミクロケルダール法などがあるが，それぞれ感度，簡便さ，妨害物質の種類，反応液の pH などに違いがあり，測定する対象に応じて選択しなければならない．

a）　紫外吸収法（UV法）

タンパク質は 280 nm 付近に極大をもつ強い紫外吸収をもっているので，これを利用して定量する．タンパク質の 280 nm の吸収はタンパク質中のトリプトファン（吸収極大波長：278 nm），チロシン（275 nm），フェニルアラニン（257 nm）によるものである．タンパク質の種類によって上記のアミノ酸の含量が異なるので，吸光度が異なる欠点があるが，最も簡単で，そして微量

で定量することができ（感度0.1〜1 mg/mL），しかも試料が回収できる利点がある．タンパク質の中には280 nmにおける吸光係数が報告されているものがある．吸光係数がわかっていれば，280 nmにおける吸光度を測定するだけで正確に濃度を知ることができる．

b) ブラッドフォード（Bradford）法（色素結合法）

クーマシーブリリアントブルー coomassie brilliant blue（CBB）と呼ばれる色素が，タンパク質中の塩基性および芳香族アミノ酸の側鎖と結合する際の吸光度の変化を595 nmで測定する．操作が簡単で，妨害物質が少なく高感度（0.02〜0.1 mg/mL）であるが，タンパク質によって発色率に差があり，界面活性剤の影響を受けやすい欠点がある．

c) ビウレット（biuret）法

ビウレットの呈色反応を応用してタンパク質を定量する，最も古典的な比色定量法である．アルカリ性下でCu^{2+}とポリペプチドが錯塩を形成して紫紅色を呈する反応を540 nmで測定する．主としてタンパク質のペプチド結合に依存しているため，タンパク質の種類に関わらず単位濃度あたりの発色率が比較的安定である．感度が1〜10 mg/mLとやや悪い．

d) ローリー（Lowry）法

ローリー法は，ビウレット反応とフォリンFolin反応を組み合わせた高感度（0.2〜2 mg/mL）測定法である．アルカリ性下でCu^{2+}と反応させたのち，フォリン試薬を加えると，Cu^+によってリンモリブデン酸-タングステン酸複合体が還元され青く発色する．ビウレット反応によるアミド基の呈色およびチロシン残基によるフェノール試薬の還元反応を750 nmで測定する．界面活性剤，キレート剤，還元剤などの妨害を受けやすい．

e) ビシンコニン酸（BCA）法

BCA法はローリー法を改良したもので，フォリン試薬の代わりにビシンコニン酸がCu^+と特異的に反応し562 nmに吸収極大をもつ紫色の錯体を生成する．感度は0.1〜1 mg/mLと高感度で，また，ローリー法と比べて妨害物質の影響を受けにくい．ブラッドフォード法と並んで広く利用されている．

C 総窒素および粗タンパク質の定量

a) セミミクロ・ケルダール（semimicro-Kjeldahl）法：窒素定量法（衛生試験法）

総窒素の測定法である．総窒素量に窒素係数（100/16＝6.25：タンパク質の平均窒素含量16%）を乗じて粗タンパク質量を測定する．タンパク質に酸化剤を加えて煮沸するとタンパク質

中の窒素はNH$_3$となり，酸化剤の主成分であるH$_2$SO$_4$と反応して硫酸アンモニウム(NH$_4$)$_2$SO$_4$となる．これをアルカリ性下で水蒸気蒸留し，遊離したアンモニアをホウ酸に吸収させ硫酸で滴定して総窒素量を求める．

Key words

ペプチド結合	ポリペプチド	アミノ酸配列
一次構造	二次構造	三次構造
四次構造	高次構造	SS結合
α-ヘリックス	β構造	β-プリーツシート
β-ターン	ランダムコイル構造	水素結合
フォールディング	分子シャペロン	熱ショックタンパク質
疎水性相互作用	静電相互作用（イオン結合）	ファン・デル・ワールス力
サブユニット	オリゴマー	アロステリック効果
リガンド	レセプター	球状タンパク質
繊維状タンパク質	単純タンパク質	複合タンパク質
プロセシング	糖タンパク質	リポタンパク質
核タンパク質	リンタンパク質	フラビンタンパク質
色素タンパク質	ヘム	金属タンパク質
補欠分子族	補酵素	基質
アポタンパク質	ホロタンパク質	塩析
等電点	限外ろ過	透析
超遠心法	質量分析法	高速液体クロマトグラフィー
イオン交換クロマトグラフィー	ゲルろ過クロマトグラフィー	疎水性クロマトグラフィー
アフィニティークロマトグラフィー	SDS-PAGE	電気泳動
界面活性剤	可溶化	アミノ酸組成分析
エドマン分解法	カルボキシペプチダーゼ法	ホモロジー
モチーフ	X線結晶構造解析	円二色性
核磁気共鳴（NMR）	ニンヒドリン反応	ビウレット反応
フォリン反応	キサントプロテイン反応	ミロン反応
パウリ反応	エールリッヒ反応	坂口反応
硫化鉛反応	ローリー法	ブラッドフォード法
紫外部吸収法	セミミクロ・ケルダール法	ビシンコニン酸法

II.6 酵 素
Enzyme

学習目標

1. 酵素反応の特性を一般的な化学反応と対比させて説明できる．
2. 酵素を反応様式により分類し，代表的なものについて性質と役割を説明できる．
3. 酵素反応における補酵素，微量金属の役割を説明できる．
4. 酵素反応速度論について説明できる．
5. 代表的な酵素活性調節機構について説明できる．
6. 代表的な酵素の活性を測定できる．（技能）

　生体内では生命を維持するために多くの化学反応が行われている．例えば，栄養物を分解してエネルギーを獲得したり，生体成分の生合成をするなど，多種多様な反応がバランスよく行われている．これらの反応を触媒するのが酵素 enzyme である．

　酵素研究は 19 世紀初頭からの発酵と消化の研究に始まった．1897 年 E. Buchner は酵母の抽出液が糖をアルコールに発酵する能力があることを見出した．この発見は，1850 年代に L. Pasteur により唱えられていた"発酵には生きた酵母細胞が必要である"という説をくつがえすものであり，近代酵素学の幕開けとなった．ウレアーゼの結晶化（1926 年）に続くペプシンやトリプシンの結晶化（1930 年代）により，"酵素はタンパク質である"と考えられるようになった．その後，酵素では初めて 1963 年にリボヌクレアーゼの全アミノ酸配列が決定され，1965 年にリゾチームの高次構造が X 線構造解析により解明されるなど，酵素研究は飛躍的に進歩した．今日では遺伝子の知識・技術も駆使し，4,000 を上回る酵素の研究や利用がなされている．

II.6.1
酵素の一般的性質

A 生体触媒としての酵素

　ある化学反応が進行するためには，反応物質がエネルギー的に活性化（この状態を遷移状態という）されなければならない．ただその物質を放置しておくだけでは，反応はほとんど進行しない．反応物質が基底状態から遷移状態へ移るのに必要なエネルギーを**活性化エネルギー** activation energy という．触媒の作用は，それ自身は反応の前後で変化せず，反応の進行に必要な活性化エネルギーを低下させることによって，反応速度を促進する働きをする．反応速度は活性化エネルギーの大小に左右され，反応物（酵素反応では**基質** substrate といい，Sで表す）と生成物 product（P）の平衡点はそれぞれの基底状態の自由エネルギーの差（ΔG）に支配される．したがって，触媒は反応の速度のみを増加させ，反応の平衡を変えることはしない．この性質は生体触媒である酵素も白金などの無機触媒も同じである（図 II.6.1）．

　しかし，複雑なタンパク質からなる酵素と単純な無機触媒との大きな違いは次の4点である．その①は，活性化エネルギーを低下させる効率が酵素のほうが格段に高い点である．酵素は反応速度を酵素がないときの $10^4 \sim 10^{16}$ 倍も増加させるのに対し，無機触媒ではそれより数桁以上は低い．したがって，酵素なしでは到底起こり得ない反応も酵素の働きで体温や中性付近の pH

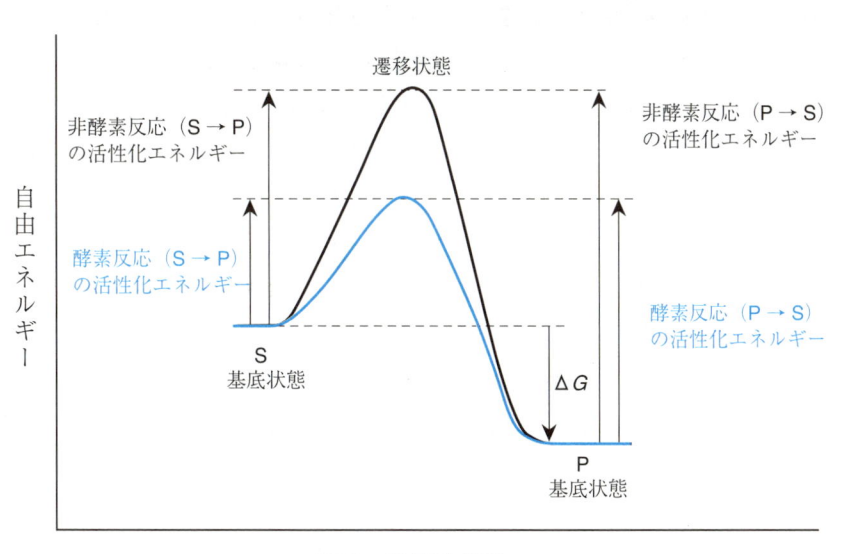

図 II.6.1 酵素反応と活性化エネルギー
Sは基質，Pは生成物，ΔG は基質と生成物間の自由エネルギー変化．

といった穏和な条件下で反応が進行するが，無機触媒ではより過酷な条件の高温，高圧，極端な酸性やアルカリ性 pH が必要である．その②は，酵素は反応物（基質）と生成物の両方に対し無機触媒よりも特異性が極めて高く，無機触媒に通常みられる副反応が酵素反応ではほとんどみられない点である．その③は，酵素は無機触媒にはない調節能をもっている点である．酵素は細胞内でいつも最大限に働いているわけではなく，生理的必要性に応じて活性を調節する能力を内蔵している．そのため，生体内ではいろいろな代謝経路の反応がバランスよく進行する．その④は，酵素は無機触媒と異なり，高温あるいは強い酸性やアルカリ性 pH で酵素タンパク質が変性し触媒能を失う点である．これらの相異点は酵素の本体が低分子の無機触媒とは異なり高分子のタンパク質であることに由来しており，とくに①〜③点は生体触媒には不可欠な酵素の優れた特性である．

B 酵素の特異性

　酵素はある特定の基質にしか働かない．これを基質特異性 substrate specificity という．基質特異性の1例として L-アミノ酸オキシダーゼをあげる．この酵素は次に示すように，L-アミノ酸を分子状酸素により酸化的に脱アミノ化する反応を触媒する．アミノ酸には L 型と D 型がある

$$\text{R–CH–COOH} + O_2 + H_2O \longrightarrow \text{R–C–COOH} + NH_3 + H_2O_2$$
$$\quad\quad |\quad\quad\quad\quad\quad\quad\quad\quad\quad\quad\quad\quad ||$$
$$\quad NH_2\quad\quad\quad\quad\quad\quad\quad\quad\quad\quad\quad O$$

が，この酵素は L 型のみに働き，D 型[*1]には作用しない．このように，酵素には幾何異性体や光学異性体の片方にしか働かないものが多い．これを立体特異性 stereospecificity という．L-アミノ酸オキシダーゼの場合は，L 型であれば側鎖 R の構造はかなり変化していてもよく，各種のアミノ酸が基質となる．これを構造特異性 structure specificity という．酵素のこのような基質特異性の程度には幅があり，特定のただ1つの化合物にしか作用しない酵素から，構造上類似した1群の化合物に働く酵素まである．

　一方，同じ L-アミノ酸を基質とする酵素は L-アミノ酸オキシダーゼのほかにもいくつかある．例えば，アミノ基の転移を触媒するアミノトランスフェラーゼや脱炭酸反応を触媒するアミノ酸デカルボキシラーゼなどがあるが，L-アミノ酸オキシダーゼが触媒するのは酸化反応だけであり，このように基質は同じでも特定の反応だけを触媒する性質を反応特異性 reaction specificity という．これは生体触媒としての酵素の重要な性質で，このため酵素反応では副産物が生じないようになっており，細胞内で余計なエネルギーを使わずにすみ，また有害な代謝副産物も蓄積されずにすんでいる．

[*1] D-アミノ酸に働く酵素は別にあり，D-アミノ酸オキシダーゼという．

C 酵素の活性中心

a) 活性中心

酵素の基本構造はタンパク質[*1]で，単純タンパク質あるいは糖タンパク質からなっている．酵素は分子量数万から数百万の球状タンパク質で，活性中心 active center（または活性部位 active site）と呼ばれる活性発現に関与する部位をもつ．活性中心は基質が結合する基質結合部位 subtrate-binding site と触媒作用が行われる触媒部位 catalytic site からなり，酵素表面のやや疎水的なクレフト（裂け目）やポケットのようなくぼみとして存在する．図 II.6.2 にキモトリプシンの活性中心の例を示す．

酵素は低分子の無機触媒とは異なり，高い基質特異性と高い触媒活性を発揮する．酵素が立体特異性を含めた高い基質特異性を示すためには，酵素のポリペプチド鎖が立体的に正確に基質と配向し，活性部位と基質間で少なくとも3点で特異的相互作用をする必要がある（図 II.6.3）．また触媒作用に関与する官能基は，触媒作用を営むのに最適な位置に配置されなければならない．活性中心は酵素タンパク質の一部分であり，残りの大部分は活性中心が触媒反応を行いやすいようなコンホメーションを保ったり，また調節酵素の場合には酵素活性を調節したりする役割を担っている．

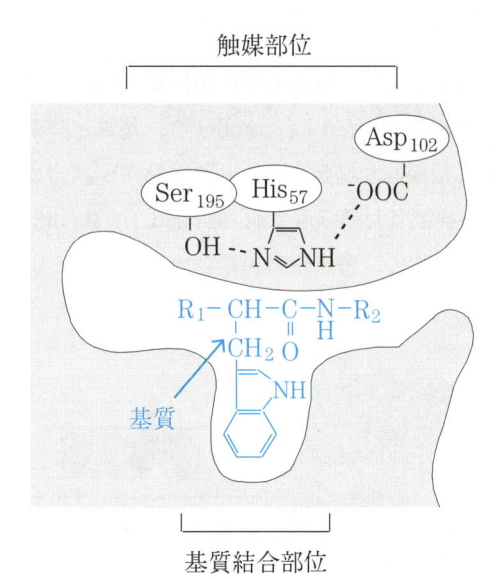

図 II.6.2 キモトリプシンの活性中心（触媒部位と基質結合部位）
R_1, R_2 は基質のN末端側，C末端側ペプチド鎖を示す．

[*1] ある種の RNA が触媒作用を示す例があり，リボザイム ribozyme と呼ばれている（IV-3参照）．

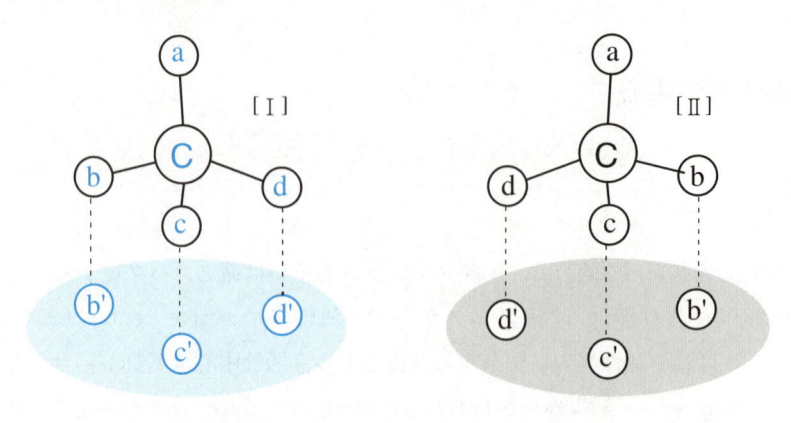

[Ⅰ]を認識する酵素　　　　　　[Ⅱ]を認識する酵素

図 Ⅱ.6.3　酵素と基質の間の 3 点相互作用

酵素が光学異性体[Ⅰ]と[Ⅱ]を識別するためには，不斉炭素上の少なくとも 3 つの基を基質結合部位で認識しなければならない．
Cは不斉炭素，a, b, c, d は不斉炭素上の基，b′, c′, d′ は b, c, d と相互作用する酵素上の部位を示す．

酵素が無機触媒よりも高い触媒活性を発揮するのは，酵素タンパク質と基質との間で多くの弱い非共有結合が結ばれることにより，酵素-基質（ES）複合体が活性化エネルギーの障壁をより効果的に低めているからである．

b)　鍵-鍵穴モデルと誘導適合説

酵素の基質特異性を説明するため，2 つのモデルが提唱された（図 Ⅱ.6.4）．1 つは 1894 年 E. Fischer が唱えた鍵-鍵穴モデル lock and key model で，基質と酵素の関係を鍵と鍵穴にたとえ，基質の構造が活性中心の形に相補的な場合にのみ基質と酵素が結合するという説である．もう 1 つは 1958 年 D. Koshland が提唱した誘導適合説 induced fit theory で，基質と酵素の関係は鍵と鍵穴のように厳密なものではなく，酵素が基質の結合に適合するよう少し構造を変えるとする

(a)　鍵-鍵穴モデル

(b)　誘導適合モデル

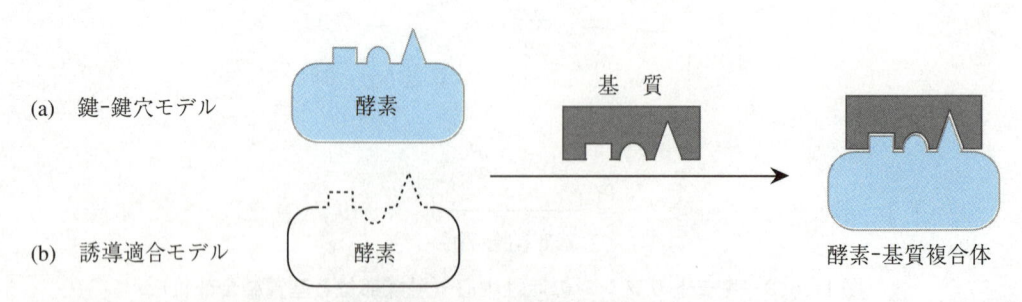

図 Ⅱ.6.4　酵素と基質の相互作用に関する 2 つのモデル
(a) 鍵-鍵穴モデル：酵素の活性中心が基質と相補的な形をしている．
(b) 誘導適合モデル：酵素の活性中心が基質と相互作用して相補的な形になる．

説である．今では多くの酵素は目的にかなった柔軟性をもつことが明らかにされている．

D 補酵素

酵素のなかにはタンパク質だけでは作用を発揮できず，金属イオンや有機低分子化合物などの非タンパク性の補因子 cofactor の存在が，活性発現に必要なものがある．このうち，Zn^{2+}，Fe^{2+}，Mg^{2+} などの金属イオンを含むものは金属酵素[*1]（メタロエンザイム）metalloenzyme と呼ばれる．酵素が補因子を含む場合，そのタンパク質成分のみをアポ酵素 apoenzyme といい，これに補因子が加わって酵素活性を示す複合体をホロ酵素 holoenzyme と呼ぶ．このように活性発現に

アポ酵素（不活性）＋ 補因子 ⇌ ホロ酵素（活性）

必要とされる有機低分子化合物は補酵素 coenzyme と呼ばれる．補酵素のうち，酵素と強く結合しているか，または共有結合しているものをとくに補欠分子族 prosthetic group と呼ぶ．補酵素・補欠分子族の大部分は，ビタミンまたはビタミン由来のものである（表 II.6.1）．酸化還元酵素や転移酵素の多くは補酵素・補欠分子族をもっており，これらは酵素が触媒する反応，例えば水素（電子）の授受やメチル基，カルボキシ基などの基の受け渡しをするときに，その受け渡しを仲介する運搬体（キャリヤー）として重要な役割を果たしている（図 II.6.19 参照）．

表 II.6.1 主な補酵素・補欠分子族

補酵素	前駆体ビタミン	反応
NAD^+, $NADP^+$	ニコチン酸	酸化還元
FAD, FMN	リボフラビン（VB_2）	酸化還元
ピリドキサルリン酸（PLP）	ピリドキシン（VB_6）	アミノ基転移
補酵素 A（CoA）	パントテン酸	アシル基転移
テトラヒドロ葉酸（THF）	葉酸	一炭素基転移
チアミンピロリン酸（TPP）	チアミン（VB_1）	アルデヒド転移
ビオシチン	ビオチン（VH）	カルボキシル化
アデノシルコバラミン	コバラミン（VB_{12}）	分子内転移
メチルコバラミン	コバラミン（VB_{12}）	メチル基転移
リポ酸	リポ酸	アシル基転移

[*1] 酵素分子中には金属イオンを含まないが，金属イオンが存在しないと酵素活性をほとんど示さない酵素もかなりあり，これらを金属活性化酵素 metal-activated enzyme と呼んで，金属酵素とは区別している．

II.6.2 酵素の分類

酵素は触媒する反応や基質にアーゼという語尾を付けて呼ばれることが多い．酵素の数が増えるにつれ，同じ酵素でも別の名前が付けられたり，逆に別の酵素でも同じ名称で呼ばれたりする事例が増え，混乱をきたすようになった．そこで，1961年に国際生化学連合 International Union of Biochemistry（IUB）では酵素の系統的分類法と命名法を提唱した．これによると，全酵素はそれぞれが触媒する反応の種類によりまず6つのクラス，① 酸化還元酵素 oxidoreductase，② 転移酵素 transferase，③ 加水分解酵素 hydrolase，④ リアーゼ lyase，⑤ 異性化酵素 isomerase，⑥ リガーゼ ligase に大別される（表II.6.2）．次に，各クラスに属する酵素は基質や補酵素の種類によってさらにサブクラス，サブサブクラスへ細分類され，最終的に同じグループに属する酵素には一連番号がつけられて，各酵素とも4区分の数字からなる EC番号（酵素番号）Enzyme Commission number が与えられている．

表II.6.2　酵素の系統的分類

クラス	触媒する反応	例
1 酸化還元酵素（オキシドレダクターゼ）	酸化還元反応	デヒドロゲナーゼ オキシダーゼ オキシゲナーゼ
2 転移酵素	転移反応	アミノトランスフェラーゼ（アミノ基の転移） ホスホトランスフェラーゼ（リン酸基の転移） アシルトランスフェラーゼ（アシル基の転移）
3 加水分解酵素（ヒドロラーゼ）	加水分解反応	エステラーゼ ホスファターゼ 消化酵素（トリプシン，アミラーゼ，リパーゼ）
4 リアーゼ（除去付加酵素）	基が脱離して二重結合を生じさせる反応または逆の付加反応[*1]	デヒドラターゼ（水の除去） デアミナーゼ（アンモニアの除去）
5 異性化酵素（イソメラーゼ）	異性化反応	ラセマーゼ エピメラーゼ
6 リガーゼ[*2]（合成酵素）	ATPの高エネルギー結合の開裂に共役した2分子縮合反応	DNAリガーゼ アミノアシル-tRNAシンテターゼ

[*1] 逆の付加反応を重視する場合にはシンターゼ（ある種の合成酵素）と呼ばれる．
[*2] シンテターゼとも呼ばれる．

例えば，アルコールデヒドロゲナーゼは次に示す反応を触媒する酵素であるが，そのEC番号はEC 1.1.1.1である．最初の1はクラス1（酸化還元酵素）に属することを示し，2番目の1は

$$\begin{array}{c} H_2COH \\ | \\ CH_3 \\ \text{エタノール} \end{array} + NAD^+ \rightleftarrows \begin{array}{c} HC=O \\ | \\ CH_3 \\ \text{アセトアルデヒド} \end{array} + NADH + H^+$$

酸化されるグループとしてのアルコールの種類を意味し，3番目の1はNAD$^+$またはNADP$^+$を補酵素とすることを示し，最後の1はこのように分類された酵素グループ内での一連番号を示す．この酵素の系統名 systematic name はアルコール：NAD$^+$オキシドレダクターゼである．系統名は触媒する反応の内容を正確に表す名前ではあるが，長すぎてやや不便であるため，通常は常用名 trivial name（この酵素はアルコールデヒドロゲナーゼ）が用いられている．

II.6.3 酵素反応の速度

A 酵素反応の条件──pH，温度の影響

酵素の触媒能は酵素活性 enzyme activity で表す．酵素活性は単位時間当たりの生成物の増加量（増加速度）あるいは基質の減少量（減少速度）を測定し，単位 unit で表現する．酵素活性の1単位とは，通常1分間に1 μmol の生成物（または消費される基質）を生じさせる酵素量と定義される[*1]．比活性 specific activity は酵素タンパク質の単位重量（通常1 mg）当たりの活性単位数で示し，酵素の純度を表す指標となる．

酵素活性は一般に反応液のpH，温度，イオン強度，緩衝液の種類や圧力などの物理化学的条件に左右されやすい．次に影響が大きなpHと温度について説明する．

① pHの影響　他の条件は一定にしてpHだけを変えて酵素活性を測定すると，多くの酵素ではベル型[*2]の活性-pH曲線を示す（図II.6.5）．最高活性を与えるpHを，その酵素の至適（最適）pH optimal pH という．これは酵素の触媒活性に関与するアミノ酸残基の荷電状態がpHにより変化するためで，活性-pH曲線のベル型の変曲点aとbは，それぞれ活性中心の2つのアミノ酸残基のpK_a値をおおよそ反映している[*3]．

[*1] 最近ではSI単位に基づきカタール katal (kat) で表す場合がある．1 kat とは1秒間に1 molの基質を変化させる酵素活性量と定義され，1 kat は 6×10^7 unit に当たる．
[*2] 極端な至適pHをもつ酵素やpH安定性域が狭い酵素では，酵素のpH安定性に左右されて変則的な活性-pH曲線を示す．
[*3] 基質の荷電状態も影響するが，その影響は活性中心アミノ酸側鎖の荷電状態の影響よりかなり小さいことが多い．

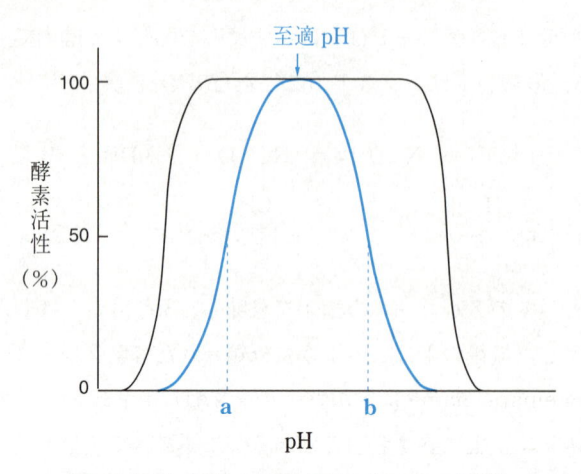

図 II.6.5　酵素活性に及ぼす pH の影響
pH-活性曲線（──）と pH 安定性曲線（──）

　そもそも生体触媒である酵素は，その酵素が存在する生理的環境で最も有利に働くことが多い．したがって，多くの酵素の至適 pH は中性付近にあるが，胃液で働くペプシンでは pH 1.5，リソソームの加水分解酵素では pH 5 付近に至適 pH を示す．

　② 温度の影響　化学反応の速度は温度が 10℃ 上がると約 2 倍になるといわれている．酵素反応でも同様に，ある温度までは温度の上昇とともに酵素活性が増加する．しかし，より高温では酵素タンパク質の熱変性も同時に進行するため，酵素の活性-温度曲線は**至適（最適）温度** optimal temperature をもつようになる（図 II.6.6）．至適温度は酵素の熱安定性を反映するので，温泉の熱湯にすむ好熱細菌の酵素は 90℃ 前後という例外的に高い至適温度を示すものもある．

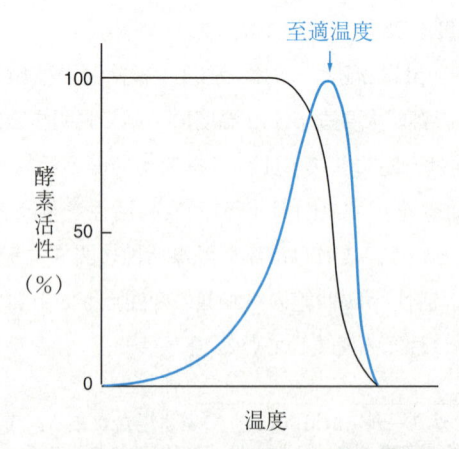

図 II.6.6　酵素活性に及ぼす温度の影響
温度-活性曲線（──）と熱安定性曲線（──）

B　酵素反応の速度論

　酵素触媒の反応速度に関する解析を**酵素反応速度論** enzyme kinetics という．酵素の反応速度に影響を与える最も重要な要因の1つは基質濃度である．基質は酵素反応の過程で生成物に変換されていくので，基質濃度を正確に把握するのは困難である．そのため速度論では反応速度として**初速度** initial velocity（v）を用いる．酵素反応では一般に基質濃度は酵素濃度よりもはるかに大きいため，反応初期のごく短時間内では基質濃度の減少はほとんど無視でき，基質濃度は一定とみなすことができる．このような反応初期での速度を初速度という．以下の説明で，速度とは初速度のことをさすことにする．

　酵素反応では触媒である酵素の濃度を増加させると，反応速度は酵素濃度に比例して直線的に増加する（図 II.6.7）．逆に酵素濃度などは一定にしておき基質濃度を高めていくと，反応速度と基質濃度の関係は単純な比例関係ではなく，図 II.6.8 のような双曲線型の曲線になる．はじめは基質濃度の増加にしたがって反応速度も直線的に増加するが，ある程度以上基質濃度が高くなると速度にそれ以上の増加がみられなくなる．この現象は多くの酵素に共通にみられるもので，酵素による触媒作用が次のような2段階のメカニズムに従うとして説明される．酵素をE，基質

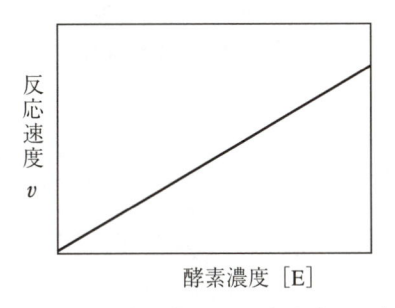

図 II.6.7　酵素濃度と反応速度の関係

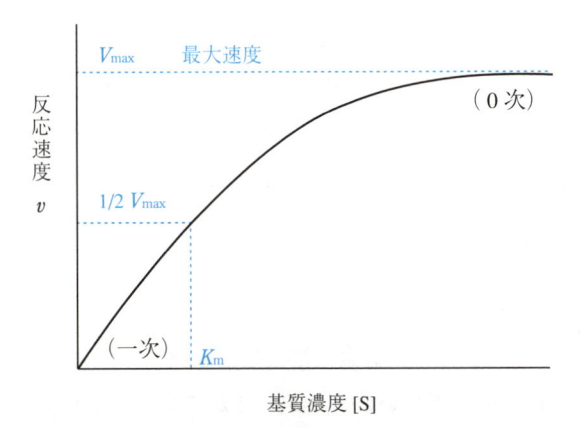

図 II.6.8　基質濃度と反応速度の関係

をS，生成物をPで表すと，反応はまず第1段階で酵素に基質が結合して**酵素-基質複合体** enzy-

$$E + S \rightleftarrows ES \rightleftarrows E + P$$

me-substrate complex（ES）ができる．第2段階でES複合体の酵素表面で基質が活性化され，基質は生成物に変換され，生成物は酵素から遊離して反応の1サイクルが完了する．生成物が離れた酵素は再び基質と結合し，このサイクルが繰り返される．ここで，酵素濃度[E]は一定にして基質濃度[S]を高めていくと，酵素と基質の衝突の頻度が増大し，生じるES複合体の濃度[ES]が増加する．しかし，それには上限があり，[ES]は反応開始時に入れた酵素の濃度 $[E]_t$ に限りなく近づくが，$[E]_t$ 以上にはならない．反応速度は[ES]に比例するので，図II.6.8のように基質濃度と反応速度の関係は双曲線型の曲線となる．得られる速度の極限値を**最大速度**（V_{max}）maximum velocity という．これはすべての酵素が基質と結合し，最大限に働いている状態に対応する．反応速度が V_{max} の1/2になるときの基質濃度は後述するようにミカエリス定数（K_m）と呼ばれる．

　酵素反応の理論的取り扱いはL. MichaelisとM.L. Menten（1913年）により進められ，その後G.E. BriggsとJ.B.S. Haldaneにより発展された．ここでは1種類の基質が1種類の生成物に変化するという最も簡単な場合について説明する．上述したように，まず酵素と基質は速やかに反応してES複合体を形成し（式(1)），次いでES複合体は比較的ゆっくりと酵素と生成物を与える（式(2)）．これらの反応は可逆的であり，k_{+1}, k_{-1}, k_{+2}, k_{-2} はそれぞれの反応速度定

$$E + S \underset{k_{-1}}{\overset{k_{+1}}{\rightleftarrows}} ES \tag{1}$$

$$ES \underset{k_{-2}}{\overset{k_{+2}}{\rightleftarrows}} E + P \tag{2}$$

数である．反応の初期段階では生成物はほとんど生成していないので，E+P→ESの反応速度は $k_{-2}[E][P] \fallingdotseq 0$ と考えてよい．したがって，この反応は無視することができる．通常 k_{+1}, k_{-1} は k_{+2} よりもはるかに大きい．第2段階の反応（式(2)）は遅くて律速段階となるため，酵素反応全体の反応速度 v はES複合体の濃度[ES]を用いて式(3)のように表すことができる．次にES複合体の濃度[ES]を求める式を導くことにする．全酵素濃度（遊離状態の酵素濃度[E]と結合状態の酵素濃度[ES]の和）を $[E]_t$ と置くと，遊離の酵素濃度は式(4)で表される．また，基

$$v = k_{+2}[ES] \tag{3}$$

$$[E] = [E]_t - [ES] \tag{4}$$

質濃度は通常 $[S] \gg [E]_t$ であるので，酵素に結合した基質量は無視でき，反応の初期段階での基質濃度は常に全基質濃度[S]に等しいとみなすことができる．したがって，ESの形成と分解の速度は式(5)，(6)のようになる．式(5)の右辺は，左辺の[E]へ式(4)を代入して得られる．

ES の形成速度：$k_{+1}[\mathrm{E}][\mathrm{S}] = k_{+1}([\mathrm{E}]_t - [\mathrm{ES}])[\mathrm{S}]$ （5）

ES の分解速度：$k_{-1}[\mathrm{ES}] + k_{+2}[\mathrm{ES}] = (k_{-1}+k_{+2})[\mathrm{ES}]$ （6）

基質濃度が十分高ければ ES 複合体が速やかに形成されるので，その一部が生成物に変換しても遊離した酵素から直ちに ES 複合体が形成され補給されるので，ES 複合体の量がほぼ変化しない状態がみられる．この状態を<u>定常状態</u> steady state という．定常状態では ES 複合体の形成と分解の速度がちょうどつり合っているので，式（5），（6）の右辺は等しいと置く（式（7））．この式を整理し（式（8）），さらに変形して[ES]の式を得る（式（9））．式（9）の最右辺は直前の

$$k_{+1}([\mathrm{E}]_t - [\mathrm{ES}])[\mathrm{S}] = (k_{-1}+k_{+2})[\mathrm{ES}] \tag{7}$$

$$(k_{+1}[\mathrm{S}]+k_{-1}+k_{+2})[\mathrm{ES}] = k_{+1}[\mathrm{E}]_t[\mathrm{S}] \tag{8}$$

$$[\mathrm{ES}] = \frac{k_{+1}[\mathrm{E}]_t[\mathrm{S}]}{k_{+1}[\mathrm{S}]+k_{-1}+k_{+2}} = \frac{[\mathrm{E}]_t[\mathrm{S}]}{[\mathrm{S}] + (k_{-1}+k_{+2})/k_{+1}} \tag{9}$$

分数式の分子と分母を k_{+1} で割ると得られる．ここで $(k_{-1}+k_{+2})/k_{+1}$ を<u>ミカエリス定数</u>（K_m）Michaelis constant と定義する．K_m を式（9）へ導入し（式（10）），この[ES]式を式（3）へ代入して式（11）が得られる．上述したように，最大速度は酵素が基質で飽和され，[ES]＝[E]$_t$ とみなされるときの反応速度であるので，V_max は式（3）に準じて式（12）のように表すことができる．式（11）へ V_max を導入すると式（13）が得られる．この式は初速度 v を[S]および V_max，K_m で表したもので，<u>ミカエリス-メンテンの式</u> Michaelis-Menten equation と呼ぶ．

$$[\mathrm{ES}] = \frac{[\mathrm{E}]_t[\mathrm{S}]}{[\mathrm{S}] + K_\mathrm{m}} \tag{10}$$

$$v = \frac{k_{+2}[\mathrm{E}]_t[\mathrm{S}]}{K_\mathrm{m} + [\mathrm{S}]} \tag{11}$$

$$V_\mathrm{max} = k_{+2}[\mathrm{E}]_t \tag{12}$$

$$v = \frac{V_\mathrm{max}[\mathrm{S}]}{K_\mathrm{m} + [\mathrm{S}]} \tag{13}$$

ミカエリス-メンテンの式を用いて図 II.6.8 の双曲線型の曲線を説明することができる．初速度が最大速度の 1/2 になる場合（式（14））について解くと，[S]＝K_m（式（15））となり，ミカエリス定数 K_m は初速度 v が $V_\mathrm{max}/2$ であるときの基質濃度[S]に等しいことがわかる．図 II.6.8

$$v = \frac{V_\mathrm{max}}{2} = \frac{V_\mathrm{max}[\mathrm{S}]}{K_\mathrm{m} + [\mathrm{S}]} \tag{14}$$

$$[\mathrm{S}] = K_\mathrm{m} \tag{15}$$

に示すように基質濃度を増加していく場合，[S]≪K_m を満たす低濃度域では，式（13）は式（16）のように表せ，初速度は基質濃度に比例する（[S]に関して 1 次反応となる）．また [S]≫K_m で

ある高濃度域では，式(17)のように初速度は最大速度と等しくなり，基質濃度とは無関係となる

$$v = \frac{V_{\max}}{K_m}[S] \tag{16}$$

$$v = \frac{V_{\max}[S]}{[S]} = V_{\max} \tag{17}$$

（[S]に関して0次反応となる）．上述したように，ミカエリス定数 K_m は ES 複合体の分解と形成の速度定数の比である（式(18)）．一般に $k_{+2} \ll k_{-1}$ であるので，$K_m \fallingdotseq k_{-1}/k_{+1}$ となり，K_m は ES 複合体が E と S に解離する場合の解離定数 K_s（式(19)）と等しくなる．したがってこの条件下では，K_m は酵素の基質に対する親和力 affinity を示す指標となる．

$$K_m = \frac{k_{-1} + k_{+2}}{k_{+1}} \tag{18}$$

$$K_s = \frac{k_{-1}}{k_{+1}} \tag{19}$$

K_m と $V_{\max}$ の2つの速度論パラメーター kinetics parameter は酵素反応の特性を表す指標としてよく用いられる．これらパラメーターは図 II.6.8 の曲線からも求められるが，より便利な求め方は，ミカエリス-メンテンの式を次のように変形して，実験データを直線としてプロットする3つの方式がある．

① **Lineweaver-Burk プロット**　式(13)の両辺の逆数をとり（式(20)），それから式(21)の形に導く．この式を Lineweaver-Burk の式という．$1/[S]$ と $1/v$ をそれぞれ横軸，縦軸にプロットすると図 II.6.9a のような直線が得られる．縦軸の切片は $1/V_{\max}$，横軸の切片は $-1/K_m$ となり，容易に $V_{\max}$ と K_m を求めることができる．また，この直線の傾斜は $K_m/V_{\max}$ である．この方法は二重逆数プロット double reciprocal plot ともいわれ，K_m，$V_{\max}$ を求める最も代表的な方法である．

$$\frac{1}{v} = \frac{K_m + [S]}{V_{\max}[S]} = \frac{K_m}{V_{\max}[S]} + \frac{[S]}{V_{\max}[S]} \tag{20}$$

$$\frac{1}{v} = \frac{K_m}{V_{\max}} \frac{1}{[S]} + \frac{1}{V_{\max}} \tag{21}$$

② **Woolf プロット**　式(13)を変形して式(22)を導き，[S]を横軸に[S]/v を縦軸にプロットする．縦軸の切片は $K_m/V_{\max}$，横軸の切片は $-K_m$，傾斜は $1/V_{\max}$ である（図 II.6.9b）．

$$\frac{[S]}{v} = \frac{K_m}{V_{\max}} + \frac{[S]}{V_{\max}} \tag{22}$$

③ **Eadie-Hofstee プロット**　式(13)から式(23)を導き，$v/[S]$ を横軸に v 縦軸にプロットする．縦軸の切片は $V_{\max}$，横軸の切片は $V_{\max}/K_m$，傾斜は $-K_m$ である（図 II.6.9c）．

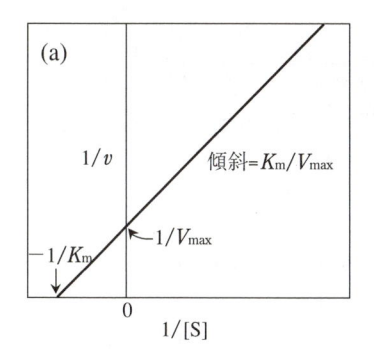

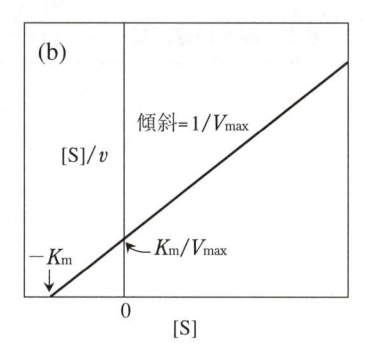

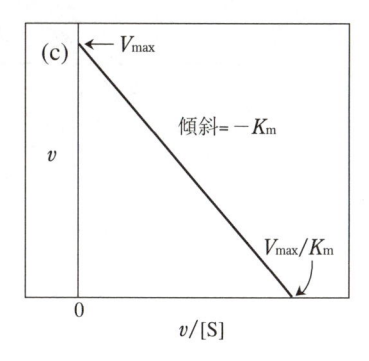

図 II.6.9　ミカエリス定数 K_m と最大速度 V_{max} を求める3つのプロット
(a) Lineweaver-Burk プロット　(b) Woolf プロット　(c) Eadie-Hofstee プロット

$$v = V_{max} - K_m \frac{v}{[S]} \tag{23}$$

これまでは最も単純な2段階反応（式(1), (2)）について説明してきたが，酵素反応はES複合体を形成した後，多段階反応を経る場合がある．例えば，よくある例では生成物の酵素からの遊離 EP → E+P が律速段階となる次のような反応がある（式(24)）．この場合，飽和状態では

$$\mathrm{E + S} \underset{k_{-1}}{\overset{k_{+1}}{\rightleftharpoons}} \mathrm{ES} \underset{k_{-2}}{\overset{k_{+2}}{\rightleftharpoons}} \mathrm{EP} \underset{k_{-3}}{\overset{k_{+3}}{\rightleftharpoons}} \mathrm{E + P} \tag{24}$$

ほとんどの酵素が EP 複合体を形成しており，最大速度は $V_{max} = k_{+3}[\mathrm{E}]_t$ と表される．このように反応が数段階から構成されていても，その1つが律速段階となる場合はミカエリス-メンテン型の速度式に従う．そこで，律速段階の速度定数を k_{cat} と置くと，式(1), (2)の反応では $k_{cat} = k_{+2}$，式(24)の反応では $k_{cat} = k_{+3}$ となり，式(11)に対応する式は段階数にかかわらず次のように表すことができる（式(25)）[*1]．

$$v = \frac{k_{cat}[\mathrm{E}]_t[\mathrm{S}]}{K_m + [\mathrm{S}]} \tag{25}$$

速度定数 k_{cat} は，酵素1分子が単位時間（通常は1秒）当たりに触媒する基質の最大分子数を示し，代謝回転数 turnover rate と呼ばれる．表 II.6.3 に示すように酵素は固有の基質に対して固有の k_{cat}[*2] と K_m をもつ．また両パラメーター比 k_{cat}/K_m は酵素の触媒能の指標としてよく用いられる．何故なら $[\mathrm{S}] \ll K_m$ であるとき，式(25)は式(26)となり（式(16)に対応する），初速度は k_{cat}/K_m に依存するからである．酵素はそもそも生体に存在するものなので，k_{cat}，K_m はその酵素の細胞内環境や生理的条件に適したものになっている場合が多く[*3]，酵素が本来の存在場

[*1] もちろん K_m の内容は常に式(18)のように単純ではなく，段階数により変わってくる．

[*2] k_{cat} ではなく V_{max} を用いるケースもみられるが，V_{max} には酵素濃度が含まれているので（$V_{max} = k_{cat}[\mathrm{E}]_t$），一般的に酵素の触媒特性を種々の酵素間で比較するのには k_{cat} のほうがよい．

[*3] 例えば，細胞内で低濃度の基質に働く酵素は，高濃度の基質に働く酵素より小さい K_m 値を示すことが多い．

表 II.6.3　酵素の速度論パラメーター

酵素	基質	k_{cat} (s^{-1})	K_m $(mol \cdot L^{-1})$	k_{cat}/K_m $(mol^{-1} \cdot L \cdot s^{-1})$
アセチルコリンエステラーゼ	アセチルコリン	1.4×10^4	9×10^{-5}	1.6×10^8
カタラーゼ	H_2O_2	4×10^7	1.1	4×10^7
コハク酸デヒドロゲナーゼ	コハク酸	2×10^1	2.3×10^{-4}	8.7×10^4
フマラーゼ	フマル酸	8×10^2	5×10^{-6}	1.6×10^8
〃	リンゴ酸	9×10^2	2.5×10^{-5}	3.6×10^7
炭酸アンヒドラーゼ	CO_2	1×10^6	1.2×10^{-2}	8.3×10^7
〃	HCO_3^-	4×10^5	2.6×10^{-2}	1.5×10^7

所でその触媒能を効率よく発揮できるようになっている．以上述べてきたミカエリス-メンテン型の速度式に従わない主な例外は，アロステリック酵素である．

$$v = \frac{k_{cat}}{K_m}[E]_t[S] \tag{26}$$

II.6.4 酵素反応の阻害

　酵素の活性に関与するアミノ酸残基と強く結合したり，共有結合を形成したりするような化合物は，酵素の触媒能を低下させる．このような物質を阻害剤 inhibitor という．阻害剤は酵素の反応機構を解明したり，代謝経路を知る目的で利用されてきた．また，代謝経路のある酵素を特異的に阻害する化合物は，しばしば重要な医薬品（アスピリンなど）となっている．
　阻害には可逆的阻害と不可逆的阻害がある．可逆的阻害は阻害剤が酵素と非共有結合して阻害する場合で，その阻害様式により競合阻害，非競合阻害，不競合阻害の3タイプに分けられる．不可逆的阻害とは，ある試薬（阻害剤）が酵素の官能基と共有結合して酵素を不活化する場合で，詳しくは後述の化学修飾の項で述べる．

A　競合阻害

　酵素の基質結合部位で基質と競合して結合し，酵素活性を低下させる化合物を競合阻害剤といい，このような阻害様式を競合阻害 competitive inhibition という．競合阻害剤が存在する場合，酵素Eは基質SとES複合体を形成する一方で，阻害剤Iとも結合してEI複合体を形成する．その際，基質結合部位でIはSと競合して結合するので，その分ES複合体の形成量が減少し，反応速度は減少する（図II.6.10）．競合阻害剤は基質と類似の構造をもつものが多く，これら

図 II.6.10 競合阻害

化合物は**基質アナログ** substrate analog と呼ばれる．次に競合阻害の1例をあげる．コハク酸デヒドロゲナーゼはコハク酸を基質としフマル酸を生成する酵素であるが，基質と類似の構造をもつマロン酸やオキサロ酢酸によって競合的に阻害される．

$$\begin{array}{c}CH_2COOH\\|\\CH_2COOH\end{array} + FAD \rightleftharpoons \begin{array}{c}HC-COOH\\\|\\HOOC-CH\end{array} + FADH_2$$

コハク酸　　　　　　　　　フマル酸

阻害剤： マロン酸 $CH_2(COOH)_2$ ，オキサロ酢酸 $CO(COOH)-CH_2-COOH$

阻害剤が存在する場合も定常状態の速度論で解析することができる．競合阻害剤が存在するときのミカエリス-メンテン式(13)と Lineweaver-Burk 式(21)に相当する式はそれぞれ式(27)，(28)となり，いずれも元の式の K_m に $\left(1+\dfrac{[I]}{K_i}\right)$ の項を乗じたものとなっている．二重逆数プロ

$$v = \frac{V_{max}[S]}{K_m\left(1+\dfrac{[I]}{K_i}\right) + [S]} \qquad (27)$$

$$\frac{1}{v} = \left(1+\frac{[I]}{K_i}\right)\frac{K_m}{V_{max}}\frac{1}{[S]} + \frac{1}{V_{max}} \qquad (28)$$

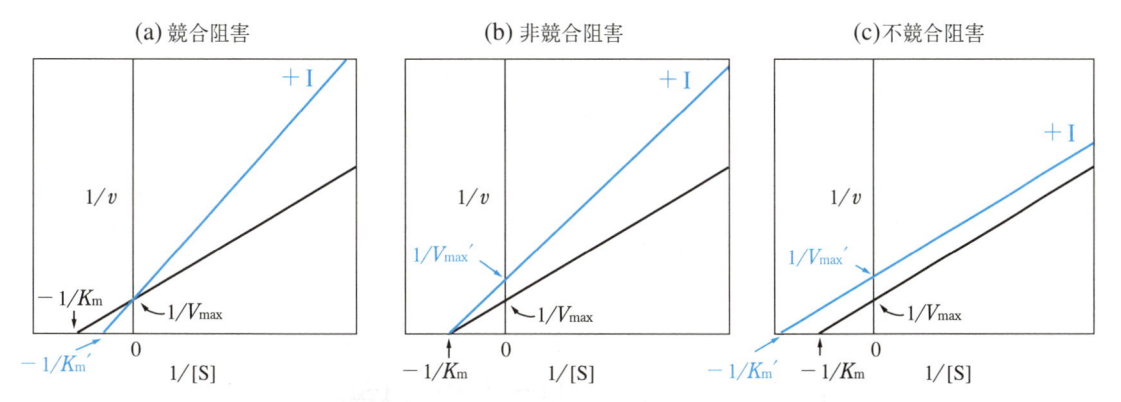

図 II.6.11 各種阻害剤が存在するときの Lineweaver-Burk プロット

いずれも阻害剤があるとき(———)とないとき(———)の直線を示す．

表 II.6.4　阻害剤存在下での見かけの $V_{\max}'$, K_m'

阻害型式	見かけの $V_{\max}'$	見かけの K_m'
競合型	$V_{\max}$	$K_m\left(1+\dfrac{[I]}{K_i}\right)$
非競合型	$\dfrac{V_{\max}}{\left(1+\dfrac{[I]}{K_i}\right)}$	K_m
不競合型	$\dfrac{V_{\max}}{\left(1+\dfrac{[I]}{K_i}\right)}$	$\dfrac{K_m}{\left(1+\dfrac{[I]}{K_i}\right)}$

ット（式(28)）では，縦軸の切片（$1/V_{\max}$）は阻害剤の有無で変わらないが，横軸の切片（$-1/K_m'$）は変わる．このように阻害剤のある場合とない場合の直線が縦軸上で交差するのが競合阻害の特徴である（図II.6.11a，表II.6.4）．

B　非競合阻害

　酵素の基質結合部位とは異なる部位に結合して酵素活性を低下させる物質を非競合阻害剤といい，その阻害様式を非競合阻害 non-competitive inhibition と呼ぶ．非競合阻害剤 I は遊離酵素 E および酵素-基質複合体 ES の両方に結合し，酵素活性を阻害する．阻害物質の結合によって基質の結合が妨げられることはない（図II.6.12）．非競合阻害剤が存在するとき，上式(27)，(28)に相当する式はそれぞれ式(29)，(30)となる．式(30)を二重逆数プロットすると，阻害剤の有無で縦軸の切片（$1/V_{\max}'$）は変わるが，横軸の切片（$-1/K_m$）は変わらない（表II.6.4）．阻害剤のある場合とない場合の直線が横軸上で交差するのが非競合阻害の特徴である（図II.6.11b）．

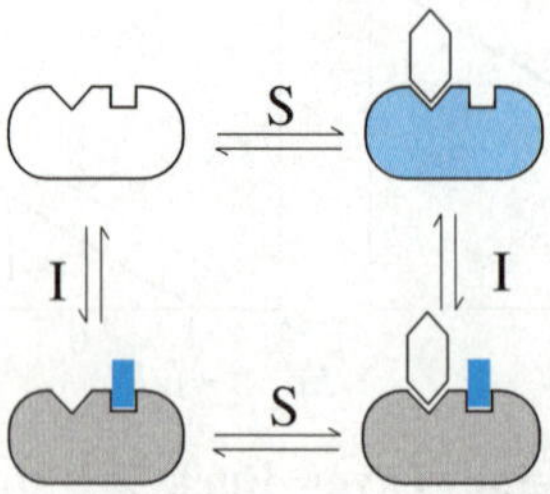

$$v = \frac{V_{\max}[S]}{\left(1+\dfrac{[I]}{K_i}\right)(K_m+[S])} \tag{29}$$

$$\frac{1}{v} = \left(1+\dfrac{[I]}{K_i}\right)\left(\dfrac{K_m}{V_{\max}}\dfrac{1}{[S]}+\dfrac{1}{V_{\max}}\right) \tag{30}$$

図 II.6.12　非競合阻害

C 不競合阻害

　この阻害剤も基質とは異なる部位に結合するが，遊離酵素Eとは結合せずES複合体とのみ結合する．このような阻害を**不競合阻害** uncompetitive inhibition と呼ぶ（図 II.6.13）．不競合阻害剤が存在する場合の式は式(31)，(32)となる．式(32)の二重逆数プロットは，阻害剤のない場合の直線と平行な直線となり（図 II.6.11c），縦軸の切片（$1/V_{max}'$），横軸の切片（$-1/K_m'$）ともに変化する（表 II.6.4）．

$$v = \frac{V_{max}[S]}{K_m + \left(1 + \frac{[I]}{K_i}\right)[S]} \tag{31}$$

$$\frac{1}{v} = \frac{K_m}{V_{max}}\frac{1}{[S]} + \frac{1}{V_{max}}\left(1 + \frac{[I]}{K_i}\right) \tag{32}$$

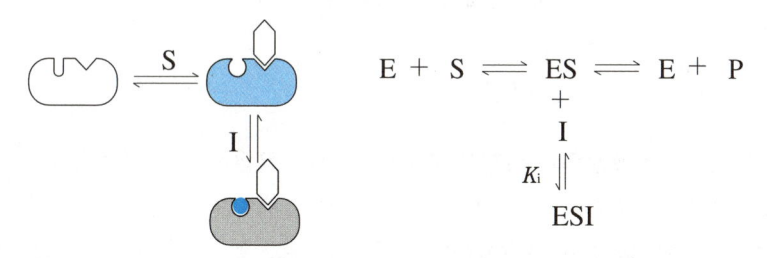

$$E + S \rightleftharpoons ES \rightleftharpoons E + P$$
$$+$$
$$I$$
$$K_i \updownarrow$$
$$ESI$$

図 II.6.13 不競合阻害

Box II.6.1

阻害剤存在下でのミカエリス-メンテン式の誘導

阻害剤の存在でミカエリス-メンテン式(13)はどのように変わるかを考える．まず競合阻害剤の場合は，EI複合体の解離定数K_Iと遊離の酵素濃度[E]はそれぞれ式(33)，(34)で表される．式(33)より[EI]を求め（式(35)），これを式(34)へ代入すると式(36)が得られる．この式を[E]について整理し（式(37)），[E]について解くと式(38)が得られる．この式は

$$K_I = \frac{[E][I]}{[EI]} \tag{33}$$

$$[E] = [E]_t - [ES] - [EI] \tag{34}$$

$$[EI] = \frac{[E][I]}{K_I} \tag{35}$$

$$[E] = [E]_t - [ES] - \frac{[E][I]}{K_I} \tag{36}$$

$$\left(1 + \frac{[I]}{K_I}\right)[E] = [E]_t - [ES] \tag{37}$$

$$[E] = \frac{1}{\left(1 + \frac{[I]}{K_I}\right)}([E]_t - [ES]) \tag{38}$$

競合阻害剤存在下での遊離酵素濃度[E]を示しており，阻害剤が存在しない場合の[E]の式(4)に対応するものである．ミカエリス-メンテン式(13)を誘導した場合と同様に，[E]の式(4)の代わりに式(38)を式(5)の左辺の[E]へ代入し，新しい右辺をもつ式(39)を導く．

$$k_{+1}[E][S] = \frac{k_{+1}}{\left(1 + \frac{[I]}{K_I}\right)}([E]_t - [ES])[S] \tag{39}$$

式(5)の代わりに式(39)を用いて，式(6)以下同様の手順で誘導すると，競合阻害剤存在下でのミカエリス-メンテン式(13)に対応する式(27)が最終的に得られる．

非競合阻害剤は遊離酵素Eおよび酵素-基質複合体ESの両方に結合するが，ここでは最も取扱いの簡単な$K_I = K_I'$（式(40)，(41)）の場合について考える．非競合阻害剤存在下で

$$K_I = \frac{[E][I]}{[EI]} \tag{40}$$

$$K_I' = \frac{[ES][I]}{[ESI]} \tag{41}$$

の遊離酵素濃度[E]は式(42)のように表される．式(40)，(41)よりそれぞれ[EI]，[ESI]を求めて式(42)に代入し，また$K_I' = K_I$として[E]について整理すると式(43)が得られる．

$$[E] = [E]_t - [ES] - [EI] - [ESI] \tag{42}$$

$$[E] = \frac{[E]_t}{\left(1 + \frac{[I]}{K_I}\right)} - [ES] \tag{43}$$

不競合阻害剤の場合は K_i（式(44)）と遊離酵素濃度[E]（式(45)）は次のように表せる．式(44)より[ESI]を求め，式(45)に代入して[E]を求めると式(46)が得られる．

$$K_\mathrm{i} = \frac{[\mathrm{ES}][\mathrm{I}]}{[\mathrm{ESI}]} \tag{44}$$

$$[\mathrm{E}] = [\mathrm{E}]_\mathrm{t} - [\mathrm{ES}] - [\mathrm{ESI}] \tag{45}$$

$$[\mathrm{E}] = [\mathrm{E}]_\mathrm{t} - \left(1 + \frac{[\mathrm{I}]}{K_\mathrm{i}}\right)[\mathrm{ES}] \tag{46}$$

ここで得られた[E]の式(43)，(46)は，それぞれ非競合阻害剤および不競合阻害剤が存在するときの遊離酵素濃度を示しており，阻害剤が存在しないときの[E]の式(4)に対応するものである．したがって，式(43)，(46)を上述した競合阻害剤の場合の[E]の式(38)と同様に扱えば，非競合阻害剤および不競合阻害剤があるときのミカエリス–メンテン式(13)にそれぞれ対応する式(29)，(31)が容易に誘導される．

II.6.5 酵素の反応機構

A 活性中心のアミノ酸残基

酵素の反応機構を解明する上で，活性中心を構築するアミノ酸残基を同定することは重要な手段となる．次に主な方法をあげる．

① 化学修飾 chemical modification　酵素の特定のアミノ酸残基を化学試薬で修飾し，酵素活性が失われるか否かを調べることにより，活性発現に関与するアミノ酸残基を検索する方法である．この場合の酵素の不活化は，上に述べた不可逆的阻害にあたる．

例をあげると，キモトリプシンやトリプシンなどはジイソプロピルフルオロリン酸 diisopropyl fluorophosphate（DFP）[*1]で化学修飾すると，速やかに活性を失う．DFPと反応するのは活性中心のセリン残基だけで，他の部位のセリン残基は反応しない（図II.6.14）．このように反応性の高いセリン残基をもつタンパク質分解酵素を総称してセリンプロテアーゼ serine protease という（表II.6.5）．

より特異的で巧妙な化学修飾法にアフィニティーラベリング affinity labeling がある．これは修飾試薬として基質アナログを用いるもので，その分子の一部に反応性に富む官能基を導入して活性中心のアミノ酸残基を特異的に標識する方法でる．例をあげると，芳香族アミノ酸に特異性

[*1] 毒ガスのサリンや殺虫剤のパラチオン，マラチオンなどはDFPと類似の構造をもつ有機リン化合物である．これらが強い神経毒性を示すのは，アセチルコリンエステラーゼ（神経伝達物質アセチルコリンの分解に関わる）の活性中心セリン残基と反応して，酵素を不活化させるからである．

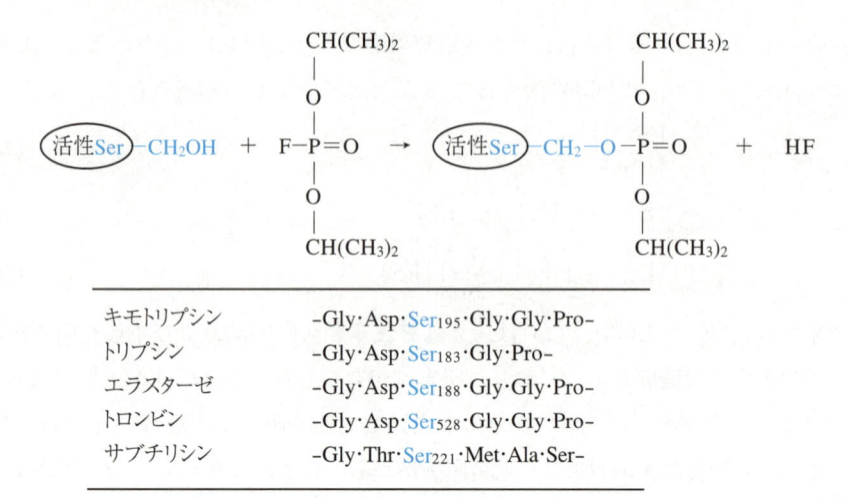

$$\text{活性Ser}-CH_2OH + \underset{\underset{CH(CH_3)_2}{|}}{\underset{O}{|}}F-P=O \underset{\underset{CH(CH_3)_2}{|}}{\underset{O}{|}} \rightarrow \text{活性Ser}-CH_2-O-\underset{\underset{CH(CH_3)_2}{|}}{\underset{O}{|}}P=O \underset{\underset{CH(CH_3)_2}{|}}{\underset{O}{|}} + HF$$

キモトリプシン	-Gly·Asp·Ser$_{195}$·Gly·Gly·Pro-
トリプシン	-Gly·Asp·Ser$_{183}$·Gly·Pro-
エラスターゼ	-Gly·Asp·Ser$_{188}$·Gly·Gly·Pro-
トロンビン	-Gly·Asp·Ser$_{528}$·Gly·Gly·Pro-
サブチリシン	-Gly·Thr·Ser$_{221}$·Met·Ala·Ser-

図 II.6.14 セリンプロテアーゼの DFP との反応および活性中心セリン残基付近の配列

表 II.6.5 主要なセリンプロテアーゼと生理機能

酵　　素	生理機能
キモトリプシン	タンパク質の消化
トリプシン	〃
エラスターゼ	〃
トロンビン	血液凝固
スチュアート因子	〃
プラスミン	血栓溶解
ウロキナーゼ	〃
プラスミノーゲン活性化因子	〃
カリクレイン	血流の調節
補体 C1	免疫応答での細胞溶解
サブチリシン	おそらく消化

をもつキモトリプシンは基質と構造の類似する N-トシル-L-フェニルアラニルクロロメチルケトン N-tosyl-L-phenylalanyl chloromethylketone（TPCK）との反応で，一方，塩基性アミノ酸に特異性をもつトリプシンは N-トシル-L-リシルクロロメチルケトン N-tosyl-L-lysyl chloromethylketone（TLCK）との反応で，それぞれ活性中心のヒスチジン残基だけが修飾されて失活する（図 II.6.15）．

② 部位特異的変異 site-directed mutagenesis　遺伝子組換え技術を応用した検索法で，古典な①に対し，最近ではもっぱらこの手法が用いられる．酵素タンパク質のアミノ酸配列をコードする遺伝子の改変によって，特定のアミノ酸残基を別のアミノ酸に置換した改変体を作製し，もとのアミノ酸残基の機能を推定する．この方法により活性中心が解明された酵素はサブチリシン，キモトリプシン，トリオースリン酸イソメラーゼなど多くある．

図 II.6.15 キモトリプシンと TPCK の反応(a)とトリプシンと TLCK の反応(b)
点線内は基質と類似の構造部分.

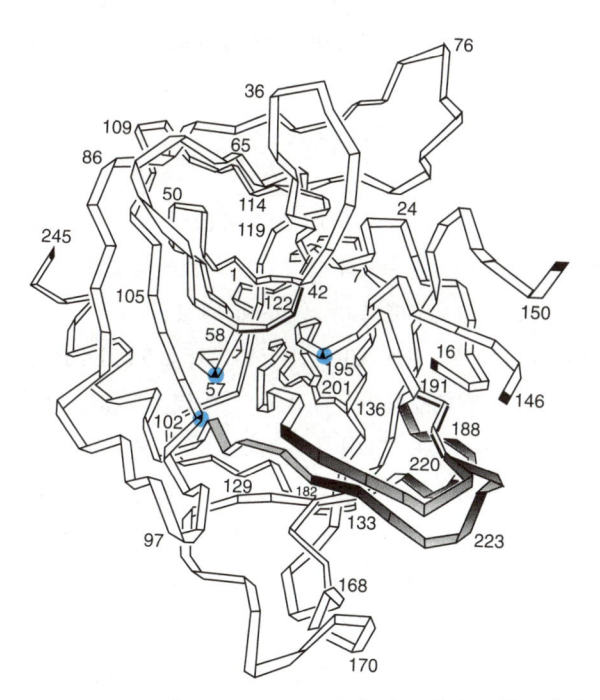

図 II.6.16 キモトリプシンの三次元構造（α-炭素原子の位置を示す）
触媒部位のアミノ酸残基（Ser_{195}，His_{57}，Asp_{102}）は青丸印で示す.
疎水性の基質結合部位のくぼみを構築するアミノ酸残基は灰色で示す.

③ **X線結晶解析** X-ray crystallography　酵素タンパク質の結晶にX線を照射して得られる回折像を解析することにより，タンパク質の三次，四次構造や，補欠分子族，補酵素，金属イオンなどの補因子がどの部位に結合しているかがわかる．また，酵素-基質アナログ複合体の結晶解析から，基質結合部位や触媒部位のアミノ酸残基の相互の位置関係に関する多くの情報が得られている．

キモトリプシンのX線結晶解析の結果を図II.6.16に示す．やや疎水性の環境にあるAsp_{102}がHis_{57}と水素結合をつくり，さらにHis_{57}はSer_{195}とも水素結合をつくって，一次構造上は離れているこれら3アミノ酸残基が近接して活性中心を構築していることがわかった．また，キモトリプシンに存在する疎水性の基質結合ポケットは，キモトリプシノーゲンには存在しないことも明らかにされた．

④ **反応速度論的方法**　速度論パラメーターのK_mとk_{cat}（またはV_{max}）をpHを変えて測定することにより，触媒作用に関与する官能基のpK_aを知ることができる．アミノ酸残基の側鎖のpK_aは，AspまたはGlu：4〜5，His：6〜7，還元型Cys：8〜9.5，Tyr：9.5〜10，Lys：約10である．このように側鎖のpK_aはタンパク質中では遊離のアミノ酸のものとは若干異なるのが普通であるが，さらに活性中心のアミノ酸残基はかなり異なるpK_aを示す場合がある．

B　反応機構——キモトリプシンの例

酵素がどのような機構で基質を変化させるかは酵素の種類によって異なる．ここでは**共有結合触媒**（基質の一部が酵素と共有結合性中間体をつくる）と**酸-塩基触媒**（プロトンの付加または除去）が関わるキモトリプシンの反応機構について説明する．

キモトリプシンの触媒部位のアミノ酸残基は，上述したようにDFPとの反応性からSer_{195}，TPCKとの反応からHis_{57}，X線結晶解析からAsp_{102}が同定された．His_{57}のイミダゾール環が水素結合しているSer_{195}のOH基からプロトンを奪い，イミダゾリウムイオンを形成する．この相互作用はイミダゾリウムイオンがAsp_{102}のカルボキシ基とイオンペアをつくることによってさらに促進され，Ser_{195}を強力な親核剤に変える．これらの水素結合した3アミノ酸残基Ser-His-Aspの電荷伝達系は**触媒トライアド**（または触媒3つ組アミノ酸残基）catalytic triadと呼ばれ，すべてのセリンプロテアーゼに共通に存在する．

キモトリプシンの触媒反応は2つの相からなる．1つはペプチド結合が開裂し，基質カルボニルC原子と酵素の間にエステル結合が形成されるアシル化相（①〜③）と，次いでエステル結合が加水分解され再び酵素が再生される脱アシル化相（④〜⑥）よりなる（図II.6.17）．触媒トライアドの水素結合ネットワークはSer_{195}に強い**親核性** nucleophilicityをもたせる．正（δ^+）に分極している基質カルボニルC原子はSer_{195}のO原子による親核性の攻撃を受け（①），その結果，不安定な四面体中間体が形成される（②）．この遷移状態の複合体ではC—Nの共有結合が急速に切断されてアシル化酵素が生成する．このときHis_{57}のイミダゾリウムイオンは酸触媒

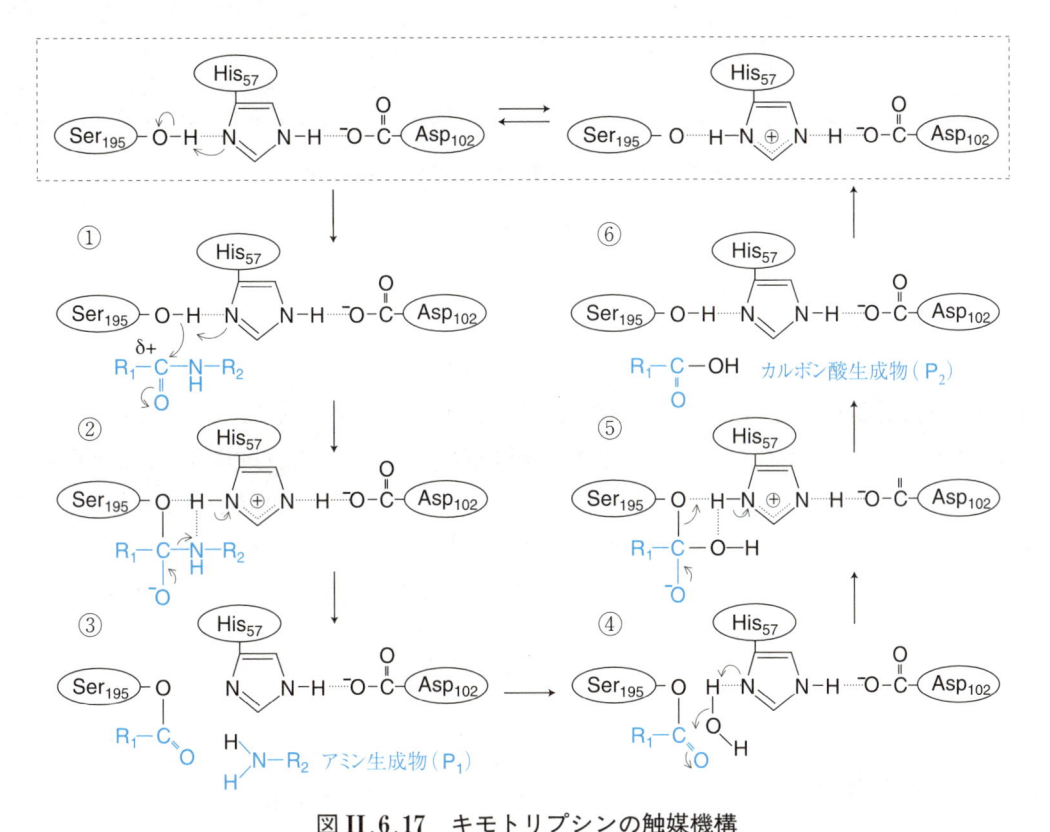

図 II.6.17　キモトリプシンの触媒機構
点線で囲った部分は触媒トライアドでセリンプロテアーゼに共通に存在する.

として働き，N原子にプロトンを供与してC—N結合を切れやすくする（③）．こうして新しいアミノ末端をもった最初のペプチド生成物（P_1）が活性部位から離れると，そこへ水分子が入り込み脱アシル化相がはじまる（④）．イミダゾール基のN原子上の電子対は水と水素結合して水分子を活性化する．一方，アシル化酵素のカルボニル基の分極で $δ^+$ になったC原子は活性化された水のO原子の親核性攻撃を受け，第2の四面体中間体が形成される（⑤）．His_{57} は再びイミダゾリウムイオンとなってプロトンを供与して第2の四面体中間体を分解し，新カルボキシ末端をもった第2のペプチド生成物（P_2）が生成する．こうして酵素は脱アシル化され遊離の酵素が再生する（⑥）．このようなペプチド加水分解機構は Ser-His-Asp の触媒トライアドをもつセリンプロテアーゼに共通しており，Ser 残基は共有結合触媒として働き，His 残基は酸-塩基触媒として働く．キモトリプシンとはかなり異なる構造をもち，アミノ酸に対する特異性も低いサブチリシン（図 II.6.14 参照）も Asp_{32}，His_{64}，Ser_{221} 残基からなる触媒トライアドをもつことは興味深い．

II.6.6 いろいろな酵素の形と働き

A チモーゲン

　酵素のなかには生合成された時点では酵素活性を示さず，ある種のタンパク質分解酵素による選択的な限定分解を受けてはじめて酵素活性を示すようになるものがある．このような不活性な酵素前駆体を**チモーゲン**[*1] zymogen と呼び，消化酵素に多くみられる（表 II.6.6）．消化酵素をチモーゲンとして蓄えることで分泌細胞自身が損傷されることを防いでいる．膵液チモーゲンの活性化は，まず十二指腸のエンテロペプチダーゼによるトリプシノーゲンのトリプシンへの活性化から始まり，次いで活性化されたトリプシンがまだ活性化されていないトリプシノーゲンへ作用するとともに，キモトリプシノーゲンなど他のチモーゲンを活性化していく．図 II.6.18 にキモトリプシノーゲンのキモトリプシン[*2]への活性化の例を示す．

B 多量体酵素

　酵素タンパク質は 1 本のポリペプチド鎖のみからなる場合[*3]と，何本かのポリペプチド鎖が会合してはじめて活性な四次構造をもつ酵素になる場合とがある．後者は**多量体酵素**（オリゴマー

表 II.6.6　主なチモーゲン

チモーゲン（分子量）	活性化酵素	活性型酵素（分子量）
トリプシノーゲン (24,000)	エンテロキナーゼ，トリプシン	トリプシン (23,300)
キモトリプシノーゲン (25,635)	トリプシン，π-キモトリプシン	キモトリプシン (25,310)
プロエラスターゼ (26,000)	トリプシン	エラスターゼ (25,900)
ペプシノーゲン (38,944)	ペプシン	ペプシン (34,163)
プロカルボキシペプチダーゼ	トリプシン	カルボキシペプチダーゼ

[*1] チモーゲンは酵素前駆体ということで，広い意味では補体系や血液凝固・線溶系のものも入るが，ここでは狭い意味の消化酵素に限定した．
[*2] 本章ではとくに断らない限り，キモトリプシンは α-キモトリプシンのことをさす．
[*3] 多量体酵素との対比を強調するときは単量体酵素（モノマー酵素）と呼ぶ．

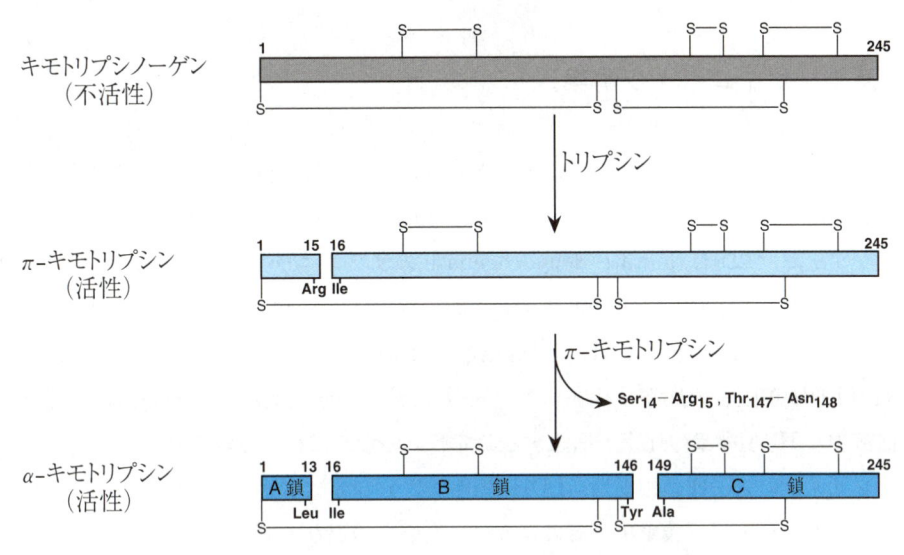

図 II.6.18 キモトリプシノーゲンの活性化

酵素) oligomeric enzyme と呼ばれ，それぞれのポリペプチド鎖をサブユニット subunit またはプロトマー protomer と呼ぶ．多量体酵素には，アルカリ性ホスファターゼ（2量体）のように同じサブユニットからなる場合と，アスパラギン酸トランスカルバミラーゼ（12量体）のように異なるサブユニットからなる場合とがある（表II.6.7）．

表 II.6.7 多量体酵素

酵素名	サブユニット数	サブユニット分子量	分子量
アルカリ性ホスファターゼ（大腸菌）	2	40,000	80,000
ホスホフルクトキナーゼ	2	78,000	190,000
グリセロアルデヒド3′-リン酸脱水素酵素	2	72,000	145,000
アルコールデヒドロゲナーゼ（肝）	4	20,000	80,000
乳酸デヒドロゲナーゼ	4	33,500	134,000
ヘキソキナーゼ	4	27,500	102,000
ウレアーゼ	6	83,000	483,000
グルタミン酸デヒドロゲナーゼ	8	250,000	2,000,000
グルタミンシンテターゼ	12	48,500	592,000
アスパラギン酸カルバモイルトランスフェラーゼ（ATCアーゼ）	触媒サブユニット 6 調節サブユニット 6	34,000 17,000	310,000
トリプトファンシンターゼ	$\alpha 2$ $\beta 2$	29,000 43,000	144,000

C アイソザイム(イソ酵素)

同じ反応を触媒するにもかかわらず,分子としては異なる酵素群が同一生物や細胞に存在する場合,これら酵素群をアイソザイム(イソ酵素)isozyme と呼ぶ.多量体酵素の1つである乳酸デヒドロゲナーゼ(LDH)lactate dehydrogenase のサブユニットには H 型,M 型の2種類があり,4量体である LDH にはサブユニット構成の異なる5種類の H_4, H_3M, H_2M_2, HM_3, M_4 型酵素が存在する.心筋では H_4 型,骨格筋では M_4 型の酵素が主として存在し,組織ごとに5種類の LDH が固有の比率で存在する(表 II.6.8).心筋梗塞などで心筋細胞に障害が起こると,血流中に H_4 型酵素の比率が増大するので病気の診断に利用されている.

各アイソザイムの分子種の相違は,LDH の例のように異なるサブユニットの組合せによるものばかりでなく,ピルビン酸キナーゼのように一次構造の異なるもの,リンゴ酸デヒドロゲナーゼのように立体構造の変化したものなど,かなりさまざまなケースがある.各アイソザイム間では K_m, V_{max} も異なっていることが多い.アイソザイム・パターンは組織・細胞で著しく異なる場合があり,発生・分化に伴って変化したり,病気との関連で変動する場合もあることから注目されている.

表 II.6.8 乳酸デヒドロゲナーゼ(LDH)のアイソザイムの組織分布

	LDH$_1$	LDH$_2$	LDH$_3$	LDH$_4$	LDH$_5$
心臓	+++	+	(+)		
腎臓	++	++	+		
骨格筋			(+)	+	++
肝臓			(+)	+	+++

D 酵素複合体と多機能酵素

一連の反応を触媒する複数の酵素が膜の上に集合したり,異なる酵素同士が非共有結合性の会合をしたりして反応が行われやすくなっている場合がある.これを酵素複合体 multi-enzyme complex と呼ぶ.また,ほ乳類のパルミチン酸シンテターゼのように,単一のポリペプチド鎖上に複数の活性部位が存在し,多機能を発現している場合もあり,これを多機能酵素 multi-functional enzyme と呼ぶ.

酵素複合体の代表例として**ピルビン酸デヒドロゲナーゼ複合体** pyruvate dehydrogenase complex について説明する．この酵素複合体は3種類の酵素，ピルビン酸デヒドロゲナーゼ pyruvate dehydrogenase (E_1)，ジヒドロリポイルトランスアセチラーゼ dihydrolipoyl transacetylase (E_2)，ジヒドロリポイルデヒドロゲナーゼ dihydrolipoyl dehydrogenase (E_3) を含む分子量460万の巨大な集合体である．その構成は E_1（分子量96,000）の2量体が12分子，E_2（分子量70,000）が24分子，E_3（分子量56,000）の2量体が6分子からなる．さらに，この複合体にはこれら3酵素に加え，後述するように E_1 の触媒活性を共有結合性修飾により調節するピルビン酸デヒドロゲナーゼキナーゼ（分子量62,000）とピルビン酸デヒドロゲナーゼホスファターゼ（分子量100,000）の2種類の調節酵素も含まれている．この酵素複合体は一連の5段階からなる反応で全体として次の反応を触媒する（図 II.6.19）．このような酵素複合体では，酵素分子が回転することにより，基質と反応してできる中間体を遊離せず効率よく代謝していく．

$$CH_3COCOOH + CoA\text{-}SH + NAD^+ \longrightarrow CH_3CO\text{-}S\text{-}CoA + CO_2 + NADH + H^+$$
ピルビン酸　　　　　　　　　　　　　　　　アセチル-CoA

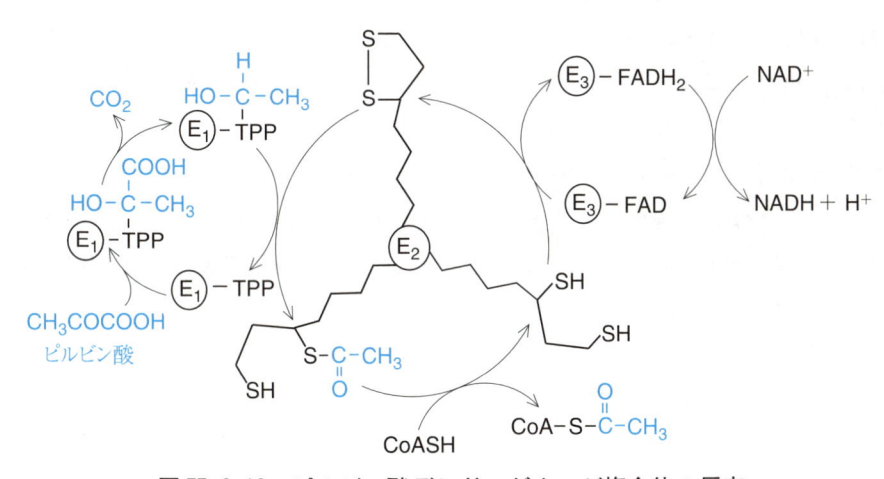

図 II.6.19 ピルビン酸デヒドロゲナーゼ複合体の反応

E_1：ピルビン酸デヒドロゲナーゼ，　　E_2：ジヒドロリポイルトランスアセチラーゼ，
E_3：ジヒドロリポイルデヒドロゲナーゼ，　　TPP：チアミンピロリン酸 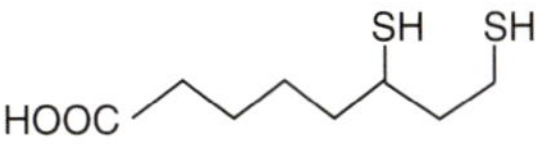
還元型リポ酸，酸化型リポ酸

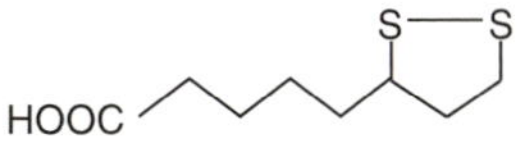

① ピルビン酸は脱炭酸され，TPP（E_1 の補欠分子族）の α-ヒドロキシエチル誘導体が生じる．
② ヒドロキシエチル基は酸化型リポ酸（E_2 の補欠分子族）に転移し脱水素され，アセチル基となる．
③ アセチル基はリポ酸から CoA のチオール基へ転移しアセチル-CoA となる．
④ FAD（E_3 の補欠分子族）によりリポ酸が還元型から酸化型へ戻る．
⑤ $FADH_2$ は NAD^+ で酸化され，もとの状態に戻る．

E 調節酵素

　生体内では多種類の酵素がそれぞれの反応を分担し合って生命活動を支えている．しかし，すべての酵素が常に最大限に働いて高い触媒能を発揮し続けるとバランスが崩れる．必要なときに反応を促進させ，必要でないときには反応を抑制するという調節の機構がなければならない．酵素の生合成レベルでの合成量による調節もあるが，ここでは酵素自身がもっている活性調節能について説明する．この調節能は合成レベルでの制御よりも瞬時に応答できるので，生体触媒としての酵素に不可欠な重要な特性である．

a）アロステリック酵素

　細胞内の代謝系では，ある酵素（一番目の酵素であることが多い）の活性が代謝経路の出発物質により促進されたり，あるいは最終産物により抑制される（この抑制をフィードバック阻害 feedback inhibition と呼ぶ）などの調節を受けることがある．基質が多くなるとより高い触媒活性を示し，その代謝系の生産物がたまると不活性になったりして，代謝シグナルにより系全体の反応の流れを調節している酵素を調節酵素 regulatory enzyme と呼ぶ．調節酵素の多くはアロステリック酵素 allosteric enzyme と呼ばれるもので，アロステリックな（アロは異なるという意味で，その酵素の基質や生成物とは構造の異なる）物質が可逆的に結合して酵素のコンホメーションを変化させることにより活性調節が行われる．そのような調節因子をエフェクター effector と呼び，酵素活性を促進するものを正のエフェクター positive effector，抑制するものを負のエフェクター negative effector と呼ぶ．これらのエフェクターは基質結合部位とは異なるアロステリック部位 allosteric site と呼ばれる部位に結合し，酵素の基質との親和性を変える．アロステリック酵素は多量体酵素であり，同じサブユニットからなるもの[*1]と異なるサブユニットからなるものとがある．アロステリック酵素の速度式はミカエリス-メンテン式には従わず，したがって基質濃度と反応速度の関係は図Ⅱ.6.8のような単純な飽和曲線とはならずに，ヘモグロビンの酸素との結合にみられるようなS字型曲線を描く．

　アロステリック酵素の代表例としてアスパラギン酸カルバモイルトランスフェラーゼ（ATCアーゼ）をあげる（図Ⅱ.6.20）．ATCアーゼは触媒サブユニットと調節サブユニットの各6個からなる12量体酵素で，CTPを最終産物とするピリミジンヌクレオチド生合成系の出発点となる酵素である．ATCアーゼはカルバモイルリン酸とアスパラギン酸からN-カルバモイルアスパラギン酸を生成する反応を触媒する．この反応で一方の基質が十分量存在しているとき，他方の基質の濃度を変化させると，初速度と基質濃度の関係はS字型曲線を描く．ここにCTPを加

[*1] この例として大腸菌ホスホフルクトキナーゼなどがあり，1本のポリペプチド鎖内に触媒部位と調節部位をもっている．

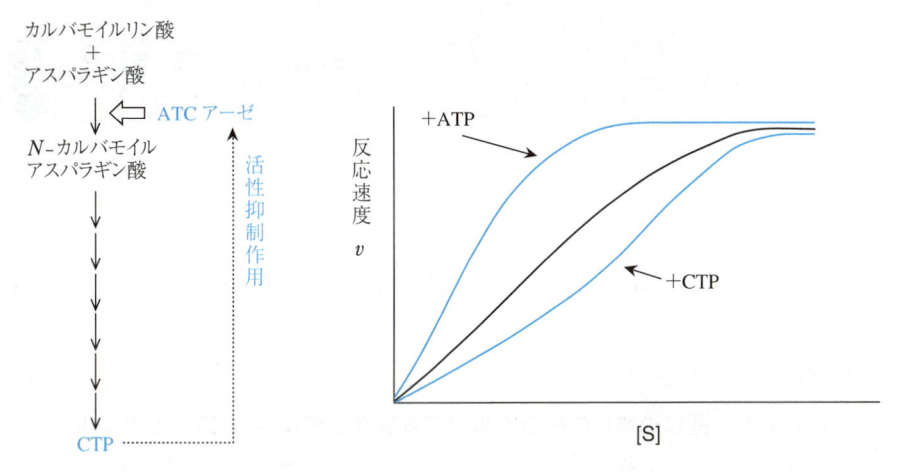

図 II.6.20　ATC アーゼ反応とアロステリック酵素としての特徴

えると活性が抑制され，より S 字型が顕著な曲線となり，ATP を加えると活性が促進され飽和型の曲線に近づく．この場合 CTP は ATC アーゼの負のエフェクターとしてフィードバック阻害をかけ，ATP は正のエフェクターとなっている．この酵素はアスパラギン酸とカルバモイルリン酸の両基質に対し S 字型曲線となる．S 字型曲線となるのは，基質の濃度変化に応じて基質（自分自身つまりホモ）の結合性が影響をうけて基質の協同的結合が起こるからである．このように基質と調節因子が同一である場合をホモトロピック効果 homotropic effect という．これに対し，基質以外のヘテロな調節因子が基質の結合性を変える場合をヘテロトロピック効果 heterotropic effect と呼ぶ．つまり ATC アーゼは基質により正のホモトロピックな調節を受け，CTP や ATP で負や正のヘテロトロピックな調節を受ける．

　基質の協同的結合（つまり S 字型曲線になる）を説明するモデルとして，Monod らは協奏モデル concerted symmetry model，Koshland らは逐次モデル sequential transition model を提唱した（図 II.6.21）．協奏モデルは対称駆動モデルとも呼ばれ，分子内の全サブユニットのコンホメーション変化が同時に起こるとするモデルである．酵素を構成するサブユニットには基質への親和性の高い R（relaxed）型と，親和性の低い T（taut）型が平衡状態（T ⇄ R）にあり，基質は R 型サブユニットとのみ結合する．基質が結合すると協奏的に T ⇄ R 平衡が T 型が減少する方向へ傾くことにより，S 字型曲線が得られると考える．このモデルでは酵素分子内のサブユニットはすべて R 型か T 型であり，対称性を保ったまま遷移することを意味している．一方，逐次モデルは最初のサブユニットの 1 つに基質が結合すると，そのサブユニットのコンホメーションが変化し，その変化により第 2 のサブユニットへの基質の結合がより効率的に起こる．以下同様にサブユニットのコンホメーション変化が逐次的にもたらされるため S 字型曲線が得られるとするモデルである．協奏モデルでアロステリック効果のかなりの場合を説明できるが，逐次モデルのほうがより一般的な理論である．

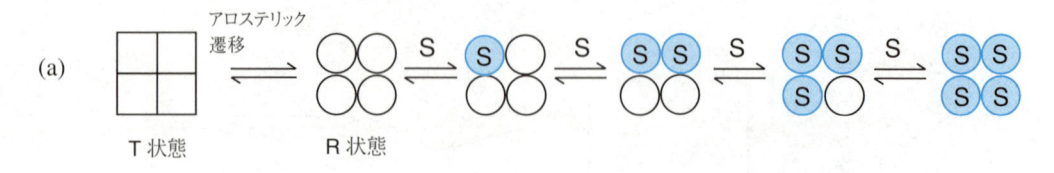

図 II.6.21　基質の協同的結合を説明する協奏モデル(a)と逐次モデル(b)
□：基質に低親和性のT型サブユニット　　○：基質に高親和性のR型サブユニット
Ⓢ：R型サブユニットに基質(S)が結合したもの

b) 共有結合性修飾による調節

代謝過程における酵素活性の調節は，アロステリックな制御ばかりでなく，共有結合性修飾 covalent modification による可逆的な調節もある．真核生物に普遍的で重要なものにリン酸化 phosphorylation がある．酵素のセリン（あるいはトレオニンやチロシン）残基がリン酸化されると，リン酸基の強い負電荷のためにコンホメーションが変化し酵素活性が調節される．リン酸化状態と脱リン酸化状態のどちらが活性型になるかは酵素によって異なる．そのほか，アデニル化 adenylation, ADP リボシル化 ADP ribosylation, メチル化 methylation などがある[*1]．

リン酸化による調節の例として，上に述べたピルビン酸デヒドロゲナーゼ複合体をあげる．ピルビン酸デヒドロゲナーゼは複合体に含まれるピルビン酸デヒドロゲナーゼキナーゼによりセリン残基がリン酸化され不活性となるが，ピルビン酸デヒドロゲナーゼホスファターゼによって脱リン酸化され活性型へ戻る（図 II.6.22）．このリン酸化・脱リン酸化を行うピルビン酸デヒド

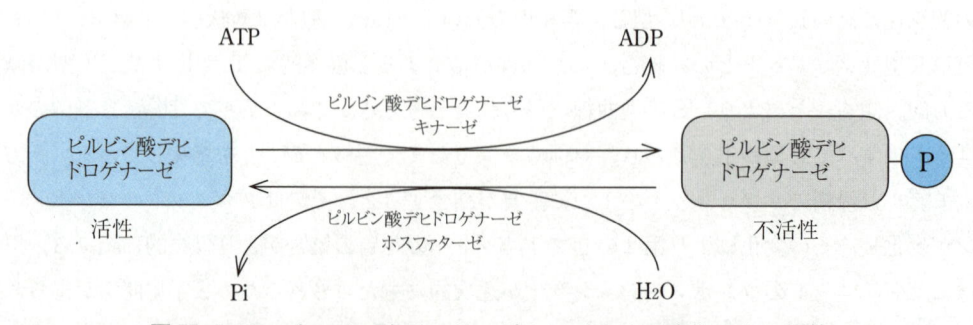

図 II.6.22　ピルビン酸デヒドロゲナーゼのリン酸化による調節

[*1] 修飾されるアミノ酸残基はアデニル化（チロシン），ADP リボシル化（アルギニン，グルタミン，システイン），メチル化（グルタミン酸）である．

ロゲナーゼキナーゼとピルビン酸デヒドロゲナーゼホスファターゼ自身はともにアロステリック酵素で，前者はいくつかの代謝生成物により，後者は Ca^{2+} イオンにより活性化される．

Key words

特異性	活性中心	補酵素
金属酵素	反応速度論	最大速度（V_{max}）
ミカエリス定数（K_m）	反応阻害	競合阻害
非競合阻害	チモーゲン	アイソザイム
アロステリック酵素	調節酵素（活性の調節）	

II.7 ビタミン
Vitamin

学習目標

1. 水溶性ビタミンを列挙し，各々の構造，基本的性質，補酵素や補欠分子として関与する生体内反応について説明できる．
2. 脂溶性ビタミンを列挙し，各々の構造，基本的性質と生理機能を説明できる．
3. ビタミンの欠乏と過剰による症状を説明できる．

　ビタミンvitaminという名称は，生命を支えるアミンということに由来する．ビタミンは，微量で生体機能を調節するのに必要な有機化合物で，ある生物種は自らそれを生合成できないか，または生合成できても必要量に満たないために，他の動植物から供給を受けなければならないものと定義されている．ビタミンは，1910年に鈴木梅太郎博士により世界で初めて発見されたが，これまで13種類（リポ酸を含めると14種類）同定されている．1948年にビタミンB_{12}が見いだされた後，新規のビタミンはもう見いだせないと考えられていた．しかし，2003年に笠原と加藤により，ピロロキノリンキノン（PQQ）がビタミンとして機能していることが明らかにされ，半世紀ぶりの発見と話題になっている（Box II.7.1 を参照）．

　生命活動は，多くの化学反応のすべてを正確に実行することにより維持されているが，タンパク性触媒である酵素の存在なしでは起こりえない（II.6 酵素，III 生体成分の代謝を参照）．多くの酵素は，金属イオンや補酵素等の補因子を必要する．ビタミンの構造や性質を理解することは，生体の物質代謝のより良き理解へとつながることを念頭において，学習に取り組んで欲しい．

II.7.1 ビタミンの分類

　ビタミンは水溶性と脂溶性の2群に大別されるが（表II.7.1，表II.7.2），この分類は1915

Box II.7.1

ピロロキノリンキノン（PQQ）はビタミンか？

　PQQ は，1979 年に細菌のメタノール脱水素酵素の補酵素として見いだされていた．ニコチン酸アミドやリボフラビンと同様に，酸化還元反応に関与していることも知られていた．また，PQQ を含まない餌を与えられたマウスでは，発育不良・皮膚の劣化・繁殖能力の減少等が観察されるので，栄養学的にビタミンの候補分子と考えられてきた．笠原と加藤は，ほ乳類の必須アミノ酸である Lys の分解に関与する酵素の研究から，2-アミノアジピン酸-6-セミアルデヒド（AAS）を酸化して 2-アミノアジピン酸（AAA）に誘導する 2-アミノアジピン酸-6-セミアルデヒド脱水素酵素（AASDH）の遺伝子を見いだした．マウスの AASDH は，N 末端側に基質結合部位，C 末端側に PQQ 結合配列の 7 回繰り返し構造がある．これは細菌の PQQ 依存性酵素とも類似していた．また，PQQ 欠乏餌で飼育されたマウスでは，AAA 量が有意に減少していた．すなわち，AASDH の機能発現には PQQ が必要であることを示している．これらのことから，PQQ は AASDH の補酵素として機能していると考えられる．これを機に，PQQ に関連した研究が進むことになるであろう．

表 II.7.1　水溶性ビタミン

ビタミン名 （化学名）	補酵素[a]	腸内細菌による 生合成の有無	生理的役割	欠乏症
ビタミン B_1（チアミン）	TPP	−	糖質，脂肪酸代謝（アルデヒド基転移）	脚気
ビタミン B_2（リボフラビン）	FMN，FAD	＋	酸化還元反応（水素原子転移）	皮膚炎，成長停止
ニコチン酸（ナイアシン）	NAD^+, $NADP^+$	−	酸化還元反応（水素原子転移）	ペラグラ，黒舌病（イヌ）
パントテン酸	CoA	＋	糖質，脂質代謝（アシル基転移）	皮膚炎
ビタミン B_6（ピリドキシン）	PLP	＋	アミノ酸代謝（アミノ基転移，脱炭酸，ラセミ化）	貧血，口角炎，口唇炎
ビタミン B_{12}（シアノコバラミン）	補酵素 B_{12}	＋	脂肪酸，アミノ酸代謝（水素原子の1,2-シフト，メチル基転移）	悪性貧血（巨赤芽球性貧血）
ビオチン	BCCP[b]	＋	糖質，脂肪酸代謝（カルボキシ基を含む転移）	皮膚炎
リポ酸	リポアミド	＋	糖質，アミノ酸代謝（水素原子とアシル基転移）	増殖阻害（細菌）
葉酸（プテロイルグルタミン酸）	$H_4PteGlu$（H_4F）	＋	核酸，アミノ酸代謝（C_1ユニット転移）	巨赤芽球性貧血
ビタミン C（アスコルビン酸）		−	アミノ酸代謝（ヒドロキシ化反応）	壊血病

a) 補酵素名は略号で記した（ビタミン B_{12} とリポ酸を除く）．
b) BCCP：ビオチンカルボキシルキャリアータンパク質．

表 II.7.2 脂溶性ビタミン

ビタミン名 (化学名)	腸内細菌による 生合成の有無	生理的役割	欠乏症	過剰症
ビタミン A (レチノール)	−	視覚作用, 上皮組織の分化, 制癌作用	夜盲症	脳脊髄液の亢進
ビタミン D (カルシフェロール)	−	カルシウム, リンの腸管吸収, 骨吸収促進作用	くる病, 骨軟化症	過カルシウム症
ビタミン E (トコフェロール)	−	抗酸化作用	脳軟化症, 筋ジストロフィー	−
ビタミン K_1 (フィロキノン)	+	血液凝固作用, 骨の石灰化	血液凝固阻害	溶血性貧血

年, McCollum が提唱したことに始まる. 水溶性ビタミンは構造的には多様であるがほとんどは補酵素前駆体で, 補酵素に変換された後, あるいは補酵素そのものとして, 酵素反応に利用されている (表 II.7.1). 一方, 脂溶性ビタミンはイソプレン骨格を有する化合物と位置づけられるが, その機能は多様である (表 II.7.2).

A 水溶性ビタミン

水溶性ビタミンが構造的に多様であると述べたが, 構造で分類することを考えてみよう. 次のように大きく4つのグループ,

(1) リン酸・ピロリン酸型：ビタミン B_2, ビタミン B_6, ビタミン B_1
(2) アデノシン一リン酸 (AMP) 型：ビタミン B_2, ニコチン酸, パントテン酸, ビタミン B_{12}
(3) タンパク質結合型：リポ酸, ビオチン
(4) その他：葉酸, ビタミン C

に分類できる. すなわち, 補酵素型に誘導されてどのような形になるかを考える (図 II.7.1). 図 II.7.1 には補酵素の生合成で key になる化合物の構造も合わせて記載した.

(1) はビタミン分子のアルコール性水酸基とリン酸あるいはピロリン酸がエステル結合, (2) はその補酵素の構造が複雑で, 核酸の一部分である AMP (あるいはその一部) を含む (酵素タンパク質はこの AMP 部分をハンドル, ヌクレオチドハンドル, として利用する), また (3) はビタミン分子のカルボキシ基が酵素タンパク質のリジン (リシン) 残基と酸アミド結合している.

(1) リン酸・ピロリン酸型

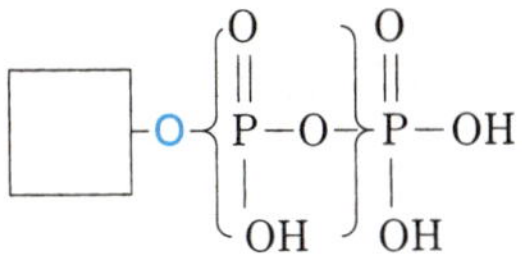

ビタミンB_2

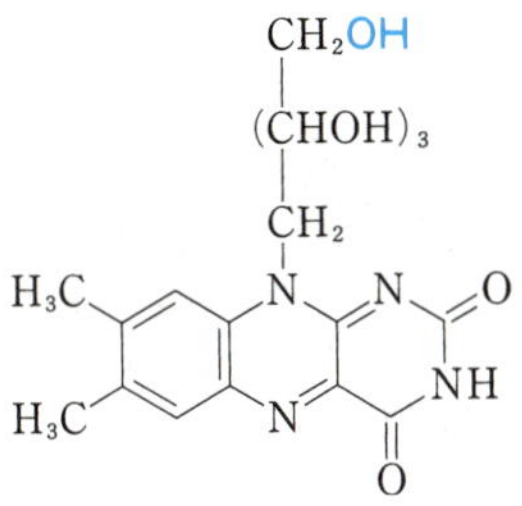

FMN

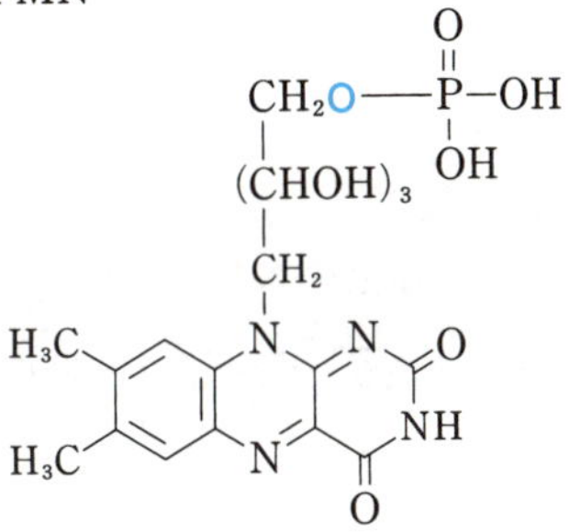

ビタミンB_6

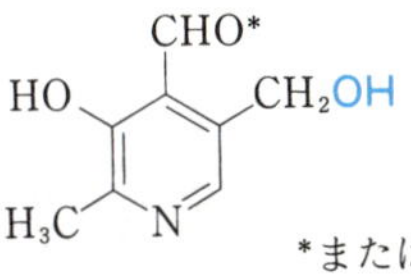

*またはCH_2OH, CH_2NH_2

PLP

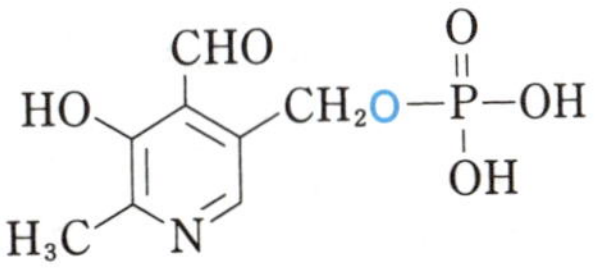

ビタミンB_1

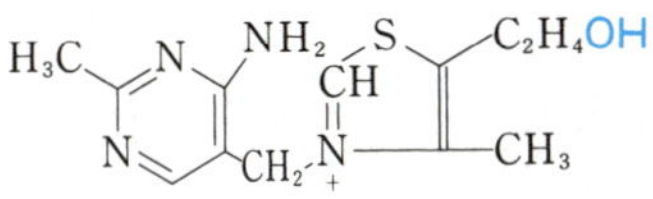

TPP

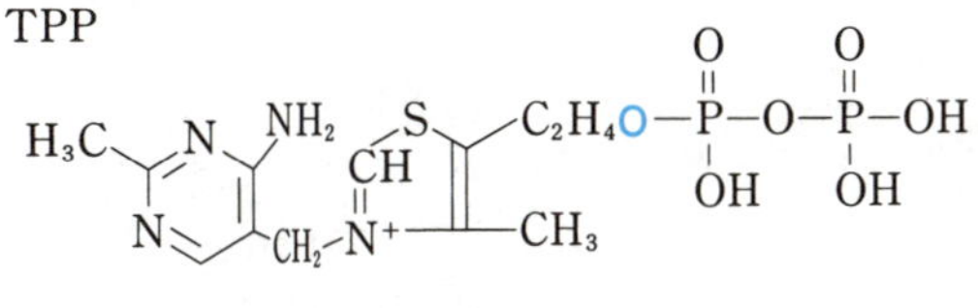

(2) アデノシン-リン酸(AMP)型

AMP

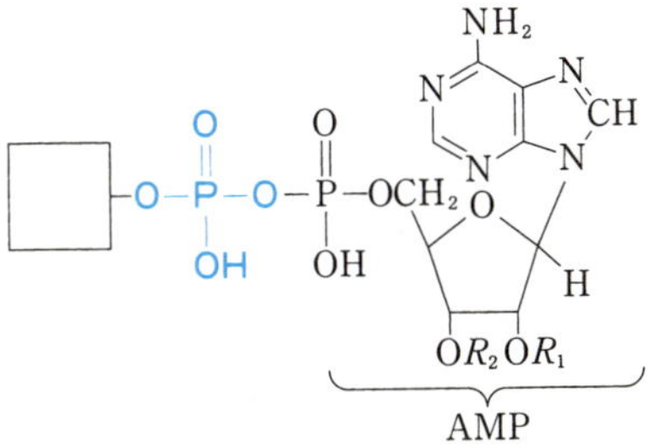

図 II.7.1 水溶性ビタミンの構造（その1）

(2) アデノシン―リン酸(AMP)型（つづき）

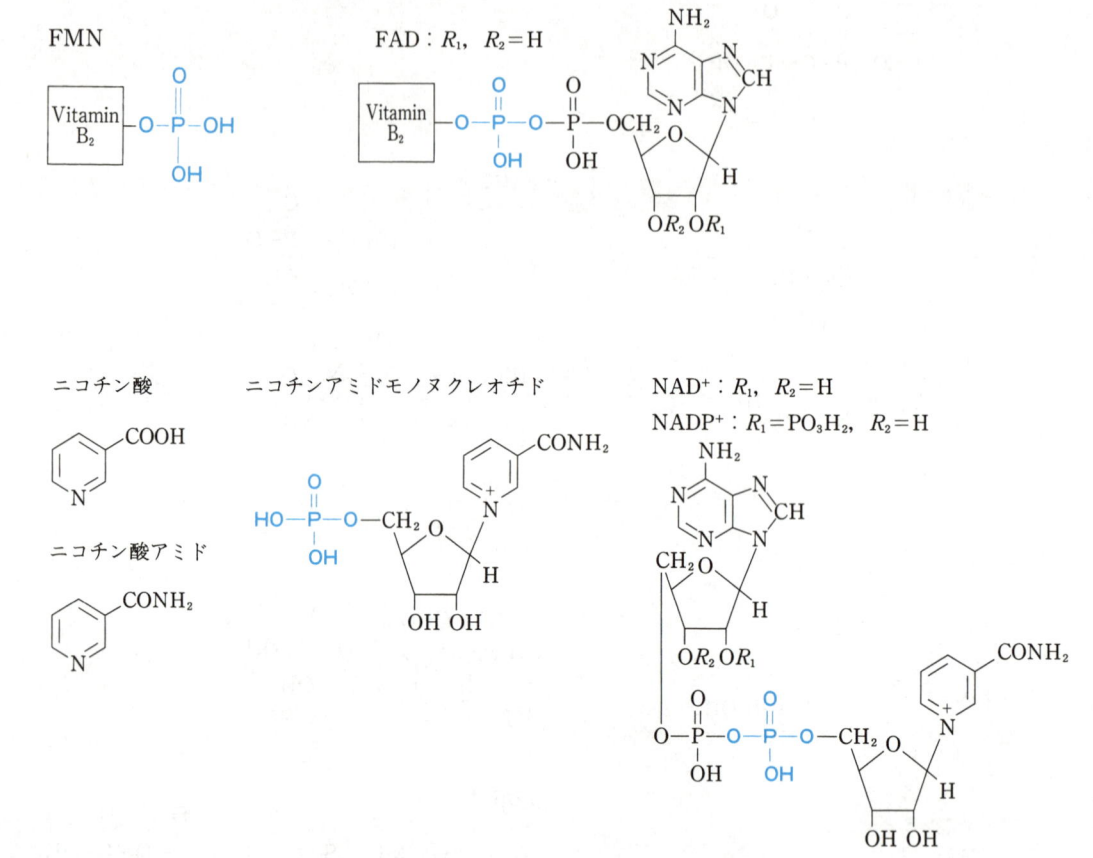

FMN

FAD : R_1, $R_2 =$ H

ニコチン酸

ニコチンアミドモノヌクレオチド

NAD⁺ : R_1, $R_2 =$ H
NADP⁺ : $R_1 =$ PO$_3$H$_2$, $R_2 =$ H

ニコチン酸アミド

パントテン酸

4′-ホスホパンテテイン

dephospho CoA : R_1, $R_2 =$ H
CoA : $R_1 =$ H, $R_2 =$ PO$_3$H$_2$

図 II.7.1　水溶性ビタミンの構造（その2）

(2) アデノシン—リン酸(AMP)型 (つづき)

ビタミン B_{12}

アデノシルコバラミンの場合は AMP ではなく，5′-デオキシアデノシル基（R_1, R_2 = H）が結合する．

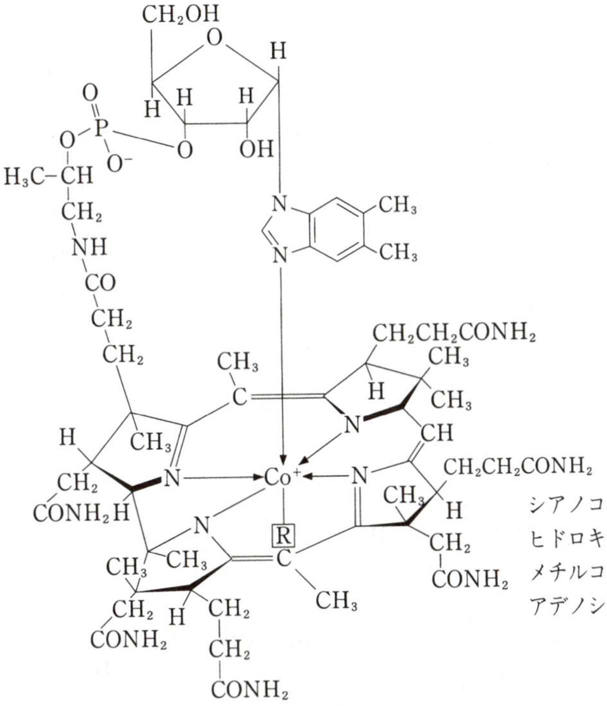

シアノコバラミン：R = CN
ヒドロキソコバラミン：R = OH
メチルコバラミン：R = CH_3
アデノシルコバラミン：R = $-CH_2-$（アデノシル）

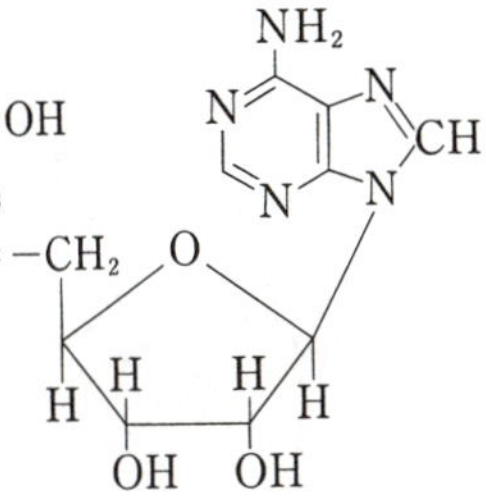

(3) タンパク質結合型

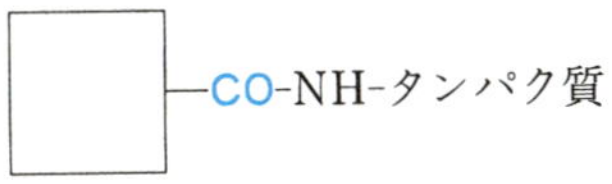

□—CO-NH-タンパク質

リポ酸

ビオチン

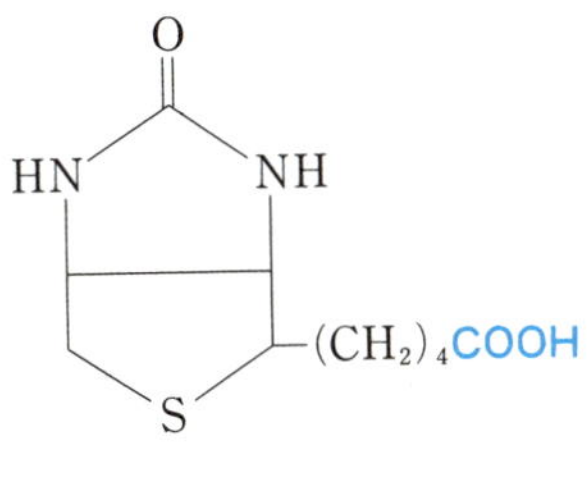

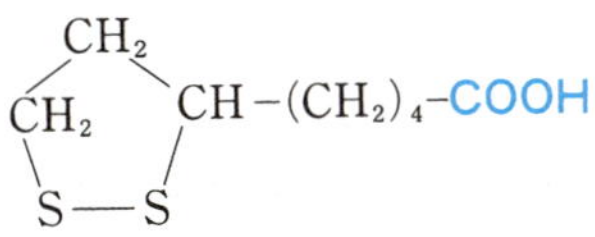

図 II.7.1　水溶性ビタミンの構造（その3）

B 脂溶性ビタミン

脂溶性ビタミンはテルペノイド化合物の範疇に入るが，アセチル-CoAからメバロン酸，さらにイソペンテニルピロリン酸を経由して生合成される．基本的な5炭素構築ブロックであるイソペンテニルピロリン酸からはおびただしい系列の化合物が合成される（図II.7.2）．

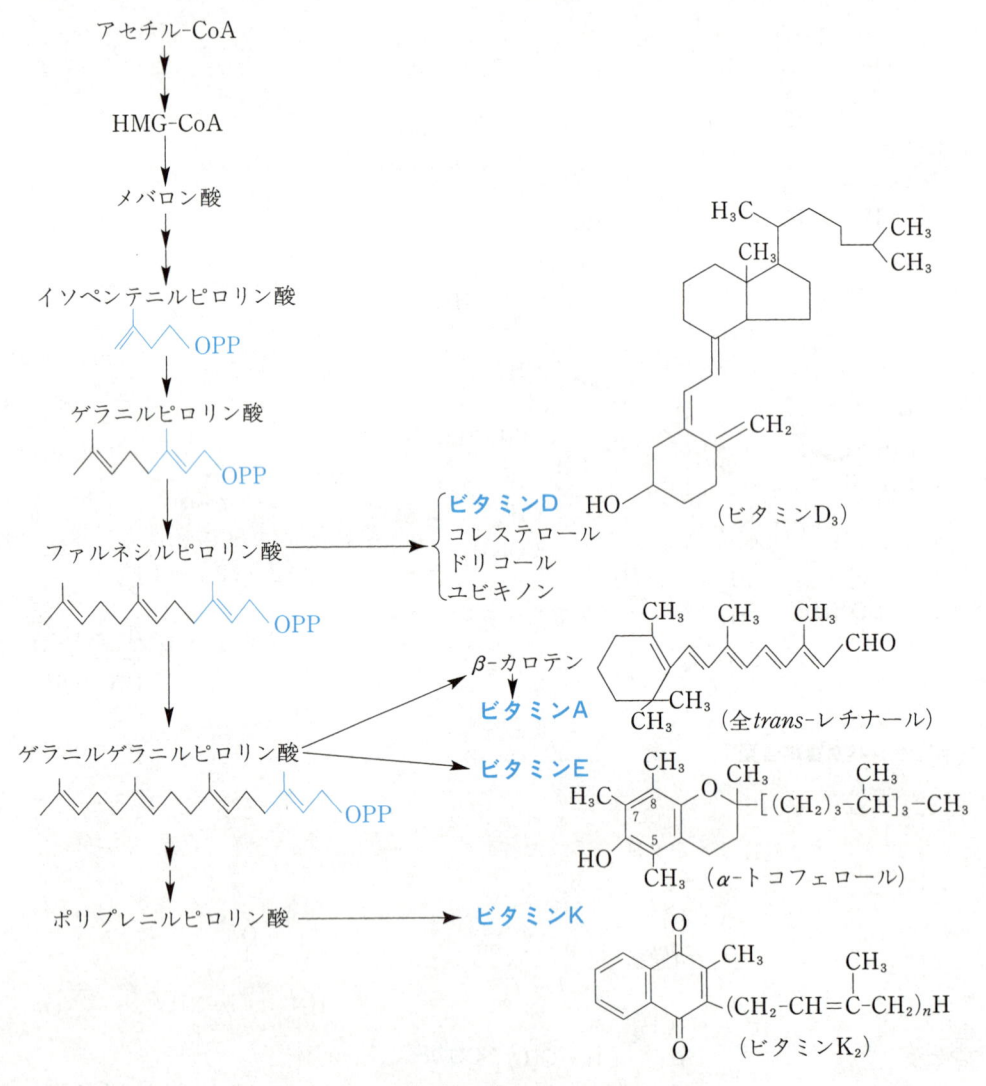

図II.7.2 脂溶性ビタミンの生合成経路

II.7.2 水溶性ビタミンと補酵素

　ビタミンのほとんどはヒトでは生合成されないが，腸内細菌が産生するものもあり欠乏症の現れにくい場合がある（表II.7.1を参照）．他の動植物から摂取したビタミンの補酵素への変換反応はスムースに行われ，酵素反応に利用されている．摂取されたビタミンの吸収・代謝と補酵素型への変換反応，また各補酵素は「どんな酵素反応に関連するか」について考えよう．
　この節の以下の各論中の記述の肩付数字は表II.7.3の番号に一致している．

A　チアミン（ビタミンB_1）とチアミン二リン酸（TPP）

　高等動物は吸収したチアミン thiamine を細胞内でチアミンピロホスホキナーゼの作用によりチアミン二リン酸 thiamine pyrophosphate (TPP) に変える．尿中には，主にチアミンとして排泄される．細菌に存在するアノイリナーゼは，チアミンをピリミジン部とチアゾール部に分解するが，哺乳動物ではその存在は知られていない．
　TPP は，ピルビン酸の脱炭酸[1]，2-オキソ酸の酸化[2,3]，トランスケトラーゼ反応[4] 等の補酵素として，特に糖代謝に重要な役割を果たしている（III.2 糖質代謝を参照）．

B　ピリドキシン（ビタミンB_6）とピリドキサールリン酸（PLP）

　ビタミン B_6 にはピリドキシン pyridoxine (PN)，ピリドキサール pyridoxal (PL)，ピリドキサミン pyridoxamine (PM) の3種の形がある．これらの相互変換の主経路は，PN がピリドキシンキナーゼでリン酸化されてピリドキシンリン酸となり，ピリドキシンホスフェートデヒドロゲナーゼで酸化されピリドキサールリン酸 pyridoxal phosphate (PLP) となることで，PLP は補酵素として機能する．PLP は脱リン酸化され PL になり，さらにピリドキサールデヒドロゲナーゼで 4-ピリドキシン酸となり，排泄される．
　PLP は酵素タンパク質のリジン（リシン）残基の ε-アミノ基とシッフ塩基を形成して結合している．PLP はアミノ酸代謝（アミノ基転移[5]，脱炭酸[6]，ラセミ化等）やアミンの酸化（III.4 アミノ酸・タンパク質代謝を参照），また反応機構は異なるが，グリコーゲンの加リン酸分解反応等，多種多様の反応に関与している．

C　リボフラビン（ビタミンB_2）とフラビンモノヌクレオチド（FMN），フラビンアデニンジヌクレオチド（FAD）

高等動物組織に含まれるビタミン B_2 誘導体の大部分はフラビンアデニンジヌクレオチド flavin adenine dinucleotide（FAD）で，次いでフラビンモノヌクレオチド flavin mononucleotide（FMN）が多く，リボフラビン riboflavin の含量は少ない．摂取された FMN や FAD はそれぞれ FMN ホスファターゼ，FAD ピロホスファターゼによりリボフラビンに加水分解された後，腸管から吸収されると考えられている．リボフラビンから補酵素型への変換は，まずフラボキナーゼで FMN へ，さらに FMN はフラビンヌクレオチドピロホスホリラーゼにより ATP から AMP の転移を受け FAD に変換される．尿中には，FMN や FAD が前述のホスファターゼにより加水分解されて生じる化合物が排泄される．

FMN や FAD は多くの酵素の補欠分子族として酸化還元反応[2,3,7,8]に重要な働きをしている（III.2 糖質代謝および III.3 脂質代謝を参照）．フラビン補酵素はアポ酵素に強く結合しており，緩和な条件下での酵素精製の際には分離されない．金属を含むフラボタンパク質をメタロフラボタンパク質と呼ぶが，含まれる金属も酸化還元を受け，反応に関与している（例：キサンチンオキシダーゼ，Mo）．

D　ニコチン酸とニコチンアミドアデニンジヌクレオチド（NAD^+），ニコチンアミドアデニンジヌクレオチドリン酸（$NADP^+$）

ニコチン酸 nicotinic acid（niacin）は，ヒトでもトリプトファンから生合成される．トリプトファン約 60 mg がニコチン酸約 1 mg に相当することが知られている．ニコチンアミドアデニンジヌクレオチド nicotinamide adenine dinucleotide（NAD^+）はニコチン酸から主にニコチン酸経路で合成され，ニコチンアミドアデニンジヌクレオチドリン酸 nicotinamide adenine dinucleotide phosphate（$NADP^+$）はさらに NAD^+ キナーゼによる NAD^+ のリン酸化により合成される（図 II.7.3）．

$NAD(P)^+$ の関与する酵素は，酸化還元反応ばかりでなく多種類の反応を触媒する（III.2 糖質代謝および III.3 脂質代謝を参照）[2,3,9~18]．NADH と NADPH は 340 nm に強い吸収があるの

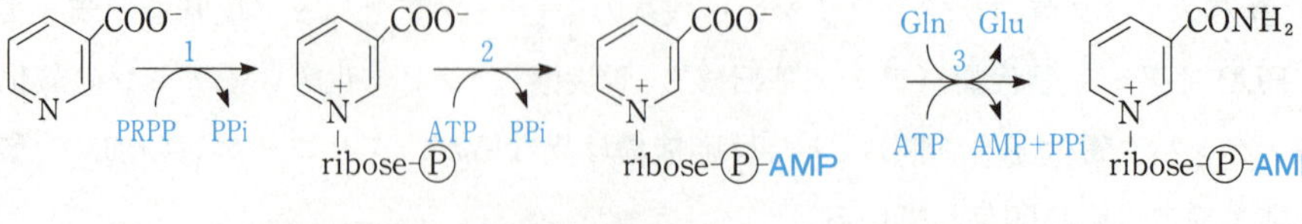

図 II.7.3　NAD^+ 合成経路（ニコチン酸経路）
1：ニコチン酸ホスホリボシルトランスフェラーゼ
2：NAD^+ ピロホスホリラーゼ
3：NAD^+ シンテターゼ

で，補酵素の酸化還元の追跡により，酵素の反応速度論や作用機構の研究に利用されている．

E　パントテン酸と補酵素A（CoA）

　食物中のパントテン酸 pantothenic acid は，パンテテイン誘導体や補酵素 A coenzyme A (CoA) 誘導体のような結合型パントテン酸として存在することが多い．結合型パントテン酸はパントテン酸かパンテテインにまで分解された後，腸管から吸収される．パントテン酸から4′-ホスホパンテテインを経由して，CoAが生合成される．CoAの細胞内濃度の調節はパントテン酸キナーゼとパンテチナーゼの活性に大きく依存していると考えられる（図II.7.4）．

　CoA は TCA 回路や脂肪酸代謝など多種多様の酵素反応[2,3,19,20]の補酵素として機能している．また，4′-ホスホパンテテインを補欠因子として有しているアシルキャリアータンパク質（ACP）も，脂肪酸の生合成などに重要な役割を果たしている[21,22]．

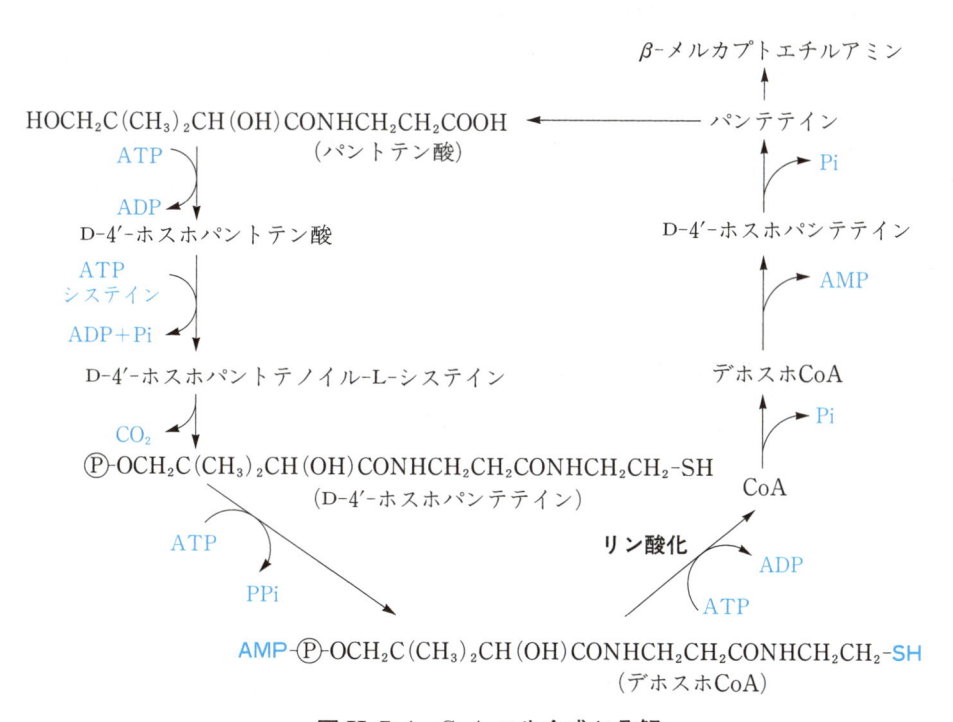

図II.7.4　CoA の生合成と分解

F　シアノコバラミン（ビタミンB_{12}）とアデノシルコバラミン，メチルコバラミン

　動物性食品中のシアノコバラミン cyanocobalamin（ビタミン B_{12}）は，多くはアデノシルコ

バラミンの型で含有されている．一旦，遊離型ビタミン B_{12} に変換された後，唾液や胃液中の R-タンパク質 R-binder に結合して胃内での分解が防止され，次いで内因子 intrinsic factor に結合して小腸から吸収される．還元型のビタミン B_{12} と ATP の反応でアデノシルコバラミン adenosylcobalamin が，また S-アデノシルメチオニンあるいは 5-メチルテトラヒドロ葉酸との反応でメチルコバラミン methylcobalamin ができる．

アデノシルコバラミンは，メチルマロニル-CoA ムターゼ[23]) で代表される，水素移動反応の補酵素として，またメチルコバラミンは，5-メチルテトラヒドロ葉酸とともにメチオニンシンターゼ[24])の補酵素として重要である．

G　ビオチン

ビオチン biotin は肝臓，腎臓，膵臓，乳汁等に比較的多く含まれ，ビオチンのカルボキシ基と酵素タンパク質のリジン残基とがアミド結合した形で存在する．

ビオチンは，炭酸固定，炭酸転移，脱炭酸反応等に関与し，脂肪酸代謝[25,26)]，糖代謝[27)]等に重要なビタミンである．大腸菌のアセチル-CoA カルボキシラーゼは 3 種類のタンパク質，ビオチンカルボキシラーゼ，カルボキシルトランスフェラーゼおよびビオチンカルボキシルキャリアータンパク質（BCCP）から構成されており，反応は 2 段階に進行する（図 II.7.5）．一方，動物の酵素は 1 本のペプチド鎖に，これらの 3 種のすべての機能ドメインが集約されている．卵白中の塩基性タンパク質であるアビジン avidin はビオチンやその誘導体と強く結合し，ビオチン酵素の反応を阻害する．

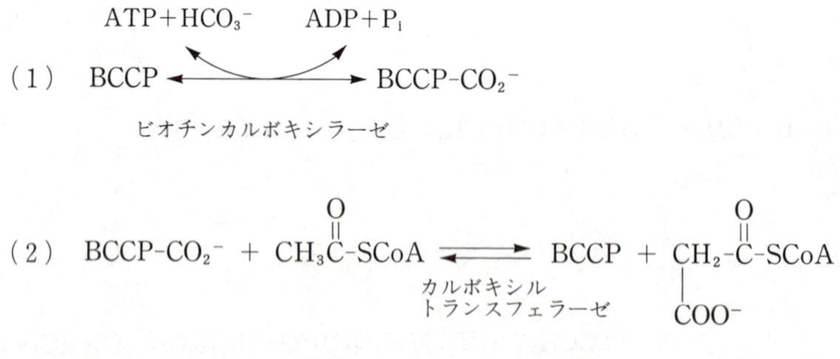

(1) $BCCP \xrightleftharpoons[]{ATP+HCO_3^-　　ADP+P_i} BCCP\text{-}CO_2^-$
　　　　　　　　　ビオチンカルボキシラーゼ

(2) $BCCP\text{-}CO_2^- + CH_3\text{-}\overset{O}{\underset{\|}{C}}\text{-}SCoA \xrightleftharpoons[カルボキシル\\トランスフェラーゼ]{} BCCP + \underset{\underset{COO^-}{|}}{CH_2}\text{-}\overset{O}{\underset{\|}{C}}\text{-}SCoA$

図 II.7.5　アセチル-CoA カルボキシラーゼの炭酸固定反応

H　リポ酸

経口投与されたリポ酸 lipoic acid は腸管から容易に吸収され，24 時間以内に 50 ％が尿中に排泄される．生体内では，リポ酸のカルボキシ基と酵素タンパク質のリジン残基とがアミド結合した形で存在する．

リポ酸は，TPP，CoA，FAD，NAD$^+$と共同して，2-オキソ酸の酸化的脱炭酸反応に重要な役割を果たしている[2,3]．

I 葉酸とテトラヒドロ葉酸

葉酸 folic acid はプテリン骨格を有する化合物の1つである．天然型の葉酸はテトラヒドロ葉酸 tetrahydrofolic acid ($H_4PteGlu$) に，一炭素単位結合したもの，およびそれらのポリ-γ-グルタミン酸誘導体 ($H_4PteGlu_n$; $n \geq 2$) として存在している（図II.7.6）．

日常の食事から摂取される葉酸の大部分は $PteGlu_n$ で，これはプテロイルポリ-γ-グルタミルカルボキシペプチダーゼ（葉酸コンジュガーゼ）でモノグルタミン酸型に水解され，小腸から吸収され，肝臓へ輸送される．最大の葉酸貯蔵器官は肝臓で，5-メチル-$H_4PteGlu$ として貯蔵されるが，短期的な葉酸の需要に際して速やかに応答し，末梢組織に輸送される．

テトラヒドロ葉酸とその誘導体は，**C_1ユニットの転移反応**を触媒する酵素の補酵素として作用する．グリシン-セリンの相互変換，メチオニン生合成[24]等のアミノ酸代謝，デオキシチミジン 5'-リン酸合成[28]に代表される核塩基の生合成反応に深く関与している（III.4 アミノ酸・タンパク質代謝および III.5 ヌクレオチド代謝を参照）．

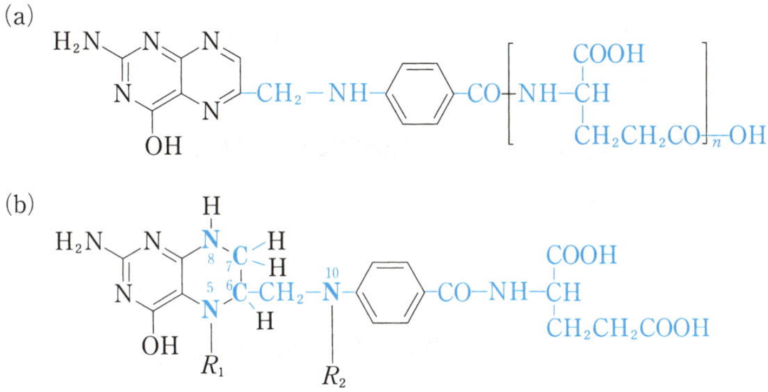

R_1	R_2	
H	H	$H_4PteGlu$
HCO	H	5-ホルミル体
H	HCO	10-ホルミル体
CH=NH	H	5-ホルムイミノ体
=CH—		5,10-メテニル体
—CH$_2$—		5,10-メチレン体
CH$_3$	H	5-メチル体

図II.7.6　葉酸（a）とテトラヒドロ葉酸誘導体（b）

J アスコルビン酸（ビタミンC）

大部分の動植物において，グルコースを出発物質としてウロン酸サイクルを利用して，アスコルビン酸 ascorbic acid が合成される．しかし，ヒトを含む霊長類やモルモットでは，L-グロノラクトンオキシダーゼを遺伝的に欠損しているので合成できない（図Ⅱ.7.7）．

アスコルビン酸は補酵素としての位置づけにはなっていないが，生体内では他の酸化還元系と共役して水素供与体あるいは水素受容体として機能し，ヒドロキシル化反応に関与している．コラーゲン生合成系でのプロリンおよびリジン残基の水酸化，コレステロールから胆汁酸への異化経路における水酸化反応，カテコールアミンの生合成等に共同因子として必須である．

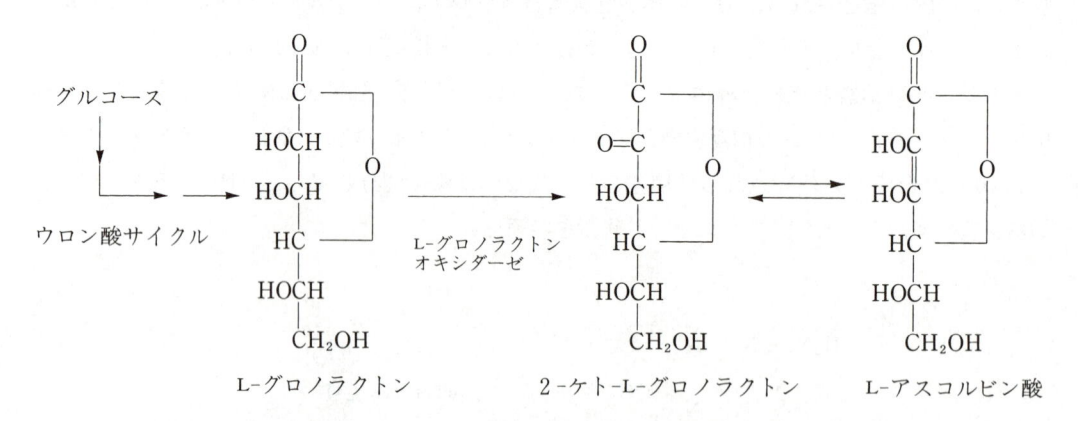

図Ⅱ.7.7 L-アスコルビン酸の生合成（ヒトにはない）

Ⅱ.7.3 補酵素の関与する酵素反応

前節では，それぞれの補酵素がどのような酵素反応に関与するかを考えた．この項では，糖質，脂質，含窒素化合物等の代謝過程において補酵素がどのように関わるかを考えてみよう．代謝区分ごとに補酵素が関与する酵素反応を表Ⅱ.7.3にまとめて示した．個々の反応の詳細はⅢ 生体成分の代謝の項にゆずるが，この表から，類似の反応や同じ機構で反応が進行するケースに気づいて欲しい．【7, 16 の反応と 8, 18 あるいは 9, 10 の反応】や【2 の反応と 3 の反応】を比較し，さらにそれらの代謝経路全体の比較をしよう．

表 II.7.3 糖質, 脂質, 含窒素化合物代謝における補酵素が関与する主な酵素反応

代謝の区分	番号[a]	関与する補酵素	酵素反応	酵素名
脂肪酸生合成	26	ビオチン	アセチル-CoA → マロニル-CoA	アセチル-CoA カルボキシラーゼ
	21	ACP[b]	アセチル-CoA → アセチル-ACP	ACP アセチルトランスフェラーゼ
	22	ACP	マロニル-CoA → マロニル-ACP	ACP マロニルトランスフェラーゼ
	9	NADPH	アセトアセチル-ACP → 3-ヒドロキシブチリル-ACP	3-オキソアシル-ACP レダクターゼ
	10	NADPH	クロトニル-ACP → ブチリル-ACP	エノイル-ACP レダクターゼ
ペントース リン酸経路	11	$NADP^+$	グルコース6-リン酸 → グルコノ-δ-ラクトン6-リン酸	グルコース-6-ホスフェート デヒドロゲナーゼ
	12	$NADP^+$	6-ホスホグルコン酸 → リブロース5-リン酸	6-ホスホグルコネートデヒドロゲナーゼ
	4	TPP	キシルロース5-リン酸+リボース5-リン酸 ⇌ セドヘプツロース7-リン酸+グリセルアルデヒド3-リン酸	トランスケトラーゼ
解糖系, 糖新生系	13	NAD^+	グリセルアルデヒド3-リン酸 → 1,3-ビスホスホグリセリン酸	グリセルアルデヒド-3-ホスフェート デヒドロゲナーゼ
	14	NAD^+	sn-グリセロール3-リン酸 → ジヒドロキシアセトンリン酸	グリセロール-3-ホスフェート デヒドロゲナーゼ
	15	NAD^+	乳酸 → ピルビン酸	ラクテートデヒドロゲナーゼ
ピルビン酸の代謝	1	TPP	ピルビン酸 → アセトアルデヒド	ピルベートデカルボキシラーゼ
	27	ビオチン	ピルビン酸 → オキサロ酢酸	ピルベートカルボキシラーゼ
	2	TPP, リポ酸 CoA, FAD, NAD^+	ピルビン酸 → アセチル-CoA	ピルベートデヒドロゲナーゼ複合体
β酸化とプロピオン酸の代謝	19	CoA	RCH_2CH_2COOH → $RCH_2CH_2COSCoA$	アシル-CoA シンテターゼ
	7	FAD	$RCH_2CH_2COSCoA$ → $RCH=CHCOSCoA$	アシル-CoA デヒドロゲナーゼ
	16	NAD^+	$RCH(OH)CH_2COSCoA$ → $RCOCH_2COSCoA$	3-ヒドロキシアシル-CoA デヒドロゲナーゼ
	20	CoA	$RCOCH_2COSCoA$ → $RCOSCoA+CH_3COSCoA$	3-オキソアシル-CoA デヒドロゲナーゼ
	25	ビオチン	プロピオニル-CoA → (S)-メチルマロニル-CoA	プロピオニル-CoA カルボキシラーゼ
	23	補酵素 B_{12}	(R)-メチルマロニル-CoA → スクシニル-CoA	メチルマロニル-CoA ムターゼ
TCA 回路	17	NAD^+	イソクエン酸 → 2-オキソグルタル酸	イソシトレートデヒドロゲナーゼ
	3	TPP, リポ酸 CoA, FAD, NAD^+	2-オキソグルタル酸 → スクシニル-CoA	2-オキソグルタレートデヒドロゲナーゼ複合体
	8	FAD	コハク酸 → フマル酸	スクシネートデヒドロゲナーゼ
	18	NAD^+	リンゴ酸 → オキサロ酢酸	マレートデヒドロゲナーゼ
アミノ酸, 核塩基代謝	5	PLP	Glu+オキサロ酢酸 ⇌ 2-オキソグルタル酸+Asp	グルタメートオキサロアセテートトランスアミナーゼ
	6	PLP	Glu → γ-アミノ酪酸	グルタメートデカルボキシラーゼ
	24	補酵素 B_{12}, 5-メチル-H_4F	ホモシステイン → メチオニン	メチオニンシンターゼ
	28	5,10-メチレン-H_4F	デオキシウリジン 5′-リン酸 → デオキシチミジン 5′-リン酸	チミジレートシンターゼ

a) 番号は II.7.2 節の肩付数字と一致する.
b) ACP, アシルキャリアータンパク質.

II.7.4 脂溶性ビタミン

A ビタミンA

　プロビタミンA provitamin A の代表である β-カロテン β-carotene は，ニンジンやカボチャなどに豊富に含まれている．食物中のプロビタミンAは，小腸でビタミンAに変換されて吸収される．ヒト血漿中にはレチノール retinol と結合するレチノール結合タンパク質があり，プレアルブミンと複合体を形成して存在している．

　ヒトや動物の網膜には，明暗視に関与する桿状体 rod と色の認識に関与する錐体 cone の2種の光感受性細胞がある．レチノールは全 *trans*-レチナール all *trans*-retinal になり，さらに 11-*cis*-レチナール 11-*cis*-retinal になる．これが暗所でオプシンと結合し，ロドプシンを形成する．光によりロドプシンからメタロドプシンへの変換が起こり，脳の視覚系を刺激し，光を感知することになる（暗順応）．また，ビタミンAとその誘導体には成長促進，生命維持・形態形成作用等もある．

B ビタミンD

　ビタミンD vitamin D はシイタケ，バター，カツオ，魚肝油等に含まれる．プロビタミン D_3（7-デヒドロコレステロール 7-dehydrocholesterol）はコレステロール生合成経路の中間体で，ヒトでは皮膚に多く含まれている．紫外線によってプロビタミン D_3 はビタミン D_3（コレカルシフェロール cholecalciferol）に変わるので，十分な日光があれば欠乏症になりにくい．すなわち，ビタミンDはヒト体内でも生合成できるので，本来はビタミンではなくホルモンである．

　ビタミン D_3 は，肝臓で25位，腎臓で1位が水酸化され，活性型ビタミン D_3（1,25-ジヒドロキシコレカルシフェロール 1,25-dihydroxycholecalciferol，カルシトリオール calcitriol）に変換される．活性型ビタミン D_3 はステロイドホルモン様作用を示し，小腸上皮細胞に作用して，カルシウム結合タンパク質の生合成を引き起こし，カルシウムやリンの吸収に関与する．体内のカルシウムバランスに副甲状腺（上皮小体）由来のパラトルモン parathormone と共に重要な役割を果たしている．

C ビタミンE

　ビタミンE vitamin E は麦芽油，ダイズ油等の植物油やタラ油等の動物油に豊富に含まれてい

る．ビタミンE同族体として4種のトコフェロールおよび4種のトコトリエノールがある（α-，5,7,8-トリメチル体；β-，5,8-ジメチル体；γ-，7,8-ジメチル体；δ-，8-メチル体）．これらの中でα-トコフェロールが最も生理活性が強い．

ビタミンEは細胞膜に分布しており，膜を構成している不飽和脂肪酸の過酸化反応を防止する抗酸化作用が重要な役割である．α-トコフェロールはペルオキシラジカルを速やかに捕捉し，これに水素をわたして連鎖を止め，ラジカルを消去する．

D　ビタミンK

ビタミンK vitamin Kは植物の葉緑体で産生されるので，緑色野菜中に多く含まれる．ヒトでは腸内細菌が合成するので，ビタミンK欠乏症はまれに観察されるだけである．

ビタミンKは，血液凝固促進因子および阻止因子のどちらの産生にも関与していることが知られている．ビタミンKの不足により血液凝固時間が延長する．プロトロンビンのN末端側に存在しているグルタミン酸残基のγ-カルボキシグルタミン酸残基への変換反応は，ビタミンK依存性カルボキシラーゼによって触媒される．この反応はトロンビンに変化するのに必要なカルシウムイオンのγ-カルボキシグルタミン酸残基への結合に必須である．

Key words

水溶性ビタミン		
リン酸・ピロリン酸型	AMP型	タンパク質結合型
TPP	ピリドキサールリン酸	FMN
FAD	NAD$^+$	NADP$^+$
CoA	アデノシルコバラミン	メチルコバラミン
テトラヒドロ葉酸	解糖系とTCA回路	β酸化
脂肪酸生合成	アミノ酸の異化	核塩基の代謝
脂溶性ビタミン		
イソプレン骨格	ステロイドホルモン様作用	視覚作用
カルシウム結合タンパク質	抗酸化作用	血液凝固

II.8 無機物
Inorganic compounds

学習目標

1. 酵素反応における補酵素，微量金属の役割を説明できる．
2. 細胞内外の物質や情報の授受に必要なタンパク質（受容体，チャネルなど）の構造と機能を概説できる．
3. 食物中の栄養成分の消化・吸収・体内運搬について概説できる．

　ヒトの身体は，60〜65％の水，30〜35％の有機物，および3〜5％の無機物からなる．無機物として最も多量に含まれる金属元素類は陽イオン形で存在しており，単体の状態で正常な生理活性を発現することはない．リンとイオウは無機物および有機物のどちらの状態でも存在しうるのが特徴である．体内含量が10 g以下を微量元素と呼び，その中で生体に必要なものを必須微量元素という．無機物の主な働きとしては，①骨の主成分であり，骨格の維持や運動に必須である．② Na^+，K^+，Cl^-，HCO_3^-は体液の浸透圧やpHの維持に働く．③金属酵素の活性発現に必要である．④細胞膜電位を形成し，膜透過や神経伝達に関与する．

　なお，薬剤師国家試験出題基準には中項目に「無機物」が明記され，それに準じて出題されるが，モデル・コアカリキュラムでは独立した項目がない．

II.8.1 生体内に含まれる無機物群

　表II.8.1に無機物の人体中の含有量を示す．地球を構成する元素はほとんどが含まれるが，一般的にはカルシウムを除いて水溶性の元素（特に海水の成分）が多く含まれる．最も多量に含まれるのは骨の主成分のカルシウムであり，約1 kgにも達する．次に多いリンはヒドロキシアパタイト（リン酸カルシウムの一種）として骨の主成分でもあるが，核酸などの有機物の構成元

表 II.8.1　ヒト体内における主要無機物の含量と役割

無機元素	（化学形）	含量（g）*	役　割
カルシウム	(Ca^{2+})	1,000	骨・歯の主成分，筋肉収縮，細胞内伝達因子，血液凝固
リン	(PO_4^{3-})	500	骨・歯の主成分，核酸成分　高エネルギー物質
イオウ	（有機化合物，SO_3^{2-}，SO_4^{2-}）	150	硫酸化多糖，タンパク質成分
カリウム	(K^+)	130	細胞内の主要陽イオン
ナトリウム	(Na^+)	90	細胞外の主要陽イオン
塩素	(Cl^-)	85	細胞外の主要陰イオン
マグネシウム	(Mg^{2+})	75	骨・歯の主成分，核酸と結合
鉄	(Fe^{2+}，Fe^{3+})	4	ヘム成分，硫黄・鉄酵素の成分
フッ素	(F^-)	2	骨・歯の成分
珪素	(SiO_4^{2-})	1.5	骨・歯の成分
亜鉛	(Zn^{2+})	1.5	酵素の成分，インスリンと結合
マンガン	(Mn^{2+})	0.15	多くの酵素の成分
銅	(Cu^{2+})	0.08	酵素の成分
ヨウ素	（有機化合物，I^-）	0.01	甲状腺ホルモンの成分
セレン	（セレノシステイン）	0.01	ペルオキシダーゼの構成成分
ニッケル	(Ni^{2+})	0.01	ウレアーゼの成分
モリブデン	(Mo^{3+})	0.01	キサンチンオキシダーゼの成分
クロム	(Cr^{2+})	0.002	グルコース代謝の制御
コバルト	(Co^{2+})	0.001	ビタミン B_{12} の成分
バナジウム	(V^{2+})	0.001	フラビンデヒドロゲナーゼの成分

＊含量は体重 50 kg 当たりのおおよその平均値である．

素でもある．無機物の化学形態が体内で変化することはリンとイオウ以外ではみられないので，化学反応としての代謝は考えないでよい．一方で，吸収・排泄（いわゆる出納）が厳密に制御されているので，その理解が重要になる．

　無機物の約 1％（約 20 g）が毎日，体外に排泄されるが，その主なものは食塩 Na^+Cl^- である．図 II.8.1 に体液中の無機物含量（重量ではなくイオンのモル濃度で表示してある）を示す．細胞内液：組織間液：血液の容量比は，約 8：3：1 である．その特徴は，①体液中の陽イオンと陰イオンのイオンモル濃度はほぼ等しく，約 155 mEq/L である．②細胞外液の陽イオンの主成分は Na^+ であり，細胞内液では K^+ である．③陰イオンは細胞外では Cl^- が主成分であるが，細胞内ではリン酸イオンが主成分である（大部分は有機物とのエステルとして存在）．

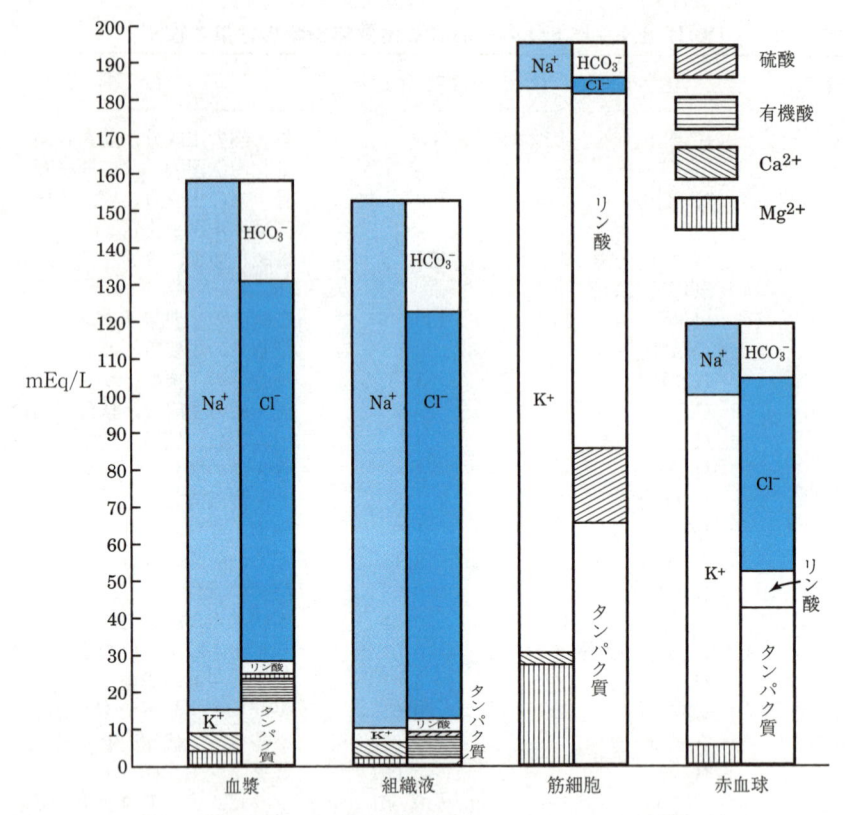

図 II.8.1　血漿，組織間液，細胞内液の無機物イオンおよび有機物イオンの組成
（左が陽イオン，右が陰イオンを表示してある．また重量ではなくイオンのモル濃度で表示してある）

II.8.2

無機物の出納

A　水の出納

　ヒトは毎日約 2.0 L の水を摂取し，さらに体内の代謝反応で約 0.5 L を得ており，1 週間水を絶つと死亡する．排泄形態は尿 1.0〜1.5 L，呼気 0.3 L，皮膚（汗）0.4 L，糞便 0.1〜0.15 L である．この数値は，水の摂取量，気温，体温で変動するが，体内の水分量はほぼ一定に維持される．水の役割は，① 多くの分子を溶かし，化学反応の場を提供し，また物質の体内移動の媒体として働く．② 浸透圧の維持を行う．③ 体温維持のためのプールとしての役割などである．
　水は血液，リンパ液として体内を循環しているが，その循環ポンプが心臓であり，ポンプ圧が血圧になる．血圧は水と低分子物質を血管から組織間液に移行する力になる（図 II.8.2）．
　組織間液のタンパク質濃度は血液よりもはるかに低い．健常時に血管はタンパク質のような高

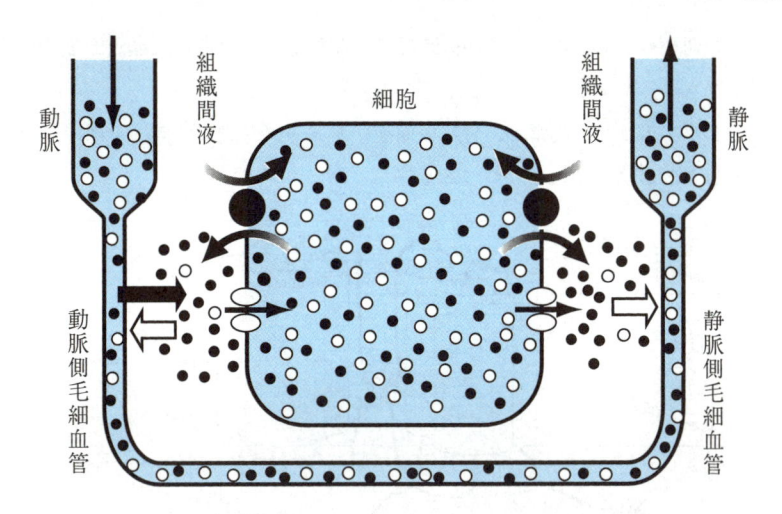

図 II.8.2 血漿，組織間，細胞内液の間の水および無機物の移動
○：タンパク質，●：無機物および水分子，⇨：浸透圧，→：血圧

分子（膠質ともいう）を透過しない半透膜であり，血液と組織間液間のタンパク質の移動は少ない．すなわち，血液の浸透圧はタンパク質の分だけ組織間液よりも高くなるため，これを打ち消すべく組織間液の浸透圧を高める必要がある．これをドナンの平衡という．ドナンの平衡により血液に移行しようとする水を押し戻して，血液から水を組織間液に押し出す力が血圧である．静脈側毛細血管にいくと血圧はなくなるために，ドナンの平衡によって水および低分子イオンは血管に戻っていく．毎日約 30 L の水が血管外に出て，その 90％は血管に再吸収され，残り 10％がリンパ管を介して鎖骨下静脈で血管に戻る．

腎臓でも同様なことが起こっており，糸球体では毎日 150 L もの水がろ過されるが，そのほとんどが再吸収されて，尿排泄されるのはわずか 1 L 程度である．ネフローゼは，腎臓糸球体の半透膜が損傷して血液タンパク質が尿に排泄される疾患であるが，血液の膠質浸透圧が低いために，静脈側毛細血管での水の血管への戻りが低下して，組織間液が増加する．この現象が浮腫（むくみ）と呼ばれる．

Box II.8.1

アクアポリン aquaporin

アグリ Agre 博士が発見した，水分子を特異的に膜透過させるタンパク質であり，彼はこの業績により 2003 年にノーベル化学賞を受賞した．従来，水分子は生体膜の基本構造である脂質二重層を拡散して透過すると考えられていたが，赤血球では拡散では説明できない高速度で水を排出することも知られていた．アグリ博士は赤血球膜から分子量 28,000 の膜タンパク質を単離して，これが水透過することを発見した．構造の概略を図示した．膜を 6 回貫通しており，これらが集まって中に孔を形成する．孔には 2 本のペプチド鎖がループ状に入り込み，ちょうど中央に Asn-Pro-

Ala という共通配列をもっている．ここが砂時計のくびれ部分に対応し，水分子を1個ずつ通すという精密な構造をもつ．

最近になってアクアポリンの異常が，腎性尿崩症，シェーグレン症候群，一部の白内障など多数の疾患に関与することが明らかになりつつある．

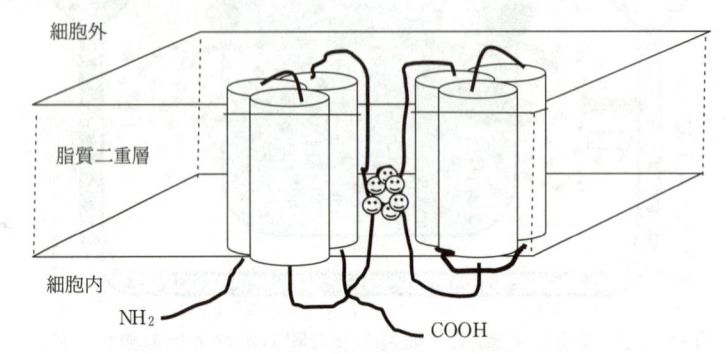

図 II.8.3　ペプチド結合によるポリペプチドの形成
2枚の板は生体膜の基本構造である脂質二重層である．

B　Na^+ と K^+ の出納

Na^+ と K^+ は体内の主要な1価陽イオンであり，細胞外液（血液と組織間液）では Na^+ が高濃度，逆に細胞内液では K^+ が高濃度になる．そのために細胞表面膜の内外で Na^+ と K^+ の濃度差ができ，これが膜電位を生じさせる．細胞表面膜の脂質二重層は，無機物イオンの Na^+ と K^+ を透過せず，その膜透過には特別のトランスポーターが必要になる．

血液中の Na^+ は糸球体でろ過されるが，必要量は尿細管によって再吸収され血液に戻る．血液中の Na^+ 濃度は血液の浸透圧（約 300 mOsm/L）を決定する主要因子であるために，この再吸収は精密に制御されている．とはいっても，Na^+ は体外に汗などで非可逆的に排泄されるために，常に補給されねばならない．また，摂取した Na^+ はほぼすべてが吸収されるために，塩分の多い食事をすると体内 Na^+ が一時的に増加するが，速やかに尿排泄されてしまい，血液浸透圧が高く維持されることはない．

K^+ は，植物性，動物性食品によらずすべての食品に含まれており，体内では細胞内に大きなプールをもつために，Na^+ のように尿排泄を精密に制御する必要はない．そのために，体内 Na^+ が減少すると，食塩 NaCl を欲しいという食欲がわくが，K^+ ではわかない．

なお，KCl 溶液の静脈注射は致死的であるが，その理由は細胞内外の K^+ 濃度差をなくすために心筋の膜電位が消失（脱分極）して持続性興奮が起こり，脈拍を打てなくなるためである．

C　カルシウムの出納

　Ca^{2+}は体内に約1kgも存在する．大部分は骨中にリン酸塩の一種（ヒドロキシアパタイト）となって不溶化している．骨中のCa^{2+}もゆっくりと代謝されている．破骨細胞が古くなった骨部分を溶かす（骨吸収という）．次に骨吸収で空いた部分に新しく骨が形成される（骨形成という）．骨吸収と骨形成は精密に均衡をとって進行する．

　血中Ca^{2+}濃度は，約2.5 mmol/Lに維持されており，10%以上変動すると重篤な症状を示す．一方，細胞内Ca^{2+}濃度は，$0.1\sim10\ \mu$mol/Lであり，細胞外濃度よりも極めて低い．この大きな濃度差のために，表面膜Ca^{2+}トランスポーターが活性化されると，短時間に細胞内Ca^{2+}濃度の相対倍率を上昇させる．すなわち情報伝達物質として最適であり，代表的な細胞内二次メッセンジャーとして働く（詳細はIII.6.6を参照）．

　Ca^{2+}の所要摂取量は100 mg/日であり，摂食したうちの約20%が吸収される．体内の主要貯蔵部位は骨である．血中Ca^{2+}濃度は，カルシトニン，パラトルモン，ビタミンDなどのホルモン群によって精密に制御されている．

D　陰イオンの出納

　体内の主な無機陰イオンはCl^-とリン酸イオンであり，ともに独自のトランスポーターで膜輸送される．その膜輸送は陽イオンの膜輸送と共役しており，制御は陽イオン濃度を介している（陽イオンの膜透過がないと陰イオンの膜透過も起こらない）．Cl^-は大部分が細胞外に存在し，Na^+と同じく腎臓糸球体でろ過されるが，大部分が尿細管で再吸収される．胃酸としてHClが消化管に放出されるが，小腸で再吸収される．激しい嘔吐ではHClが体外に排出されるために，血液がアルカリ性に傾く（アルカローシスになる）．

　塩素元素は体内ではほとんど塩化物イオンCl^-として存在するが，一部の白血球はCl^-を活性酸素で酸化してOCl^-を生成し，殺菌活性を示す．

　Br^-は体内に存在するが，役割は不明である．I^-は大部分が甲状腺に局在しており，甲状腺ホルモンのチロキシンに含まれている（詳細はIII.6.2を参照）．

　リン酸イオンPO_4^{3-}は骨の主要成分であるヒドロキシアパタイト（リン酸カルシウムの一種）に含まれるが，Ca^{2+}と違い細胞内含量も高い．リン酸エステルとなって有機物にも含まれ，Ca^{2+}，Mg^{2+}や重金属イオンと強固に結合するという特徴もある．

Box II.8.2

尿細管の膜輸送様式

腎臓の糸球体膜はいわゆる半透膜であり，分子量2万以下のものは透過してしまう．透過されるが生体にとって必要な成分は尿細管によって再吸収される．そのために多数のトランスポーターが存在する．図には示さないが，アクアポリンも代表的なトランスポーターである．これらのトランスポーターが精密に制御し合って体液維持に働くので，どれか1つでも異常になると，病気を発病する可能性がある．

尿細管上皮細胞

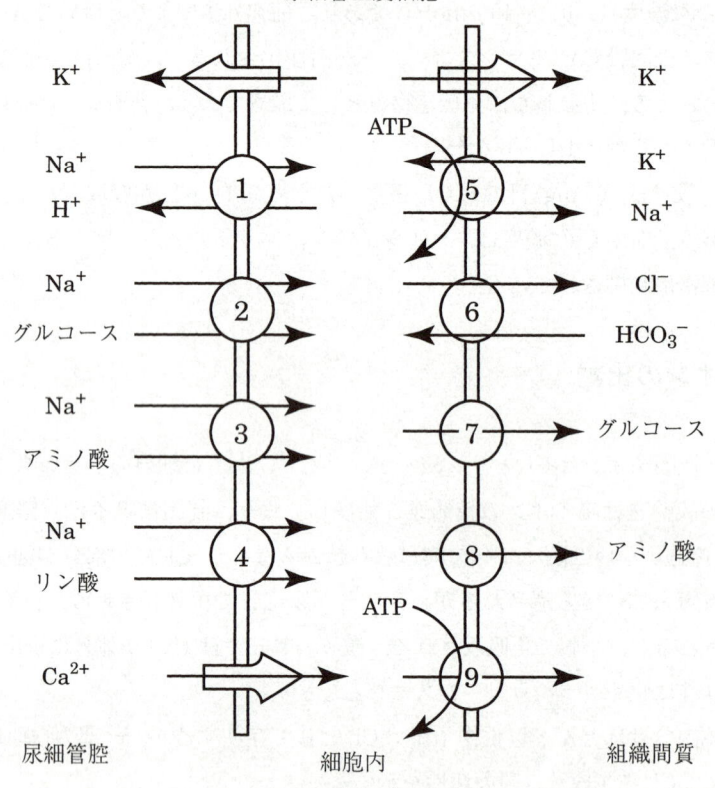

```
    K⁺  ←⇐       ⇒→  K⁺
                  ATP
    Na⁺ →        →  K⁺
         (1)    (5)
    H⁺  ←        ←  Na⁺

    Na⁺  →       →  Cl⁻
         (2)    (6)
   グルコース →    ←  HCO₃⁻

    Na⁺  →       
         (3)    (7) →  グルコース
   アミノ酸 →       

    Na⁺  →       
         (4)    (8) →  アミノ酸
   リン酸 →        ATP

   Ca²⁺ ⇒→      (9) →
```

尿細管腔　　　細胞内　　　組織間質

図 II.8.4

丸印はトランスポーター，太矢印はチャネルを意味する．矢印は物質の移動方向を示す．トランスポーターにも1つの物質の輸送だけに関与するもの（7,8,9）と，2つの物質の同時輸送があるものがある．2つの物質が同時輸送される場合にも，同一方向（シンポート，2,3,4），反対方向のもの（アンチポート，1,5,6）がある．さらに輸送のためにATPを必要とするものもある（5,9）．

E 鉄の出納

鉄は，体内では Fe^{2+} と Fe^{3+} のイオン形態がある．Fe^{2+} のほうが体内に吸収されやすい．血漿中では Fe^{3+} がトランスフェリンに結合して全身に供給される．細胞内では Fe^{2+} に還元されてからフェリチンと結合して貯蔵されるか，ヘムなどの補欠分子に入り生理活性を示す（図II.8.5）．

ヒトは 10～15 mg/日の鉄イオンを摂取するが，吸収量はその約 10 % である．ヒト体内には約 3000 mg の鉄イオンが存在するので，毎日置換される鉄イオンは約 1/3000 分と低い．体内鉄はおもに赤血球中のヘモグロビンに含まれており，赤血球の平均寿命は 120 日であり，脾臓で溶血

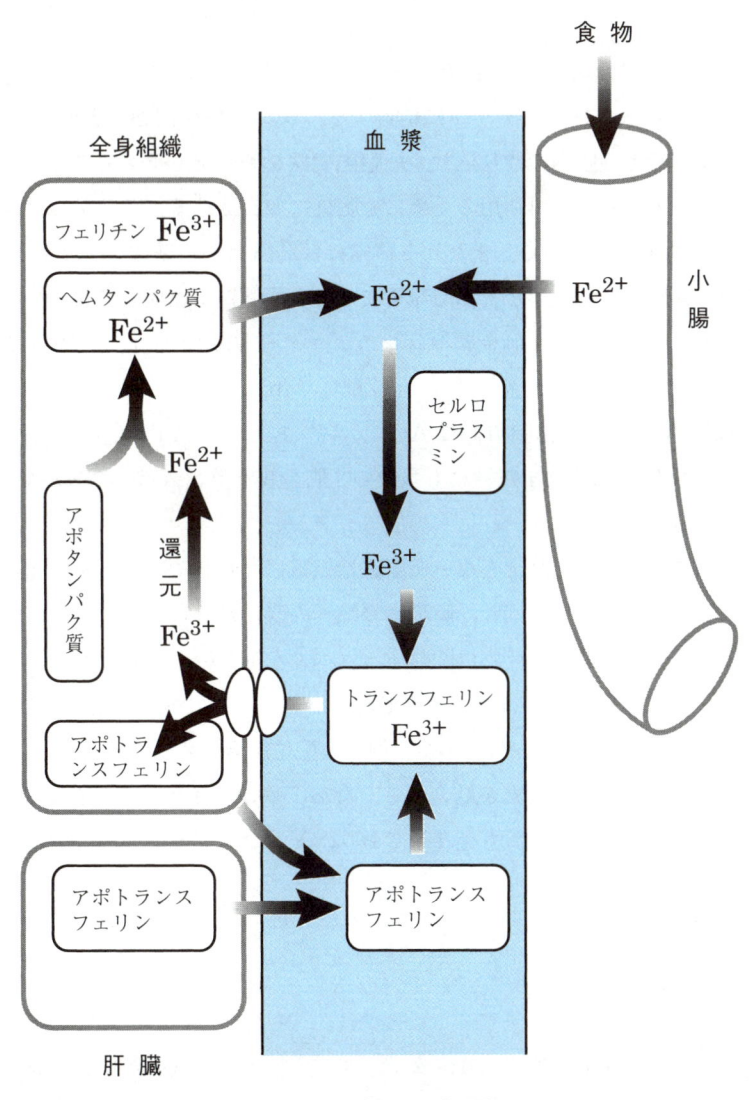

図 II.8.5 鉄の体内動態

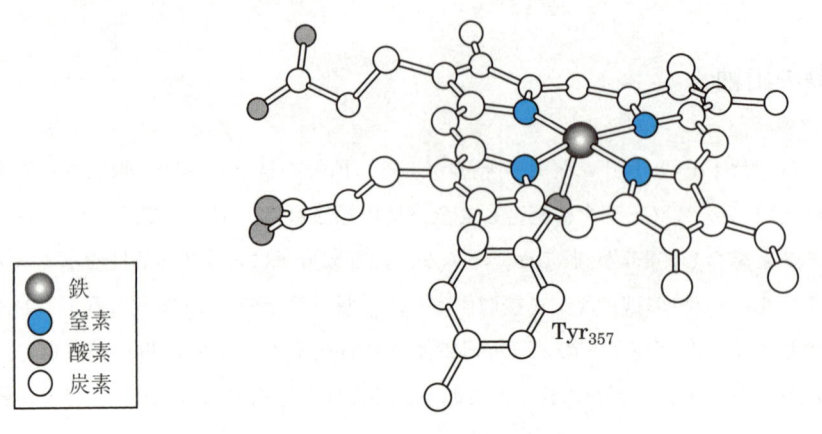

図 II.8.6　カタラーゼのヘム構造

するときにヘム中の Fe^{2+} は血中に放出される．Fe^{2+} は血中でセルロプラスミンの触媒により Fe^{3+} に酸化されてからトランスフェリンに結合する．鉄が必要な細胞は表面膜にトランスフェリン受容体を発現させて細胞内に取り込む．細胞内で鉄を失ったトランスフェリン（アポトランスフェリンという）の多くは，再利用のために細胞外に放出される．このシステムで鉄は体内で毎日約 30 mg が再利用されている．またヒト体内には肝臓などに鉄はフェリチンと結合して貯蔵されているので，出血や献血などで赤血球を失っても簡単に欠乏症にはならない．

食餌中の鉄は十二指腸にある 2 価金属トランスポーター DMT1 によって吸収される．本トランスポーターは，その他の 2 価重金属イオン（Zn^{2+}, Mn^{2+}, Co^{2+}, Cd^{2+}, Cu^{2+}）も透過する．構造は 12 回膜貫通型であり，細胞質側に ABC カセットという ATP 結合部位および金属イオンと結合する部位をもつ．DMT1 以外にも多数の 2 価金属トランスポーターが見つかっており，特性が異なっている．

血漿中でトランスフェリンと結合しない遊離鉄は組織に沈着しやすく，組織沈着した鉄とタンパク質複合体はヘモシデリンと呼ばれ，膵臓や腎臓への毒性が強い．鉄イオンはヘムに含まれており，主に分子状酸素の関連する反応に関与する．ヘムを補欠分子としてもつタンパク質をヘムタンパク質というが，図 II.8.6 にはその 1 つであるカタラーゼのヘム構造を示す．鉄イオンは 6 配位性であり，4 つはポルフィリン骨格の窒素原子と配位結合する．この図の鉄イオンの真上から 6 番目の配位子として分子状酸素が結合する．なお，鉄にはイオウと複合体を形成した鉄-イオウ酵素群（フェロドキシンなど）も存在しており，ミトコンドリアの電子伝達系において働いている．

F　必須微量元素の出納

多くの金属イオンが生体に必須であり，タンパク質や補欠分子族と錯体を形成して生理機能を発揮する．元素によって原子半径，酸化還元電位，電荷（遷移金属では複数の電荷状態がある），

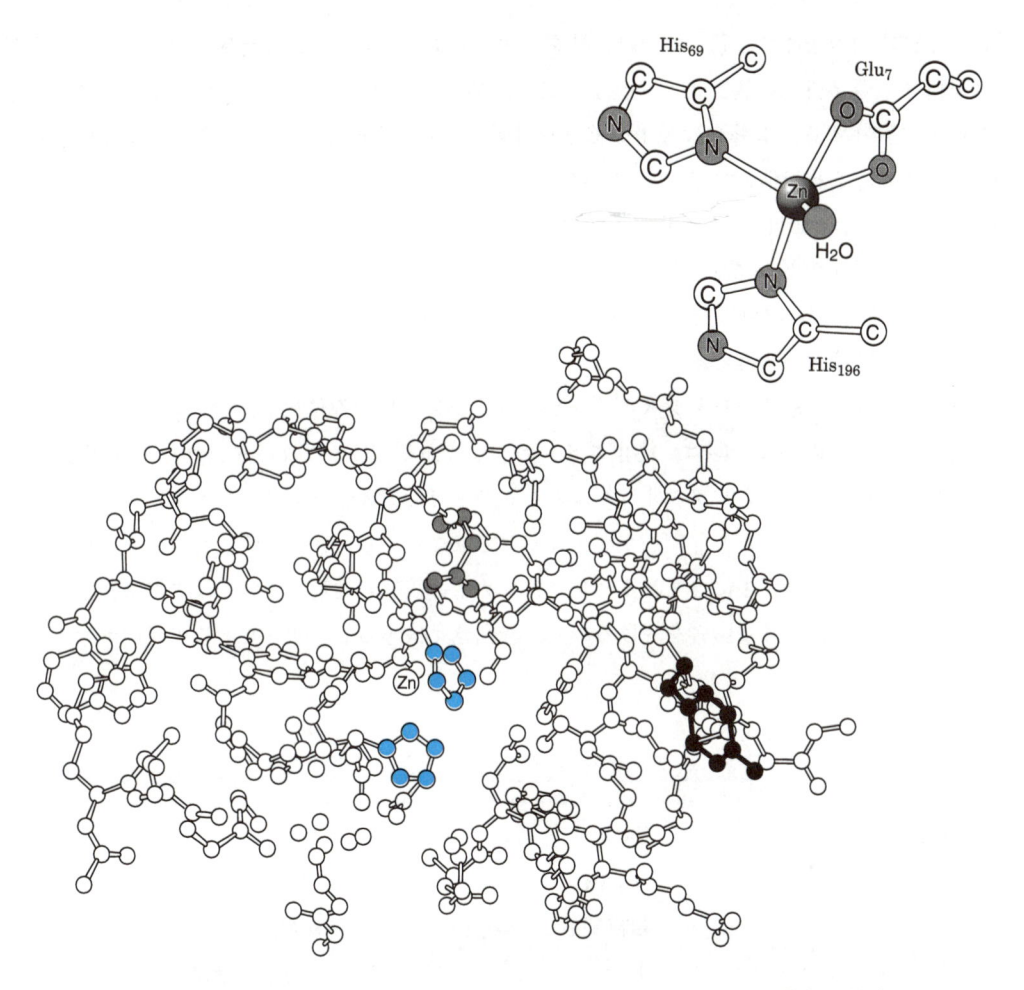

図 II.8.7　メタロプロテアーゼのカルボキシペプチダーゼ A の酵素活性中心
下の図で色付けしたものは His 残基を示す．灰色が Glu 残基を示し，黒色は Zn とキレートをしないが活性中心の 1 つである Tyr を示す．

錯体の構造などが異なるために，それぞれが独特の生理活性を発現する．多くの金属イオンは体内に過剰に取り込まれると毒性を発現するので，過剰摂取に注意する．

　Zn^{2+} は，鉄イオンの次に含量が高い金属であり，多数のタンパク質の生理活性発現に必須である．メタロプロテアーゼの一種であるカルボキシペプチダーゼ A の構造を図 II.8.7 に示す．酵素の中央にある溝部分に Zn^{2+} は存在し，活性中心を形成する．Glu および His 残基とイオン結合および配位結合し，さらに水分子が配位結合している．これにより水分子が活性化されて加水分解反応に利用される．Zn^{2+} は，多くのデヒドロゲナーゼ（脱水素酵素），DNA（および RNA）ポリメラーゼ，炭酸脱水酵素，インスリンなどにも含まれている．

　Cu^{2+} は血液中ではタンパク質セルロプラスミンに結合している．セルロプラスミンに結合した Cu^{2+} は，セルロプラスミンとともに細胞に取り込まれる．遊離 Cu^{2+} は組織に沈着しやすく，

特に中枢神経の線条体に沈着して神経毒性を示す．セルロプラスミン欠乏症のウイルソン病患者が運動障害（錐体外路障害）を示す理由である．細胞内ではCu^{2+}はシトクロムオキシダーゼの活性中心に存在する．本酵素は電子の移動を触媒するが，Cu^{2+}がいったん電子を受け取りCu^+中間体になり，これが他の分子に電子を供与する．このように銅イオンの酸化還元電位がうまく利用されている．Cu^{2+}はペプチド鎖の間に架橋を作るリジルオキシダーゼの活性にも必要なので，Cu^{2+}が欠乏すると，コラーゲンやエラスチンの構造が不安定になる．

Mn^{2+}は，種々のリン酸転移酵素やアルギナーゼの成分である．多くのタンパク質に含まれているが，まだ機能は不明確である．

特殊なアミノ酸であるセレノシステイン Sec は，Cys の S の部位に Se が置換した有機セレン化合物である．このアミノ酸は，終止コドンの一つである UGA にコードされた 21 番目のアミノ酸として発見された．グルタチオンペルオキシダーゼに複数のセレノシステイン残基が含まれている．なぜ同じヌクレオチド配列が終止コドンではなく，セレノシステインコドンとして読まれるのか興味深い．酵素中に含まれるセレノシステイン残基の役割についてはまだ不明確であるが，酸化還元状態に鋭敏に影響を受けるので，酸化還元状態のセンサーである可能性が考えられる．

Key words

無機物含量	Ca^{2+}	Na^+
K^+	リン酸	Cl^-
血液	組織間液	細胞内液
トランスポーター	水	必須微量元素
ドナンの平衡	鉄	膜透過

III.

生体成分の代謝

III.1 エネルギーと生命

学習目標

1. ATPが高エネルギー化合物であることを，化学構造をもとに説明できる．

　生物は生きていくためには，外界から絶えまなく栄養物質を摂取して代謝し，エネルギーを産生していかなければならない．栄養を取り入れる様式によって，光や無機化合物から自力で有機化合物を合成できる独立栄養生物 autotroph と，ほかの生物がつくった有機化合物を栄養として生きている従属栄養生物 heterotroph に分けられる．光合成生物は太陽のエネルギーによってCO_2とH_2Oから糖質その他の有機化合物を合成し，非光合成生物はこれらを栄養源として摂取して，その代謝過程で生成するエネルギーによって生命を維持しているので，ほとんどすべての生物は究極的には太陽のエネルギーに依存しているとみなすことができる．

　物質とエネルギーの代謝は相伴って起こる変化で，生体内の反応に伴うエネルギーの流れを認識することは，生命現象の理解に不可欠である．

　熱力学 thermodynamics は，化学反応のエネルギー論の基礎であるが，生物における反応にも熱力学の法則が適用される．ここではその概念と生化学への応用について述べる．

III.1.1 自由エネルギー

　自然界ではエネルギーは，電気，光，熱，音，力学的能力のようにいろいろな形で存在し，相互に変換しうる．物質の変化に伴って電気，光，熱などが発生するので，1つの物質系は一定のエネルギーをもっていると考えられる．

　熱力学の第一法則は，熱と仕事量によってエネルギーの概念を定義したもので，「宇宙のエネルギーの総和は一定である」というエネルギー保存の法則そのものである．

自然界では，高温の物体から低温の物体へ熱が移動し，高濃度の溶液から低濃度の溶液へ溶質が拡散して熱力学的な平衡に達しようとするが，その逆は決して起こらない．

変化の方向を規定するのが熱力学の第二法則で，次の式で表される．

$$G = H - T \cdot S \tag{1}$$

G：自由エネルギー（J/mol）

H：エンタルピー（J/mol）

T：温度（K）

S：エントロピー（J/mol・K）

この式はエネルギーの総量を表しており，始めと終わりのエネルギーの変化量は次の式で与えられる．

$$\Delta G = \Delta H - T \cdot \Delta S \quad \text{ただし}, \Delta S \geq 0 \tag{2}$$

ΔG：自由エネルギー変化（J/mol）

ΔH：エンタルピー変化（J/mol）

ΔS：エントロピー変化（J/mol・K）

第二法則によると，宇宙のエントロピーは平衡に達するまでは常に増加し，有効な仕事に使うことができる自由エネルギー free energy の総量は減少していく．エントロピーは系の無秩序さを表すもので，どのような変化でもエントロピーが増加するとある量の自由エネルギーが失われ，系の無秩序さは増大する．

自由エネルギー変化が負で外界に対しエネルギーを放出する場合を発エルゴン exergonic 反応，また正で外界からエネルギーを吸収する変化を吸エルゴン endergonic 反応と呼び，前者は自発的に起こるが，後者はそのままでは起こらない．自由エネルギー変化の正負が反応や変化の自発性すなわち方向性を決めるのである．

III.1.2

自由エネルギーと化学平衡

圧力と温度が一定のもとでの化学反応

$$A + B = C + D \tag{3}$$

$$Q = \frac{[C][D]}{[A][B]} \tag{4}$$

この反応の自由エネルギー変化 ΔG は，

$$\Delta G = \Delta G° + RT \ln Q \tag{5}$$

$\Delta G°$：標準自由エネルギー変化（J/mol）

R：気体定数（8.315 J/mol・K）

と表される．

　反応が平衡状態（Q ＝ 平衡定数 K_{eq}）にあるとき，すなわち自由エネルギー変化 $\varDelta G$ が0のときは，

$$\varDelta G = 0 = \varDelta G° + RT \ln K_{eq}$$

となり，$\varDelta G°$ と K_{eq} の関係は次式で表される．

$$\varDelta G° = -RT \ln K_{eq} \tag{6}$$

　$\varDelta G°$ は標準状態，25°C，1気圧，反応に関わるすべての成分の濃度が 1 mol/L，pH＝0 での自由エネルギー変化を表す．生体での反応のほとんどは pH＝7 付近で起こるので，生化学では，pH＝7 で他がすべて標準条件のときの自由エネルギー変化を，$\varDelta G°{'}$ で示し，同様に K_{eq} の代わりに K'_{eq} を用いる．したがって，式（6）は，

$$\varDelta G°{'} = -RT \ln K'_{eq} \tag{7}$$
$$= -5.7 \log K'_{eq} \text{ (kJ/mol)} \tag{8}$$

となる．

　表 III.1.1 のように，$-\varDelta G°{'}$ が 5.7 kJ/mol 大きくなるごとに平衡定数が 10 倍大きくなり，化学反応は右方向に一層かたよることになる．このように，$\varDelta G°{'}$ は変化の方向と進みやすさを表す1つの尺度と見なすことができる．

　ここで注意しなければならないのは，$\varDelta G°{'}$ が負に大きいことと反応が速やかに進行する（反応速度が速い）ことは別のことということである．反応が進むには反応の活性化エネルギーが必要で，生物のほとんどすべての反応は酵素が触媒し，活性化エネルギーを減少させて反応を速やかに進めている．

表 III.1.1　平衡定数と標準自由エネルギー変化の関係

平衡定数（K'_{eq}）	標準自由エネルギー変化（$\varDelta G°{'}$）
0.01	+11.4 kJ/mol
0.1	+5.7
1	0
10	−5.7
100	−11.4

III.1.3 高エネルギー化合物

A　ATP

　生体内では，**ATP**（アデノシン 5′-トリリン酸）adenosine 5′-triphosphate に代表される高エネルギー化合物が化学エネルギーの運搬体としてきわめて重要な役割を果たしている．図 III.1.1 に ATP の化学構造を示す．

　ATP の末端（γ 位）のリン酸結合が加水分解されると，30.5 kJ/mol の自由エネルギーを放出する．

$$\text{ATP} + \text{H}_2\text{O} \longrightarrow \text{ADP} + \text{P}_\text{i} \qquad \text{P}_\text{i}：オルトリン酸 \text{H}_3\text{PO}_4$$
$$\Delta G^{\circ\prime} = -30.5 \text{ kJ/mol}$$

　ATP では γ 位のほか，β 位のリン酸結合も加水分解されると 30 kJ/mol 程度の自由エネルギーを放出し，これらの 2 つの結合はいずれも高エネルギー結合である．ここでの「高エネルギー」とは，結合を開裂させるのに必要なエネルギーが大きいことではなく，開裂の際，多量の自由エネルギーを放出することを意味している．

　ATP のような高エネルギー化合物が加水分解で多量のエネルギーを放出する理由は，次のように説明されている．

　第一に，ピロリン酸 PP_i 型に比べ分解物のオルトリン酸 P_i には多くの共鳴型があってエネル

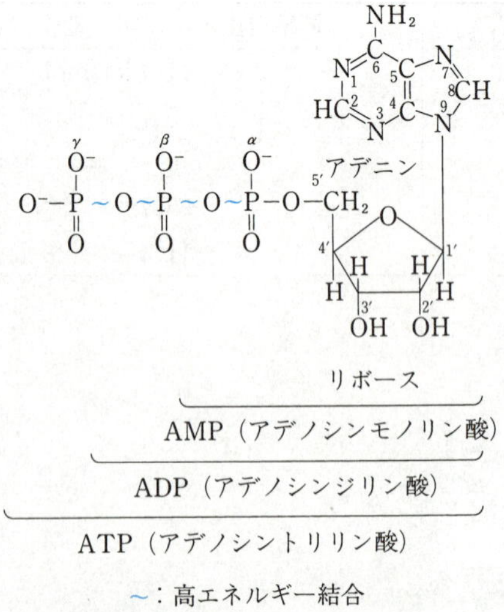

図 III.1.1　ATP の化学構造
図は ATP^{4-} を示す．

ギーレベルが低く，より安定な状態にあると考えられる．共鳴による分解物の安定化の結果，加水分解で多量の自由エネルギーを放出することになる．

第二に，ATP 分子内のリン酸基は負に帯電して互いに反発し合った状態にあり，加水分解の際，大量のエネルギーを放出する．この考え方で，ATP や ADP の末端のリン酸基の加水分解に比べて AMP では $-\Delta G°'$ が小さいことや，解離によって ATP^{4-} 成分が増加するアルカリ領域で ATP の末端リン酸基の加水分解の $-\Delta G$ が大きくなることも説明できる．

前述の ATP の加水分解の $\Delta G°'$ は標準状態で求められたもので，生理的条件下では反応成分のモル濃度，イオン化の程度，pH，ATP は Mg^{2+} との結合型として反応することや，Mg^{2+} の濃度など多くの要因によって影響を受ける．

生理的に近い条件として，[ATP]＝5 mM，[ADP]＝0.5 mM，[P_i]＝1 mM，25°C，pH＝7 での ATP の加水分解の ΔG を求めると，

$$\Delta G = \Delta G°' + 5.7 \log Q$$
$$= -30.5 + 5.7 \log \frac{0.5 \times 10^{-3} \times 10^{-3}}{5 \times 10^{-3}}$$
$$= -30.5 + 5.7 (-4) = -53.3 \text{ kJ/mol}$$

となり，生体内での ATP の分解に伴う ΔG は -50〜-65 kJ/mol の範囲にあるとされている．

B 生体系の高エネルギー化合物

生体には ATP のほかにも種々の高エネルギー化合物が存在する．表 III.1.2 にその代表的な化合物のエネルギー準位をあげた．

明確な定義はないが，加水分解時の $-\Delta G°'$ が ATP と同等以上のものを一般に高エネルギー化合物と呼び，酸無水物，エノールリン酸，グアニジンリン酸，チオエステルなどが含まれる．通常のエステル，ペプチド（アミド），グリコシドなどでは，加水分解時の $\Delta G°'$ が -8〜-20 kJ/mol 程度で低エネルギー化合物に分類されている．

C 共役反応と代謝の方向性

解糖系の最初の反応は，ヘキソキナーゼの触媒する ATP によるグルコースのリン酸化である．

$$\text{グルコース} + \text{ATP} \longrightarrow \text{グルコース 6-リン酸} + \text{ADP} \qquad (9)$$

グルコースとオルトリン酸からグルコース 6-リン酸をつくるとすると，

$$\text{グルコース} + P_i \longrightarrow \text{グルコース 6-リン酸} + H_2O \qquad (10)$$
$$\Delta G°' = +13.8 \text{ kJ/mol}$$

この反応の平衡定数 K'_{eq} は式（8）から，

表 III.1.2　各種化合物の加水分解での標準自由エネルギー変化*

結合型		化合物	$\Delta G^{\circ\prime}$ (kJ/mol)
高エネルギー化合物	エノールエステル	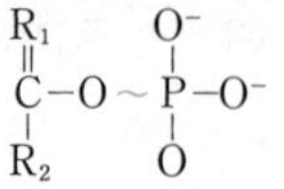 ホスホエノールピルビン酸	−61.9
	酸無水物（アシルリン酸）	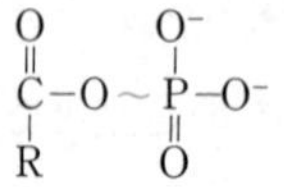 1,3-ビスホスホグリセリン酸（1位）	−49.4
		アセチルリン酸	−42.2
	（ピロリン酸）	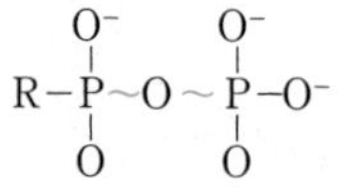 ATP（γ位）	−30.5
	グアニジンリン酸	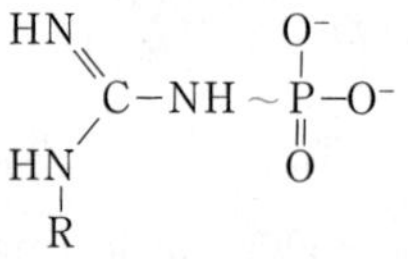 クレアチンリン酸	−43.9
		アルギニンリン酸	−32.2
	チオエステル	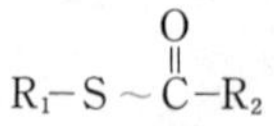 アセチル CoA	−32.2
低エネルギー化合物	エステル	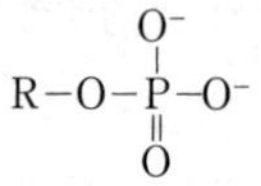 グルコース 1-リン酸	−20.9
		グルコース 6-リン酸	−13.8
		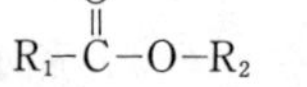 エチル酢酸	−19.7
	アミド	グリシルグリシン	−9.2
	グリコシド	マルトース	−16.7

* 25℃，pH 7，〜：高エネルギー結合

$$K'_{eq} = \frac{[\text{グルコース 6-リン酸}][\text{H}_2\text{O}]}{[\text{グルコース}][\text{P}_i]} = 0.0038$$

となり，反応は事実上グルコース 6-リン酸の分解方向にしか進まない．したがって，この反応ではグルコース 6-リン酸を合成することが不可能である．

一方，ATP の加水分解では，

$$ATP + H_2O \longrightarrow ADP + P_i \tag{11}$$
$$K'_{eq} = 2.2 \times 10^5, \quad \Delta G°' = -30.5 \text{ kJ/mol}$$

であり，(10) と (11) の 2 つの反応が共役 coupling して起こると，

$$\begin{array}{c} \text{ATP} \searrow \nearrow \text{グルコース} \\ \Delta G°' = -30.5 \text{ kJ/mol} \quad \Delta G°' = +13.8 \text{ kJ/mol} \\ \text{ADP} \swarrow \searrow \text{グルコース 6-リン酸} \end{array}$$

$$K'_{eq} = 851, \quad \Delta G°' = -16.7 \text{ kJ/mol}$$

となる．吸エルゴン的なグルコースのリン酸化が発エルゴン的な ATP の末端リン酸基の開裂反応と共役すると，全体として 16.7 kJ/mol の自由エネルギーを放出する発エルゴン反応として容易に進行することになる．エネルギーの共役は 2 つの反応が共有する化学中間体を介して行われる．

このように，代謝系では ATP の開裂反応と共役してエネルギーが供給されると，熱力学的に進行不可能な反応が進行可能となる．

D 高エネルギー化合物の役割

生物では，ATP を中心とする高エネルギー化合物が生体の代謝系にエネルギーを供給している．ATP の合成は，主に解糖系，酸化的リン酸化系と光リン酸化系の 3 つの系で行われ，いずれも酸化還元系で生成するエネルギーが ADP と P_i から ATP を合成する吸エルゴン反応に用いられている．

ATP の役割をあげると次のようになる．

1) リン酸化反応

$$\text{グルコース} + \text{ATP} \xrightarrow{\text{ヘキソキナーゼ}} \text{グルコース 6-リン酸} + \text{ADP}$$

$$\text{GDP} + \text{ATP} \xrightleftharpoons{\text{ヌクレオシドジホスホキナーゼ}} \text{GTP} + \text{ADP}$$

2) ピロリン酸化反応

$$\text{リボース 5-リン酸} + \text{ATP} \xrightarrow{\text{リボースリン酸ピロホスホキナーゼ}} \text{5-ホスホリボシル 1-ピロリン酸} + \text{AMP}$$

3) アデニル化反応

$$\text{アミノ酸} + \text{ATP} + \text{酵素 (E)} \longrightarrow [\text{E・アミノアシル-AMP}] + PP_i$$

4) 能動輸送，筋肉収縮，生物発光などのエネルギー供給

$$\text{ATP} + H_2O \xrightarrow{\text{ATPアーゼ}} \text{ADP} + P_i$$

このほかに，

$$\text{ATP} + \text{グルコース 1-リン酸} \xrightarrow{\text{ADP グルコース} \atop \text{ピロホスホリラーゼ}} \text{ADP-グルコース} + \text{PP}_i$$

$$\text{ATP} \xrightarrow{\text{アデニル酸シクラーゼ}} 3',5'\text{-cAMP} + \text{PP}_i$$

などの反応も知られる．特に大きな吸エルゴン反応を進めるため，ATPはβ位の結合を開裂させることによって，ピロリン酸基またはアデニル酸基をH_2O（加水分解反応）やほかの受容体に転移させることもできる．

CDP，UDP，dADPなどのヌクレオシドジリン酸もATPによってリン酸化され，それぞれトリリン酸となり，ATP同様，各種の合成反応に関わっている．例えば，UTPはグリコーゲン合成の中間体をつくり，グリコーゲン合成に関わっている．

$$\text{UTP} + \text{グルコース 1-リン酸} \xrightarrow{\text{UDP-グルコース} \atop \text{ピロホスホリラーゼ}} \text{UDP-グルコース} + \text{PP}_i$$

ATPは，炭水化物，脂肪酸やタンパク質合成に，CTPはリン脂質合成に，GTPは炭水化物

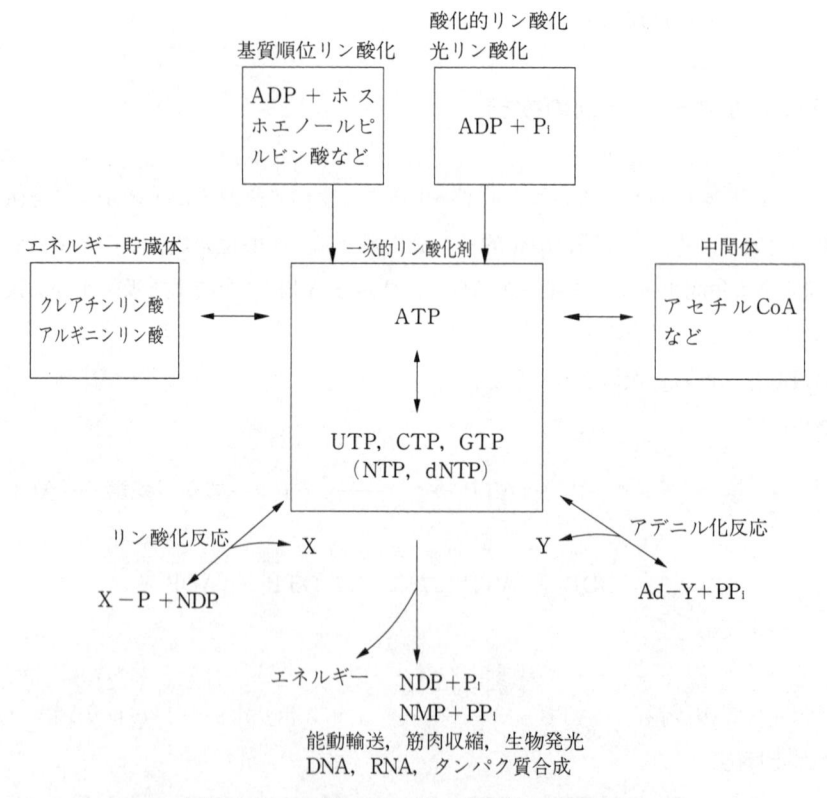

図 III.1.2　高エネルギー化合物の相互関係

NTP, NDP, NMP：ヌクレオシドトリ，ジ，モノリン酸
dNTP：デオキシヌクレオシドトリリン酸
P_i：オルトリン酸，PP_i：ピロリン酸

およびタンパク質合成に重要な役割を果たしている．また，ヌクレオシドトリリン酸 NTP，デオキシヌクレオシドトリリン酸 dNTP はいずれも核酸合成の前駆体となる．

ATP を激しく代謝する脊椎動物の筋肉細胞にはクレアチンリン酸が高エネルギーリン酸貯蔵物質として存在し，クレアチンキナーゼにより可逆的に ATP を生成する．

$$\text{クレアチンリン酸} + \text{ADP} \xrightleftharpoons{\text{クレアチンキナーゼ}} \text{クレアチン} + \text{ATP}$$

多くの無脊椎動物ではアルギニンリン酸が同じ役割をしている．

生体系における高エネルギー化合物の相互関係を図 III.1.2 に示した．ATP に代表されるこれらの化合物は"エネルギーの通貨"として多様な反応に関与している．

Box III.1.1

生物発光

生物発光は動植物，微生物のいろいろな種に散在してみられる．自力による発光のほか，共生生物によることもあるが，生理的意義のわかっているものは少ない．

生物発光には，ホタルに代表される熱に安定なルシフェリンと不安定なルシフェラーゼからなるものや，クラゲのような Ca^{2+} によって発光するタンパク質エクオリンなども知られている．いずれも酸化発光で，熱発生を実質上伴わない冷光であることが特徴である．ホタルの発光のエネルギー効率は非常に高く，88%と求められている．ルシフェリンの構造，発光色の色調，発光の機構，いずれも生物の種によって異なる．

ホタルでは，ルシフェラーゼと Mg^{2+} 存在下でのルシフェリンのATPによる活性化でルシフェリルアデニル酸が生成し，さらに分子状酸素との反応で酸化的に脱炭酸される際，光を発する．このエネルギーは，ルシフェリンの酸化とATPの開裂によって供給される．ATP量に依存した発光が観察されるので，ホタルルシフェリン-ルシフェラーゼ系によって微量のATPを定量することができる．

ルシフェリン → ルシフェリルアデニル酸 → （O_2, AMP, CO_2, 光） → オキシルシフェリン

生体内の酸化反応に偶発的に伴う発光も知られている．竹取物語に「……その竹の中に，もと光る竹なむ一筋ありける．あやしがりて寄りてみるに，筒の中光りたり．……」との記述があるが，実際に掘り出された筍が微弱な光を発することも観察されている．これは筍に含まれるチロシンなどがペルオキシダーゼ-H_2O_2系で酸化されるときにみられる現象である．

Key words

光合成	独立栄養生物	従属栄養生物
熱力学第一法則	熱力学第二法則	自由エネルギー
エンタルピー	エントロピー	発エルゴン反応
吸エルゴン反応	化学平衡	高エネルギー化合物
高エネルギー結合	**ATP**	酸無水物
グアニジンリン酸	チオエステル	クレアチンリン酸
アルギニンリン酸	共役反応	リン酸化
ピロリン酸化反応	アデニル化反応	能動輸送
筋肉収縮	生物発光	

III.2 糖質代謝

学習目標

1. 食物中の栄養成分の消化・吸収・体内運搬について概説できる．
2. 解糖系について説明できる．
3. クエン酸回路について説明できる．
4. 電子伝達系（酸化的リン酸化）について説明できる．
5. エネルギー産生におけるミトコンドリアの役割を説明できる．
6. ATP産生阻害物質を列挙し，その阻害機構を説明できる．
7. ペントースリン酸回路の生理的役割を説明できる．
8. アルコール発酵，乳酸発酵の生理的役割を説明できる．
9. グリコーゲンの役割について説明できる．
10. 糖新生について説明できる．
11. 余剰のエネルギーを蓄えるしくみを説明できる．
12. 食餌性の血糖変動について説明できる．
13. インスリンとグルカゴンの役割を説明できる．

III.2.1 消化と吸収

　天然には炭水化物としてデンプン starch，グリコーゲン glycogen などの種々の多糖類や，少糖類，二糖類，単糖類が存在し，動植物の主要なエネルギー源となっている．緑色植物は光合成系で合成したデンプンを細胞内に貯蔵しているので，動物はこれを栄養源として摂取し利用している．さらに，動物ではグリコーゲンを肝臓や筋肉に貯え，空腹時に利用している．

デンプンは，化学構造の異なる水溶性のアミロース amylose と，水に不溶性のアミロペクチン amylopectin の 2 種の多糖体の混合物である．アミロースはグルコースが α-1,4 結合で直鎖状に連なったものであり，アミロペクチンはグルコースの α-1,4 結合鎖がところどころで α-1,6 結合で枝分かれしたものである．

α-アミラーゼ α-amylase は唾液や膵液中に存在し，アミロースあるいはアミロペクチンの任意の α-1,4 結合を加水分解する．これに対して，ヒトにはないが麦芽や細菌などに存在する β-アミラーゼは，アミロースまたはアミロペクチンの非還元末端からマルトース単位で，α-1,4 結合を順次切断していく酵素である．

デンプンが α-アミラーゼで消化されるとき，アミロペクチンの枝分かれの α-1,6 結合は切断されないので，グルコース，マルトース（麦芽糖）および枝分かれした構造をもつ限界デキストリンの混合物が生成する．この枝分かれ構造は小腸で 1,6-グルコシダーゼによって加水分解され，さらに α-アミラーゼやマルターゼの作用をうけて最終的にグルコースにまで分解され，吸収される．

ショ糖，乳糖などの二糖類も，それぞれ小腸でサッカラーゼ，ラクターゼによって加水分解されて構成単糖となったのち吸収される．

セルロースは直鎖の β-1,4 結合からなり，ヒトをはじめ多くの動物は栄養源として利用することができないが，一部の草食動物では消化管に共生している微生物のセルラーゼにより，セルロースからグルコースを得ている．

III.2.2 解糖系

生物の ATP 合成系には，**解糖系** glycolysis での基質レベルのリン酸化系，酸化的リン酸化系および光リン酸化系の 3 つがあり，いずれも酸化還元反応と共役した系である．これらの中で酸素を必要としない解糖系が生物進化の過程で最も原始的なものと考えられている．

解糖は，グルコースを**嫌気的** anaerobic に分解してピルビン酸，乳酸あるいはエタノールを生成し，化学エネルギーの形で ATP を合成する過程で，糖代謝の主経路となっている．

$$C_6H_{12}O_6 + 2P_i + 2ADP \longrightarrow 2CH_3CH(OH)COOH + 2ATP + 2H_2O$$

　　　グルコース　　　　　　　　　　　　　　乳酸

解糖系の作用機構は，19 世紀後半から 20 世紀にかけてその全容がほぼ明らかになった．

1856 年フランスの化学者 Pasteur は，発酵には生きた酵母が関与していることを見出したが，1892 年ドイツの化学者 Buchner（1907 年ノーベル化学賞）は，生きた酵母でなく，酵母の無細胞抽出液に糖を加えると発酵が起こって，CO_2 とエタノールが生成することを見出した．この発見は，酵母の細胞に含まれている化学物質である酵素や補酵素があれば，生きた細胞なしでも化

学反応としての発酵が起こることを示した点で画期的であり，このことを契機として解糖系の研究は急速に進展した．この歩みはまた「生化学の夜明け」でもあった．

　Harden（1929年ノーベル化学賞）とYoungらは解糖の際，無機リン酸の存在が不可欠で，フルクトース1,6-ビスリン酸に取り込まれること，発酵には非透析性・非耐熱性のチマーゼ（酵素類）と透析性・耐熱性のコチマーゼ（NAD^+，ATP，ADPなどの補酵素類）が必要であることを発見した．その後の多くの研究者の努力で，阻害剤を加えた条件下で蓄積する代謝中間体の同定や反応に関わる酵素の解明が行われた．一部の例外を除いて多くの生物のグルコースは，酵母と同じ経路で代謝されることが明らかになり，1940年までに解糖系の全経路が明らかになった．

　この代謝系は広く動植物や微生物に存在し，細胞質に局在する可溶性の酵素によって行われている．グルコースからピルビン酸への10段階の反応はすべての生物に共通しており，初めの5つの反応は，基質を2分子のATPでリン酸化して活性化する「エネルギーの投資段階」，後の5つの反応は，4分子のATPを合成する「エネルギーの獲得段階」である．したがって，全体で正味2分子のATPが得られることになる．

　また，解糖系は酸素を必要としないけれども酸化還元反応によってエネルギーを得ている．電子は解糖の中間体のグリセルアルデヒド3-リン酸（還元剤）からNAD^+に渡され，生成したNADHから電子受容体（酸化剤）となるピルビン酸へと渡されるため，見かけ上正味の酸化還元は起こらない．

　ピルビン酸はこの代謝系では分岐点にあり，嫌気的代謝系では還元されて乳酸（解糖または乳酸発酵）あるいはエタノール（アルコール発酵）が最終産物となるが，好気的 aerobic 代謝系ではクエン酸回路に導入され，完全酸化をうけることになる．

　図III.2.1に解糖の全経路を示す．解糖系は，この研究に最も貢献したドイツの3人の生化学者の名にちなんで Embden-Meyerhof（1922年ノーベル医学生理学賞）-Parnas の経路 とも呼ばれる．

A　解糖系の反応段階

　グルコースから乳酸に至る解糖系は，細胞質 cytosol（サイトゾル）に局在する11種の酵素によって進められる．

a）ヘキソキナーゼ：ATPによる第一のリン酸化反応

　解糖の最初の反応は，D-グルコースの6位がATPによりリン酸化されて，グルコース6-リン酸を生成する不可逆反応でヘキソキナーゼ hexokinase によって触媒される．解糖系で生成する糖誘導体はすべてD-型異性体である．

238　III　生体成分の代謝

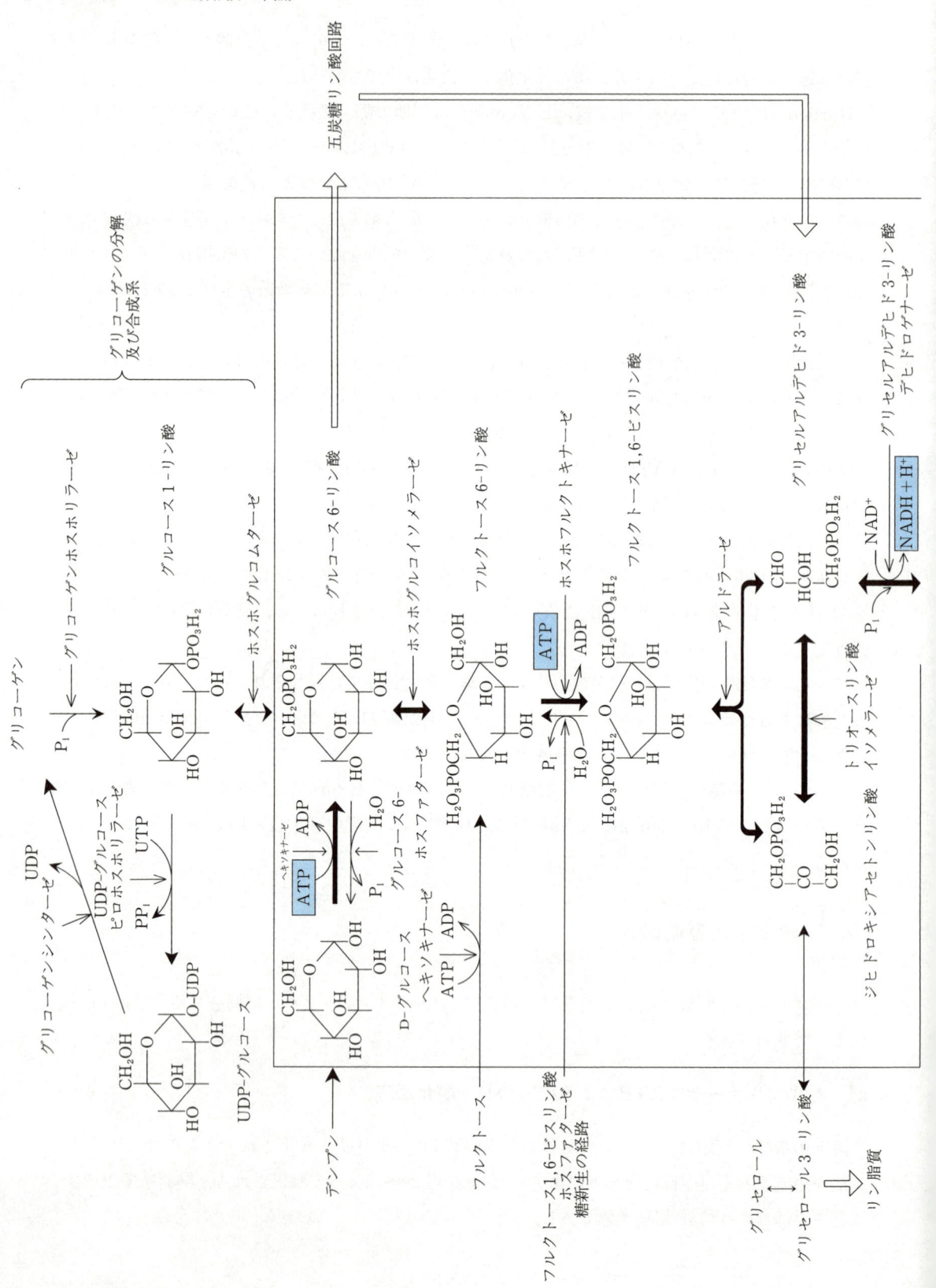

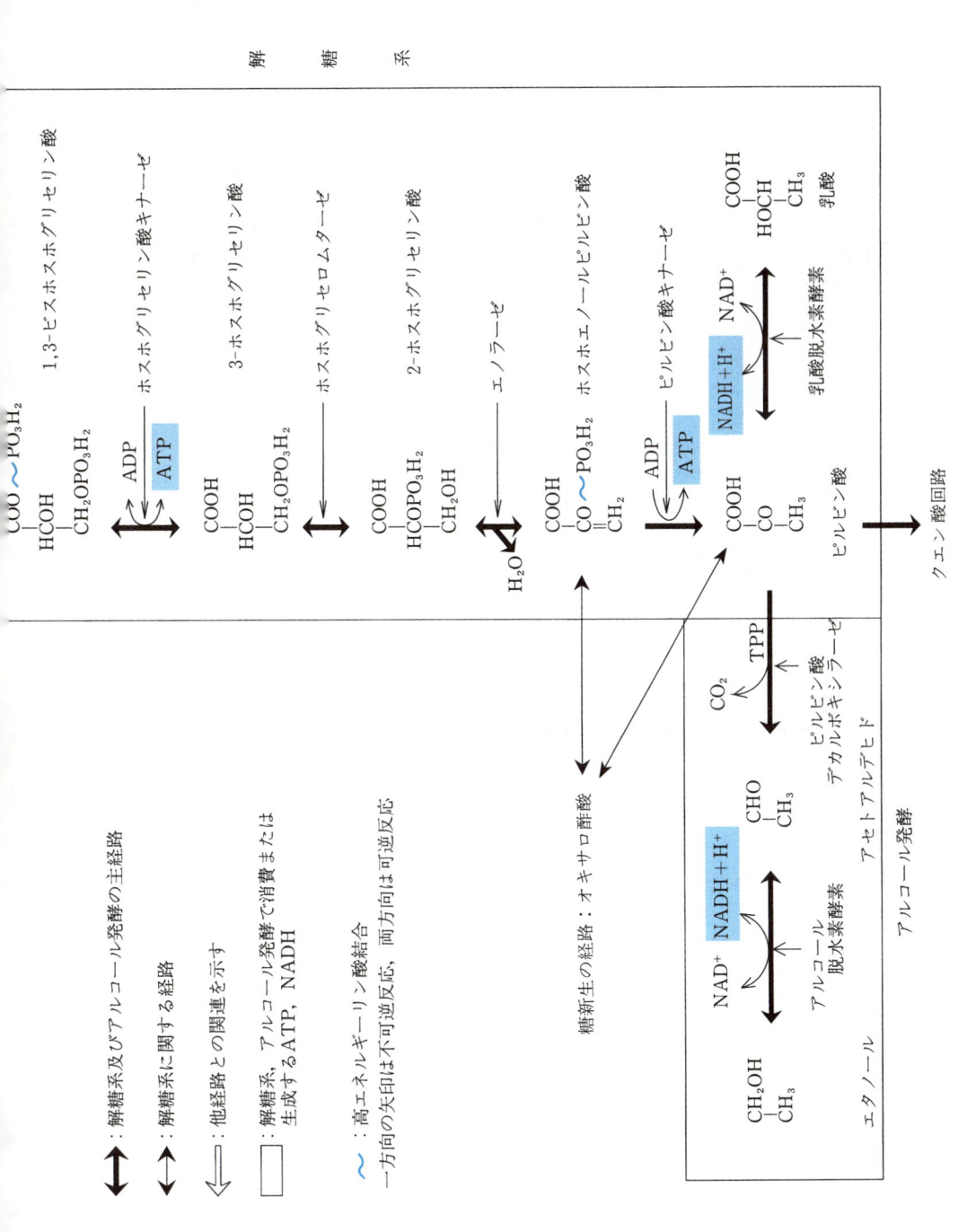

図 III.2.1 解糖系およびその関連経路

解糖系

COO~PO₃H₂
HCOH
CH₂OPO₃H₂
1,3-ビスホスホグリセリン酸

⇅ ADP → ATP ホスホグリセリン酸キナーゼ

COOH
HCOH
CH₂OPO₃H₂
3-ホスホグリセリン酸

⇅ ホスホグリセロムターゼ

COOH
HCOPO₃H₂
CH₂OH
2-ホスホグリセリン酸

⇅ エノラーゼ − H₂O

COOH
CO~PO₃H₂
CH₂
ホスホエノールピルビン酸

→ ADP → ATP ピルビン酸キナーゼ

COOH
CO
CH₃
ピルビン酸

⇅ NADH+H⁺ / NAD⁺ 乳酸脱水素酵素

COOH
HOCH
CH₃
乳酸

ピルビン酸 → クエン酸回路

糖新生の経路：オキサロ酢酸結合

ピルビン酸 → TPP, CO₂ ピルビン酸デカルボキシラーゼ

CHO
CH₃
アセトアルデヒド

⇅ NADH+H⁺ / NAD⁺ アルコール脱水素酵素

CH₂OH
CH₃
エタノール

アルコール発酵

凡例：
- ⇅ ：解糖系及びアルコール発酵の主経路
- ↕ ：解糖系に関する経路
- ⇐ ：他経路との関連を示す
- □ ：解糖系，アルコール発酵で消費または生成するATP，NADH
- ~ ：高エネルギーリン酸結合
- 一方向の矢印は不可逆反応，両方向は可逆反応

$$\text{グルコース} + \text{ATP} \xrightarrow{\text{Mg}^{2+}} \text{グルコース 6-リン酸} + \text{ADP}$$
$$\Delta G°' = -16.7 \text{ kJ/mol}$$

ヘキソキナーゼはATPの末端リン酸基をヘキソースに転移する酵素で，糖に対する特異性が低く，フルクトース，マンノース，グルコサミンなどもリン酸化する．

この反応にはMg^{2+}を必要とするが，これはMg^{2+}-ATPがこの酵素の真の基質であるためである．

反応生成物のグルコース 6-リン酸が蓄積すると活性が低下し，消費されると再びグルコースをリン酸化して代謝調節酵素として機能している．

また動物の肝臓にはグルコキナーゼが存在する．この酵素はグルコースに対する親和性は低いがグルコースに特異的で，糖尿病のように血中グルコースが異常に高いときにグルコースをリン酸化して，グリコーゲン合成を促進して血糖値の調節を行っている．

b) グルコース 6-リン酸イソメラーゼ

グルコース 6-リン酸のフルクトース 6-リン酸への異性化は，グルコース 6-リン酸イソメラーゼ glucose 6-phosphate isomerase によって触媒される．

$$\text{グルコース 6-リン酸} \xrightarrow{\text{Mg}^{2+}} \text{フルクトース 6-リン酸}$$
$$\Delta G°' = +1.7 \text{ kJ/mol}$$

この反応は左右いずれの方向にも容易に進行し，中間体としてエンジオール en-diol を経て相互変換が起こる．

c) ホスホフルクトキナーゼ：ATPによる第二のリン酸化反応

ATPによってフルクトース 6-リン酸の1位をリン酸化して，フルクトース 1,6-ビスリン酸の生成を触媒するのがホスホフルクトキナーゼ phosphofructokinase (PFK-1) である．

$$\text{フルクトース 6-リン酸} + \text{ATP} \xrightarrow{\text{Mg}^{2+}} \text{フルクトース 1,6-ビスリン酸} + \text{ADP}$$
$$\Delta G°' = -14.2 \text{ kJ/mol}$$

この反応は大量の自由エネルギーを放出するため，細胞内では事実上右方向にしか進行しない．

この酵素反応は，解糖系の最も重要な調節部位となっている．基質濃度と反応速度の関係は，アロステリック酵素の典型的な性質であるS字型曲線を示す．ATPやクエン酸，長鎖脂肪酸などは負の調節因子として反応を抑制し，基質であるフルクトース 6-リン酸，あるいはADP，AMP，P_iなどは正の調節因子として作用して反応を促進する．すなわち，細胞内でフルクトース 6-リン酸が蓄積したり，ATPが消費されてADPや特にAMPが多くなるとこの酵素は活性化され，反対にATPやクエン酸が生成してエネルギーレベルが高くなると抑制される．

この反応に，フルクトース 2,6-ビスリン酸が強力な活性化因子となることが明らかとなった．この物質は，解糖系の酵素PFK-1と異なるホスホフルクトキナーゼPFK-2によって合成され

る．PFK-2 は cAMP 依存性のプロテインキナーゼによって調節され，解糖と糖新生を制御している．

d) アルドラーゼ

フルクトース 1,6-ビスリン酸は，アルドラーゼ aldolase によって C-3 と C-4 の間が開裂して 2 個の三炭糖リン酸，グリセルアルデヒド 3-リン酸とジヒドロキシアセトンリン酸となる．

フルクトース 1,6-ビスリン酸 ⟶
グリセルアルデヒド 3-リン酸 ＋ ジヒドロキシアセトンリン酸
$\Delta G°' = +23.8$ kJ/mol

$\Delta G°'$ は正の大きな値であるが，代謝系でグリセルアルデヒド 3-リン酸が消費されると，質量作用の法則によって右方向に進むことができる．ウサギ骨格筋での生理的条件下では，この反応の $\Delta G°'$ は -1.3 kJ/mol と求められている．

e) トリオースリン酸イソメラーゼ

アルドラーゼでつくられた 2 種の糖リン酸のうち，グリセルアルデヒド 3-リン酸は次の反応の基質として代謝系を先に進むが，ジヒドロキシアセトンリン酸は，トリオースリン酸イソメラーゼ triosephosphate isomerase によってグリセルアルデヒド 3-リン酸に変換されて代謝される．

ジヒドロキシアセトンリン酸 ⟶ グリセルアルデヒド 3-リン酸
$\Delta G°' = +7.5$ kJ/mol

この反応もエンジオール中間体を経て相互変換が起こると考えられている．反応は左方向に片寄っているが，酵素活性が非常に高く，次の反応でグリセルアルデヒド 3-リン酸が消費されると質量作用の法則で右方向に進む．

f) グリセルアルデヒド 3-リン酸デヒドロゲナーゼ glyceraldehyde 3-phosphate dehydrogenase：第一の高エネルギー結合の生成反応

この反応は解糖系では唯一の酸化反応であり，また解糖系で初めて高エネルギー結合を生ずる重要な反応の 1 つでもある．グリセルアルデヒド 3-リン酸のアルデヒド基が NAD^+ でカルボキシ基に酸化されるときに生成するエネルギーが，高エネルギーのアシルリン酸結合として捕捉されるのである．

グリセルアルデヒド 3-リン酸 ＋ NAD^+ ＋ P_i ⟶
1,3-ビスホスホグリセリン酸 ＋ NADH ＋ H^+
$\Delta G°' = +6.3$ kJ/mol

NAD^+ が再生しなければ解糖系は進行しないので，NADH は後の段階のピルビン酸の還元反応に使われて NAD^+ となり繰り返し利用されることになる．反応生成物の 1,3-ビスホスホグリセリン酸の 1 位のアシルリン酸の加水分解での $\Delta G°'$ は -49.4 kJ/mol で，ATP の -30.5 kJ/

mol よりはるかに大きい．この酵素の分子量は 14 万で，4 個の同じサブユニット α_4 からなり，各 1 分子の NAD$^+$ と結合して活性型となる．

g) ホスホグリセリン酸キナーゼ phosphoglycerate kinase：第一のATP生成反応

この酵素は 1,3-ビスホスホグリセリン酸の 1 位の高エネルギーリン酸基を ADP に転移し，ATP と 3-ホスホグリセリン酸を生成する．

$$1,3\text{-ビスホスホグリセリン酸} + \text{ADP} \xrightarrow{\text{Mg}^{2+}} 3\text{-ホスホグリセリン酸} + \text{ATP}$$
$$\varDelta G^{\circ\prime} = -18.8 \text{ kJ/mol}$$

この ATP 生成反応は基質レベルのリン酸化 substrate level phosphorylation とよばれ，ミトコンドリアの呼吸鎖と共役した酸化的リン酸化 oxidative phosphorylation と区別されている．反応の $\varDelta G^{\circ\prime}$ は負の大きな値であるが，生理的条件下では左方向に進むことも可能である．

h) ホスホグリセリン酸ムターゼ phosphoglycerate mutase

3-ホスホグリセリン酸の 3 位のリン酸基が 2 位に転移し，2-ホスホグリセリン酸が生成する．

$$3\text{-ホスホグリセリン酸} \xrightarrow{\text{Mg}^{2+}} 2\text{-ホスホグリセリン酸}$$
$$\varDelta G^{\circ\prime} = +4.4 \text{ kJ/mol}$$

この反応ではリン酸化した酵素による 2,3-ビスホスホグリセリン酸が中間体となっている．

i) エノラーゼ：第二の高エネルギー結合の生成反応

高エネルギー結合を生成する解糖系の第二の反応で，エノラーゼ enolase によって 2-ホスホグリセリン酸は脱水され，ホスホエノールピルビン酸を生成する．

$$2\text{-ホスホグリセリン酸} \xrightarrow{\text{Mg}^{2+}} \text{ホスホエノールピルビン酸} + \text{H}_2\text{O}$$
$$\varDelta G^{\circ\prime} = +1.8 \text{ kJ/mol}$$

この反応の $\varDelta G^{\circ\prime}$ は非常に小さく，可逆的である．反応物と生成物のリン酸基の加水分解での $\varDelta G^{\circ\prime}$ を比較すると，2-ホスホグリセリン酸の -17.6 kJ/mol に対し，ホスホエノールピルビン酸では -61.9 kJ/mol であり，この差は両者の分子内での電子配置の違いによるものである．この酵素は，Mg^{2+} 存在下でフッ素イオンにより特異的に阻害される．

j) ピルビン酸キナーゼ pyruvate kinase：第二のATP生成反応

この反応は解糖系での 2 番目の ATP 生成反応で，ホスホエノールピルビン酸の高エネルギーリン酸結合が ADP に転移し，ATP とピルビン酸を生成する基質レベルのリン酸化反応である．

$$\text{ホスホエノールピルビン酸} + \text{ADP} \xrightarrow{\text{Mg}^{2+},\ \text{K}^+} \text{ピルビン酸} + \text{ATP}$$
$$\varDelta G^{\circ\prime} = -31.4 \text{ kJ/mol}$$

エノール型からケト型への互変異性化の $\varDelta G^{\circ\prime}$ は非常に大きく，細胞内の条件下では ATP を生成

する方向にしか進まない．ATPはこの酵素活性の抑制因子として作用する．

この反応には，Mg^{2+} のほか K^+ も関与している．

k) 乳酸デヒドロゲナーゼ

動物での解糖の最終反応は，乳酸デヒドロゲナーゼ，乳酸脱水素酵素，lactate dehydrogenase（LDH）によって触媒されるピルビン酸から乳酸への還元で，解糖系での唯一の還元反応である．ピルビン酸は解糖系の最終的な電子受容体となっている．

$$\text{ピルビン酸} + NADH + H^+ \longrightarrow \text{乳酸} + NAD^+$$
$$\Delta G^{\circ\prime} = -25.1 \text{ kJ/mol}$$

この反応の還元剤となる NADH は，グリセルアルデヒド 3-リン酸デヒドロゲナーゼ反応で生じた NADH が用いられる．したがって，グルコースから乳酸にいたる解糖系では NADH の生成量は差引ゼロということになる．

乳酸デヒドロゲナーゼは，分子量 14 万の 4 量体の酵素である．単量体には H（heart）型と M（muscle）型の 2 種がある．H 型と M 型のサブユニットで 4 量体をつくると，5 種のアイソザイムがつくられることになる．心筋や腎臓では H 型だけからなる H_4 が，骨格筋や肝臓では M_4 が多いが，H_3M，H_2M_2，HM_3 もいずれの組織にも多少は存在する．M 型は H 型よりピルビン酸を基質としたときの V_{max} が大きく，H 型は高濃度のピルビン酸で阻害される．心筋のような好気的な組織と骨格筋のような嫌気的な組織では，それぞれの代謝に都合のよいアイソザイムが分布しているものと考えられる（II.6.6 アイソザイムを参照）．

急性肝炎では，血清の乳酸デヒドロゲナーゼ活性が上昇するので，臨床診断に利用されている．

B 解糖とアルコール発酵

解糖系は酸素を必要としない代謝系である．嫌気的な原始の地球でエネルギーを得るために，まず解糖系を確立したと考えられる．現存の生物は，絶対嫌気性，通性嫌気性，絶対好気性に分けられるが，いずれも程度の差こそあれ解糖系に依存している．この代謝系に酸素が必要でないのは，中間体のグリセルアルデヒド 3-リン酸の酸化で生成した NADH がピルビン酸から乳酸への還元（解糖系—動物など）あるいはエタノールへの還元（アルコール発酵—酵母）に用いられ，NAD^+ を再生するためである．

アルコール発酵 alcohol fermentation では，解糖系でつくられたピルビン酸が，チアミンピロリン酸を補酵素とするピルビン酸デカルボキシラーゼ pyruvate decarboxylase により脱炭酸されてアセトアルデヒドを生成し，さらにアルコールデヒドロゲナーゼ alcohol dehydrogenase の作用で NADH により還元され，最終産物のエタノールを生じる．

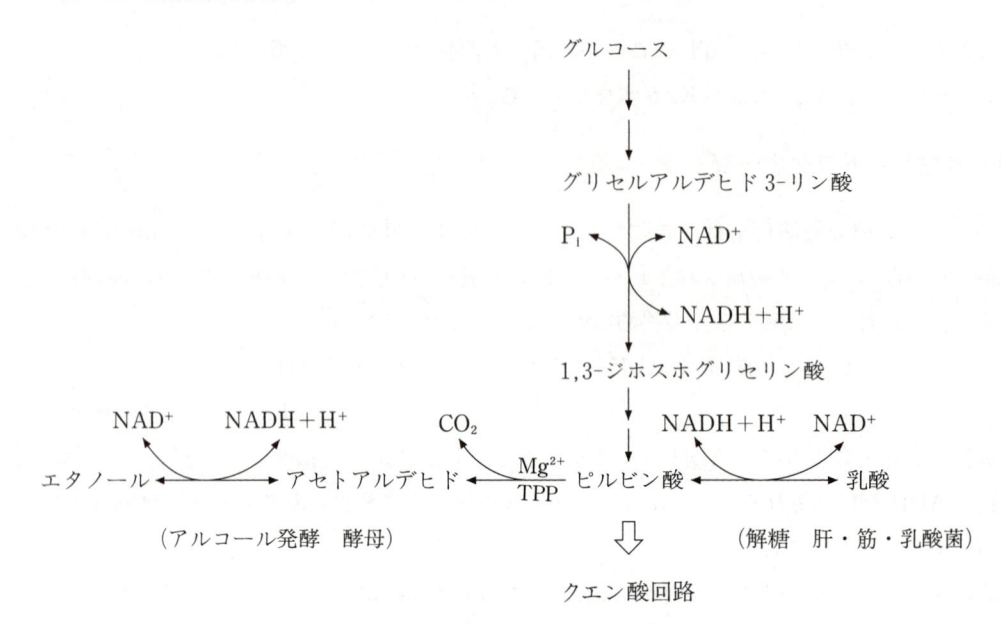

```
                        グルコース
                           ↓
                           ↓
                    グリセルアルデヒド 3-リン酸
                    P_i ↘  ↗ NAD+
                        ↓
                         ↘ NADH + H+
                    1,3-ジホスホグリセリン酸
  NAD+  NADH+H+        CO_2        ↓    NADH+H+  NAD+
    ↘    ↗            ↑  Mg^{2+}   ↓      ↘      ↗
 エタノール ← アセトアルデヒド ← TPP ← ピルビン酸 → 乳酸
                                    ⇓
  (アルコール発酵  酵母)                    (解糖  肝・筋・乳酸菌)
                                 クエン酸回路
```

図 III.2.2 　解糖とアルコール発酵

C　グルコース以外の糖の代謝

　グルコース以外の糖も，解糖系の中間体に変えられた後，代謝される．
　動物の貯蔵多糖であるグリコーゲンは，グリコーゲンホスホリラーゼ glycogen phosphorylase により，非還元末端の α-1,4 結合は加リン酸分解をうけ，グルコース 1-リン酸を生成する．

$$(\text{グルコース})_n + P_i \xrightarrow{\text{グリコーゲンホスホリラーゼ}} (\text{グルコース})_{n-1} + \text{グルコース 1-リン酸}$$
$$\Delta G^{\circ\prime} = +3.1 \text{ kJ/mol}$$

　生成したグルコース 1-リン酸はホスホグルコムターゼ phosphoglucomutase によってグルコース 6-リン酸となり解糖系に入る．グルコースから解糖系に入るときは始めに 2 モルの ATP が必要であるが，グリコーゲンからは 1 モルの ATP ですむことになる．

$$\text{グルコース 1-リン酸} \xrightarrow{\text{ホスホグルコムターゼ}} \text{グルコース 6-リン酸}$$
$$\Delta G^{\circ\prime} = -7.1 \text{ kJ/mol}$$

　フルクトース，マンノースは，ヘキソキナーゼにより ATP でリン酸化されて糖リン酸となり，フルクトース 6-リン酸を経て解糖系に入る．
　乳糖の加水分解で生成するガラクトースは，以下の 3 段階の反応を経てグルコース 1-リン酸となり，解糖系に入る．まず，ガラクトースはガラクトキナーゼ galactokinase でリン酸化されて，ガラクトース 1-リン酸となる．

$$\text{ガラクトース} + \text{ATP} \longrightarrow \text{ガラクトース 1-リン酸} + \text{ADP} + \text{H}^+$$

このものは次にガラクトース1-リン酸ウリジルトランスフェラーゼ galactose 1-phosphate uridyltransferase の触媒反応で UDP-グルコースからウリジル基を受取り，UDP-ガラクトースとなる．

$$\text{ガラクトース 1-リン酸} + \text{UDP-グルコース} \longrightarrow \text{UDP-ガラクトース} + \text{グルコース 1-リン酸}$$

生成した UDP-ガラクトースは，UDP-ガラクトース 4-エピメラーゼ UDP-galactose 4-epimerase の作用によりエピマー化され，UDP-グルコースが再生する．

$$\text{UDP-ガラクトース} \rightleftharpoons \text{UDP-グルコース}$$

これらの反応をまとめると次のようになる．

$$\text{ガラクトース} + \text{ATP} \longrightarrow \text{グルコース 1-リン酸} + \text{ADP} + \text{H}^+$$

この変換に関わるいずれかの酵素の遺伝的な欠損症として，ガラクトース血症 galactosemia が知られている．

D 解糖系のエネルギー収支

解糖系では，初めの段階で 2 モルの ATP が消費されるが，後の段階で 4 モル合成されるので，差引き正味 2 モルの ATP が生成したことになる．

$$C_6H_{12}O_6 + 2ADP + 2P_i \longrightarrow 2CH_3CH(OH)COOH + 2ATP + H_2O$$

Box III.2.1

パスツール効果

酵母のような通性嫌気性生物は，好気的にも嫌気的にもグルコースを代謝するが，酸素存在下では細胞の生育が良くなるにもかかわらず，グルコース消費量が著しく低く抑えられる．この現象は Pasteur によって発見されたので，パスツール効果と呼ばれている．

嫌気的条件下で培養している細胞に O_2 を吹き込むと，ホスホフルクトキナーゼ（PFK-1）とピルビン酸キナーゼの 2 つの酵素を境にして，それぞれそれより前の反応段階の中間体が蓄積し，後の段階の中間体が減少するので，これらの酵素反応が解糖系の律速段階となっていることがわかった．

嫌気的解糖系では，1 モルのグルコースから ATP は 2 モルしかつくられないが，後に述べるように，クエン酸回路で完全酸化を受ける好気的代謝では，効率よく 30（あるいは 32）モルもつくられ，少量のグルコースを代謝するだけで必要な ATP を供給できるからである．ATP がつくられて細胞内濃度が高くなると，上記の調節酵素が阻害をうけて解糖系の代謝速度が抑制されることになり，グルコースの消費も減少することになる．

発エルゴン反応：グルコース ⟶ 2 乳酸　　　　　　$\Delta G^{\circ\prime} = -197\text{ kJ/mol}$

吸エルゴン反応：$2ADP + 2P_i \longrightarrow 2ATP + 2H_2O$　　$\Delta G^{\circ\prime} = 2\times30.5$
　　　　　　　　　　　　　　　　　　　　　　　　　　　$= 61\text{ kJ/mol}$

$$\text{エネルギー効率} = \frac{61}{197} \times 100 = 31\%$$

標準自由エネルギー変化ではエネルギー効率は 31％となるが，生理的条件下での ATP の加水分解の $\Delta G^{\circ\prime}$ は 55 kJ/mol 前後と推定されるので，効率は 50％を超えるものと考えられる．

III.2.3 クエン酸回路（トリカルボン酸（TCA）サイクル）

解糖系による嫌気的代謝系では乳酸あるいはエタノールが最終産物となるが，好気的生物では解糖系で生じたピルビン酸をミトコンドリアの**クエン酸回路** citric acid cycle，（**TCA サイクル** tricarboxylic acid cycle，**クレブスサイクル** Krebs cycle ともいう）で CO_2 と H_2O に酸化して，より効果的にエネルギーを得ている．

解糖系でグルコースから乳酸が生成するときの標準自由エネルギー変化は，

$$C_6H_{12}O_6 \longrightarrow 2CH_3CH(OH)COOH$$

$$\Delta G^{\circ\prime} = -197\text{ kJ/mol}$$

であり，一方，グルコースが TCA サイクルを経て分子状酸素によって完全酸化されるときは，

$$C_6H_{12}O_6 + 6O_2 \longrightarrow 6CO_2 + 6H_2O$$

$$\Delta G^{\circ\prime} = -2870\text{ kJ/mol}$$

である．

したがって，グルコースが酸素で完全酸化されたときに生ずるエネルギーに比べ，解糖系ではその約 7％しか利用されていないことになる．

原始の地球では，嫌気的な解糖系によってエネルギーを獲得する生物が最初に出現した．その後，光合成生物によって大気中の酸素濃度が増加し，分子状酸素を最終電子受容体として利用する生物が現れた．効率の良いクエン酸回路と酸素呼吸系を生物進化の過程で獲得したのである．

クエン酸回路は好気的糖代謝の主経路であり，その反応機構は主に Krebs（1953 年ノーベル医学生理学賞）によって 1937 年頃確立された．Krebs の卓越した推論や洞察によって，図 III.2.3 に示したように，トリカルボン酸とジカルボン酸からなる代謝経路が明らかになった．

1948 年 Kennedy と Lehninger は，等張のショ糖液を用いた遠心分画法で単離したラット肝のミトコンドリアに，ピルビン酸やクエン酸回路の中間体と酵素系がすべて存在することを明らかにした．その後の研究で，クエン酸回路の酵素系や補酵素類のほか，基質の還元力を分子状酸素で酸化する呼吸鎖電子伝達系，酸化還元反応で生ずるエネルギーで ATP を合成する酸化的リン

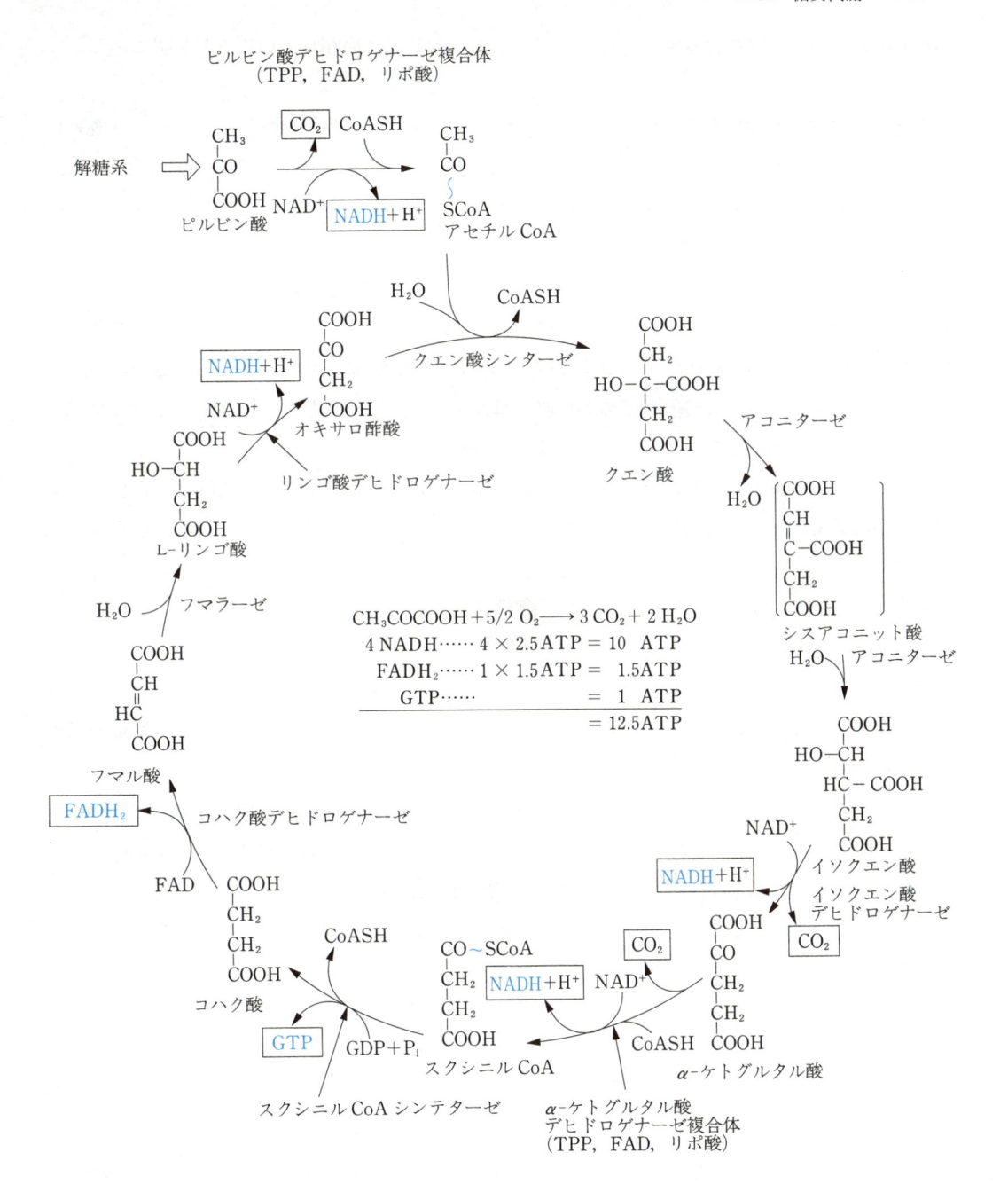

図 III.2.3　クエン酸回路（TCA サイクル）

□は生成した CO_2，NADH，$FADH_2$ および高エネルギーヌクレオチド（GTP）を示す．〜は高エネルギー結合を示す．H_2O は，NADH および $FADH_2$ の酸化でも生成する．ほとんどの反応は可逆的に進むが，矢印はサイクルの進行方向のみを示した．

収支式:

$$CH_3COCOOH + 5/2\, O_2 \longrightarrow 3\, CO_2 + 2\, H_2O$$

4 NADH	4×2.5 ATP =	10 ATP
$FADH_2$	1×1.5 ATP =	1.5 ATP
GTP	=	1 ATP
		= 12.5 ATP

酸化反応に関わる酵素などもセットになってミトコンドリアに局在していることが明らかとなった．

細胞質に存在する解糖系で生成したピルビン酸は，ミトコンドリアに移行し，ピルビン酸デヒドロゲナーゼ複合体によりアセチルCoAとNADHを生成する．クエン酸回路の代謝回転は，炭素数4のオキサロ酢酸とアセチルCoAが縮合して，炭素数6のクエン酸を生成することから始まる．

図III.2.3にクエン酸回路を示す．1分子のアセチルCoAを出発物質として1回転すると，2分子のCO_2と1分子の高エネルギーリン酸化合物GTPのほか，1分子の$FADH_2$と3分子のNADHを生成する．$FADH_2$とNADHに取り込まれた合計8原子の水素（8個の電子）は，呼吸鎖電子伝達系によって最終的には酸素に渡され反応し，4分子のH_2Oを生成する．すなわち，クエン酸回路の1回転でアセチル基1個が酸化をうけることになる．

クエン酸回路の酵素のうち，コハク酸脱水素酵素だけがミトコンドリアの内膜に局在しているが，ほかの酵素はすべて可溶性で，ミトコンドリアのマトリックスに局在している．

A　ピルビン酸デヒドロゲナーゼ複合体

解糖系で生じたピルビン酸はミトコンドリアに輸送された後，ピルビン酸デヒドロゲナーゼ複合体 pyruvate dehydrogenase complex によって酸化的に脱炭酸され，アセチルCoAを生成する．全体の反応式は以下のようになる．

$$\text{ピルビン酸} + NAD^+ + CoASH \longrightarrow \text{アセチル}CoA + NADH + H^+ + CO_2$$
$$\Delta G^{\circ\prime} = -33.4 \text{ kJ/mol}$$

この反応の$\Delta G^{\circ\prime}$は大きな負の値であり，不可逆的である．

この酵素複合体は3つの部分反応を触媒する3種の酵素の複合体である．すなわち，

E_1：チアミンピロリン酸TPPを補酵素とするピルビン酸デヒドロゲナーゼ

E_2：リポ酸を補酵素とするジヒドロリポイルトランスアセチラーゼ

E_3：FADを補酵素とするジヒドロリポイルデヒドロゲナーゼ

である．CoAとNAD^+も含め，5種の補酵素がこの反応に関与している（II.6.6　酵素複合体と多機能酵素を参照）．

大腸菌の酵素は，E_1 24個，E_2 24個，E_3 12個のサブユニットからなる分子量460万の巨大な複合体であるが，ほ乳動物の酵素はさらにこれよりずっと大きい．

ピルビン酸デヒドロゲナーゼ複合体は，3価のヒ素化合物（亜ヒ酸塩）や水銀イオンで強く阻害されるが，これはE_2の補酵素であるリポ酸のSH基に反応して，E_2を不活性化するためである．

ピルビン酸デヒドロゲナーゼ複合体によるアセチルCoAの産生は，2つの機構によって調節されている．

1つは，反応生成物の NADH やアセチル CoA によるアロステリック阻害である．

2つめは，E_2 に結合したピルビン酸デヒドロゲナーゼキナーゼとピルビン酸デヒドロゲナーゼホスファターゼによるリン酸化および脱リン酸化による制御である．キナーゼによって E_1 の特定のセリン残基が Ca^{2+} 存在下 ATP でリン酸化されて活性を失い，ホスファターゼで脱リン酸化されると再活性化する．また，このキナーゼは ATP でアロステリックに活性化されるので，ATP 濃度が上がると E_1 が結果的に不活化される（II.6.6 調節酵素を参照）．

B　クエン酸回路の酵素反応

a) クエン酸シンターゼ

アセチル CoA とオキサロ酢酸が縮合してクエン酸を生成する反応は，クエン酸シンターゼ citrate synthase によって触媒される．この酵素は縮合酵素 condensing enzyme とも呼ばれている．

$$\text{アセチル〜CoA} + \text{オキサロ酢酸} + H_2O \longrightarrow \text{クエン酸} + \text{CoASH}$$
$$\Delta G^{\circ\prime} = -32.2 \text{ kJ/mol}$$

この反応では，アセチル CoA の高エネルギーチオエステル結合の加水分解で大量のエネルギーが放出されるため，標準自由エネルギー変化は負の大きな値となり，クエン酸生成の側に著しく片寄っている．中間体として酵素に結合したクエン酸〜CoA が形成されるが，加水分解されて遊離のクエン酸と CoASH を生ずる．

この反応も律速段階となっており，動物の酵素は ATP によって強く阻害される．

b) アコニターゼ

この酵素は，クエン酸から cis-アコニット酸，さらにイソクエン酸を生成する2つの反応を触媒する．

$$\text{クエン酸} \underset{+H_2O}{\overset{-H_2O}{\rightleftarrows}} [cis\text{-アコニット酸-酵素}]\text{複合体} \underset{-H_2O}{\overset{+H_2O}{\rightleftarrows}} \text{イソクエン酸}$$

平衡状態　　91％　　　　　　　　　　　　3％　　　　　　　　　　　6％

$$\Delta G^{\circ\prime} = +6.3 \text{ kJ/mol}$$

同じ酵素が2つの反応を触媒するのは，cis-アコニット酸の二重結合に2つの方向から水が付加するためである．アコニターゼ aconitase は [4Fe-4S] 型鉄イオウクラスターを含み，基質は Fe^{2+} とキレート化合物を形成して反応する．

c) イソクエン酸デヒドロゲナーゼ

イソクエン酸デヒドロゲナーゼ isocitrate dehydrogenase によって，イソクエン酸は酸化的に

脱炭酸され，α-ケトグルタル酸を生成する．

$$\text{イソクエン酸} + NAD^+ \xrightarrow{Mg^{2+}} \text{α-ケトグルタル酸} + CO_2 + NADH + H^+$$
$$\Delta G^{\circ\prime} = -20.9 \text{ kJ/mol}$$

この反応ではイソクエン酸がオキサロコハク酸に酸化され，次いで脱炭酸されα-ケトグルタル酸を生成する機構が考えられるが，オキサロコハク酸は酵素に強く結合していて遊離の状態では存在しない．

イソクエン酸デヒドロゲナーゼには，NAD^+または$NADP^+$に特異的な2種の酵素が存在する．前者はミトコンドリアのマトリックスに局在するTCAサイクルの酵素で，後者はミトコンドリアのマトリックスと細胞質の両方にあり，同化反応に必要なNADPHの生成という役割を果たしている．

d) α-ケトグルタル酸デヒドロゲナーゼ複合体

α-ケトグルタル酸デヒドロゲナーゼ複合体 α-ketoglutarate dehydrogenase complex の作用により，α-ケトグルタル酸は酸化的に脱炭酸されて，高エネルギー結合をもったスクシニル～CoAとなる．中間体は酵素に結合したまま反応が進行する．

この酵素複合体はピルビン酸デヒドロゲナーゼ複合体同様，FAD，チアミンピロリン酸TPP，リポ酸，NAD^+およびCoAの5種の補酵素が関与し，酵素の構造，アミノ酸配列や性質が類似していて，同じように3種の異なった反応を触媒するサブユニットから構成されている．しかし，ピルビン酸デヒドロゲナーゼの場合とは異なり，リン酸化，脱リン酸化による活性の調節は受けない．

$$\text{α-ケトグルタル酸} + NAD^+ + CoASH \longrightarrow \text{スクシニル} \sim SCoA + CO_2 + NADH + H^+$$
$$\Delta G^{\circ\prime} = -33.5 \text{ kJ/mol}$$

e) スクシニルCoAシンテターゼ；コハク酸チオキナーゼ succinate thiokinase

前の反応で生成したスクシニルCoAは，コハク酸の高エネルギーチオエステルである．スクシニルCoAシンテターゼ succinyl-CoA synthetase の作用によりコハク酸を生成し，チオエステル結合のエネルギーはGDPとP_iからGTPを合成するのに用いられる．

$$\text{スクシニル} \sim CoA + GDP + P_i \xrightarrow{Mg^{2+}} \text{コハク酸} + GTP + CoASH$$
$$\Delta G^{\circ\prime} = -2.9 \text{ kJ/mol}$$

生成したGTPはヌクレオシドジホスホキナーゼによって末端のリン酸基をADPに渡してATPを生成する．

$$GTP + ADP \longrightarrow GDP + ATP \qquad \Delta G^{\circ\prime} = 0 \text{ kJ/mol}$$

高エネルギー結合をもったスクシニルCoAの開裂反応に伴うGTPの生成反応は，解糖系でのATP合成反応の場合と同様に，基質レベルのリン酸化反応である．

f) コハク酸デヒドロゲナーゼ

コハク酸は，FAD を補酵素とするコハク酸デヒドロゲナーゼ succinate dehydrogenase（E-FAD）によって立体特異的に脱水素され，フマル酸となる．

$$\text{コハク酸} + \text{E-FAD} \longrightarrow \text{フマル酸} + \text{E-FADH}_2$$

$$\Delta G°' = 0 \text{ kJ/mol}$$

クエン酸回路の酵素のうち，この酵素だけがミトコンドリア内膜に結合した酵素であり，クエン酸回路の酵素であると同時に，呼吸電子伝達系の複合体 II の一成分でもある．また，この酵素はヒスチジン残基に共有結合した FAD と鉄-イオウクラスターを含む．

この酵素はマロン酸によって競合的に阻害されるが，これはコハク酸とマロン酸の構造の類似性によるものである．

コハク酸の脱水素反応で生成した酵素結合性の $FADH_2$ の水素は，後述するように呼吸鎖の CoQ に電子を渡すので，ATP は 1.5 分子しかつくられない．NADH が呼吸鎖で酸化される際，2.5 分子の ATP がつくられるが，これは $FADH_2$ の酸化の $-\Delta G°'$ が NADH の酸化の場合より約 40 kJ/mol 小さいためである．

g) フマラーゼ

フマル酸からリンゴ酸への可逆的な水和反応は，フマラーゼ fumarase によって触媒される．

$$\text{フマル酸} + \text{H}_2\text{O} \longrightarrow \text{L-リンゴ酸}$$

$$\Delta G°' = -3.8 \text{ kJ/mol}$$

この酵素は立体特異性が高く，トランス型のフマル酸の二重結合への水の付加を触媒するが，シス型のマレイン酸には作用しない．

h) L-リンゴ酸デヒドロゲナーゼ L-malate dehydrogenase

この反応はクエン酸回路の最終反応で，L-リンゴ酸に特異的な酵素によって脱水素されてオキサロ酢酸になる．

$$\text{リンゴ酸} + \text{NAD}^+ \longrightarrow \text{オキサロ酢酸} + \text{NADH} + \text{H}^+$$

$$\Delta G°' = +29.7 \text{ kJ/mol}$$

この反応は吸エルゴン的で，平衡は左に大きく片寄っている．しかし，次のクエン酸シンターゼ反応が著しく発エルゴン的であるため，生成物のオキサロ酢酸は反応系外に取り除かれ，NADH も呼吸鎖による発エルゴン反応で速やかに消費されるので，この反応は右方向に進むことができる．

以上の 8 種の酵素によって，クエン酸回路は 1 回転する．1 回転でクエン酸回路に導入されたアセチル基に相当する 2 分子の CO_2 を生成し，また，4 つの脱水素による 8 原子の水素のうち 6 原子は NADH の生成に，2 原子はコハク酸デヒドロゲナーゼの $FADH_2$ の還元に使われ，最終

的には呼吸鎖によって4分子のH₂Oを生ずることになる．

クエン酸回路には，化学修飾によって活性の調節をうけたり，またアロステリックな作用をうけるいくつかの酵素が存在する．いくつもの調節点や調節因子によって，細胞のエネルギーレベルや代謝産物の濃度に即応し，最適の速度で代謝が進行するよう緻密に制御されている．

後述するように，クエン酸回路を構成する化合物は他の種々の代謝経路と関連があり，クエン酸回路は生体内代謝の中心的役割を果たしている．

Box III.2.2

クエン酸サイクルとTCAサイクル

Krebs等によってクエン酸サイクルとしての経路が確立した1940年代初め，オキサロ酢酸の4位を放射性炭素で標識した［4-*C］オキサロ酢酸 HOO*CCH₂COCOOH を筋肉細胞に与えて，反応中間体を単離するトレーサー実験が行われた．

当時はプロキラリティーの概念がまだ確立されていなかったので，酵素はクエン酸の2つの対称的なカルボキシメチル基を区別できないものと思われていた．したがって，オキサロ酢酸のC4の放射能はクエン酸の段階で区別がなくなり，α-ケトグルタル酸ではC1とC5が等しく放射性炭素でラベルされるものと予想していた．しかし，実際にはケトン基に隣接するC1のカルボキシ基のみが標識されていたので，対称的なクエン酸はアセチルCoAとオキサロ酢酸からの直接の縮合生成物ではないのではないかとの疑問が起こり，Krebsの命名したクエン酸サイクルの名称はTCAサイクルと改められることになった．

```
*COOH              *COOH                        *COOH              *COOH
 |                  |                            |                  |
 CH₂       →        CH₂                          HO–CH      →       CO
 |                  |              アコニターゼ    |                  |
 CO                 HO–C–COOH      →              HC–COOH           CH₂
 |                  |                            |                  |
 COOH               CH₂                          CH₂                CH₂
                    |                            |                  |
                    COOH                         COOH               COOH

オキサロ酢酸          クエン酸                     イソクエン酸        α-ケトグルタル酸
```

この問題は1948年Ogstonによって解決された．

クエン酸は対称的な構造をもっているが，アコニターゼは酵素分子表面の3点でクエン酸に結合することにより，プロキラルなC3の炭素の2つのカルボキシメチル基を区別する．そのためC4を標識したオキサロ酢酸を用いると，α-ケトグルタル酸ではケトン基に隣接するC1位のみがラベルされることがわかった（II.6 酵素の活性中心を参照）．

その結果，クエン酸はサイクルの中間体であることが再確認され，クエン酸サイクルの名称も復活し，現在TCAサイクルなどとともに使われている．

III.2.4 呼吸鎖と酸化的リン酸化

　脱水素反応で生じた NADH やクエン酸回路のコハク酸は，真核細胞のミトコンドリア内膜において，酸素を最終的な電子受容体として酸化される．その過程で遊離するエネルギーは，ATP のピロリン酸結合として保存される．これらの現象を細胞呼吸と呼び，酸素に至る電子伝達の過程を呼吸鎖 respiratory chain，より正確には呼吸鎖電子伝達系 respiratory electron transport system という．NADH やコハク酸から酸素まで電子が運搬されるのに伴って放出されるエネルギーの捕捉・変換を理解するために，まず酸化還元電位について考えてみよう．

A　酸化還元電位と自由エネルギー変化

　物質の酸化されやすさを定量的に表す尺度として，電気化学の概念である酸化還元電位 (E_0) が用いられる．平衡状態にある酸化還元系（式(1)）の水溶液に白金電極を挿入すると半電池が構成されるが，これと標準水素電極 (0 volt) とを組み合わせたときの電位差 E_h をその系の酸化還元電位と定義する（式(2)）．

$$AH_2 \rightleftarrows A + 2H^+ + 2e \tag{1}$$

$$E_h = E_0' + \frac{RT}{nF} \cdot \ln \frac{[A_{ox}]}{[A_{red}]} \tag{2}$$

　[A_{ox}]：反応に関与する物質の酸化型の濃度
　[A_{red}]：反応に関与する物質の還元型の濃度
　R：気体定数 (8.314 J/deg/mol)
　T：絶対温度 (K)
　n：酸化還元に伴い移動する電子の数
　F：ファラデー定数 (96,500 J/volt/mol)

E_0' のダッシュ (') は，標準状態 (pH=0) ではなく一定の pH における値であることを示している．ほとんどの生体反応は中性付近で進行するので，生化学の領域では pH 7 の標準酸化還元電位を E_0' で表す．$T = 25°C (298 K)$ として式(2)を書き換えてみると，

$$E_h = E_0' + \frac{0.06}{n} \cdot \log \frac{[A_{ox}]}{[A_{red}]} \tag{3}$$

となる．表 III-2-1 に細胞呼吸に関連の深い E_0' をあげておく．

　酸化還元電位が低いものほど電子を失う傾向が強く，還元力が強いことを示している．E_0' の比較で，2つの酸化還元系の間の電子の流れを予測することができる．

　ある2つの酸化還元系が共役しているときの自由エネルギー変化は，それぞれの系の E_0' の差

表 III.2.1 　細胞内の主な系の酸化還元電位 E_0' 　（pH7, 25°C）

	n	E_0' (volt)
$H^+/\frac{1}{2}H_2$	1	-0.42
α-ケトグルタル酸/イソクエン酸	2	-0.38
NAD^+/$NADH+H^+$	2	-0.32
NADHデヒドロゲナーゼ　$FMN/FMNH_2$	2	-0.30
アセトアルデヒド/エタノール	2	-0.20
ピルビン酸/乳酸	2	-0.19
オキサロ酢酸/リンゴ酸	2	-0.17
フマル酸/コハク酸	2	-0.03
コハク酸デヒドロゲナーゼ　$FAD/FADH_2$	2	0.00
ユビキノン/ユビキノール　($CoQ/CoQH_2$)	2	$+0.04$
シトクロムb　Fe^{3+}/Fe^{2+}	1	$+0.07$
シトクロムc_1　Fe^{3+}/Fe^{2+}	1	$+0.23$
シトクロムc　Fe^{3+}/Fe^{2+}	1	$+0.25$
シトクロムa　Fe^{3+}/Fe^{2+}	1	$+0.29$
シトクロムa_3　Fe^{3+}/Fe^{2+}	1	$+0.55$
$\frac{1}{2}O_2/H_2O$	2	$+0.82$

$\Delta E_0'$ から求めることができる．

$$\Delta G^{\circ\prime} = -nF\Delta E_0' = -n \times 96,500\ \Delta E_0'\ (J/mol)$$

このように，1 volt の電位差のある 2 つの酸化還元系で 1 個の電子が移動するとき，1 mol 当たり 96.5 kJ の自由エネルギーが放出されることになる．細胞呼吸において重要な実際の例として，NADH が酸素で酸化される場合の標準自由エネルギー変化を求めてみよう．

〔計算例〕

$$NADH + H^+ + \frac{1}{2}O_2 \longrightarrow NAD^+ + H_2O$$

表 III.2.1 より　　$NAD^+/NADH + H^+$　　　　$E_0' = -0.32$ volt　$n = 2$
　　　　　　　　　$\frac{1}{2}O_2/H_2O$　　　　　　　　$E_0' = +0.82$ volt　$n = 2$
　　　　　　　　　$\Delta G^{\circ\prime} = -2 \times 96,500 \times ((+0.82)-(-0.32)) = -220$ kJ/mol

B　ミトコンドリアの構造

クエン酸回路，呼吸鎖電子伝達系，それに共役した酸化的リン酸化などのエネルギー代謝に関わる酵素系は，すべてミトコンドリアに局在している．ミトコンドリアの大きさと形は，細胞の種類や代謝状態により異なるが，典型的なミトコンドリアは，直径 $0.5\ \mu m$，長さ $1\ \mu m$ の楕円

(a) ミトコンドリアの構造　　　(b) 模式的断面図

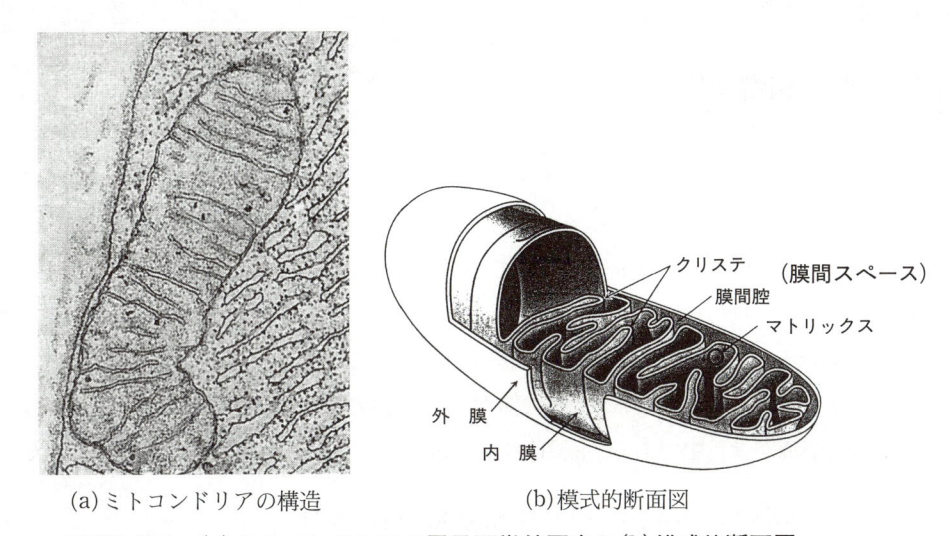

図 III.2.4　(a) ミトコンドリアの電子顕微鏡写真と (b) 模式的断面図
(Jeremy M. Berg ら著，入村達郎ら監訳(2004)ストライヤー生化学 第5版，492頁，図 18-1 と 18-3，東京化学同人)

体で，細菌程度の大きさである．図 III.2.4 にミトコンドリアの電子顕微鏡写真(a)と模式的断面図(b)を示す．

　生物進化の過程において，嫌気性の真核生物の祖先に好気性細菌が入り込んで共生関係を維持・確立し，酸化的リン酸化を担うミトコンドリアというオルガネラ organelle（細胞小器官）として定着したと考えられている．ミトコンドリアは細胞機能を維持するためのエネルギー代謝の中心として機能している同時に，プログラムされた細胞死であるアポトーシス apoptosis にも重要な役割を果たしていることが明らかになってきた．まさに，細胞の生死の制御に関わるオルガネラであるといえる．

　ミトコンドリアは，なめらかな外膜と多くのひだ状構造クリステ cristae をもつ内膜の二重膜で囲まれている．内膜には，シトクロム cytochrome 類やクエン酸回路の酵素でもあるコハク酸脱水素酵素など呼吸鎖電子伝達系のすべての成分，そして酸化的リン酸化に関わる ATP 合成酵素が局在している．内膜に囲まれたゲル状の流動相はマトリックス matrix と呼ばれ，クエン酸回路などの酸化的代謝系の可溶性酵素が存在する．また，マトリックスには DNA, RNA, リボソームなどが存在し，ミトコンドリアタンパクの一部を合成している．ミトコンドリアの外膜の孔ポーリン porin（VDAC：voltage-dependent anion channel とも呼ばれる）は多くの低分子物質を容易に透過するが，内膜の透過性には厳密な選択性があり，特定の物質のみを通過させる．例えば，動物細胞のミトコンドリア内膜は NADH を透過しないために細胞質の NADH を直接酸化することができない．後述するように（p.267〜268），2種類のシャトルで細胞質の NADH の還元力を利用している．

C 呼吸鎖電子伝達系

呼吸鎖電子伝達系（呼吸鎖）は，NADHやコハク酸からの電子（あるいは水素）を，一連の電子運搬体を経て末端電子受容体である分子状酸素に渡す複合酵素系である．これは，4つの機能的複合体と可動性成分から成る系としてとらえることができる．真核生物ではミトコンドリアの内膜に，原核生物では原形質膜に，呼吸鎖電子伝達系およびそれと共役した酸化的リン酸化系が局在している．複合体I～IVの構造や反応機構に関しては，1990年代の後半からX線結晶構造解析により多くの知見が得られ，三次元的立体構造と反応機構の解明が急速に進展し，現在もなお活発な研究が進行中である．図III.2.5に電子とプロトンの流れの概略をまとめた．

a) NADHの酸化（NADH-CoQ還元酵素，複合体I）

この複合体は46個のすべて異なるサブユニットから成るミトコンドリア内膜最大のタンパク質複合体で（1,000 kDa）で，1分子のFMNと8個の鉄-イオウクラスター（加熱等の処理で容易に遊離するイオウと鉄を含む電子運搬体）を含んでいる．L字型の立体構造をしており，マトリックスに突き出た部分に存在するNADH結合部位が，マトリックスの脱水素酵素群の反応で生成したNADHと効率よく反応できる．複合体Iは，NADHによるCoQの還元という発エルゴン的反応と同時に，4個のプロトンをマトリックスから膜間スペースへ輸送するという吸エルゴン的過程を触媒する．したがって，複合体Iは，「電子伝達のエネルギーによって動くプロトンポンプ」である．NADHからの電子は，FMNから鉄-イオウクラスターを経てCoQの方

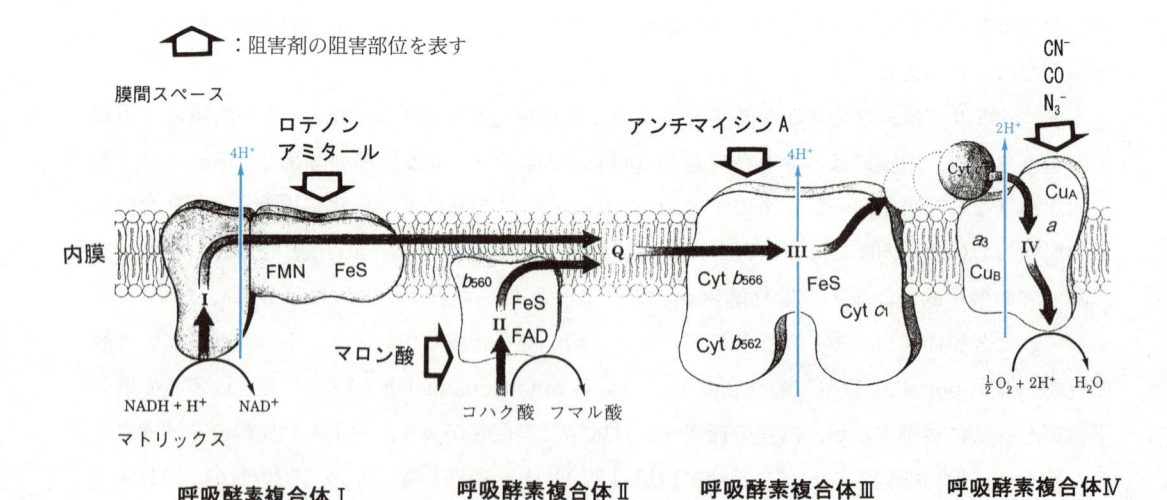

図III.2.5 呼吸鎖電子伝達系の概略

(David L. NelsonとMichael M. Cox著，山科郁男監修(2002)レーニンジャーの新生化学 第3版，866頁，図19-14を改変，廣川書店)

向へ進む．アミタール（アモバルビタール，バルビツール酸系催眠剤），ロテノン（植物由来の殺虫成分），カプサイシン（トウガラシの辛味成分）は，この複合体を特異的に阻害する．パーキンソン病を発症させる神経毒 MPP$^+$（1-methyl-4-phenylpyridinium ion）も複合体 I を阻害する．複合体 I の異常に関連した疾患や病態がいくつか知られており，退行性疾患であるパーキンソン病もその一つである（BOX III.2.3 参照）．

b) コハク酸脱水素酵素（コハク酸-CoQ 還元酵素，複合体 II）

クエン酸回路における唯一の膜結合酵素であるコハク酸脱水素酵素についてはすでに述べた（p.251）．この複合体はコハク酸脱水素酵素（共有結合した FAD を含む）のほか，3 個の疎水性サブユニットから成る比較的単純な構造で，補因子として FAD，3 個の鉄-イオウクラスターとシトクロム b_{560} が機能している．すべてのサブユニットが核ゲノムにコードされている呼吸酵素複合体は，この複合体 II のみである．コハク酸から CoQ への電子伝達では酸化還元電位差が小さく，放出される自由エネルギーは ATP 合成に必要な量には満たない（図 III.2.8 参照）．マロン酸は，基質であるコハク酸に対する拮抗阻害剤である．

c) コエンザイム Q（CoQ）

コエンザイム Q（補酵素 Q）coenzyme Q はイソプレノイド側鎖がついた脂溶性のベンゾキノンで，酸化型はユビキノン ubiquinone とも呼ばれる．この名は，ubiquitous（普遍的な）という言葉に由来し，その名のとおり生物界に広く見出されている．側鎖のイソプレン単位の数によって，CoQ_n と表記される．哺乳動物の CoQ は CoQ_{10} である．ユビキノンは 1 個の電子を受け取

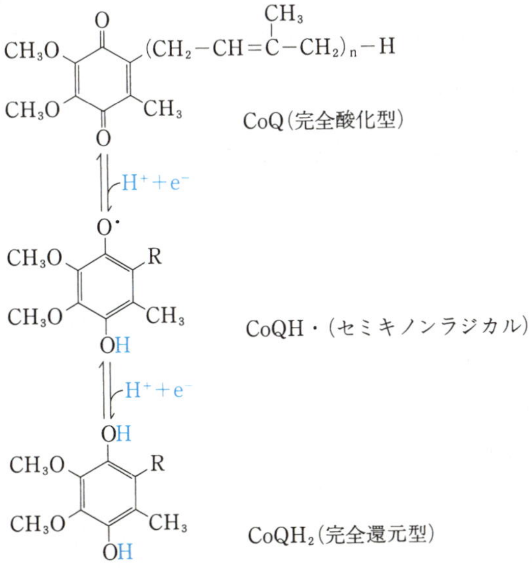

図 III.2.6 コエンザイム Q の酸化還元

ってユビセミキノンラジカルになり，さらにもう1個の電子を受け取ってユビキノール ubiquinol になる（図III.2.6）．ユビキノンは疎水性の低分子であるために，ミトコンドリア内膜の脂質二重層の中を自由に拡散し，電子をシトクロム b に伝達すると同時に，複合体IIIにおけるプロトンの運搬の役割も担っている．最近，活性酸素による障害を防御する脂溶性抗酸化剤としての CoQ の側面が注目されている．

d）シトクロム類

シトクロムは電子運搬能を有するヘムタンパク質の総称で，1925年 Keilin により「細胞の (cyto-) 色素 (chrome)」シトクロム cytochrome と命名された．シトクロム類の特徴的な色は，ヘム補欠分子族によるものである．ポルフィリンに鉄が配位した錯体はヘム heme と呼ばれ，側鎖の違いによりいくつかの種類がある．ヘモグロビンはヘム鉄が2価のときにのみ酸素を結合・解離するという生理的機能を果たすのに対して，シトクロムではヘム鉄の原子価の変化が機能に直接関係している点が大きな違いである．図III.2.7に示したシトクロム c の例のように，酸化型と還元型では吸収スペクトルが異なっている．還元型では，可視部に3つの吸収帯（α，β，γ 帯）を示すが，最長の波長での吸収帯（α 帯）の位置によって，a 型，b 型，c 型等に分類される．

ミトコンドリアの呼吸鎖を構成するシトクロムは，シトクロム b （複合体IIに含まれる b_{560}，複合体IIIに含まれる b_{562}，b_{566}），c_1，c，a，a_3 である．シトクロムのヘム鉄の酸化還元電位は，周囲のアミノ酸の側鎖との相互作用に強く依存しているので，それぞれかなり異なっている．シトクロムの多くは膜に組み込まれたタンパク質であるが，例外の1つがミトコンドリアのシトクロム c で，塩基性の可溶性タンパク質であり，ミトコンドリア内膜の外表面に静電的相互作用で会合している．電子伝達のみに関わると思われていたシトクロム c は，アポトーシスの引き金としてミトコンドリアから細胞質へ放出される主要なシグナル分子であることが明らかにされ，細胞生物学的研究が飛躍的に展開している．

e）シトクロム c の還元（CoQ-シトクロム c 酸化還元酵素，複合体III）

複合体III（シトクロム bc_1 複合体）は，還元型 CoQ でシトクロム c を還元する反応を触媒し，その際放出される化学エネルギーを使ってマトリックスから膜間スペースへ4個のプロトンを輸送する．2種類の b 型シトクロム（b_{562}，b_{566}），シトクロム c_1，Rieske 鉄イオウタンパク質を含む合計11個のサブユニット群が，さらに2量体となって機能している．この複合体における電子伝達のメカニズムは複雑であるが，ユビキノン自身がプロトンの輸送担体となるプロトン駆動キノンサイクル（Qサイクル）として理解されている．放線菌から単離された抗生物質アンチマイシンA antimycin A は，この複合体の強力な特異的阻害剤である．

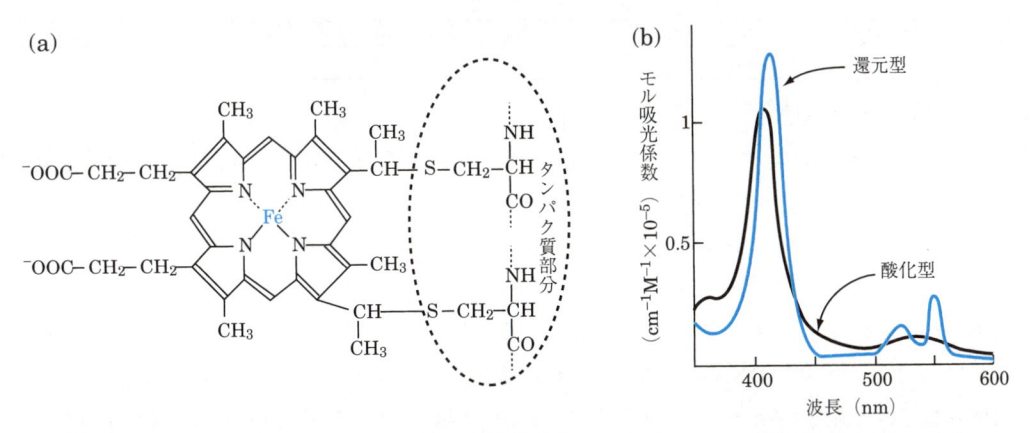

図 III.2.7　シトクロム c のヘム付近の構造(a)とシトクロム c の吸収スペクトル(b)

f) 酸素の還元（シトクロム酸化酵素，複合体 IV）

　この酵素複合体1分子中に2分子のヘム a が含まれているが，それぞれの周辺環境の違いから，スペクトル的にも機能的にも異なる a と a_3 として存在している．さらに，明確に区別される2個の銅イオン，Cu_A と Cu_B も電子伝達に不可欠な成分として含まれている．この酵素は，シトクロム c から電子を受け取り，最終的な電子受容体である分子状酸素に電子を渡して水を生成する反応を触媒すると同時に，2個のプロトンをマトリックスから膜間スペースへ輸送するプロトンポンプ機能を果たす．プロトンを膜の内側から外側へ運ぶ機序の詳細に関しては解明が待たれる．シアンイオン CN^-，一酸化炭素，アジドイオン N_3^- はこの酵素を阻害する．

Box III.2.3

ミトコンドリア DNA

　ミトコンドリアには，固有のゲノムすなわち 16,569 塩基対から成る環状二重鎖 DNA 分子が存在する．ミトコンドリアのタンパク質の大部分は核にコードされているが，13 個はミトコンドリアにコードされている．ミトコンドリアの機能低下によって心臓，骨格筋，脳などに異常を生じる疾患は「ミトコンドリア病」と呼ばれているが，大部分のミトコンドリア病はミトコンドリア DNA の変異が原因である．酸化的リン酸化による ATP 合成に大きく依存している脳神経系や心臓は，ミトコンドリア DNA の変異の影響が最も顕著に現れやすい．哺乳動物ミトコンドリア DNA は母親に由来するために，その変異によって引き起こされる先天性疾患は母性遺伝するものが多い．Leber 病，MELAS，MERFF，KSS などがある．さらに，ミトコンドリア DNA は，電子伝達に伴って複合体 I や III で発生する活性酸素種の攻撃に絶えず曝されているので，塩基の置換や再配置といった変異の頻度が比較的高い．神経毒 MPP^+ は，複合体 I の活性を阻害するほかに，ミトコンドリア DNA の複製を阻害することにより障害を引き起こす可能性も報告されている．長期にわたるミトコンドリア DNA の変異の蓄積がパーキンソン病のような退行性疾患や老化につながるとも考えられている．

　ミトコンドリア DNA は，進化の研究にとってきわめて有利な特徴をもっている．①核の DNA に比べて塩基置換の起こる速度が 10 倍ほど速く，②母性遺伝するので系統関係が復元でき，③細胞内に多量に存在するため分析が容易である．これによって，約 15 万年前にアフリカで生まれた原生人類ホモ・サピエンスが全人類の共通の祖先となったことも明らかになった．60 億人の全地球人の共通の大祖母がいわゆる"ミトコンドリア・イヴ"である．

D　酸化的リン酸化

　生体が必要とするエネルギーは，大量の自由エネルギー放出を伴う有機物の代謝に共役して合成される ATP などのリン酸化合物の高エネルギー結合の形態で捕捉され，供給されている．呼吸鎖電子伝達系と共役した ATP の合成反応は，酸化的リン酸化 oxidative phosphorylation という．これに対してすでに述べた解糖系における ATP 合成（p.242）やクエン酸回路のスクシニル CoA 合成酵素による GTP 合成（p.250）は，基質レベルのリン酸化として明確に区別されている．

　電子伝達系の電子の流れに伴うエネルギー落差を，図 III.2.8 に示した．複合体 I，複合体 III，複合体 IV の 3 か所で放出される自由エネルギーが，ATP を合成するのに必要なエネルギー（$\Delta G^{\circ\prime} = -30.5\,\mathrm{kJ/mol}$）を上回っている．この 3 種の複合体それぞれに ATP 合成との共役部位 coupling site が存在することが実験的にも裏付けられた．すでに述べてきたように，この 3 種の複合体では電子伝達に伴ってマトリックスのプロトンが内膜の外側へと輸送される．

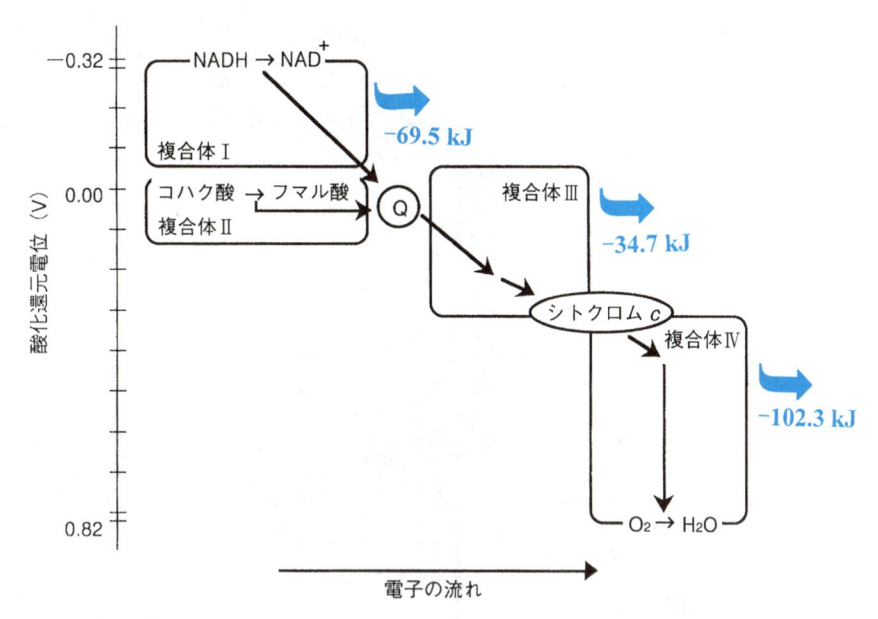

図III.2.8 呼吸鎖電子伝達系における電子の流れと自由エネルギーの落差

新鮮で無損傷のミトコンドリアでは，呼吸基質や酸素が十分に存在してもATP合成のためのADPがなければ，呼吸すなわち電子伝達はほとんど起こらない．ミトコンドリアでは呼吸鎖とADPのリン酸化が緊密に共役しているために，リン酸化が作動しなければ呼吸鎖の電子伝達も抑制されてしまうのである．このようなADPによる呼吸速度の制御を呼吸の受容体制御 acceptor control という．ミトコンドリアの呼吸において，酸素1原子当たりに生成するATP分子数をP/O比と呼ぶ．理論上，NADHを電子供与体とする呼吸鎖電子伝達ではP/O = 3，コハク酸を基質とする電子伝達ではP/O = 2と予想されるが，実験的に得られるP/O比は，それぞれ2.5と1.5に近い値となる．図III.2.5に示すように，1/2分子の酸素（酸素原子1個）を還元する呼吸鎖電子伝達，すなわちNADHおよびコハク酸の酸化に共役して輸送されるプロトンは，それぞれ10個と6個である．ATP1分子の合成を駆動するのに必要なプロトンは，4という値が広く受け入れられている．したがって，NADHについてのP/O比は2.5，コハク酸についてのP/O比は1.5ということになる．本書では2.5と1.5を用いるが，従来から3と2とする文献も多く，確定的な数値は得られていないというのが現状である．

a) 酸化的リン酸化の機構

ATP合成は，ミトコンドリア内膜に存在する酵素複合体（複合体V）により行われる．最初にATP加水分解活性が見出されたので，ミトコンドリアATP分解酵素 mitochondrial ATPase または H^+-ATPase と呼ばれていたが，実際の機能は「ATP合成酵素 ATP synthase」である（図III.2.9）．

ミトコンドリアでは，直径約85Åの「ドアの取っ手」状の突起が内膜のマトリックス側に突

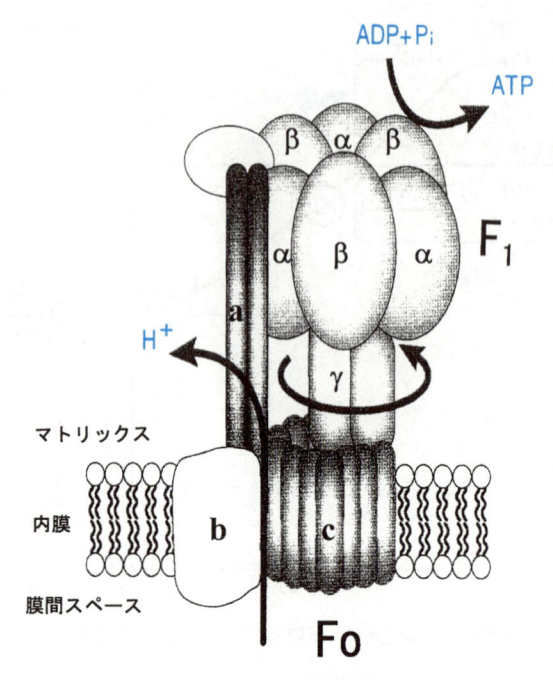

図 III.2.9　ATP 合成酵素の模式図

き出ている．この「ドアの取っ手」の球状の部分は F_1 と呼ばれ，ATPase 活性を示すが，本来の役割は，ATP 合成反応を触媒することである．可溶化した F_1 が示す ATPase 活性は，生理作用の逆反応である．5種類のサブユニットから成る9量体（$\alpha_3\beta_3\gamma\delta\varepsilon$）で，$\alpha$ と β はミカンの房のような形状で交互に並んでいる．触媒反応を行う部位は β サブユニット上にある．「ドアの柄」の部分は，抗生物質オリゴマイシン oligomycin で阻害されることから **Fo** と呼ばれ，プロトンが膜を通るときの透過路である．a，b，c およびその他のサブユニットから構成されるが，c サブユニットは膜を貫通するリング構造を形成している．F_1Fo は，ミトコンドリア，葉緑体に加えて細菌の原形質膜に至るまで類似の構造をもち，「ATP 合成酵素」として機能している．

　呼吸基質の酸化と ADP のリン酸化は，どのように共役しているのだろうか？　いろいろな仮説が出されたが，1961 年 Mitchell（1978 年ノーベル化学賞）が提唱した「**化学浸透圧説（化学浸透説）**」chemiosmotic hypothesis が，多くの証拠によって定説となっている．このモデルは，酸化還元系とプロトン輸送系の共役により ATP 合成が起こるというものである．複合体 I，III，IV における電子伝達に伴って放出されるエネルギーは，ミトコンドリア内膜を横切る**プロトン駆動力** proton motive force の生成を誘導する．すなわち，呼吸鎖を通って電子が伝達されると，マトリックスから膜間スペースへプロトンが輸送される．その結果，プロトンの濃度勾配ができて，膜の外側に正の電位が生じる（図 III.2.10）．こうして貯えられたエネルギーがプロトン駆動力であり，ATP 合成酵素による ATP 合成を推進する力となる．

　ATP 合成酵素を通ってマトリックスに向かうプロトンの流れは，どのようにして ATP 合成

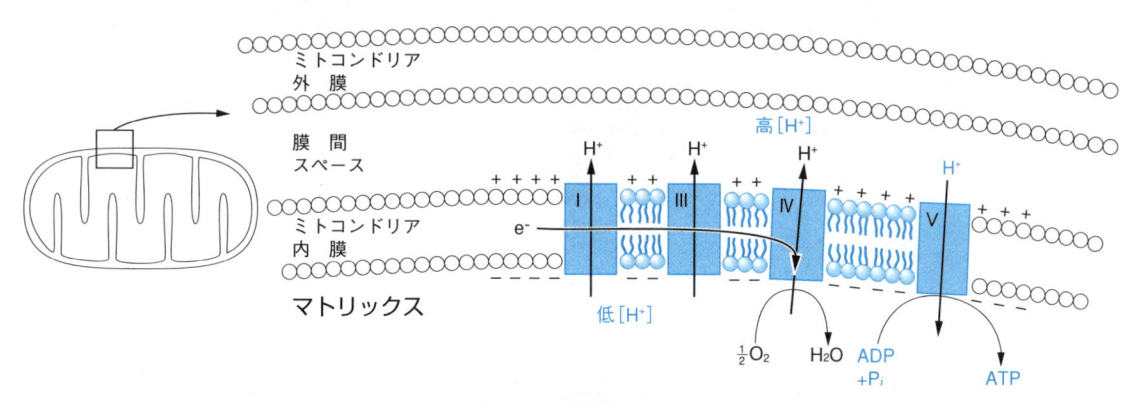

図 III.2.10　化学浸透説：電子伝達と共役した ATP 合成

呼吸鎖電子伝達系の複合体 I，III，IV における電子伝達に伴って，マトリックスからプロトンが輸送され，内膜を隔てた電気化学的勾配が形成される．プロトンがマトリックスに戻る発エルゴン過程が ATP 合成を駆動する．
(Donald Voet と Judith G. Voet 著，田宮信雄ら訳 (2005) ヴォート生化学第 3 版 (上)，639 頁，図 22-29，東京化学同人)

を進めるのだろうか？　熱力学的平衡現象として，ATP は F_1 上で外部エネルギーなしに結合状態で合成される．この結合型 ATP を解離させるためにエネルギーが必要なのである．Boyer (1997 年ノーベル化学賞) が提唱した「回転触媒説」が，F_1 の X 線結晶構造解析の結果から裏付けられた．続いて，F_1-ATPase の部分複合体を用いて ATP の加水分解に伴う γ サブユニットの回転が直接観察され，"回転"が証明された．さらに，γ サブユニットの逆回転による ATP 合成も報告されている．図 III.2.11 のモデルに示すように，中央で回転する γ サブユニットのまわりで，触媒部位のある 3 個の β サブユニットは開放型 (open, O)，弱い結合型 (loose, L)，強い結合型 (tight, T) の 3 種類の高次構造を循環しながら，ADP をリン酸化し ATP を放出する．γ サブユニットは，回転のエネルギーを触媒部位のコンホメーション変化に共役させているのである．では，Fo を通るプロトンの流れがどのようにして γ サブユニットの回転を駆動するのだろうか？　この機構の詳細は未だ明らかではないが，c サブユニットの中央付近に存在するグルタミン酸残基（大腸菌ではアスパラギン酸残基）との結合を介してプロトンが通過するときに c サブユニットのリング構造の回転が駆動され，c リングに強固に結合している γ サブユニットの回転を推進すると考えられている．

b) ミトコンドリア機能の阻害剤

ミトコンドリアの呼吸鎖電子伝達系や ATP 合成系には，種々の特異的な阻害剤が見出され，それらを用いて新たな研究が進展してきた．阻害剤の作用部位と作用機構をまとめる（化学構造は図 III.2.12 に示す）．

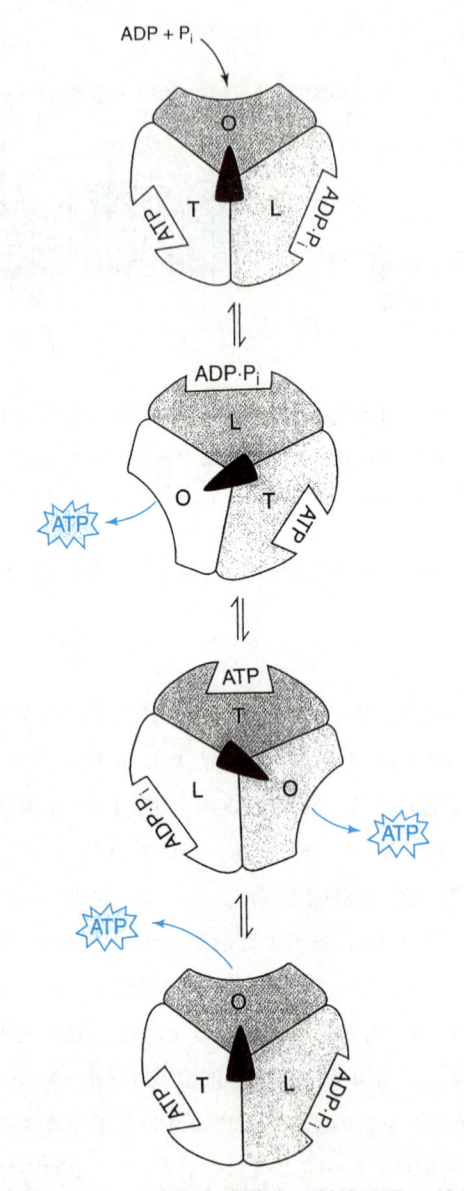

図 III.2.11　ATP 合成酵素の結合変化の機構
F_1 を構成する 3 個の β サブユニットは化学的には同一だがコンホメーションが異なり，相互作用し合う．γ サブユニット (黒三角で図示) の回転によって伝えられたエネルギーによって，L(loose) → T(tight) → O(open) → L とコンホメーション変化する．T 部位で ATP が合成され，O 部位で ATP が放出される．

i) 電子伝達の阻害剤

複合体 I ………… ロテノン　rotenone（マメ科の植物デリスの根に含まれる殺虫成分）
　　　　　　　　　アミタール　amytal（バルビツール酸系催眠剤）
複合体 II ………… マロン酸　malonate
複合体 III ………… アンチマイシン A　antimycin A（放線菌が産生する抗生物質）
複合体 IV ………… CN^-, CO, N_3^-, H_2S

ii) 脱共役剤

電子伝達を阻害することなく呼吸鎖とATP合成系の共役を解除し，ATP合成を阻害する化合物を脱共役剤 uncoupler と呼ぶ．ジニトロフェノール dinitrophenol や CCCP（carbonyl-cyanide-m-chlorophenylhydrazone）は，ミトコンドリア内膜を横切ってプロトンを運搬し，プロトン濃度勾配を消失させる．

iii) ATP合成酵素の阻害剤

放線菌 Streptomyces rutgersensis が産生する抗生物質オリゴマイシン oligomycin は，プロトンの透過を阻害することによりATP合成酵素を阻害する．DCCD（dicyclohexyl carbodiimide）は，Foサブユニットのカルボキシ基と反応しプロトンの通過を阻害する．

iv) 膜透過・輸送の阻害剤

ミトコンドリア内膜には，マトリックスのATPと引き換えに細胞質からADPを取り込むATP/ADP交換反応を触媒する **ATP/ADPトランスロカーゼ**（ATP/ADPトランスロケーター）が機能している．アトラクチロシド atractyloside（地中海産あざみの一種の根茎に含まれる配糖体）は，内膜の外側からの輸送を特異的に阻害し，ボンクレキン酸 bongkrekic acid は内膜の内側からの輸送を阻害する．

Box III.2.4

褐色脂肪組織の熱産生

恒温動物の熱産生において，心拍数の増大，血圧の上昇，血流量の増大，筋肉のふるえなどとは全く異なる機構を持つ特殊な細胞群が存在する．ヒト新生児や冬眠する熊にみられる「褐色脂肪細胞」と呼ばれる発熱担当細胞である．この褐色脂肪細胞のミトコンドリア内膜には，脱共役作用を持つ特殊なタンパク質が存在し，uncoupling protein（UCP）と命名された．電子伝達に伴って輸送されたプロトンは，ATP合成酵素ではなくこのUCPを通ってマトリックスに戻るために，膜電位として貯えられていたエネルギーはATP合成には利用されず，熱として放出され体温維持に寄与することになる．これまでに，UCP-1〜UCP-4が同定され，褐色脂肪組織以外でも種々の組織で機能していることが報告されている．

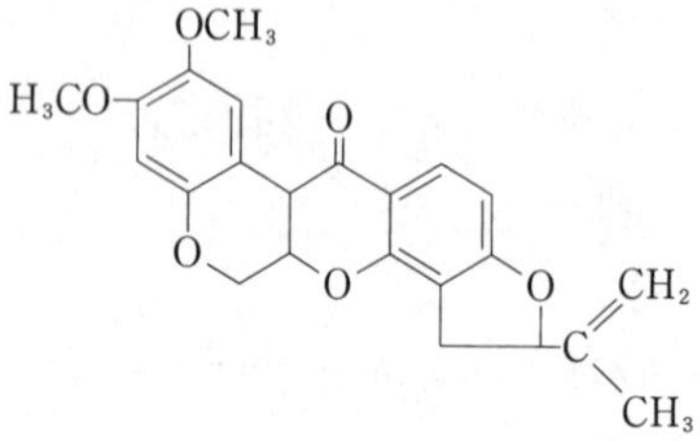

III 生体成分の代謝

ロテノン rotenone

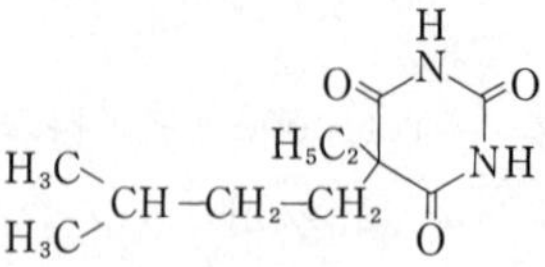

アミタール amytal

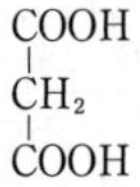

マロン酸 malonate

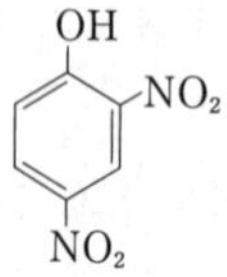

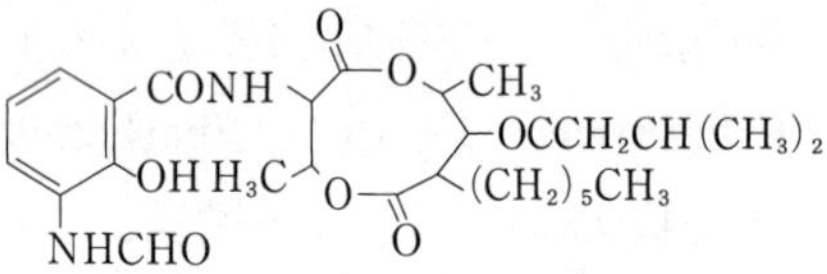

アンチマイシンA_1　antimycin A_1

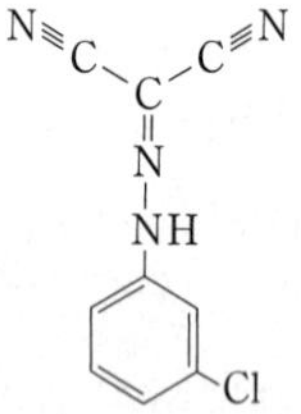

ジニトロフェノール dinitrophenol

CCCP
(carbonylcyanide-m-chlorophenylhydrazone)

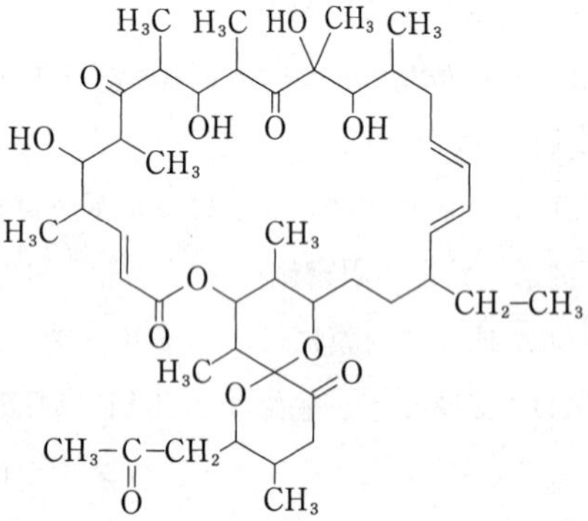

オリゴマイシン B　oligomycin B

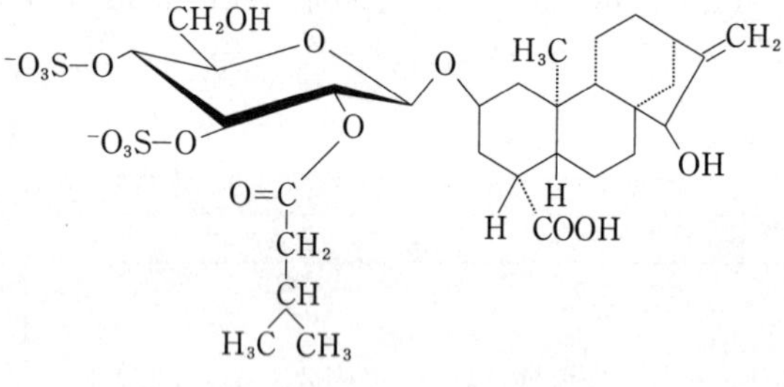

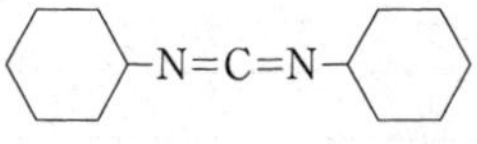

DCCD
(dicyclohexylcarbodiimide)

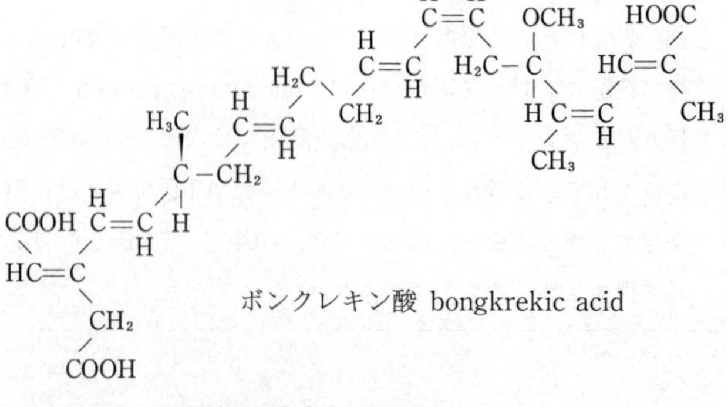

アトラクチロシド atractyloside

ボンクレキン酸 bongkrekic acid

図 III.2.12　ミトコンドリア機能の阻害剤の構造

E 酸素呼吸のエネルギー効率

a) 細胞質のNADHのミトコンドリアへの輸送系

前述のとおり，ミトコンドリア内膜は，NAD^+とNADHを透過することができない．細胞質に局在する解糖系のグリセルアルデヒド3-リン酸脱水素酵素反応で生成するNADHは，どのようにして呼吸鎖による酸化を受けるのだろうか？　ミトコンドリア内膜には，細胞質のNADHの還元力を利用するために，2種類の輸送機構が存在しているのである．

i) グリセロールリン酸シャトル（グリセロール3-リン酸シャトル）

図III.2.13に示すように，細胞質のNAD^+-依存性グリセロール3-リン酸脱水素酵素によってNADHの酸化と共役してジヒドロキシアセトンリン酸からグリセロール3-リン酸が生成し，ミトコンドリアに取り込まれる．そして，内膜のグリセロール3-リン酸脱水素酵素の作用を受けて生成したジヒドロキシアセトンリン酸は，細胞質に戻る．ミトコンドリアのグリセロール3-リン酸脱水素酵素は，FADを補欠分子としてCoQの還元を触媒するので，呼吸鎖に直接電子を送り込む働きをする．このシャトルによって，NADH 1分子の酸化で1.5分子のATPが合成

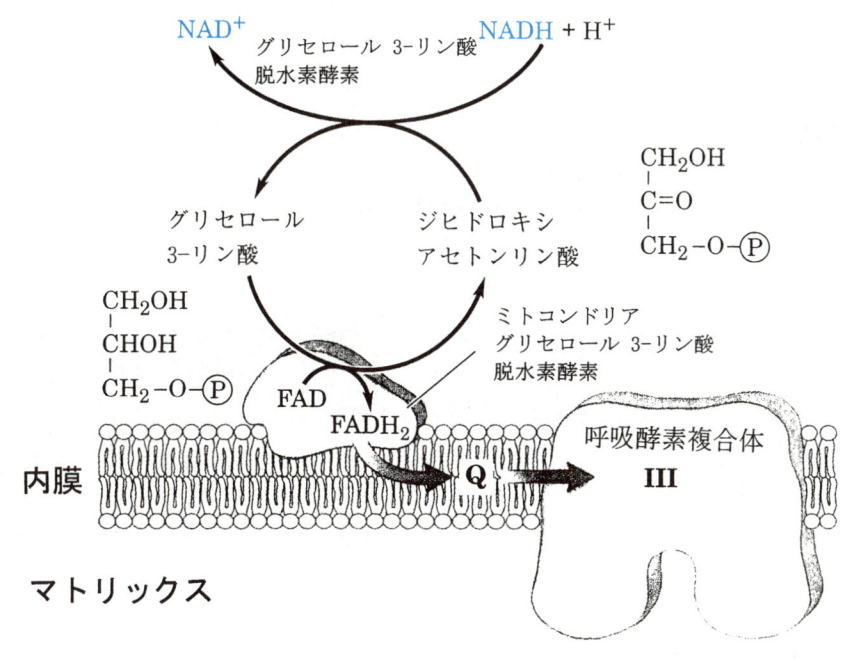

図III.2.13　グリセロールリン酸シャトル

(David L. NelsonとMichael M. Cox著，山科郁男監修(2002)レーニンジャーの新生化学1　第3版，884頁，図19-27，廣川書店を若干改変)

されることになる(p.261参照).この経路は,昆虫の飛翔筋において特に重要な役割を果たしている.

ii) リンゴ酸-アスパラギン酸シャトル

この経路は,グリセロール3-リン酸シャトルとは異なり,両方向の輸送が可能であり,ミトコンドリアと細胞質の両方に存在するリンゴ酸脱水素酵素とGOT (glutamate oxaloacetate transaminase) という合計4つの酵素が関係している(図III.2.14).細胞質でNADHの酸化に伴ってオキサロ酢酸がリンゴ酸に還元されてミトコンドリアに運ばれ,そこで再びオキサロ酢酸に酸化される際にNADHを生成する.オキサロ酢酸は内膜を透過できないが,GOTの作用でアスパラギン酸となって細胞質に輸送される.細胞質のGOTにより,オキサロ酢酸が再生する.この巧妙なシャトルによって,ミトコンドリアで生成したNADH1分子から,2.5分子のATPが合成される(p.261参照).

b) グルコース代謝のエネルギー効率

1モルのグルコースが解糖系およびクエン酸回路で代謝される際のエネルギー効率について考えてみよう.

解糖系では,

グルコース1モルからピルビン酸2モルとATP 2モルとNADH 2モル

クエン酸回路では,

ピルビン酸2モルからATP 25モルとCO_2 6モル

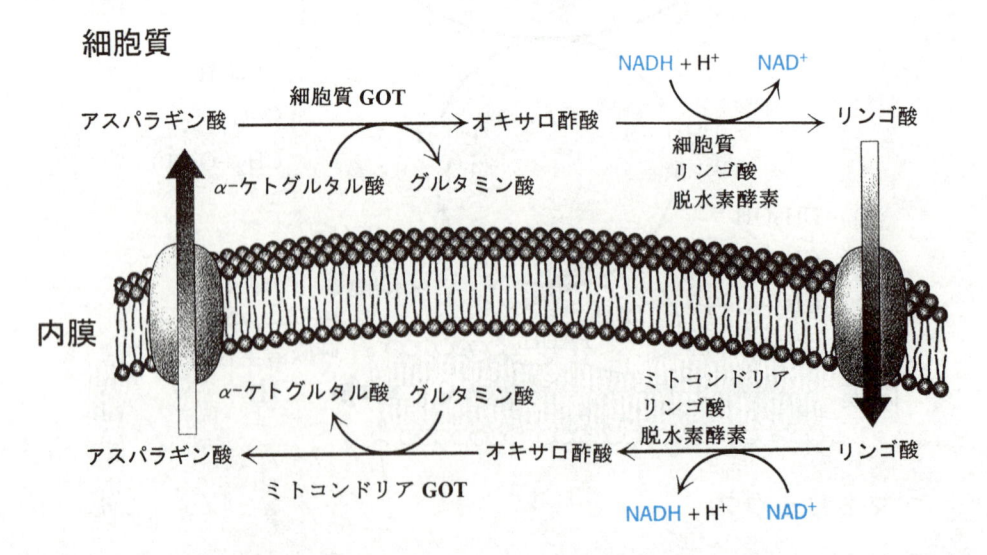

図III.2.14 リンゴ酸-アスパラギン酸シャトル

(Jeremy M. Bergら著,入村達郎ら監訳(2004)ストライヤー生化学 第5版,515頁,図18-38,東京化学同人)

さらに，解糖系で生成した2モルのNADHの還元力は，グリセロール3-リン酸シャトル経由でミトコンドリアにおいて酸化されると3モルのATP，リンゴ酸-アスパラギン酸シャトル経由では5モルのATPをそれぞれ生成する．組織や代謝状態によりどちらのシャトルが中心的に働くかは異なるが，解糖系からクエン酸回路を経て1モルのグルコースが完全酸化されると，合計30または32モルのATPが生成することになる．30モルATPとして，グルコースの酸化をまとめると，

$$\text{グルコース} + 6O_2 + 30ADP + 30P_i \longrightarrow 30ATP + 6CO_2 + 36H_2O$$

となる．エネルギーの収支を計算してみると，

発エルゴン反応：

$$\text{グルコース} + 6O_2 \longrightarrow 6CO_2 + 6H_2O \qquad \Delta G^{\circ\prime} = -2{,}870\ \text{kJ/mol}$$

吸エルゴン反応：

$$30ADP + 30P_i \longrightarrow 30ATP + 30H_2O \qquad \Delta G^{\circ\prime} = 30.5 \times 30 = 915\ \text{kJ/mol}$$

エネルギー効率は，915/2,870 ×100 = 32％となり，非常に効率の良いエネルギー変換系であるといえよう．まさに「夢の超高性能エンジン」である．生理的条件下での実際のエネルギー効率はさらに高く，60〜70％にまで達するかもしれない．

III.2.5 ペントースリン酸回路

ペントースリン酸回路，五炭糖リン酸回路 pentose monophosphate pathway (shunt), phosphogluconate pathway, Warburg-Dickens pathway は，グルコースが代謝される重要な経路の一つで，細胞質に存在して解糖系のバイパス的な意義と同時に，① 脂肪酸やステロイドなどの生合成に必要な還元剤NADPHの生成，② 核酸の構成成分であるリボース5-リン酸の生成などに関与した代謝経路である．

ヨード酢酸やフッ化物は，解糖系の阻害剤として知られているが，これらをある種の組織に加えてもグルコースの代謝は行われることから，グルコースの代謝経路には別の経路が考えられた．1935年にWarburgはNADP$^+$を発見し，グルコース6-リン酸が酸化されて6-ホスホグルコン酸になり，同時にNADP$^+$はNADPHになることを観察したが，この反応は解糖系にはない反応である．さらに^{14}Cをトレーサーとして用いた実験から，グルコースの1位の炭素原子のほうが6位の炭素より早く酸化されて$^{14}CO_2$を生ずる場合のあることがわかった．もし，グルコースの分解が解糖系だけで進むなら，1-^{14}C-グルコースも6-^{14}C-グルコースも3-^{14}C-ピルビン酸に変わり，続いて$^{14}CO_2$に分解されるから，$^{14}CO_2$の生成速度は，いずれの場合でも等しいはずである．このような事実がきっかけとなり，ペントースリン酸回路が明らかにされた（図III.2.16）．

270 III 生体成分の代謝

図 III.2.16 ペントースリン酸回路（青色の矢印）

$$6\text{ グルコース }6\text{-リン酸} + 12\,\text{NADP}^+ + 6\,\text{H}_2\text{O} \longrightarrow 6\,\text{CO}_2 + 12\,\text{NADPH} + 12\,\text{H}^+ + 4\text{ フルクトース }6\text{-リン酸} + 2\text{ グリセルアルデヒド }3\text{-リン酸}$$

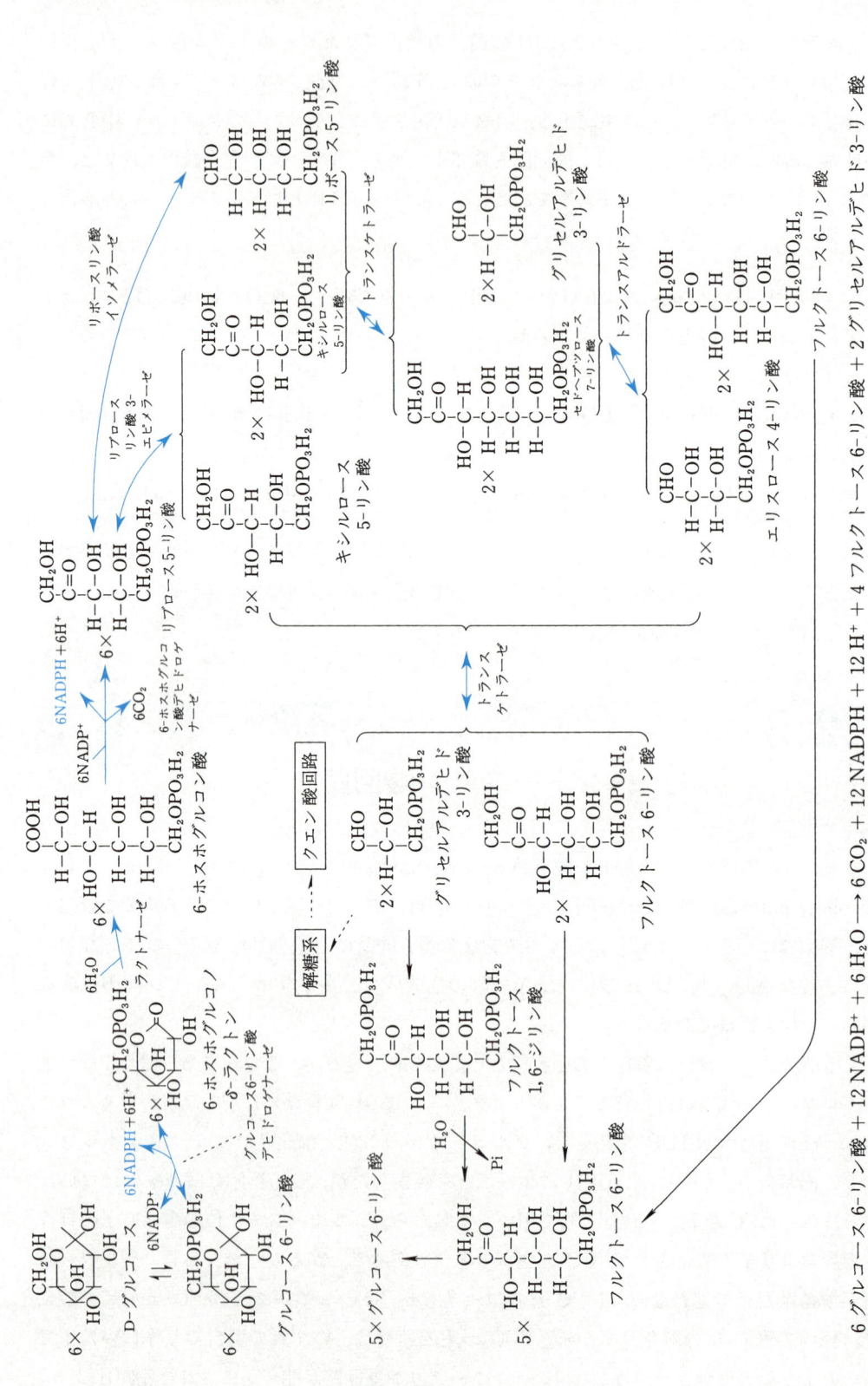

A 代謝経路

グルコース，またはグルコース 1-リン酸からグルコース 6-リン酸になるところまでは解糖系の反応と同じであるが，グルコース 6-リン酸から先の反応が解糖系とペントースリン酸回路では異なっている．

グルコース 6-リン酸は，グルコース 6-リン酸デヒドロゲナーゼ glucose-6-phosphate dehydrogenase の作用をうけて補酵素 $NADP^+$ に水素を渡して酸化され，NADPH を生成して 6-ホスホグルコノ-δ-ラクトンになる．

$$\text{D-グルコース 6-リン酸} + NADP^+ \rightleftharpoons \text{6-ホスホグルコノ-}\delta\text{-ラクトン} + NADPH + H^+$$

この反応は可逆的で，右向きの反応は NADPH や脂肪酸によって阻害される．

6-ホスホグルコノ-δ-ラクトンはさらに 6-ホスホグルコノラクトナーゼ 6-phosphogluconolactonase の作用により 6-ホスホグルコン酸になる．

$$\text{6-ホスホグルコノ-}\delta\text{-ラクトン} + H_2O \longrightarrow \text{6-ホスホグルコン酸}$$

この反応と次の 6-ホスホグルコン酸デヒドロゲナーゼ 6-phosphogluconate dehydrogenase の反応は不可逆的である．

6-ホスホグルコン酸は，6-ホスホグルコン酸デヒドロゲナーゼの作用をうけてリブロース 5-リン酸と CO_2 とに変化すると同時に NADPH を生成する．

$$\text{6-ホスホグルコン酸} + NADP^+ \longrightarrow \text{D-リブロース 5-リン酸} + CO_2 + NADPH + H^+$$

生成したリブロース 5-リン酸は，リボースリン酸イソメラーゼ ribosephosphate isomerase によってリボース 5-リン酸に，またはリブロースリン酸 3-エピメラーゼ ribulosephosphate 3-epimerase によってキシルロース 5-リン酸になる．リボースリン酸イソメラーゼは，ケトペントースであるリブロース 5-リン酸とアルドペントースであるリボース 5-リン酸の相互変換を触媒する．

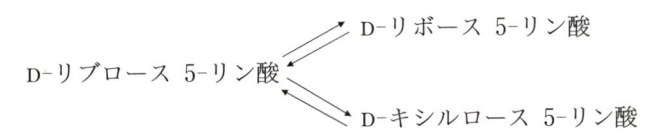

$$\text{D-リブロース 5-リン酸} \begin{cases} \text{D-リボース 5-リン酸} \\ \text{D-キシルロース 5-リン酸} \end{cases}$$

トランスケトラーゼ transketolase はチアミンピロリン酸 TPP と Mg^{2+} を必要とし，受容体となるアルデヒド基にケトール基を転移する酵素で，一般式は次のように書ける．

$$\begin{array}{c} CH_2OH \\ | \\ C=O \\ | \\ HO-C-H \\ | \\ R_1 \end{array} + \begin{array}{c} H \\ \diagdown \\ C=O \\ | \\ R_2 \end{array} \xrightleftharpoons[Mg^{2+}]{TPP} \begin{array}{c} H \\ \diagdown \\ C=O \\ | \\ R_1 \end{array} + \begin{array}{c} CH_2OH \\ | \\ C=O \\ | \\ HO-C-H \\ | \\ R_2 \end{array}$$

ケトール供与体　　受容体アルデヒド　　　生成アルデヒド　　　生成ケトール

トランスケトラーゼは，前の反応で生成したキシルロース 5-リン酸のケトール基をリボース 5-リン酸に渡してグリセルアルデヒド 3-リン酸とセドヘプツロース 7-リン酸を生ずる．

D-キシルロース 5-リン酸 + D-リボース 5-リン酸 ⇌
D-グリセルアルデヒド 3-リン酸 + D-セドヘプツロース 7-リン酸

この反応で生成したセドヘプツロース 7-リン酸とグリセルアルデヒド 3-リン酸からトランスアルドラーゼ transaldolase によってエリスロース 4-リン酸とフルクトース 6-リン酸が生ずる．トランスアルドラーゼの一般式は次のように書ける．

ジヒドロキシアセトン供与体　受容体アルデヒド　　生成アルデヒド　生成ジヒドロキシアセトン

セドヘプツロース 7-リン酸やフルクトース 6-リン酸のジヒドロキシアセトン部分を，受容体アルドースであるグリセルアルデヒド 3-リン酸やエリスロース 4-リン酸に転移する酵素である．

D-セドヘプツロース 7-リン酸 + D-グリセルアルデヒド 3-リン酸 ⇌
D-エリスロース 4-リン酸 + D-フルクトース 6-リン酸

生成したエリスロース 4-リン酸は再びトランスケトラーゼの作用を受けて，キシルロース 5-リン酸から C2 単位を受けとり，フルクトース 6-リン酸とグリセルアルデヒド 3-リン酸を生ずる．

D-エリスロース 4-リン酸 + D-キシルロース 5-リン酸 ⇌
D-フルクトース 6-リン酸 + D-グリセルアルデヒド 3-リン酸

このようにしてペントースリン酸回路では，三炭糖から七炭糖までの糖化合物の相互変換を可能にしている．

全体のペントースリン酸回路とその反応式は図 III.2.16 に示してあるが，要約すると，6 分子のグルコース 6-リン酸が 12 分子の $NADP^+$ により酸化されて，6 分子の CO_2 と 12 分子の NADPH，4 分子のフルクトース 6-リン酸，2 分子のグリセルアルデヒド 3-リン酸になる過程である．

解糖系と糖新生の反応も考えに入れると，生成物の 2 分子のグリセルアルデヒド 3-リン酸からフルクトース 6-リン酸が 1 分子生成するので，合計 5 分子のフルクトース 6-リン酸が生じる．これから 5 分子のグルコース 6-リン酸が生成するので

6 グルコース 6-リン酸 + 12 NADP$^+$ + 7 H$_2$O ⟶
6 CO$_2$ + P$_i$ + 5 グルコース 6-リン酸 + 12 NADPH + 12 H$^+$

と書ける．すなわち 1 分子のグルコース 6-リン酸は 6 分子の CO_2 と 1 分子の P_i に分解され，それに伴って 12 分子の NADPH が生成すると理解することができる．

細胞がNADPHのみが必要な場合は，このようにグルコース6-リン酸の回路として代謝すればよく，NADPHも核酸の構成成分であるリボース5-リン酸も必要な場合は，回路が前方向に進めば両者が確保される．また細胞がNADPHをあまり必要とせずリボース5-リン酸をより必要とする場合は，解糖系のフルクトース6-リン酸とグリセルアルデヒド3-リン酸から回路の逆方向の反応を経ることによってリボース5-リン酸を得ることができる．また，ペントースリン酸回路の前方向の反応で生成したグリセルアルデヒド3-リン酸が解糖系に入るとATPとNADHの産生が主な反応となる．このようにペントースリン酸回路は，1方向だけの反応で終末生成物に至る反応経路ではなく，細胞の生理状態に応じた代謝的融通性をもった回路である．

　生体で還元を伴う生合成で用いられる補酵素は多くの場合NADPHであるが，脂肪酸や糖質の還元，ステロイドの合成など，生合成のさかんな肝臓や脂肪組織，乳腺，副腎皮質ではペントースリン酸回路の活性が高い．また赤血球や白血球も活性が高く，赤血球ではNADPHにより血球内のグルタチオンを還元状態に保ってヘムの代謝に，白血球ではNADPHオキシダーゼの基質として働いているとされている．

　五炭糖のうち主要なものは，核酸の構成成分であるリボースと2-デオキシリボースであるが，リボースはペントースリン酸回路のリボース5-リン酸より生成し，2-デオキシリボースはリボヌクレオチド化合物のデオキシリボヌクレオチドへの還元によって生成する．

III.2.6 糖質の生合成

A 糖新生

　高等動物が筋肉運動したときに筋肉では酸素供給が不十分なために，グルコースを消費して主に解糖系でATPをつくる．このときに多量の乳酸が生じるが，この乳酸は血液により肝臓に運ばれて肝臓でグルコースに再び合成されたのち，また血液により筋肉に運ばれ筋肉で消費またはグリコーゲンが合成される（Cori回路）．

　グルコースはタンパク質からも合成される．正常に生活しているときにもタンパク質からグルコースが合成されうるが，飢餓や絶食時には不足したグルコースを補うため，活発にタンパク質を分解してグルコースを合成する．このように乳酸やピルビン酸，グリセロール，アミノ酸などからグルコースを生成する過程を糖新生 gluconeogenesis という．糖新生は動物や植物，微生物に存在する普遍的な経路である．哺乳類では肝臓と腎臓が糖新生に関与する臓器である．

a） ピルビン酸からグルコースの合成

　ピルビン酸からのグルコース生合成経路の反応の大部分は解糖系の反応の逆反応であるが，エ

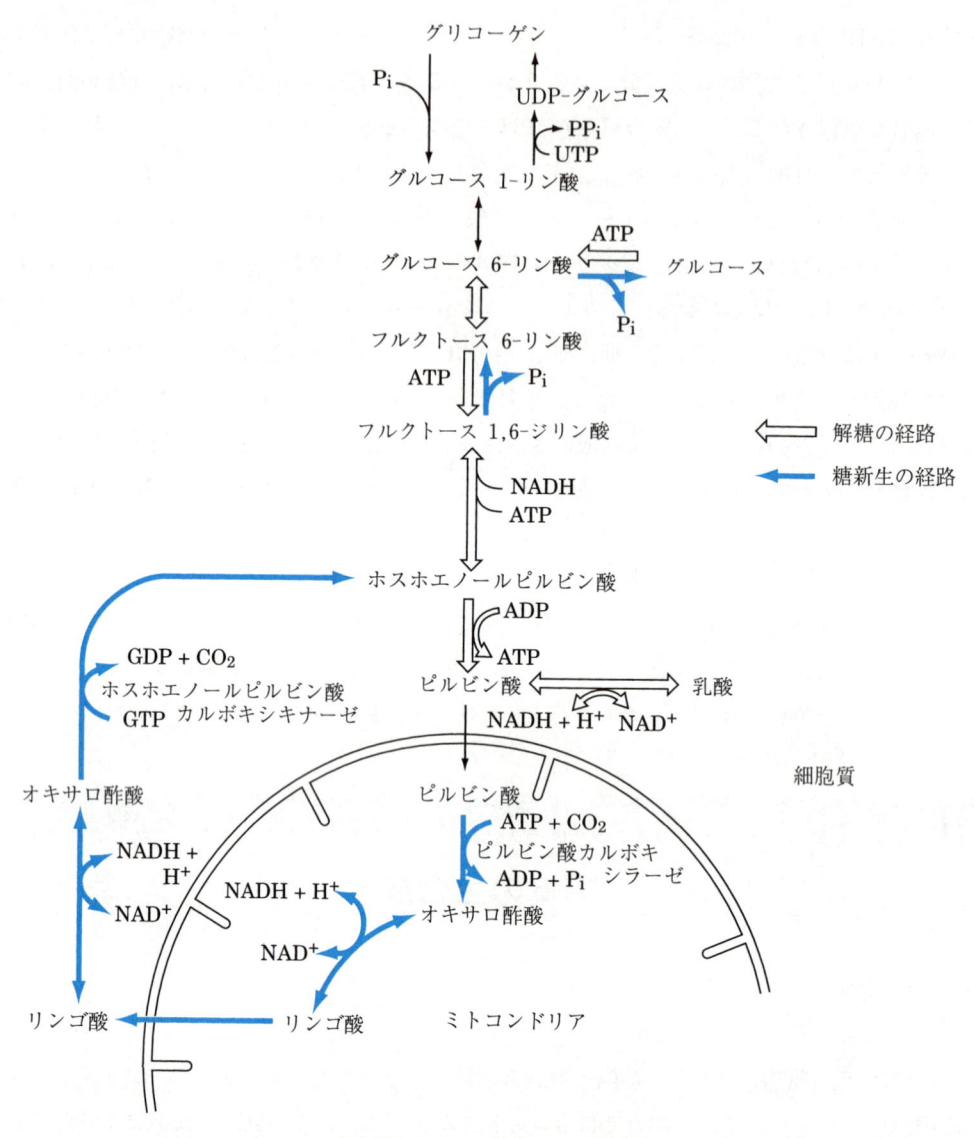

図 III.2.17　糖新生の経路

ネルギー的に逆反応のできない反応が以下の 3 か所存在する（図 III.2.17）．

ⅰ）ピルビン酸からホスホエノールピルビン酸の生成

　ピルビン酸キナーゼを逆行させるにはエネルギーの変化（$\Delta G°' = +31.5\,\mathrm{kJ/mol}$）から考えて不可能である．ピルビン酸はミトコンドリアに存在するピルビン酸カルボキシラーゼ pyruvate carboxylase によって ATP を消費してオキサロ酢酸となる．

$$\text{ピルビン酸} + CO_2 + ATP \rightleftharpoons \text{オキサロ酢酸} + ADP + P_i$$

$$\Delta G°' = -2.1\,\mathrm{kJ/mol}$$

ピルビン酸カルボキシラーゼはアロステリック酵素で，正のエフェクターのアセチルCoAがないと反応は進まない．そして生成したオキサロ酢酸はリンゴ酸デヒドロゲナーゼによってNADHで還元されてリンゴ酸となる．

$$\text{オキサロ酢酸} + \text{NADH} + \text{H}^+ \rightleftarrows \text{リンゴ酸} + \text{NAD}^+$$
$$\Delta G^{\circ\prime} = -28.1 \, \text{kJ/mol}$$

リンゴ酸はミトコンドリアから細胞質に移動したのち，細胞質に存在するリンゴ酸デヒドロゲナーゼによって酸化をうけて再びオキサロ酢酸になる．

$$\text{リンゴ酸} + \text{NAD}^+ \rightleftarrows \text{オキサロ酢酸} + \text{NADH} + \text{H}^+$$
$$\Delta G^{\circ\prime} = +28.1 \, \text{kJ/mol}$$

この反応は強い吸エルゴン反応であるが，反応生成物がすみやかに除かれるため右に進む．オキサロ酢酸はGTPとホスホエノールピルビン酸カルボキシキナーゼ phosphoenolpyruvate carboxykinase によってホスホエノールピルビン酸とCO_2になる．

$$\text{オキサロ酢酸} + \text{GTP} \rightleftarrows \text{ホスホエノールピルビン酸} + CO_2 + \text{GDP}$$
$$\Delta G^{\circ\prime} = +4.2 \, \text{kJ/mol}$$

以上の経路をまとめると

$$\text{ピルビン酸} + \text{ATP} + \text{GTP} + H_2O \rightleftarrows$$
$$\text{ホスホエノールピルビン酸} + \text{ADP} + \text{GDP} + P_i$$
$$\Delta G^{\circ\prime} = +2.1 \, \text{kJ/mol}$$

となり，ピルビン酸がホスホエノールピルビン酸になるには2分子の高エネルギー化合物を必要とする．

図には示してないがもう1つ別の経路として，ブタ，ウサギ，モルモットなどの肝臓のミトコンドリアにはホスホエノールピルビン酸カルボキシキナーゼが存在して，ミトコンドリア内にホスホエノールピルビン酸を生成する経路がある．この経路は細胞質の乳酸からグルコースが生成する場合に進行し，反応は乳酸→ピルビン酸→オキサロ酢酸→ホスホエノールピルビン酸と進み，ミトコンドリアで生成したホスホエノールピルビン酸は細胞質に拡散していく．この経路では最初の乳酸脱水素酵素の反応で細胞質にNADHが生成するとともに，ミトコンドリアのNADHを消費しない特徴がある．

ii) フルクトース1,6-ビスリン酸からフルクトース6-リン酸の生成

ホスホエノールピルビン酸は，解糖系を逆行することによってATPやNADHを消費してフルクトース1,6-ビスリン酸となる．フルクトース1,6-ビスリン酸は，フルクトースビスホスファターゼ fructose-bisphosphatase によってフルクトース6-リン酸となる．

$$\text{フルクトース1,6-ビスリン酸} + H_2O \longrightarrow \text{フルクトース6-リン酸} + P_i$$
$$\Delta G^{\circ\prime} = -16.8 \, \text{kJ/mol}$$

この酵素はアロステリック酵素で負のエフェクターAMPによって強く阻害される．

iii）グルコース 6-リン酸からグルコースの生成

フルクトース 6-リン酸はホスホグルコイソメラーゼによってグルコース 6-リン酸となり，グルコース 6-リン酸はグルコース 6-ホスファターゼ glucose-6-phosphatase によってグルコースとなる．

$$\text{グルコース 6-リン酸} + H_2O \longrightarrow \text{グルコース} + P_i$$
$$\Delta G^{\circ\prime} = -13.9 \text{ kJ/mol}$$

動物のこの酵素は主に肝臓や腎臓，小腸の小胞体に特徴的に存在して血糖値の維持に働いている．

以上，ピルビン酸からのグルコースの生合成をまとめると

$$2\text{ピルビン酸} + 2\text{NADH} + 4\text{ATP} + 2\text{GTP} + 2H^+ + 6H_2O \longrightarrow$$
$$\text{グルコース} + 2\text{NAD}^+ + 4\text{ADP} + 2\text{GDP} + 6P_i$$

となり，2分子のピルビン酸から1分子のグルコースが生成するが，このときに6分子の高エネルギー化合物を必要とすることがわかる．また，2分子の乳酸からグルコースが生成する場合は，乳酸脱水素酵素によって NADH が2分子生じるので次のようになる．

$$2\text{乳酸} + 4\text{ATP} + 2\text{GTP} + 6H_2O \longrightarrow$$
$$\text{グルコース} + 4\text{ADP} + 2\text{GDP} + 6P_i$$

b）クエン酸回路の中間体，アミノ酸などからの糖新生

クエン酸回路の中間体はすべてオキサロ酢酸に変化しうるので，前述の経路によって糖が合成される．また，アミノ酸のうちでピルビン酸やオキサロ酢酸，α-ケトグルタル酸，コハク酸，フマル酸などのクエン酸回路の中間体に代謝されるアミノ酸は，同様の経路によってグルコースに変わることができ，このようなアミノ酸を糖原性 glucogenic アミノ酸という（III.4.2 アミノ酸の異化代謝を参照）．

c）糖新生経路の調節

この経路では2つのアロステリック酵素，すなわちピルビン酸カルボキシラーゼがアセチル CoA によって活性化をうけ，フルクトースビスホスファターゼが AMP によって阻害をうける．この調節は解糖系の調節とちょうど逆の関係にあって，エネルギー材料の有効的な活用を可能にしている．

B グリコーゲン，デンプンの合成と分解

a) グルコースのヌクレオシドジリン酸誘導体とグリコーゲンの合成および分解

　グリコーゲンやデンプンの合成は，グルコース 6-リン酸がホスホグルコムターゼによってグルコース 1-リン酸に変化することにより始まる．次に，グルコース 1-リン酸はグルコース-1-リン酸ウリジルトランスフェラーゼ glucose-1-phosphate uridyltransferase によって UDP の誘導体に変化する．

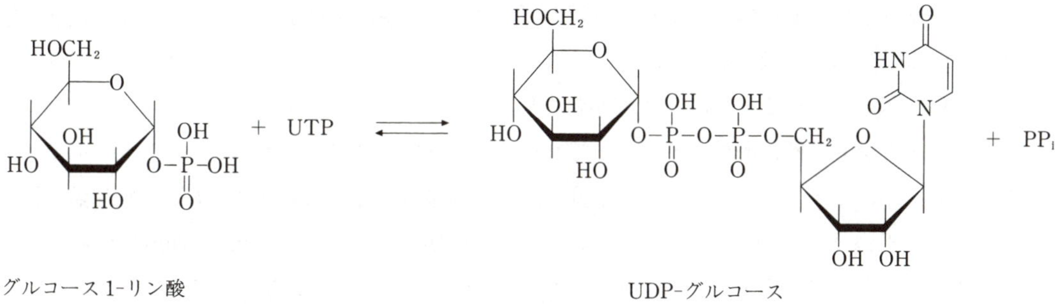

グルコース 1-リン酸　　　　　　　　　　　　　　UDP-グルコース

　この反応は可逆的で生成した UDP-グルコースが次の重合反応のグルコースの供与体となる．以下にも述べるように，糖質誘導体などの生合成の際，糖のヌクレオシドジリン酸誘導体を合成材料にすることが多い．

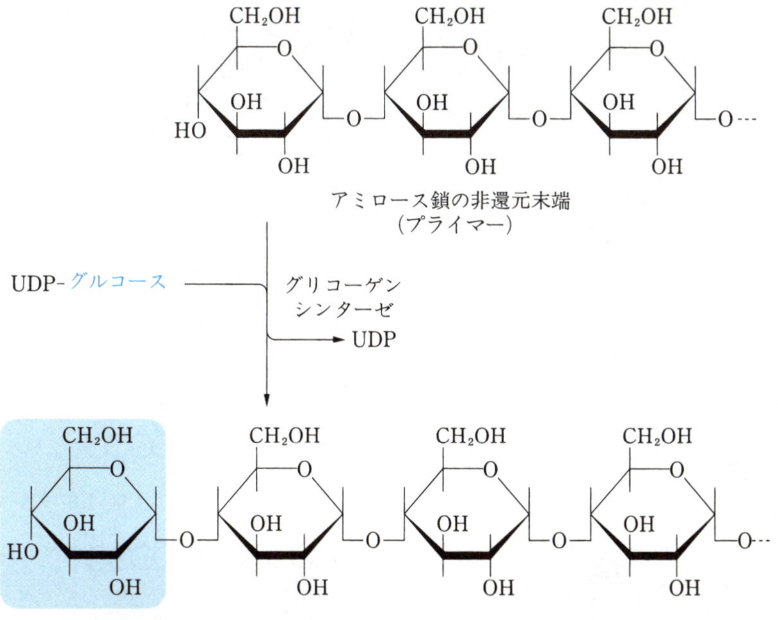

図 III.2.18　グリコーゲン末端へのグルコース残基の結合

UDP-グルコースのグルコースは，グリコーゲンシンターゼ（合成酵素）glycogen synthase によりアミロース鎖の非還元末端のグルコース残基の4位のOH基に転移され，α-1,4結合を形成する（図III.2.18）．この反応の$\Delta G°'$は-13.4 kJ/molである．G-1-Pから始め，PP$_i$が完全に加水分解すると全体として$\Delta G°' = -42$ kJ/molとなり，全体の平衡はグリコーゲンの合成に傾いている．グリコーゲン合成酵素はプライマー primer（反応開始剤）として少なくとも4残基のα-1,4結合のポリグルコース鎖を必要とする．

このようにしてアミロース鎖として長鎖が形成されていくが，分枝鎖となるα-1,6結合は図III.2.19に示すように，アミロ-(1,4→1,6)トランスグリコシラーゼ amylo-(1,4→1,6)transglycosylase（1,4-α-グルカン分枝酵素 1,4-α-glucan branching enzyme）によって形成される．グリコーゲンの枝が順次延長して6〜11個のグルコース残基が結合すると，分枝酵素が働き末端の6〜7個のグルコース残基からなるオリゴ糖部分を，グリコーゲン鎖の別のグルコース残基の6位のOH基に転移して新たにα-1,6結合を形成する．

グリコーゲンの分解は解糖系のところでも述べたように，グリコーゲンホスホリラーゼによって行われるが，α-1,6結合の枝別れの部分では反応は図III.2.19に示すように，4残基前で停止し，オリゴ-1,4→1,4 グルカントランスフェラーゼ oligo-(1,4→1,4)glucan transferase（4-α-グルカノトランスフェラーゼ 4-α-glucanotransferase）によって3残基のα-1,4結合のグルコ

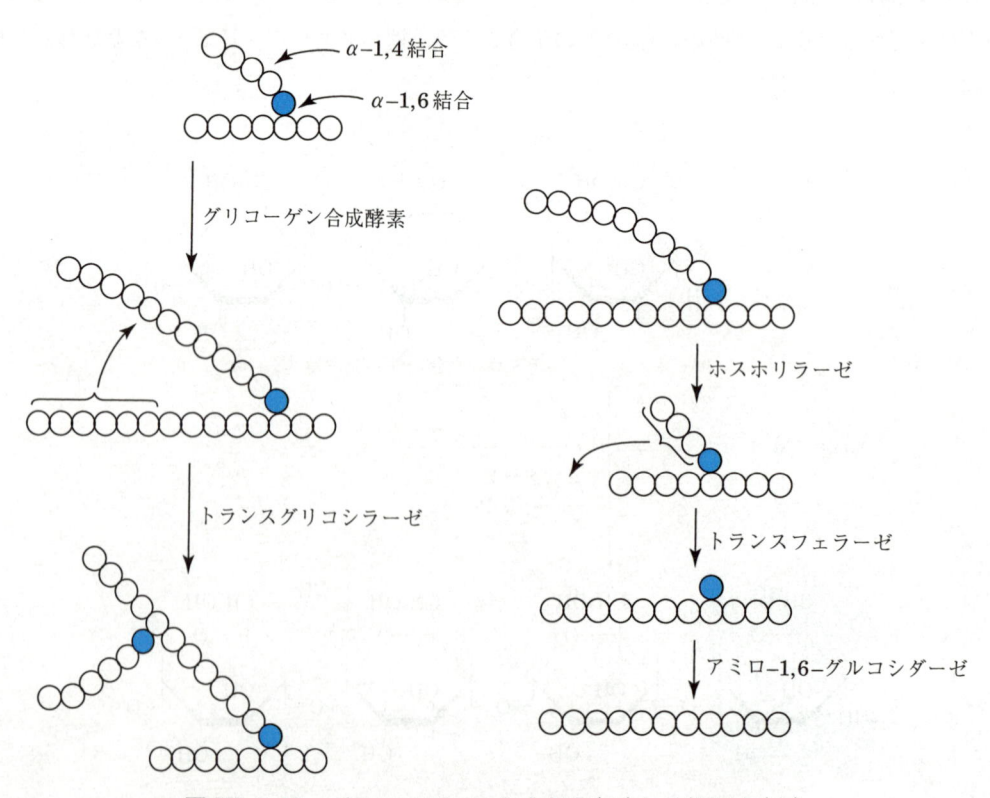

図 III.2.19　グリコーゲンの合成反応(左)と分解反応(右)

ースを別の鎖に α-1,4 結合で移す．そして，残った α-1,6 結合のグルコースをアミロ-1,6-グルコシダーゼ amylo-1,6-glucosidase（脱分枝酵素 deblanching enzyme，イソアミラーゼ isoamylase）によって除いて，さらにホスホリラーゼが作用できるように分解していく．

　植物の葉緑体で行われるデンプンの合成系では，デンプン合成酵素 starch synthase が，グルコース 1-リン酸と ATP から生成した ADP-グルコースのグルコースを，プライマーのデンプンの非還元末端のグルコースに α-1,4 結合を形成することによりデンプンを合成していく．

　デンプンの分解については，消化吸収のところで述べたのでここでは省略する．

b) グリコーゲンの分解と合成の調節

　動物組織でのグリコーゲンの分解と合成の調節は，グリコーゲンホスホリラーゼが AMP によって，またグリコーゲンシンターゼがグルコース 6-リン酸によってアロステリックな調節をうけるほかに，グリコーゲンホスホリラーゼとグリコーゲンシンターゼのリン酸化，脱リン酸化の相互変換によっても行われる．

　エピネフリン epinephrine による筋肉や肝臓でのグリコーゲンの分解の促進をみてみよう（図 III.2.20）．血液中のエピネフリンは細胞膜表面に存在するエピネフリンの受容体 receptor に結合し，G タンパク質を経由してアデニル酸シクラーゼを活性化して，ATP から 3′,5′ サイクリック AMP（cAMP）を生成する．この cAMP が，cAMP 依存性プロテインキナーゼ protein kinase を活性型にかえ，活性化したプロテインキナーゼは ATP のリン酸基付加反応によって不活性なホスホリラーゼ b キナーゼ phosphorylase b kinase を活性型に変える．活性型ホスホリラーゼ b キナーゼは次に不活性なグリコーゲンホスホリラーゼ b をやはり ATP のリン酸基を付加することによって活性なグリコーゲンホスホリラーゼ a を生成する．このようにして活性化されたグリコーゲンホスホリラーゼ a がグリコーゲンを分解してグルコース 1-リン酸を生成する．グルコース 1-リン酸はグルコース 6-リン酸に変化した後，解糖系での ATP の産生や血中のグルコース濃度の上昇に用いられる．

　一方，グリコーゲンの合成系では cAMP によって活性化したプロテインキナーゼが活性な I 型のグリコーゲン合成酵素をリン酸化し，不活性な D 型の酵素に変換して，グリコーゲンの合成を停止する．

　血糖上昇作用をもつペプチドホルモンであるグルカゴン glucagon も，肝臓においてこれと同様の機構で血糖値を上昇させる．

　このように細胞外のエピネフリンやグルカゴンの信号は細胞内で cAMP に変換したのち，グリコーゲンの分解の促進と合成の停止という 2 つの作用を同時に起こすことによってその効果を高めている．また，両ホルモンの場合とも cAMP を介して増幅カスケード cascade 系が働くので，cAMP がホルモンのセカンドメッセンジャー second messenger といわれるゆえんである．

　インスリン insulin は血液中にグルコースが多く存在するときに，糖の膜輸送を高めグリコーゲンの合成を促進する．また，解糖や糖新生の酵素やアミノ酸の代謝系にも影響を与え糖代謝を

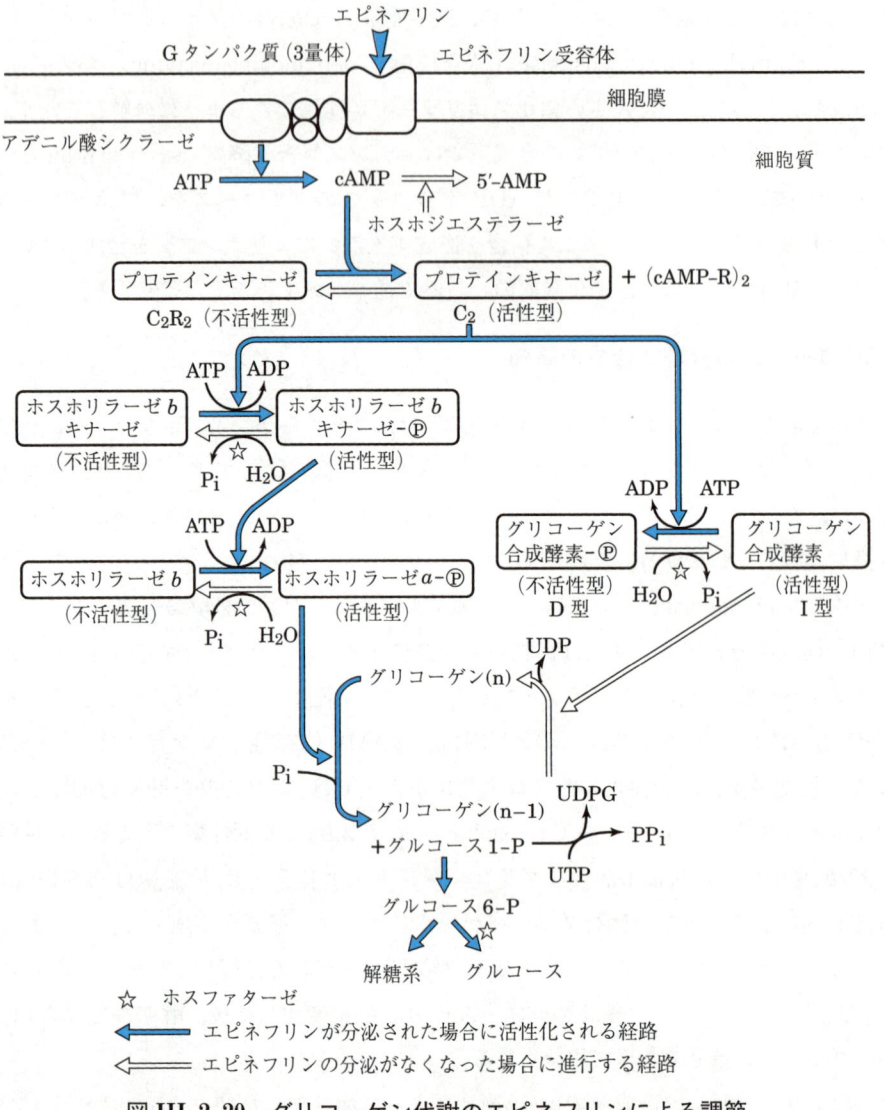

図 III.2.20　グリコーゲン代謝のエピネフリンによる調節

調節している．

C　他の単糖誘導体と二糖類の合成

　グルコースとガラクトースの間の変換は，次の式に示すように，UDP の誘導体の形で UDP-グルコース 4-エピメラーゼ UDP-glucose 4-epimerase によって行われる．4 位の OH 基の異性化反応であるが，反応に NAD^+ を必要とすることから中間体として UDP-4-ケトグルコースが考えられている．

```
   CH2OH                      CH2OH                      CH2OH
    │  O                       │  O                    HO │  O
   OH                         O                           OH
HO      O-UDP                OH    O—UDP                 OH    O—UDP
   OH                          OH                          OH

 UDP-グルコース          [ UDP-4-ケトグルコース ]       UDP-ガラクトース
```

フルクトース，マンノースへの変換は解糖系のところでも述べたが，ヘキソースの相互変換をまとめると図 III.2.21 のようになる．

薬物のグルクロン酸抱合体に利用されたり，アスコルビン酸（ビタミン C）の前駆体であるグルクロン酸は，UDP-グルコースから次の反応で UDP-グルクロン酸として生成する．また，霊長類やモルモットにはアスコルビン酸の合成系の酵素が欠けているので，アスコルビン酸をつくることができない．

$$\text{UDP-グルコース} + 2\,\text{NAD}^+ + \text{H}_2\text{O} \longrightarrow \text{UDP-グルクロン酸} + 2\,\text{NADH} + 2\,\text{H}^+$$

アミノ糖の誘導体である N-アセチルグルコサミン 6-リン酸は，次の反応によってフルクトース 6-リン酸とグルタミン，およびアセチル CoA から生成する．

$$\text{フルクトース 6-リン酸} + \text{グルタミン} \longrightarrow \text{グルコサミン 6-リン酸} + \text{グルタミン酸}$$

$$\text{グルコサミン 6-リン酸} + \text{アセチル CoA} \longrightarrow$$
$$N\text{-アセチルグルコサミン 6-リン酸} + \text{CoA}$$

生成した N-アセチルグルコサミン 6-リン酸は N-アセチルグルコサミンや N-アセチルガラクトサミン，N-アセチルマンノサミン，N-アセチルノイラミン酸などの前駆体となる．

乳腺ではラクトースシンターゼ lactose synthase によって次の反応で乳糖を生成する．

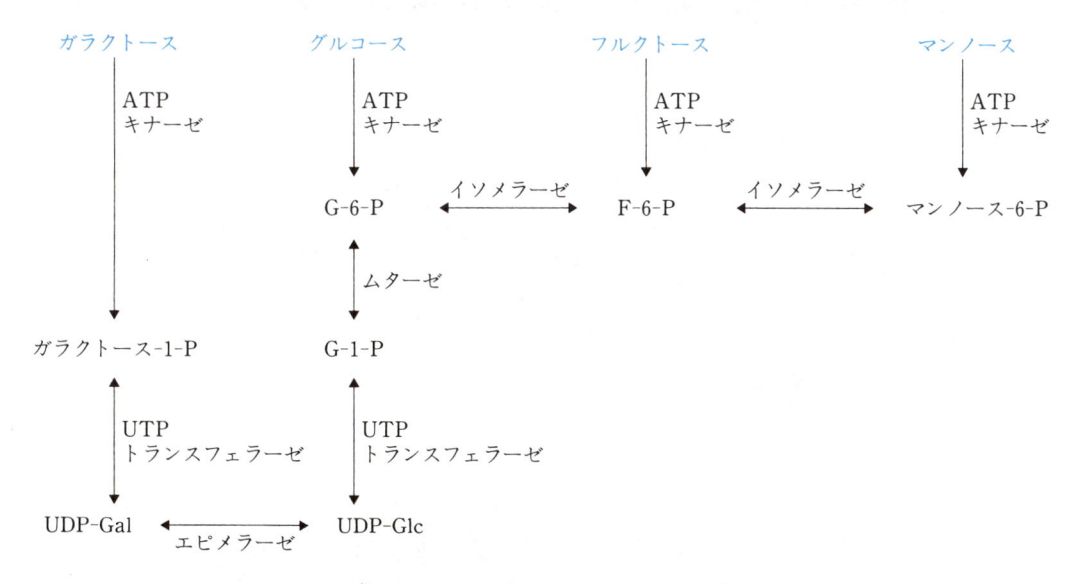

```
 ガラクトース         グルコース          フルクトース         マンノース
    │ ATP              │ ATP              │ ATP              │ ATP
    │ キナーゼ          │ キナーゼ          │ キナーゼ          │ キナーゼ
    ↓                  ↓    イソメラーゼ    ↓    イソメラーゼ    ↓
                    G-6-P ←―――――――→ F-6-P ←―――――――→ マンノース-6-P
                      ↑
                      │ ムターゼ
                      ↓
ガラクトース-1-P      G-1-P
    ↑                  ↑
    │ UTP              │ UTP
    │ トランスフェラーゼ  │ トランスフェラーゼ
    ↓                  ↓
  UDP-Gal ←―――――――→ UDP-Glc
           エピメラーゼ
```

図 III.2.21　ヘキソースの相互変換

$$\text{UDP-ガラクトース} + \text{グルコース} \longrightarrow \text{ラクトース} + \text{UDP}$$

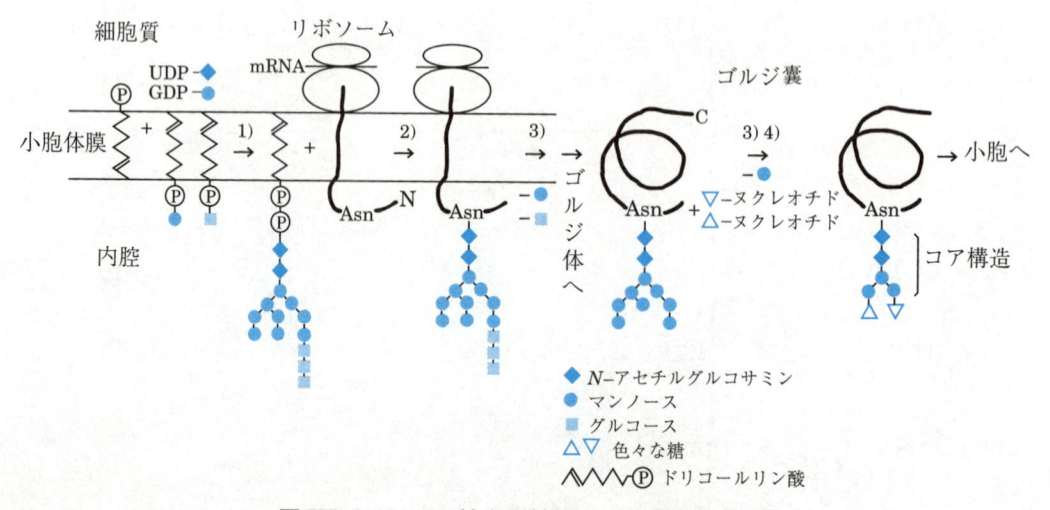

D 糖タンパク質の生合成

a) N-結合型糖タンパク質

N-結合型糖タンパク質は，タンパク質の-Asn-X-Ser-または-Asn-X-Thr-（X は Pro または Asp 以外のアミノ酸）の Asn の側鎖のアミド基の N 原子に糖鎖末端の N-アセチルグルコサミンが β-N-グリコシド結合した構造をしている．この糖鎖部分の生合成は図 III.2.22 のように，1) ドリコールリン酸に結合したオリゴ糖鎖前駆体の合成，2) 生合成中のタンパク質の Asn 側鎖の NH_2 基にオリゴ糖鎖前駆体を転移，3) オリゴ糖鎖前駆体から一部の糖の除去，4) 残ったオリゴ糖のコアに糖ヌクレオチド誘導体を用いた各々の N-結合型糖タンパク質に特徴的な糖鎖の合成の段階を経て進む．1)，2) の N-結合型糖タンパク質は小胞体でつくられ，小胞体で一部の糖が除去されるとゴルジ体に移行して 3)，4) のプロセシングを受ける．このようにして各々の N-結合型糖タンパク質に特徴的な糖鎖が合成されると，トランスゴルジから小胞となってそれぞれの局在場所に分布していく．

b) O-結合型糖タンパク質

O-結合型糖タンパク質は，タンパク質の Ser や Thr 残基の側鎖の水酸基の O 原子に N-アセチルガラクトサミンが結合している場合や，プロテオグリカンにみられるように，コアタンパクの Ser 残基の側鎖の水酸基の O 原子にキシロースが結合している場合や，コラーゲンの 5-ヒドロキシリジンに糖が結合している場合などがあるが，いずれの場合も糖は O-グリコシド結合を

図 III.2.22　N-結合型糖タンパク質の生合成

```
                Ser   タンパク質
               /
UDP-GalNAc ┐ ↓
      UDP ←┘
               /
        GalNAc ──α1── Ser
               
  UDP-Gal ┐ ↓
      UDP ←┘
                    β1-3      /
        Gal ──────── GalNAc ─ Ser

  GDP-Fuc ┐ ↓
      GDP ←┘
            α1-2                /
    Fuc ──────── Gal ─ GalNAc ─ Ser

 CMP-NeuNAc ┐ ↓
       CMP ←┘

                                /
   Fuc ─ Gal ──── GalNAc ─ Ser
                  │α2-6
                NeuNAc
```

GalNAc：N-アセチルガラクトサミン
Gal：ガラクトース
Fuc：フコース
NeuNAc：N-アセチルノイラミン酸

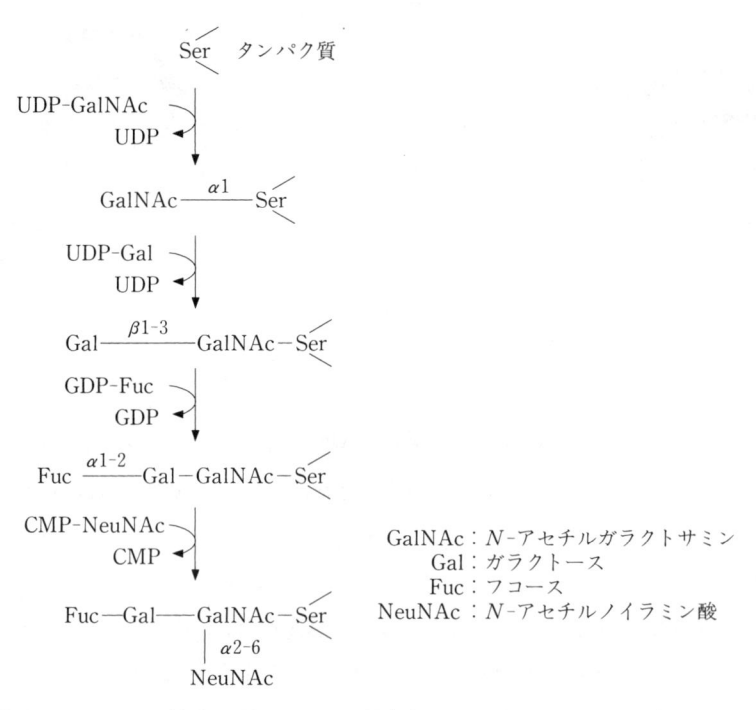

図 III.2.23 O-結合型糖タンパク質(ブタ顎下腺糖タンパク質)の生合成

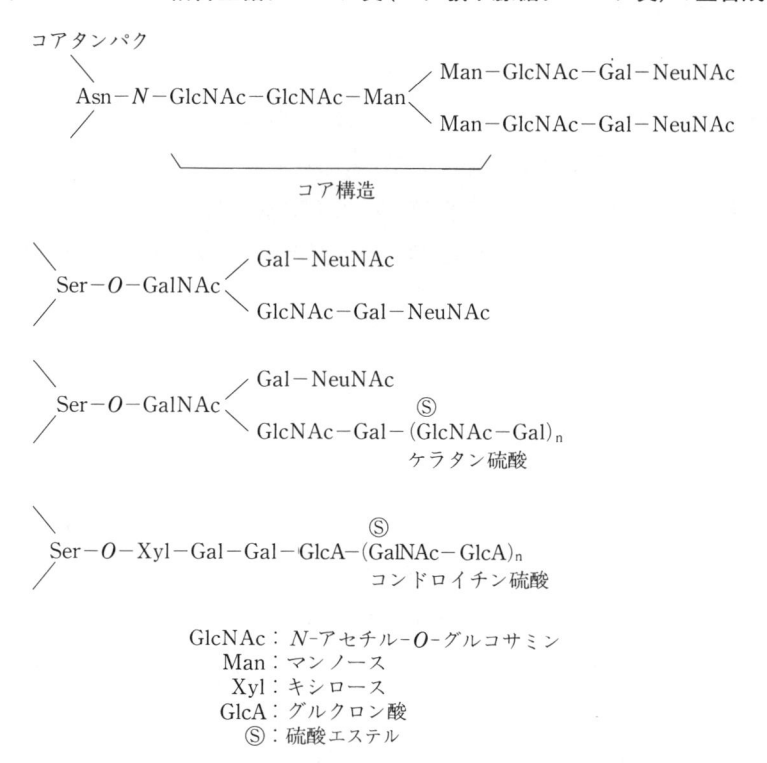

```
     コアタンパク
       /                              Man─GlcNAc─Gal─NeuNAc
  Asn─N─GlcNAc─GlcNAc─Man
       /                              Man─GlcNAc─Gal─NeuNAc
              └─────コア構造─────┘


     \                    / Gal─NeuNAc
      Ser─O─GalNAc
     /                    \ GlcNAc─Gal─NeuNAc


     \                    / Gal─NeuNAc
      Ser─O─GalNAc                              Ⓢ
     /                    \ GlcNAc─Gal─(GlcNAc─Gal)_n
                                      ケラタン硫酸


     \                                  Ⓢ
      Ser─O─Xyl─Gal─Gal─GlcA─(GalNAc─GlcA)_n
     /                         コンドロイチン硫酸
```

GlcNAc：N-アセチル-O-グルコサミン
Man：マンノース
Xyl：キシロース
GlcA：グルクロン酸
Ⓢ：硫酸エステル

図 III.2.24 プロテオグリカン中に見出される糖鎖

糖鎖の伸張はいずれもゴルジ体で，N-結合型糖鎖は小胞体で合成された後ゴルジ体で形成されたコア構造の糖に，O-結合型糖鎖は Ser の側鎖の水酸基の O 原子に糖を順次付加することによって行われる．

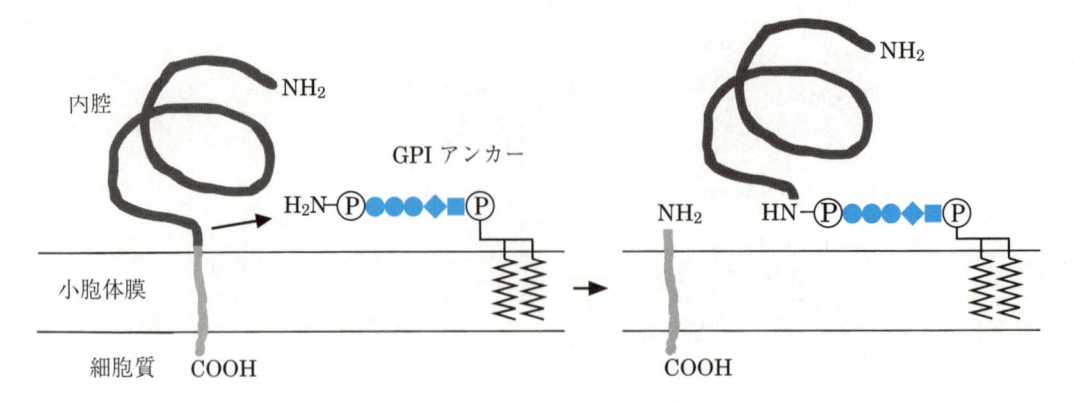

GPIアンカー：H₂NCH₂CH₂Ⓟーー

GPI アンカー： $H_2NCH_2CH_2$ Ⓟ $-(Man)_3-GlcNH_2-$ ホスファチジルイノシトール

図 III.2.25　GPI アンカー結合型糖タンパク質の生合成

しており，生合成はゴルジ体において行われる．生合成の完了したタンパク質に糖転移酵素によって 1 残基ずつ糖残基を付加していくことによって糖鎖を合成する（図 III.2.23, III.2.24）．糖鎖の伸長が完成すると，a）の場合と同様にそれぞれの局在場所に分布していく．

c) GPI アンカー結合型糖タンパク質

タンパク質がグリコシルホスファチジルイノシトールアンカー glycosylphosphatidylinositol anchor（GPI アンカー）に結合している GPI アンカー結合型糖タンパク質は，図 III.2.25 のように，生合成したタンパク質の膜貫通部位から先の部分をグリコシルホスファチジルイノシトール糖鎖のホスホエタノールアミンの NH_2 に転移して生合成される．転移したタンパク質は GPI アンカーに結合した膜に局在したタンパク質となる．近年多くの GPI アンカー結合型タンパク質が細胞膜に見出されている．

参考図書

1) 山科郁男，川嵜敏祐　監訳，D. V. Nelson, M. M. Cox 著，レーニンジャーの新生化学〔第 3 版〕，2002 年，廣川書店
2) 田宮信雄，村松正実，八木達彦，遠藤斗志也　訳，D. Voet, J. G. Voet, C. W. Pratt 著，ヴォート　基礎生化学〔第 1 版〕，2000 年，東京化学同人
3) 上代淑人　監訳，R. K. Murray, D. K. Granner, P. A. Mayes, V. W. Rodwell 著，イラストレイテッド　ハーパー・生化学，2003 年，丸善

Key words

デンプン	グリコーゲン	アミロース
アミロペクチン	α-アミラーゼ	β-アミラーゼ
限界デキストリン	ショ糖	乳糖
解糖系	アルコール発酵	嫌気的代謝
好気的代謝	エムデン-マイヤーホフ-パルナス経路	基質レベルのリン酸化
グルコース 6-リン酸	フルクトース 6-リン酸	フルクトース 1,6-ビスリン酸
フルクトース 6-リン酸	1,3-ビスホスホグリセリン酸	3-ホスホグリセリン酸
2-ホスホグリセリン酸	ホスホエノールピルビン酸	乳酸
アセトアルデヒド	エタノール	NADH
ヘキソキナーゼ	グルコース 6-リン酸イソメラーゼ	ホスホフルクトキナーゼ
アルドラーゼ	トリオースリン酸イソメラーゼ	グリセルアルデヒド 3-リン酸デヒドロゲナーゼ
ホスホグリセリン酸キナーゼ	ホスホグリセリン酸ムターゼ	エノラーゼ
ピルビン酸キナーゼ	乳酸デヒドロゲナーゼ	ピルビン酸デカルボキシラーゼ
アルコールデヒドロゲナーゼ	グリコーゲンホスホリラーゼ	ホスホグルコムターゼ
ガラクトース血症	パスツール効果	TCA サイクル
クエン酸回路	クエン酸サイクル	ミトコンドリア
マトリックス	アセチル CoA	クエン酸
シスアコニット酸	イソクエン酸	α-ケトグルタル酸
スクシニル CoA	コハク酸	フマル酸
リンゴ酸	オキサロ酢酸	ピルビン酸デヒドロゲナーゼ複合体
TPP	リポ酸	FAD
クエン酸シンターゼ	アコニターゼ	イソクエン酸デヒドロゲナーゼ
α-ケトグルタル酸デヒドロゲナーゼ複合体	スクシニル CoA シンターゼ	コハク酸デヒドロゲナーゼ
フマラーゼ	リンゴ酸デヒドロゲナーゼ	呼吸鎖
呼吸鎖電子伝達系	ミトコンドリア内膜	NADH-CoQ 還元酵素
コハク酸-CoQ 還元酵素	複合体 I	複合体 II
複合体 III	複合体 IV	コエンザイム Q
ユビキノン	シトクロム a	シトクロム a_3
シトクロム b	シトクロム c	シトクロム c_1
シトクロム酸化酵素	鉄イオウタンパク質	吸収スペクトル
Q サイクル	アンチマイシン A	パーキンソン病
酸化的リン酸化	P/O 比	ATP 合成酵素
オリゴマイシン	化学浸透圧説	プロトン駆動力

ロテノン	共役	脱共役
脱共役剤	ジニトロフェノール	ATP/ADP トランスロカーゼ
褐色脂肪細胞	グリセロールリン酸シャトル	リンゴ酸-アスパラギン酸シャトル
ペントースリン酸回路	6-ホスホグルコノ-δ-ラクトン	グルコース 6-リン酸デヒドロゲナーゼ
6-ホスホグルコン酸デヒドロゲナーゼ	リボースリン酸イソメラーゼ	リブロースリン酸 3-エピメラーゼ
リブロース 5-リン酸	リボース 5-リン酸	トランスケトラーゼ
キシルロース 5-リン酸	トランスアルドラーゼ	セドヘプツロース 7-リン酸
エリスロース 4-リン酸	NADPH	白血球
リボース	糖新生	ピルビン酸
ピルビン酸カルボキシラーゼ	ホスホエノールピルビン酸カルボキシキナーゼ	フルクトースビスホスファターゼ
グルコース 6-ホスファターゼ	糖原性アミノ酸	グルコース-1-リン酸ウリジルトランスフエラーゼ
グリコーゲンシンターゼ	UDP-グルコース	アミロ-1,6-トランスグリコシラーゼ
アミロ-1,6-グルコシダーゼ	ADP-グルコース	グリコーゲンホスホリラーゼ
エピネフリン	エピネフリンレセプター(受容体)	アデニル酸シクラーゼ
G タンパク質	cAMP	グルカゴン
インスリン	UDP-4-ケトグルコース	ヘキソース
フルクトース	マンノース	ガラクトース
グルクロン酸	UDP-グルクロン酸	アスコルビン酸
ビタミン C	グルコサミン 6-リン酸	N-アセチルグルコサミン 6-リン酸
N-アセチルガラクトサミン	N-アセチルマンノサミン	N-アセチルノイラミン酸
UDP-ガラクトース	cAMP 依存性プロテインキナーゼ	ホスホリラーゼ b キナーゼ
UDP-グルコース 4-エピメラーゼ	乳腺	ラクトースシンターゼ
N-結合型糖タンパク質	O-結合型糖タンパク質	GPI アンカー結合型糖タンパク質

III.3 脂質代謝
Lipid metabolism

学習目標

1. 脂肪酸の生合成経路を説明できる．
2. 脂肪酸のβ酸化について説明できる．
3. 糖から脂肪酸への合成経路を説明できる．
4. 余剰のエネルギーを蓄える仕組みを説明できる．
5. コレステロールの生合成経路と代謝を説明できる．
6. 血漿リポタンパク質の種類と機能を概説できる．
7. 代表的なステロイドホルモンを挙げ，その構造，産生臓器，生理作用および分泌調節機構を説明できる．
8. 代表的なエイコサノイドを挙げ，その構造，産生臓器，生理作用および分泌調節機構を説明できる．

III.3.1 脂肪酸の代謝

脂肪酸は，脂質の基本的な構成単位であるとともに，糖よりも効率的なエネルギー源であるためエネルギー貯蔵物質としての役割をもつ．つまり，エネルギー（アセチル CoA）が過剰のときは，脂肪酸の合成が亢進する．一方，エネルギーをより必要とするときは，脂肪酸の分解が亢進する．

生体内のおもな脂肪酸は，その炭素数が偶数である．それは，炭素数2個の基本単位となるアセチル CoA から合成されるためである．一方，脂肪酸は分解されればアセチル CoA になる．脂肪酸の合成と分解は異なる場所で異なる酵素が行っているが，化学反応経路としてはちょうど

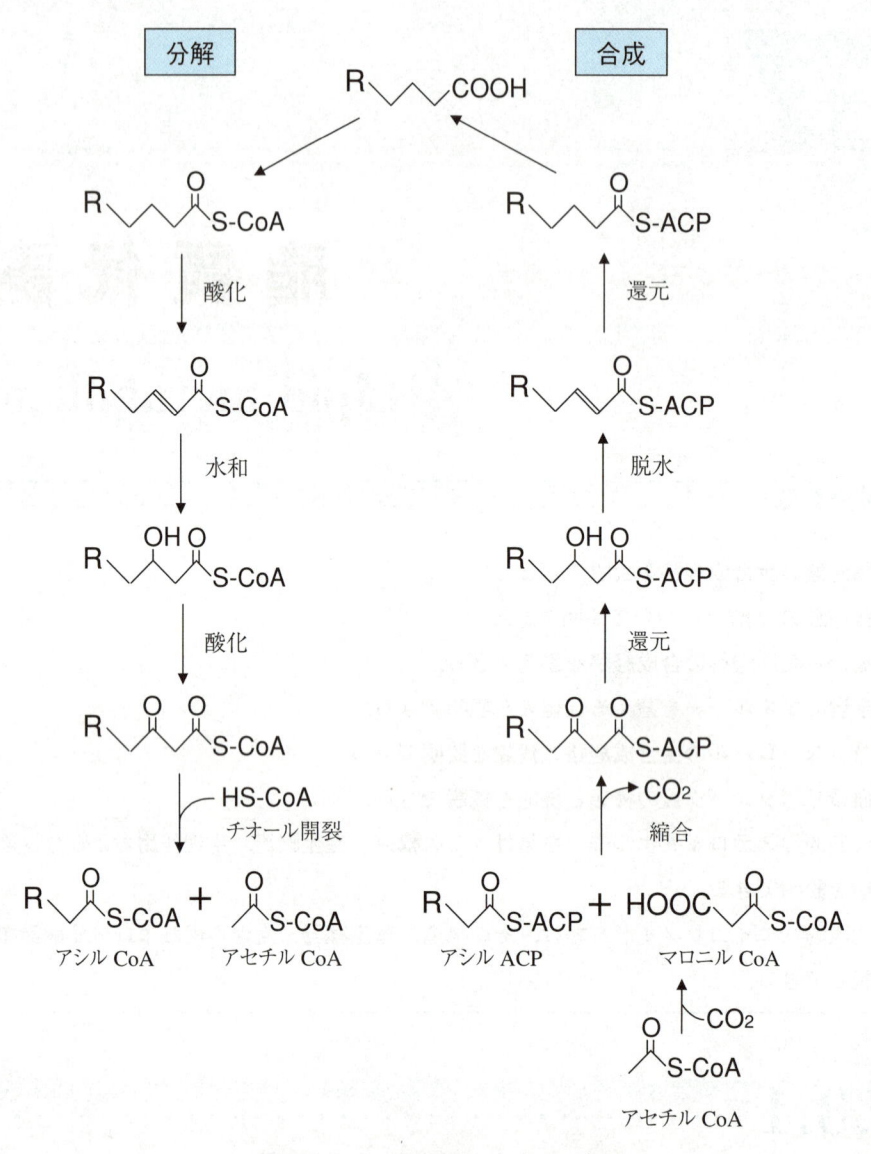

図 III.3.1 脂肪酸の合成と分解

逆反応を行う関係である（図 III.3.1）．

A　脂肪酸の分解系：β 酸化

脂肪酸の分解は，細胞内のミトコンドリアで行われる．この代謝系では，脂肪酸の炭素鎖長に関わらず β 炭素（カルボキシ基から 2 つめの炭素原子）が酸化されて，アセチル CoA が分離するので β 酸化と呼ばれる（図 III.3.2）．

β 酸化は，脂肪酸に補酵素 A（CoA）がチオエステル結合した，アシル CoA に対して反応が

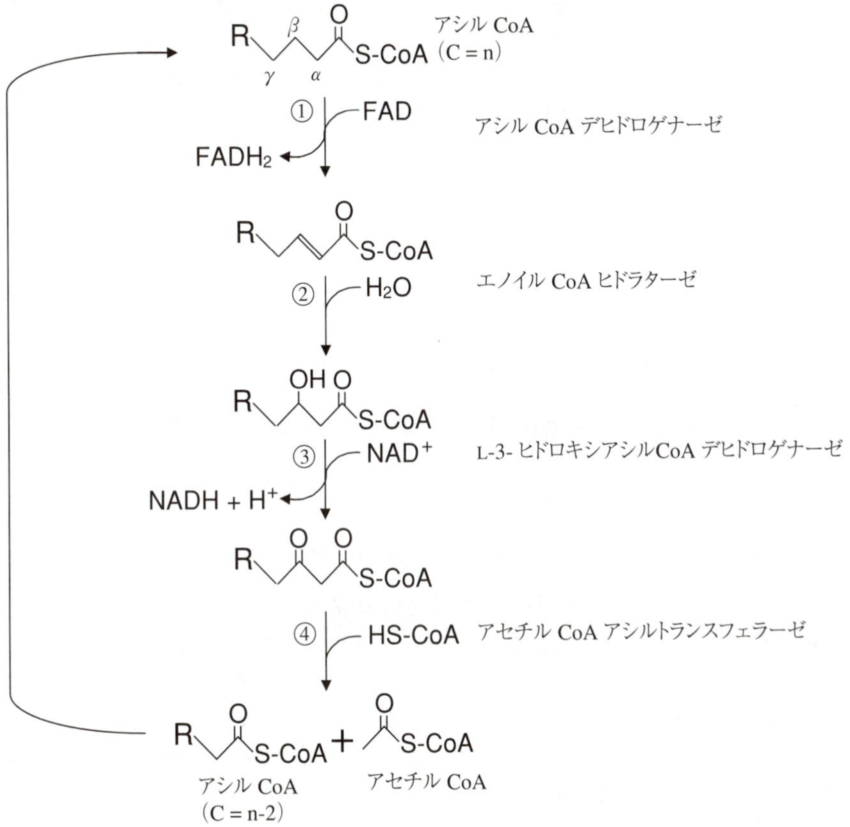

図III.3.2　β酸化

進行する．脂肪酸からアシルCoAの生成は細胞質で行われるが，アシルCoAのミトコンドリア内への移行のしくみについては後述する．図III.3.2に示すように，アシルCoAは，①脱水素，②水和，③脱水素，④チオール開裂からなる4段階の反応を受け，1分子のアセチルCoAと炭素2個だけ炭素鎖が短くなった新たなアシルCoAを生じる．この間に，$FADH_2$とNADH各1分子ずつを生じ，これらは電子伝達系でATPに変換される．

炭素鎖が短くなったアシルCoAは，再び同じ4段階の反応を受けて，2つめのアセチルCoAとさらに炭素2個減少した新たなアシルCoAを生じる．このサイクルにより脂肪酸はすべてアセチルCoAにまで分解される．例えば，炭素16個のパルミチン酸は，β酸化によって，8個のアセチルCoAにまで分解される．そのためにこの代謝反応サイクルを7回まわることになるので，ここで生じる$FADH_2$とNADHは各7分子ずつである．

B　脂肪酸の活性化

β酸化はミトコンドリアのマトリックス内で行われる．そのためには，脂肪酸をアシルCoA

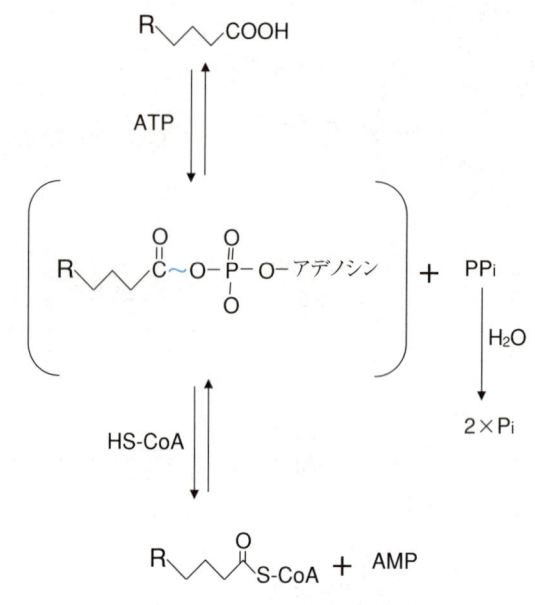

図 III.3.3 脂肪酸の活性化

脂肪酸からアシル CoA への変換は，アシル CoA シンテターゼによって行われる．この反応には ATP が必要であり，脂肪酸と ATP によってアシルアデニル酸が生じ，この中間体が次に CoA と反応しアシル CoA となる．この 2 段階の反応は可逆的な反応であるが，アシルアデニル酸とともに生じるピロリン酸が活発なピロホスファターゼによって加水分解されるために，逆反応が抑制されアシル CoA が生成する．

に変換し，さらに細胞質からミトコンドリア内に輸送しなければならない．

　ミトコンドリアの外膜に存在するアシル CoA シンテターゼによって，細胞質の脂肪酸がアシル CoA に変換される．この反応には，ATP が必要であり，ATP は AMP とピロリン酸に分解される（図 III.3.3）．ピロリン酸はさらに加水分解されてリン酸になるため，アシル CoA の合成反応は逆方向へは進まない．1 分子の ATP が ADP ではなく AMP とリン酸にまで分解されるため，2 個の高エネルギーリン酸結合が消費されることになる．

　アシル CoA は，ミトコンドリア外膜を透過してミトコンドリアの膜間腔に入ることができるが，内膜を透過することはできない．ミトコンドリア膜間腔では，外膜にあるカルニチンアシル転移酵素 I が，アシル CoA の CoA とカルニチンを交換し，アシルカルニチンに変える（図 III.3.4）．カルニチンは CoA よりも分子量も小さく，アシルカルニチンはミトコンドリア内膜の輸送タンパクを経由してマトリックス内に運ばれる．マトリックスに入ったアシルカルニチンは，内膜にあるカルニチンアシル転移酵素 II によって，再びアシル CoA に変換される（図 III.3.5）．

C β 酸化によるエネルギー産生

　得られたアセチル CoA は，クエン酸回路によりさらに代謝される．1 分子のアセチル CoA か

図 III.3.4　アシル CoA のアシルカルニチンへの変換

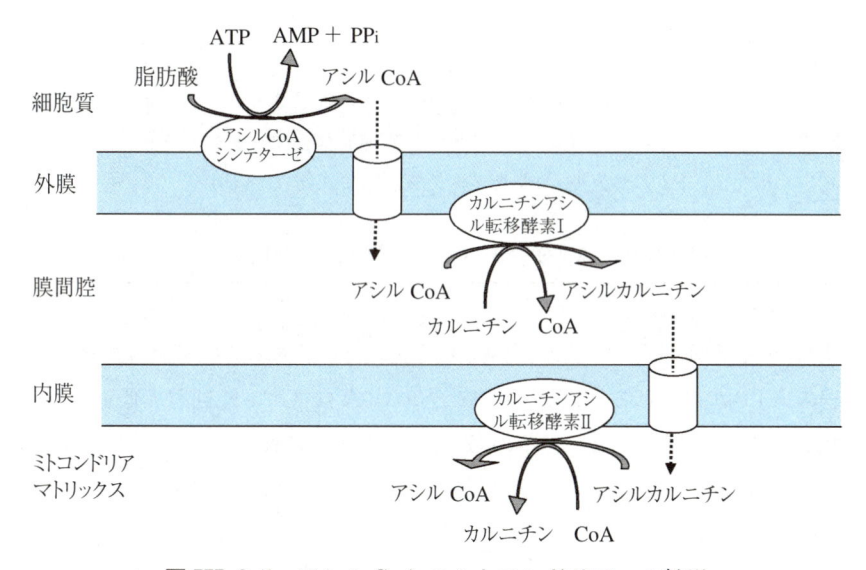

図 III.3.5　アシル CoA のミトコンドリアへの輸送

ミトコンドリア外膜の細胞質側にあるアシル CoA シンテターゼによって生じたアシル CoA は，ミトコンドリア外膜のトランスポータータンパク質を経て膜間腔に移行するが，ミトコンドリアの内膜を透過することができない．外膜の膜間腔側にあるカルニチンアシル転移酵素 I によって，アシル CoA がアシルカルニチンに変換され，このアシルカルニチンが内膜のトランスポーターによってミトコンドリアマトリックス内に移行する．そこで，アシルカルニチン転移酵素 II によって，アシル CoA に戻される．

らクエン酸回路によって，3分子の NADH，1分子の $FADH_2$ と1分子の GTP が得られる．GTP はプリン塩基の交換によって簡単に ATP に変換される．NADH と $FADH_2$ は，β酸化で得られたものもクエン酸回路で得られたものも，いずれも電子伝達系によって ATP を産生することができる．1分子の NADH および $FADH_2$ からそれぞれ3分子と2分子の ATP がつくられるともいわれていたが，実際にはエネルギーのロスがあるため，概算で1分子の NADH からは2.5分子，1分子の $FADH_2$ からは1.5分子の ATP がつくられると見積もることができる (p.261 参照)．

以上の過程で1分子のパルミチン酸から得られる全 ATP 数を計算してみると，表 III.3.1 のようになる．β酸化によってアセチル CoA が8分子，NADH と $FADH_2$ は各7分子ずつ得られ

表 III.3.1 脂肪酸および糖から得られるエネルギーの比較

	反 応	産生するATP数
パルミチン酸のβ酸化	パルミトイルCoAへの活性化	−2
	β酸化で得た7FADH$_2$の酸化（7×1.5）	10.5
	β酸化で得た7NADHの酸化（7×2.5）	17.5
	8アセチルCoAをクエン酸回路で代謝（8×10）	80
	合計	106
	100gのパルミチン酸（分子量256）から得られるATP	41.4モル
グルコースの酸化	2ピルビン酸の生成（解糖）	2
	解糖で得た2NADHの酸化（2×2.5）	5
	2アセチルCoA生成で得た2NADHの酸化（2×2.5）	5
	2アセチルCoAをクエン酸回路で代謝（2×10）	20
	合計	32
	100gのグルコース（分子量180）から得られるATP	17.8モル

る．このNADHとFADH$_2$から電子伝達系の働きで，それぞれ(7×2.5)=17.5分子，(7×1.5)=10.5分子のATPが得られる．1分子のアセチルCoAはクエン酸回路で代謝されると，3分子のNADH，1分子のFADH$_2$と1分子のGTPを生じる．これらが，さらにATPに変換されると，1分子のアセチルCoAから(3×2.5)+(1×1.5)+1=10分子のATPが得られる計算になる．アセチルCoAは8分子できるから，(8×10)=80分子のATPが得られる．これらを合計すると，108ATPとなる．脂肪酸を分解するためには，最初に脂肪酸を活性化してアシルCoAに変換しなければならない．このとき，ATP1分子がAMPと2分子のリン酸にまで分解され，2個の高エネルギーリン酸結合，つまりATP2分子に相当するエネルギーが消費されたことになる．脂肪酸の活性化で消費された分のエネルギーを引いて，106ATPが得られた計算となる．

ここで，脂肪酸の分解で得られるエネルギーと，糖の分解で得られるエネルギーとを比較してみよう（表III.3.1）．1分子のグルコースから解糖，クエン酸回路，そして電子伝達系を経て産生されるATPは32分子と算出される．100gのグルコースから生じるATP量は，グルコースの分子量が180であるからATP17.8モルと見積もられる．100gのパルミチン酸から生じるATP量は，パルミチン酸の分子量256なので，ATP41.4モルであり，同じ重量の糖に比べて脂肪酸は約2.3倍ものエネルギーを産出できることがわかる．

D 脂肪酸の生合成

脂肪酸の生合成は，細胞質内で行われる．一連の反応に関わる酵素群はすべて細胞質に存在する．脂肪酸シンテターゼは，脂肪酸合成の中間体を繋ぎとめているアシルキャリアータンパク質（ACP）と，反応を担っている複数の酵素タンパク質が集合した巨大な複合体を形成しており，

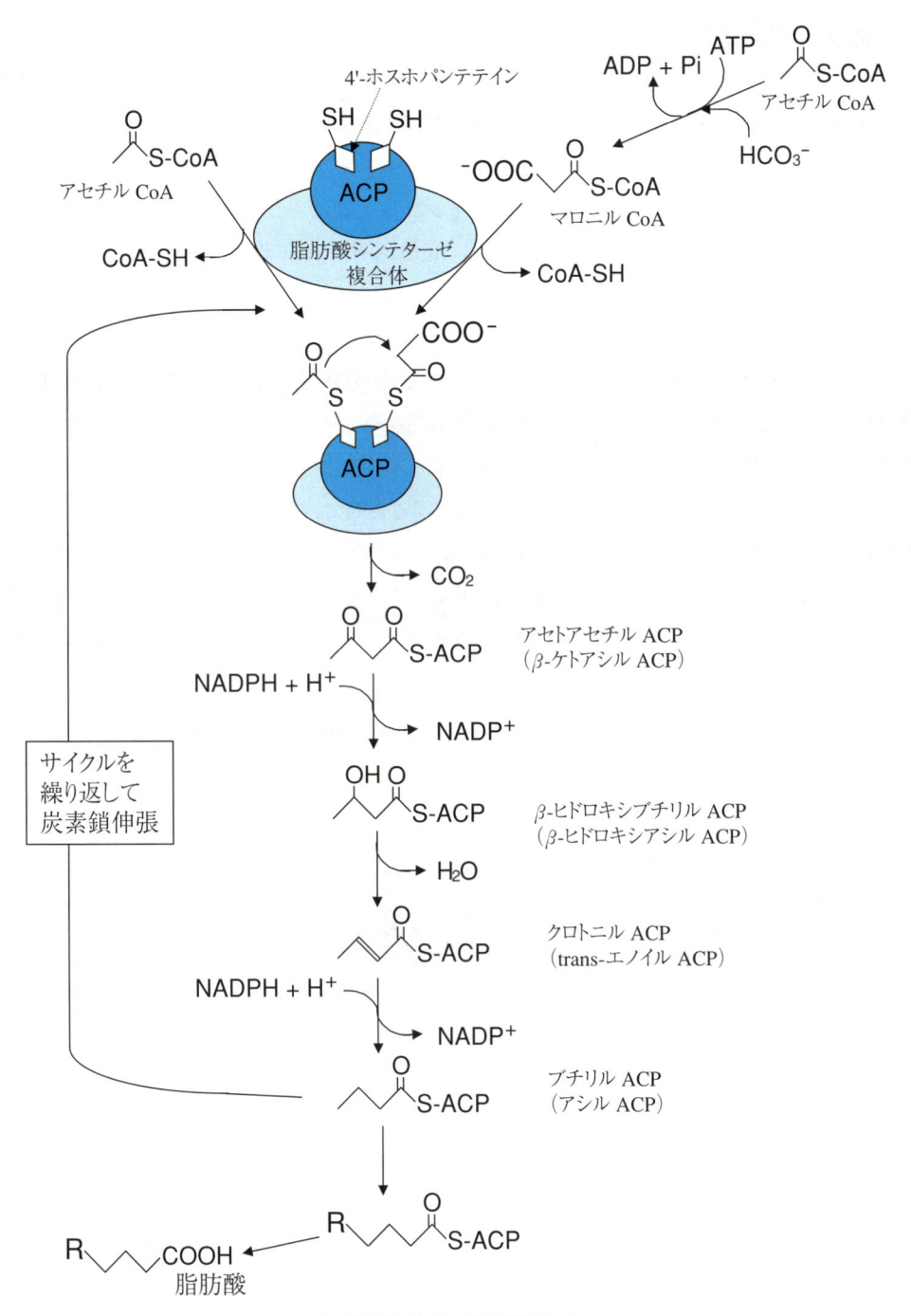

図 III.3.6　脂肪酸合成
ACP：アシルキャリアータンパク質 acyl carrier protein

連続的に合成反応が進行する（図III.3.6）．

脂肪酸の分解でアセチルCoAがつくられたのと逆に，脂肪酸はアセチルCoAから生合成される．脂肪酸シンテターゼ複合体上のアシルキャリアータンパク質には，アシル基を結合する補欠分子族4′-ホスホパンテテインのSH基が2か所あり，その一方にアセチルCoAからアセチル基が転移する．また，アセチルCoAカルボキシラーゼによって，アセチルCoAと炭酸水素イオンからマロニルCoAがつくられる．マロニルCoAもアシルキャリアータンパク質に転移され，同じアシルキャリアータンパク質上にアセチル基とマロニル基が並び，そこで縮合反応が行われアセトアセチルACPがつくられる．この縮合反応で，炭素2個のアセチル基が炭素4個のアセトアセチル基に伸長したことになる．続いて，NADPHによる還元反応，脱水反応，再度NADPHによる還元反応を経て炭素鎖が2個伸長したブチリルACPとなる．ACPタンパク質の空いているSH基に再びマロニルCoAが結合し，さらに炭素2個伸長したβ-ケトアシルACPがつくられる．以下，このサイクルが何回も回ることで，長鎖脂肪酸がつくられる．

脂肪酸の合成反応において，マロニルCoAは，炭素鎖伸長のためのC2ユニットの供与体となる重要な中間体である．アセチルCoAカルボキシラーゼに含まれる補酵素であるビオチンが，ATPのエネルギーを利用して炭酸水素イオンを結合し，カルボキシ基をもった中間体となり，

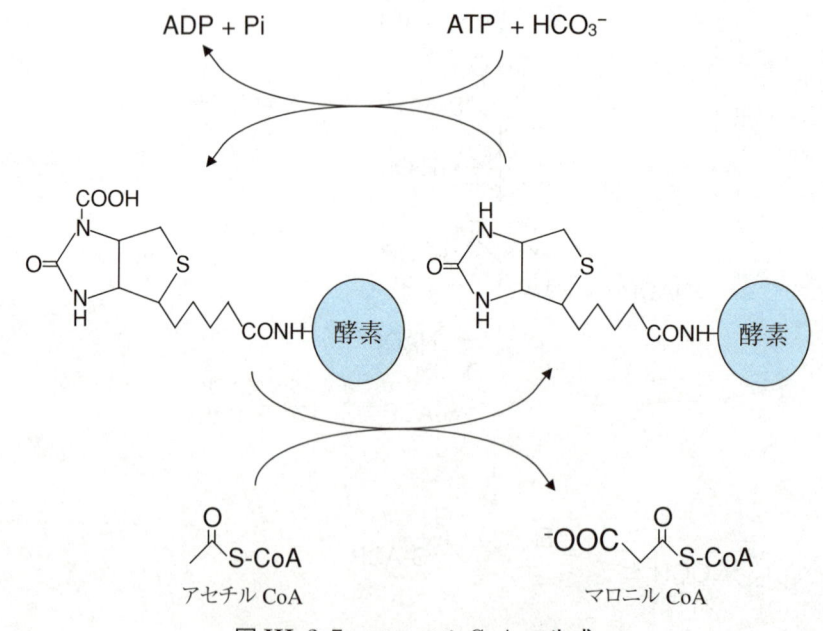

図III.3.7　マロニルCoAの生成

マロニルCoAは，アセチルCoAカルボキシラーゼによって，アセチルCoAと炭酸水素イオンからつくられる．アセチルCoAカルボキシラーゼに含まれる補酵素ビオチンに炭酸水素イオンが結合し，カルボキシ基をもった中間体となり，このカルボキシ基がアセチルCoAに転移してマロニルCoAがつくられる．この反応ではATPが消費される．

このカルボキシ基がアセチル CoA に転移してマロニル CoA がつくられる（図 III.3.7）。脂肪酸合成のサイクルが回るたびに、マロニル CoA の供給が必要であり、アセチル CoA カルボキシラーゼは脂肪酸合成系の律速酵素である。この酵素は、単量体の状態では不活性であるが、多量体を形成すると活性となる。長鎖脂肪酸アシル CoA はこの酵素の多量体化を阻害することで活性を抑制し、フィードバック阻害がかかる仕組みになっている。また、アセチル CoA カルボキシラーゼは、酵素のリン酸化によっても活性制御が行われている。

例えば、炭素 16 個のパルミチン酸は 8 個のアセチル CoA から合成される。そのためにこの合成反応サイクルを 7 回経由するので、必要となる NADPH は 14 分子である。

飽食状態、つまりエネルギー供給過剰の際には、糖の一部が分解されずにグリコーゲンとして肝臓や筋肉に貯蔵される。グリコーゲンとして貯蔵できる容量を超えた栄養源はアセチル CoA に代謝されて、過剰のアセチル CoA はクエン酸回路で代謝されるよりも脂肪酸合成の原料として利用される。脂肪酸はおもにトリアシルグリセロールとして脂肪組織に蓄積される。

E 不飽和脂肪酸の生合成

飽和脂肪酸は、脂肪酸アシル CoA 不飽和化酵素によって二重結合が加えられ、不飽和脂肪酸となる。しかし、動物ではオレイン酸（18：1-Δ9）の二重結合の位置（9 番目の炭素）よりもメチル末端側にさらに二重結合を加える反応ができないため、オレイン酸からリノール酸（18：2-Δ9,12）をつくることができない。同様に、さらにメチル末端側に二重結合の入っている α-リノレン酸（18：3-Δ9,12,15）も生合成できない。したがって、リノール酸および α-リノレン酸は食事から供給される必要があるので、必須脂肪酸と呼ばれる。高度不飽和脂肪酸の中でも、アラキドン酸はリノール酸から、ドコサヘキサエン酸は α-リノレン酸からつくることができる（図 III.3.8）。

F ケトン体の生成と糖尿病

アセチル CoA が過剰に蓄積すると、β-ケトチオラーゼの逆反応でアセトアセチル CoA が生じる。3 つめのアセチル CoA が縮合し、HMG-CoA を介してアセト酢酸を生じる。アセト酢酸は、自動的な脱炭酸反応でアセトンとなるか、あるいは酵素的還元反応で β-ヒドロキシ酪酸を生じる。アセト酢酸、アセトン、β-ヒドロキシ酪酸の 3 者を総称してケトン体と呼ぶ（図 III.3.9）。

ケトン体はおもに肝臓でつくられる。アセトンは主に呼気から排出されるが、アセト酢酸と β-ヒドロキシ酪酸は血液によって全身に運ばれ、筋肉、脳、腎臓などでアセチル CoA に変換されてエネルギー源として利用される。

グリコーゲンが枯渇した飢餓状態、あるいは糖尿病などの疾患により末梢組織での糖の利用が

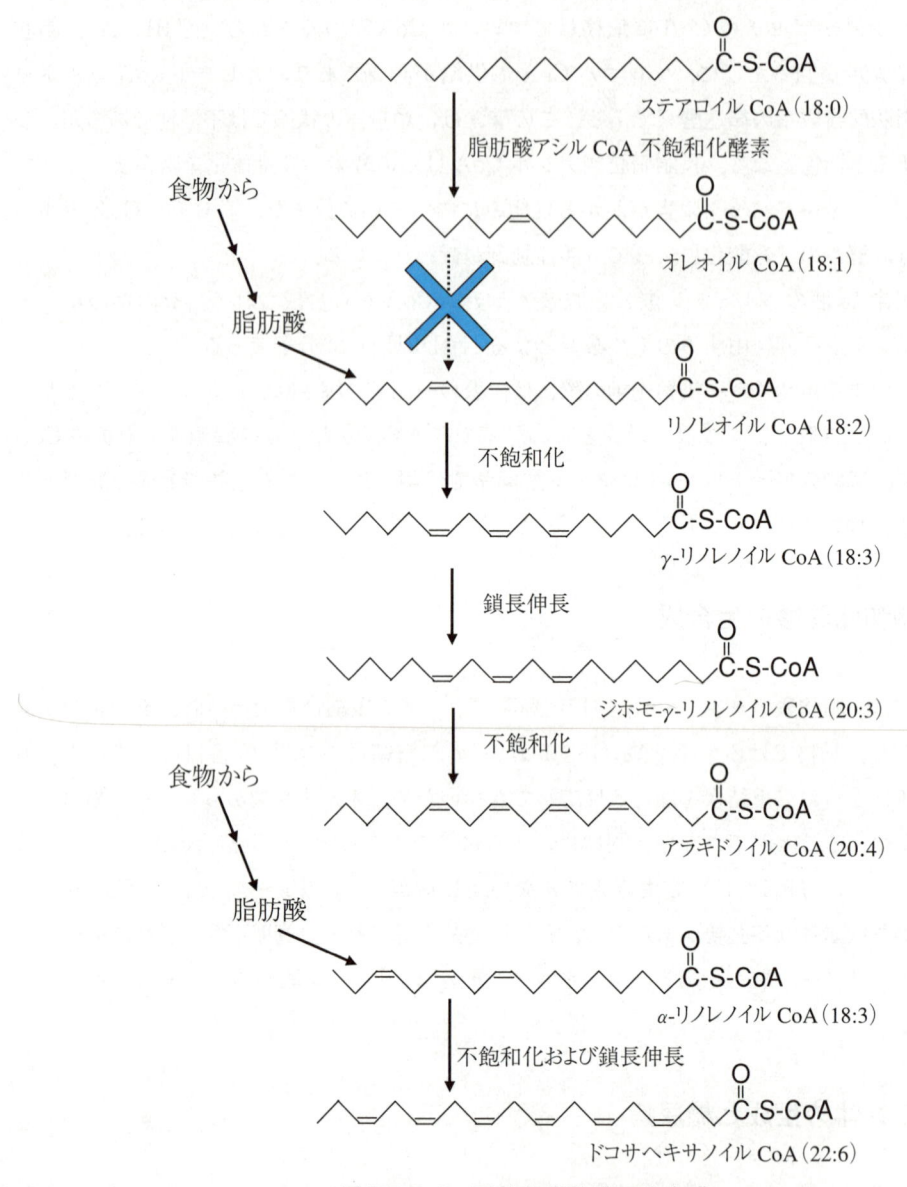

図 III.3.8 不飽和脂肪酸の生合成

ステアロイル CoA (18:0)
↓ 脂肪酸アシル CoA 不飽和化酵素
オレオイル CoA (18:1)

食物から → 脂肪酸 →

リノレオイル CoA (18:2)
↓ 不飽和化
γ-リノレノイル CoA (18:3)
↓ 鎖長伸長
ジホモ-γ-リノレノイル CoA (20:3)
↓ 不飽和化
アラキドノイル CoA (20:4)

食物から → 脂肪酸 →

α-リノレノイル CoA (18:3)
↓ 不飽和化および鎖長伸長
ドコサヘキサノイル CoA (22:6)

滞っている場合には，脂質の分解が亢進して大量のアセチル CoA が産生される．糖が利用できない状態では，脂質代謝が亢進するだけでなく，糖を新たにつくる作用（糖新生）も盛んになるため，オキサロ酢酸もその原料の1つとして消費される．オキサロ酢酸濃度が低い時には，いくらアセチル CoA があってもアセチル CoA がクエン酸回路で代謝されきれず，ケトン体の生成が亢進する．大量のケトン体が生じると，血液が酸性に傾きケトアシドーシスを生じる．糖尿病性ケトアシドーシスは，意識障害，嘔吐，脱水症状などの症状を起こす．

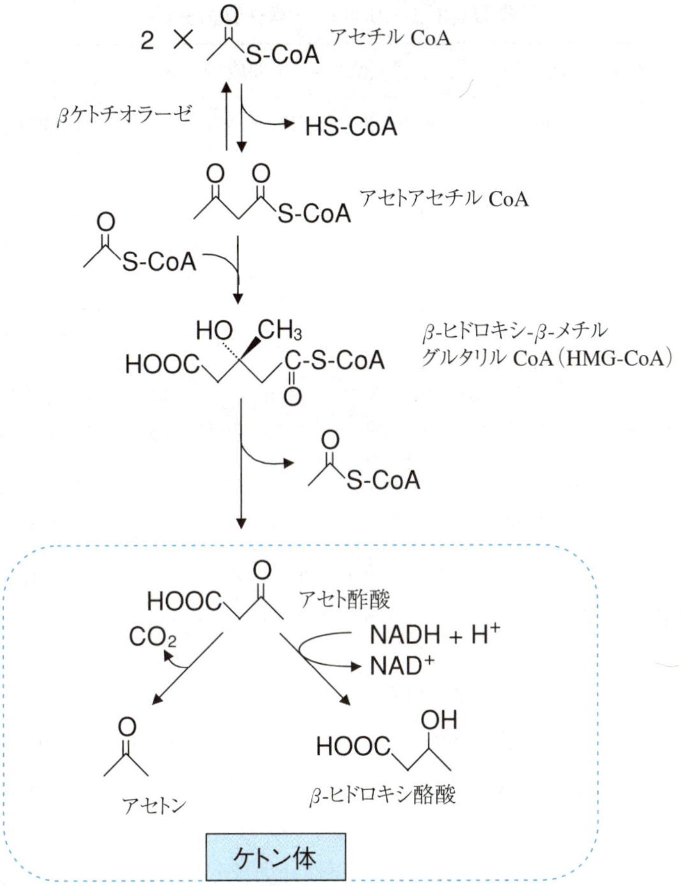

図III.3.9 ケトン体

III.3.2
脂質の全身での運搬

A 血漿リポタンパク質

　脂質は，各細胞にとって細胞膜など必須の構造体の構成成分として必要であるとともに，エネルギー源としてもなくてはならないものである．体全体の組織への脂質の供給は，基本的には血漿リポタンパク質の形で血流を介して行われている．運搬される一部は，体内で新たに合成されたものであるが，食物から吸収した脂質がかなりの割合を占めている．

　血中には大量の脂質が含まれているが，脂質はそれ自体では溶けないので，両親媒性の脂質やタンパク質と組み合わさって血漿リポタンパク質と総称される複合体粒子を形成している．血漿リポタンパク質は，その比重の違いから通常5種類に分けられる（表III.3.2）．比重の低いほう

表 III.3.2 リポタンパク質の分類

リポタンパク質	比重	粒子径 (nm)	主要成分 (%)		生理的役割
キロミクロン	<0.96	80〜1000	TG	85	腸で吸収した脂質を肝臓へ運ぶ
VLDL（超低密度リポタンパク質）	0.96〜1.006	30〜75	TG Chol	55 15	肝から末梢組織に脂肪酸を運ぶ
IDL（中間密度リポタンパク質）	1.006〜1.019	25〜30	TG Chol	40 30	LDL が形成される過程の中間体
LDL（低密度リポタンパク質）	1.019〜1.063	19〜25	Chol タンパク質	45 25	肝から末梢にコレステロール運搬
HDL（高密度リポタンパク質）	1.063〜1.21	5〜13	タンパク質 リン脂質	50 25	末梢から肝へコレステロール運搬

注）TG はトリアシルグリセロール，Chol はコレステロール（遊離型およびエステル型の総和）．

から，キロミクロン chylomicron，超低密度リポタンパク質 very low density lipoprotein (VLDL)，中間密度リポタンパク質 intermediate density lipoprotein (IDL)，低密度リポタンパク質 low density lipoprotein (LDL)，高密度リポタンパク質 high density lipoprotein (HDL) である．これらのリポタンパク質は，粒子の大きさ，脂質・タンパク質成分の組成もそれぞれに異なっており，比重が低いものほど粒子径は大きくなり，脂溶性の脂質，つまりトリアシルグリセロールの割合が大きい．LDL の主成分はコレステロールであり，HDL はタンパク質の割合が大きくなっている．

血漿リポタンパク質は，おもにリン脂質，コレステロール，トリアシルグリセロール，そしてタンパク質からなる複合体粒子である．中心部に疎水性の脂質（トリグリセリド，コレステロールエステル）が集まり，その周囲に両親媒性の脂質（リン脂質，遊離型のコレステロール）とタンパク質が取り巻いて包んでいる形になっている（図 III.3.10）．

B 脂質の吸収とキロミクロン

食物中の脂質は，十二指腸で胆汁酸の界面活性作用を受けて分散状態となり，膵液中のリパーゼにより加水分解される．リパーゼの作用で生じた脂肪酸と 2-モノアシルグリセロールは，小腸上皮細胞に吸収されて，細胞内で再びトリアシルグリセロールに変換される．小腸上皮細胞内で大量のトリアシルグリセロールに，リン脂質，コレステロールエステルとアポ B-48 などいくつかのタンパク質が合わさってキロミクロン粒子が形成され，リンパ管に分泌される．リンパ管は鎖骨下静脈で血管と合流しており，キロミクロンもここから血液中に入って，以下血流に乗っ

外から見た状態　　　　　　断面の模式図

- リン脂質
- 遊離コレステロール
- タンパク質（アポBなど）
- トリアシルグリセロール
- コレステロールエステル

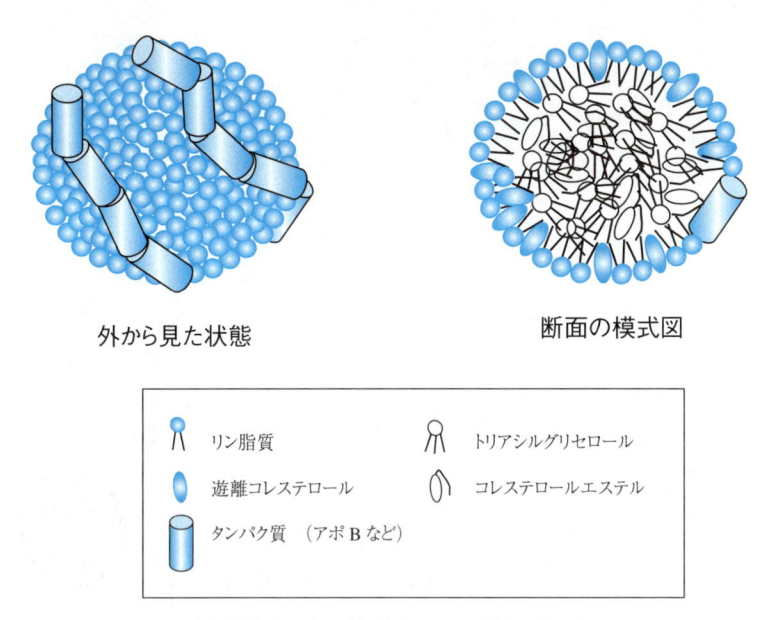

図 III.3.10　リポタンパク質の構造

て全身に運ばれる（図 III.3.11）．

　血流中のキロミクロンは，全身のいろいろな組織の毛細血管壁表面にある酵素，リポプロテインリパーゼの作用を受け，粒子中のトリアシルグリセロールの加水分解により生じた脂肪酸とモノアシルグリセロールを遊離する．脂肪酸とモノアシルグリセロールは，各組織に吸収され，リン脂質などの原料あるいはエネルギー源として利用される．

　トリアシルグリセロールを消費したキロミクロンはキロミクロンレムナント chylomicron remnant と呼ばれるやや小型の粒子となり，肝臓にエンドサイトーシスで取り込まれる．

C　リポタンパク質とコレステロールの運搬

　肝臓は，キロミクロンレムナントをはじめ種々のリポタンパク質を取り込んでいる．また，肝臓内でつくられるアポ B-100 タンパク質と大量の脂質を組み合わせて，VLDL 粒子を形成する．VLDL はエキソサイトーシスにより血液中に分泌される．血液中の VLDL は，キロミクロンと同様に，末梢組織の毛細血管壁でリポプロテインリパーゼの作用を受け，粒子中のトリアシルグリセロールを各組織に受け渡しする．トリアシルグリセロールを消費した VLDL は，徐々にコレステロールの含量が増し脂質組成の変化に伴って比重が上昇し，IDL を経て LDL に変わっていく（図 III.3.12）．LDL は，もはやトリアシルグリセロールは主成分ではなく，コレステロールが主成分となった粒子である．LDL は，LDL を認識する LDL 受容体を介したエンドサイトーシスによって末梢各組織あるいは肝臓に取り込まれる．

　HDL も肝臓でつくられて血流に乗って全身へ運ばれているが，末梢組織の過剰のコレステロ

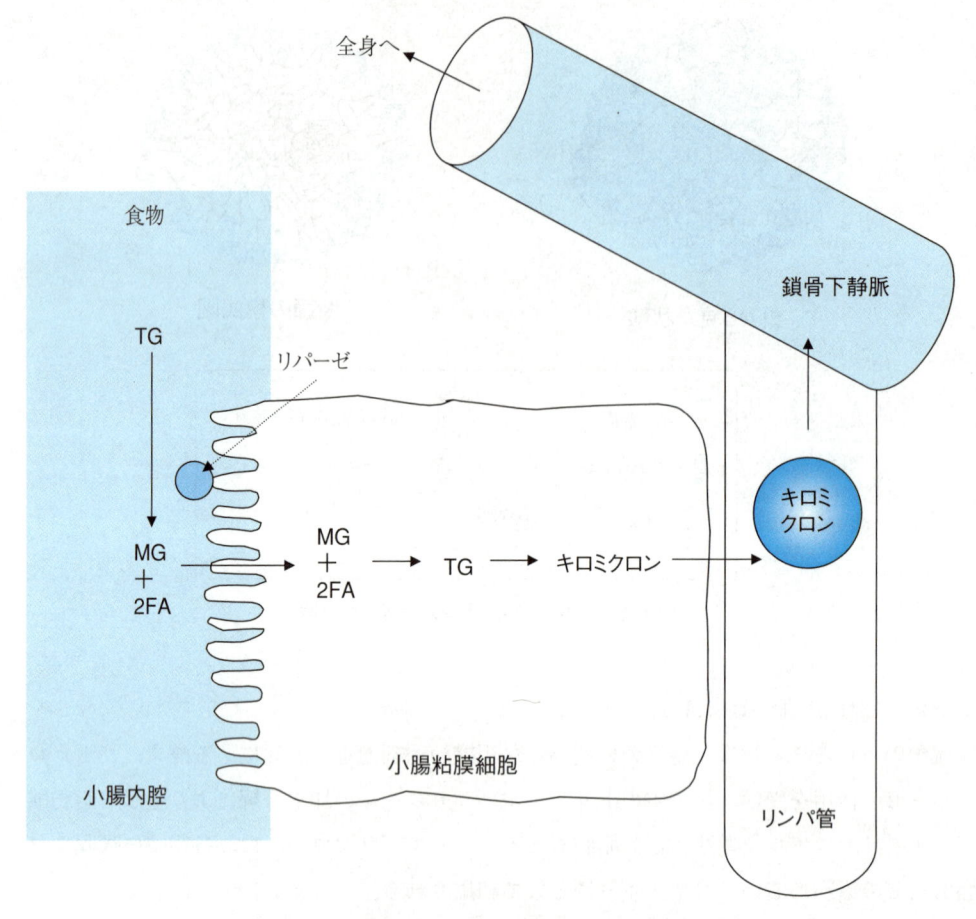

図 III.3.11 脂質の吸収

食物中の脂質は小腸粘膜の上皮細胞表面にあるリパーゼの作用によって，トリアシルグリセロールが加水分解されて，2-モノアシルグリセロールと 2 本の脂肪酸になってから細胞に吸収される．2-モノアシルグリセロールと脂肪酸は，取り込まれた細胞内で再びトリアシルグリセロールに再構成され，新たにつくられるキロミクロンに組み込まれる．分泌されたキロミクロンはリンパ管に入る．リンパ管を通ったキロミクロンは，鎖骨下静脈で血流に合流し，その後はリポタンパク質が全身をめぐっていく．TG：トリアシルグリセロール，MG：モノアシルグリセロール，FA：脂肪酸

ールを引き抜き，肝臓に戻したり，あるいはそのコレステロールを LDL に受け渡したりする働きがある．このような HDL による末梢からのコレステロールの運搬を，コレステロールの逆転送という．

　動脈硬化症は，血管壁に大量の脂質が沈着し血管の内腔側に粥腫（じゅくしゅ）と呼ばれるこぶのような病変ができ，これが血流を妨げ，狭心症や心筋梗塞の原因となる疾患である．血中の LDL コレステロール濃度が高いことは，動脈硬化症の発症要因の 1 つである．逆に，HDL コレステロールが高いことは，コレステロールの逆転送の作用が活発であり，動脈硬化抑制因子と考

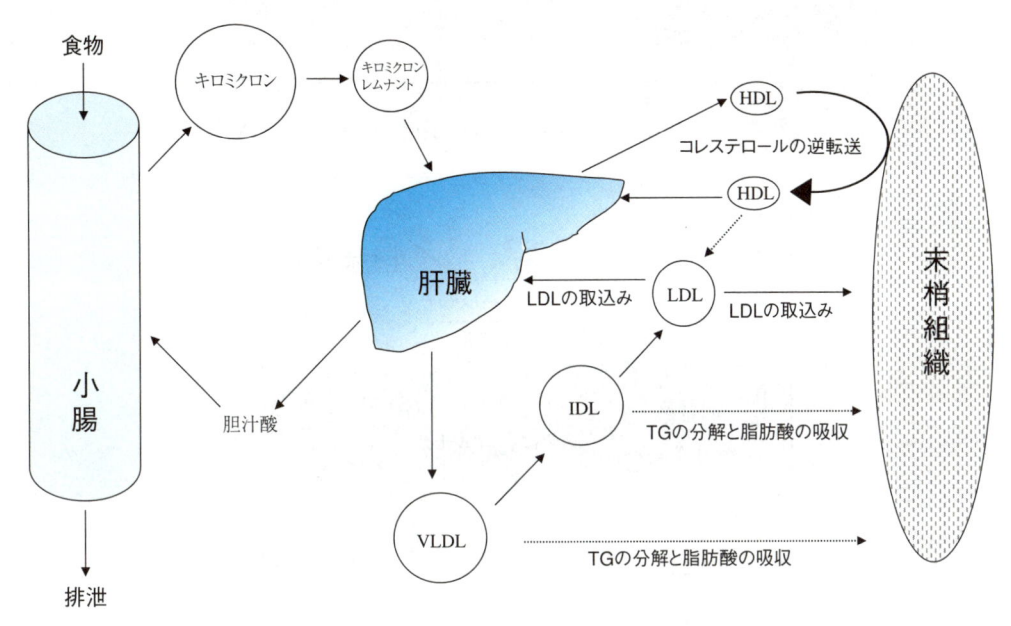

図 III.3.12　リポタンパク質の流れ

えられている．

III.3.3
コレステロールの生合成と代謝

A　コレステロールの代謝

　コレステロールは生体膜の構成成分の1つであり，重要な生体成分である．必要に応じて細胞内で生合成されるが，食物からも大量のコレステロールが供給される（図III.3.13）．コレステロールは，生体の調節機構を担うステロイドホルモンやビタミンDの原料となるが，その量はごく微量である．肝臓はコレステロール代謝の中心的な臓器であるが，肝臓からリポタンパク質の形で全身に脂質を供給していると同時に，一部のコレステロールは胆汁酸に変換されて，消化管での脂質吸収に利用される．コレステロールは脂肪酸のように分解されてエネルギーを生むことはなく，過剰のコレステロールは肝臓で胆汁酸に変換されて体外に排出されるか，あるいはコレステロールエステルとして細胞内に蓄積してしまう場合もある．

B　コレステロールの生合成

　コレステロールはアセチルCoAから合成される（図III.3.14, 15）．3分子のアセチルCoA

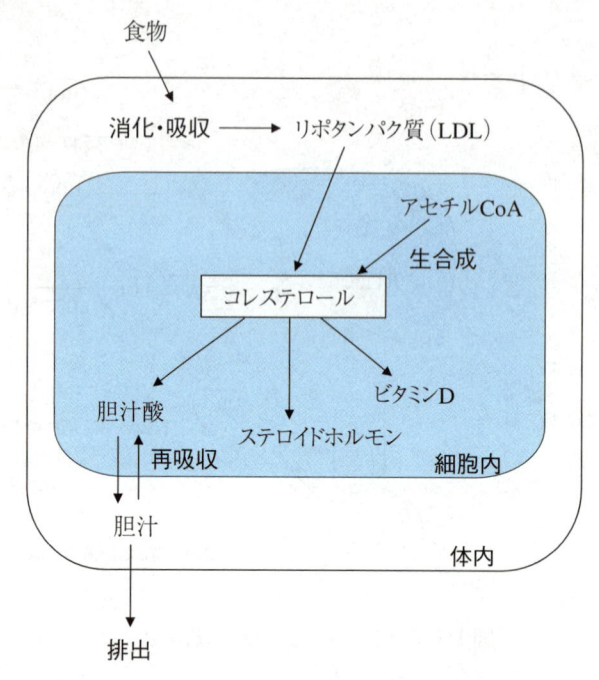

図 III.3.13　コレステロールの代謝

動物細胞にとって，コレステロールの供給源は，食物の消化吸収の後，肝でつくられるリポタンパク質を取り込むことか，アセチルCoAから生合成するかの2種類のみである．コレステロールを脂肪酸β酸化のように完全に分解してしまうことはできない．コレステロールのほとんどは，肝臓において胆汁酸に代謝されて胆汁中に分泌されて，胆汁として体外に出される．その一部はまた食物とともに再吸収される．胆汁酸以外に，その量は少ないが，ステロイドホルモンやビタミンDなどの前駆物質にもなっている．

が縮合してβ-ヒドロキシ-β-メチルグルタリルCoA（HMG-CoA）ができる．ここまでは，ケトン体の合成経路（III.3.1.F，図III.3.9）と同じ反応である．次にHMG-CoA還元酵素によって，HMG-CoAからメバロン酸がつくられる．HMG-CoA還元酵素は，小胞体の細胞質側に存在している酵素で，コレステロール合成系全体の律速酵素である．メバロン酸が3分子のATPにより次々とリン酸化され，脱炭酸反応を経てイソペンテニルピロリン酸となる．イソペンテニルピロリン酸は異性化してジメチルアリルピロリン酸となる．以下，イソペンテニルピロリン酸とジメチルアリルピロリン酸が縮合して，ゲラニルピロリン酸，さらにイソペンテニルピロリン酸が縮合してファルネシルピロリン酸が生じる．イソペンテニルピロリン酸は，イソプレノイドの合成単位となっている代謝中間体である．さまざまなイソプレノイド化合物がつくられるこの代謝経路を，メバロン酸経路と呼ぶ．

2分子のファルネシルピロリン酸が縮合して，炭素30個からなる炭化水素であるスクアレンがつくられる．アセチルCoAから始まってスクアレンに至るまでの反応は細胞質で行われる．ここから先，コレステロールの生成に至るまでの反応は，小胞体で行われる．

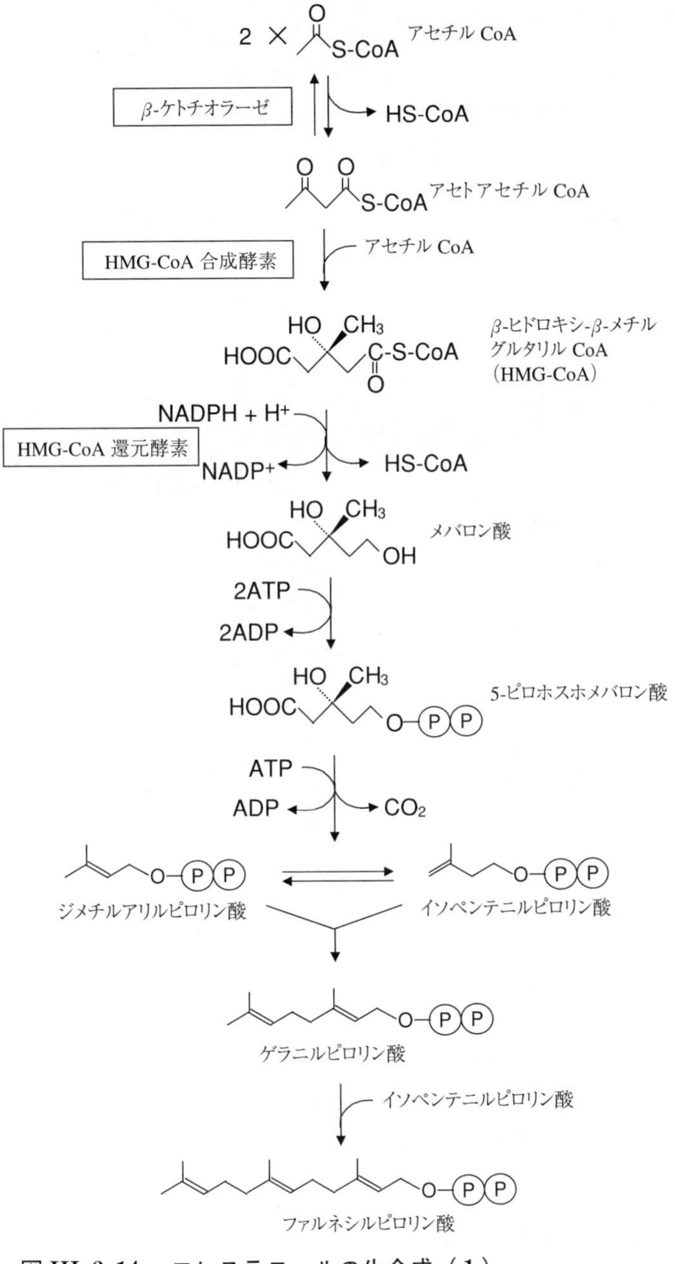

図 III.3.14　コレステロールの生合成（1）
アセチル CoA からファルネシルピロリン酸まで

スクアレンはスクアレンオキシダーゼ（酸素添加酵素）によりエポキシドとなり，それに続く閉環反応によってステロイド骨格をもつラノステロールがつくられる．ラノステロールがさらに何段階もの反応を経て，最終的にコレステロールを産生する．

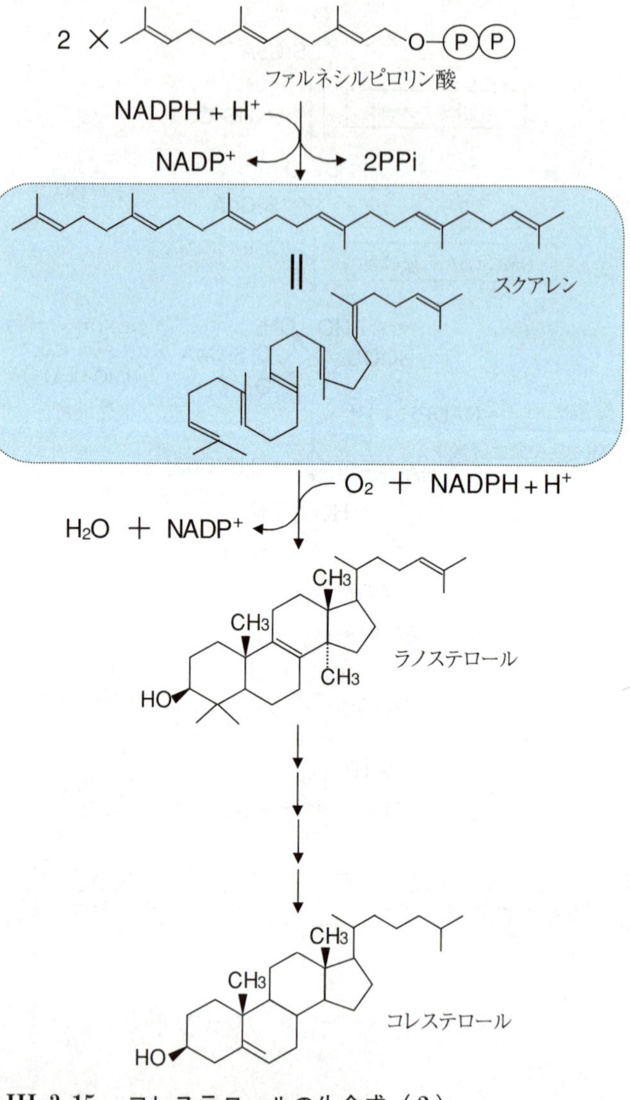

図 III.3.15　コレステロールの生合成（2）
ファルネシルピロリン酸からコレステロールまで

C　コレステロールの代謝調節

　細胞にとって，コレステロールは細胞膜の構成成分であることをはじめ，胆汁酸やステロイドホルモンの原料として不可欠の成分である．コレステロールは細胞内濃度が適正の範囲にあるように厳密に調節されている．細胞にとってコレステロールの供給源は，LDL受容体を介した血漿リポタンパク質LDLの取込みと，アセチルCoAからの生合成との2つの経路である．細胞内コレステロール量がある一定レベルよりも減少すると，その細胞では，LDL受容体，HMG-CoA還元酵素，そしてHMG-CoA合成酵素の遺伝子が発現し，これらのタンパク合成が亢進す

る．LDL 受容体の量が増えることで，細胞外からの LDL の取込み量が増加し，また律速酵素である HMG-CoA 還元酵素を含む合成系酵素量が増えることによってコレステロール合成が活発化する．こうして，細胞内のコレステロール量が維持されるように調節されている（図 III.3.16）．

逆に細胞内のコレステロール量があるレベルより高くなってしまった場合には，これら 3 つの遺伝子の発現が停止する．LDL 受容体，HMG-CoA 還元酵素，HMG-CoA 合成酵素のタンパク質は，代謝的な寿命があり，常に少しずつ分解されているので，新たにタンパク合成して補充しなければ，LDL の取込み，コレステロール合成系ともに活性を低下させ，細胞内のコレステロール量を抑制することができる．細胞内コレステロール量は，生合成系，取込み系のフィードバック機構により調節されているのである．

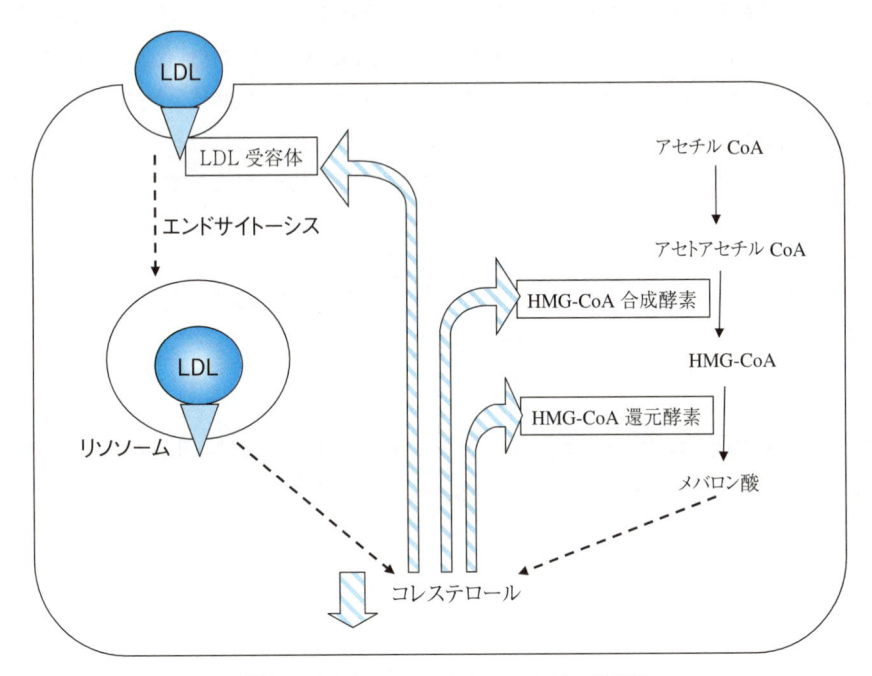

図 III.3.16 コレステロール量の調節

細胞内のコレステロールは，LDL 受容体を介して細胞外からリポタンパク質を取り込むか，またはアセチル CoA からの生合成によって供給される．細胞内コレステロール量が減少すると，LDL 受容体，HMG-CoA 合成酵素，および HMG-CoA 還元酵素の遺伝子発現が亢進し，これらのタンパクが増加する．それによって，LDL の取込みと生合成が促進されて，細胞内のコレステロール量を増やす方向に調節される．

Box III.3.1

スタチン系コレステロール低下薬

　血漿コレステロール濃度が高い状態を高コレステロール血症という．高コレステロール血症は，動脈硬化症の危険因子であるが，食生活の変化に伴い日本人の血漿コレステロール値は増加傾向にあり対応が求められている．スタチン系薬剤は代表的な血漿コレステロール低下薬である．この薬は，もともと日本で開発されたもので，現在は世界で最も使われている薬の1つに挙げられる．

　スタチン系薬剤は，HMG-CoA還元酵素を阻害する作用をもつ．コレステロール合成系の律速酵素であるHMG-CoA還元酵素が阻害され，細胞内のコレステロール量が一旦減少する．コレステロール量が減少することにより，その細胞ではLDL受容体，HMG-CoA還元酵素，HMG-CoA合成酵素の遺伝子が発現し，各タンパク質が新たに合成される．HMG-CoA還元酵素やHMG-CoA合成酵素が発現しても，スタチン系薬剤の存在下ではコレステロール合成系の働きは抑制されてしまっているが，LDL受容体の増加によるLDLの取込みは活性化する．そのため，肝臓をはじめ全身の組織でLDLを取り込んだ分だけ血液中のLDLが減少し，血漿コレステロール値が低下するのである．

III.3.4 ステロイドホルモン

　コレステロールの代謝産物としてつくられるステロイドホルモンは，生体の恒常性，男女の性徴を維持する，非常に重要な働きをもっている．

A 性ホルモン

　性ホルモンは，精巣，卵巣，胎盤，副腎皮質で合成されている．図III.3.17の生合成経路を見るとわかるようにこれらの性ホルモンは，いずれもステロイド骨格側鎖の酸化的開裂によってつくられるプレグネノロンを経由してつくられる．

　アンドロゲン（男性ホルモン）はおもに精巣から分泌され，タンパク質同化作用を示し筋肉を発達させる働きをもつ．また，精子形成を促進し，男性の二次性徴（男性らしさ）を発現させる（表III.3.3）．アンドロゲンは副腎皮質でも合成されるので，女性でも少量は分泌されている．

　エストロゲン（女性ホルモン）はおもに卵巣で，アロマターゼという酵素の作用でテストステロンが芳香環化してつくられる．エストロゲンは，女性の二次性徴（女性らしさ）を発現させ，子宮内膜を肥厚させるなどの作用のほか，骨吸収を抑制する作用などもある．そのため，女性は閉経後に骨量が低下し骨粗しょう症を起こしやすく，ホルモン補充による治療も行われる．

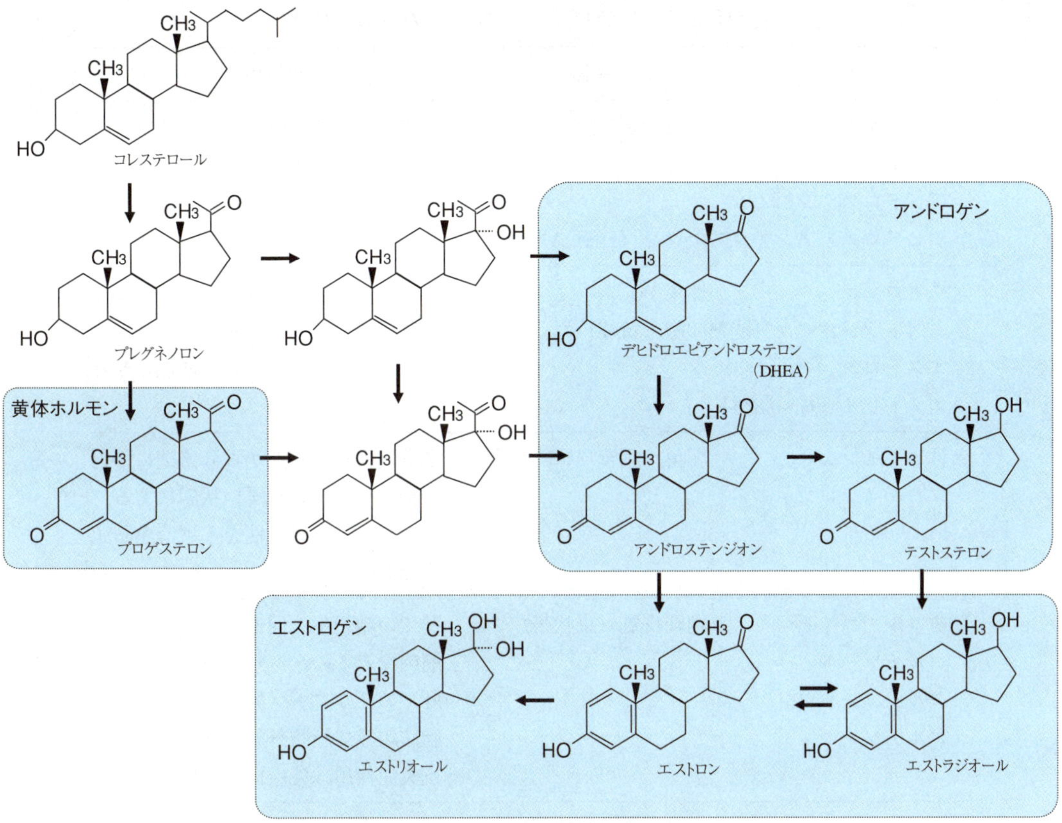

図 III.3.17　性ホルモンの生合成

　黄体ホルモンは，おもに卵巣から分泌されるが，他のステロイドホルモン合成系の中間体であり，副腎皮質や精巣からも少量分泌される．子宮内膜を分泌期の状態に変えるなどのほか，妊娠時には妊娠を維持する作用を発揮する．

B　副腎皮質ホルモン

　副腎皮質の束状帯からは糖質コルチコイドが，球状帯からは鉱質コルチコイドが合成，分泌される．いずれのホルモンも，性ホルモンと同様に合成系の代謝中間体であるプレグネノロンを経てつくられる（図III.3.18）．

　糖質コルチコイドは，肝でのアミノ酸からの糖新生を促進し末梢組織でのグルコース取込みを抑制するために血糖値が上昇する．脂肪組織での脂肪分解が促進され，血中の脂肪酸が上昇する．また，抗炎症作用，免疫抑制作用ももち，自己免疫疾患に用いられる（表III.3.3）．

　鉱質コルチコイドは，腎でのNa^+と水の再吸収を促進し，K^+の排出を促進する．原尿からのNa^+と水を再吸収することで，循環血流量を維持し血圧を一定に保つ働きをもつ．

表 III.3.3　ステロイドホルモンの種類と作用

ホルモン	産生臓器	生理作用
アンドロゲン 　テストステロン 　アンドロステンジオン 　デヒドロエピアンドロステロン（DHEA）	精巣，副腎皮質	男子の性徴を維持，精子形成 タンパク質同化作用
エストロゲン 　エストラジオール（成熟卵胞，黄体） 　エストロン 　エストリオール（胎盤）	卵巣	女子の性徴を維持，乳腺を発達させる 子宮内膜を発達させる 骨吸収を抑制し，骨量を増加させる
黄体ホルモン 　プロゲステロン	卵巣，副腎皮質，精巣	子宮内膜を増殖期から分泌期に移行 受精卵を着床しやすい状態にする オキシトシン感受性を下げ流産防止 排卵抑制
糖質コルチコイド 　コルチゾール 　コルチコステロン 　コルチゾン	副腎皮質（束状帯）	肝での糖新生を促進 筋肉などでのタンパク質分解促進 肝でのグリコーゲン合成促進 脂肪組織で脂肪分解亢進 抗炎症作用，免疫抑制作用
鉱質コルチコイド 　アルドステロン 　デヒドロコルチコステロン	副腎皮質（球状帯）	腎でのNa^+と水の再吸収促進 K^+の排出を促進

III.3.5　エイコサノイド

　アラキドン酸から合成される，多様な生理活性脂質をエイコサノイドという．おもなものは，プロスタグランジン，トロンボキサン，ロイコトリエンなどに分類される．
　多くのアラキドン酸は，リン脂質のグリセロール2位の水酸基にエステル結合している．エイコサノイドの産生は，まず細胞の膜リン脂質からホスホリパーゼの作用によってアラキドン酸が遊離する反応から始まる（図III.3.19）．エイコサノイドは不安定な物質が多く，中間体や産物が蓄積することはないので，アラキドン酸の遊離反応がエイコサノイド産生の律速段階となっている．
　遊離したアラキドン酸は，シクロオキシゲナーゼ，5-リポキシゲナーゼ，あるいは12-リポキ

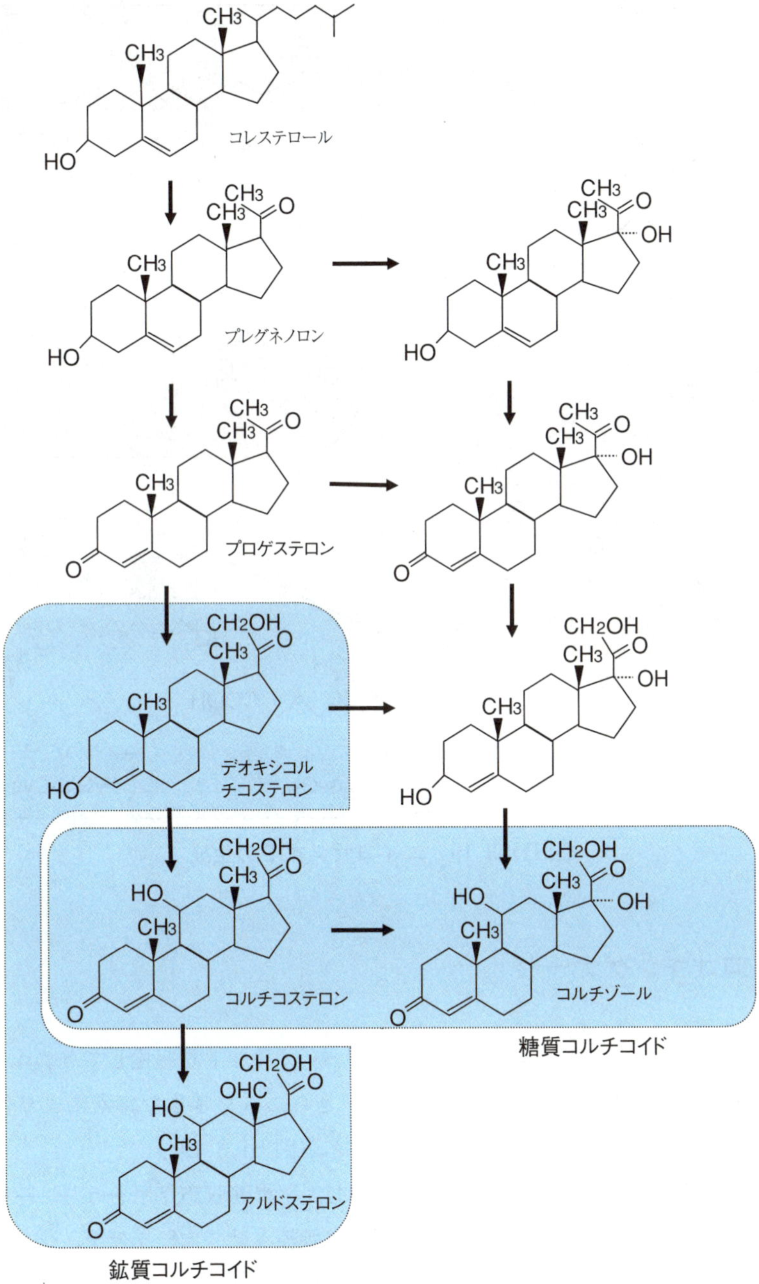

図 III.3.18　副腎皮質ホルモンの生合成

シゲナーゼのいずれかの酵素で酸化される．シクロオキシゲナーゼで代謝されたものからはプロスタグランジンやトロンボキサンを生じ，5-リポキシゲナーゼで代謝されたものからはロイコトリエンを生じる．

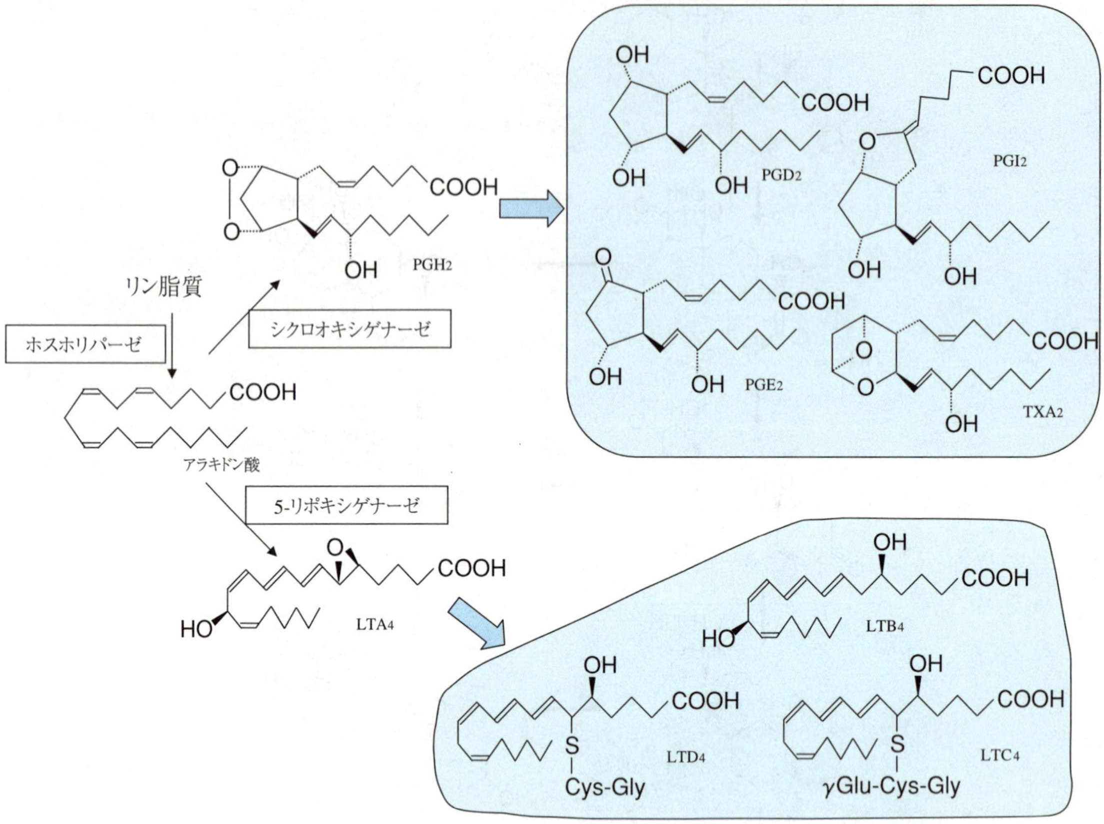

図 III.3.19　エイコサノイドの生成

A　シクロオキシゲナーゼ

　シクロオキシゲナーゼは，アラキドン酸のエンドパーオキシドを経由して5員環をもつプロスタグランジン H_2（PGH_2）を産生する．PGH_2 は，さらにさまざまな酵素により代謝されて，PGD_2，PGE_2，$PGF_{2\alpha}$，PGI_2，TXA_2 などを産生する（図 III.3.19）．
　PGE_2 は多くの組織で多様な作用を示す（表 III.3.4）．平滑筋収縮作用をもち，特に子宮筋を収縮させて陣痛促進作用をもつ．一方で，血管平滑筋は弛緩させて血圧を低下，また，胃酸分泌を抑制し胃潰瘍の予防効果がある．$PGF_{2\alpha}$ は平滑筋の収縮作用をもち，特に術後の腸管運動促進に用いられる．TXA_2 は血小板で合成され，血小板凝集作用，血管収縮作用をもち，血栓形成に深く関わっている．PGI_2 は，血管内皮細胞で合成され，血小板凝集抑制作用，血管拡張作用をもち，TXA_2 の作用と拮抗している．PGD_2 は睡眠作用をもつ．
　これらのエイコサノイドは，すべてシクロオキシゲナーゼを経由して合成される一連の産物である．シクロオキシゲナーゼには，常に発現している構成型酵素（COX-1）と，炎症時などの刺激で増加する誘導型酵素（COX-2）の2種類がある．アスピリンやインドメタシンなどの非

表 III.3.4　エイコサノイドの種類と作用

エイコサノイド	産生細胞	生理作用
シクロオキシゲナーゼを介してつくられるもの		
PGD_2	脳	睡眠作用
PGE_2		子宮筋収縮，陣痛促進
		血管平滑筋弛緩，血圧を低下
		胃粘膜保護
$PGF_{2\alpha}$		腸管平滑筋収縮
PGI_2	血管内皮細胞	血小板凝集抑制，血管弛緩
TXA_2	血小板	血小板凝集促進，血管収縮
5-リポキシゲナーゼを介してつくられるもの		
LTB_4	白血球	白血球遊走，白血球活性化
LTC_4，LTD_4	白血球，	血管透過性亢進，血管平滑筋収縮
	肥満細胞	気道収縮，気道粘膜の粘液分泌亢進

ステロイド性抗炎症薬（NSAIDs）は，シクロオキシゲナーゼの阻害剤であり，プロスタグランジンやトロンボキサンの合成を阻害することで，炎症を抑制している．しかし，COX-1，COX-2の両方を阻害してしまうため，胃壁の防御作用なども抑制し，胃潰瘍などの副作用を起こすことがある．

B　5-リポキシゲナーゼ

5-リポキシゲナーゼは，アラキドン酸のハイドロパーオキシドを産生し，続いて起こる脱水反応よりロイコトリエン A_4（LTA_4）に変換する．LTA_4 からは水酸化反応によって LTB_4 が，グルタチオンの付加反応によって LTC_4 が産生する．γ-グルタミル転移酵素（γ-GTP）の作用で LTC_4 のグルタチオン部分の γ-グルタミン酸部分が除かれたものが LTD_4 である（図III.3.19）.

LTB_4 はおもに白血球で産生され，好中球に対する強力な遊走作用をもつ．LTC_4，LTD_4 は，血管透過性亢進作用をもつほか，気道や血管平滑筋を強力に収縮し，気道粘膜の粘液分泌を促進する．LTD_4 は，アナフィラキシーの際の遅発反応物質（SRS-A）の主体をなす物質である．

Key words

エネルギー貯蔵物質	脂肪酸	リパーゼ
脂質運搬体	リポタンパク質	リンパ管
キロミクロン	VLDL	LDL
HDL	グルカゴン	受容体
アデニル酸シクラーゼ	サイクリック AMP	プロテインキナーゼ
ホルモン感受性リパーゼ	ミトコンドリア	カルニチン
$β$ 酸化	TCA サイクル(クエン酸回路)	オキサロ酢酸
アセチル CoA	炭酸固定化反応	補酵素 B_{12}
ビオチン酵素	飢餓時	ピルビン酸
糖尿病	ケトン体	アセチル CoA カルボキシラーゼ
細胞質	マロニル CoA	炭素鎖の延長反応
不飽和化反応	小胞体	C_2 単位
脂肪酸合成酵素複合体	ペントースリン酸回路	ホスホパンテテイン
必須脂肪酸	リノール酸	$α$-リノレン酸
アラキドン酸	グリセロリン脂質	ホスホリパーゼ
セカンドメッセンジャー	アラキドン酸カスケード	エイコサノイド
オータコイド	ホスホリパーゼ A_2	シクロオキシゲナーゼ
プロスタグランジン	抗炎症剤	アスピリン
インドメタシン	ホスファチジルコリン	ホスファチジルイノシトール
エーテル型	血小板活性化因子	プラズマローゲン型
スフィンゴ脂質	セラミド	パルミトイル CoA
セリン	スフィンゴ脂質欠損症	スフィンゴミエリン
ガングリオシド	メバロン酸	HMG-CoA レダクターゼ
スクアレン	胆汁酸	脂質成分の乳化
$7α$-ヒドロキシラーゼ	腸肝循環	コレステロール
ステロイドホルモン	デオキシコール酸	

III.4 アミノ酸・タンパク質代謝

> **学習目標**
>
> 1. 食餌性タンパク質の消化および吸収機序について理解する．
> 2. アミノ酸の代謝についての基本的知識を修得する．
> 3. タンパク質の修飾と局在化機構およびタンパク質分解経路を認識する．

　アミノ酸は，タンパク質や他の生理活性物質の合成に利用される．タンパク質はきわめて多彩な生物学的機能を担っており，生体内化学反応の進行に必要不可欠な酵素の構成成分である．さらに，生体構造をつくる主要な成分でもあり，生物の特異性を示す一因ともなっている．多数のタンパク質が生体内に存在するが，遺伝子疾患などによりあるタンパク質が欠損した場合，生命の存続に関わる重篤な症状が生じる．また，現在の遺伝現象の理解は，「親のもつタンパク質と同じタンパク質をつくるのに必要な情報を伝達すること」である．これらのことから，タンパク質は生体成分のうちで最も重要な物質ということができ，その生体内機能を除いて生命現象は説明できない．

　ヒトのような，窒素固定能がない，すなわち，空気中の窒素分子を利用できない生物は，外部からタンパク質やその分解物を摂取し窒素源としている．ここでは，食物として摂取されるタンパク質を食餌性タンパク質と呼ぶ．タンパク質を構成する20種類のアミノ酸のうち生体内で合成されない9種のアミノ酸を必須アミノ酸と呼び，一方，他のアミノ酸から生合成されたり，生体内の様々な代謝中間体などから合成されるものを非必須アミノ酸と呼んでいる．動物性タンパク質は，構成アミノ酸のバランスを考慮すると，食餌性タンパク質として植物性タンパク質より栄養学的に優れている．ヒトはアミノ酸をそのまま蓄積できず，過剰にアミノ酸が摂取された場合，様々な過程を経てエネルギー源あるいは糖新生材料などとして消費する．

　生体内において，タンパク質合成は遺伝情報発現経路の最終産物である．通常，細胞機能の維持には少なくとも数千種類のタンパク質が必要とされ，状況に応じてタンパク質合成は促進され，細胞内外の適切な部位に輸送される．一方，これらタンパク質が不必要になった場合，迅速に分

解される．タンパク質が生体機能維持において中心的役割を担うことは，タンパク質生合成に関与する細胞内物質の多さを考慮することによっても推察できる．細胞内には多量なリボソーム，タンパク質合成関連酵素や因子類，t-RNAなどが存在し，これらは細胞乾燥重量の35％以上を占めている．また，細胞内において生合成反応に使われる化学エネルギーの90％以上がタンパク質合成に費やされる．

この章において，アミノ酸代謝物が生体内反応を担う重要な生理活性物質であること，タンパク質が細胞機能の中心的役割を果たすこと，その代謝異常が疾患へと結びつくことなどを認識し，これら物質の合成機構や代謝機構を理解できることを目的とする．このことは，医学・薬学の分野における疾患と治療のための薬物の作用機構を理解するために必須である．

III.4.1 タンパク質の消化，吸収

摂取された食餌性タンパク質は，従属栄養生物の体タンパク質とはアミノ酸配列が異なっているため，そのまま吸収し直接利用することはできない．食餌性タンパク質は，いったんアミノ酸にまで分解されてから吸収される．

食餌性タンパク質の消化は，主としてタンパク分解酵素(プロテアーゼ protease)により行われる．摂取されたタンパク質は，胃中においてペプシン pepsin によりおおまかに切断されペプチド peptide となり，十二指腸中において膵液由来のトリプシン trypsin，キモトリプシン chymotrypsin およびエラスターゼ elastase の作用によって小ペプチド(オリゴペプチド oligopeptide に切断される．小ペプチドは膵液中のカルボキシペプチダーゼ carboxypeptidase)，また小腸のアミノペプチダーゼ aminopeptidase，ジペプチダーゼ dipeptidase の働きでアミノ酸やペプチドとなって小腸より吸収される．食餌性タンパク質の消化に関与するプロテアーゼは，一般にチモーゲン zymogen(酵素前駆体)として生合成され，消化管に分泌されてから活性型となる．また，プロテアーゼはタンパク質の内部ペプチド結合に作用するエンド endo-型と，末端のアミノ酸ペプチド結合に作用するエキソ exo-型の2つに大別される(表III.4.1)．なお，胎児や新生児は，エンドサイトーシス endocytosis により，小腸細胞からタンパク質をまるごと吸収することができる．

プロテアーゼの作用によって小腸内で生じた遊離のL-アミノ酸は，担体を介して濃度勾配に逆らう能動輸送 active transport により吸収される．この輸送に必要なエネルギーは，管腔側細胞膜で形成されるNa^+濃度勾配や電気的ポテンシャルによって供給され，直接的なATP消費は伴わない．吸収された遊離のL-アミノ酸は門脈を経て主に肝臓へ運ばれ代謝されるが，その他の組織にも運ばれて様々な目的に使用される．細胞内のL-アミノ酸の主な利用の方法は，タンパク質合成の素材，脱アミノ反応を介するエネルギー産生物質，アミノ基の転移反応を介する非

必須アミノ酸の合成，種々の窒素化合物の合成素材や脱炭酸反応による生理活性アミンの生成などである（図III.4.1）．

表 III.4.1 食餌性タンパク質のプロテアーゼによる消化

酵素前駆体（チモーゲン）	分泌臓器	活性化因子	活性酵素名	作用部位	作用様式分類
ペプシノーゲン	胃	HCl ペプシン	ペプシン	芳香族アミノ酸 酸性アミノ酸 ｝アミノ基側 ロイシン	エンド型 アスパラギン酸プロテアーゼ
トリプシノーゲン	膵	エンテロキナーゼ トリプシン	トリプシン	塩基性アミノ酸 カルボキシ基側	エンド型 セリンプロテアーゼ
キモトリプシノーゲン	膵	トリプシン	キモトリプシン	芳香族アミノ酸 カルボキシ基側	エンド型 セリンプロテアーゼ
プロエラスターゼ	膵	トリプシン	エラスターゼ	脂肪族アミノ酸 カルボキシ基側	エンド型 セリンプロテアーゼ
プロカルボキシペプチダーゼ	膵	トリプシン	カルボキシペプチダーゼ	C末端ペプチド結合	エキソ型
	小腸		アミノペプチダーゼ	N末端ペプチド結合	エキソ型
	小腸		ジペプチダーゼ	ジペプチド	エキソ型

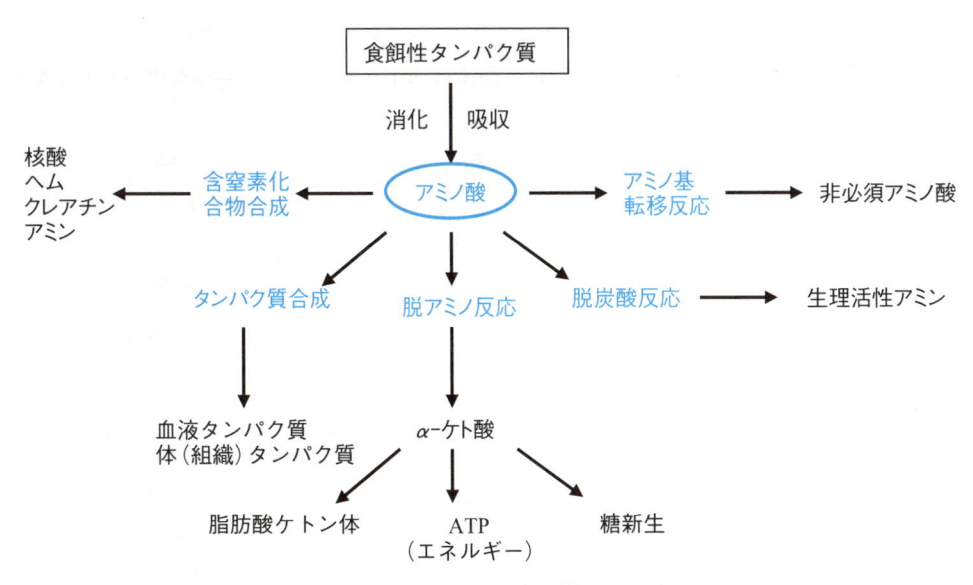

図 III.4.1 アミノ酸の異化と同化

III.4.2 アミノ酸の異化代謝

アミノ酸の基本構造は，α-炭素にアミノ基 amino group（−NH₂）とカルボキシ基 carboxy group（−COOH）が結合している α-アミノ酸である．このアミノ酸に共通な異化代謝反応は，1）アミノ基転移反応，2）酸化的脱アミノ反応，3）脱炭酸反応，4）炭素鎖の代謝である．

A アミノ基転移反応 transamination

アミノ酸のアミノ基を α-ケト酸へ転移する反応で，反応が進行した結果，別のアミノ酸と別の α-ケト酸が生成する．この反応はアミノ基転移酵素 transaminase によって触媒され，補酵素としてピリドキサルリン酸 pyridoxal phosphate（PALP）を必要とする．PALP はビタミン B₆ の補酵素型であり，本酵素の補欠分子として働く．多くの場合，アミノ基の転移先は α-ケトグルタル酸の α-炭素であり，α-ケトグルタル酸に対して基質特異性が高いアミノ基転移酵素は，種々アミノ酸のアミノ基をこのケト酸へ転移しグルタミン酸へと集約させる（図 III.4.2）．

アミノ基転移酵素のうち，代表的な ALT（アラニンアミノトランスフェラーゼ，alanine aminotransferase）と AST（アスパラギン酸アミノトランスフェラーゼ，aspartate aminotransferase）は診断上重要なマーカーとなる．これら酵素は，肝臓や心臓の細胞中に存在するが，肝機能障害や心疾患が生じた場合，酵素は血中へ漏れ出し血中酵素活性の上昇をもた

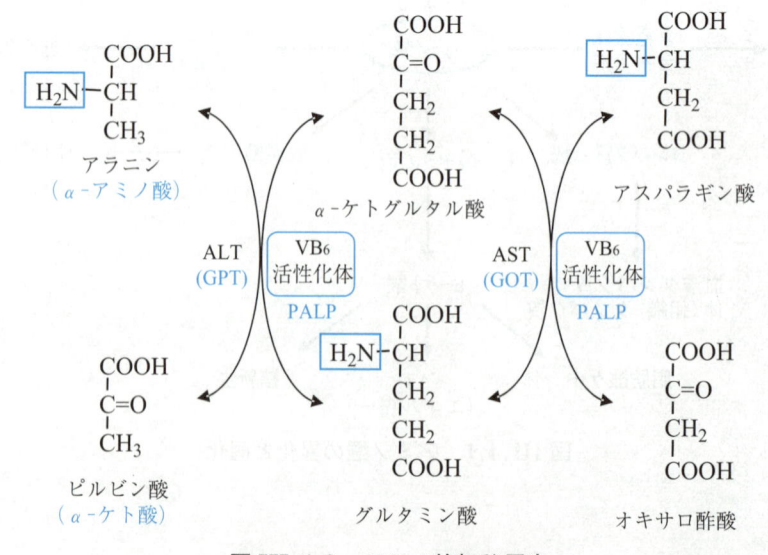

図 III.4.2 アミノ基転移反応

らすため，疾患の指標として臨床検査で用いられている．なお，ALT は GPT（グルタミン酸-ピルビン酸トランスアミナーゼ glutamate pyruvate transaminase），AST は GOT（グルタミン酸-オキサロ酢酸トランスアミナーゼ glutamate oxaloacetate transaminase）とも呼ばれる．

B 酸化的脱アミノ反応 oxidative deamination

酸化的脱アミノ反応とは，アミノ酸を酸化的に脱アミノ化して α-ケト酸とアンモニアを生成する反応であり，多くの場合，この反応は可逆的である．この反応でアミノ酸より生じた α-ケト酸は，クエン酸回路（TCA サイクル）で代謝されてエネルギーとなる．

上述したように，多くの異なるアミノ酸のアミノ基がアミノ基転移反応によって α-ケトグルタル酸へと転移されグルタミン酸に生成されるが，グルタミン酸からのアミノ基除去反応はグルタミン酸デヒドロゲナーゼ glutamate dehydrogenase によって触媒される（図III.4.3）．この酵素はミトコンドリア内に存在するアロステリック酵素で，ADP により正の調節または GTP によって負の調節を受けており，補酵素として NAD^+（$NADP^+$）を必要とする．

酸化的脱アミノ反応は，一般にグルタミン酸についての反応を指すが，他のアミノ酸の酸化的脱アミノ反応を触媒する酵素は，L(D)-アミノ酸酸化酵素であり，FMN が補酵素となる．

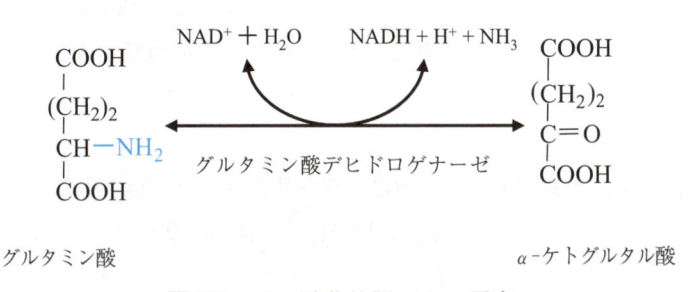

図 III.4.3 酸化的脱アミノ反応

C 脱炭酸反応 decarboxylation：（アミンの生成）

アミノ酸は，アミノ酸デカルボキシラーゼ（アミノ酸脱炭酸酵素；補酵素は PALP）の作用により脱炭酸され，アミンを生じる．この反応で生成する種々アミンの中には生理活性をもつものも多く，これらは一般に生理活性アミン（生体アミン）と呼ばれている．一方，食物中のアミノ酸は，微生物のもつアミノ酸脱炭酸酵素の作用によりアミンへと代謝されるため，食品中のアミン含量の増加は食品腐敗の一指標となり，生成するアミンは腐敗アミンと呼ばれる（表 III.4.2）．

ヒスタミンは，ヒスチジンの脱炭酸により生じる代表的な生理活性アミンの1種であり，オータコイドに分類され，アレルギー反応や炎症の化学伝達物質 chemical mediator として主要な役割を果たす．生体内においてヒスタミンは，肥満細胞や好塩基球，また胃粘膜や中枢神経に存

表 III.4.2 アミノ酸の脱炭酸反応および生成物

$$\text{R-CH-COOH} \atop \text{NH}_2 \quad \xrightarrow[\text{脱炭酸酵素＋PALP}]{\text{CO}_2} \quad \text{R-CH}_2\text{-NH}_2$$

アミノ酸	アミン	意義・作用など
セリン	エタノールアミン	リン脂質の構成成分
トレオニン	プロパノールアミン	VB_{12}の成分
5-ヒドロキシトリプトファン	セロトニン	オータコイド
グルタミン酸	γ-アミノ酪酸	神経伝達物質
アスパラギン酸	β-アラニン	CoA，パントテン酸
ヒスチジン	ヒスタミン	生理活性アミン，アレルギー，炎症，腐敗アミン
チロシン	チラミン	子宮収縮，血圧上昇，腐敗アミン
アルギニン	アグマチン	腐敗アミン
リジン	カダベリン	腐敗アミン
トリプトファン	トリプタミン	腐敗アミン

在する．生理作用としては，血圧降下(血管拡張)，平滑筋収縮，胃液分泌促進などがある．ヒスタミン受容体には H_1，H_2，H_3 が知られている．食品としての魚類およびその加工品に腐敗細菌が増殖するとヒスチジンから腐敗アミンであるヒスタミン生成が増加し，アレルギー様食中毒の原因となる．

　セロトニンは，モノオキシダーゼの作用によりトリプトファンから生じた水酸化体である5-ヒドロキシトリプトファンを経て生じる．動物では，生体内の全セロトニンの大部分（約90％）は腸クロム親和性細胞と腸管神経叢に存在し，その他血小板や脳内にも存在する．その生理作用には，毛細血管収縮作用や腸管収縮作用が主に知られているが，抑制性神経伝達物質としての役割もある．

　γ-アミノ酪酸（GABA）は，グルタミン酸 α-デカルボキシラーゼによる脱炭酸反応でグルタミン酸から生じる生理活性アミンであり，中枢神経および自律神経の伝達物質としての役割が知られている．

　カテコールアミンは，カテコール（1,2-ヒドロキシベンゼン）のアミノ誘導体であり，生体アミンの3種，L-ドパミン L-dopamine，ノルエピネフリン norepinephrine（ノルアドレナリン noradrenaline），エピネフリン epinephrine（アドレナリン adrenaline）の総称である．L-ドパミンは，チロシンがチロシナーゼにより水酸化され3,4-ジヒドロキシフェニルアラニン（L-DOPA）へと代謝され，さらに脱炭酸反応を経て生じる．このL-ドパミンが水酸化されるとノルアドレナリンが生じ，引き続いて N-メチル化反応によりアドレナリンの順に生合成される（図III.4.4）．カテコールアミンは，生体内で主に副腎髄質のクロム親和性細胞で合成されるが，

図 III.4.4 カテコールアミンの合成

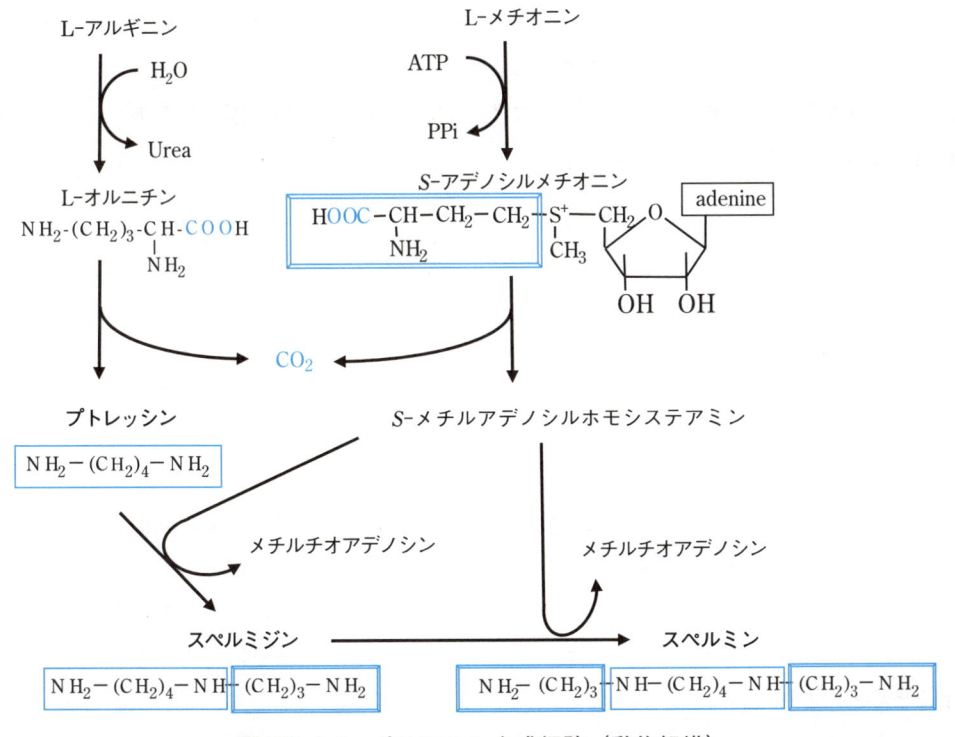

図 III.4.5 ポリアミン合成経路（動物組織）

アドレナリンは視床下部，ノルアドレナリンは交感神経末端でも合成される．哺乳動物において，ノルアドレナリンは交感神経節後線維の化学伝達物質であり，アドレナリンは副腎髄質ホルモンとして作用する．中枢神経においては，三者がそれぞれ独立した神経系の化学伝達物質として働く．

ポリアミン polyamine は，生体内に普遍的に存在する生体アミンであり，タンパク質合成の促進や細胞増殖の調節作用等がその生理作用として知られている．ポリアミンとは，第一級アミノ基を2つ以上もつ直鎖状脂肪族炭化水素の総称である．代表的なポリアミンであるスペルミジン spermidine とスペルミン spermine は，オルニチンデカルボキシラーゼの作用によりオルニチンの脱炭酸生成物プトレッシン putressin から合成される（図III.4.5）．

D 糖原性 glucogenic およびケト原性 ketogenic アミノ酸：（炭素鎖の代謝）

アミノ酸の脱アミノ反応で生じた炭素骨格は，CO_2 と H_2O に代謝されるか糖新生に使われる．タンパク質を構成する20種のアミノ酸は，それぞれ異なった側鎖をもち，それぞれ異なった代謝経路がある（図III.4.6）．これらアミノ酸のうち18種は，ピルビン酸やクエン酸回路の構成中間代謝産物であるオキサロ酢酸，α-ケトグルタル酸，スクシニルCoA，フマル酸のいずれかに代謝され，糖新生の前駆体となる．これらのアミノ酸群は，糖新生経路によってグルコースへ変換されうるので，糖原性アミノ酸と呼ばれる．一方，分解してアセチルCoAやアセト酢酸を生じるアミノ酸は，結果としてケトン体を生じるので，ケト原性アミノ酸と呼ばれる．フェニルアラニン，イソロイシン，ロイシン，リジン（リシン），トリプトファン，チロシンの6種がこのアミノ酸群に属するが，純粋にケト原性であるアミノ酸はロイシンとリジンのみであり，他は糖原性かつケト原性アミノ酸である．なお，ロイシンの分解は，飢餓状態ではケトーシスの実質的な原因となる．

III.4.3 アンモニアの代謝

A アンモニアの代謝

アミノ酸の酸化的脱アミノ反応で生成したアンモニアは，動物にとっても植物にとってもきわめて有毒である．水生生物の多くは細胞膜を通してアンモニアを直接水中へ排出するが，陸生脊椎動物の多くは尿素に変えて排出する．ヒトにおいて，アンモニアは精神障害や発育遅延をもたらし，また大量では昏睡や死をもたらす．一般に，植物はアミノ基を再利用するため，窒素の排泄はほとんど起こらない．

過剰に生成するアンモニアを除去するヒトにおける機構は；

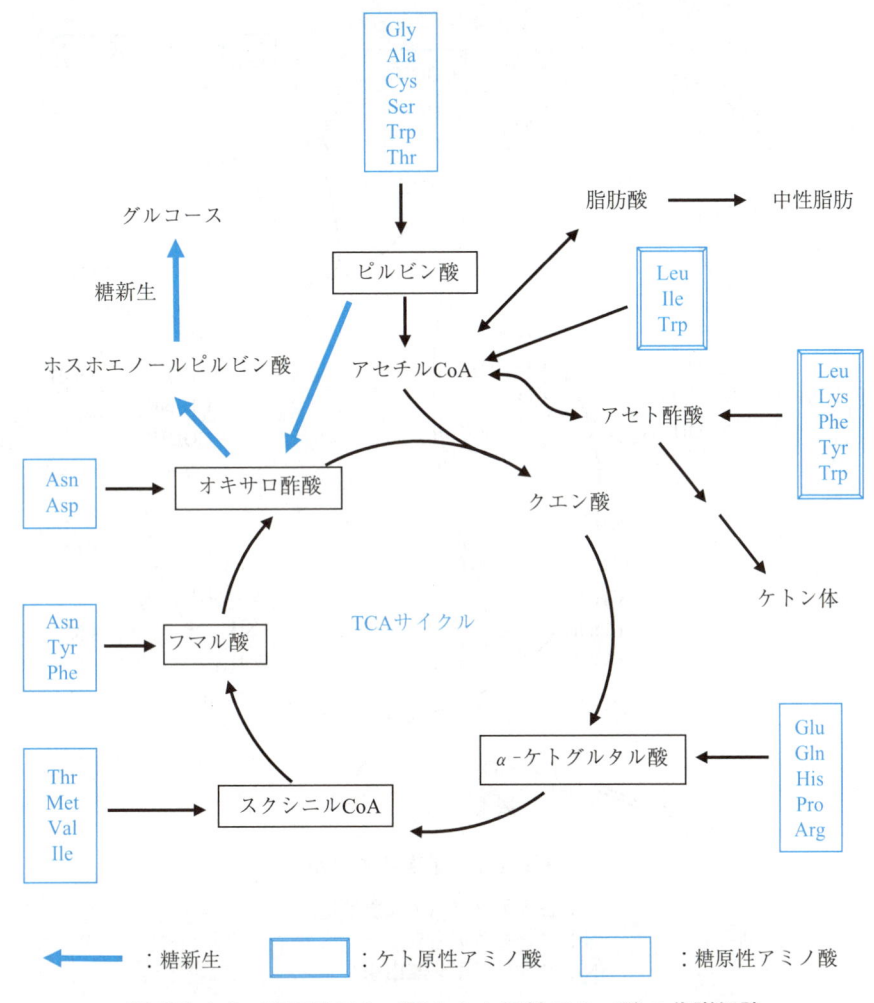

図 III.4.6 糖原性アミノ酸とケト原性アミノ酸の代謝経路

① 可逆的触媒能をもつグルタミン酸デヒドロゲナーゼにより，α-ケトグルタル酸を過剰なアンモニアで還元的にアミノ化してグルタミン酸を生成させる(酸化的脱アミノ反応の逆反応；図 III.4.3).
② グルタミンシンターゼにより，グルタミン酸の γ-カルボキシ基と過剰なアンモニアを反応させアミド(-CONH₂)を形成させ，グルタミンを生成する．
③ 哺乳動物を含む陸生脊椎動物では，尿素サイクル(オルニチンサイクル)により，アンモニアを毒性の低い尿素に変えて尿中に排泄する(図 III.4.7).

魚などは上記②の反応により血中アンモニアを一時的に無毒化し，生成したグルタミンが腎臓に達すると酵素による分解反応でアンモニアを生成させ，尿中へと排泄する機構もある．鳥や爬虫類の場合は，過剰なアンモニアを尿酸に変えて排泄する．また，多くの両生類，例えばカエルは尿素生成性であるが，水中のオタマジャクシはアンモニア生成性である．このアンモニア排泄機構の変化は変態の途中から生じる．これらアミノ窒素排泄様式の違いは，動物の環境や目的

図 III.4.7 尿素サイクル

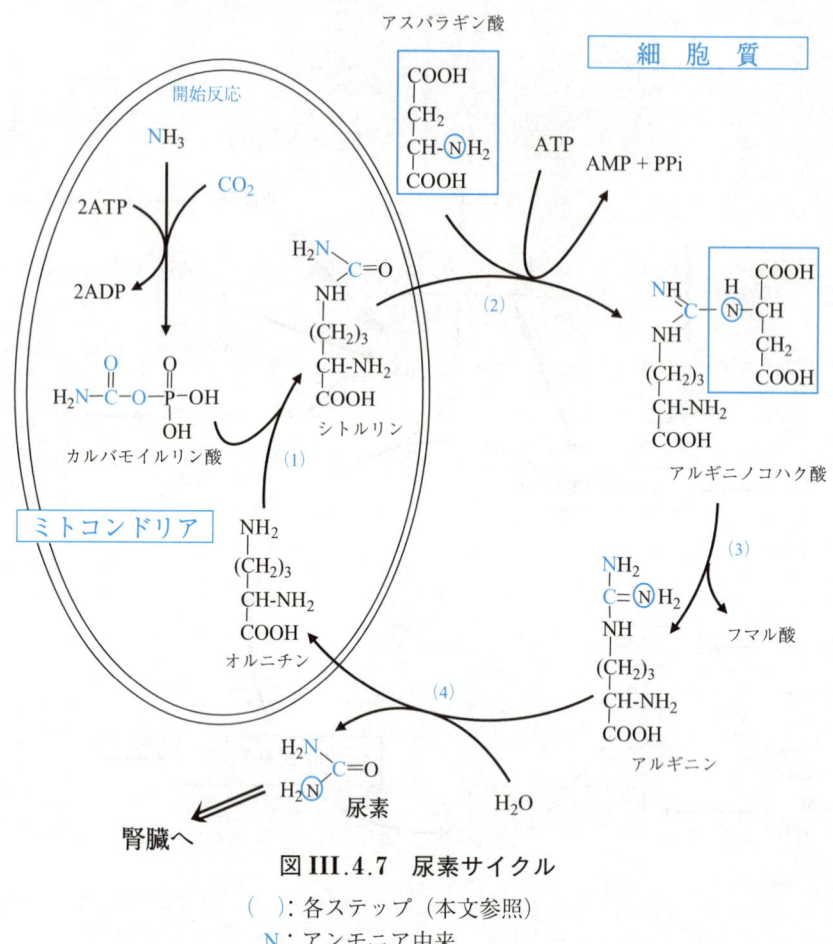

( )：各ステップ（本文参照）
N：アンモニア由来
Ⓝ：アスパラギン酸由来

論的に説明可能である．

B 尿素サイクル urea cycle：オルニチンサイクル ornitine cycle

　正常成人では，排泄される生体窒素の約80％は尿素の形をとっている．この尿素合成に必要な酵素のすべてが肝臓に特異的に存在する．アンモニアからの尿素の生成には，5種類の酵素が開始反応と4つの反応段階に関与し，その反応の場はミトコンドリアと細胞質（サイトゾル）である．

a) ミトコンドリア中の反応

　開始反応：カルバモイルリン酸 carbamoyl phosphate の生成
　尿素サイクルの開始反応は，ミトコンドリアのマトリックスに局在するカルバモイルリン酸シ

ンターゼ(CPSase)Iによって触媒され，1分子アンモニア(NH_4^+として)，1分子CO_2(HCO_3^-として)，2分子ATPから1分子カルバモイルリン酸，2分子ADP，1分子無機リン酸が生成する．すなわち，カルバモイルリン酸のリン酸基はATPの1分子から供与される．真核生物には2種類のCPSaseがあるが，CPSase Iは尿素合成特異的であるが，細胞質型のCPSase IIはピリミジン合成に関与する．また，CPSase Iは尿素サイクルの律速酵素であり，不可逆的である．

ステップ1：シトルリン citrulline の生成

尿素サイクルに入る反応であり，開始反応で生成したカルバモイルリン酸のカルバモイル基(H_2N-CO-)とオルニチンが反応してシトルリンを生成する．この反応を触媒する酵素はオルニチンカルバモイルトランスフェラーゼであり，ミトコンドリアに存在する．生成したシトルリンは特異的輸送系で，ミトコンドリア膜を通過して細胞質へ放出される．

b) 細胞質(サイトゾル)中での反応

ステップ2：アルギニノコハク酸 argininosuccinate の生成

ミトコンドリアから細胞質に移動したシトルリン(エノール型)は，アルギニノコハク酸シンテターゼの作用によりアスパラギン酸と縮合し，アルギニノコハク酸となる．この反応の進行には1分子のATPが必要であるが，ATPはAMPとPPiへ分解されるため，エネルギー的に2分子のATP消費に相当する．アスパラギン酸は，ASTの作用によってオキサロ酢酸(クエン酸回路由来)から供給され，アスパラギン酸中のアミノ基は尿素分子の2つ目の窒素を構成する．

ステップ3：アルギニン arginine の生成

アルギニノコハク酸は，酵素アルギニノコハク酸リアーゼの作用により可逆的に分解され，アルギニンとフマル酸となる．フマル酸は，アルギノコハク酸を構成していたアスパラギン酸の炭素骨格部分に相当する．アルギニンは尿素の前駆体である．フマル酸はフマラーゼの作用によりリンゴ酸へ代謝され，引き続いてリンゴ酸デヒドロゲナーゼの作用を受けオキサロ酢酸となり，さらにアスパラギン酸アミノトランスフェラーゼの作用でアミノ基が転移され，アスパラギン酸へと再生される．このアスパラギン酸再生経路は，尿素サイクルの重要な補助回路である．

ステップ4：尿素の生成

アルギナーゼ arginase の作用によって，アルギニンは尿素とオルニチンへと分解される．オルニチンは特異的輸送系によりミトコンドリア内へ入り，再びステップ1の反応で使用され，尿素サイクルを繰り返す．尿素は肝臓から血液中を経て腎臓に達し，尿中へ排泄される．

Box III.4.1

尿素サイクル

　尿素サイクルは，別名オルニチン回路とも呼ばれ，このサイクルの構成成分であるオルニチンがカルバモイルリン酸と反応した後1分子の尿素を形成し，再びオルニチンにもどる代謝経路である．1932年，クレブスらによりオルニチン回路が発見されたが，これは現在知られている多くの生体内回路のうち最初に報告された回路である．

　尿素が肝臓で生成されることは19世紀末から知られていたが，彼らはその詳細な機構を明らかにするため，肝臓組織の切片を用いて尿素生成の観察を繰り返した．原料としてアンモニアと二酸化炭素から最終生成物である尿素が生成する過程にはいくつかの中間体が介在すると考え，組織切片に種々の化合物を加えて尿素生成を観察した．加える物質については丹念に文献調査を繰り返し，可能性のある中間体を仮定して実験を進めた結果，アルギニン，オルニチン，またシトルリンが触媒的に尿素の合成量を増加させ，特にオルニチンの効果が著しいことが見出された．尿素サイクルの基本はこのとき示され，1955年にこの回路は完成した．なお，シトルリンは，1930年日本人によってスイカから発見された．

　尿素は，化学の歴史上，様々な発見に関与した重要な物質である．上述したように尿素は回路という概念を生み出した．1828年ヴェーラー (F. Wöhler) は化学的方法により尿素を合成し，それまで有機物は生体内でのみ合成されるという既成概念を打ち破った．また，1926年尿素を分解する酵素ウレアーゼがサムナー (J.B. Sumner) により精製され，初めて結晶化された．

　全体の過程を総合すると，尿素サイクルは2個のアミノ基（アンモニアとアスパラギン酸由来）と CO_2 (HCO_3^-) から1分子の尿素が合成され，3分子のATP（エネルギー的に4分子のATP）消費を伴う．

C　尿素合成の先天性代謝異常症

　尿素合成に関する上記の各反応と欠損酵素の関係を次表III.4.3に示してある．

　高アンモニア血症など異常症の一般的症状は，知恵遅れ，昏睡，嘔吐，無気力，いらいら症などである．

表 III.4.3 尿素サイクルにおける欠損酵素と異常症

反　応	欠損酵素	異常症
反応開始 ：カルバモイルリン酸シンターゼ		高アンモニア血症(タイプ I)
ステップ1：オルニチンカルバモイルトランスフェラーゼ		高アンモニア血症(タイプ II)
ステップ2：アルギノコハク酸シンテターゼ		シトルリン血症
ステップ3：アルギノコハク酸リアーゼ		アルギノコハク酸酸性尿症
ステップ4：アルギナーゼ		高アルギニン血症

III.4.4 アミノ酸の同化

　アミノ酸は生体内タンパク質の構成成分として重要な役割を果たしているが，他にもホルモン，補酵素，ポルフィリンや生体色素，ヌクレオチドなど，生体での大切な機能を担っている物質群の前駆体でもある．ここでは，まずタンパク質を構成する20種のアミノ酸の生合成について記述し，さらに前駆体アミノ酸としてグリシンが主に関与するポルフィリンと生体色素の生合成とクレアチンの生成について述べる．

A 必須アミノ酸と非必須アミノ酸

　必須アミノ酸とは，生体内で合成されないか，または生合成されるが必要量に満たないため，食餌から供給される必要があるアミノ酸をいう．タンパク質を構成する標準的なアミノ酸20種を合成する能力は生物種によって大きく異なるが，ヒト成人では9種アミノ酸(中性アミノ酸；バリン，ロイシン，イソロイシン，トレオニン，メチオニン，フェニルアラニン，トリプトファン：塩基性アミノ酸；ヒスチジン，リジン)が必須アミノ酸である．

　非必須アミノ酸とは生体内で合成できるアミノ酸であるが，どのように合成されるのであろうか？　アミノ基転移反応では，ピルビン酸からアラニンが，オキサロ酢酸からアスパラギン酸が，α-ケトグルタル酸からグルタミン酸がそれぞれ生合成される．グルタミン酸は，還元的アミノ化反応(酸化的脱アミノ反応の逆反応：図III.4.3参照)によっても生じる．グルタミン酸からは，グルタミン，アルギニン，プロリンが生合成される．解糖系代謝中間体の3-ホスホグリセリン酸からセリンが生成し，このセリンからはグリシンが生合成される(図III.4.8)．必須アミノ酸であるフェニルアラニンからはチロシンが，メチオニンからはシステインが合成される．これらの非必須アミノ酸の合成経路を総合的に眺めると，アミノ酸の炭素鎖は解糖系，クエン酸回路，五炭糖リン酸回路のような糖代謝の中間体に由来していることがわかる．

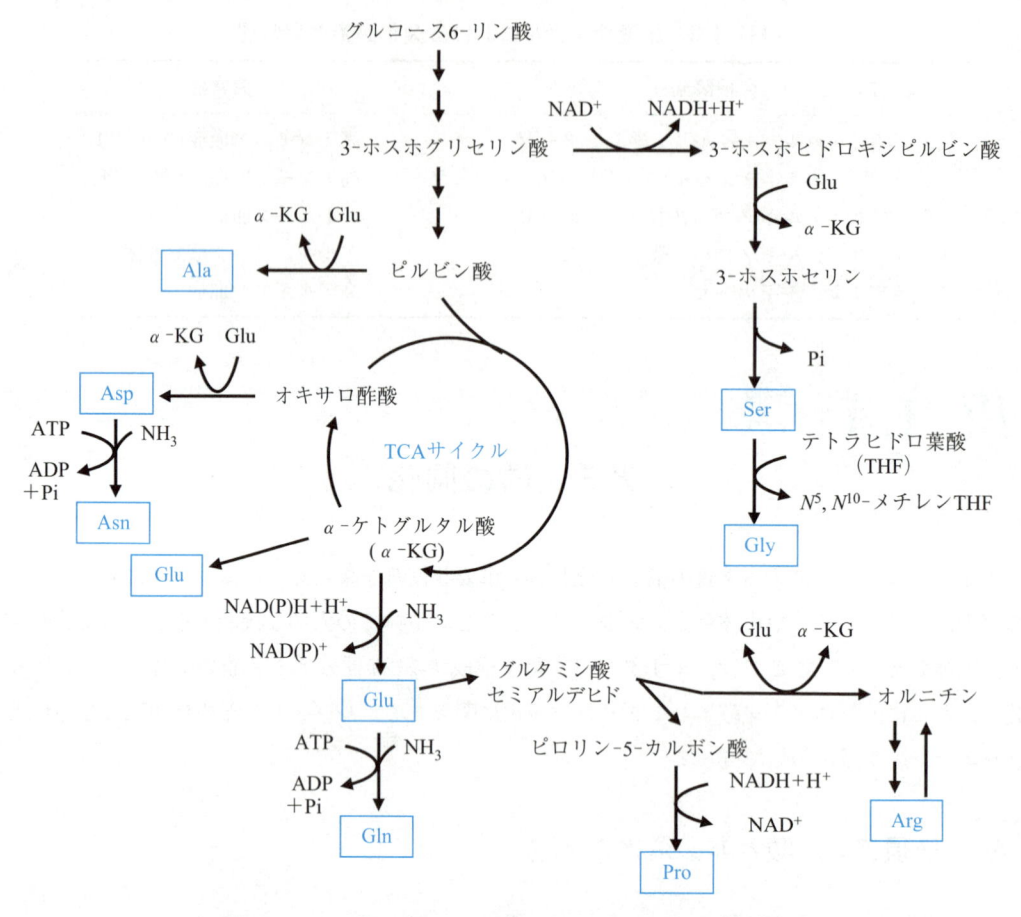

図 III.4.8　非必須アミノ酸の生合成反応（ヒト）の概略

Box III.4.2

ヒスチジンの生合成

　哺乳類のヒスチジン生合成経路は知られておらず，ヒスチジンは外部から摂取を必要とする必須アミノ酸である．従来ヒスチジンは，幼若および成長期における動物に必須であると考えられていた．成人や成体において，ヒスチジンの必要量が少ないこと，またヒスチジンの再利用機構が存在することなどにより，生体内ヒスチジン濃度が低下するまでには時間がかかり，ヒスチジン欠乏の影響が確かめられるまでに長期間が必要であった．

　細菌におけるヒスチジン生合成経路は，ATPのプリン塩基にホスホリボシルピロリン酸（PRPP）が結合する反応により開始される．ヒスチジン6炭素中の5炭素はPRPPに6番目の炭素はATPに由来し，窒素原子はグルタミンに由来する．ヒスチジン合成に関与しないATPの残りの部分はプリン合成の中間体となる．

B　ポルフィリンとヘム

　ポルフィリン porphyrin は，ピロール pyrrole 環 4 個がメチニル架橋を介して閉環した化合物であり，側鎖にはメチル基，エチル基，酢酸基，ビニル基，プロピオン酸基などが結合した誘導体である．ポルフィリンの鉄錯塩をヘム heme といい，ヘモグロビン，ミオグロビン，シトクロム，カタラーゼなどのタンパク質の補欠分子族として存在し，これらタンパク質の機能発現に重

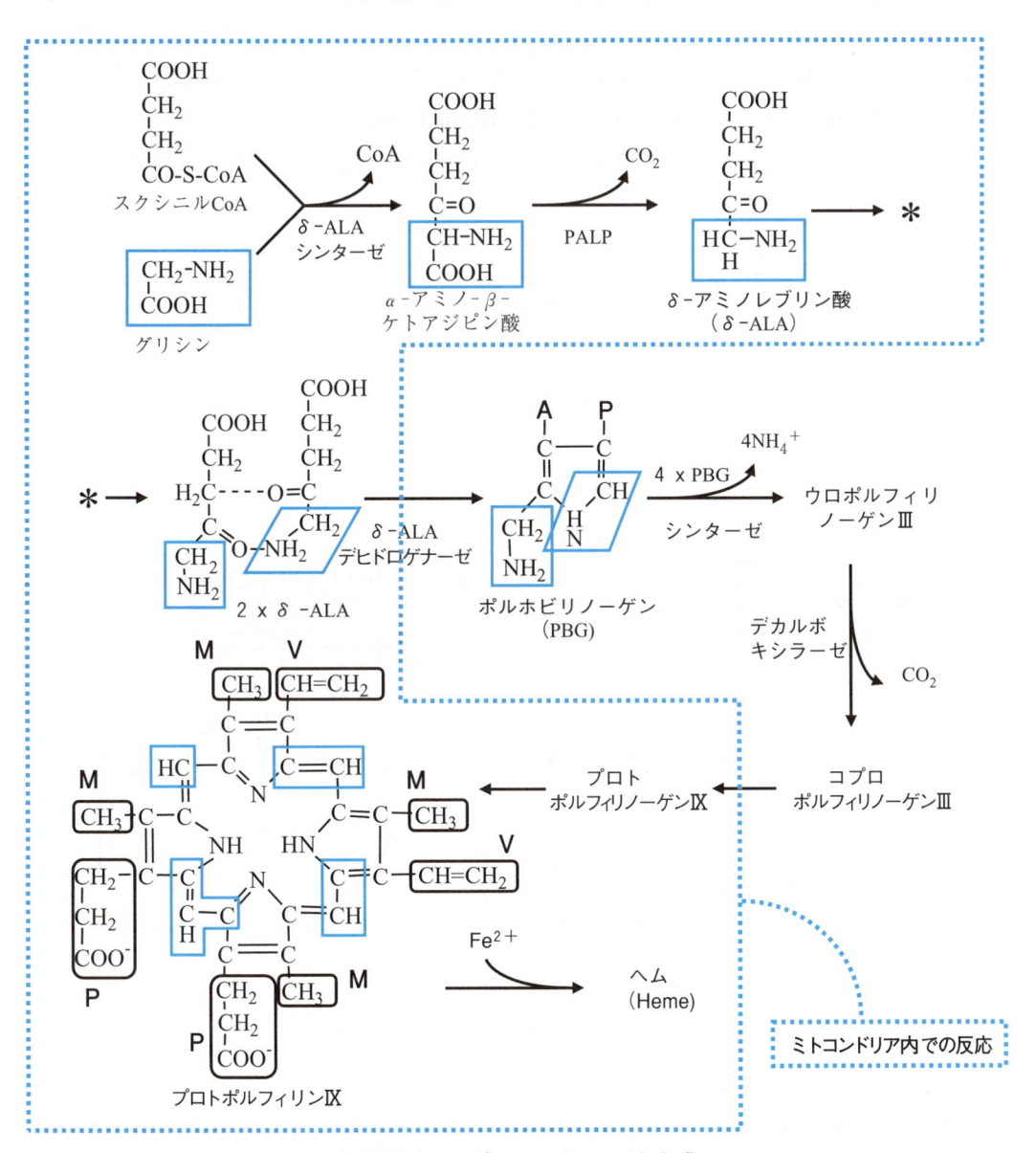

図 III.4.9　ポルフィリンの生合成

青枠はグリシン由来原子を，黒枠 M はメチル，V はビニル，P はプロピオニルを示す．

要な役割を果たしている．また，ポルフィリンの Mg^{2+} 錯塩であるクロロフィルも生理的に重要な物質である．

ポルフィリン生合成の最初の段階は，グリシンとスクシニル CoA が α-アミノ-β-ケトアジピン酸を生成し，次いで脱炭酸して δ-アミノレブリン酸（δ-ALA）となる反応である（図 III.4.9）．この反応を触媒する酵素 δ-ALA シンターゼはミトコンドリアに存在し，ポルフィリン生合成反応全体の律速酵素である．2 分子の δ-ALA が縮合してポルホビリノーゲン porphobilinogen (PBG) が生成され，この PBG が 4 分子集まりプロトポルフィリン protoporphyrin が生じる．ヘムは，ポルフィリンのピロール環の窒素原子に鉄イオンが酵素的触媒反応により配位して形成される．この生合成の最初の段階に関与する酵素と最後 3 段階の酵素はミトコンドリア中に存在し，それ以外の生合成反応は細胞質中で起こる．

ヘモグロビンは，血液 100 mL あたり 12〜18 g 含まれる．赤血球の寿命は約 120 日であり，

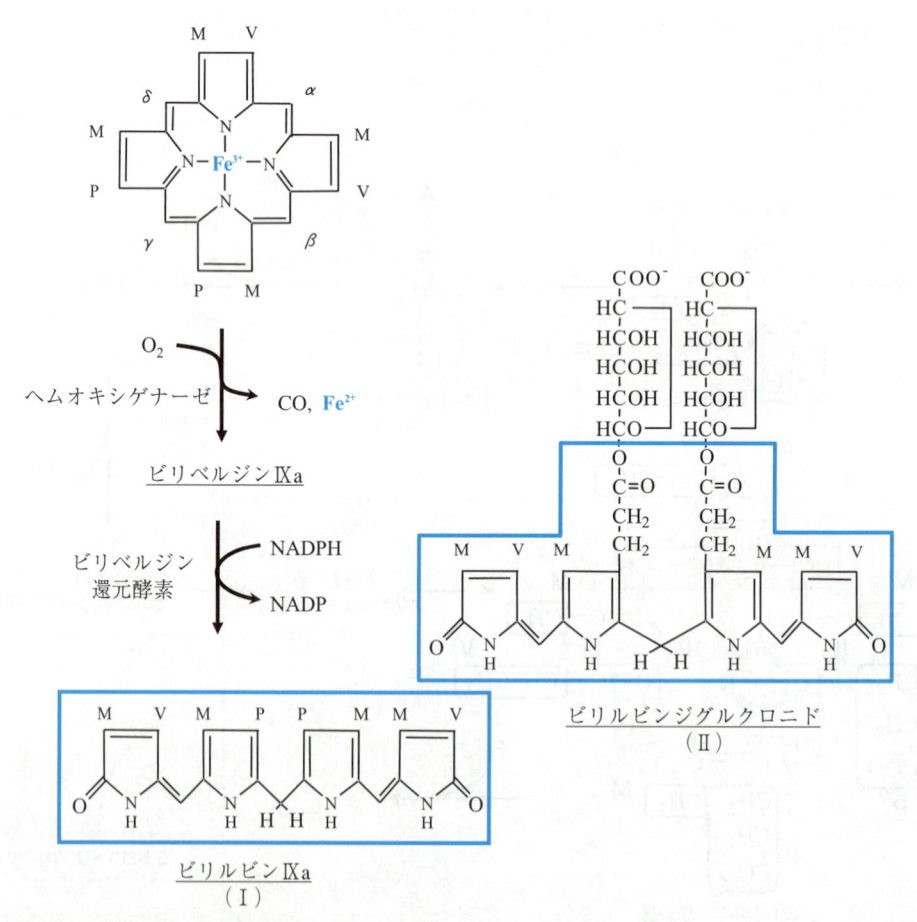

図 III.4.10　ヘムからのビリルビンの生合成(I)およびビリルビンジグルクロニド(II)

M：メチル，V：ビニル，P：プロピオニル

$\alpha, \beta, \gamma, \delta$ はヘム Heme のメテン炭素を示す．

老廃した赤血球は，主に脾臓などの細網内皮細胞に取り込まれて分解され，ヘモグロビンは細胞から遊離する．体重60 kgの成人で毎日約6 gのヘモグロビンが分解され，ヘムとグロビンに分離された後，グロビン部分はアミノ酸まで分解され再利用される．ヘムはミクロソーム（小胞体）に存在するヘムオキシゲナーゼにより，開環して直鎖状テトラピロール誘導体であるビリベルジンに酸化変換され，鉄イオン（Fe^{2+}）と一酸化炭素（CO）がこれに伴い放出される（図III.4.10）．Fe^{2+}はFe^{3+}に酸化された後，再利用される．ビリベルジンは，細胞質に存在するビリベルジンレダクターゼの作用により還元されてビリルビン（間接型ビリルビン）となり，血中に放出される．ビリルビンは難溶性であるため，血清アルブミンと複合体を形成して肝臓に運ばれる．肝臓内において間接型ビリルビンは，UDP-グルクロン酸とグルクロニルトランスフェラーゼによりビリルビングルクロニドに変換される（直接型ビリルビン）．このグルクロン酸抱合型ビリルビンは水溶性で，能動輸送により胆汁中に取り込まれ，他の成分とともに小腸に分泌される．この抱合体は腸内細菌叢のβ-グルクロニダーゼなどの酵素により加水分解されビリルビンとなり，さらに還元を受け無色のウロビリノーゲン urobilinogen となる．糞便中に排泄されない一部のウロビリノーゲンは，腸管より再吸収され肝臓で再びビリルビンとなり胆汁中に排泄される（腸管循環）．また，わずかな量のウロビリノーゲンは大循環系に入り，腎臓に運ばれて尿中で酸化されウロビリンとなり排泄される．

C クレアチン creatine

クレアチンは筋肉に必要不可欠な物質であり，リン酸化型のクレアチンリン酸は筋肉収縮のためのエネルギー貯蔵物質である．クレアチンの合成は，最初に腎臓においてグリシンとアルギニンの反応でグアニジノ酢酸が生成し，血流を介して肝臓へ運ばれたのちS-アデノシルメチオニン（活性メチオニン）からメチル基を供給されて完了する（図III.4.11）．その後クレアチンは，血液によって主に筋肉に運ばれ，リン酸基供与体としてATP存在下クレアチンキナーゼにより可逆的にリン酸化されクレアチンリン酸 creatine phosphate となり，高エネルギー物質として貯蔵される．筋収縮時には，リン酸基がADPに渡されATPを生じてエネルギーを供給する．クレアチニン creatinine は，クレアチンリン酸の約1.5％が非酵素的に脱リン酸閉環した代謝終末産物である．すなわち，筋肉中のクレアチニン濃度は血中クレアチン量に比例する．一方，血中クレアチン量は腎臓のアミジノトランスフェラーゼ活性により調節されている．クレアチニンは腎尿細管で再吸収されず尿中に排泄されるので，血中および尿中クレアチニン濃度は腎機能を知る良い指標となる．

D グリシンの関与するその他の反応

グリシンは上記のようにヘムやクレアチンの前駆体であるが，グルタチオン，胆汁酸，核酸の

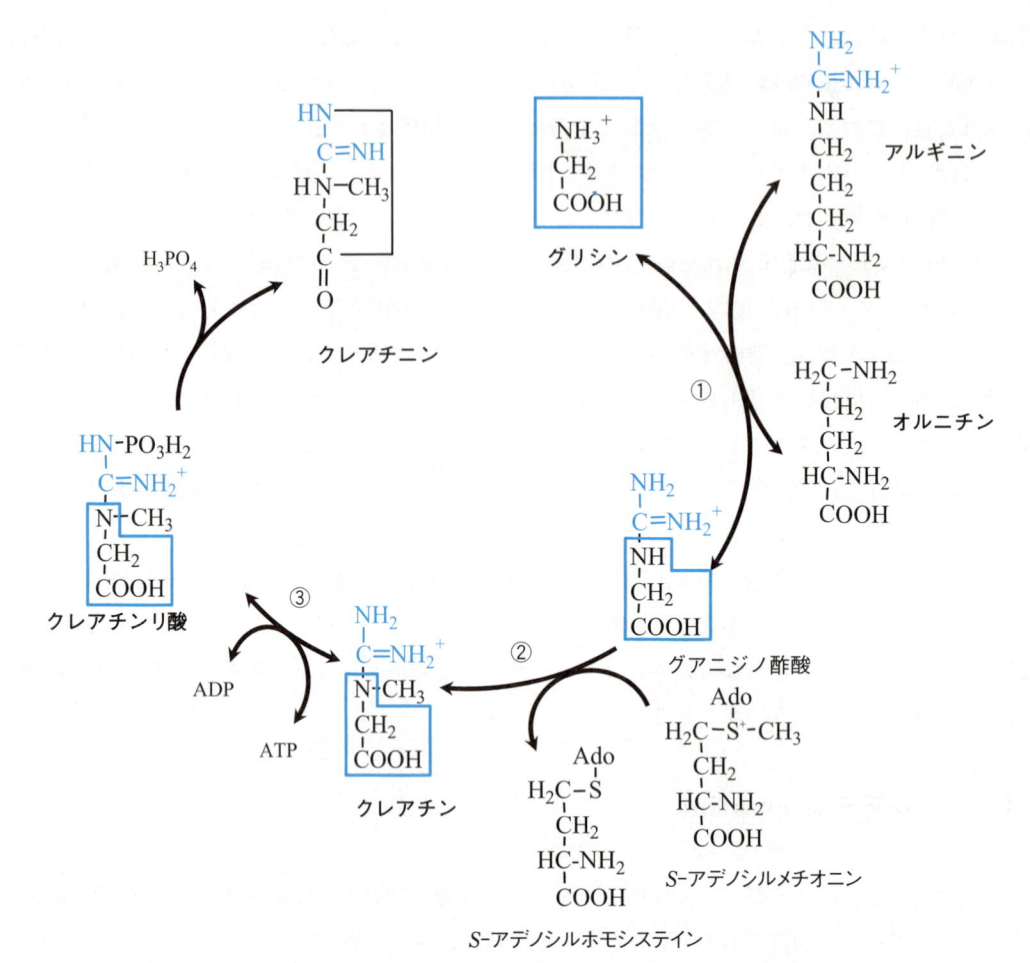

図 III.4.11 クレアチンおよびクレアチニンの生合成
① グリシンアミジノトランスフェラーゼ(腎)
② グアニジノ酢酸メチルトランスフェラーゼ(肝)
③ クレアチンキナーゼ，クレアチンホスホキナーゼ(筋肉)

プリン体(IV. 第 5 章参照)の前駆体でもある．グリシンはグルタチオン（γ-L-Glu-L-Cys-Gly）の構成成分であり，このトリペプチドは生体内酸化還元反応，解毒反応などの重要な役割を果たしている．胆汁酸のグリココール酸は，コール酸がグリシンとアミド結合したものである．またグリシンは，安息香酸とアミド結合を形成し馬尿酸を生成させる．すなわち，グリシンは抱合体を形成することにより異物代謝に関与するアミノ酸である．なお，グリシンは最も簡単な構造のアミノ酸であり，ヒトではセリンの β-炭素の除去により合成される非必須アミノ酸である．この反応で除去された炭素(C_1基)はテトラヒドロ葉酸 tetrahydrofolic acid（THF）に供与されて N^5, N^{10}-メチレン THF となる．N^5, N^{10}-メチレン THF は還元酵素の作用により N^5-メチル THF となり，生体内 C_1 基転移反応に関与する補因子となる．

III.4.5

個々のアミノ酸代謝

A　フェニルアラニン，チロシンの代謝

　必須アミノ酸であるフェニルアラニンは，主に肝臓においてフェニルアラニン4-モノオキシゲナーゼ phenylalanine 4-monooxygenase によって水酸化されてチロシンとなる(図III.4.12)．この酵素反応は補酵素テトラヒドロビオプテリン tetrahydrobiopterin (BH_4)，NADH，酸素を必要とし，不可逆的に進行する．チロシンが前駆体となって生成する主な化合物には，先に述べたカテコールアミンのほか，甲状腺ホルモンであるチロキシン(T_4)や皮膚などの黒色色素メラニンがある．

　チロシンは脱アミノ反応により p-ヒドロキシフェニルピルビン酸(pHPP)に代謝されるが，このときアミノ基は α-ケトグルタル酸に付加されグルタミン酸が生成する．

　フェニルケトン尿症 phenylketonuria (PKU)は，フェニルアラニン4-モノオキシゲナーゼ(図III.4.12(1))が遺伝的に欠損したために起こる病気である．PKUはアミノ酸代謝の酵素欠損による疾患としては最も頻度が高く，ヒトの先天性代謝異常症として最もよく研究されてきた．PKUは，生後数週に興奮，痙攣発作，嘔吐などの脳障害がみられ，1〜3歳で重篤な神経発達遅延が確認される．フェニルアラニンのチロシンへの代謝が障害され血中濃度が上昇すると(高フェニルアラニン血症)，通常ではあまり作動しない別の代謝経路(ピルビン酸へのアミノ基転移)によりフェニルピルビン酸が生成し，血中や組織中にこれが蓄積するとともに尿中へ排泄される．

　フェニルアラニンの代謝酵素欠損による代謝異常症には，PKUのほか，高チロシン血症，アルカプトン尿症，白皮症などがある．これらの疾患は，現在では早期診断，早期治療によって発症を予防することができる．

Box III.4.3

先天性代謝異常症

　先天性代謝異常症 inborn errors of metabolism とは，遺伝的な単一酵素欠損または欠乏が原因で代謝障害が生じ，その結果，特定物質の血中濃度上昇や生体内蓄積が起こり，種々の組織や器官に異常が生じる疾患をいう．この疾患に対処するためには，一連の代謝反応における酵素の役割を十分理解する必要がある．

フェニルアラニン代謝異常：フェニルケトン尿症 (PKU)

　フェニルケトン尿症は，フェニルアラニン4-モノオキシゲナーゼをコードする常染色体劣性遺

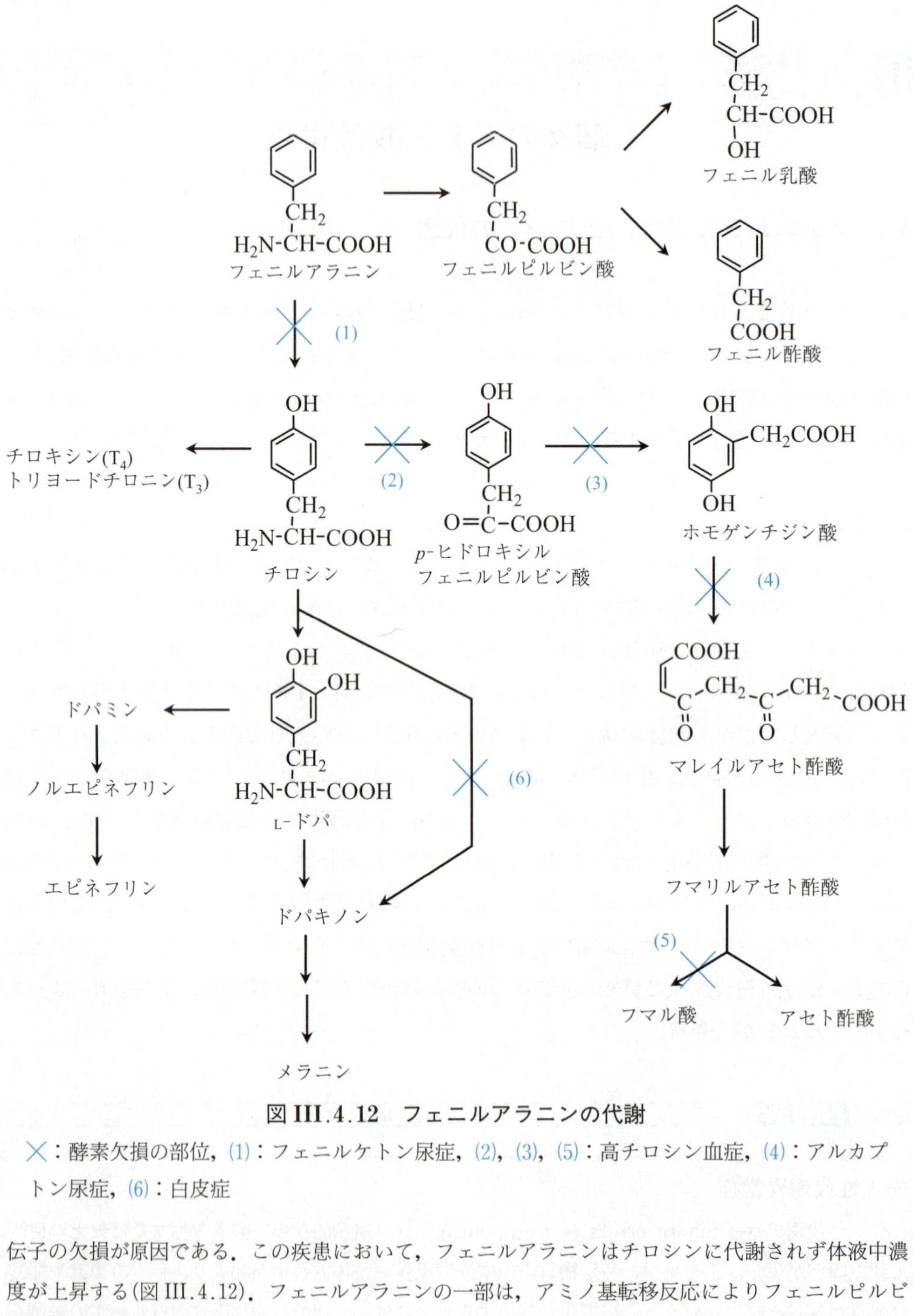

図 III.4.12　フェニルアラニンの代謝

×：酵素欠損の部位，(1)：フェニルケトン尿症，(2)，(3)，(5)：高チロシン血症，(4)：アルカプトン尿症，(6)：白皮症

伝子の欠損が原因である．この疾患において，フェニルアラニンはチロシンに代謝されず体液中濃度が上昇する(図III.4.12)．フェニルアラニンの一部は，アミノ基転移反応によりフェニルピルビン酸となり尿中に排泄される．フェニルピルビン酸を含む高濃度のフェニルケトン誘導体は，神経障害，神経発育遅滞とメラニン色素欠乏を引き起こす．フェニルケトン尿症に対して，乳児期から約10年間フェニルアラニン制限食を摂取することによりフェニルケトン尿症には対処できるが，チロシンが不足するためこのアミノ酸は必ず摂取しなければならない．

フェニルケトン尿症診断の指標としてフェニルアラニン 4-モノオキシゲナーゼ活性が測定されていたが，患者の中にはフェニルアラニン制限食に反応せず，本酵素活性レベルが正常である例が見つかった．フェニルアラニン水酸化反応系は，フェニルアラニン 4-モノオキシゲナーゼとその補酵素 BH_4，および補酵素再生酵素であるジヒドロプテリンレダクターゼ dihydropterin reductase(DHPR) の 3 要素からなる．このことから，本酵素，BH_4 あるいは DHPR のいずれかに異常があれば水酸化反応は障害され，高フェニルアラニン血症となる．現在，補酵素に原因のあるフェニルケトン尿症は BH_4 欠損症と呼ばれている．また，BH_4 と DHPR はチロシン水酸化酵素やトリプトファン水酸化酵素に共通な要素であるため，カテコールアミンやセロトニンなど重要な神経伝達物質の合成が妨げられ，重篤な中枢神経障害が引き起こされる．

チロシン代謝異常：アルカプトン尿症，白皮症，高チロシン血症

アルカプトン尿症 alcaptonuria は，チロシン代謝に関与するホモゲンチジン酸オキシダーゼが欠損し，ホモゲンチジン酸が代謝されず蓄積し尿中に排泄される疾患である．ホモゲンチジン酸は 2 つのヒドロキシル基をもつキノン誘導体であり，自動酸化により黒色となる（アルカプトン尿）．この疾患は，晩年に関節炎などになる．

白皮症 albinism は，チロシナーゼ欠損によりメラニン合成が低下し，皮膚が乳白色，毛髪は白から黄金色となる疾患である．この結果，太陽光線に対し過敏となり，やけど症状とともに皮膚がんを発症しやすい．また，目の色素不足から視力障害も起こる．

高チロシン血症 hypertyrosinemia は，フマリルアセトアセターゼ欠損で起こる I 型と，チロシントランスアミナーゼ欠損で起こる II 型，p-ヒドロキシフェニルピルビン酸(pHPP)酸化酵素の欠損で起こる III 型が知られている．I 型はフマリルアセト酢酸が蓄積し，肝機能障害や腎機能異常を主症状とする．II 型はチロシンが蓄積し知的障害，手掌角化，角膜腫瘍などを主症状とする．また III 型は pHPP の蓄積による軽度の知的障害が認められる．

B トリプトファンの代謝

トリプトファンを含む芳香族アミノ酸の代謝開環反応は共通している点が多く，最初に酸化反応，続いて加水分解かアミノ基転移反応，最後に酸化的開環反応へと続く．トリプトファン代謝の主要経路は，最初にトリプトファンオキシダーゼ(トリプトファンピロラーゼ)による酸素付加反応でインドール核の五員環が開環され N-ホルミルキヌレニンが生じ，さらに加水分解されキヌレニンとなる．このキヌレニンは，3-ヒドロキシキヌレニンを経て 3-ヒドロキシアントラニル酸へ代謝される．これ以後 2 つの経路に分かれ，主経路ではアセチル CoA を産生する（図III.4.13)．一方，副経路では 3-ヒドロキシアントラニル酸から数段階の反応を経てニコチン酸が生じる．トリプトファン 60 mg はニコチン酸 1 mg に相当する．通常ではニコチン酸欠乏症は起こりにくいが，低タンパク質食やトウモロコシ（トリプトファン含量が少ない）を主食とする場合など，欠乏症であるペラグラを生じる可能性がある．

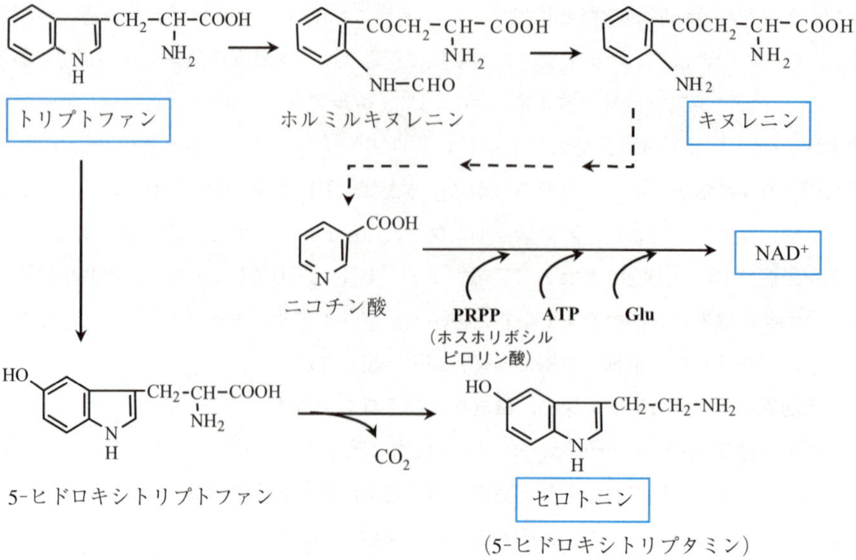

図III.4.13 トリプトファンの代謝

　トリプトファンの代謝産物には種々の生理活性をもつものが多い．量的には少ないが質的には重要な経路として，水酸化酵素によりトリプトファンから5-ヒドロキシトリプトファンが生成する反応がある．この反応生成物は，脱炭酸酵素の作用により神経伝達物質であるセロトニンへと代謝される．このセロトニン生成経路に障害が生じると，神経機能障害が引き起こされる．

C　メチオニンの代謝

　ホモシステインに N^5-メチル THF からメチル基（C_1）が転移されるとメチオニンが生成する．このメチオニンは ATP と反応し，S-アデノシルメチオニン S-adenosylmethionine，無機リン酸，ピロリン酸を生成する．この過程をメチオニンの活性化といい，S-アデノシルメチオニンを活性メチオニンといい，硫黄原子にアデノシンが結合しているため S^+ となり，メチル基供与性分子となる(図III.4.14)．活性メチオニンのメチル基はコリン，クレアチン，アドレナリンなどの合成に関与し，生成する S-アデノシルホモシステインは加水分解され，アデノシンとホモシステインとなる．ホモシステインはセリンと反応しシスタチオニンとなり，この化合物はシスタチナーゼの作用でシステインとホモセリンになる．

D　アスパラギン酸，アスパラギンの代謝

　アスパラギン酸は，脱アミノ反応によってクエン酸サイクルの中間体であるオキサロ酢酸へと変化する．また，アスパラギンはアスパラギナーゼの作用によりアスパラギン酸へと変化した後，

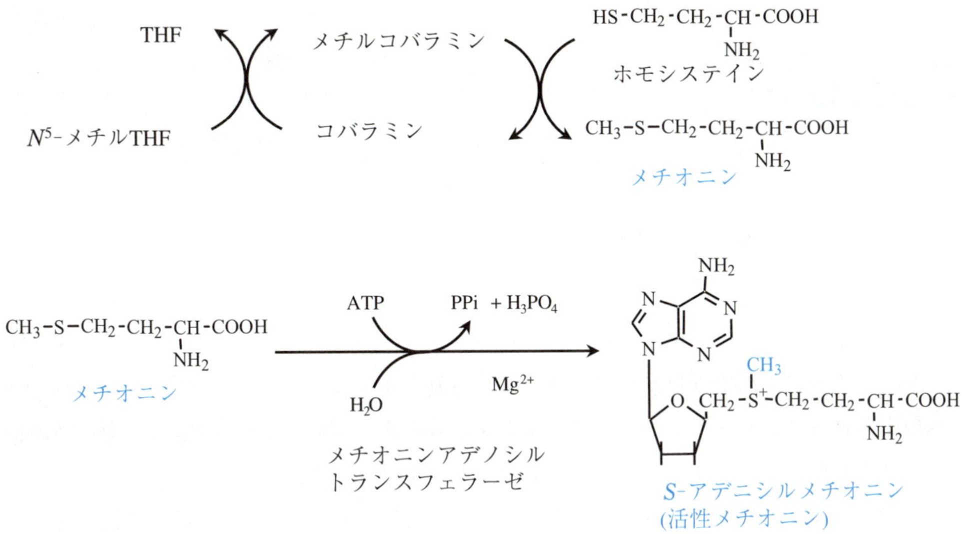

図III.4.14　メチオニンと活性メチオニンの生成

脱アミノ反応でオキサロ酢酸となる．また，アスパラギン酸アミノトランスフェラーゼによるアスパラギン酸と α-ケトグルタル酸の可逆的脱アミノ反応はミトコンドリアと細胞質で起こり，この反応は還元力を細胞質からミトコンドリアに移行する重要なリンゴ酸シャトルを形成している．

アスパラギン酸は，尿素サイクル（ステップ2）においても重要であり，尿素分子内に含まれる2つの窒素のうち1つはこのアミノ酸に由来する．また，核酸塩基のプリンやピリミジンの生合成の原料であり，特にピリミジンの合成には必須であり，アスパラギン酸分子内の炭素と窒素はこれら化合物の構成元素となる．

E　アルギニンの代謝

アルギニンの主な分解経路は，アルギナーゼが触媒する加水分解反応によるオルニチンと尿素の生成である．引き続いてオルニチンは，アミノ基転移反応によりグルタミン酸となる．一方，内皮細胞や神経細胞ニューロンにおいてアルギニンは，分子状酸素とNADPH存在下で一酸化窒素合成酵素 nitric oxide synthase（NOS）の作用により一酸化窒素（NO）を産生し，その際シトルリンの生成を伴う．このNOは，血管拡張作用や神経伝達物質などの重要な生理作用が知られている．また，免疫系マクロファージにおいて産生するNOは殺菌作用に関係している．

III.4.6
新生タンパク質の修飾と細胞内局在化

A 分泌タンパク質と細胞内タンパク質

　新しく合成されたペプチドは，細胞質に留まったり，細胞内の特定のオルガネラや形質膜に移行したり，あるいは分泌されたりする．外分泌腺へ分泌される消化酵素，血中や細胞外マトリックスへ放出されるタンパク質やペプチドホルモンは分泌タンパク質と呼ばれ，形質膜，核膜，ミトコンドリア膜などに局在するタンパク質を膜タンパク質と呼ぶ．

　細胞内の決められた場所へタンパク質を輸送することはきわめて重要であり，細胞はタンパク質を適切な場所へ輸送する機構を備えている．これらタンパク質はN末端にシグナルペプチドまたはリーダーペプチドと呼ばれる特異的アミノ酸配列をもっている．もし誤って輸送されると細胞内代謝に大きな影響を与え，蓄積した障害により器官や組織が致命的損傷を受ける．I-細胞病 I-cell disease（封入体細胞病，あるいはムコリピドーシスIIとも呼ばれる）は，多くの本来リソソームに輸送されるべき酵素が正常に輸送されず細胞外に排出されてしまう劣性遺伝病である．この疾患は重篤であり，多くの場合，患者は子供のときに死亡する．

　分泌されたり，形質膜に組み込まれたり，リソソームに送り込まれたりすることになっているタンパク質は，小胞体 endoplasmic reticulum（ER）で始まる輸送経路を一般的に共有している．ミトコンドリア，葉緑体および核へ移行するタンパク質や細胞質で機能するタンパク質は，それぞれ小胞体を経由しない別の機構を用いて局在化する（図III.4.15）．

　なお，タンパク質を細胞内の適切な場所へ局在させることをソーティング sorting（仕分け），運搬することをタンパク質のターゲティング protein targeting と呼ぶ．

B タンパク質の折りたたみ

　新たに合成されたタンパク質は，生理的に活性な形になるために翻訳と同時にまたは翻訳後に折りたたまれ，修飾を受ける．ポリペプチド鎖は，イオン結合，水素結合，ファン・デル・ワールス力，疎水結合などの非共有結合により特異的立体構造を形成するが，タンパク質の折りたたみはすべて自発的に起こるわけではなく，多くのタンパク質は分子シャペロンと呼ばれるタンパク質により部分的な折りたたみや正しい折りたたみが促進される．また，タンパク質ジスルフィドイソメラーゼ protein disulfide isomerase は正しいジスルフィド結合を形成させるために，ジスルフィド結合を相互変換したり再編させたりする酵素である．さらに，ペプチドプロリルシス-トランスイソメラーゼ peptide prolyl *cis-trans* isomerase は，プロリンのペプチド結合のシス

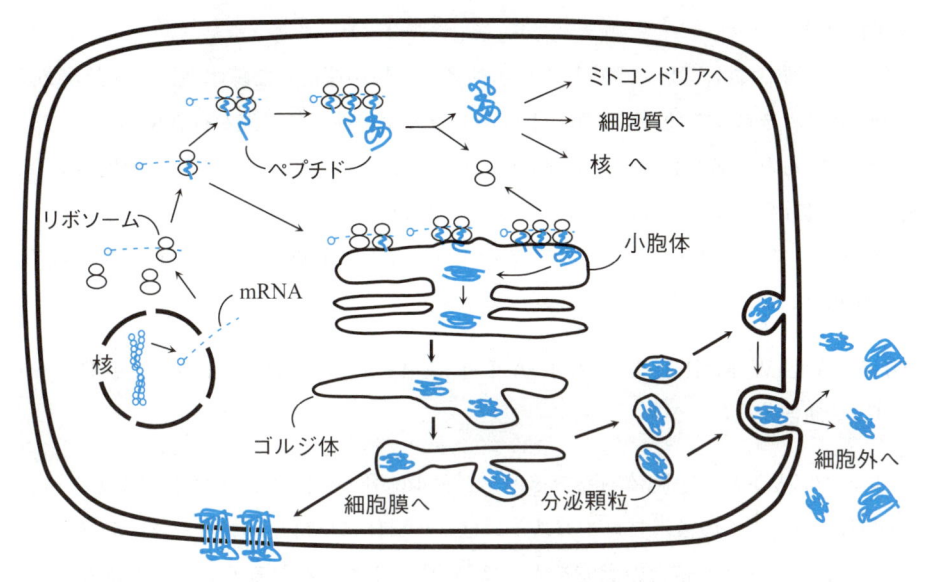

図III.4.15 細胞内タンパク質と分泌タンパク質の合成と輸送分解経路

とトランス異性体の相互変換を触媒する酵素であり，タンパク質の正しい折りたたみや立体構造の構築に不可欠である．

C タンパク質のプロセシング

翻訳後の修飾（プロセシング）を受けなければ生理的活性をもたないタンパク質も多い．プロセシングには，原核生物ではN末端の脱ホルミル化，原核生物と真核生物のN末端メチオニン残基やしばしばそれに続く配列の除去，シグナルペプチドなど活性化に不必要なアミノ酸配列の除去，糖鎖や脂質の付加，リン酸化，アセチル化などが含まれる．なお，真核生物の50％ものタンパク質のN末端アミノ酸がアセチル化を受ける．不活性なプロタンパクとして合成され，限定分解されることにより活性化されるものもある．ペプシン，トリプシン，キモトリプシンなどがこれに含まれる．またインスリンのように，プレプロタンパク質として合成され，シグナルペプチドを除去されてプロタンパク質になった後，さらにタンパク分解酵素の作用で成熟タンパク質になるものもある．

D タンパク質ターゲティング

ほとんどのリソソームタンパク質，膜タンパク質および分泌タンパク質が合成されるとき，そのN末端に小胞体内腔への移行を指令する13～36個のアミノ酸残基からなるシグナル配列をもっている．100種以上のこのようなタンパク質シグナル配列を調べた結果，次のような特徴があ

ることが明らかになった．

　①シグナル配列中には，10〜15残基の疎水性アミノ酸が連続した疎水性コア部分がある．
　②疎水性コアに先立って(N末端側に)1つか2つの塩基性アミノ酸が存在する．
　③シグナル配列のC末端付近に，比較的極性のあるアミノ酸からなる短い配列があり，この配列中の切断部位直前に短い側鎖をもつアミノ酸(特にアラニン)が存在する．

　代表的な例として，ペプチドホルモンであるインスリンの前駆体タンパク質プレプロインスリン preproinsulin のシグナル配列 (24残基) を示す．

(N末端) M-A-L-W-M-R-L-L-P-L-L-A-L-L-A-L-W-G-P-D-P-A-A-A-↓F-V・・・・
　　　　(↓切断部位)

　プレプロインスリンは，小胞体内腔でそのシグナル配列が切断されプロインスリン proinsulin となる (図III.4.16)．その後，プロインスリンはゴルジ体に移行し，ゴルジ体中のプロテアーゼによる切断とジスルフィド結合の形成を受けてA鎖とB鎖からなるインスリンホルモンとなり，膵β細胞からエキソサイトーシスにより分泌される．

　これらのシグナル配列をもつタンパク質の合成は，まず遊離型リボソームで開始される．N末端側にあるシグナル配列が合成され，その先端が60Sリボソームサブユニットから細胞質に現れると，細胞質に存在するシグナル認識粒子 signal recognition particle (SRP)複合体がシグナル配列およびリボゾーム受容体(Sec61p)と結合する，すなわち粗面小胞体となる．このときポリペプチド鎖の伸長が一時的に停止する．SRPが受容体から離れ，ポリペプチド鎖の合成反

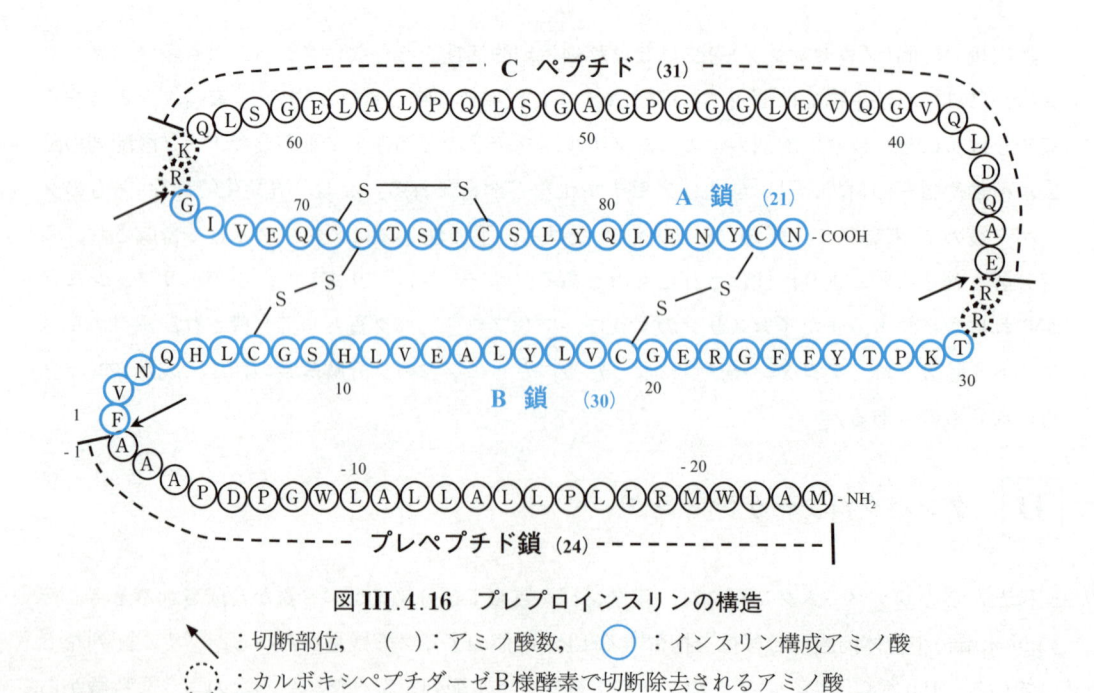

図III.4.16　プレプロインスリンの構造

↗：切断部位，　（ ）：アミノ酸数，　◯：インスリン構成アミノ酸
⋯：カルボキシペプチダーゼB様酵素で切断除去されるアミノ酸

応が再開され小胞体内腔に伸長し，ペプチド合成は完了する．シグナル配列は小胞体内腔にあるシグナルペプチダーゼにより除去され，タンパク質は小胞体内腔に遊離する（図 III.4.15）．

タンパク質は，輸送小胞によって小胞体からゴルジ体へ輸送される．ゴルジ体の中では，N-結合型オリゴ糖の修飾や O-結合型オリゴ糖の付加が行われる．これらの糖鎖付加はタンパク質が目的の領域に達するターゲティングやフォールディングの鍵となる役割を演じている．

細胞核，ミトコンドリア，クロロプラスト，ペルオキシソームなどのオルガネラに移送されるタンパク質は，いずれの場合も細胞質の遊離型リボソーム（ポリソーム）によって合成が完結してからターゲティングされる．

核に移行するタンパク質は，ポリペプチド鎖内に核移行シグナル nuclear localization signal (NLS) と呼ばれる塩基性アミノ酸リジンとアルギニンに富む領域をもつ．このシグナルは N 末端だけではなく，タンパク質の内部領域に1つまたはそれ以上みられ，核移行後も切断除去されない．核移行シグナルをもつタンパク質は，核膜孔の細胞質側にある受容体に結合し，ATP と GTP の加水分解を伴う過程を経て核内に輸送される．

核遺伝子にコードされたミトコンドリアのタンパク質は，ミトコンドリアの外膜，外膜と内膜の膜間隙，内膜，それにマトリックスの4区画に到達するため，1つまたは2つの膜を通過して正しく輸送されなければならない．ミトコンドリア膜を通過するタンパク質の N 末端側には疎水性アミノ酸と電荷をもつアミノ酸が適当に配置された約30アミノ酸からなるリーダー配列が見出されるが，この配列は両媒性ヘリックス構造 amphipathic α-helix をとり，この部分の膜への結合を足がかりに，タンパク質は内部にたぐり込まれる．また，ミトコンドリアへ移行するタンパク質は細胞質でシャペロンタンパク質と結合する配列をもち，外膜表面にある受容体 Tom (transport across the outer membrane) まで運ばれ，外膜を通過して膜間隙へ移行する．内膜のタンパク質輸送系として Tim (transport across the inner membrane) が知られ，タンパク質はマトリックスへ移行する．マトリックスに輸送されるタンパク質のほとんどは外膜と内膜の接している部分で Tom 複合体と Tim 複合体を通って一気に通り抜ける．タンパク質はほどけた状態で膜を通過し，リーダー配列は輸送後に切断され除去され，内部に存在するシャペロンタンパク質によって正しく折りたたまれる．

クロロプラストへの輸送もミトコンドリアとほぼ同様の機構で行われるが，チラコイド内部へ移行するタンパク質はさらに複雑で，3つの膜構造を横切らなければならないが，その詳細についてはまだ不明な点が多い．

ペルオキシソームのタンパク質も翻訳終了後，小胞体やゴルジ体を介さない経路で輸送される．ペルオキシソームに輸送されるタンパク質のあるグループは C 末端近くにある3つのアミノ酸の配列（Ser-Lys-Leu）が存在し，ターゲティングのシグナルとして機能している．このシグナルは輸送後も切断されずに残っている．

III.4.7 タンパク質分解

A タンパク質分解の意義

　ヒトを含めた動物は，窒素を固定することができないため，代謝性窒素を食物から摂取する．適量な食餌性タンパク質に基づく窒素量の摂取と尿素などにより生体から排泄される窒素量が等しいとき，窒素平衡 nitrogen equilibrium 状態にあるといい，この窒素平衡は単に窒素の出納をみていることになる．ヒトはアミノ酸やタンパク質を貯蔵だけを目的として体内にとどめることができないため，過剰に摂取されたタンパク質性窒素は多量な尿素として排泄される．生体内では体を構築する体タンパク質としてアミノ酸が使用され，摂取されたアミノ酸が体内にとどまることがある．この場合，窒素の摂取量が排泄量を上回るので正の窒素平衡といい，この状態は子供の発育期，妊婦，疾病からの回復期の成人などにみられる．逆に，食餌性タンパク質の供給が不十分な場合，必須アミノ酸が不足している場合，飢餓状態や体タンパク質の異化反応が増大する病気などの場合は，負の窒素平衡となる．通常，生体内では合成と分解（異化）における見かけ上の窒素量の動的平衡 dynamic equilibrium は保たれ，体重の大幅な増加などは脂肪の増加でありタンパク質量の増加を示すものではないことが窒素平衡から明らかとなる．

　ヒトが外来性アミノ酸を獲得する場合の多くは，食餌性タンパク質を摂取してアミノ酸に分解してから吸収する．食餌性タンパク質の分解に関与する酵素群は一般的に消化性プロテアーゼと呼ばれる．これらは，生理作用の発現の場が細胞の外であることから細胞外酵素（分泌型）に分類される．この分泌型酵素は，さらに外分泌型と内分泌型に分類され，消化性プロテアーゼは前者に，血液凝固系と線溶系に関わるプロテアーゼは後者に分類される．一方，細胞から分泌されず，生合成された細胞中で働くプロテアーゼを細胞内プロテアーゼ（非分泌型）と呼び，その生理的機能が注目されている．

　生体内のタンパク質は，代謝調節をはじめ，発生，分化，増殖など多彩な生体細胞機能維持や発現に関与する．これらのタンパク質は，絶え間ない合成と分解を繰り返している．このようなアミノ酸からタンパク質の合成とアミノ酸への分解状態を代謝回転（ターンオーバー）と呼び，細胞内タンパク質の恒常性は代謝回転により維持されている．最近の研究において，代謝回転のうち「分解の調節」が動的平衡や生理活性の発現持続により重要であることが示され，細胞内タンパク質分解機構が明らかとなった．細胞内のタンパク質分解系は，リソソーム系と細胞質系（非リソソーム系）に大別され，細胞質系ではユビキチン-プロテアソーム系とカルパイン系が存在する．

　タンパク質の寿命は，かつてはその分解速度は一律であると考えられていたが，現在では個々

のタンパク質は固有の速度で分解され，それぞれ一定の寿命があることが知られている．寿命は半減期で表現され，2時間以内のタンパク質を短寿命，2時間以上のものを長寿命タンパク質といい，数分から数週間の広い範囲にタンパク質の寿命がある．一般的に，長寿命タンパク質は代謝調節を受けない酵素や構造タンパク質などであり，短寿命タンパク質は代謝系律速酵素などが多く，細胞機能制御において重要な役割を果たしている．また，長寿命タンパク質は主としてリソソーム系経路で，また，短寿命タンパク質は，主としてユビキチン-プロテアソーム系経路で分解される．

B　リソソーム系タンパク質分解経路

リソソーム lysosome は，動物細胞内に存在し，一重膜で仕切られた球状の小器官である．その内部は強い酸性状態になっており，至適 pH を酸性側にもつ多種類のプロテアーゼが含まれている．細胞内で役割を終えた主に長寿命タンパク質は，リソソーム内の系によって分解され(リソソーム系)，アミノ酸のプール源となる．他にリソソーム系では，エンドサイトーシスにより取り込まれたタンパク質や免疫細胞においては貪食作用により取り込まれたタンパク質が分解される．

C　ユビキチン依存性タンパク質分解経路

ユビキチン ubiquitin (Ub) は，76個のアミノ酸(分子量 8,600)からなる特殊なポリペプチドで，ありとあらゆる動物細胞に普遍的 ubiquitous に局在することからその名前が付けられた．このポリペプチドは，タンパク質分解時に標的タンパク質に共有結合して分解のシグナルとなる．タンパク質のユビキチン化は次の4段階の反応により行われる(図 III.4.17)．

① Ub は ATP 存在下ユビキチン活性化酵素(E1)の作用により Ub～AMP となる．生成した Ub～AMP は，Ub の C 末端 Gly のカルボキシ基と AMP 5′-リン酸基間で高エネルギー結合をもつ．
② この Ub～AMP から Ub が，同じ酵素 E1 の特定の Cys 残基に高エネルギーチオエステル結合し，E1-S～Ub 複合体を形成する．
③ E1-S～Ub 複合体中の Ub は，ユビキチン結合酵素(E2)の特定の Cys 残基に転移し，E2-S～Ub を形成する．
④ 最後に，E2-S～Ub 複合体中の Ub は，酵素ユビキチン-プロテインリガーゼ(E3)の作用により標的タンパク質に結合する．ユビキチン-E2複合体から基質タンパク質へユビキチンが移される反応で，Ub の C 末端 Gly のカルボキシ基と標的タンパク質中 Lys 残基の ε-アミノ基との間でイソペプチド結合が形成される．
⑤ 引き続いて，新たな Ub が同様な機構で活性化され，標的タンパク質についたはじめの Ub

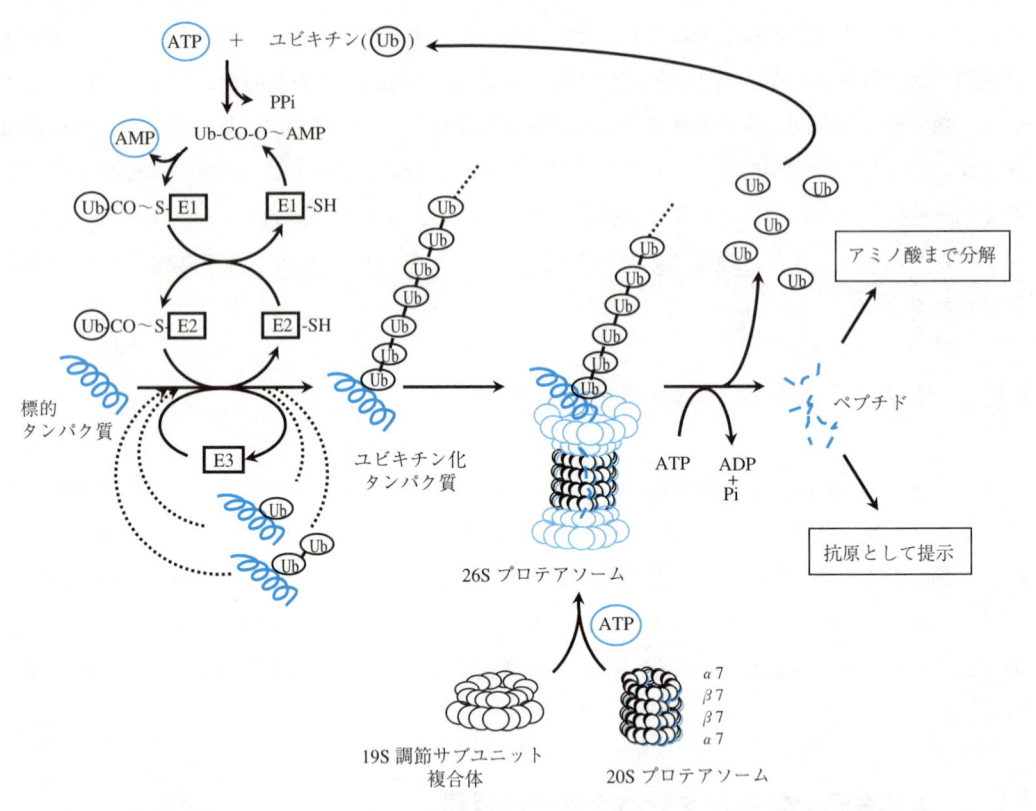

図 III.4.17　ユビキチン-プロテアソーム系によるタンパク質分解経路

の Lys 残基 ε-アミノ基との間でイソペプチド結合を形成する．この反応の繰り返しにより，標的タンパク質はポリユビキチン化される．

通常，数個の Ub が結合するが 50 個以上の Ub が結合することもある．このようにポリユビキチン化された状態が，26S プロテアソーム proteasome による分解シグナルとなる．

D　プロテアソーム

プロテアソームとは，細胞内で不要になったタンパク質を分解する酵素複合体で生体のすべての細胞に存在する．このプロテアソームによるタンパク質分解は，細胞周期を遂行するうえで必須である．26S プロテアソーム（分子量 170 万）は，20S プロテアソーム（分子量 70 万）と，それを挟む 10 数種類の調節サブユニット複合体から形成される．20S プロテアソームは，7 つの α サブユニットと 7 つの β サブユニットがそれぞれ環状構造を示し，αββα の順に 4 段連なった筒状構造を示す．その筒状内部にプロテアーゼ活性の中心が存在し，ユビキチン化された標的タンパク質はここでペプチドに分解される．このペプチドは，通常，細胞質ペプチダーゼの作用でアミノ酸に分解されるが，免疫反応の場合はペプチドのまま抗原提示に使われる．一方，ポリユビキチン鎖はプロテアソームから遊離し，単体となって再利用される（図 III.4.17）．

Key words

アミノ酸代謝	必須アミノ酸	非必須アミノ酸
アミノ基転移反応	**ALT**	**AST**
酸化的脱アミノ反応	脱炭酸反応	ヒスタミン
セロトニン	γ-アミノ酪酸	カテコールアミン
糖原性アミノ酸	ケト原性アミノ酸	窒素平衡
アンモニア	尿素サイクル	ポルフィリン代謝
ヘム	ビリルビン	クレアチン
フェニルケトン尿症	一酸化窒素	タンパク質の折りたたみ
プロテアーゼ	ターゲティング	タンパク質分解
リソソーム	ユビキチン	プロテアソーム

III.5 ヌクレオチド代謝

学習目標

1. 核酸塩基の代謝（生合成と分解）を説明できる．
2. ATPが高エネルギー化合物であることを，化学構造をもとに説明できる．
3. 細胞内情報伝達に関与するセカンドメッセンジャーおよびカルシウムイオンなどを，具体例を挙げて説明できる．

ヌクレオチド nucleotide は生体内で生合成できる点がアミノ酸や脂肪酸とは異なり，必須アミノ酸や必須脂肪酸に対応する必須ヌクレオチドというものは存在しない．注意すべきは，リボヌクレオチドはかなりの部分を摂取したヌクレオチドの再利用でまかなうが，デオキシリボヌクレオチドはほとんど再利用されないことである．すなわち，遺伝子を構成するDNAには，"まがい物"が混入しないように自分で合成している．

生体内で素材から合成する経路をデノボ合成 de novo synthesis（新生経路ともいう）と呼び，再利用する経路をサルベージ経路 salvage pathway（再利用経路ともいう）という．細胞内の遊

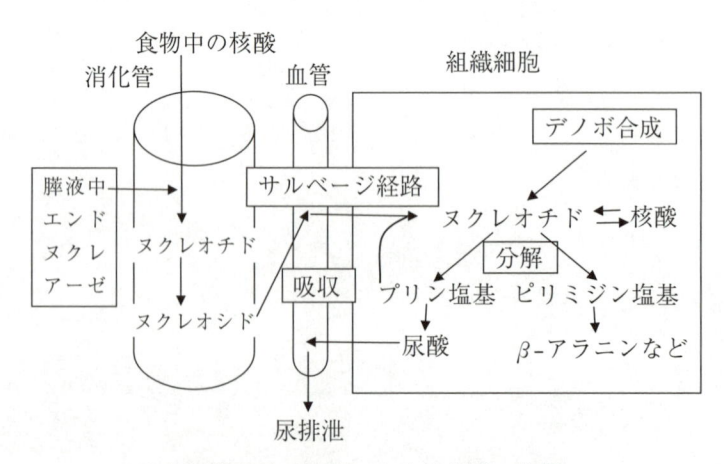

図 III.5.1　ヌクレオチド代謝の概要

離ヌクレオチド濃度は核酸に含まれるヌクレオチドの1%以下に過ぎず，核酸合成にはヌクレオチドの補給が先行する．

ヌクレオチドは生体内で多くの生理機能をもつが，特に生合成反応と密接に関連する場合が多い．その理由は高エネルギー状態のヌクレオチド誘導体を反応中間体とすると反応を進めやすいためである．そのためにリボヌクレオシド三リン酸（ATP，GTP，CTP，UTPなど）は，化学エネルギーの貯蔵体や運搬体としても重要である．また，サイクリックAMPのように二次メッセンジャーとして働く分子もあるし，補酵素NAD^+などの構成成分にもなる．生体内における代謝と生成物に関する概略図を図III.5.1に示す．

III.5.1 プリンリボヌクレオチドの生合成

デノボ合成では，リボースのリン酸化体 PRPP（ホスホリボシルピロリン酸）を土台として塩基部分の各元素を順序よく組上げて合成する．サルベージ経路のように，塩基部分とPRPPを結合させて直接ヌクレオチドを合成する反応とは異なる点に注意されたい．デノボ合成経路を図III.5.2に示す．反応は細胞質で進行する．PRPPはリボース5-リン酸とATPからPRPP合成酵素によって合成される．デノボ合成の酵素群は複合体を形成している場合が多く，生合成が制御されやすくなっている．最初に合成されるプリンヌクレオチドのイノシン酸IMPは，さらに図III.5.3に示す経路によってAMPとGMPに変化する．

デノボ合成を阻害する物質は核酸合成を阻害するために細胞増殖抑制薬として利用される．例えば，テトラヒドロ葉酸（THF）を2回利用するため，葉酸欠乏や葉酸阻害剤の存在下ではデノボ合成が抑制され，最終的に核酸合成が阻害される．またグルタミンの構造類似体である抗生物質アザセリンは，グルタミンアミド転移酵素（図III.5.2の酵素④）を阻害する．

図III.5.4にはサルベージ経路を示す．アデニンはアデニンホスホリボシルトランスフェラーゼによってPRPPと反応しAMPが生成する．ヒポキサンチン-グアニンホスホリボシルトランスフェラーゼ（HGPT）は，グアニンとPRPPからGMPを生成する．本酵素の先天的欠損はレッシュ・ナイハン症候群を発症し，痛風とともに重篤な精神障害（特に指先を噛む自損行為が知られている）を示す．生体内プリン塩基の90％以上はサルベージ経路によってヌクレオチドに再生され，少量が尿酸へと代謝され尿排泄される．

細胞内のヌクレオチド濃度はアデニンヌクレオチド（AMP，ADP，ATP）を除いて低いため，核酸合成に利用されるとすぐに枯渇する．そこで不足しないように素早く応答する制御系が発達している．最も単純な制御機構は，最終産物のAMPやGMPによるプリン生合成の第一段階目の酵素であるグルタミン・PRPPアミドトランスフェラーゼの阻害活性である（フィードバック阻害という）．ピリミジン生合成においても，最終産物のCTPが，最初の段階を触媒す

図 III.5.2　プリンリボヌクレオチドのデノボ合成経路

① グルタミン PRPP アミドトランスフェラーゼ
② 5′-ホスホリボシルグリシンアミドシンテターゼ
③ ホルミルトランスフェラーゼ
④ アミノイミダゾール 5′リン酸シンテターゼ
　＋シクラーゼ
⑤ アミノイミダゾール 5′-リン酸カルボキシラーゼ
⑥ アミノイミダゾールスクシニルカルボキサミドリボシル
　5′-リン酸シンテターゼ＋アデニロコハク酸リアーゼ
⑦ ホルミルトランスフェラーゼ
⑧ IMP シクロヒドラーゼ

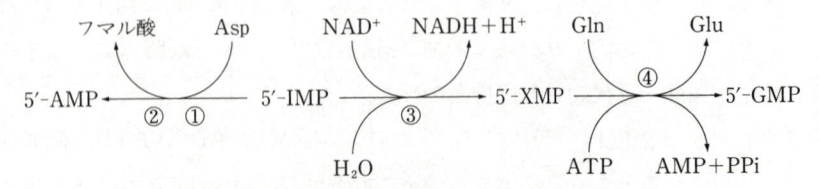

図 III.5.3　AMP と GMP のデノボ合成経路

IMP：イノシン酸，XMP：キサントシン一リン酸
① アデニロコハク酸シンターゼ　③ IMP デヒドロゲナーゼ
② アデニロコハク酸リアーゼ　　④ GMP シンターゼ

アデニン ＋ PRPP —①→ 5′-AMP ＋ PP$_i$

グアニン ＋ PRPP —②→ 5′-GMP ＋ PP$_i$

ヒポキサンチン ＋ PRPP —②→ 5′-IMP ＋ PP$_i$

ウラシル ＋ PRPP —③→ 5′-UMP ＋ PP$_i$

シトシン ＋ PRPP —④→ 5′-CMP ＋ PP$_i$

図 III.5.4 プリンヌクレオチドのサルベージ経路
①アデニンホスホリボシルトランスフェラーゼ　③ウラシルホスホリボシルトランスフェラーゼ
②ヒポキサンチン・グアニンホスホリボシル　　　④シトシンホスホリボシルトランスフェラーゼ
　トランスフェラーゼ

るアスパラギン酸トランスカルバモイラーゼをフィードバック阻害する．

III.5.2 ピリミジンリボヌクレオチドの生合成

　この生合成もデノボ合成とサルベージ経路が存在するが，デノボ合成においてプリンリボヌクレオチドと違い，オロト酸 orotic acid までは塩基部分だけが合成される．オロト酸が PRPP と結合してヌクレオチドの一種であるオロチジル酸（オロチジン一リン酸ともいう）が生成し，次に脱炭酸して UMP が生成する（図 III.5.5）．UMP はキナーゼの作用により UTP（このときに同時に 2ATP が 2ADP になる）になってから CTP に変換される（UMP から CMP には直接合成されない）．本経路の最初の 3 段階は同一タンパク質分子が触媒するので，本酵素は 3 種の酵素名の頭文字を連ねて CAD と呼ぶ．
　サルベージ経路は，プリンヌクレオチドの場合と同じく，塩基のウラシルやシトシンがホスホリボシルトランスフェラーゼの触媒により PRPP と反応してピリミジンヌクレオチドが生成する（図 III.5.4）．

III.5.3 デオキシリボヌクレオチドの生合成

　DNA の構成単位であるデオキシリボヌクレオチド（デオキシヌクレオチドともいう）は，リボヌクレオチドからリボヌクレオチド還元酵素によって合成される（図 III.5.6）．デオキシリボ

図 III.5.5　ピリミジンリボヌクレオチドのデノボ合成経路

① アスパラギン酸カルバモイルトランスフェラーゼ　⑤ オロチジル酸デカルボキシラーゼ
② ジヒドロオロターゼ　⑥ ヌクレオシド一リン酸キナーゼ
③ ジヒドロオロト酸デヒドロゲナーゼ　⑦ ヌクレオシド二リン酸キナーゼ
④ オロト酸ホスホリボシルトランスフェラーゼ　⑧ CTP シンテターゼ

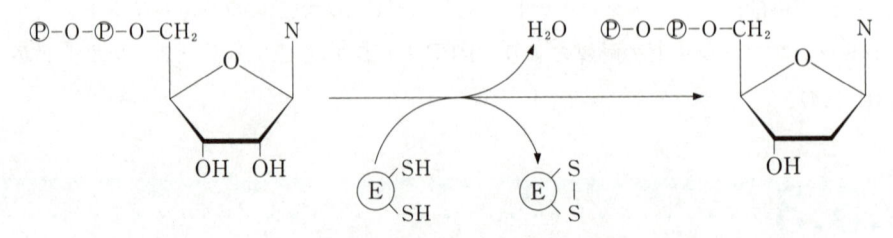

図 III.5.6　リボヌクレオチドからデオキシリボヌクレオチドへの変換反応
酵素のジスルフィド結合は，還元型チオレドキシンによって還元されて，2 SH に還元されて元に戻る．生成した酸化型チオレドキシンは最終的に NADPH＋H$^+$ によって還元型に戻る．

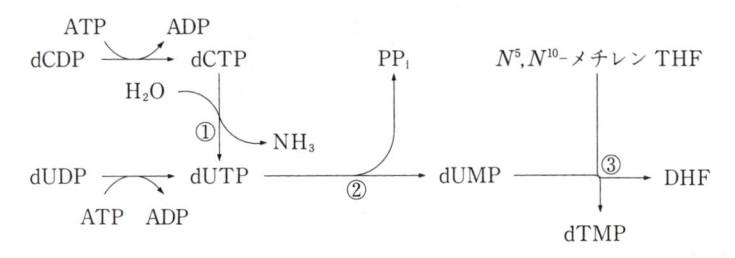

図 III.5.7　デオキシチミジル酸の合成経路
① dCTP デアミナーゼ　③ チミジル酸シンターゼ
② dUTP アーゼ

ヌクレオチドは DNA にしか含まれず，細胞内濃度は非常に低く，DNA 合成に必要量だけ合成される．

リボヌクレオチド還元酵素は金属タンパク質のチオレドキシン（Fe^{3+}を含む）またはグルタレドキシンと複合体を形成しており，還元反応の H 供与体として補酵素 NADPH が利用される．また，Tyr 残基のフリーラジカルが関与する生体内では珍しい反応である．本酵素の基質は 4 種のリボヌクレオシド二リン酸（ADP，GDP，CDP，UDP）のみであり，一リン酸や三リン酸は基質にならない．

DNA 合成の基質であるデオキシリボヌクレオチド dNDP は DNA 合成にしか利用されないので，各 dNDP は DNA 塩基組成と同じモル分率で合成されることが望ましい．リボヌクレオチド還元酵素は，同じモル分率で合成するために各種産物 dNDP によって複雑な制御を受ける．

dTTP の生合成には 2 つの経路がある（図 III.5.7）．まず dCDP が脱アミノ化，脱リン酸して dUMP が生成する．別に UDP がリボヌクレオチド還元酵素によって dUDP となり，これが脱リン酸化されて dUMP を生成する経路もある．dUMP はメチレンテトラヒドロ葉酸を補酵素とするチミジル酸合成酵素の作用によりメチル基をもらい，dTMP となり，次にリン酸化されて dTDT，dTTP を生成する．なお dUTP が大量に存在すると DNA ポリメラーゼが U を DNA に取り込む危険が高いため，dUTP 濃度は細胞内で極力低くなるように制御されている．

デオキシリボヌクレオチドはサルベージ経路では一般には補給されないが，dTTP だけには例外的にサルベージ経路が存在する．チミンがデオキシリボース一リン酸とチミジンホスホリラーゼの作用により反応して dT が生成する．dT はチミジンキナーゼの作用によりリン酸化され dTMP を生成する．

III.5.4 リン酸エステルの脱離と付加経路

ヌクレオチドのリン酸はリボースの 3′ 位または 5′ 位の水酸基のどちらか（または両方）に付

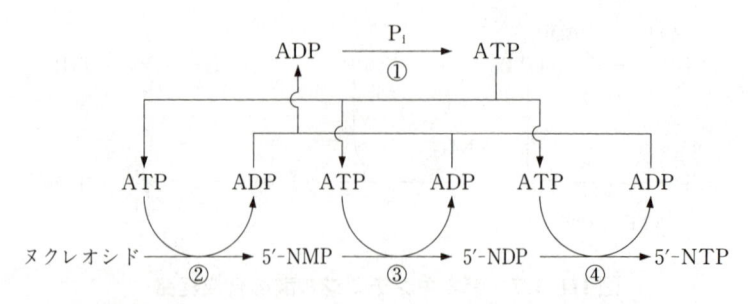

図 III.5.8　ヌクレオチドのリン酸部位の代謝反応
① ATP 合成酵素　② ヌクレオシドキナーゼ　③ ヌクレオシド一リン酸キナーゼ
④ ヌクレオシド二リン酸キナーゼ

いている．多くの代謝反応には 5′ 位に付いているほうが関与する．3′ 位リン酸化体はリボヌクレアーゼのような加水分解酵素によりポリヌクレオチドから生成するぐらいである．

リン酸結合体には一リン酸，二リン酸，三リン酸の3種類がある．特に付記しない限り 5′ 位水酸基にリン酸が結合しているヌクレオシド 5′-一リン酸（5′-NMP とも記す）を意味する．細胞内で最も高濃度存在する ATP は，ミトコンドリア内膜の ATP 合成酵素によって ADP と無機リン酸から合成される．細胞内で他のヌクレオチドのリン酸化は多くの場合，ATP を利用する（図 III.5.8）．リン酸化はほとんどが 5′ 位に起こる．例えば GMP はヌクレオシド一リン酸キナーゼの作用により ATP を用いて GDP になる．すなわち，GMP+ATP ⟶ GDP+ADP というリン酸の交換反応が進行する．

ヌクレオシド一リン酸はヌクレオチダーゼによってヌクレオシドに分解される．ヌクレオチドは細胞膜を透過できないが，ヌクレオシドは透過できるので，細胞内へはヌクレオシドとして取り込まれ，細胞内でリン酸化されてヌクレオチドになる．細胞内二次メッセンジャーであるサイクリック AMP（cAMP）のような環状リン酸エステルも存在し，これはアデニル酸シクラーゼの作用により ATP から生成する（詳細はホルモンの章を参照）．

核酸の生合成基質にはヌクレオシド三リン酸が利用され，合成酵素の触媒により，核酸の 3′ 末端にリン酸ジエステルとして付加される．このときにピロリン酸 PPi が遊離するが，PPi は再利用されず，ただちにピロリン酸ホスファターゼによって加水分解される．

III.5.5 プリンヌクレオチドの分解

図 III.5.9 にプリンヌクレオチドの分解経路を示す．ヌクレオチドはヌクレオチダーゼによりヌクレオシドになり，次にプリンヌクレオシドホスホリラーゼによって塩基とリボース 1-リン酸に分解される（図 III.5.9 の酵素⑤）．なお，ヌクレオシドヒドロラーゼ（ヌクレオシダーゼ

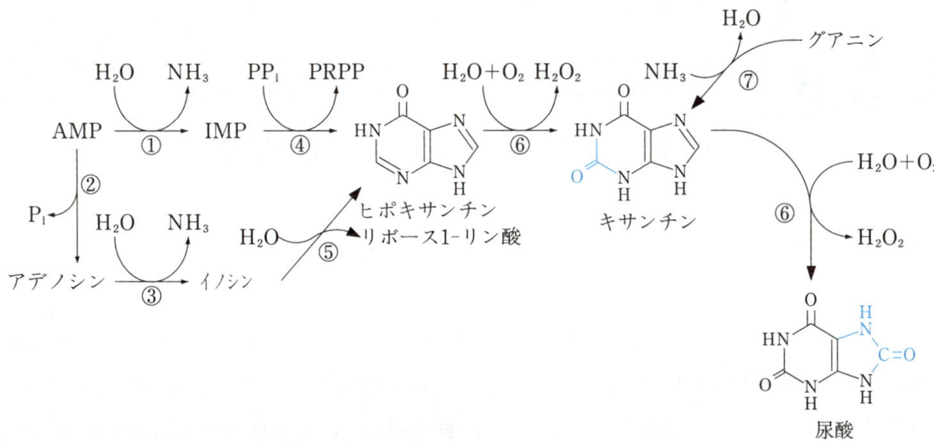

図 III.5.9　プリンヌクレオチドの分解

①アデニル酸デアミナーゼ　　⑤ヌクレオシダーゼ
②ヌクレオチダーゼ　　　　　⑥キサンチンオキシダーゼ
③アデノシンデアミナーゼ　　⑦グアナーゼ
④プリンヌクレオチドホスホリラーゼ

ともいう）により塩基とリボースになる場合もある．

　アデノシンはアデノシンデアミナーゼによってイノシンとなり，これがヌクレオシダーゼによってヒポキサンチンになる．なお，アデノシンデアミナーゼ（ADA）の先天的欠損症はリンパ球が増殖せずに重篤な免疫不全症を発症するが，その治療は最初に成功した遺伝子治療法として知られている．ADA が欠損するとリンパ球が増殖しない理由は，リンパ球内での dA の分解が抑制されるために dATP 濃度が上昇するが，dATP はリンパ球のアポトーシスを誘導するためである．

　グアニンはグアナーゼによってキサンチン，さらにはキサンチンオキシダーゼによって尿酸になり尿排泄される（成人は約 0.6 g/日の尿酸を排泄）．霊長類と鳥類は尿酸が最終代謝物であるが，他の動物ではさらにアラントインや尿素にまで代謝されて排泄される．尿酸の水溶性は生理的条件で約 8 mg/dL である．成年男性の血中尿酸濃度は 5 mg/dL 以上であるので，過飽和状態になり体内で結晶化しやすい．この結晶沈着による炎症が痛風である．痛風薬のアロプリノールはヒポキサンチン構造類似体であり，キサンチンオキシダーゼを阻害することで尿酸生成を抑制して血中尿酸濃度を低下させる．

　GTP からはいくつかの補酵素が生合成される．その中でリボフラビンと葉酸は，ヒトは生合成できないためにビタミンに分類されるが，ビオプテリン biopterin は合成されるため，ビタミンではない（ビタミンの章を参照）．ビオプテリンはフェニルアラニンオキシダーゼなどの補酵素であり，その欠乏症は悪性のフェニルケトン尿症を発症する．

III.5.6 ピリミジンヌクレオチドの分解

ピリミジンヌクレオチドもプリンヌクレオチドと同じ代謝経路で塩基，リボース，およびリン酸となる．次に図III.5.10に示す経路で，シトシンとウラシルからは **β-アラニン**，チミンからはβ-アミノイソ酪酸を生成する．β-アラニンはコエンザイムAの構成成分として利用される．

tRNAは生合成過程で特殊な修飾反応を受け，独特の構造をもつヌクレオチドが含まれおり，その中のプソイドウリジンは塩基とリボースとの結合がC—C炭素結合であるために安定であり，プソイドウリジンのまま尿排泄される．

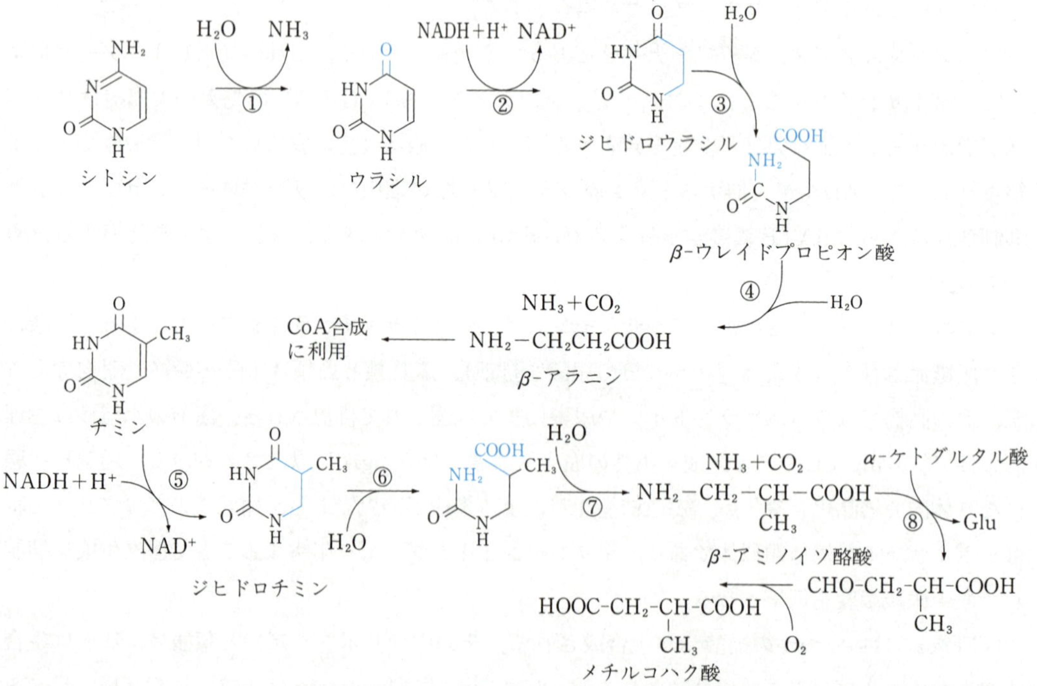

図III.5.10 ピリミジンヌクレオチドの分解
① シトシンデアミナーゼ
② ウラシルデヒドロゲナーゼ
③ ヒドロピリミジンヒドラーゼ
④ β-ウレイドプロピオナーゼ
⑤ チミンデヒドロゲナーゼ
⑥ ジヒドロチミンヒドラーゼ
⑦ β-ウレイドイソ酪酸ヒドラーゼ
⑧ トランスアミナーゼ

III.5.7 ヌクレオチドの吸収および細胞内への取り込み

食物中のヌクレオチドは大部分が核酸成分として存在している．膵液中のリボヌクレアーゼ RNase やデオキシリボヌクレアーゼ DNase がそれぞれを加水分解して，NMP と dNMP を生成する．次に小腸膜酵素のヌクレオチダーゼの作用によりヌクレオシドとなり吸収されて，血流に放出される．細胞内への取り込みは，体液中ではイオン形で存在するヌクレオチドは細胞膜を透過できないので，必ずヌクレオシドまたは塩基の形で行われる．

III.5.8 高エネルギー体としての役割

代表的な高エネルギー体である ATP は，三リン酸が二リン酸に加水分解されるときにエネルギーを放出する．このときに標準状態で約 7.3 kcal/mol（30.5 kJ/mol）の自由エネルギーを放出する．この数値は反応条件によって大きく変動し，生体内では約 55 kJ/mol になる（III.1 エネルギーと生命を参照）．

二リン酸体も高エネルギー体であり，ヌクレオチドと他の栄養素との二リン酸エステル誘導体は，生合成反応の中間体として働く（表 III.5.1）．例えば，UDP-グルコースは，グリコーゲンや糖鎖合成の基質となる．グリコーゲンの非還元末端にグルコースを付加してグリコーゲン鎖を

表 III.5.1　ヌクレオチド誘導体の生理機能の代表的な例

物質名	前駆体	分解物	機　能
UDP-Glc	UTP+Glc	UDP+グルコシル化物	グルコシドの生成
UDP-GlcUA	UTP+GlcUA	UDP+グルクロニド	グルクロン酸抱合
SAM	ATP+Met	SAH	メチル化反応
PAPS	$2\times ATP+SO_4^{2-}$	$3',5'$-ADP+硫酸化物	硫酸化反応
cAMP	ATP	AMP	二次メッセンジャー
NAD^+	NMN+ATP	ニコチンアミド	酸化還元酵素の補酵素
FAD	FMN+ATP	フラビン	酸化還元酵素の補酵素

UDP：ウリジン二リン酸，Glc：グルコース，GlcUA：グルクロン酸，SAM：S-アデノシルメチオニン，SAH：S-アデノシルホモシステイン，NAD^+：ニコチンアミドアデニンジヌクレオチド，NMN：ニコチンアミドモノヌクレオチド，FAD：フラビンアデニンジヌクレオチド，FMN：フラビンモノヌクレオチド，PAPS：$3'$-ホスホアデニリル硫酸

延長する場合，まず，グルコースはUTPと縮合反応して，UDP-グルコースという高エネルギー中間体となる．これがグリコーゲンの非還元末端に酵素トランスフェラーゼの作用によって，グルコースだけが付加して，UDPが遊離する．エネルギーの面から考えると，UTPをUDPと無機リン酸に加水分解されたときに放出されるエネルギーを利用して，グルコースをグリコーゲンに付加させていることになる．

同様な形式の生合成反応が，アミノ酸からペプチドの生合成におけるアミノアシル-AMP，リン脂質が生合成されるときに利用されるCDP-コリンなど多数存在する．個々の生合成反応の詳細は対応する章で解説されているが，エネルギーと代謝反応の関連においてヌクレオチドの役割に統一された流れがあることを理解されたい．

Box III.5.1

医薬として利用されるヌクレオシド誘導体

ヌクレオチド代謝を阻害すると強い細胞毒性が現れる．特に細胞増殖している細胞や細胞内で増殖中のウイルスは，核酸を大量に必要とするので，それらに対して選択的に毒性が期待できる．実際に多くのヌクレオシド誘導体は，制癌薬や抗ウイルス薬として使用される．医薬としては，塩基またはヌクレオシド誘導体が利用され，ヌクレオチド誘導体が利用されない理由は，ヌクレオチドは細胞膜透過性がなく，細胞内に取り込まれないためである（作用する酵素はすべて細胞内に存在する）．

アザチオプリンなどは免疫細胞の不活性化にも利用され，臓器移植後の免疫反応の抑制に利用される．使用される理由はリンパ球が活性化され増殖される状態を抑制できるためである．

抗白血病薬である6-メルカプトプリンは，体内でヒポキサンチン・グアニン・ホスホリボシルトランスフェラーゼによって6-チオイノシン酸に代謝され，これがプリンヌクレオチド生合成阻害活性を示す．

制癌薬の5-フルオロウラシル（および5-フルオロデオキシウリジン）は，生体内で5-フルオロUMPとなってチミジル酸合成酵素（シンターゼ）を阻害し，さらにRNAに取り込まれて阻害作用を示す．チミジル酸合成酵素が多くの制癌薬の標的酵素になる理由は，本酵素はDNA合成のみに関与しており，他のヌクレオチド関連酵素群のようにRNA合成には関与しないために，細胞分裂（すなわちDNA複製）を特異的に抑制できるからである．

抗ウイルス薬のアジドチミジン，ジダノシンやアシクロビルなどは，糖部位を変換させているが，これはウイルス由来の合成酵素群は，ヒト由来の酵素群と比較して糖部位の基質認識能が低いためである．なお，抗エイズ薬のアジドチミジンは心筋障害作用があるが，これはミトコンドリア特有のチミジンキナーゼの基質になるためと考えられる．

Key words

ヌクレオチド	ヌクレオシド	**ATP**
プリン塩基	ピリミジン塩基	ホスホリボシルピロリン酸
デノボ合成	サルベージ経路	デオキシリボヌクレオチド
尿酸	β-アラニン	

III.6 代謝調節

一般目標：生体のダイナミックな情報ネットワーク機構を物質や細胞レベルで理解するために，代表的な情報伝達物質の種類，作用発現機構などに関する基本的知識を習得する．

学習目標

1. 代表的なペプチド性ホルモンを挙げ，その産生臓器，生理作用および分泌調節を説明できる．
2. 代表的なアミノ酸誘導体ホルモンを挙げ，その構造，産生臓器，生理作用および分泌調節機構を説明できる．
3. 代表的なステロイドホルモンを挙げ，その構造，産生臓器，生理作用および分泌調節機構を説明できる．
4. 代表的なホルモン異常による疾患を挙げ，その病態を説明できる．
5. ホルモンに代表される細胞外シグナル分子は，その化学構造に基づいて2種に大別され，細胞に対する作用様式が異なることを理解する．
6. 水溶性の細胞外シグナルは細胞膜受容体によって認識されるが，細胞膜受容体はいくつかのタイプに分類され，それらが固有の経路を介して細胞内にシグナルを伝達することを理解する．
7. 細胞膜受容体の刺激によって細胞内ではセカンドメッセンジャーが生成するが，セカンドメッセンジャーとして機能する代表的な分子とその作用機構の概要を理解する．
8. 水溶性の細胞外シグナルの中には，遺伝子発現を介して細胞の増殖や分化を調節するものがあるが，それらの受容機構と細胞内から核へのシグナル伝達経路の概要を理解する．
9. 脂溶性の細胞外シグナルは核内に存在する受容体によって認識されるが，核内受容体から遺伝子発現に向かうシグナル伝達経路を理解する．
10. 主要なサイトカイン，増殖因子，ケモカインと呼ばれる分子の名称，作用ならびにその機序を理解する．

単細胞生物から多細胞生物に進化することに伴い，多くの細胞から成る個体全体を統合して制御する必要が生じた．我々の体は機能分化した種々の細胞から成るが，似かよった細胞の集団である組織や，各組織が集まり一定の働きをする器官などから構成されており，1つの個体として，外界からの独立性や生体内部の恒常性（ホメオスタシス）を保っている．その独立性や恒常性を保つための情報ネットワーク機構として神経系，内分泌系および免疫系が働いており，しかもそれらの系が独立しているのではなく相互に密接な関連性をもって働いている．そのことは，例えば精神的なストレスにより副腎皮質ホルモンの産生が促進されて免疫機能が抑制されることや，恐怖や悲しみなどの強い感情的な影響により女性の性周期が変調を来して無月経の起こること（情動性無月経）などから理解できる．神経系ではシナプスにおいて放出される神経伝達物質 neurotransmitter，内分泌系ではホルモン hormone および免疫系ではオータコイド autacoid が主に情報伝達物質として重要な役割を演じている．特に内分泌系では内分泌腺 endocrine gland と呼ばれる特定の組織・器官で産生・分泌された化学物質（ホルモン）が血流にのって，標的組織・器官 target organ と呼ばれる遠く離れたあるいは近傍の組織・器官に対して特異的な受容体を介し，ホルモン特有な反応を起こす．糖代謝に関連して例を挙げると，血液中のグルコース濃度（血糖値）は 70〜90 mg/dL（約 4.5 mM 前後）に保たれている．食後など血糖値が上昇したとき，膵ランゲルハンス島 B 細胞から分泌されるインスリンが種々の細胞の受容体に結合し，それがシグナルとなってグルコースの細胞への取込みやグリコーゲンとしての貯蔵を促進させる．その結果として血糖値が低下する．インスリンの絶対的あるいは相対的な不足は高血糖症を招くことになり，1 型糖尿病あるいは 2 型糖尿病の原因となる．また，活発な運動時などの血糖値が低下したときは，膵ランゲルハンス島 A 細胞から分泌されるグルカゴンや，副腎髄質から分泌されるエピネフリンが種々の細胞の受容体に結合し，グルコース産生の方向に作用して血糖値を上昇させる．インスリンを始めとする種々のホルモンは医薬品として利用されており，特にインスリンは近年生活習慣との関わりで患者が増え続けている糖尿病の治療薬として重要である．以前はウシやブタの膵臓を材料として分離・精製されたインスリンが医薬品として使用されていたが，現在では遺伝子組換え技術を利用してヒト型のインスリンが医薬品として使用されている．

一般に，生理活性分子としてのホルモンは構造上ペプチド性ホルモン，アミノ酸誘導体ホルモンおよびステロイドホルモンに分類される．また，その溶解性から水溶性および脂溶性（疎水性）ホルモンに分類され，それぞれ結合する受容体に大きな違いがあり，細胞膜上の受容体を介して作用を発現するものと，核内受容体を介して作用を発現するものに大別される．ホルモン作用と作用機序の研究が進むにつれ，内分泌疾患にとどまらず関連する多くの疾患の分子レベルでの解明が進み，さらにホルモン作用機構の分子レベルでの研究を通して，細胞内情報伝達機構の解明も成された．

III.6.1
ペプチド性ホルモン

A　視床下部ホルモン

　視床下部は間脳の一部で，内部に多数の神経細胞の集団である神経核が存在し，下方は突き出して脳下垂体に連なっている．自律神経系の中枢で，生命を維持するのに最も重要な機能をもつと同時に内分泌系の最高中枢としての機能も果たしている．
【合成・分泌】視床下部に存在する特定の神経核の軸索末端から分泌される神経分泌ペプチドである視床下部ホルモンが，下垂体茎の下垂体門脈系を経由して下垂体前葉に作用し，各種下垂体前葉ホルモンの分泌を促進的あるいは一部が抑制的に調節している（図III.6.1）．すなわち，視床下部ホルモンが下垂体ホルモンの分泌を支配し，降順に分泌腺刺激ホルモン（向腺性ホルモン）および奏効ホルモンの分泌を調節していることになる（図III.6.2）．

a）放出ホルモン releasing hormone, RH

【生理作用】下垂体前葉に働きかけ，各種向腺性ホルモンの分泌を促進する．
ⅰ）甲状腺刺激ホルモン放出ホルモン thyrotropin RH（TRH）

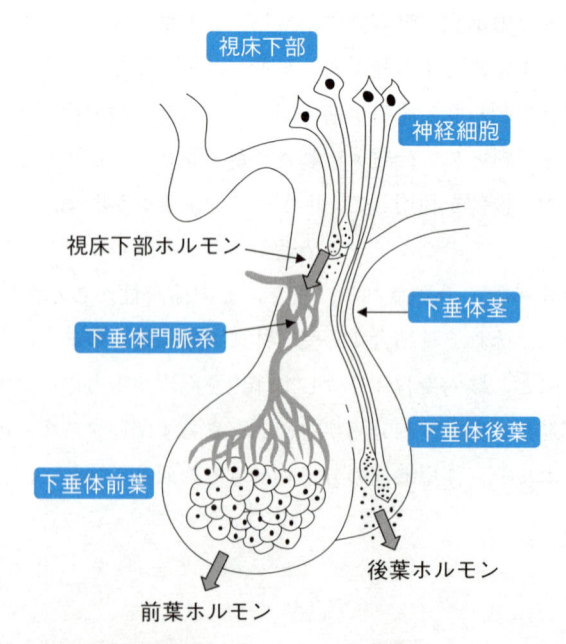

図III.6.1　視床下部ホルモンによる下垂体ホルモンの分泌調節

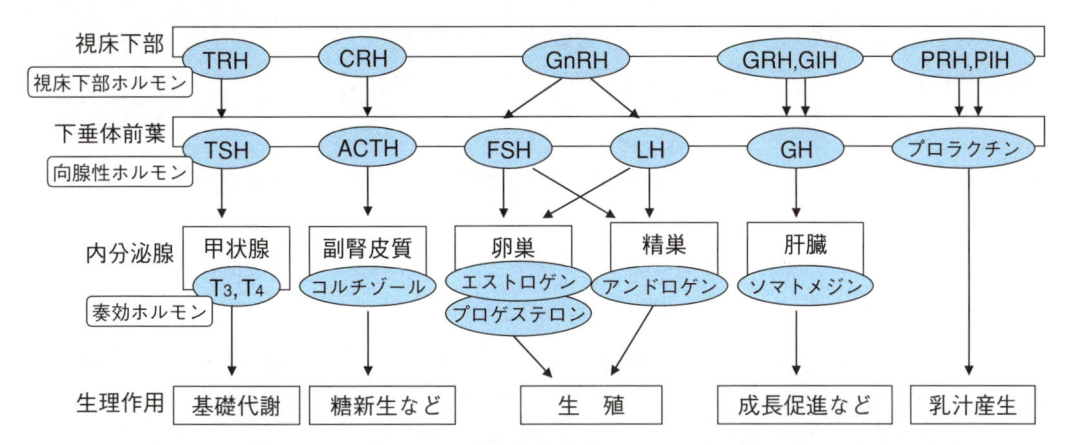

図 III.6.2 視床下部-下垂体系と向腺性ホルモンおよび奏効ホルモンの分泌調節

ⅱ）副腎皮質刺激ホルモン放出ホルモン corticotropin RH（CRH）
ⅲ）性腺刺激ホルモン放出ホルモン gonadotropin RH（GnRH または LH/FSH-RH）
ⅳ）成長ホルモン放出ホルモン growth hormone RH（GRH）
ⅴ）プロラクチン放出ホルモン prolactin RH（PRH）

b) 放出抑制ホルモン release inhibiting hormone, IH

【生理作用】下垂体前葉に働きかけ，各種向腺性ホルモンの分泌を抑制する．
ⅰ）成長ホルモン放出抑制ホルモン growth hormone IH（GIH，別名ソマトスタチン）
ⅱ）プロラクチン放出抑制ホルモン prolactin IH（PIH）

B 下垂体ホルモン

　下垂体前葉ホルモンと後葉ホルモンに分けられる．下垂体は下垂体茎で視床下部と接続している小器官で，前葉，中葉（ヒトでは痕跡程度），後葉から成り立っている．
【合成・分泌】各種内分泌細胞から成る前葉は腺下垂体とも呼ばれ，腺全体の約70％を占め，視床下部ホルモンの刺激により各種前葉ホルモンを分泌している（図III.6.1）．後葉は視床下部に存在する特定の神経核から神経軸索が下垂体茎を通ってその末端が集まっている部分で，神経下垂体とも呼ばれ，末端から後葉ホルモンを分泌している．後葉ホルモンは視床下部で産生されて神経軸索を移動して末端に貯蔵されており，ここから血中に放出される神経分泌ペプチドである（図III.6.1）．

a) 下垂体前葉ホルモン

ⅰ）甲状腺刺激ホルモン thyroid stimulating hormone, TSH（チロトロピン thyrotropin）
【合成・分泌】α-subunit（アミノ酸92残基）と β-subunit（アミノ酸112残基）より成る糖タ

ンパク質であり，視床下部ホルモン TRH の刺激で分泌が促進する．
【生理作用】甲状腺ホルモン（T_4, T_3）の産生，分泌を促進する．

ii）副腎皮質刺激ホルモン adrenocorticotropic hormone, ACTH（コルチコトロピン corticotropin）
【合成・分泌】アミノ酸39残基から成るペプチドで，1～24残基が生理活性に必要な保存領域である．視床下部ホルモン CRH の刺激で分泌が促進する．
【生理作用】副腎皮質に作用して主に糖質コルチコイドの産生・分泌を促進する．さらに副腎皮質重量の維持，増加作用がある．

iii）卵胞刺激ホルモン follicle stimulating hormone, FSH
【合成・分泌】α-subunit（92残基）と β-subunit（116残基）より成る糖タンパク質である．視床下部ホルモン GnRH の刺激で分泌が促進する．
【生理作用】女性では卵巣に作用して卵胞発育促進と，LH との協力作用で卵胞ホルモンの分泌を促進する．男性では精巣に作用して精細管の発育促進し，精子形成を促進する．

iv）黄体形成ホルモン luteinizing hormone, LH
【合成・分泌】α-subunit（92残基）と β-subunit（115残基）より成る糖タンパク質である．視床下部の GnRH の刺激で分泌が促進する．
【生理作用】女性では FSH の作用により発育した卵胞に作用し，卵胞ホルモンの分泌を促進する．成熟卵胞に作用して排卵を誘発し，黄体形成を促す．形成された黄体から黄体ホルモンの分泌を促進する．男性では精巣の間質細胞（ライディッヒ Leydig 細胞）に作用して男性ホルモンの分泌を促進する．

v）成長ホルモン growth hormone, GH（ソマトトロピン somatotropin）
【合成・分泌】アミノ酸191残基から成るタンパク質である．その分泌は視床下部ホルモン GRH および GIH によりそれぞれ促進的および抑制的に調節されている．
【生理作用】肝や種々の末梢組織に作用してソマトメジン（insulin-like growth factor-I, IGF-I）を分泌させ，これを介して骨組織の成長を促進し，タンパク質合成を促進する．さらに糖新生促進による血糖上昇，脂肪分解促進による血中遊離脂肪酸の増加作用がある．

vi）乳汁分泌ホルモン（プロラクチン prolactin）
【合成・分泌】アミノ酸199残基から成るタンパク質である．プロラクチンの分泌は視床下部ホルモンの PRH および PIH によりそれぞれ促進および抑制的に調節されている．
【生理作用】乳腺に作用し，その発達と乳汁産生を促進する．

b）下垂体後葉ホルモン

ⅰ）オキシトシン oxytocin

アミノ酸9残基から成り，S-S結合により一部が環状構造をとるペプチドである．子宮頸部，腟上部の伸展刺激や乳頭の吸引刺激により，分泌が促進される．
【生理作用】①子宮筋に直接作用して律動的収縮を起こす（子宮に対するオキシトシンの感受性は卵胞ホルモンにより上昇し，黄体ホルモンにより低下することにより妊娠末期ではオキシトシンの作用が強い）．②乳腺に対する平滑筋収縮作用により乳汁射出作用がある．

ⅱ）バソプレシン vasopressin

オキシトシンと同様にアミノ酸9残基から成る環状ペプチドで，オキシトシンとの比較で3番と8番のアミノ酸が異なるだけであるが，その作用は大きく異なる．
【生理作用】①腎尿細管における水の再吸収を促進して抗利尿作用がある．このため抗利尿ホルモン antidiuretic hormone, ADH とも呼ばれる．②大量では血管平滑筋収縮作用を示し，血圧上昇作用がある．

c）ホルモン分泌異常による疾患と病態

ⅰ）脳下垂体性巨人症 pituitary gigantism および先端巨大症 acromegaly

成長ホルモンの過剰分泌による疾患であり，幼児期や少年期の骨端線の閉鎖前では巨人症となる．骨端線の閉鎖後の成人では，身体の末梢部，特に頭，顔，手足の進行性肥大を特徴とする先端巨大症となる．

ⅱ）下垂体性小人症 pituitary dwarfism

小人症のなかで，脳下垂体前葉の機能不全によって起こる小人症である．

ⅲ）下垂体性尿崩症 diabetes insipidus

バソプレシンの分泌障害により抗利尿作用が抑制されて薄い尿を多量に出し，脱水と極度の口渇を伴う疾患である．

C　インスリンおよびグルカゴン（膵臓ホルモン）

膵臓は十二指腸に消化酵素等を含む膵液を外分泌している外分泌器官であると同時に内分泌器官でもある．内分泌はその外分泌腺組織の間に多数散在している膵ランゲルハンス島 Langerhans islet（膵島 pancreatic islet）と呼ばれる特殊な内分泌細胞群が行っている．膵島は全体で約200万個存在するといわれ，膵全体の約1％に相当する．膵島の内分泌細胞群はA細胞，B

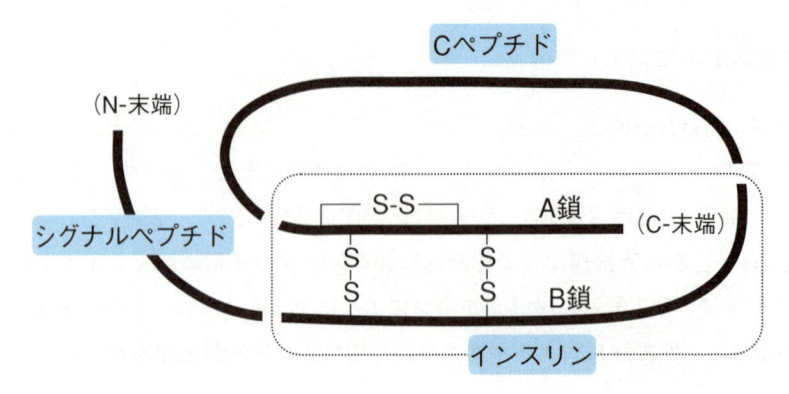

図III.6.3 インスリン前駆体，インスリンおよびCペプチド

細胞，D細胞に分かれており，それぞれグルカゴン，インスリンおよびソマトスタチンを分泌している．

a） インスリン insulin

2本のペプチド鎖（アミノ酸21残基のA鎖と30残基のB鎖）がジスルフィド結合により架橋された特徴的な構造をしており（図III.6.3），通常亜鉛の存在下で結晶となる．動物種によりアミノ酸の違いが3か所存在し，抗原性を示す原因となる．

【合成・分泌】膵島B細胞において，シグナルペプチドを含んだプレプロインスリンとして合成され，シグナルペプチド（23残基）が切断されてプロインスリンとなり，さらにCペプチド（35残基）が切断される（図III.6.3）．インスリンはCペプチドとともに分泌顆粒に貯められており（1：1で存在），刺激によりCペプチドと同時に分泌される．その分泌は，血糖値に依存しており，血糖値の上昇に伴いインスリン分泌が増加する．その分泌機構は，膵島B細胞内へのグルコースの取り込み→解糖系にて代謝→ATP産生上昇→ATP感受性K^+チャネルの閉口→脱分極によりCa^{2+}チャネルが開口→細胞内へのCa^{2+}の流入→分泌顆粒からインスリンの分泌である（図III.6.4）．インスリンの分泌は血糖値のほかに，血中アミノ酸濃度，自律神経系，カテコールアミン，ソマトスタチン，消化管ホルモンなどの影響も受ける．

【生理作用】①肝，筋，脂肪組織など主要な器官で，グルコースの細胞内への取り込みおよびグリコーゲンの合成を促進し，肝ではグリコーゲンの分解および糖新生を抑制する（いずれも血糖低下作用の方向に働く）．②脂肪組織で脂肪合成を促進する．③筋や肝においてアミノ酸の取り込み増加，タンパク質合成を促進する．

b） グルカゴン glucagon

アミノ酸29残基からなる1本鎖のペプチドである．

【合成・分泌】膵島A細胞より分泌される．分泌は血糖値の低下に伴い増加する．

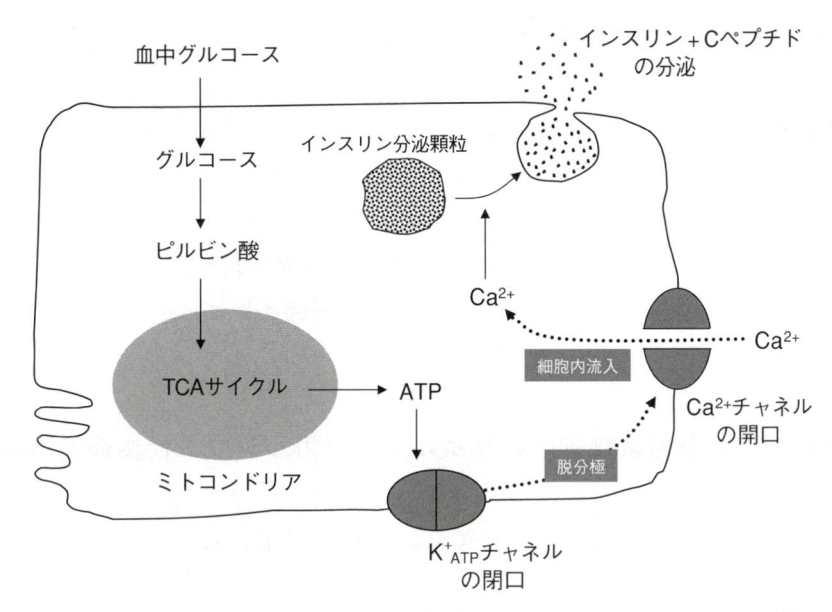

図III.6.4　膵ランゲルハンス島B細胞におけるインスリンの分泌調節

【生理作用】①肝でグリコーゲンの分解を促進する．その機序として，グルカゴン受容体を介したアデニル酸シクラーゼの活性化 → cAMP濃度の上昇→プロテインキナーゼAの活性化 → ホスホリラーゼの活性化 → グリコーゲンの分解 → グルコース1-リン酸 → グルコース6-リン酸 → グルコースを経て血中グルコース濃度が上昇する．②糖新生の促進および脂肪の分解促進作用がある．グルカゴンはインスリンと作用が拮抗するホルモンである．その他，血糖を上昇させるホルモンとして副腎髄質ホルモン（エピネフリン），糖質コルチコイド（ヒドロコルチゾン：別名コルチゾール），成長ホルモン，甲状腺ホルモンが重要である．

c) ホルモン分泌異常による疾患と病態

糖尿病 diabetes mellitus, DM：インスリンの分泌不足あるいは感受性の低下などが原因で血糖値を下げることに関して破綻を来たした疾患であり，高血糖が持続することにより多くの器官の細小血管が障害され，種々の合併症（糖尿病性網膜症，腎症，神経症の三大合併症のほかに脳動脈硬化や心筋梗塞など）が生じる．糖尿病はその病因や病態により大きく2つのタイプに分類される．

i) 1型糖尿病

膵島の炎症（自己免疫反応により惹起される）に伴う組織の破壊により，インスリンの絶対的不足が原因で引き起こされる．発症年齢は低く，発症直後からインスリン欠乏状態に陥る（血中インスリンの低下）．ケトアシドーシスを呈し昏睡状態が多発する（糖尿病性ケトアシドーシ

ス）．自己抗体（膵島細胞抗体）が検出されることが多い．

ii）2型糖尿病

　インスリン分泌能が低いという遺伝的な要因を背景に，過食や肥満によるインスリン分泌量の増大による膵島B細胞の疲弊，さらにストレスなどによる糖質コルチコイドなどのインスリン拮抗ホルモンの分泌亢進などが加わることでインスリンの相対的不足やインスリンの感受性低下が原因で発症する．1型に比較して，成人以降（多くは45〜60歳）に発症し，インスリン不足は軽度である．ケトアシドーシスは起こりにくい．

D　カルシトニンおよび副甲状腺ホルモン（カルシウム代謝調節ホルモン）

　カルシトニンおよび副甲状腺ホルモンはビタミンD_3とともに，血中カルシウム濃度の恒常性を維持するために重要である．

a）カルシトニン calcitonin

【合成・分泌】甲状腺傍ろ胞細胞（図III.6.5）から分泌されるアミノ酸32残基から成るペプチドである．血中カルシウム濃度が上昇するに伴いその分泌は促進する．
【生理作用】骨吸収の抑制および尿細管におけるカルシウムやリン酸の排泄を促進することによる．血中カルシウムの低下作用がある．

b）副甲状腺ホルモン parathyroid hormone

【合成・分泌】副甲状腺（上皮小体とも呼ばれ，甲状腺の裏側に貼りつくように存在する4粒の小器官）から分泌されるアミノ酸84残基から成るペプチドである．血中カルシウム濃度が下降するに伴いその分泌は促進する．
【生理作用】骨吸収を促進，尿細管におけるカルシウム再吸収を促進，およびビタミンD_3の産生促進による腸管からカルシウム吸収を促進させることによる，血中カルシウムの上昇作用がある．

E　消化管ホルモン

　消化管内部の情報を得て，消化管の粘膜の特殊な細胞から消化管の機能を促進または抑制するホルモンが血中に分泌されている．

a）ガストリン gastrin

【合成・分泌】アミノ酸17残基から成るペプチドで，胃の拡張刺激やpHの変化などにより胃

幽門部から分泌される．
【生理作用】胃酸分泌促進作用がある．

b) セクレチン secretin

【合成・分泌】アミノ酸27残基から成るペプチドで，胃内容物が十二指腸に流入することにより，十二指腸および上部小腸から分泌される．
【生理作用】膵液の分泌促進作用があり，これは主に水分と重炭酸塩の増加による．また，ガストリンによって引き起こされた胃酸分泌を抑制する作用がある．

c) コレシストキニン cholecystokinin

【合成・分泌】アミノ酸33残基から成るペプチドで，主に胃内容物中の脂肪や脂肪酸の刺激によって十二指腸，上部小腸から分泌される．
【生理作用】胆のう収縮を促進して胆汁を分泌させると同時に，消化酵素に富んだ膵液の分泌を促進する．また，胃酸分泌を抑制する作用もある．

d) ソマトスタチン somatostatin

【合成・分泌】アミノ酸14残基から成るペプチドで，胃，十二指腸および上部小腸から分泌される．視床下部ホルモンGIHと同一であり，膵島のD細胞からも分泌されており，インスリンやグルカゴンの分泌を抑制する．
【生理作用】ガストリン，セクレチン，コレシストキニンなどの消化管ホルモンの分泌を抑制する作用がある．

III.6.2 アミノ酸誘導体ホルモン

甲状腺ホルモンと副腎髄質ホルモンがあり，いずれもアミノ酸であるチロシンの誘導体である．構造上の特徴として，甲状腺ホルモンはチロシン2分子が縮合したチロニンであり，さらにヨード化されている．副腎髄質ホルモンはエピネフリンに代表されるカテコールアミンである．

A 甲状腺ホルモン thyroid hormone

甲状腺は気管上部の前面に位置し，中央部分が狭く左右が広がった蝶ネクタイ様の器官である．甲状腺内部はろ胞上皮細胞に囲まれた球形のろ胞が多数存在しており（図III.6.5），ろ胞腔には糖タンパク質であるチログロブリン thyroglobulin が含まれ，チログロブリンは甲状腺ホルモン

生合成の原料貯蔵の場であると同時に合成の場でもある．甲状腺ホルモンには**チロキシン** thyroxine（T_4）と**トリヨードチロニン** triiodothyronine（T_3）があり（図III.6.5），T_3の生理活性のほうがT_4より5〜8倍高い．

【合成・分泌】 甲状腺ろ胞上皮細胞は血中からヨウ素イオン（I^-）の取り込みと酸化を通してチログロブリン分子中のチロシン残基をヨード化し（ヨード化は甲状腺ペルオキシダーゼ thyroperoxidase の作用による），モノヨードチロシン（MIT）あるいはジヨードチロシン（DIT）残基を生成させる．次に，ろ胞腔においてチログロブリンと結合したままでMITおよびDITがアラニン部分を失って縮合しT_4あるいはT_3が生成し，それらはコロイドとしてろ胞腔内に貯蔵される．分泌されるときには，チログロブリンと結合したT_4あるいはT_3が再びろ胞上皮細胞に取り込まれ，プロテアーゼで加水分解され，T_4あるいはT_3となって血中へ分泌される（図III.6.5）．いずれの過程も下垂体前葉ホルモンTSHにより促進的な調節を受けている．

【生理作用】①成長・成熟促進作用：甲状腺ホルモンの最も重要な作用である．②基礎代謝亢進：多くの組織でO_2消費量が増加し，体温の上昇を促す．③代謝亢進作用：糖質代謝では肝でのグリコーゲンの分解，糖新生の促進，さらに腸管から糖の吸収を促進することで血糖上昇作用がある．脂質代謝では血中コレステロールおよび中性脂肪の低下作用が認められる．④カテコールアミン感受性の増強作用：カテコールアミンβ受容体数の増加作用により，心臓においてエピネフリンによる心拍数の増加と収縮力の増強が認められる．さらに，エピネフリンによるグリコーゲン分解促進作用や脂肪分解作用も促進することになる．

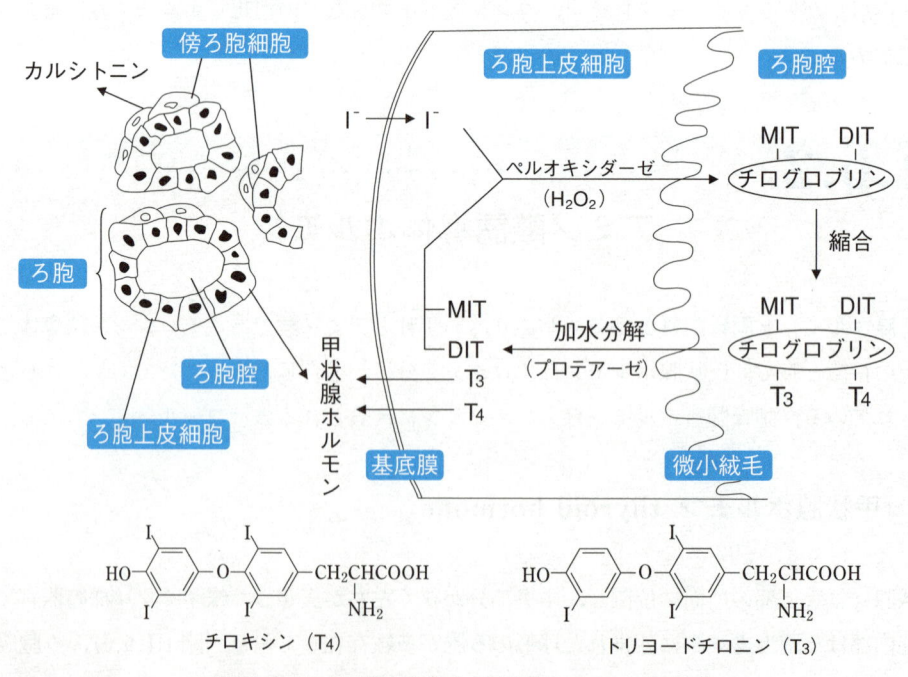

図III.6.5 甲状腺ろ胞と甲状腺ホルモン生合成

a) ホルモン分泌異常による疾患と病態

ⅰ) クレチン病 cretinism および粘液水腫 myxedema

甲状腺機能低下症である．クレチン病は新生児期から甲状腺ホルモンの分泌がないかあるいはその低下が原因で起こる先天的な疾患で，身体的，知能的発育不全をひき起こす．粘液水腫は成人型の機能低下症であり，基礎代謝をはじめ各種代謝の低下が認められる後天的な疾患である．

ⅱ) バセドウ病 Basedow disease（グレーブス病 Graves disease）

甲状腺機能亢進症である．TSH 受容体に対する自己抗体が刺激となり甲状腺ホルモンの分泌が亢進する．甲状腺ホルモンの合成・分泌が促進することが原因となる疾患で，甲状腺肥大とともに眼球突出，頻脈，および体重減少が主要症状として認められる．

B　副腎髄質ホルモン（エピネフリン，別名アドレナリン）

副腎 adrenal は左右の腎臓にかぶさるように存在し，発生学的および形態学的に異なる中心部の髄質 medulla とそれを包み込むような周辺部分の皮質 cortex からなる．皮質が腺性組織であるのに対して，髄質は交感神経が内分泌腺に分化したものであり，軸索をもたない交感神経節に相当する神経組織である．副腎髄質ホルモンとしてカテコールアミンを分泌する．

【合成・分泌】基本的には神経細胞におけるカテコールアミンの生合成と同様である．神経細胞においてはチロシンからドパミン dopamine，ノルエピネフリン norepinephrine が合成され神経伝達物質として利用されるが，髄質細胞では特異的に存在するフェニルエタノールアミン N-メチルトランスフェラーゼの作用で，さらにエピネフリン epinephrine まで合成が進み，分泌されるカテコールアミンの 80％以上がエピネフリンである（図 III.6.6）．したがって，副腎髄質は交感神経刺激によりエピネフリンを主体とするカテコールアミンを血中に分泌する．

【生理作用】カテコールアミンの支配を受けている各種組織において $α$-，および $β$-アドレナリン作動性の受容体を介して種々の生理作用を発揮する．① 糖代謝に対する血糖上昇作用：肝に

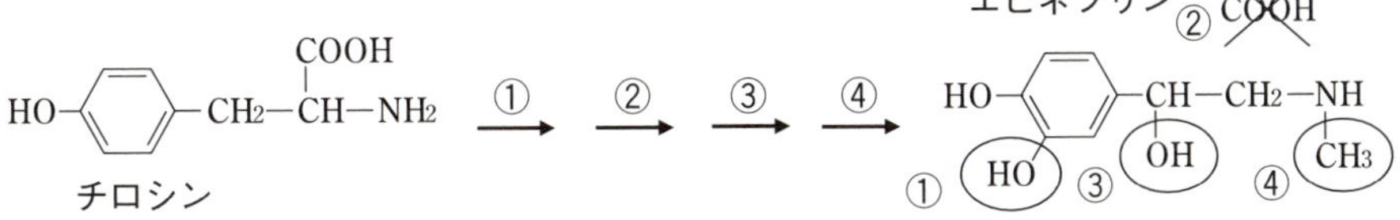

図 III.6.6　副腎髄質ホルモン（エピネフリン）の生合成

チロシン→ドパ→ドパミン→ノルエピネフリンの経路で生合成される．各経路を触媒する酵素はそれぞれ，①チロシンヒドロキシラーゼ，②L-DOPA デカルボキシラーゼ，③ドパミン $β$-ヒドロキシラーゼ，④フェニルエタノールアミン N-メチルトランスフェラーゼである．酵素④は副腎髄質に特異的に存在することで，副腎髄質ではエピネフリンまで合成が進む．

おける糖新生促進，筋においてグリコーゲンの分解促進（β_2作用），膵におけるインスリンの分泌抑制（グルコースの細胞内取り込み抑制，糖新生抑制の解除：α_2作用），② 脂質代謝に対する脂肪分解作用（β_3作用），③ 循環系に対する心機能亢進（心収縮力・心拍数の増加，心拍出量の増大：β_1作用），小動脈（皮膚，内臓）の収縮（α作用），冠動脈，骨格筋の動脈の拡張作用（β_2作用），④ 平滑筋に対する気管支平滑筋と消化管平滑筋の弛緩作用（β_2作用）が代表的なものとして挙げられる．

a）ホルモン分泌異常による疾患と病態

ⅰ）褐色細胞腫 melanocytoma

副腎髄質や神経節中のクロム親和性細胞（カテコールアミン顆粒を有している細胞）が腫瘍化したものであり，クロム親和性細胞腫とも呼ばれ，多量のカテコールアミンを分泌する．症状はカテコールアミン過剰によるものである．

Ⅲ.6.3　ステロイドホルモン

ステロイドホルモン steroid hormone は主に副腎皮質，性腺（精巣および卵巣）および胎盤などで生合成され血中に分泌されている脂溶性のホルモンである．近年，これらの古典的なステロイドホルモン産生器官のほかに脳内でも生合成されることが明らかにされている．図Ⅲ.6.7に示すようにステロイド核（cyclopentanoperhydrophenanthrene）を基本骨格として，側鎖の種類によりさらに3種類の基本構造をもつものに分類される．炭素数18のステロイドであるエストラン estrane は卵胞ホルモン，炭素数19のアンドロスタン androstane は男性ホルモン，および炭素数21のプレグナン pregnane は黄体ホルモンおよび副腎皮質ホルモンの基本構造となっている（図Ⅲ.6.7）．

ステロイドホルモンの生合成は，コレステロールを前駆体として，上述したような限られた細胞で行われる．これらのステロイドホルモン生合成の過程は，各々の内分泌臓器のステロイドホ

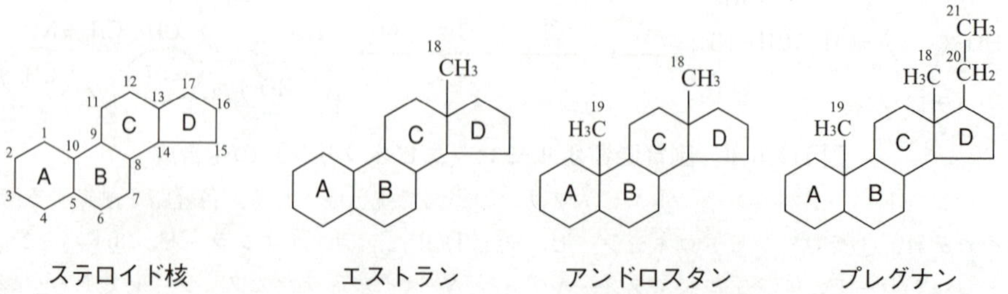

図Ⅲ.6.7　ステロイドホルモンの基本構造

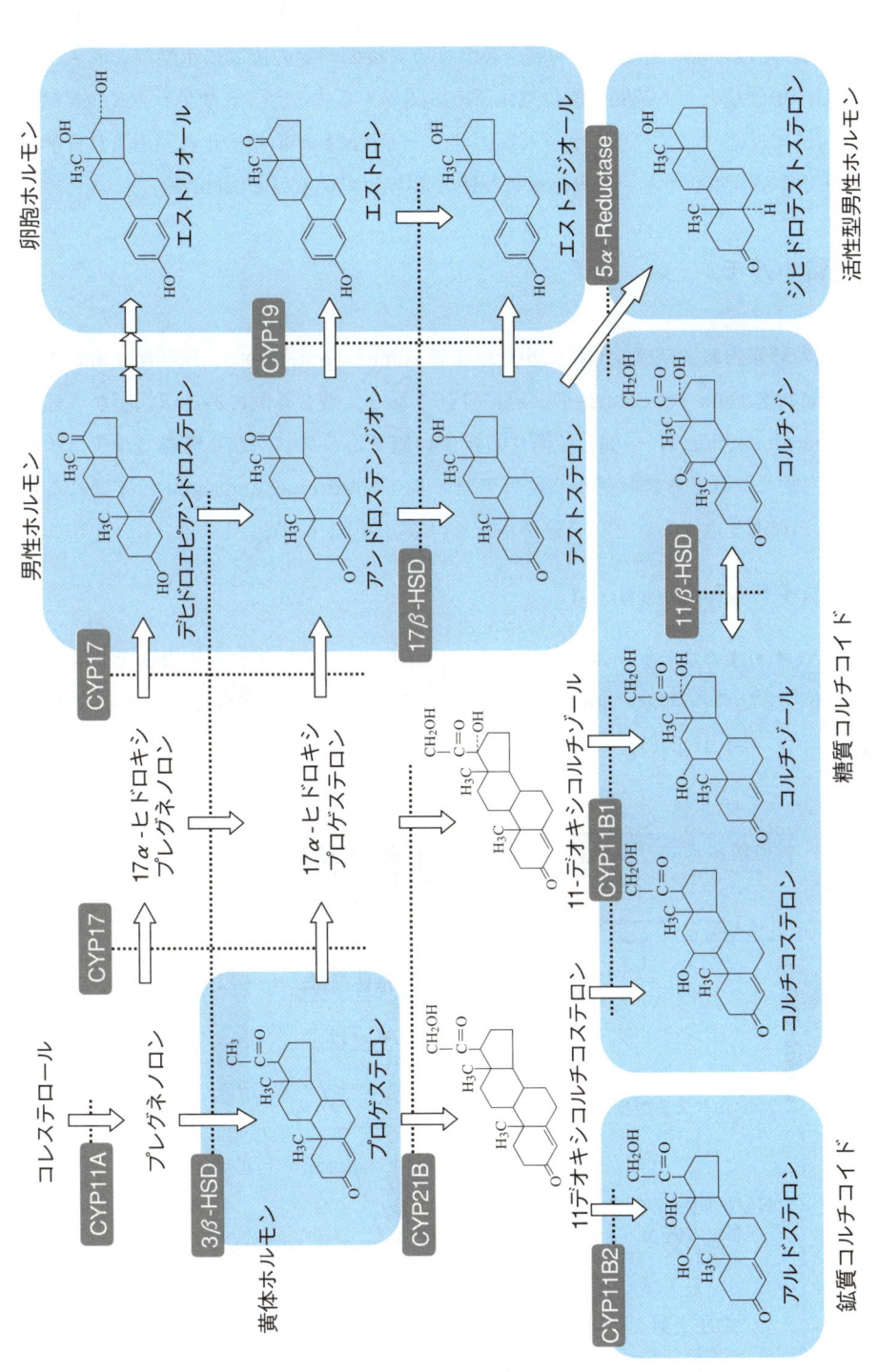

図 III.6.8 ステロイドホルモンおよびその生合成経路概要

CYP11A：コレステロール側鎖切断酵素，CYP11B1：11β-ヒドロキシラーゼ，CYP11B2：アルドステロン合成酵素，CYP17：17α-ヒドロキシラーゼ・C17,20リアーゼ，CYP19：エストロゲン合成酵素，CYP21B：21-ヒドロキシラーゼ，HSD：ヒドロキシステロイド脱水素酵素，5α-Reductase：5α-還元酵素

ルモン産生細胞に特異的に発現する各種酵素とそれらの基質特異性により進行する．ステロイドホルモンの生合成に関与する酵素はミトコンドリアあるいは小胞体に局在しており，ステロイド側鎖の炭素-炭素間の結合を切断するリアーゼ，ステロイド核の特定の位置に水酸基を導入するヒドロキシラーゼ，水酸基とケト基間の酸化還元反応に関与するするデヒドロゲナーゼなどがある．この中でリアーゼ反応やヒドロキシラーゼ反応は，分子状酸素が直接酸化に利用される酵素反応であり，チトクロム P450 オキシゲナーゼ(CYP)が関与している（図III.6.8）．

A 副腎皮質ホルモン

　副腎皮質は細胞の形態的および機能的特徴から球状層 zona glomerulosa，束状層 zona fasciculata，および網状層 zona reticularis の3層に分けられる．最も外側にある球状層から鉱質コルチコイド mineralocorticoid，中間に位置する幅広い層である束状層から糖質コルチコイド glucocorticoid，内側に位置する網状層から副腎アンドロゲン adrenal androgen と呼ばれる男性ホルモンがそれぞれ主なホルモンとして分泌されている（図III.6.9）．

a) 糖質コルチコイド glucocorticoid

　主な糖質コルチコイドはコルチゾール cortisol（ヒドロコルチゾン）とコルチコステロン corticosterone である．またコルチゾン cortisone は不活性型であるが，11β 位が還元されて水酸基になると活性を示す（図III.6.8）．

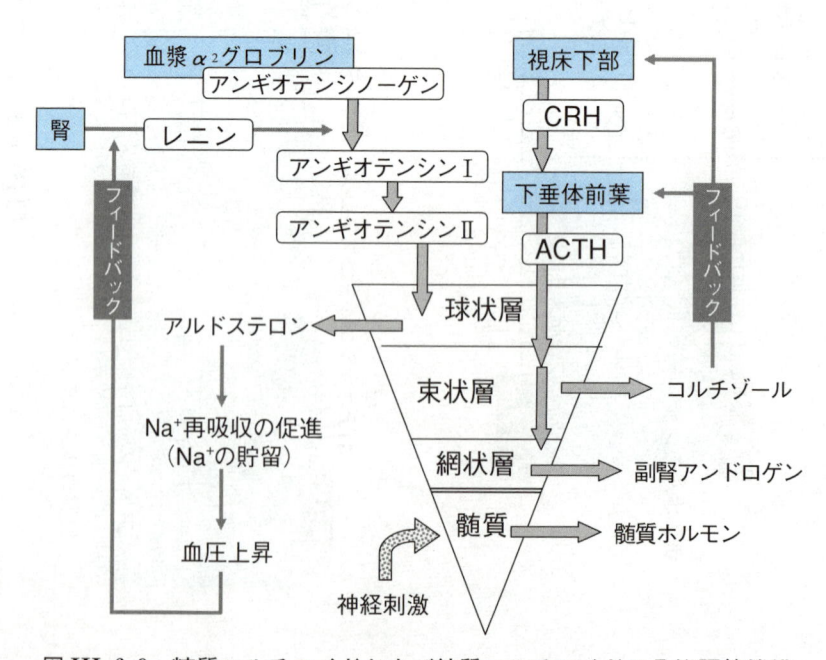

図III.6.9　糖質コルチコイドおよび鉱質コルチコイドの分泌調節機構

【合成・分泌】副腎皮質束状層から分泌されており，下垂体ホルモン ACTH の刺激により合成・分泌が調節されていると同時に，下垂体ホルモンや視床下部ホルモン分泌をネガティブフィードバック機構により調節している（図 III.6.9）．
【生理作用】① 各種代謝に対する作用として，糖新生の促進，糖の利用の抑制により，血糖値が上昇する．タンパク質分解の促進（尿中窒素の増加），脂肪の分解促進作用がある（血中遊離脂肪酸の増加）．② 抗炎症作用がある．これはリソソーム安定化作用，アラキドン酸代謝に関わる酵素であるホスホリパーゼ A_2 の阻害と COX-2 および PGE 合成酵素の発現抑制，および炎症性サイトカイン（IL-1，IL-2，IL-6，TNFα など）の合成・分泌の抑制による．強力な抗炎症作用を目的として開発された合成コルチコイドであるプレドニゾロン，デキサメタゾン，トリアムシノロン，ベクロメタゾンなどが重要である．③ 免疫抑制作用があり，B 細胞の抗体産生抑制により抗アレルギー作用，さらに拒絶反応の抑制作用がある．

b) 鉱質コルチコイド mineralocorticoid

鉱質コルチコイドはアルドステロン aldosterone が主であり最も活性が強力であるが，デオキシコルチコステロン deoxycorticosterone にも 1/30 程度の活性がある（図 III.6.8）．
【合成・分泌】副腎皮質球状層から分泌され，アンギオテンシン II によりその合成・分泌が調節されていると同時に，アルドステロンはレニン-アンギオテンシン系を介してアンギオテンシン II の産生をネガティブフィードバック機構により調節している（図 III.6.9）．
【生理作用】腎の遠位尿細管での Na^+ の再吸収の促進と K^+ の排泄促進作用がある．したがって，Na^+ 貯留による水分蓄積による浮腫や血圧上昇を起こす．

c) ホルモン分泌異常による疾患と病態

i）クッシング Cushing 症候群

副腎皮質過形成や腫瘍等により，副腎皮質ホルモンの分泌過剰により起こる疾患である．症状としてコルチゾール分泌過剰による高血糖，高脂血症，中心性肥満，水牛様肩，満月様顔貌などが認められる．血中コルチゾール値は高く，その尿中代謝物である 17OHCS（17 hydroxycorticosteroid，17α 位の水酸化体）も増える．またアルドステロン分泌過剰による血中 Na^+ の増加，血中 K^+ の減少が認められ，血圧が上昇する．

ii）アジソン Addison 病

副腎皮質ホルモンの分泌低下により起こる疾患であり，症状として体重減少や低血糖などのコルチゾール欠乏症状が認められる．さらに，血清 Na^+ 値の低下，血清 K^+ 値の上昇，低血圧，意識障害などのアルドステロン欠乏症状が認められる．血中コルチゾールレベルは低下し，血中 ACTH レベルは上昇する．ACTH 過剰分泌によると考えられる皮膚への色素沈着が頻度高くみられる．

B 女性ホルモン（卵巣ホルモン）

卵巣 ovary は女性の生殖細胞である卵子の産生と女性ホルモンの産生という機能を有している．女性ホルモンには主に成熟卵胞から分泌される卵胞ホルモンと排卵後の卵胞が変化した黄体から分泌される黄体ホルモンの2種類がある．

【合成・分泌】これらの女性ホルモンの分泌は性周期に伴う性腺刺激ホルモンである FSH や LH の分泌と卵巣機能の周期的変化の上に成り立っている．同時に，分泌された卵胞ホルモンや黄体ホルモンは性腺刺激ホルモンや視床下部ホルモン GnRH の分泌をネガティブフィードバックあるいは一部がポジティブフィードバック機構により調節している（図 III.6.10）．妊娠6週以降になると黄体の機能を胎盤が代行するようになり，以後胎盤から多量の黄体ホルモンおよび卵胞ホルモンが分泌される．

a) 卵胞ホルモン estrogen

【合成・分泌】成熟卵胞，黄体および妊娠6週以降の胎盤からも分泌され，エストラジオール estradiol が最も活性が高く，エストロン estrone の活性はその 1/10 程度である．また，妊娠中に胎児の副腎皮質で多量に産生されるデヒドロエピアンドロステロン dehydroepiandrosterone が前駆体となって胎盤で多量に産生されるエストリオール estriol は胎盤性卵胞ホルモンとも呼ばれ，活性は 1/100 程度である（図 III.6.8）．

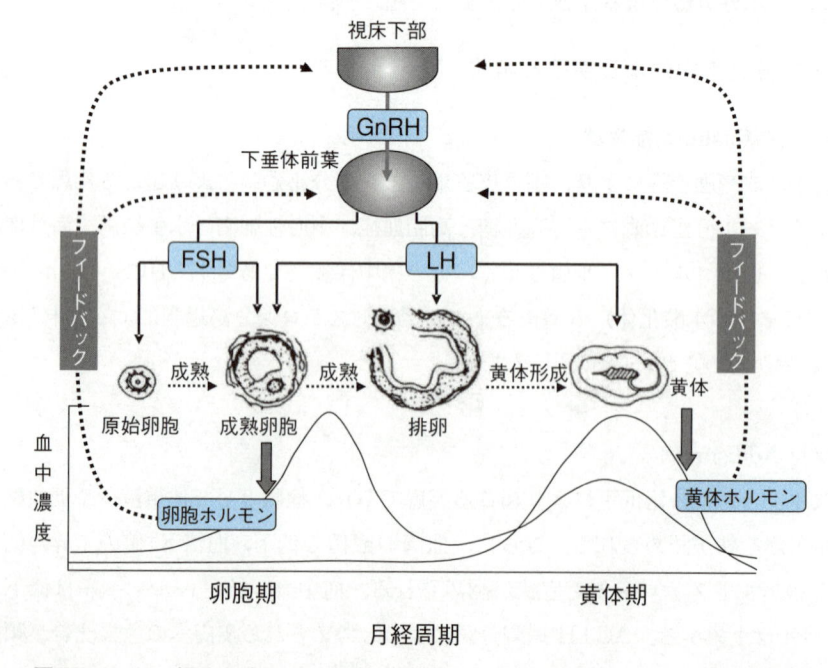

図 III.6.10 視床下部-下垂体系と卵巣における女性ホルモンの分泌調節

【生理作用】① 女性生殖器の発育，女性の二次性徴促進作用を示す．② 性周期の前半を維持する（主に子宮に作用して子宮内膜を増殖し，肥厚させる）．③ エストリオールは卵胞ホルモンとしての子宮内膜に対する作用は弱いが，子宮頚部や腟に対して柔軟化作用を示す．

b) 黄体ホルモン gestagen

【合成・分泌】プロゲステロン progesterone が唯一の天然の黄体ホルモンである（図III.6.8）．性周期後半に卵巣の黄体から分泌されるが妊娠6週以後は胎盤からも多量に分泌される．

【生理作用】① 卵胞ホルモンによって増殖，肥厚した子宮内膜を分泌期に移行させ，性周期後半を維持する（受精卵の着床を可能にするとともに，その後の発育に都合のよい環境を形成することになる）．② 妊娠を維持・継続し，さらに乳腺の発育を促進する．

C　男性ホルモン androgen

精巣 testis は男性生殖細胞である精子の産生と男性ホルモンの産生という機能を有している．精子は精細管で産生されるが，男性ホルモンであるテストステロン testosterone, アンドロステンジオン androstenedione（図III.6.8）は精細管と精細管の間に存在する間質細胞において産生される．また，副腎皮質網状層においてデヒドロエピアンドロステロンが多量に産生され，副腎アンドロゲンと呼ばれる（図III.6.8, 図III.6.9）．テストステロンの活性がいちばん強力であり，アンドロステンジオンの活性はテストステロンの1/10，デヒドロエピアンドロステロンの活性は1/100程度である．テストステロンはそのままの形でも作用するが，多くの標的組織では5α-還元酵素の作用により活性型と呼ばれる5α-ジヒドロテストステロン（DHT）に変換されその作用を発揮する．

【合成・分泌】下垂体ホルモン LH の刺激により合成・分泌が調節されていると同時に，分泌された男性ホルモンは下垂体ホルモンや視床下部ホルモン GnRH の分泌をネガティブフィードバック機構により調節している．

【生理作用】① 性分化の誘導および男性生殖器の発育促進作用，② 男性の二次性徴促進作用，③ 精子形成促進作用（FSH との協力）および ④ タンパク質同化作用がある．

III.6.4 細胞外シグナルの分類と作用様式

これまで述べてきたホルモンや次節で紹介するサイトカイン，さらに神経伝達物質などの細胞外シグナル分子は，細胞の形質膜上あるいは核内に存在する特異的なタンパク質と結合してその情報を細胞に伝えるが，これらのタンパク質を受容体 receptor と呼ぶ．シグナル分子を結合した受容体は，その後，細胞の生理応答に必要な機能の付加やタンパク質の新規の合成（遺伝子発現）を引き起こすが，こうした一連のシグナルの流れを"情報伝達系 signal transduction system"という．以下に，情報伝達系の仕組みについての代表的な例を学び，その中で共通するストラテジーを理解することにしよう．

先にも述べたように，細胞外シグナル分子は化学構造に基づく物理化学的な性状から，図III.6.11と表III.6.1に示すような2種のグループに大別できる．タンパク質・ペプチド類やアミン類のホルモンは，その水溶性から細胞膜のリン脂質二重層を直接通過することができず，細胞膜

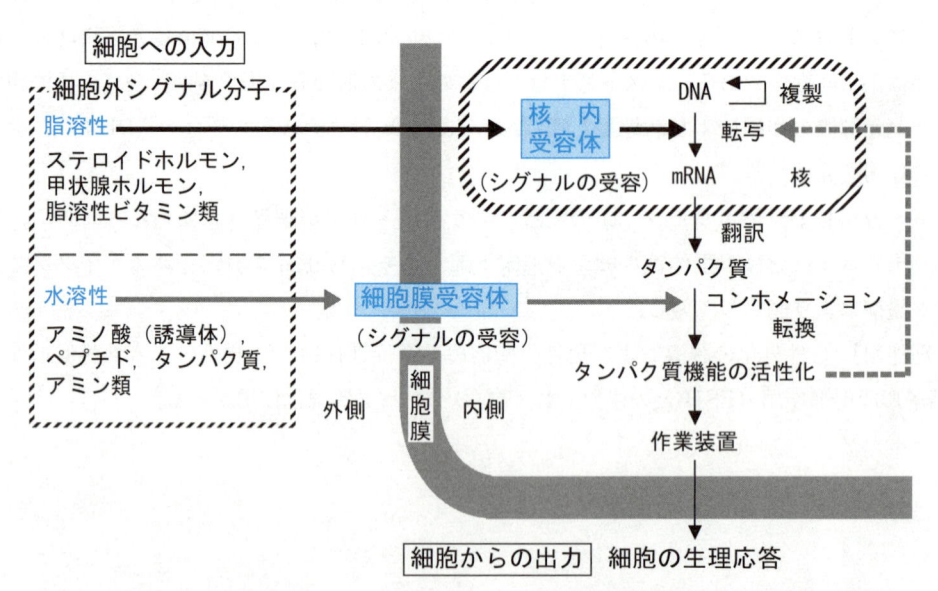

図 III.6.11 化学構造に基づく細胞外シグナル分子の分類とそれらの作用様式

細胞外シグナル分子はその物理化学的な性状から，脂溶性と水溶性の2種に分類できる．脂溶性シグナル分子は細胞膜を通過して核内に存在する受容体に結合し，遺伝子発現を介して，一方の水溶性シグナル分子は細胞膜受容体に結合し，タンパク質のコンホメーション変化を介して，それぞれ細胞に生理作用を発揮させる．

表 III.6.1　水溶性と脂溶性の細胞外シグナル分子の動態と作用様式の比較

シグナル分子の物理化学的性状	血液中 濃度	結合タンパク質	分泌調節の機構	受容体	作用発現の様式
水溶性	比較的低い	なし	作用の結果によるフィードバック調節（＋自律神経系）	細胞膜	比較的速い（コンホメーション転換）
脂溶性	比較的高い	あり	分泌刺激ホルモンの介在によるフィードバック調節	核内	比較的遅い（遺伝子発現）

受容体 membrane receptor に結合する．

　情報伝達の様々な局面においては，受容体や酵素等を含むタンパク質の高次構造変化，コンホメーション転換 conformational change が引き起こされ，それらの機能や活性が変動する．タンパク質に可逆的な機能変化をもたらす修飾（翻訳後修飾ともいう）反応の中で，最も広く行われているのはリン酸化 phosphorylation であり，この反応によってATPのγ位リン酸基がタンパク質のアミノ酸（多くの場合，セリン，トレオニンやチロシン）残基の水酸基に転移される．タンパク質のリン酸化反応を触媒する酵素をプロテインキナーゼ protein kinase というが，受容体刺激のシグナルは，結果的には細胞内の機能性タンパク質をリン酸化して細胞に生理応答を発揮させる場合が多い（こうしたシグナル伝達の経路を，以下の III.6.5～6.7 および 6.9 項で解説する）．タンパク質のコンホメーション転換を介した細胞の生理応答は，一般に速く，通常は受容体を刺激したのち数分以内に現れる．この速い作用の結果は，腺細胞からのホルモン分泌をフィードバック的に抑制する．例えば，高血糖の時に膵臓ランゲルハンス島（B細胞）から分泌されるインスリンは，血液中のグルコースを細胞内に取り込ませて血糖値を低下させるが，この作用（血糖値の低下）の結果は分泌細胞によって感知され，B細胞からのインスリン分泌を抑制する．なお，ホルモン分泌は自律神経系によっても制御されている．

　一方，副腎皮質・性ステロイドや甲状腺ホルモンなどの脂溶性に富むシグナル分子は，血液中では特異的な結合タンパク質（あるいは多量に存在するアルブミン）と結合している．このため血液中のホルモン濃度は，水溶性ホルモンに比べて一般に高い．これらの脂溶性分子は，細胞膜を通過して細胞内へと移行し，核内に存在する受容体に結合する．脂溶性分子の結合した核内受容体 nuclear receptor は，DNA二重鎖の特定の部位に結合し，DNA鎖の転写を活性化（または抑制）する．したがって，脂溶性に富むシグナル分子は，転写・翻訳によるタンパク質の新生を介して細胞に生理応答を発揮する（この経路を III.6.8 項で解説する）．これを遺伝子発現 gene expression というが，細胞応答の発現に要する時間は比較的長い．こうした作用の遅いホルモンの場合には，その効果に基づいて適正なホルモンの分泌量を決定することは生体にとって難しい．このため，通常は脳下垂体前葉とその上流の視床下部に，特異的な分泌刺激ホルモンが

用意されている．ステロイドホルモンや甲状腺ホルモンの血中濃度が低下すると，刺激ホルモン（前葉ホルモンと視床下部ホルモン）が分泌され，上昇すると刺激ホルモンの分泌が抑えられるという，ホルモンレベルでのフィードバック調節の機構が存在する（III.6.1項を参照）．

なお，細胞膜受容体の刺激が細胞内の情報伝達系を介して結果的に核内にまで伝達され，遺伝子発現へと向かう経路も存在する（この経路は III.6.7 および 6.9 項で解説する）．

III.6.5 細胞膜受容体

細胞膜受容体は，図 III.6.12 に示すように，2つの機能をもつと考えられる．その1つは，多種存在する細胞外シグナルから特定の分子を識別し，それと選択的に結合することにある．異なるシグナル分子であっても，同種の受容体に結合した場合には同じ応答が細胞に伝達される．細胞膜受容体のもう1つの機能は，細胞の内側に向けて新しい情報を送り込むことにある．シグナル分子は，すべてその受容体に固有の細胞内情報伝達系を作動させることができるので，アゴニスト agonist とも呼ばれる．一方，アゴニストと構造が類似するために，受容体とは結合できるが，細胞内に情報を送り込むことができない分子もある．このような分子はアゴニストと競合してアゴニストの受容体への結合を阻害し，その結果として情報の伝達を抑制するので，アンタゴニスト antagonist（あるいは遮断薬 blocker）と呼ばれる．アゴニストは受容体のもつ2つの機

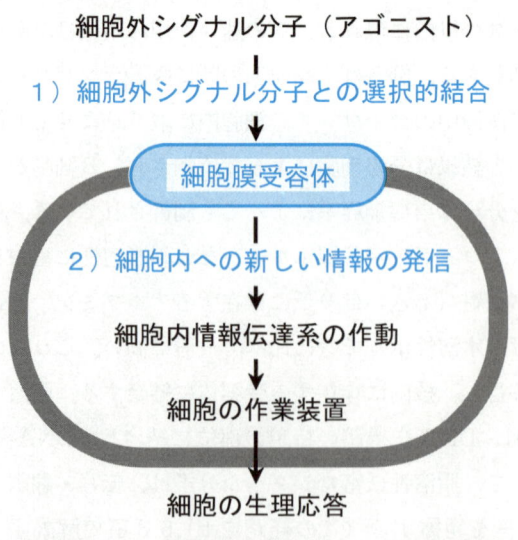

図 III.6.12 細胞膜受容体がもつ2つの機能

細胞膜受容体は，1) 細胞外のシグナル分子を識別してそれと選択的に結合し，2) 細胞内に向けて新しい情報を発信する．アゴニストは 1) と 2) の両方の機能をもつが，アンタゴニストは 1) の機能だけをもつと考えられる．

能の両方を作動させるのに対して，アンタゴニストは第1の機能のみをもつと考えられる．アンタゴニストはすべての細胞膜受容体に対して見出されてはいないが，薬物として臨床的に有用である．

A 細胞膜受容体の分類

水溶性の細胞外シグナルを受容する細胞膜受容体は，その構造と細胞内への情報伝達様式の違いから，少なくとも図III.6.13に示すような3種のグループに大別できる．いずれの場合も，疎水性のアミノ酸が20数残基からなる細胞膜貫通部位（αヘリックス構造）をもち，その多くはN末端を細胞の外側に向けて細胞膜のリン脂質二重層に埋め込まれている．

第1の**イオンチャネル型受容体** ionotropic receptor は数種のサブユニットからなる多量体タンパク質で，その分子内にイオンを透過させるチャネル部位がある．アゴニスト（配位子リガンド，ligandともいう）の結合によってコンホメーション転換が起こり，チャネル部分が開口してイオンを透過させる．したがって，イオンチャネルのカテゴリーにも属し，リガンド開口性イオンチャネル ligand-gated ion channel とも呼ばれる．神経伝達物質のアセチルコリンと結合し，細胞外からNa^+を流入させて細胞膜を脱分極させるニコチン性アセチルコリン受容体は，このグループの代表的な例である．

第2の**Gタンパク質共役型受容体** G protein-coupled receptor（GPCRと略称される）は，そのポリペプチド単鎖が細胞膜を7回横切って貫通する構造をもつ．このグループの名称は，受容体が3量体構造のGタンパク質とカップル（共役）してそのシグナルを伝達することによる

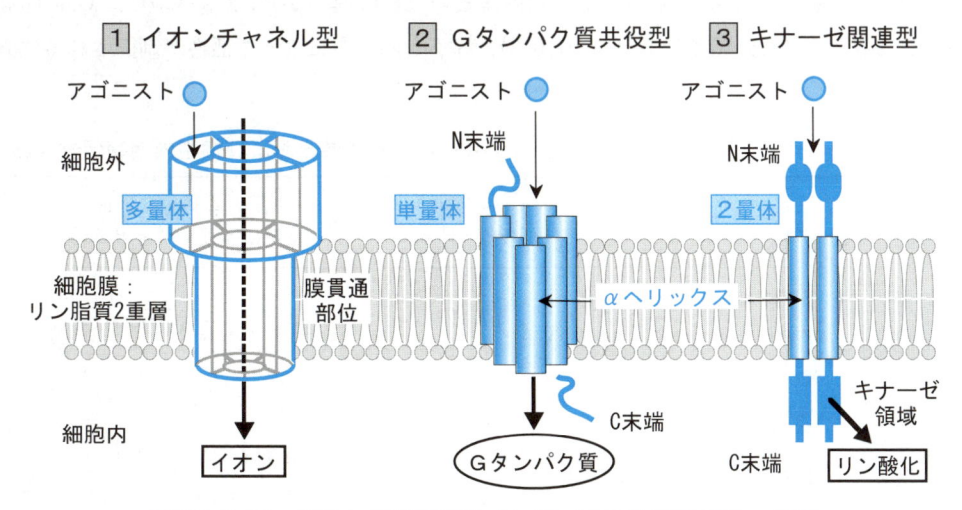

図III.6.13 構造と情報伝達様式に基づく細胞膜受容体の分類

水溶性のアゴニストを結合する細胞膜受容体は，その構造と細胞内への情報伝達様式の違いから，1）イオンチャネル型，2）Gタンパク質共役型，3）キナーゼ関連型の3種のグループに大別できる．

（細胞膜を貫通する部位が7か所存在するので，7回膜貫通型受容体とも呼ばれる）．GPCRは大きなファミリーを形成しており，800種近く（ヒト全遺伝子の約3％）存在する．約400種は嗅覚神経細胞に特異的に発現している匂い分子に対する嗅覚受容体であり，残りの約400種が血流などを介して運ばれる細胞外シグナル分子を認識するものと考えられる．GPCRは創薬の標的として極めて重要な位置を占めており，流通している既存の医薬品の半数近くが何らかのGPCRに対するアゴニストまたはアンタゴニストである．アゴニストが不明なオーファン受容体も数多く存在し，これらオーファン受容体に対する生理的なアゴニスト（リガンド）の同定は，新しい医薬品の開発につながる可能性が高い．

さらに第3のグループとして，受容体自身の細胞質内（あるいは受容体と会合する別の分子内）に，タンパク質をリン酸化する酵素の活性部位をもつ**キナーゼ関連型受容体** kinase-related receptor（receptor kinase）がある．このファミリーに属する受容体の多くは2量体として機能し，タンパク質のリン酸化に始まる経路を介してそのシグナルを細胞内に伝達している．この受容体を介する細胞応答については，後のIII.6.7項とIII.6.9項で紹介する．

B 細胞膜受容体シグナルを伝達するGタンパク質

a) Gタンパク質の種類とそれらの細胞内標的分子

受容体刺激のシグナルを細胞内に伝達する**Gタンパク質** G proteinは，分子量の大きい順にギリシア文字でα，β，γと略記されるサブユニットからなる3量体である．Gタンパク質はαサブユニットが標的とする下流の分子（効果器という）の違いから，G_s, G_i/G_o, G_q, G_tなどと略称されるタイプに分類される（表III.6.2）．Gタンパク質によって活性が制御される代表的

表III.6.2 Gタンパク質の種類とそれらが標的とする効果器および細胞内情報伝達経路

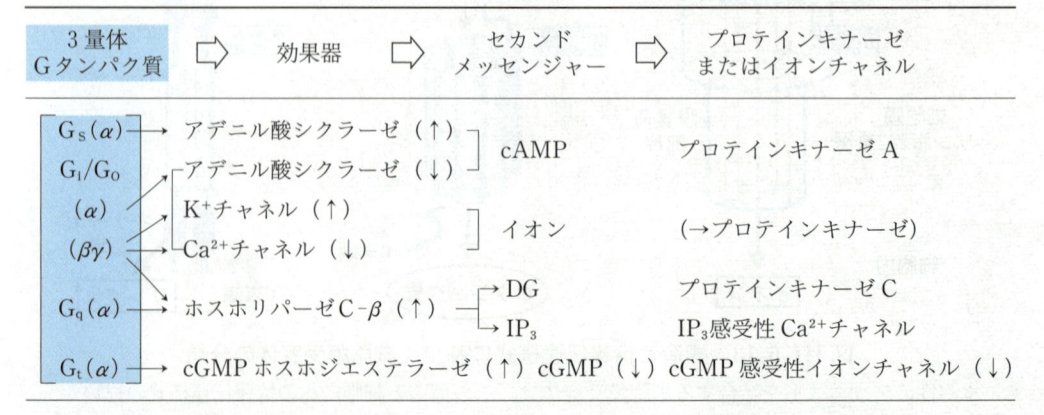

3量体Gタンパク質	⇒	効果器	⇒	セカンドメッセンジャー	⇒	プロテインキナーゼまたはイオンチャネル
$G_s(\alpha)$	→	アデニル酸シクラーゼ（↑）		cAMP		プロテインキナーゼA
G_i/G_o (α)	→	アデニル酸シクラーゼ（↓）				
($\beta\gamma$)	→	K^+チャネル（↑）		イオン		（→プロテインキナーゼ）
	→	Ca^{2+}チャネル（↓）				
$G_q(\alpha)$	→	ホスホリパーゼC-β（↑）	→	DG		プロテインキナーゼC
			→	IP_3		IP_3感受性Ca^{2+}チャネル
$G_t(\alpha)$	→	cGMPホスホジエステラーゼ（↑）		cGMP（↓）		cGMP感受性イオンチャネル（↓）

Gタンパク質のαサブユニットおよび$\beta\gamma$複合体によって調節される効果器の向きを，促進（↑）と抑制（↓）で示した．

な効果器に，G_s（αサブユニット）によって活性化されG_iによって逆に抑制されるサイクリックAMP合成酵素，アデニル酸シクラーゼ adenylyl cyclase がある．さらに，ジアシルグリセロール（DG）とイノシトール1,4,5-トリスリン酸（IP_3）を生成するホスホリパーゼC phospholipase C（βタイプ）や，光受容体のロドプシンと共役するトランスジューシンよって活性化される cGMP ホスホジエステラーゼなどの酵素も，Gタンパク質αサブユニットによって活性化される．なお，これらの酵素の作用によって細胞内で生成した分子（セカンドメッセンジャー）の役割については，次項III.6.6で紹介する．一方の$\beta\gamma$複合体は，αサブユニットとは独立に，K^+やCa^{2+}チャネルと結合してイオンチャネルの開閉を制御している．

b）Gタンパク質の活性化・不活性化サイクル

GPCRへのアゴニストの結合がGタンパク質を介して細胞の内側へと伝達される仕組みを，図III.6.14に示した．Gタンパク質のαサブユニットには，GTPまたはGDPを結合する部位が存在する．GDPが結合したGタンパク質は，標的とする効果器の機能を調節できない不活性型である．Gタンパク質と共役して高い親和性をもつGPCRにアゴニストが結合すると，αサブユニットからGDPが解離し，空になったαサブユニットのヌクレオチド結合部位に細胞内のGTPが結合する．このGDP-GTP交換反応 GDP-GTP exchange reaction によってコンホメ

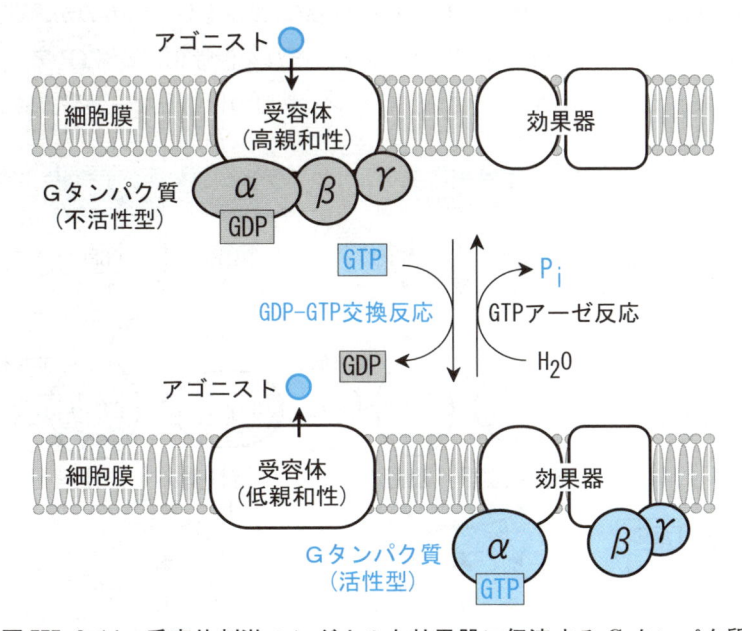

図III.6.14 受容体刺激のシグナルを効果器に伝達するGタンパク質

GDPが結合したαサブユニットは$\beta\gamma$複合体と会合した3量体で，効果器に対して不活性型である．アゴニストが受容体に結合すると，αからGDPが解離してGTPが結合し，GTP結合型αと$\beta\gamma$複合体とに解離する．このGTP結合型αまたは$\beta\gamma$が効果器と直接結合し，それらの機能を調節する活性化型である．αに結合したGTPはGTPアーゼの作用によりGDPとなり，$\beta\gamma$と再会合して3量体Gタンパク質に戻る．

ーションが変化し，3量体Gタンパク質はGTP結合型αサブユニットとβγ複合体とに解離する．この両者が効果器の機能を調節できる活性型である．一方，Gタンパク質を活性化して，それから解離した受容体はアゴニストに対する結合親和性を低下させるが，別のGタンパク質と再び共役して同じサイクルを繰り返し，次々とGタンパク質を活性化する．

αサブユニットには，分子内に結合したGTPをGDPに加水分解する**GTPアーゼ** GTPaseの活性がある．この反応によってαサブユニットはGDP結合型となり，βγ複合体と再び会合して不活性型のαβγ3量体Gタンパク質に復帰する．このようにGタンパク質は"分子スイッチ"として働き，その分子内に活性型から不活性型に戻る機構をもつ．

以上のようなGタンパク質の活性化機構は，リン酸化によるタンパク質の機能調節の様式と対比して考えることができる（図III.6.15）．**プロテインキナーゼ**はATPのリン酸基をタンパク質に付加するが，リン酸化される分子が酵素の場合には，不活性型から活性型の転換（または逆の場合もある）がよく観察される．一方，リン酸化状態からの復帰には**プロテインホスファターゼ** protein phosphatase が関与しており，共有結合したリン酸基を除去してもとの不活性型状態に戻す．活性化状態への移行を点灯反応（turn on）と考えると，この反応を触媒するキナーゼの役割を果たすものが，Gタンパク質の場合には**グアニンヌクレオチド交換因子** guanine nucleotide-exchange factor（GEF）として働く受容体である．一方の不活性型状態への復帰，すなわち消灯反応（turn off）を仲介するホスファターゼの役割を果たすものが，Gタンパク質の場合ではそのαサブユニットのもつGTPアーゼと，それを活性化する**GTPアーゼ活性化因子** GTPase activating factor（GAP）である．Gタンパク質の標的となる効果器には，GAPの作

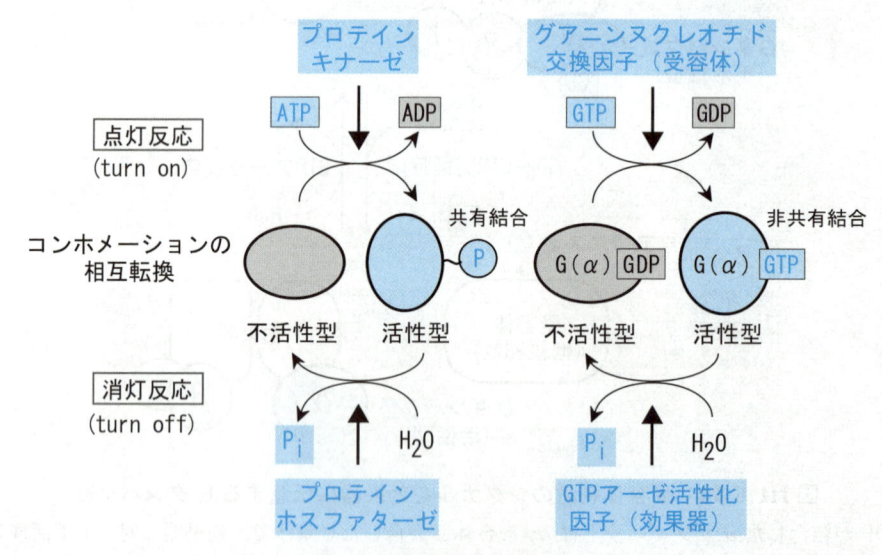

図III.6.15 リン酸化によるタンパク質の機能調節とGタンパク質の活性化機構
Gタンパク質の受容体刺激による活性化とGTPアーゼによる不活性化の機構は，プロテインキナーゼによるリン酸化とプロテインホスファターゼによる脱リン酸化を介したタンパク質の機能調節と対比して考えることができる．

用があることが知られている．このように，タンパク質のリン酸化とGタンパク質のGDP-GTP交換反応においては，共有結合と非共有結合との違いはあるが，高エネルギー性のリン酸基供与体（ATPとGTP）がともにタンパク質のコンホメーション転換に利用されている．

III.6.6
細胞内情報因子：セカンドメッセンジャー

膵臓ランゲルハンス島A細胞から分泌されるグルカゴンや副腎髄質から分泌されるエピネフリンは，肝グリコーゲン分解の促進や末梢組織でのグルコースの取り込みを抑制して血糖値を上昇させる（III.6.1～6.2項を参照）．これらのホルモン作用を細胞内で仲介する因子として，E. W. Sutherland は1960年代の初めにサイクリック（環状）AMP cyclic AMP（cAMP）を発見した．彼はホルモンによる細胞膜受容体の刺激を第1段階，それ以降を第2段階と考えて，細胞内で新たに生成されるcAMPをセカンドメッセンジャー second messenger，これに対して細胞外で作用するホルモン（グルカゴンやエピネフリン）をファーストメッセンジャー first messenger と呼ぶ，セカンドメッセンジャー学説を提唱した（図III.6.16）．

その後の研究から，cAMPに加えて，グアニル酸シクラーゼによってGTPから生成されるサイクリックGMP cyclic GMP（cGMP），また，細胞膜を構成するイノシトールリン脂質からホスホリパーゼCの作用によって生成するジアシルグリセロール diacylglycerol（DG）とイノシトール1,4,5-トリスリン酸 inositol-1,4,5-trisphosphate（IP$_3$），さらにカルシウムイオン calcium ion（Ca^{2+}）などが，セカンドメッセンジャーのカテゴリーに含まれる分子として知られるようになった（表III.6.2を参照）．Ca^{2+}は，受容体刺激に伴って細胞小器官から遊離し，また時には細胞外からも流入してその細胞内濃度を上昇させる．一方，気体の一酸化窒素 nitric oxide（NO）は，細胞間を移動して細胞質内のグアニル酸シクラーゼを活性化し，cGMPの生成を介してその生理作用の一部を発揮している．NOの作用機構は，細胞内で新たに生成されて同じ細胞で作用する環状ヌクレオチドなどの場合とはやや異なるが，この分子もセカンドメッセンジャーとして扱われることが多い．

A サイクリックAMP

セカンドメッセンジャーの最初の例として登場したcAMPは，細胞膜に結合している酵素アデニル酸シクラーゼによってATPから生成される．グルカゴンやエピネフリンなどのホルモンが肝臓や筋肉のそれらに特異的な細胞膜受容体に結合すると，そのシグナルはGタンパク質G$_s$を介してアデニル酸シクラーゼに伝達され，細胞内のcAMP濃度が上昇する（図III.6.17）．これが引き金となってグリコーゲンの分解と合成系に関わる酵素（グリコーゲンホスホリラーゼキ

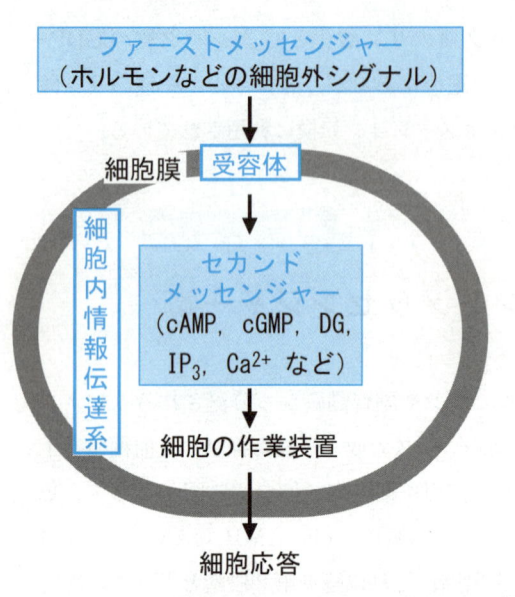

図 III.6.16 Sutherland らが提唱したセカンドメッセンジャー学説
左：細胞外で作用するホルモンなどをファーストメッセンジャー，これに対して細胞内で作用する cAMP などをセカンドメッセンジャーとする考え（セカンドメッセンジャー学説）．右：cAMP の構造．

ナーゼやシンターゼ）の活性が変動し，細胞外にグルコースが放出される．

　細胞内で増加した cAMP は，プロテインキナーゼA protein kinase A（A キナーゼ A kinase とも略称される）に結合してその触媒活性を上昇させ，標的タンパク質のセリンまたはトレオニン残基をリン酸化する．A キナーゼは，触媒（catalytic；C）サブユニットと調節（regulatory；R）サブユニットと呼ばれる 2 種のサブユニットからなる 4 量体(R_2C_2)で，R サブユニット上に 2 分子の cAMP が結合する．R サブユニット上の cAMP 結合部位は協同性を示し，最初の cAMP が結合すると第 2 部位の cAMP 結合親和性が上昇する．こうしてわずかな濃度変化を感知して 2 分子の cAMP が R サブユニット上に結合すると，R サブユニット（$cAMP_4$-R_2）から C サブユニットが単量体として解離し，その触媒活性が上昇する．

　cAMP は種々の細胞において多様な生理作用を示すが，これは A キナーゼの標的となる基質タンパク質が細胞の種類によって異なるためである．肝細胞ではグリコーゲンの分解や合成に関わる酵素（ホスホリラーゼキナーゼやシンターゼ）が A キナーゼの基質となり，肝グリコーゲンの分解が促進される．一方，脂肪細胞においては脂質代謝に関わる酵素（ホルモン感受性リパーゼ）が A キナーゼの基質となり，遊離脂肪酸やグリセロールが動員される．cAMP は，細胞質に存在する cAMP ホスホジエステラーゼ cAMP phosphodiesterase によって $5'$-AMP にまで分解され，不活性化される．したがって，cAMP ホスホジエステラーゼの阻害薬（カフェインやテオフィリン）は，中枢興奮，利尿，気管支拡張，強心，血管拡張などの多彩な薬理作用を有する．

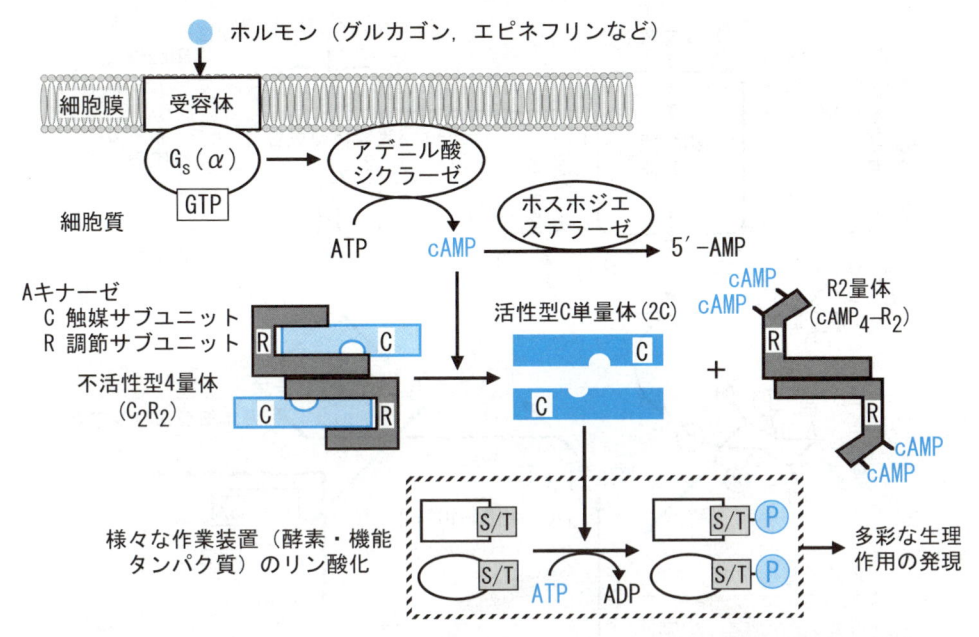

図III.6.17 cAMPによるAキナーゼの活性化を介した多彩な生理作用の発現
受容体の刺激に応答し，アデニル酸シクラーゼの活性化によって細胞内で増加したcAMPは，Aキナーゼの調節サブユニットRに結合して触媒サブユニットCを解離する．こうして活性化されたAキナーゼの触媒サブユニットCは，細胞内の様々な酵素や機能タンパク質のSer/Thr残基をリン酸化し，多彩な生理作用を細胞に発揮させる．

B ジアシルグリセロール（DG）とイノシトール1,4,5-トリスリン酸（IP_3）

　DGとIP_3は，ホスホリパーゼC phospholipase Cの作用により，イノシトールリン脂質のホスファチジルイノシトール4,5-ビスリン酸（PIP_2）が代謝されて生成する（図III.6.18）．ホスホリパーゼCは細胞膜受容体の刺激によって活性化されるが，このイノシトールリン脂質の分解反応を，PIレスポンス PI responseと呼ぶ．ホスホリパーゼCにはいくつかのアイソザイムが存在し，そのβタイプはGタンパク質G_qによって活性化されるが，γタイプは，キナーゼ関連受容体により酵素分子内のチロシン残基が直接リン酸化されて活性化される（III.6.7項を参照）．PIレスポンスによって生成したDGは，Ca^{2+}とリン脂質を要求するプロテインキナーゼC protein kinase C（Cキナーゼとも略称される）を活性化し，種々の生理応答を発揮させる．一方のIP_3は，小胞体に存在する特異的なIP_3感受性Ca^{2+}チャネル IP_3-sensitive Ca^{2+} channel（IP_3受容体 IP_3 receptor）に結合して，Ca^{2+}を放出する．受容体刺激の中には細胞膜上のCa^{2+}チャネル（受容体駆動性Ca^{2+}チャネル，ROCなどと呼ばれる）を活性化するものも多く，細胞外からもCa^{2+}が流入する．したがって，この種の受容体刺激は，DG⇒Cキナーゼ系とIP_3⇒Ca^{2+}チャネル系という2つの細胞内情報伝達経路を活性化する．

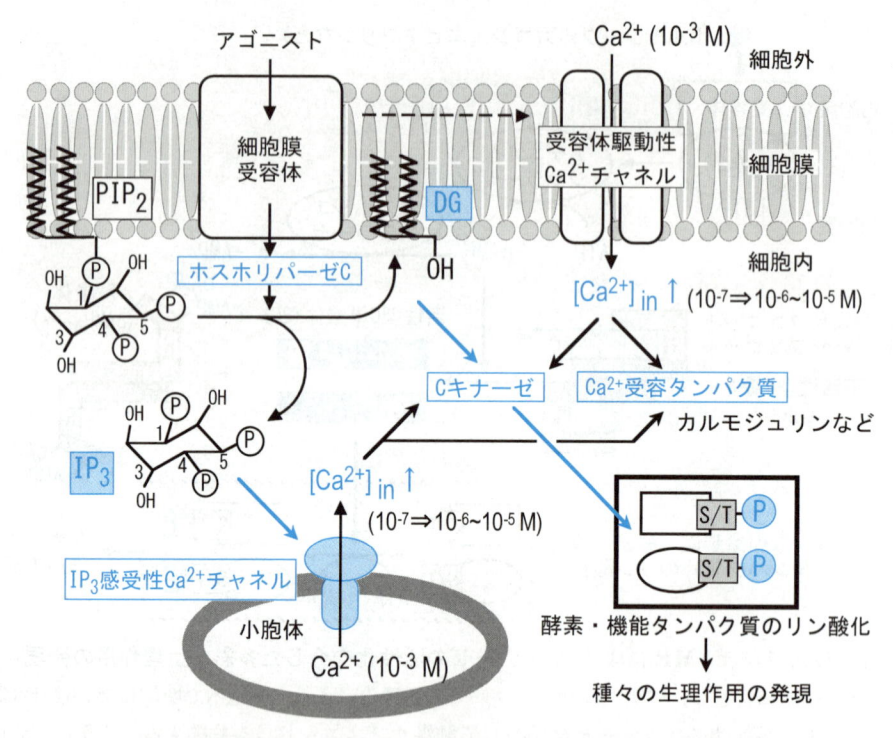

図 III.6.18　PI レスポンスと Ca^{2+} を介する細胞内情報伝達系

受容体の刺激に応答してホスホリパーゼ C が活性化され，細胞内で PIP_2 から DG と IP_3 が産生される．DG は C キナーゼを活性化して，細胞内の様々な酵素や機能タンパク質の Ser/Thr 残基をリン酸化する．一方の IP_3 は小胞体の Ca^{2+} チャネル（IP_3 受容体）に結合して，細胞内の Ca^{2+} 濃度を上昇させる．なお，Ca^{2+} は細胞外からも流入する．細胞内で上昇した Ca^{2+} はカルモジュリンなどの Ca^{2+} 受容体タンパク質と結合して，種々の生理作用を発現する．

DG との結合によって活性化された C キナーゼは，標的タンパク質のセリンまたはトレオニン残基をリン酸化するが，このリン酸化酵素は A キナーゼとは異なり，サブユニット構造をもたない 1 本鎖のポリペプチドである．ホルボールエステルの 12-*O*-テトラデカノイルホルボール-13-アセテート（TPA）は強力な発癌プロモーターであるが，TPA の部分構造は DG に類似しているため，その作用の一部は C キナーゼの活性化を介して発現すると考えられている．

C　カルシウムイオン（Ca^{2+}）

静止期にある細胞の細胞質内 Ca^{2+} 濃度は，一般に $10^{-7}〜10^{-6}$ M であり，細胞外の濃度 10^{-3} M と比べて著しく低い．一方，細胞小器官である小胞体やミトコンドリアの内側の Ca^{2+} 濃度は 10^{-3} M のオーダーであり，細胞外と同じ程度に高い．こうした $10^3〜10^4$ もの濃度勾配にかかわらず，細胞内の Ca^{2+} 濃度は Ca^{2+} 排出システム（ATP アーゼと共役した Ca^{2+} ポンプや Na-K 交換系）の働きによって低い状態に保たれている．細胞内外につくられたこの急な濃度勾配は，細

胞内のCa^{2+}濃度を増加させる上で極めて有利な環境を与えており，このイオンを細胞内のシグナル伝達に利用することが可能である．細胞膜受容体刺激の中には，先に述べたように，PIレスポンスを含むいくつかの様式で細胞膜あるいは細胞小器官に存在するCa^{2+}チャネルを活性化するものがあり，細胞質内のCa^{2+}濃度は10^{-5} M程度にまで急速に上昇する．

細胞内で上昇したCa^{2+}は，種々のCa^{2+}受容タンパク質と結合するが，それらの多くにはEFハンド EF handと呼ばれるCa^{2+}結合部位が存在する．筋肉細胞のトロポニンCはCa^{2+}を受容するタンパク質の代表的な例であり，骨格筋の収縮運動に関与している．一方，非筋肉細胞では，トロポニンCとよく似たカルモジュリン calmodulin（CaM）と呼ばれるCa^{2+}受容タンパク質が存在する．カルモジュリンの分子内には協同性を示す4つのCa^{2+}結合部位（EFハンド）があり，細胞内のわずかなCa^{2+}濃度の上昇で，そのコンホメーションを転換させることが可能である．

Ca^{2+}濃度の上昇によって生成したCa^{2+}-カルモジュリン複合体は，さらに別のタンパク質と相互作用してその機能を調節する．先に述べたAキナーゼの基質となるグリコーゲンホスホリラーゼキナーゼは，4種のサブユニットから成る16量体であるが，カルモジュリンをサブユニットとして分子内に含む構造となっている．Ca^{2+}がカルモジュリンに結合するとキナーゼとしての活性が上昇し，ホスホリラーゼをリン酸化してグリコーゲン分解を促進する．Ca^{2+}-カルモジュリン複合体は，平滑筋の運動に関与するミオシン軽鎖のリン酸化酵素（ミオシン軽鎖キナーゼ），神経組織に存在するキナーゼII，さらにcAMPホスホジエステラーゼやNO合成酵素などとも結合し，それらの酵素活性を調節して細胞応答を発揮している．さらに，Ca^{2+}-カルモジュリン複合体は，酵素の活性化だけでなく，細胞骨格関連タンパク質とも結合して微小管の重合などを調節している．

D　cGMPと一酸化窒素（NO）

cGMPは，グアニル酸シクラーゼ guanylyl cyclaseによってGTPから生成される．このcGMP生成酵素として，図III.6.19に示すようなホルモン受容体の一種である細胞膜1回貫通型と，細胞質に存在する可溶性型の2種が知られている．1回膜貫通型の受容体は1本鎖のポリペプチドからなり，心房性ナトリウム利尿ペプチド atrial natriuretic peptide（ANP）がその細胞外領域に結合すると，同じ受容体の細胞質側にあるグアニル酸シクラーゼ触媒領域が活性化されてcGMPを生成する．一方，細胞質に存在する可溶性のグアニル酸シクラーゼは，一酸化窒素 NOによって活性化される．この可溶性酵素はαとβサブユニットからなるヘテロ2量体で，両サブユニットの間にヘム分子を結合している．ヘムにNOが結合すると酵素のコンホメーションが変化して，触媒領域が活性化される．cGMPは，プロテインキナーゼG protein kinase G（Gキナーゼとも略称される）と結合して，その触媒活性を上昇させる．細胞内で増加したcGMPは，ホスホジエステラーゼによって5′-GMPに分解されて不活性化されるが，勃

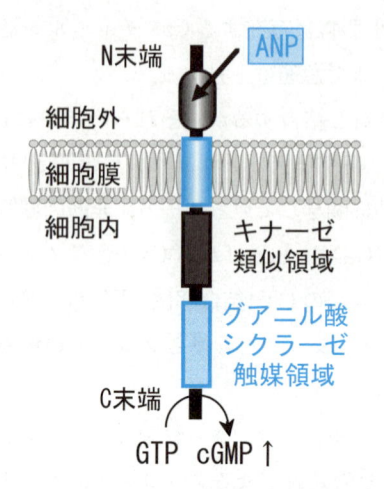

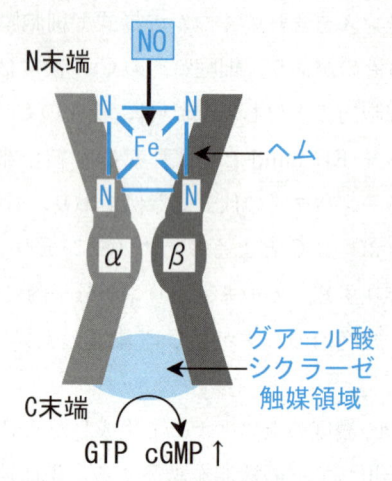

図 III.6.19　cGMP を生成する細胞膜型と可溶性型のグアニル酸シクラーゼ
GTP から cGMP を生成するグアニル酸シクラーゼには，ANP 受容体として機能する細胞膜 1 回貫通型と，細胞質にあって NO で活性化される可溶性型の 2 種が知られている．

起不全治療薬のシルデナフィル（バイアグラ®）は cGMP に特異的なホスホジエステラーゼの阻害薬である．

　アルギニンと酸素から産生される気体である一酸化窒素 nitric oxide（NO）は，その寿命が数十秒以内と短いものの，多くの局所的な細胞間作用において重要な役割を果たしている．そのよい例は血管平滑筋の収縮調節にある．収縮血管を覆う内皮細胞にアセチルコリンが結合すると，Ca^{2+}-カルモジュリン経路を介して NO 合成酵素が活性化され，NO が生成する．生じた NO は内皮細胞から近くの平滑筋細胞の内側にまで拡散し，可溶性グアニル酸シクラーゼを活性化する．その結果，平滑筋が弛緩して血管を拡張させる．狭心症治療薬に用いられるニトログリセリンの血管拡張作用は，NO の生成を介した上記の機序による．

III.6.7 細胞膜受容体から遺伝子発現に向かうシグナル伝達

　プロテインキナーゼの活性化を指令してその情報を細胞内に伝達するキナーゼ関連型受容体（図 III.6.13 参照）の多くは，疎水性のアミノ酸が 20 数残基からなる細胞膜貫通部位（α ヘリックス）を 1 か所もち，細胞外シグナル分子を結合する N 末端側を細胞の外側に向けて細胞膜に埋め込まれている．この受容体ファミリーは，さらにいくつかのタイプに細分類できるが，いずれの場合も，受容体それ自身の分子内またはそれに会合している他の分子（サブユニットな

ど）に，タンパク質のチロシン残基またはセリン/トレオニン残基をリン酸化するプロテインキナーゼの活性部位が存在する（後述するサイトカインレセプターの項III.6.9を参照）．アゴニストによる受容体刺激のシグナルは，このプロテインキナーゼの活性化を介して，主に遺伝子発現に向かう経路に伝達されている．

A　チロシンキナーゼ受容体

増殖因子 growth factor や分化因子 differentiation factor を結合する受容体の中には，図III.6.20に示すように，チロシンキナーゼ受容体 tyrosine kinase receptor と呼ばれるタイプがある．このタイプの受容体はそのC末端側細胞内に，タンパク質のチロシン残基を特異的にリン酸化する酵素チロシンキナーゼ tyrosine kinase の活性部位がある．アゴニストが受容体に結合すると，コンホメーションが変化して同種の受容体分子が2量体化し，受容体に内在するチロシンキナーゼが相手側のポリペプチド鎖内にあるチロシン残基を交差リン酸化する．受容体のチロシンリン酸化部位は，さらに別種の細胞内タンパク質によって認識され，それと会合する．この結合タンパク質を一般にアダプタータンパク質 adaptor protein と呼ぶ．アダプタータンパク質はチロシンリン酸化された近傍の配列を認識するある特徴的な領域をもつが，その代表的なものとして，Src homology 2（SH2）領域とPTB（phospho-tyrosine-binding）領域がある．多

A) 受容体の2量体化による交差リン酸化　　B) アダプターの結合を介する細胞応答

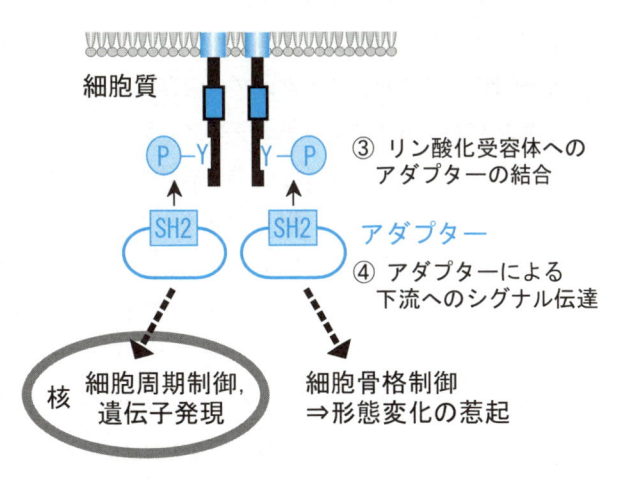

図III.6.20　チロシンキナーゼ活性を内在する細胞膜受容体の機能

A) チロシンキナーゼ受容体は，①アゴニストの結合によって2量体化し，②そのC末端側細胞質内に存在するチロシンキナーゼが相手の受容体を交差リン酸化する．B) その結果，③受容体のチロシンリン酸化された部位に，別種のタンパク質（アダプター）がそのSH2領域を介して結合し，④結合したアダプターが下流にシグナルを伝達する．このタイプの受容体刺激は，核への遺伝子発現と細胞骨格の制御を介して，細胞に増殖や分化をもたらす場合が多い．

くのアダプタータンパク質には，リン酸化された受容体との結合に関わるSH2領域に加えて，プロリンに富む配列を認識するSrc homology 3（SH3）領域やイノシトールリン脂質，Gタンパク質 $\beta\gamma$ 複合体を認識するPH（pleckstrin homology）領域と呼ばれる別の結合部位があり，これらを介してさらに他のタンパク質と会合して下流にシグナルを伝達する．このチロシンキナーゼ受容体に属するメンバーとして，上皮増殖因子 epidermal growth factor（EGF），血小板由来増殖因子 platelet-derived growth factor（PDGF）やインスリンなどの受容体が知られている．

これらの受容体刺激に特徴的な細胞応答は2つに分けられる．第1はこれらの因子の名前が示すように，細胞の増殖（DNA複製を伴う細胞周期の進行）や分化（特定の遺伝子の発現）である．第2の特徴的な細胞応答は，細胞骨格系の制御を介した形態変化である．細胞の増殖と分化は細胞数の増加と新しい機能をもった細胞の誕生であり，こうした環境の変化に対応するために細胞の形態変化や移動が必要となる．したがって，このタイプの受容体が2つの細胞応答を発揮させることは極めて合理的であり，それは受容体に結合したアダプタータンパク質のシグナルが両方の経路に向けられていることによる．増殖・分化の応答は転写因子の活性化を含む核内の装置によって，一方の形態変化は細胞骨格系の再編装置によって調節されている．

B 非受容体型チロシンキナーゼをリクルートする細胞膜受容体

チロシンキナーゼ受容体と構造的に類似した受容体に，分子内に直接チロシンキナーゼの活性部位をもたない細胞膜1回貫通型がある．図III.6.21に示した成長ホルモンの受容体はその代表的な例であるが，このタイプの受容体もアゴニストの結合によって同じように2量体化し，細胞質に存在するチロシンキナーゼ（非受容体型チロシンキナーゼ non-receptor tyrosine kinase という）をリクルートする．非受容体型チロシンキナーゼ Janus kinase（JAK）がリン酸化するタンパク質の1つに，SH2領域をもつsignal transducer and activator of transcription（STAT）と呼ばれる転写因子がある．チロシンリン酸化されたSTATは別のSTATにあるSH2によって認識され，安定なSTATホモ2量体を形成する．2量体化したSTATにはDNA結合能があり，核内に移行して遺伝子発現を引き起こす．STATには異なる遺伝子を標的とする様々な種類があり，それぞれはこのファミリーに属する固有の受容体によって活性化される．JAK以外の非受容体型（細胞質型）チロシンキナーゼとして，SH2とSH3領域をもつSrc（sarcoma）キナーゼなどが知られている．

非受容体型のチロシンキナーゼを介してシグナルを伝達する他の細胞膜受容体に，サイトカイン受容体がある（後述するIII.6.9項を参照）．これらの受容体の多くはホモ2量体ではなく異種のサブユニットからなる多量体であり，いくつかのファミリーに分類される．それぞれのファミリー内には共通のサブユニット（gp130や共通 β 鎖などと呼ばれる）が存在し，そのサブユニットのチロシン残基がJAKなどによってリン酸化される．また，コラーゲンやフィブロネク

A) 受容体の2量体化による細胞質型チロシンキナーゼの結合

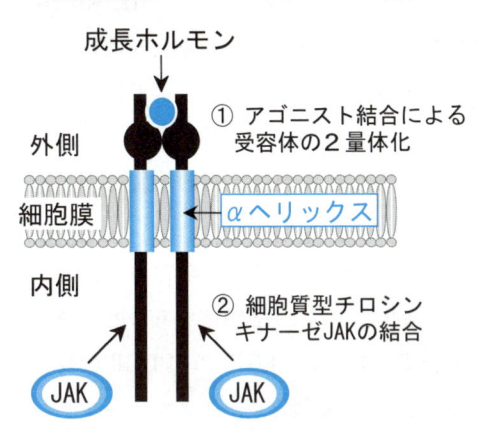

B) JAKによる転写因子STATのリン酸化と2量体化

① アゴニスト結合による受容体の2量体化
② 細胞質型チロシンキナーゼJAKの結合
③ JAKによる受容体，STATのチロシンリン酸化
④ リン酸化部位とSH2領域を介したSTATの2量体化
⑤ STAT2量体の核内移行による遺伝子発現

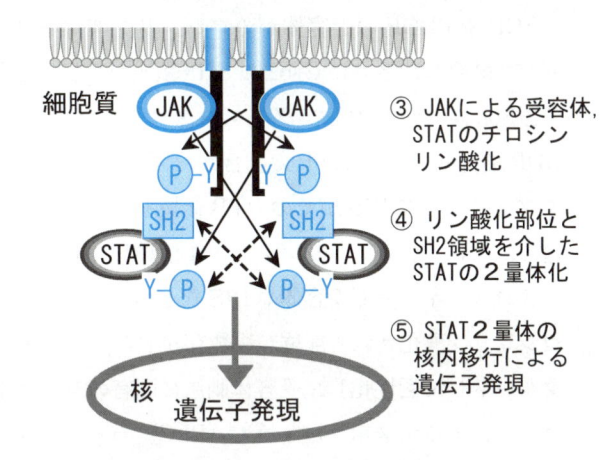

図 III.6.21 非受容体型チロシンキナーゼと結合する細胞膜受容体の機能
A) このタイプの受容体は，①アゴニストの結合によって2量体化し，②そのC末端側細胞内部位に，細胞質のチロシンキナーゼ（JAKなど）をリクルートする．B) その後，③受容体に結合したチロシンキナーゼJAKが受容体を交差リン酸化すると，転写因子STATがそのSH2領域を介して結合し，④STATをリン酸化する．チロシンリン酸化されたSTATは他のSTAT分子のSH2領域と結合し，安定なSTAT2量体を形成する．⑤STAT2量体は核内に移行して転写因子として機能し，遺伝子発現を制御する．

チンなどの細胞外マトリックスと結合する細胞接着因子の受容体（インテグリンファミリーなど）も，このタイプに属している．一方，細胞膜受容体の中には，チロシンキナーゼの代わりにセリン/トレオニンキナーゼの活性部位をもつタイプも存在する．その代表的な例が transforming growth factor (TGF) β 受容体である．TGFβ がこの受容体に結合すると，Smad と呼ばれる転写因子群がリン酸化され，2量体化した Smad が核に移行して遺伝子発現を引き起こす（後述する III.6.9 項を参照）．

C チロシンリン酸化によって発動する細胞内シグナル伝達系

細胞膜受容体または細胞質のチロシンキナーゼによってリン酸化された基質タンパク質は，次の細胞内情報伝達系を指向する．転写因子が直接リン酸化されると，先に述べたように，2量体化して核内へと移行し，遺伝子発現を制御する．一方，受容体分子自身あるいはアダプタータンパク質がチロシンリン酸化された場合には，図 III.6.22 に示すように，そこを足場に SH2 や PTB 領域をもつ別種のシグナル分子がリクルートされる．この様式で遺伝子発現に向かう代表的な経路に，Ras-MAP キナーゼ系がある．この経路では，Grb2 や IRS (insulin receptor substrate) と呼ばれる分子がアダプタータンパク質として利用され，低分子量Gタンパク質の一員である **Ras タンパク質** Ras protein を活性化して，後述する MAP キナーゼカスケードにそ

シグナルを伝達する．

　EGFやPDGFの受容体がチロシンリン酸化されると，アダプターGrb2がそのSH2領域を介して結合し，さらにGrb2のSH3領域を介して結合したSos (son of sevenless) を活性化する．SosはRasに対してグアニンヌクレオチド交換因子（III.6.5項を参照）として作用し，GDP結合型RasをGTPの結合した活性化型に転換させる．インスリン受容体の場合には，アダプターとしてIRSがそのPTB領域を介してチロシンリン酸化された受容体の部位にまず結合し，次いでチロシンリン酸化されたIRSにGrb2が結合する．

　チロシンキナーゼ受容体やIRSなどのアダプター分子には，Grb2が結合する部位以外にもチロシンリン酸化される部位が複数存在する．それらのリン酸化部位はSH2領域をもつ酵素をリクルートして活性化し，受容体刺激に固有のシグナルを伝達している．EGFや，PDGFの受容体に結合するホスホリパーゼC (PLC) のγタイプ（III.6.6項を参照）や，イノシトールリン

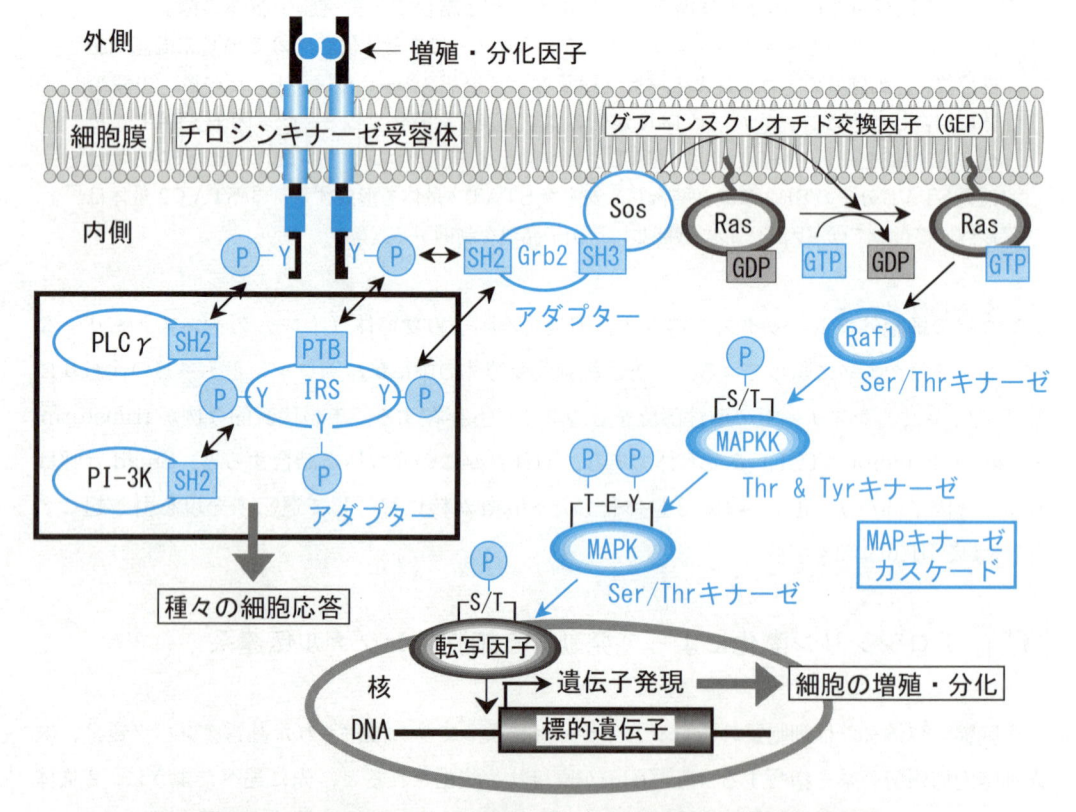

図III.6.22　チロシンリン酸化が指令する細胞内の情報伝達経路
受容体それ自身やアダプター分子がチロシンリン酸化されると，そこを足場にSH2やPTB領域をもつ他のタンパク質や酵素がリクルートされ，細胞内に様々な情報が伝達される．この中で，Ras-MAPキナーゼ系は遺伝子発現に向かう代表的な経路である（図の右側）．アダプターGrb2/Sosの作用で生じた活性型のRas（GTP結合型）は，MAPキナーゼカスケードを介して最終的にはいくつかの転写因子のSer/Thr残基をリン酸化し，細胞の増殖や分化を制御している．

脂質（PI）の3位水酸基をリン酸化する脂質3-キナーゼの **PI-3 kinase**（PI-3K）がその代表的な例である．PI-3K はホスファチジルイノシトール 3,4,5-トリスリン酸（PIP_3）を生成して，セリン/トレオニンキナーゼの**プロテインキナーゼB** protein kinase B（Akt，Bキナーゼともいう）を活性化する．Bキナーゼはグリコーゲン合成に関わる酵素を含む多くの分子の機能を調節するが，インスリンが示す多彩な生理作用は，アダプターIRSやBキナーゼの下流が多様に分岐していることに起因している．

D 細胞の増殖・分化を制御するMAPキナーゼカスケード

種々の分裂促進因子 mitogen の刺激によって共通に活性化されるセリン/トレオニンキナーゼに，**MAPキナーゼ** mitogen-activated protein kinase（MAPK）がある（図III.6.22）．MAPキナーゼの分子内には種を越えてよく保存されたアミノ酸配列（Thr-Glu-Tyr；TEY）が存在し，そのトレオニン残基とチロシン残基の両方がリン酸化されてはじめて活性型に転換する．この両アミノ酸残基はその上流に位置するMAPキナーゼキナーゼ（MAPKK）によってリン酸化される．MAPKK はトレオニン残基とチロシン残基をともにリン酸化できるユニークなキナーゼ（dual-specificity kinase という）で，MAPキナーゼを唯一の基質としている．MAPKK はその分子内にある2つのセリン残基のリン酸化によって活性化されるが，このリン酸化はさらに上流のセリン/トレオニンキナーゼによって仲介される．MAPKK をリン酸化するセリン/トレオニンキナーゼを MAPKKK と総称しているが，Gタンパク質 Ras によって活性化されるキナーゼ Raf1 はこの MAPKKK ファミリーのメンバーである．MAPキナーゼは細胞増殖以外にも細胞の分化や細胞周期の制御などの様々な細胞応答を伝達するが，これは，MAPKK が Raf1 以外に細胞周期の制御に関わる様々な MAPKKK によって活性化されるためである．MAPキナーゼは静止期にある細胞では不活性型として細胞質内に存在するが，リン酸化による活性化に伴って核内に移行する．核内に移行した MAP キナーゼは，転写因子（Myc, Fos や ATF2 など）をリン酸化し，特定の遺伝子の発現を制御している．このように，MAP キナーゼは上流の**キナーゼ連鎖（カスケード）** kinase cascade を介して活性化され，核内の転写装置にそのシグナルを伝達している．

III.6.8 遺伝子発現を指令する核内受容体

副腎皮質・性ステロイドホルモンや甲状腺ホルモン，あるいはビタミン D_3，レチノイン酸は，その脂溶性から細胞膜を通過して直接細胞質内に入り込み，核内（とその一部は細胞質内）に存在する受容体と結合して，その情報を伝達する．図III.6.23 に示すように，これらの脂溶性分

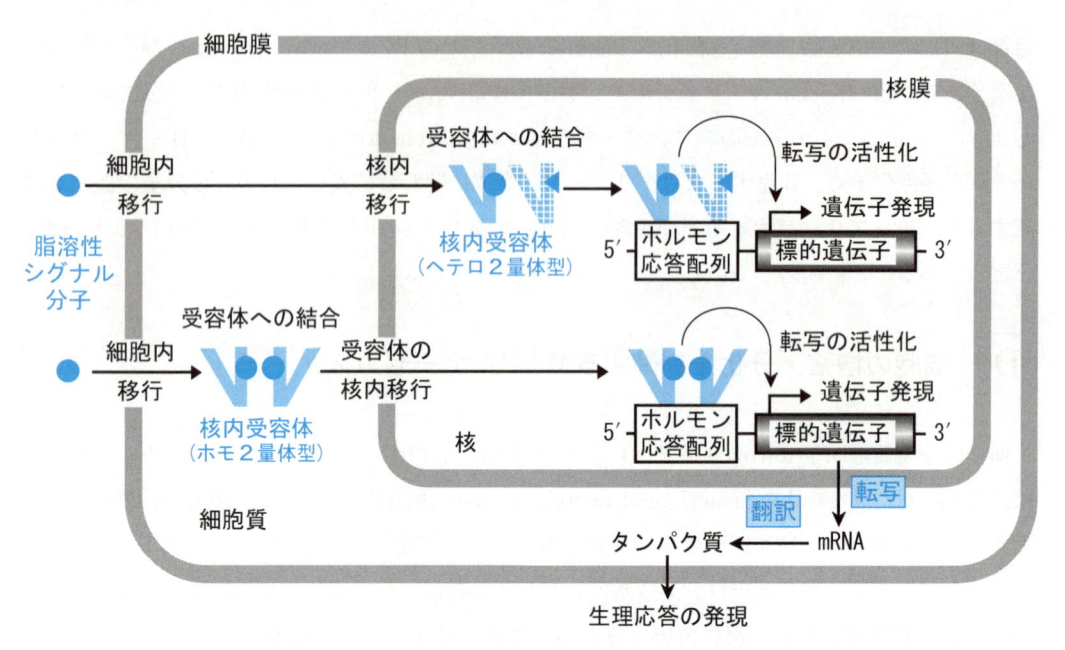

図 III.6.23　転写調節因子として機能する核内受容体
脂溶性のシグナル分子は細胞膜を通過して細胞内に入り込み，核内（とその一部は細胞質内）に存在する受容体と結合する．核内受容体は同種（ホモ）または異種（ヘテロ）の分子からなる2量体で，DNA二重鎖の特定の部位（ホルモン応答配列）に結合し，その結合部位が支配するDNA鎖の転写を活性化（または抑制）する．ホルモンの結合した核内受容体は一種の転写因子として機能し，遺伝子発現を介して細胞の機能を調節している．

子と結合する核内受容体 nuclear receptor は，同種（ホモ）または異種（ヘテロ）の分子からなる2量体である．脂溶性分子と結合した核内受容体は，DNA二重鎖の特定の部位と結合し，その結合部位が支配するDNA鎖の転写を活性化（または抑制）する．したがって，核内受容体は一種の転写因子 transcription factor と考えられ，転写・翻訳によるタンパク質の新生，すなわち，遺伝子発現を介して細胞の機能を調節している．

　核内受容体は大きなファミリーを形成しており，図III.6.24に示すように，N末端側から転写の制御機能をもつ可変領域（A/B），DNA結合領域（C），ヒンジ部（D），およびホルモン結合領域（E/F）に分けられる．C領域にはファミリー間で高度に保存された2つの zinc フィンガー zinc finger 領域（C_1, C_2）があり，このモチーフを介してDNAに結合する．Zinc フィンガー領域が結合するDNA側には，ホルモン応答配列 hormone-response element と呼ばれるヌクレオチド塩基のある特徴的な配列が存在する．D領域には，核内への移行に関わる核局在化シグナル nuclear localization signal（NLS）配列がある．ホルモンがE/F領域に結合すると，そのコンホメーションが変化して転写を活性化するが，A/B領域にも転写の活性化作用がある．核内受容体ファミリーの間で，E/F領域の相同性は比較的高いが，A/B領域は個々の受容体に固有であり，それらの相同性は低い．

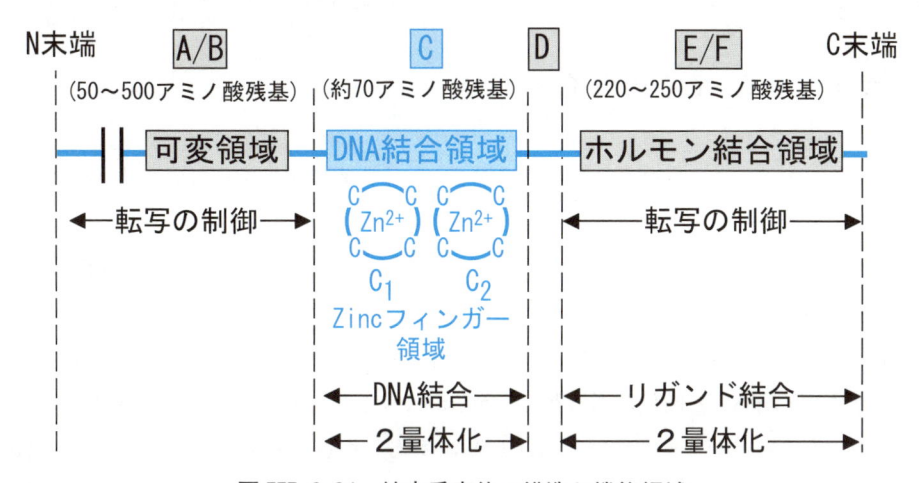

図 III.6.24 核内受容体の構造と機能領域
核内受容体は N 末端側から，転写の制御機能をもつ可変領域（A/B），ファミリー間で高度に保存された 2 つの Zinc フィンガーをもつ DNA 結合領域（C），ヒンジ部（D），および脂溶性のシグナル分子（リガンド）が結合するホルモン結合領域（E/F）に分けられる．

ホルモンが核内受容体に結合するとその受容体のもつ転写能が活性化されるが，その様式はホモ 2 量体型とヘテロ 2 量体型の核内受容体でやや異なる．ホモ 2 量体型は細胞質と核内の両方に存在し，ホルモンが結合していないときは，熱ショックタンパク質（Hsp90）を含む抑制性タンパク質と複合体を形成して，細胞質内につなぎ止められている．ホルモンが結合すると抑制性タンパク質が解離し，受容体は核内に移行して C 領域を介した DNA 応答配列への結合が可能となる．一方，ヘテロ 2 量体型の受容体は核内にのみ存在する．いずれの場合にも，ホルモンの結合によるコンホメーション変化を介して A/B および E/F 領域に結合した転写共役因子複合体が，基本転写装置と相互作用して標的遺伝子の転写を活性化（または抑制）する（後述する IV.3 項を参照）．なお，ダイオキシン類などの内分泌攪乱化学物質は，類似の核内受容体と結合して転写制御機構に影響を与えることが知られている．

III.6.9
サイトカインとシグナル伝達

我々の体は，約 60 兆個の形態的にも機能的にも異なるさまざまな細胞の協調的な作用により成りたっている．こうした細胞間のコミュニケーションは，細胞表面分子を介する直接的な細胞どうしの接触あるいは可溶性分子を介して行われている．この可溶性の細胞間シグナル伝達分子がホルモンやサイトカインであり，発見された経緯から別の名前で呼ばれているが，その作用は類似している．

A　サイトカインとケモカイン

　サイトカインとは，ある細胞が他の細胞に働きかけるために産生する可溶性タンパク質という機能的な面からcyto-（細胞の）とkine-（作動性の）の2つの言葉を合わせてcytokine（サイトカイン）と命名された総称であり，極微量で細胞表面にある特異的レセプターを介して生理活性を発揮する（図III.6.25）．サイトカインという呼び名に統一される前は，リンパ球から産生される制御分子はリンホカインと呼ばれ，単球・マクロファージから産生される制御因子についてはモノカインと総称した時代があった．しかし，こうした制御因子は白血球が産生して白血球に作用することからインターロイキン（IL）という統一名称で呼ばれるようになり，現在ではインターロイキンinterleukin（IL），インターフェロンinterferon（IFN），コロニー刺激因子colony stimulating factor（CSF），腫瘍壊死因子tumor necrosis factor（TNF）などに加えて，トランスフォーミング増殖因子transforming growth factor-β（TGF-β），上皮増殖因子epidermal growth factor（EGF）や血小板由来増殖因子platelet derived growth factor（PDGF）などの細胞増殖因子もサイトカインとして扱うようになった（表III.6.3，III.6.4）．

a）主なサイトカインとその作用

　サイトカインは分子量が1万〜数万程度のタンパク質で，ホルモンと異なり，産生場所が複数

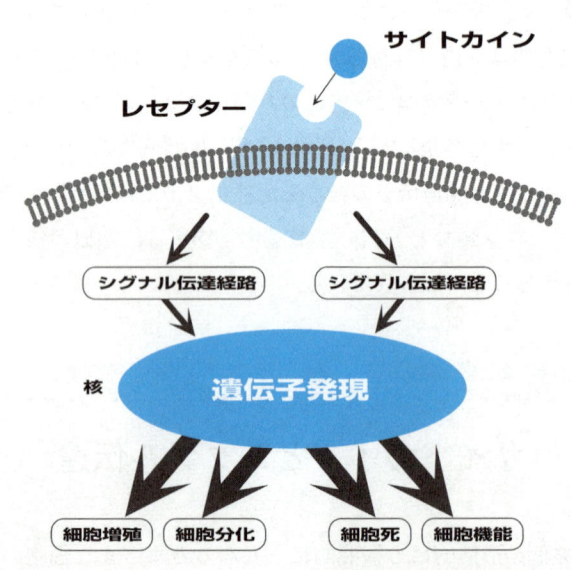

図III.6.25　サイトカインの機能発現に関する概念図
サイトカインは低分子であるがタンパク質であるため細胞膜を通過することができない．したがって，細胞膜上の特異的なレセプターに結合することによって細胞内のシグナル伝達経路を活性化する．シグナルは核に伝達されて遺伝子の発現調節を介して細胞の増殖・分化・機能などを調節する．

表 III.6.3 タイプ I およびタイプ II サイトカイン受容体の構成

サイトカイン	受容体の構成		標的細胞	主な作用
γc を共有する受容体				
IL-2	IL-2Rα	IL-2Rβ　γc	T, B, NK 細胞	T 細胞の増殖・分化，キラー活性の誘導
IL-4	IL-4Rα	γc	B, T 細胞	ナイーブ T 細胞から Th2 への分化，アレルギー疾患
IL-7	IL-7Rα	γc	胸腺細胞，B 前駆細胞	プレ B 細胞への分化，T 前駆細胞のアポトーシス
IL-15	IL-15Rα	IL-2Rβ　γc	T, B, NK 細胞	T 細胞の増殖，B 細胞の増殖，IgG, IgM の分泌促進
IL-13	IL-13R	IL-4Rα	T 細胞	ナイーブ T 細胞から Th2 への分化，アレルギー疾患
βc を共有する受容体				
IL-3	IL-3α	βc	造血前駆細胞	好塩基球，単球系細胞への分化増殖
IL-5	IL-5Rα	βc	T, B 細胞，好酸球	肥満細胞からのヒスタミンの放出 好酸球増多，気管支喘息
GM-CSF	GM-CSFRα	βc	T 細胞，骨髄前駆細胞	マクロファージ顆粒球・マクロファージ前駆細胞の分化・増殖
gp130 を共有する受容体				
LIF	gp130	LIFR	胎児性幹細胞，血小板，肝臓	胎児性幹細胞の増殖，血小板の増殖，骨吸収
OSM	gp130	LIFR/OSM-R	肝臓，血管内皮細胞，肝細胞	炎症性サイトカインの産生，肝細胞の増殖・分化
IL-6	IL-6R	gp130	T, B, NK 細胞，肝細胞	B 細胞の増殖・分化，急性期タンパク質の合成
IL-11	IL-11R	gp130	造血幹細胞，神経細胞 造血幹細胞，前脂肪細胞	糸球体腎炎，骨髄腫，血小板増多症 造血幹細胞の分化，前脂肪細胞の分化抑制
type II サイトカイン群				
IFNγ	IFNGR1	IFNGR2	T 細胞，NK 細胞 マクロファージ	抗ウイルス作用 マクロファージ NK 細胞の活性化
IFNα	IFNAR1	IFNAR2	肝細胞など	抗ウイルス作用，細胞増殖抑制マクロファージの活性化
IFNβ	IFNAR1	IFNAR2	肝細胞など	抗ウイルス作用，細胞増殖抑制マクロファージの活性化
IL-10	IL-10R1	IL-10R2	Th1, B 細胞，単球 肥満細胞	サイトカインの合成阻害

表III.6.4 主な増殖因子とその作用

増殖因子	産生細胞・器官	作用
EGF	顎下腺	上皮細胞，表皮細胞，種々の組織・細胞の増殖促進効果
PDGF	血小板，マクロファージ 内皮細胞	肺胞の形成，メサンギウム細胞の形成 血管の増殖
FGF	下垂体	線維芽細胞の増殖，創傷治癒 リン酸の再吸収，肢芽の形成
IGF	肝臓骨	軟骨細胞，骨芽細胞の増殖 結合組織の増殖
HGF	線維芽細胞 血管内皮細胞	血管細胞，線維芽細胞の増殖 造血系細胞の増殖
VEGF	血管周囲の細胞	血管透過性，血管新生 血管内皮，線維芽細胞の増殖

で局所的に作用する場合が多い．また，サイトカインには，作用の重複性 functional redundancy と作用の多様性 functional pleiotropism という2つの大きな特徴がある．このことが複雑な生命現象のホメオスタシスを保つのに重要な役割を果たしている．

b) インターロイキン

1) IL-1

IL-1は多機能な炎症性サイトカインで，発熱，睡眠，食欲不振，急性期のタンパク合成，接着因子の発現上昇作用を有する．IL-1にはIL-1αとIL-1βの2種類があり，前駆体として合成され，それぞれカルパイン，IL-1β変換酵素により pro-domain が外れて活性型になる．IL-1は主として免疫反応に関与するマクロファージや単球から分泌され，リンパ球の活性化やプロスタグランジン E_2 prostaglandin E_2 (PGE_2) 産生を促進する．

2) IL-2

IL-2は，植物凝集素 phytohemagglutinin (PHA) で刺激したヒト末梢血リンパ球培養上清から単離されたT-細胞増殖因子である．IL-2は，T細胞以外にB細胞やナチュラルキラー (NK) 細胞にも作用してリンパ球の増殖と分化や細胞傷害（キラー）活性の誘導に関与する．

3) IL-3

IL-3は多能性幹細胞や分化が決定された造血前駆細胞に作用して，好塩基球，肥満細胞，1型および2型樹状細胞，好酸球，単球系細胞への分化・増殖を促進する．また，IL-3は成熟肥満細胞に作用してその増殖や活性時のヒスタミン放出の促進作用をもつことも知られている．

4) IL-4

IL-4 は主に T 細胞, NK 細胞, 好塩基球, 肥満細胞から産生されて, B 細胞を活性化して抗体を産生する形質細胞に分化させ, IgG_1型と IgE 型の抗体を特異的に生産させる. また, IL-4 はナイーブ T 細胞に作用し, GATA-3 の発現を通じて Th2 への分化を促進するとともに Th1 細胞への分化を抑制する. さらに, IL-3 とともに肥満細胞や好酸球の分化・増殖を促すアレルギー疾患の病因もしくは増悪因子と考えられている.

5) IL-6

IL-6 は B 細胞への分化段階の後半に作用し, B 細胞を増殖させずに分化を誘導し, 細胞増殖非依存的に IgM, IgG, IgA などの抗体産生を促進する. また, 骨髄において IL-6 は造血幹細胞に働いて細胞周期を進め, IL-3 と相乗的に幹細胞を増殖させる. 肝臓の細胞に対しては急性期反応タンパク質 c-reactive protein (CRP) の誘導ならびに細胞増殖を促進する.

6) IL-7

IL-7 は骨髄ストローマ細胞や胸腺上皮細胞, 小腸上皮, ケラチノサイト, 樹状細胞が合成分泌するサイトカインで, H 鎖遺伝子の再構成が始まる pro-B 細胞から pre-B 細胞への分化を調節している. また, 胸腺細胞に作用して T 前駆細胞のアポトーシス抑制にも関与している.

7) IL-11

IL-11 は, IL-3, IL-4, IL-7, IL-12, IL-13, SCF (幹細胞因子 stem cell factor), 顆粒球・マクロファージコロニー刺激因子 granulocyte-macrophage colony stimulating factor (GM-CSF) と協調して造血幹細胞を多能性の前駆細胞へと誘導し, 増殖と分化を制御している. IL-11 を骨髄細胞培養系に加えると, 前脂肪細胞から脂肪細胞への分化が抑制される. この IL-11 による骨髄脂肪細胞の分化の抑制が, 間質細胞による造血維持機構の 1 つであると考えられている. この結果は, 骨髄中の未分化な脂肪細胞ほど造血を支持する能力が高い現象を説明している.

c) インターフェロン

1) IFNα/β (I 型インターフェロン interferon)

IFN は, ウイルス感染などにより脊椎動物が合成して分泌する抗ウイルス活性を有する糖タンパク質である. 哺乳動物には IFNα, β, γ の 3 種の IFN がある. IFNα, β は構造的に相同性があり, 総称して I 型 IFN と呼ぶ. IFNγ は I 型 IFN と化学構造的に全く異なり, II 型 IFN と呼ばれる. IFNα はリンパ球, マクロファージ, 樹状細胞などが産生し, IFNβ は線維芽細胞や上皮細胞が産生する. IFNα/β は抗ウイルス作用のほかに, 細胞増殖抑制効果, 抗腫瘍効果,

マクロファージの活性化，NK細胞の活性増強，免疫応答調節作用，分化誘導の調節作用など多様な作用を有する．

2) IFNγ（インターフェロンガンマ）

IFNγは，II型インターフェロンと呼ばれ，抗原刺激を受けたNK細胞やTh1細胞から一過性に産生される．IFNγの合成は，マクロファージ系の細胞から分泌される．IL-12やIL-18が共存するとさらにその産生が増強される．IFN-γはマクロファージを活性化し，ウイルス感染時にI型インターフェロンと同様，抗ウイルス作用をもつdouble strand RNA protein kinase (PKR) や一酸化窒素（NO）合成酵素などの遺伝子の転写を誘導して抗ウイルス活性を発揮する．

d) 造血因子

1) G-CSF（顆粒球コロニー刺激因子 granulocyte colony stimulating factor）

G-CSFは単球・マクロファージ，血管内皮細胞，骨髄ストローマ細胞などによって産生分泌され，好中球系前駆細胞 colony-forming unit granulocyte（CFU-G）とそれ以降の好中球系細胞に作用してそれらの増殖・分化および機能亢進といった幅広い生理活性を示す．G-CSFの主な作用は，好中球の産生と末梢血への放出であり，好中球減少症の治療薬として用いられている．

2) GM-CSF

GM-CSFは活性化T細胞や単球・マクロファージ，肥満細胞，骨髄ストローマ細胞，線維芽細胞，血管内皮細胞など様々な細胞が産生し，骨髄球系細胞を好中球，好酸球，単球・マクロファージ等へと分化・増殖させる因子である．また，GM-CSFは好中球，好酸球，マクロファージなどの成熟血球にも作用してその機能を増強する．

3) EPO（エリスロポエチン erythropoietin）

EPOは赤血球のホメオスタシスを保つ最も重要な因子であり，赤血球産生とEPOの間には巧妙なフィードバック機構が存在する．赤血球は幹細胞から前期赤芽球系前駆細胞，後期赤芽球系前駆細胞，赤芽球を経て産生されるが，EPOは主に後期赤芽球系前駆細胞に作用する．EPOは胎児期には肝臓で作られ，成体では腎臓（尿細管近傍の間質細胞）で作られる．これらの組織には酸素センサーが備わっており，血中の酸素分圧の低下を感知してEPO遺伝子の転写を促進する．

4) M-CSF（マクロファージコロニー刺激因子 macrophage colony stimulating factor）

単球，内皮細胞，線維芽細胞，胎盤脱落膜，絨毛細胞，骨芽細胞など種々の細胞が産生する．M-CSF（別名：colony stimulating factor-1；CSF-1）は，単球・マクロファージ系の前駆細

胞に作用してその分化・増殖を促す．成熟単球に対してはその生存期間の延長の他，単球およびマクロファージの遊走能や貪食能の活性化作用も有する．さらに，破骨細胞の前駆細胞に作用して破骨細胞分化因子 receptor activator of nuclear factor kappa B ligand (RANKL) の発現を誘導して，破骨細胞に分化するまで延命させる．M-CSF はマクロファージに作用して低比重リポタンパク質 low density lipoprotein (LDL) 受容体およびスカベンジャー受容体の発現増加による脂質代謝の促進作用も示す．受容体はプロトオンコジーンの $c\text{-}fms$ 産物であり，細胞内に2つのチロシンリン酸化領域をもつ．

5) TPO （トロンボポエチン；thrombopoietin）

TPO は主として肝臓で産生されるが，腎臓，骨髄，小腸，骨格筋，脳なども産生している．本因子の作用は巨核球コロニー形成の刺激と巨核球成熟促進作用である．TPO は化学療法後の血小板減少に対する治療薬として臨床応用が期待されている．

e) 腫瘍壊死因子 (tumor necrosis factor；TNF) スーパーファミリー

1) TNFα

TNF スーパーファミリー分子の特徴は，N 末端が細胞内，C 末端が細胞外に存在する II 型の膜タンパク質で，細胞膜上で3量体を形成していることである．TNFα は活性化したマクロファージや単球などが合成する膜タンパク質で，マトリックスプロテアーゼにより切断されて遊離型となる．TNFα の作用は炎症性サイトカインである IL-6 や vascular cell adhesion molecule (VCAM) などの接着因子の誘導，一部の腫瘍細胞に対するアポトーシスやネクローシスの誘導作用が知られている．また，エンドトキシンショックの病態と TNFα との関係が強く示唆されているほか，糖尿病や慢性関節リウマチの増悪因子としての機能が重要視されている．このことから，本サイトカインの抗体や可溶型 TNF 受容体分子が慢性関節リウマチなどの治療に臨床応用され著しい改善効果を示している．

2) RANKL

RANKL は TNF ファミリーに属する II 型膜タンパク質のサイトカインであり，副甲状腺ホルモン parathyroid hormone (PTH)，活性型ビタミン D，PGE$_2$，IL-11，IL-6 など種々の骨吸収因子により骨芽細胞で発現が促進される．RANKL は，破骨細胞前駆細胞の細胞膜に発現している RANK (receptor activator of nuclear factor kappa B) に結合して破骨細胞へと分化させる．また，RANKL の欠損は破骨細胞の形成が障害されるため大理石骨病を発症する．骨芽細胞は RANKL のデコイ（おとり）受容体である OPG (osteoprotegerin，破骨細胞形成抑制因子とも呼ばれる) を産生し，RANK と RANKL の結合を競争的に阻害することにより，破骨細胞への分化と機能を抑制している．

f) ケモカイン chemokine

ケモカインは細胞遊走を主要な作用とするサイトカインの一種である（表III.6.5）．ケモカインにはよく保存された4つのシステイン残基が存在し，そのうちN末端側2個の形成するモチーフにより，CXC，CC，C，CX3C（Xは他のアミノ酸残基）の4つのサブファミリーに分類されている．ケモカインはすべて7回膜貫通3量体Gタンパク質共役受容体G protein-coupled receptor（GPCR）に結合してシグナルを伝達し，最近は炎症以外にヒト免疫不全ウイルスhuman immunodeficiency virus（HIV）感染症やリンパ球の移動（ホーミング），発生などにおいても重要な役割をしていることが明らかになっている．

1) CXCL8（IL-8）

CXCL8はinterleukin-8（IL-8）とも呼ばれ，好中球の遊走と活性化を主な作用とするケモカインの一種である．CXCL8は，その受容体であるCXCR1あるいはCXCR2とほぼ同等の親和性で結合し，CXCR2を介した作用としては血管新生作用があげられる．CXCR2を介したシグナルをブロックする薬剤は，血管新生の阻害を介した癌の治療薬となる可能性が考えられる．

2) CXCL12（SDF-1；stromal cell-derived factor）

CXCL12はB細胞，T細胞の他，血液系細胞，血管内皮細胞，樹状細胞などほぼすべての組織の間質細胞が産生するケモカインである．CXCL12は受容体であるCXCR4との結合を介して作用する．CXCL12はB細胞の生成，骨髄での造血幹細胞，骨髄系前駆細胞のホーミング・定着と増殖，膜性心室中隔の形成に関与している．また，CXCR4はHIV感染におけるコレセプター（補助受容体）としても働いていることから，エイズの病態解明や治療に役立つと考えられる．

3) RANTES（ランテス；regulated upon activation, normal T cell expressed and secreted）

アレルギーを含む炎症性疾患で細胞の浸潤に関与しているケモカインである．単球，マクロファージ，線維芽細胞，血管内皮細胞などが産生し，T細胞，単球，好塩基球の走化性に関与している．

4) MIP-1（ミップ-1；macrophage inflammatory protein-1）

活性化T細胞や単球・マクロファージなどが産生して，単球や未熟な樹状細胞，ヘルパーT細胞，ナチュラルキラー細胞などの遊走能に関係している．

g) 増殖因子；growth factor

増殖因子とは，細胞の増殖を指令するペプチド性因子の総称で，その分子サイズは比較的低分

表 III.6.5 ケモカインファミリーとレセプター特異性

レセプター	ケモカイン	発現細胞
CXC サブファミリー		
CXCR1	IL-8, GCP-2	好中球, T細胞, NK細胞
CXCR2	IL-8, GRO, NAP-2, ENA-78	好中球, T細胞, NK細胞
CXCR3	IP-10, Mig, I-TAC	活性化Th1細胞
CXCR4	SDF-1/PBSF	ナイーブT細胞, Th2細胞, preB細胞, 単球, 造血幹細胞
CXCR5/BLR1	BLC	B細胞
CC サブファミリー		
CCR1	MIP-1α, RANTES, MCP-2,3, MPIF-1, Lkn-1, HCC-1	単球, T細胞, 未熟樹状細胞
CCR2	MCAF/MCP-1〜4	単球, T細胞, 好塩基球
CCR3	エオタキシン, MCP-2〜4, Lkn-1, RANTES, MPIF-2	好酸球, T細胞, 好塩基球
CCR4	MDC, TARC	Th2細胞
CCR5	MIP-1α, MIP-1β, RANTES	単球, Th1細胞
CCR6	LARC	臍帯血幹細胞由来未熟樹状細胞, T細胞, B細胞
CCR7	ELC, SLC	メモリーT細胞, B細胞
CCR8	I-309	T細胞, B細胞
C サブファミリー		
XCR1	Lymphotactin	T細胞, NK細胞
CX₃C サブファミリー		
CX₃CR1	フラクタルカイン	NK細胞, ニューロン, CD8⁺T細胞, 単球

ケモカインには, 最初の2つのシステインの間に1つアミノ酸が入るCXC, 入らないCC, 1つしかないC, 3つあるCX₃Cといったシステインの特徴から分類される4つのサブファミリーがある. 1つのレセプターには, 複数のケモカインが結合できる.

子量（約7,000）のタンパク質から大きな分子量（約30,000〜80,000）のタンパクまでまちまちである．増殖因子は固有の膜受容体との結合を介して作用を発現するが，どの増殖因子に対する受容体も細胞内にはチロシンキナーゼ活性を発現する領域があり，種々のタンパク質のチロシン残基をリン酸化してシグナルを伝達する共通した機序がある．

1) EGF（上皮細胞増殖因子 epidermal growth factor）

EFGは53個のアミノ酸からなるペプチドで，分子内に3個のジスルフィドループからなる特徴的な構造をもつ．EGFはほとんどすべての体液および分泌液に見出されており，その生理作用は多様で上皮・表皮細胞など広範囲の組織・細胞に増殖促進効果を示す．表III.6.6にEGFの作用を臓器別に示した．

2) PDGF（血小板由来増殖因子 platelet derived growth factor）

PDGFは血小板からとられた間葉系細胞の増殖を促進するタンパク質で，PDGF-Aから-Dまでの4種類が報告されている．PDGF-AとPDGF-Bは筋線維芽細胞の増殖を介した肺胞の形成に関与している．また，PDGF-Bはメサンギウム細胞形成に伴う腎糸球体の形成や心形成にも関与していると考えられている．

3) FGF（線維芽細胞増殖因子 fibroblast growth factor）

FGFは，線維芽細胞をはじめとするさまざまな細胞の増殖や分化を調節している多機能性細胞間シグナル因子である．現在まで多種類のFGFが同定されている．FGF-1とFGF-2は，当初血管新生因子として研究されていたが，FGF-2に関しては，骨・軟骨の形成や中枢神経などでの多彩な作用が報告されている．FGF-1とFGF-2は等電点の違いからacdic FGFとbasic FGFとも呼ばれる．臨床面からよく研究されているFGF-2は，創傷治癒への局所投与が行われている．また，FGF-10は肢芽ならびに肺の器官形成に重要な役割をしている．腫瘍性骨軟化症の癌組織から分泌されるFGF-23は腎臓におけるリン酸の再吸収を阻害して，生体内のリン代謝に重要な役割をしていることが最近明らかになっている．

4) IGF（インスリ様成長因子 insulin-like growth factor）

IGFはインスリン抗体では抑制されない血清中のインスリン様活性物質で，IGF-IとIGF-IIの2種類が報告されているが，後にこれらはソマトメジンCとAであることが明らかになった．IGF-IおよびIGF-IIは，インスリンとは異なり，血中ではIGFBP（IGF-結合タンパク質 IGF-binding protein）との2量体，あるいはIGFBPとALS（acid-labile subunit）との3量体として存在している．したがって，受容体に結合してシグナルを伝達できる遊離型のIGFは，結合タンパク質の量によって規定されると考えられている．IGFの主作用は成長の調節である．

表 III.6.6　EGF の作用の多様性

組　織	促　進	抑　制
骨	細胞分裂 PGE_2 産生 コラゲナーゼ産生 骨吸収	小結節形成 コラーゲン合成
眼	眼瞼開裂 内皮細胞の遊走 内皮細胞の分裂 網膜創傷治癒	
胃	PGE_2 産生 潰瘍治療 細胞分裂	胃酸分泌
腎臓	近位尿細管細胞の分裂 PGE_2 産生	腎血流 バソプレッシン誘導性水流 糸球体ろ過率
肝臓	脂肪蓄積 肝細胞分裂 細胞の再生 糖新生 グリコーゲン合成	
皮膚	角化 上皮細胞の分裂 創傷治癒	毛の発育
血管	内皮細胞の分裂，遊走 血管新生 血管収縮	PGF_{2a} 産生 ノルエピネフリン誘導性 平滑筋の収縮

5) HGF（肝細胞成長因子 hepatocyte growth factor）

　HGF は初代培養肝細胞のマイトゲンとして単離精製され，上皮系細胞を中心に内皮細胞，造血系細胞など広範な標的細胞に対して増殖促進，運動性亢進，形態形成促進などの作用を示すタンパク質である．また，HGF は組織損傷の修復にも重要な役割を果たしている．HGF の血中濃度は肝疾患をはじめとして急性腎不全，白血病などでも上昇するが，特に劇症肝炎と心筋梗塞でその上昇が著しい．

6) VEGF（血管内皮増殖因子 vascular endothelial growth factor）

VEGF は血管内皮細胞の増殖因子として単離された糖タンパク質で，血小板由来増殖因子（PDGF）と類似性を示す．VEGF には A から E までのファミリー分子が存在するが，VEGF-A は内皮細胞の増殖促進と生存，管腔形成の促進や細胞遊走を引き起こす．個体レベルでは血管新生，血管透過性の亢進を誘導する．また，内皮細胞からの組織因子など凝固・線溶系タンパク質の産生，細胞接着分子の発現誘導にも関与している．

h) TGF-β スーパーファミリー

TGF-β スーパーファミリーの分子は，これまでに 40 種以上が見つかっている．このファミリー分子の構造上の特徴は，200〜400 個のアミノ酸からなる前駆体として合成された後，C 末端の 110〜140 個のアミノ酸からなる部分が切断されて活性ペプチドに変換されることである．もう一つの特徴は，活性をもつ C 末端側のペプチドには，保存された 7 個のシステイン残基があり，そのうちの 6 個が分子内でのジスルフィド結合に利用され，残りの 1 個が 2 本のペプチドの 2 量体化に利用されていることである．

1) TGF-β

TGF-β は腫瘍細胞の培養上清中から，正常線維芽細胞の足場非依存的増殖を促進する因子として単離された．TGF-β は血中やさまざまな組織の細胞外マトリックスに潜在型（不活性型）として存在している．潜在型 TGF-β は熱，酸，アルカリ，尿素などの化学処理によって活性化されるほか，細胞外マトリックスの一種，フィブロネクチンに結合性を示す細胞接着因子，インテグリン $\alpha_v\beta_6$ によっても活性化されて作用を発現する．しかし，TGF-β の増殖促進作用は限られた細胞のみで発揮される効果で，通常は細胞増殖抑制因子として，特に発生や分化，組織の線維化などに関与している．

2) アクチビン activin

アクチビンは，卵胞液から卵胞刺激ホルモン follicle-stimulating hormone（FSH）の分泌を特異的に促進するタンパク質として単離された．アクチビンは，生殖腺顆粒膜や膵内分泌細胞の分化促進，赤芽球分化促進，肝細胞や免疫系 B 細胞のアポトーシス誘導，神経細胞の保護作用のほか，口蓋，頬鬚，門歯の形成など多彩な生理活性を発揮する．また，アクチビンは発生の過程で左右軸の形成や眼瞼形成，乳腺，膵臓内分泌などの腺組織形成作用にも関与している．

3) BMP（骨形成因子 bone morphogenetic protein）

BMP は，酸で脱灰した骨を皮下や筋肉内に移植すると，異所性に骨形成を起こす因子として精製，クローニングされた．本タンパク質は，TGF-β スーパーファミリーに属し，哺乳類では 15 種類以上のファミリー分子が報告されている．これらの内，BMP-2，BMP-4，BMP-6，

BMP-7 (OP-1；osteogenic protein-1) は，強力な骨形成促進のほか，初期発生から神経，血管などの器官形成に重要な役割を果たしている．

BMP は，I 型と II 型のセリン-トレオニンキナーゼ型受容体（BMPR-I，BMP-RII）に結合する．BMP と受容体との結合はアンタゴニストであるノギン noggin，コーディン chordin，フォリスタチン follistatin 等によって阻害される．BMP は器官形成においては骨や軟骨形成ばかりでなく，歯の発生や消化管の分化における上皮-間質相互作用の担い手としても重要である．

B　サイトカインレセプター

a）サイトカインレセプターの分類

サイトカインについてはすでに述べたが，そのレセプターも構造的特徴からいくつかのファミリーに分類することができる．細胞増殖因子に対する受容体は，細胞内にチロシンキナーゼ活性を有する領域をもつチロシンキナーゼ型レセプターであり，造血因子や IFN に対する受容体は II 型レセプターに属し Janus Kinase (JAK) を，TGF-β スーパーファミリーに対する受容体はセリン-トレオニンキナーゼの活性化を介して作用を発現する．IL-1 に対する受容体は IV 型レセプターに属し MyD88 を，TNF ファミリー分子に対する受容体は III 型レセプターと呼ばれ，TRADD を介してシグナルを伝達することが明らかになっている（図 III.6.26）．そのほかにも，7 回膜貫通型の G タンパク質共役型に属するケモカイン受容体などがあるが，異なる受容体からのシグナルが細胞内で共通の因子，Ras，Smad，JNK (Jun N-terminal kinase)，IKK (IκB kinase) などとの結合を介して核にシグナルが伝達されることから，作用の重複性が起こる 1 つの機序と考えられる．

b）サイトカイン I 型レセプター

サイトカイン I 型レセプターとは，膜貫通部位を 1 つ有する膜タンパク質で，N 末端が細胞外に，C 末端が細胞内に存在するレセプターのことであり，インターロイキン (IL) 2〜7，9，11〜13，15，G-CSF（顆粒球コロニー刺激因子）等のサイトカインが，I 型レセプターに結合してシグナルを伝達する．I 型レセプターの N 末端側の細胞外ドメインには約 200 アミノ酸からなる相同性ユニットと呼ばれる配列があり，4 つのシステイン残基が一定の間隔で配位している．また，細胞外の C-末端側には WS ボックスと呼ばれる特徴的なアミノ酸配列（Trp-Ser-X-Trp-Ser）が存在する．さらに，I 型サイトカインレセプターは多くの場合 2〜3 種類のサブユニットにより構成されるが，シグナル伝達に関与するサブユニットは複数のレセプター間で共有されている．つまり，複数の異なるサイトカインが共通のレセプターサブユニットを介して，細胞に共通のシグナルを送ることができるのが I 型サイトカインレセプターの特徴であり，このことがサイトカイン作用の重複性の分子基盤となっている．以下に代表的な I 型レセプターを利用

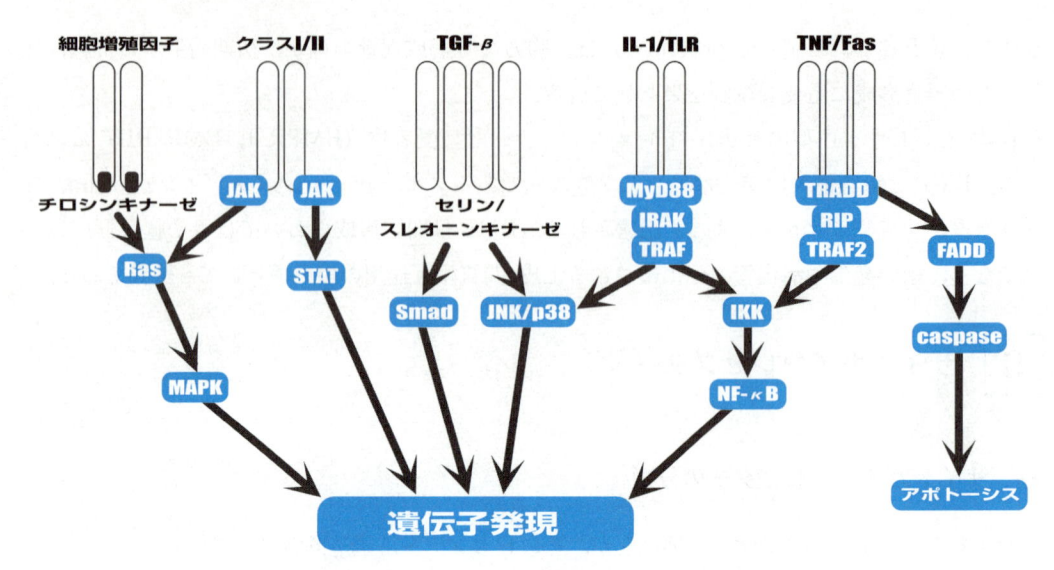

図 III.6.26　サイトカイン受容体とそのシグナル伝達因子
細胞増殖因子の受容体を介するシグナルはチロシンキナーゼを，TGF-β ファミリーの受容体を介するシグナルはセリン-トレオニンキナーゼを，クラス I および II 型の受容体を介するシグナルは JAK/STAT 経路を介して伝達される．IL-1 と TNF の受容体は TRAF を介して伝達する．

しているサイトカインのシグナル伝達について記す．

1) IL-2 レセプターファミリー

IL-2 レセプターの 3 番目のサブユニットとしてクローニングされた γ サブユニットは，IL-4 レセプター，IL-7 レセプターおよび IL-15 レセプターに共有される（図 III.6.27）．βc を共有する IL-3 レセプターファミリーや gp130 を共有する IL-6 レセプターファミリーのシグナル伝達には共通の現象が多くみられるのに対して，γ サブユニットを共有する IL-2 と IL-4 レセプターの作用には共通点が少なく，シグナル伝達系も異なっている．この場合 IL-2 レセプター系では β サブユニットがシグナルを伝達しているのに対し，IL-4 レセプターでは IL-4 レセプター α サブユニットがシグナル伝達に関与しているからである．

2) IL-3 レセプターファミリー

一方，IL-3/GM-CSF/IL-5 のレセプターの場合にも，シグナルの伝達に共通性がみられるが，IL-3 レセプターファミリーでみられる共通性の機序は，β サブユニットが共有されているためであると説明される（図 III.6.27）．α サブユニットがリガンド特異的な低親和性の結合能を示すのに対して，βc は単独ではいずれのリガンドにも結合性をもたないが，高親和性レセプター形成とシグナル伝達に必須である．したがって，βc のホモ 2 量体との結合を介して下流へシグナル伝達する．したがって，このファミリーのサイトカインには，作用やシグナル伝達に多くの

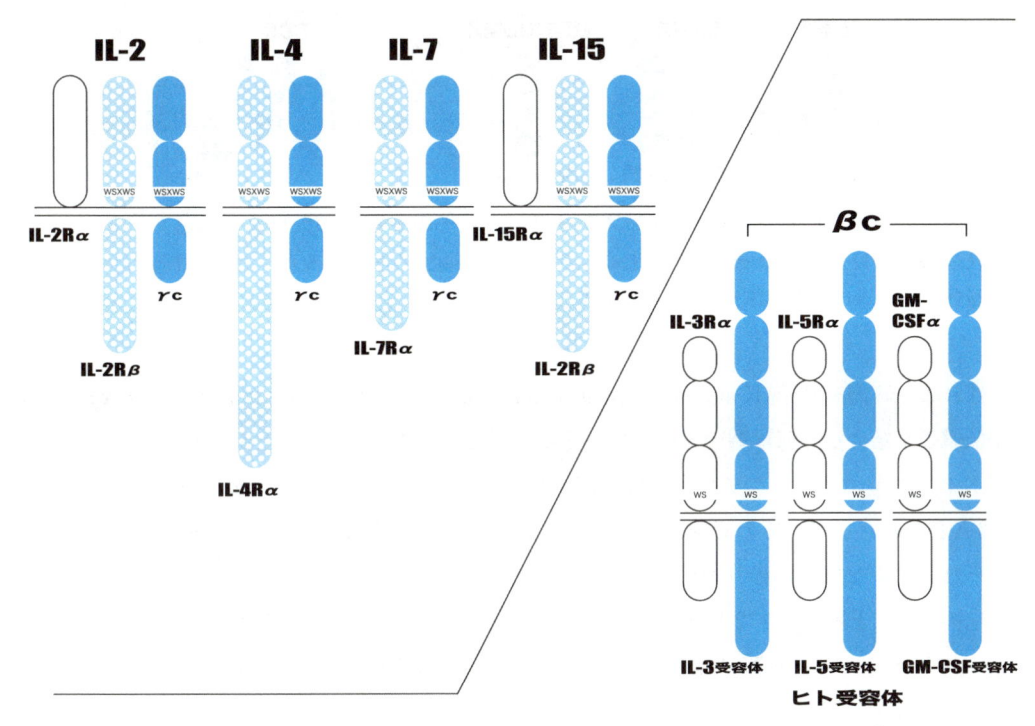

図 III.6.27　IL-2 ならびに IL-3 ファミリー受容体を介したシグナル伝達
IL-2 ファミリーの受容体を介するシグナルは，γc と呼ばれる共通のサブユニットを介して伝達される．一方，IL-3 ファミリーの受容体は βc サブユニットを共有してシグナルを伝達するので，作用の重複性が起こる．

共通点がみられるのである．

3）IL-6 レセプターファミリー

　IL-6，IL-11，白血病抑制因子 leukemia inhibitory factor（LIF）およびオンコスタチン M oncostatin M（OSM）レセプターからのシグナルは，gp130 と呼ばれる分子量 130 kDa の糖タンパク質を介して伝達されるので，IL-6 レセプターファミリーとして分類される．IL-6 と IL-11 のシグナル伝達に使われる gp130 はホモ 2 量体を形成するのに対して，LIF および OSM のレセプターを介したシグナル系では，gp130 と LIFBP（leukemia inhibitory factor binding protein；白血病抑制因子結合タンパク質）のヘテロ 2 量体によって伝達される（図 III.6.28）．

c）II 型サイトカインレセプター

　IFN-α，-β，-γ ならびに IL-10 レセプターは II 型サイトカインレセプターに分類される．この属のレセプターは WS ボックスを有しないが，システイン残基の繰り返し配列を有することから I 型サイトカインレセプターと構造上の類似点がある．IFN レセプターを介して発現が誘導される種々の生物反応は，それぞれの遺伝子に IFN regulatory factor-1（IRF-1）と IRF-2

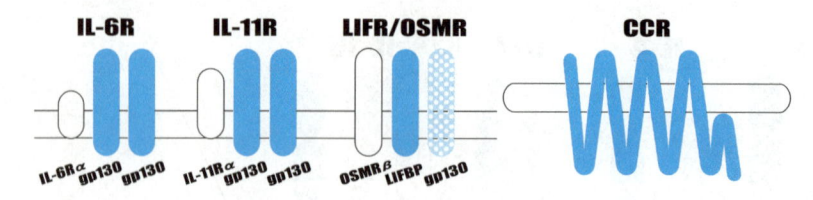

図 III.6.28　IL-6 レセプターファミリーの受容体のシグナル伝達

IL-6 や IL-11 のような gp130 を介してシグナルを伝達するサイトカインは，gp130 のホモ 2 量体または gp130 と LIFBP とのヘテロ 2 量体と結合してシグナルを伝達する．

と呼ばれる転写因子や JAK-signal transducers and activators of transcription（STAT）シグナル伝達系が結合して転写調節を司っていることが知られている（図 III.6.26）．

　JAK によりレセプターのチロシン残基がリン酸化を受けると，src homology 2（SH2）をもつ STAT が結合して，その C 末端側にあるチロシン残基が JAK によりリン酸化される．すると，それまでレセプターのリン酸化チロシンに結合していた SH2 ドメインが他の STAT のリン酸化チロシンと結合して 2 量体化し，レセプターから離れて核へと移行して転写因子として機能する．また，STAT の N 末端側は，他の転写因子 p300/CBP, glucocorticoid receptor, c-Jun, nuclear factor kappa B（NF-κB）などとの相互作用に寄与している．

d）III 型サイトカインレセプター

　III 型サイトカインレセプターファミリーは TNF/Fas レセプターファミリーとも呼ばれ，3 種類の TNF レセプター，Fas をはじめとする多くの膜タンパク質が含まれる．III 型サイトカインレセプターも I 型，II 型レセプターと同じく I 型の膜タンパク質であるが構造上の類似性は少ない．TNF レセプタースーパーファミリーの TNFR I および Fas は，細胞死の誘導に関与している death domain（DD）を細胞内領域にもつかもたないかによって更に分類される．DD をもたないレセプターには TRAF（TNF receptor-associated factors）ファミリーのアダプター分子が，TRAF-binding motif を介して直接結合する．また，約 6 個の α-helix からなる DD をもつレセプターには，DD をもつアダプター分子 TNFR-associated DD protein（TRADD），Fas-associated DD protein（FADD）などが結合する（図 III.6.26）．

　TRAF ファミリーには TRAF1〜6 の 6 種類が知られており，NF-κB や activator protein 1（AP-1）の活性化により転写を調節する．TRADD は 2 つのシグナル伝達系につながっていると考えられている．1 つが，c-Jun N-terminal kinase（JNK）の活性化を介してアポトーシスを抑制する．もう一方は，TRADD がもう 1 つの DD をもつアダプター分子 FADD との結合を介して，アポトーシスの誘導に重要なカスパーゼ 8 の調節につながる経路の活性化である．

　TRAF6 は，以下に詳述するタイプ IV レセプターである IL-1R ファミリーや自然免疫系の主要なレセプターシステムである Toll like receptor（TLR）のシグナル伝達分子でもある．TRAF6 欠損では，破骨細胞の活性化に必要な RANK のシグナルが障害を受けるため，大理石

病や歯が顎骨の中から萌出してこないという表現型がみられる．これらは破骨細胞の機能障害により説明される．

e) IV型レセプター

IL-1R と TLR の細胞内領域は，α-helix とループが交互に並ぶ構造をしており，Toll/IL-1 receptor (TIR) domain と呼ばれる．TLR を介したシグナルは TIR ドメインと呼ばれる IL-1R の細胞内部分との相同性の高い領域を通して，NF-κB の活性化や JNK などの mitogen-activated protein kinase（MAP キナーゼ）の活性化を誘導する（図 III.6.26）．TIR ドメインには DD をもつアダプター分子 MyD88 が結合し，さらに DD をもつセリン-トレオニンキナーゼ分子，IL-1 receptor-associated kinase (IRAK) 4 が結合する．IRAK4 はさらに TRAF6 をリクルートして，NF-κB や JNK の活性化を誘導する．MyD88 欠損マウスでは，IL-1 による T 細胞の増殖誘導やサイトカイン産生，IL-18 による NK 細胞の IFN 産生などがみられず，また，IL-18 による Th1 細胞での NF-κB および JNK の活性化もみられない．

f) チロシンキナーゼ型レセプター

EGF レセプター，インスリンレセプター，M-CSF レセプター（c-fms），SCF レセプター（c-kit），FGF レセプターなど多くのレセプターが，細胞内にチロシンキナーゼ部位を有し，チロシンキナーゼ型レセプターとして分類されている（図 III.6.26）．これらのレセプターはさらに，チロシンキナーゼ部位に介在部（KI）が存在しない EGF レセプター型と，介在部が存在する PDGF レセプター型に分類できる．KI が存在しないチロシンキナーゼ型レセプターの細胞外部位にはシステインに富む繰り返し配列が存在する．一方，KI が存在するチロシンキナーゼ型レセプターの細胞外部位には Ig 様ドメインが存在し，Ig スーパーファミリーの仲間としても分類されている．

g) セリン-トレオニン型レセプター

セリン-トレオニン型レセプターとは，セリン-トレオニンキナーゼ活性を有する膜貫通型のレセプターで，TGF-β やアクチビンに対するレセプターのほか BMP ファミリーのレセプターが本属に分類されている（図 III.6.26，III.6.29）．セリン-トレオニン型のレセプターは，類似した構造を有するが膜直下に GS 領域と呼ばれる Gly, Ser, Thr に富んだ領域を有する I 型レセプターと GS 領域を有さない II 型レセプターにさらに分けられる．TGF-β のシグナル伝達にはセリン-トレオニンキナーゼ活性をもつ I 型と II 型の両受容体が必要であり，TGF-β がこれらのヘテロ受容体に結合すると，II 型レセプターによって I 型レセプターの膜近傍部位がリン酸化される．セリン-トレオニンキナーゼが活性化されると様々なシグナルが伝達されるが，Smad が中心的な役割を果たしている（図 III.6.29）．TGF-β のシグナルにより MAP キナーゼファミリーの分子が活性化されるが，このファミリーに特徴的なことは Smad と呼ばれる転写因子

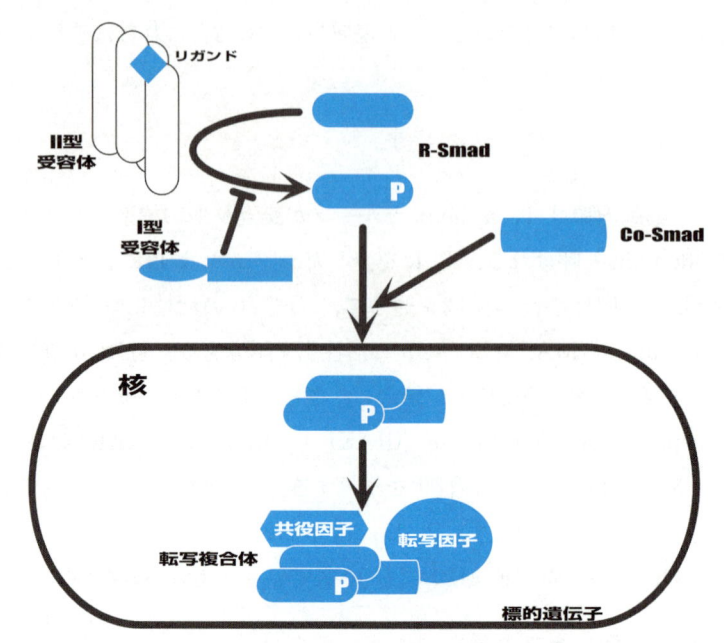

図 III.6.29　セリン-トレオニンキナーゼ型受容体を介したシグナル伝達
セリン-トレオニンキナーゼ型受容体を介してシグナルを伝達するサイトカインは，I 型と II 型の受容体からなる 4 量体と結合して Smad を活性化する．

を活性化することである．Smad には機能の違いから特異的 Smad（R-Smad），共有型 Smad（Co-Smad）と抑制型 Smad（I-Smad）の 3 つのクラスに分類される．I 型受容体により特異的 Smad がリン酸化を受けると，共有型 Smad である Smad 4 と結合して細胞質から核へ移行する．抑制型 Smad はシグナル伝達の負のフィードバックループの役割を果たしている．

h） ケモカインレセプター

ケモカインレセプターは現在までに 14 種類同定されており，すべて 7 回膜貫通型の G タンパク質結合型レセプター（GPCR）である（図 III.6.28）．最近，いくつかのケモカインレセプター（CXCR4/fusin, CC-CKR-2b, CC-CKR3, CC-CKR5）が HIV のレセプターの一部であることが判明し，ケモカインのレセプターとしてよりも HIV のレセプターとしてより多くの注目を集めている．

C　サイトカインと細胞死

a） 細胞死の誘導

生物は 1 つの受精卵から様々な転写因子の作用によって種々の組織・器官が形成されることによって造られる．一見無駄と考えられる細胞の死も重要かつ積極的な意味をもっており，細胞死

が少なくても多くても個体発生は正常に起こらない．正常な個体発生や恒常性の維持は細胞の増殖，分化，死のバランスに依存していると考えられる．例えば，癌や自己免疫疾患は，細胞死が抑制され，死ぬべき細胞が死ななかったために起こる病気である．一方，神経変性疾患，エイズ，劇症肝炎，免疫不全などは必要以上に細胞が死んでしまうために起こる病気とも考えられる．

近年，細胞死は細胞死誘導サイトカイン（デス因子）によって制御されていることが前述のように明らかにされ，サイトカインによって制御された細胞死をアポトーシス（細胞の自殺死）と呼んでいる．アポトーシスは細胞の死であるが，ネクローシスと呼ばれる死とは全く意味合いが異なる．すなわち，アポトーシスとはプログラム化された細胞の死で，生物の個体発生や恒常性の維持に必須の生命活動の時間軸で厳密に調節された細胞の死を示す現象である．

TNFレセプターを介したアポトーシス誘導のシグナルは，TNFR-Iの細胞内領域に存在するデスドメインにTRADD（TNFR-I-associated death domain）が結合することからはじまる．TRADDを経由するアポトーシス誘導のシグナルには2つの経路が存在し，その1つは，TRADD → FADD（Fas-associated death domain）→ カスパーゼ8（システインプロテアーゼの一種）へと至る経路である（図III.6.26）．残りの経路は，TRADD → RIP（receptor interacting protein）→ RAIDD（RIP-associated ICH-1/CED-3-homologous protein with a death domain）→ カスパーゼ2へとアポトーシスのシグナルが伝達される経路である．TRADDとFADD，TRADDとRIP，RIPとRAIDDの結合は，互いのデスドメインを介し起こる．

D　サイトカインによる免疫調節

a）ヘルパーT細胞の亜集団

免疫機構は大きく細胞性免疫と体液性免疫（抗体応答）に分類されるが，この振り分けにも様々なサイトカインが重要な役割を果たしている．免疫反応では，マクロファージや樹状細胞などの抗原提示細胞から，T細胞，B細胞へと情報が伝達されるが，ヘルパーT細胞の2種類の亜集団，Th1，Th2のバランスによって，どちらの免疫応答が優勢になるかが決まる．

抗原が侵入すると未分化な末梢ナイーブT細胞の増殖・分化が開始する．その際，抗原刺激の種類や強さ，抗原提示細胞による刺激シグナル，さらに産生されるサイトカインの種類により最終分化の方向が決定される（図III.6.30）．たとえば，マクロファージが産生するインターロイキン-12（IL-12）は，インターフェロンγ（IFN-γ）などを産生して，抗ウイルス免疫などの細胞性免疫に関与するTh1細胞への分化を誘導する．逆にT細胞，NKT細胞，マスト細胞などに由来するIL-4は，IL-4，IL-5，IL-6などを産生し，抗寄生虫免疫などの体液性免疫に関与するTh2細胞への分化を促進する．このように，末梢T細胞の終末分化の方向付けはサイトカインの種類によって調節され，その結果，細胞性免疫と体液性免疫のどちらの免疫応答が優勢になるかが決まる．

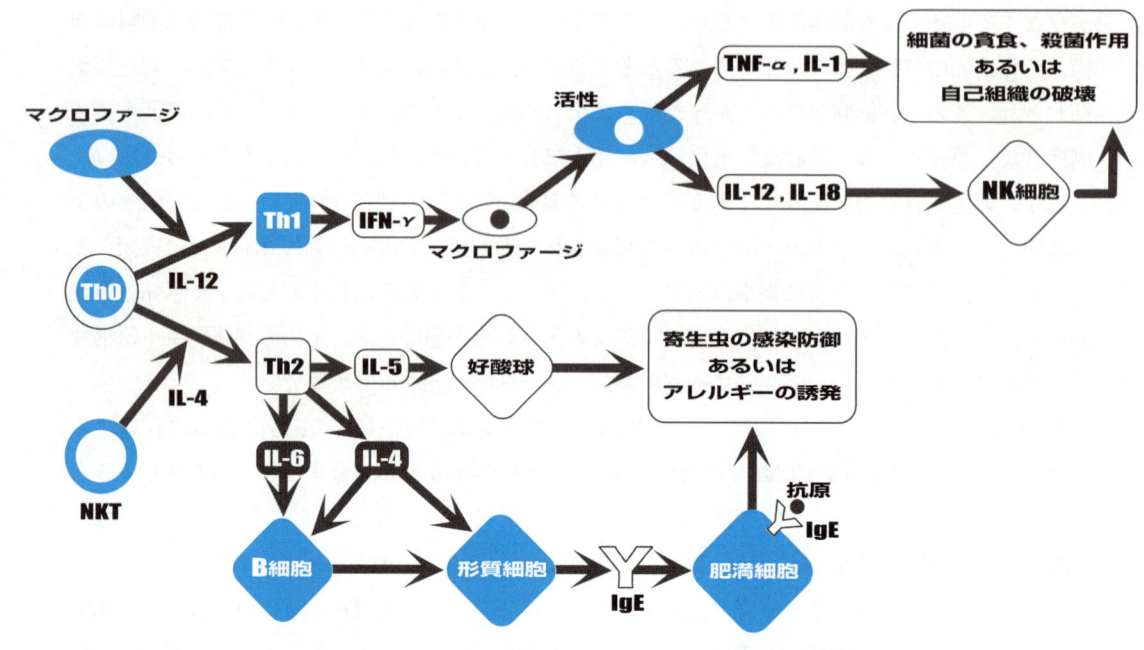

図 III.6.30　サイトカインの免疫系に対する作用

Th0 細胞は NKT 細胞から産生される IL-4 によって刺激されると Th2 細胞に分化する．また，主にマクロファージから産生される IL-12 の刺激を受けると Th1 細胞に分化する．また，Th1 ならびに Th2 細胞もサイトカインの刺激によって更に分化して，様々な細胞を活性化して免疫機能を制御する．

Key words

ペプチド性ホルモン	視床下部ホルモン	下垂体前葉ホルモン
下垂体後葉ホルモン	インスリン	グルカゴン
糖尿病	カルシトニン	副甲状腺ホルモン
消化管ホルモン	アミノ酸誘導体ホルモン	甲状腺ホルモン
副腎髄質ホルモン	ステロイドホルモン	糖質コルチコイド
鉱質コルチコイド	卵胞ホルモン	黄体ホルモン
男性ホルモン	ホルモン分泌異常	巨人症
尿崩症	クレチン病	バセドウ病
褐色細胞腫	クッシング症候群	アジソン病
受容体	情報伝達系	細胞膜受容体
コンホメーション転換	リン酸化	プロテインキナーゼ
核内受容体	遺伝子発現	アゴニスト
アンタゴニスト	イオンチャネル型受容体	G タンパク質共役型受容体

キナーゼ関連型受容体	G タンパク質	アデニル酸シクラーゼ
GDP-GTP 交換反応	GTP アーゼ	プロテインホスファターゼ
グアニンヌクレオチド交換因子	GTP アーゼ活性化因子	サイクリック AMP
セカンドメッセンジャー	ファーストメッセンジャー	サイクリック GMP
ジアシルグリセロール	イノシトール1,4,5-トリスリン酸	カルシウムイオン
一酸化窒素（NO）	プロテインキナーゼ A	cAMP ホスホジエステラーゼ
ホスホリパーゼ C	PI レスポンス	プロテインキナーゼ C
IP_3感受性 Ca^{2+} チャネル（IP_3受容体）	EF ハンド	カルモジュリン
グアニル酸シクラーゼ	プロテインキナーゼ G	増殖因子
分化因子	チロシンキナーゼ受容体	チロシンキナーゼ
アダプタータンパク質	Src homology2（SH2）領域	Src homology3（SH3）領域
非受容体型チロシンキナーゼ	Ras タンパク質	PI-3 kinase
プロテインキナーゼ B	MAP キナーゼ	キナーゼ連鎖（カスケード）
転写因子	Zinc フィンガー領域	ホルモン応答配列
核局在化シグナル	インターロイキン	サイトカイン
リンホカイン	モノカイン	IL-1
IL-2	IL-3	IL-4
IL-7	IL-11	IL-8
IL-12	IL-1β変換酵素	カルパイン
造血因子	エリスロポエチン	ランテス
ミップ1	SDF-1	IFN
G-CSF	GM-CSF	M-CSF
RANKL	RANK	TPO
TNF	VCAM	ケモカイン
EGF	PDGF	FGF
IGF	VEGF	TGF-β
BMP	アクチビン	サイトカインレセプター
NF-κB	デス因子	アポトーシス
セリン-トレオニン型レセプター	チロシンキナーゼ型レセプター	gp130
ネクローシス	カスパーゼ	T 細胞
ヘルパー T 細胞	Th1	Th2
多様性	重複性	STAT
TRAF		

IV.

遺伝情報

영화로운

IV.1 遺伝子と染色体

学習目標

　ヒトをはじめ多くの生物種で，生命のプログラムともいえる遺伝情報を担うDNAの全塩基配列が明らかになってきている．これら膨大な情報をもとに，生命現象が今後一層解明されていくとともに，医療や産業などの社会生活にも影響を与えていくものと考えられている．この章では，遺伝という現象は，身近に実感できる現象ではあるが，その実体が何であるかという長年の疑問をいかに明らかにしてきたかを学ぶことで，まず遺伝子の概念を理解する．そして，遺伝子がその機能を発揮するために，染色体として細胞の中でどのように配置され，収納されているかを学ぶ．このことは遺伝子の機能発現や遺伝情報の維持としての複製，修復を理解する上で必要なことである．

はじめに

　生物は実に多種多彩であるが，1つ1つの生物を決定づけているのは，生命の設計図ともいわれるDNAである．そのDNAの塩基配列に刻まれている生物固有の1組の完全な遺伝情報のことをゲノム genome という．大腸菌のゲノム，ヒトのゲノムなどといい，それぞれの遺伝子全体を表す．DNA自体には生物活性はなく，細胞の中で初めてその情報が生きてくる．親細胞の情報解読装置（転写・翻訳）と情報複製装置（複製）を利用して，生命を維持し続けている．DNAは細胞の中でタンパク質などと相互作用して，染色体 chromosome と呼ばれる構造体に収納されている．

IV.1.1 遺伝子

　親の形質が子やそれ以降の世代に引き継がれる遺伝という現象は，科学的解析が進む以前から

当然の現象として人類は理解していた．すなわち，父方と母方からの血統を受け継ぐことによって，子がそれぞれの親に似ている部分があると同時に，似ていない新たな形質が現れたり，何代か前の祖先の形質が突然現れたりということを経験してきた．この遺伝現象に初めて科学的メスをいれたのが，Gregor Mendel であった．エンドウマメの交配実験を重ね，マメが丸いかしわがよっているか，あるいは緑か黄かという対立形質（表現型）でとらえ，表現型を決定する何らかの因子が存在すること，さらにこの因子が法則をもって次世代に受け継がれていくことを発見し，1866年，遺伝の法則（優性の法則，分離の法則，独立の法則）として発表した．この因子が，現在でいう遺伝子 gene の概念に当たる．しかし，Mendel の発見は当初注目されず，34年後の1900年に，数人の植物学者により彼の研究の重要性が再発見された．

1903年 W. Sutton は，染色体が遺伝子のふるまいをすることを見出し，遺伝の染色体説を提唱した．遺伝子は染色体の一部であると考えた．1910年には，T. H. Morgan がショウジョウバエの交配実験から，ある形質を支配する遺伝子が染色体の特定の位置に存在することを明らかにした．1927年 H. J. Muller は，X線によって人為的に突然変異を誘発できることを発見した．そして1941年 G. W. Beadle と E. L. Tatum は，アカパンカビに X 線を照射して誘発した変異株が，培地中に1つの栄養素を加えないと生育しないことから，加えた栄養素を合成する酵素が欠損したことを示した．この研究から，彼らは1つの遺伝子から1つの酵素がつくられるという一遺伝子一酵素説を提唱した．今日では，遺伝子は必ずしも酵素だけをコードしているのではなく，酵素以外のタンパク質をコードしていること，タンパク質に翻訳されないリボソーム RNA やトランスファー RNA などをコードすることも知られており，一遺伝子一酵素説は正確な表現ではないが，一遺伝子一酵素の概念は，遺伝子の役割を明確に示した点で重要である．

一方，多様な遺伝の仕組を担うのは複雑な物質であると当初考えられていたので，遺伝子本体は DNA ではなくタンパク質であると推測されていた．化学的に DNA を解析したのは，1869年 F. Miescher による．彼は膿の核を研究し，ヌクレインという酸性でリン酸が大量に含む物質を抽出した．後に核酸と名づけられたヌクレインの化学組成は1920年代になってようやく決められ，核酸が4つの塩基（A，C，G，T）から構成されていることが明らかにされた．しかし，DNA を4種類の塩基が順に結合した単純な化合物と信じ（テトラヌクレオチド仮説），遺伝を説明できる物質とは当時考えられなかった．DNA が最終的に遺伝物質であると認識されるには，いくつかの歴史的実験が必要であった．

IV.1.2 DNAこそ遺伝子本体

遺伝物質が DNA であるという考えのきっかけとなった実験は，1928年 F. Griffith が行った肺炎双球菌の形質転換実験である．肺炎双球菌 *Streptococcus pneumoniae* は細胞壁の外側を多

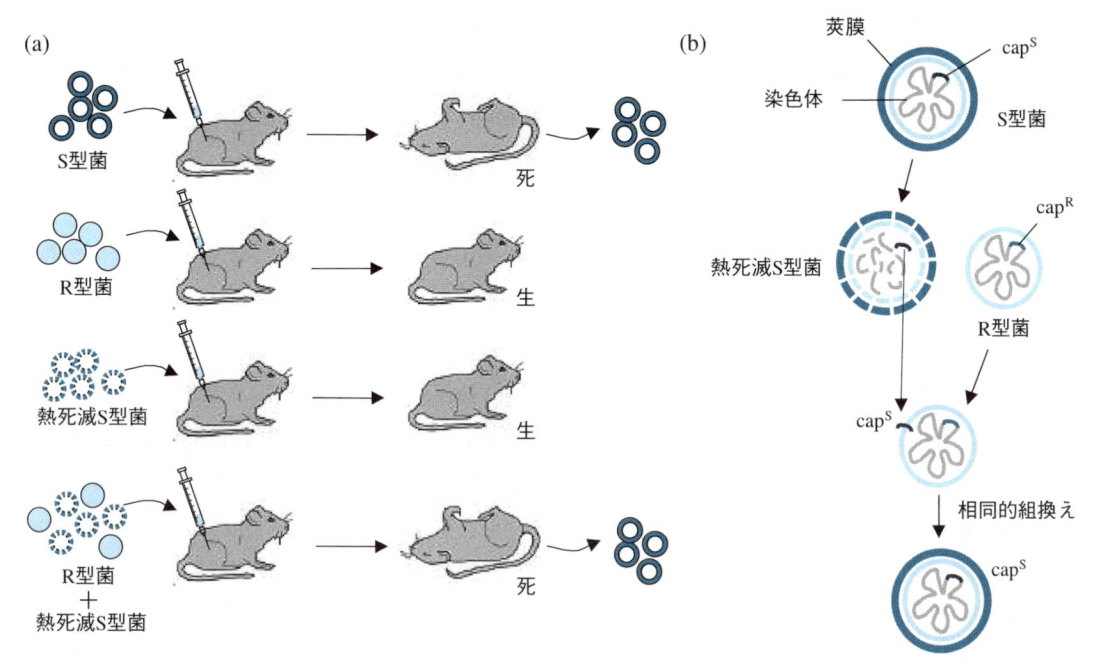

図 IV.1.1　Griffith の実験(a)と Avery, MacLeod, McCarty らの実験結果からの解釈(b)
莢膜のある S 型菌をマウスに注射すると，その病原性のため感染症を起こしてマウスは死ぬ．死んだマウスからは生きた S 型菌が分離される．莢膜のない R 型菌や熱死滅させた S 型菌を注射した場合は，免疫系で排除されるためマウスは生きている．しかし，熱死滅させた S 型菌に病原性のない R 型菌を混ぜたものをマウスに注射すると，マウスは死に，死んだマウスから生きた S 型菌が回収できる．この現象は，Avery らの実験から DNA が形質転換を引き起こしたことが明らかになったので，現在では，(b)のように解釈できる．解釈は本文中に記述．

糖からなる莢膜（きょうまく）が覆い，寒天培地上で滑らかなコロニーを形成する（S 型，smooth）．S 型菌は病原性があり，マウスに感染し重篤な感染症を引き起こす．Griffith は，肺炎双球菌の中に病原性のない菌株を分離した．この病原性のない菌株は莢膜をもたず，寒天培地上でざらざらしたコロニーを形成する（R 型，rough）．熱で殺菌した S 型菌と病原性のない生きた R 型菌を混合してマウスに注射すると，注射されたマウスが感染症を引き起こし死ぬことを見出した（図 IV.1.1a）．しかも，死んだマウスからは生きた S 型菌が単離された．彼は，S 型菌の熱に耐性な因子が R 型菌を病原性菌に転換させ，細胞分裂してもその形質が遺伝していくと解釈した（R 型菌の S 型菌への形質転換）．

　熱に耐性な遺伝物質をつきとめたのは，O. Avery, C. MacLeod, M. McCarty であった．1944 年彼らは，病原性のない生きた R 型菌を形質転換させるには，マウスに接種する必要はなく，完全に破砕した S 型菌の細胞抽出液を R 型菌に加え培養すれば十分であることに着目した．S 型菌の細胞抽出液を遠心分離法で分画して，病原性のない生きた R 型菌を S 型菌に形質転換させる物質が DNA であることを証明した．形質転換させる物質を含む画分に，プロテアーゼ（タ

ンパク質分解酵素）やリボヌクレアーゼ（RNA分解酵素）を反応させても形質転換に影響を及ぼさなかったが，デオキシリボヌクレアーゼ（DNA分解酵素）でDNAを消化すると形質転換を起こさなかったことから，DNAが形質転換誘導物質であると結論した．現在では，この現象は次のように説明される．S型菌には，病原性の発現に必須な莢膜を形成する酵素をコードする遺伝子（cap^S）がある．S型菌の熱殺菌処理や破砕処理によって，この遺伝子を含むDNA断片が，まず病原性のない生きたR型菌の細胞壁を通過して細胞内に入る．そしてR型菌の機能しなくなった莢膜形成遺伝子（cap^R）と相同的組換え（IV.2.3参照）を起こし，cap^S遺伝子を獲得することによって莢膜を形成できるようになり，病原性が出現したのである（図IV.1.1b）．この実験は，細菌においてDNAが遺伝的形質をもっていることを示した最初の実験である．

さらに，DNAが遺伝物質であることを実証したのが，A. HersheyとM. Chaseである．1952年彼らは，ウイルスの遺伝物質がDNAであることを放射性同位元素を用いて示した（詳細はBox）．そして，Watson-CrickのDNA二重らせんの発見こそが，遺伝子がどのように複製されるかの疑問をも解き明かし，遺伝子がDNAでできていることを科学者に最終的に確信させた．

Box IV.1.1

HersheyとChaseの実験

Griffith同様，HersheyとChaseも，当初遺伝子の化学的本体を決めようとして実験を行ったわけではなかった．HersheyとChaseはバクテリオファージ（ファージともいう，細菌に感染す

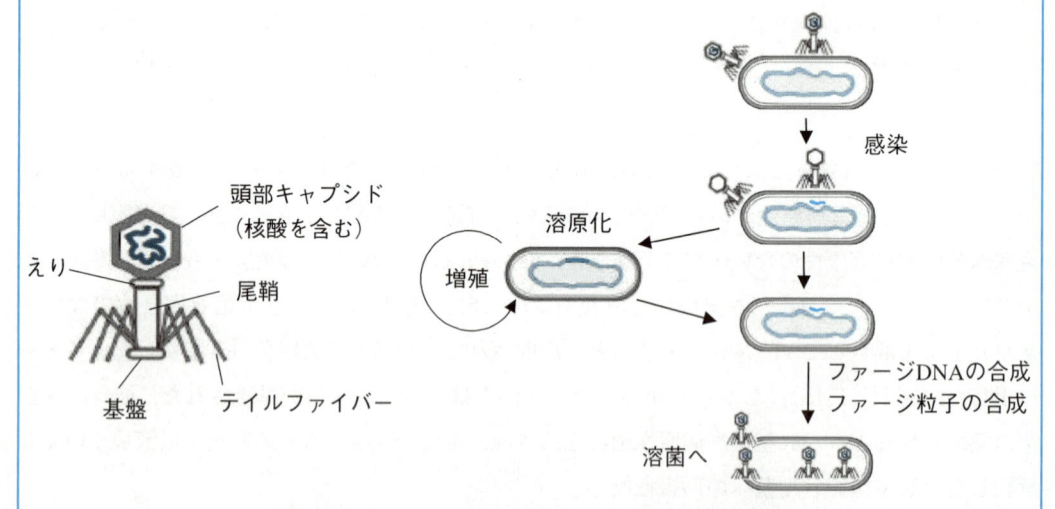

図IV.1.2 バクテリオファージの構造と生活環

左はT4ファージの構造を示している．右は，T4ファージが宿主の大腸菌に感染した場合の生活環である．ファージDNAが，宿主染色体に組み込まれると，宿主の染色体であるかのように振る舞い，大腸菌は普通に増殖する．これを溶原化という．また，宿主染色体に組み込まれないと，細胞内ではファージDNAと粒子の合成が盛んに行われ，ファージが増殖して溶菌する．溶原化したファージDNAも，刺激を受けると染色体外に飛び出し，溶菌サイクルに向かう．

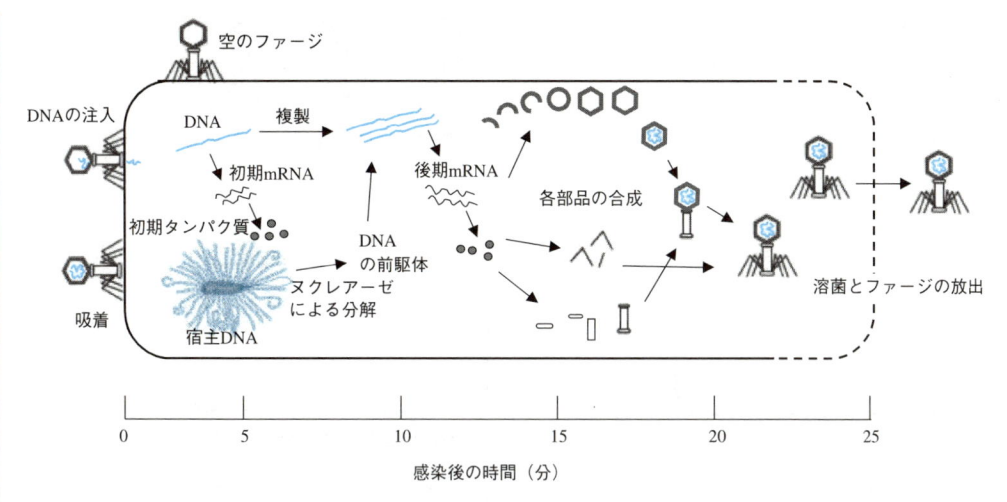

図 IV.1.3　T4 ファージの溶菌
左から右へ感染後の時間的変化を示している．時間の経過に従って，細菌内では宿主 DNA の分解，ファージ DNA や構成粒子の部品合成，ファージの構築，溶菌と進む．
（石川辰夫他編(1990)図解微生物学ハンドブック，丸善を改変）

るウイルスのこと）の感染サイクルを研究していた．ファージは DNA とタンパク質のみから構成され，DNA はファージの頭部キャプシド capsid head と呼ばれる正二十面体のタンパク質に包まれている．えり，尾鞘，基盤からなる腹部とテイルファイバーと呼ばれる足をもっている（図 IV.1.2）．ファージが細菌に感染すると DNA を細菌内に注入する．注入された DNA は，細菌の染色体 DNA の中に組み込まれることがある．このファージ DNA が宿主染色体に組み込まれることを溶原化と呼ぶ．ファージ DNA が組み込まれずに複製された場合，溶菌サイクルへ進む（図 IV.1.2）．ファージの DNA が複製されると同時に，細菌の DNA が断片化される．ファージを構成するタンパク質合成が盛んに行われ，ファージが再構成され爆発的に増え，細胞膜が破壊された細菌からファージが放出される（図 IV.1.3）．Hershey と Chase が研究していたのは，バクテリオファージの一種である T2 ファージである．T2 ファージを感染させた大腸菌を電子顕微鏡で観察すると，大腸菌表面に中が空っぽのファージがみられる．感染した細胞はファージを爆発的に合成するため，遺伝を担う物質が細胞内へ注入されたと考えられた．遺伝物質がタンパク質であるか DNA であるかを検討するため，彼らは放射性同位元素による標識技術を用いた（図 IV.1.4）．タンパク質はイオウ原子（S）を含むが，リン原子（P）を含まない．DNA は逆にリン原子を含むがイオウ原子を含まない．そこでタンパク質をイオウの放射性同位元素の ^{35}S で，DNA をリンの放射性同位元素の ^{32}P で標識するため，それぞれの放射性同位元素を含む培地で別々にファージを増やした．放射標識したそれぞれのファージを非放射性の培地で培養した大腸菌に感染させ，時間をおかずにブレンダーで激しく撹拌した．撹拌によって大腸菌表面の抜け殻のファージ成分がはがれ，遠心分離することにより大腸菌だけを回収した．回収した大腸菌は ^{32}P で標識した成分（DNA）のほとんどを含んでいたのに対し，^{35}S で標識した成分（タンパク質）は 20 ％しか含んでいなかった．さらに，感染サイクルの終了まで大腸菌の培養を続けて，増殖した子ファージを回収すると，^{32}P

[³⁵S]標識したタンパク質をもつファージ　　　　　　　[³²P]標識したDNAをもつファージ

ファージの
大腸菌への
感染

↓ ブレンダー撹拌により大腸菌表面に付着したファージの脱離
↓ 培養

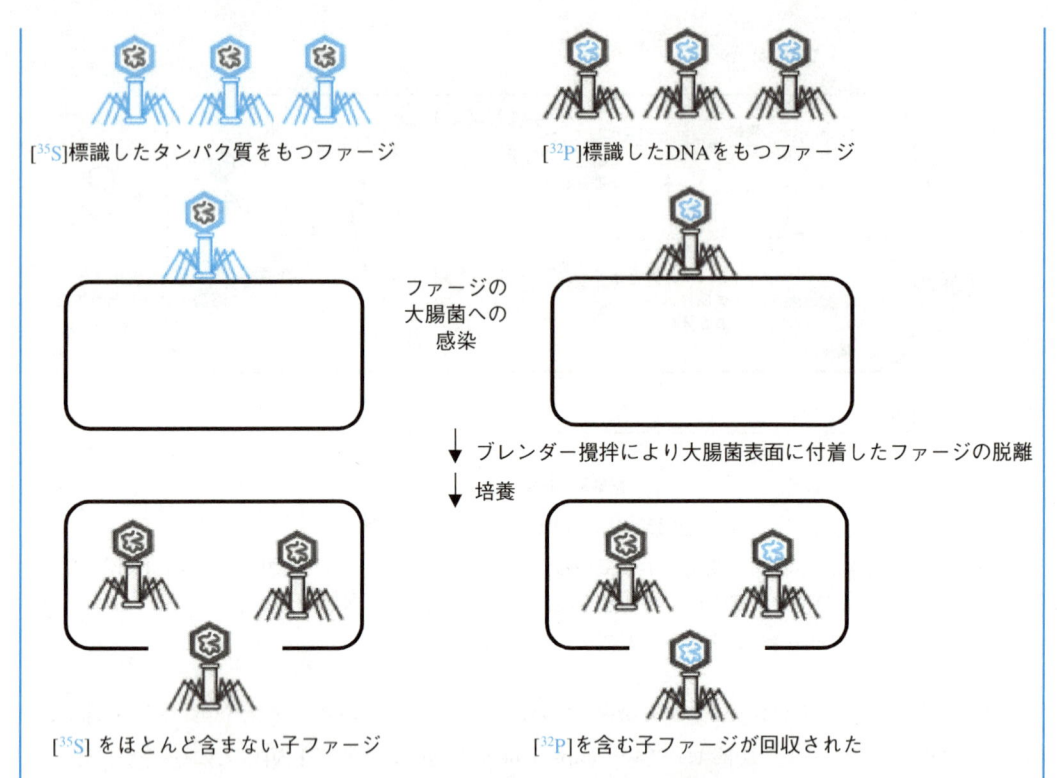

[³⁵S]をほとんど含まない子ファージ　　　　　　　　[³²P]を含む子ファージが回収された

図 IV.1.4　Hershey と Chase の実験

タンパク質を標識した T2 ファージ, DNA を標識した T2 ファージを別々に大腸菌に感染させ, ブレンダーで撹拌して大腸菌表面の空ファージを除いた大腸菌を集める. さらに, 集めた大腸菌を培養して子ファージを回収する. 最初に集めた大腸菌と培養後の子ファージの中の, 放射能を測定することで, どちらの物質が子ファージを形成する情報をもっているかを明らかにする実験である.

で標識した成分がほぼ半数回収されたが, ³⁵S で標識した成分はほとんどなかった. この結果から, 大腸菌内に注入されたのは DNA のみであり, タンパク質は注入されなかったこと, DNA の注入によって子ファージが回収できたことから, 遺伝を担う物質はタンパク質ではなく DNA であると結論づけた. この結果は, 遺伝物質がタンパク質であるというそれまでにわずかに残っていた可能性を完全に否定して, DNA こそが遺伝物質の本体であることを明確に示すものであった.

IV.1.3 遺伝情報の流れ

　Watson-Crick の二重らせんモデルの提唱は，遺伝情報の流れについての重要な概念を導いた．細胞の中での「遺伝情報は，DNA から RNA へ，そして RNA からタンパク質へと一方向に伝えられる．」というもので，「分子生物学（生命現象を分子の構造と機能に基づいて解明しようとする学問分野）のセントラルドグマ central dogma（中心命題）」と呼ばれる．この過程は，情報科学用語が用いられている．DNA から DNA を合成する過程のこと，すなわち遺伝情報のコピーのことを複製 replication と呼び，DNA を鋳型とした RNA の合成を転写 transcription，RNA からのタンパク質合成は情報がアミノ酸へと読み替えられることから翻訳 translation と呼んでいる．今日では，RNA をゲノムにもつウイルスから RNA を鋳型として DNA を合成する酵素である逆転写酵素や RNA を鋳型として RNA を合成する酵素の発見から，セントラルドグマの細部が修正されている（図 IV.1.5）．

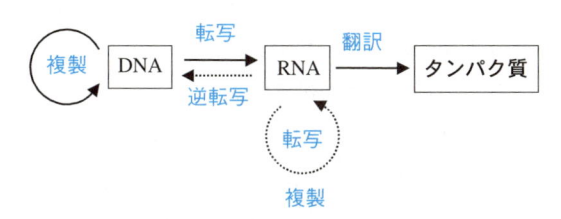

図 IV.1.5　分子生物学におけるセントラルドグマ
実線の部分は，最初に提唱された遺伝情報の流れを表したものである．その後，RNA をゲノムにもつウイルス由来の酵素によって，点線の部分で示した遺伝情報の経路も存在することが明らかになった．

IV.1.4 DNA の超らせん化

　遺伝情報の担い手である DNA は，細胞の中で転写・翻訳されることで初めて意味のある情報に変換される．小さな細胞の中にゲノム DNA が収納されるためには，コンパクト化するため DNA の超らせん化が必要となる．
　一部のウイルスや大腸菌をはじめとする原核生物のゲノム，さらに原核生物中に存在する小さな DNA（プラスミド DNA）は，DNA の両端が結合して環状構造になっている．環状 2 本鎖 DNA は，輪ゴムがねじれるようにさらにねじれた構造をとる．この現象を超らせん，スーパー

コイル supercoil などと呼ぶ．超らせん構造は，両端が閉じた環状構造をとったときのみ形成される．2本鎖DNAのいずれか一方の鎖に切れ目（ニック）が入ると，他方のつながっている鎖のまわりを回ることができ，ねじれを減らす向きに回ればより弛緩したDNAになり，ねじれを増やす方向に回れば超らせん化が進む．この現象は，数学的に次のような式で表され，DNAの三次元的な超らせん構造を理解する上で役に立つ．

$$L = T + W$$

L：リンキング数 linking number．2本鎖DNAのうちの一方の鎖が他方の鎖のまわりを何回まわっているかを示す数で，まつわり数ともいう．リンキング数は，DNAのポリヌクレオチド鎖が両方とも共有結合でつながっている限り，ねじったりしても変化しない値である．したがって，Lの値を変化させるためには必ずDNAの鎖を切らなければならない．

T：ツイスト数 twist number．一方の鎖が二重らせん軸のまわりを巻く回数を示す数で，より数ともいう．右巻きを正の数で，左巻きを負の数で表す．超らせん構造でない環状DNAのツイスト数は，総塩基対数を二重らせん一巻き当たりの塩基数で割った値である．

W：ライジング数 writhing number．二重らせん軸が超らせん軸のまわりを巻く回数を示す数で，よじれ数ともいう．右巻きをやはり正の数で表す．超らせんの度合を表す数であり，二重らせん軸が平面に限定されていれば，W=0である．

これらの数の関係は，紙テープを用いて実際にねじってみると理解しやすい．長さ30cmほどの紙テープの両端を手にもつ．紙テープの長い辺の両側が2本鎖DNAのそれぞれの鎖と見なす．

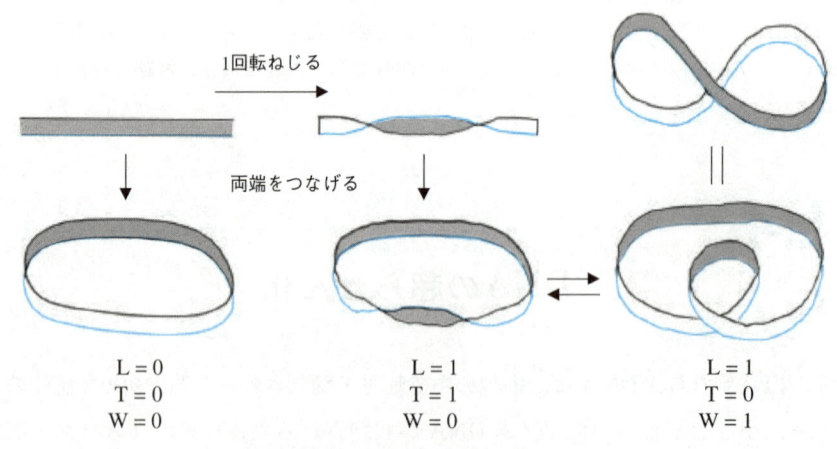

図 IV.1.6 らせんのトポロジー

DNAの2本鎖をリボンとみなして，DNAのトポロジーを考える．リボンの横の2つの線（青と黒）をそれぞれのDNA鎖とみなす．DNAには方向があるので同じ方向の鎖（同じ色）としか結合できない．右側の8の字構造と中に円ができる構造は同じライジング数をもつ．辺のねじれがない状態である．下の中央のものには辺のねじれが生じている．

(a) 弛緩したDNA　　　(b) 巻きの不足した超らせんDNA　　　(c) 巻きの不足したDNA

トポイソメラーゼ

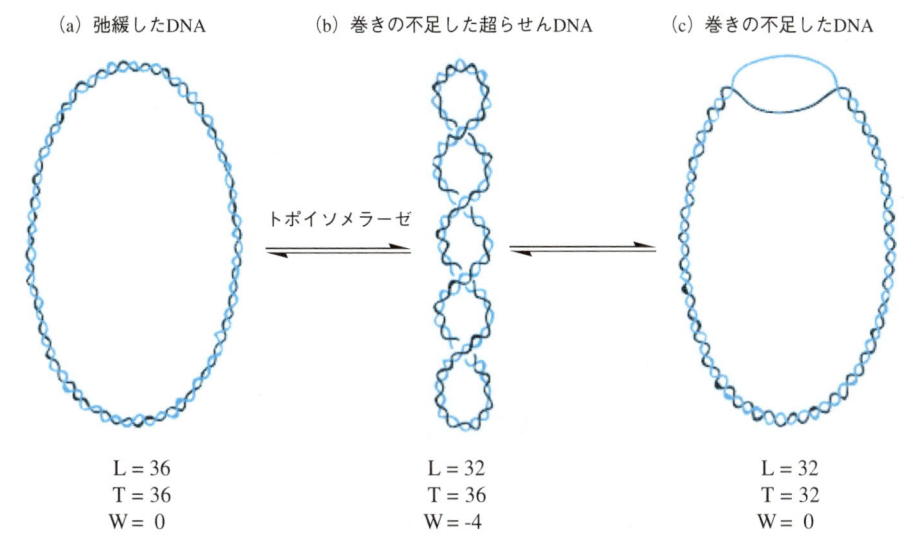

L = 36　　　　　　L = 32　　　　　　L = 32
T = 36　　　　　　T = 36　　　　　　T = 32
W = 0　　　　　　W = −4　　　　　　W = 0

図 IV.1.7　環状 DNA 分子の超らせん構造

弛緩した DNA（a）は，トポイソメラーゼ（大腸菌の場合ジャイレース）によって，ホスホジエステル結合の切断と再結合で (b) の負に超らせんした構造になる．これを (c) のように無理に平面上に伸ばすと 1 本鎖部分ができる．この構造は不安定で，(b) の構造へ戻る．

2 本鎖 DNA の両鎖は逆平行だから，異なる鎖（辺）とは結合できない．紙テープをねじらずに輪をつくったとき，L=0，T=0，W=0 である（図 IV.1.6）．次に，紙テープの片方の端を右向きに 1 回転（360 度）させ，他方の端と合わせる．紙テープの辺の向きを合わせると，8 の字になるか輪の中にもう 1 つの輪ができるかである．このとき，L=1，T=0，W=1 である．右巻きの超らせんができる．テープの合わせたところを押さえながら 1 つの輪になるようにすると，紙テープは右巻きによれる．このとき，L=1，T=1，W=0 になる．

　プラスミドなどの比較的小さな環状 DNA は細胞の中では，弛緩した状態で存在するのではなく，通常，負の超らせんをとっている（W<0）．これは，生物がエネルギーを節約する傾向があることに起因する．DNA は右巻き二重らせんなので，大きなツイスト数をもっている．負の超らせんをとっていると，同じツイスト数でも小さなリンキング数になる．負の超らせんを少なくする方向に構造が動けば，2 本鎖が巻き戻される（T が減少）．2 本鎖を巻き戻す過程は，DNA 複製や遺伝子の発現に必須の過程であり，多くのエネルギーを必要とする二重らせんの巻き戻しを容易にしていると考えられている（図 IV.1.7）．

IV.1.5　トポイソメラーゼ

DNA の超らせんの度合は，遺伝子の複製や発現に大きく影響するので，細胞内では厳密に制

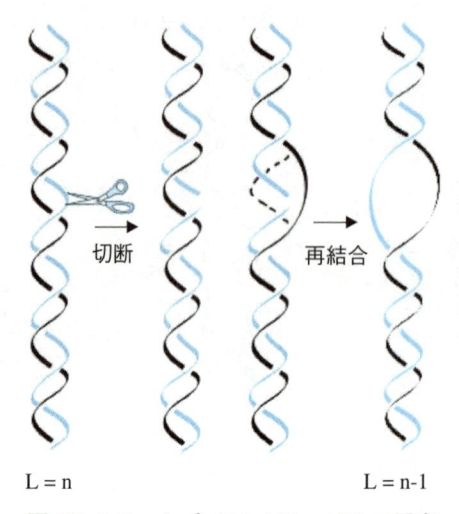

図 IV.1.8　トポイソメラーゼ I の反応
トポイソメラーゼ I は，2 本鎖 DNA のうち 1 本鎖を切断し，切っていない鎖をニックのところで 1 回通過させ，再びニックを結合させる．このためリンキング数が 1 だけ変化する．

御されている．この反応を行う酵素は，トポイソメラーゼ topoisomerase といわれ，超らせんの解消と導入を行う．生体内では DNA の複製，修復，転写，組換えのほか，ゲノムのコンパクト化過程である染色体の凝縮に関与している．トポイソメラーゼは，反応機構の違いから 2 種類に分けられる．I 型トポイソメラーゼは 2 本鎖の一方を切断し，その切れ目をもう一方の鎖が通過したのち，切れ目を再び結合することで，リンキング数を 1 つ変える（図 IV.1.8）．II 型トポイソメラーゼは，2 本鎖の両方を切断し，その切れ目を 2 本鎖が通過したのち，切れ目を結合するもので，リンキング数を 1 反応ごとに 2 つ変化させる酵素である（図 IV.1.9）．I 型トポイ

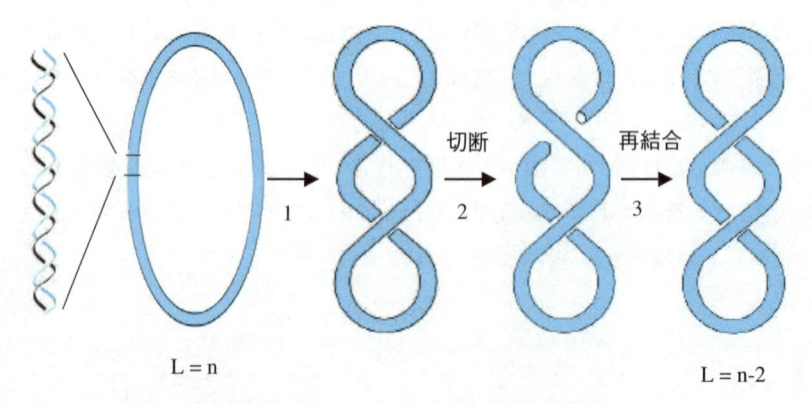

図 IV.1.9　トポイソメラーゼ II の反応
2 番目のステップで後ろ側の 2 本鎖 DNA を切断，前側の 2 本鎖 DNA を後ろ側に通過させて再び結合することで，超らせんを導入する．リンキング数は 1 回の反応で 2 ずつ変化する．この図の場合は，負にらせんが導入されているので，リンキング数は 2 だけ減る．

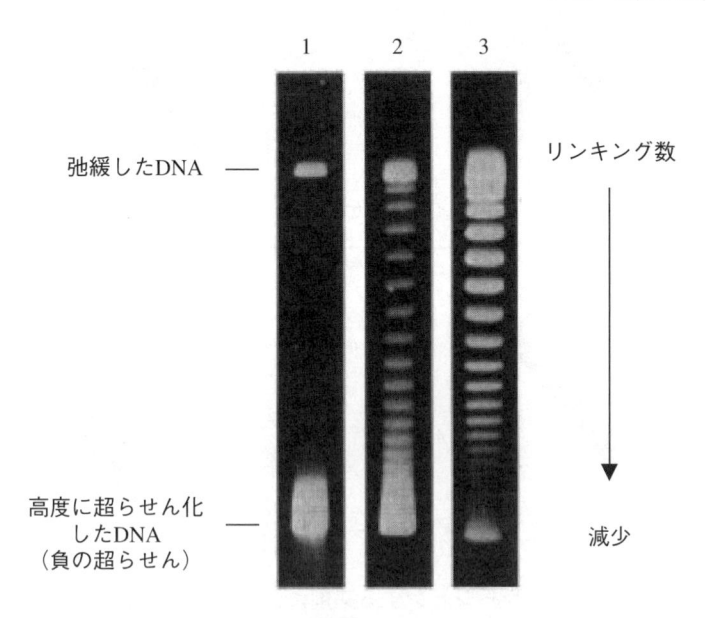

図 IV.1.10　環状2本鎖DNAのトポロジー変化
写真は，環状2本鎖DNAをアガロースゲル中で電気泳動したものである．アガロースの網目の中では超らせんの度合が大きいほど，速く泳動される．1は何の処理もしないもので，2はトポイソメラーゼ I で反応させたもの，3は反応時間をさらに長くしたものである．高度に超らせん化したDNAは通常，負の超らせんである．トポイソメラーゼにより，弛緩していく様子がわかる．(Keller, W. (1975) *Proc. Natl. Acad. Sci.* **72**, 2550)

ソメラーゼは，切断した末端と共有結合し，DNAの再結合時にはATPを消費しない．一方，II 型トポイソメラーゼはATPのエネルギーを使って反応を行う．

　リンキング数の異なる環状DNAは，アガロースゲル電気泳動で分離させることができる．超らせんDNAは分子として小さくなっているので，弛緩したDNAよりアガロースの網目の中を速く移動するからである（図 IV.1.10）．

　また，臭化エチジウム ethidium bromide のような平面的な多環化合物は，DNA二重らせんの中で層をなしている塩基対と塩基対の間に入り込むことができる（図 IV.1.11）．このような試薬を挿入試薬（インターカレート試薬）という．1分子のエチジウムイオンが2つの塩基対間に挿入されると，二重らせんが26°巻き戻される．通常の1塩基対あたり36°回転するのが10°まで減少する．すなわち，エチジウムイオン分子はツイスト数（T）を減少させる．試薬の挿入によりDNA鎖は切断されないので，リンキング数（L）は変化しない．Lが変化しないでTが減少するので，結果的に超らせん度を示すライジング数（W）が増加する．エチジウム濃度の増加により正の超らせん化が進む．

　超らせん化に関する議論は，環状DNA分子だけに限らず，真核細胞の核中に存在する線状DNA分子についても適用できる．タンパク質などの分子と相互作用し超らせん化し，コンパク

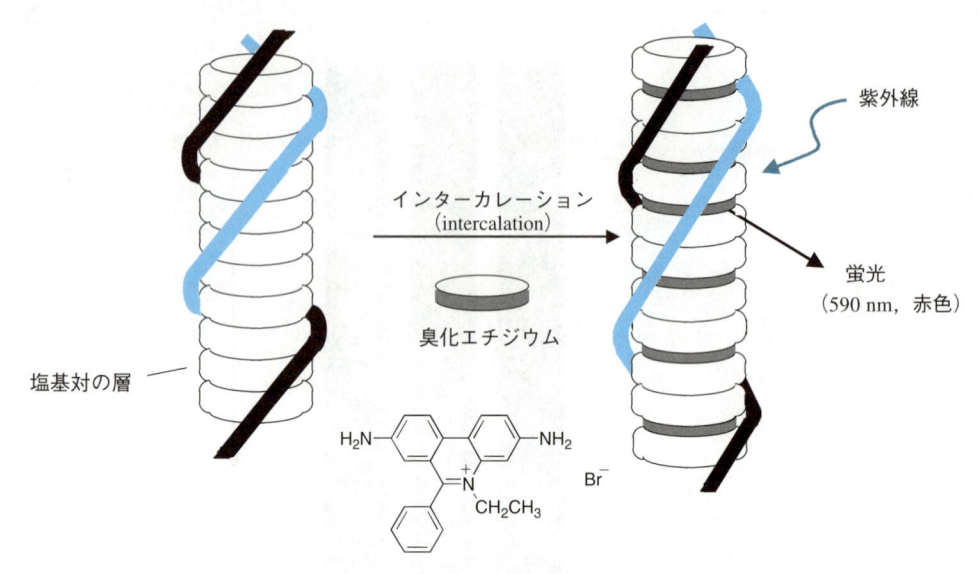

図 IV.1.11　インターカレーションする薬剤による DNA 二重らせんの巻き戻りと長さの伸長
DNA の塩基対を円盤で示し，糖リン酸のバックボーンを黒と青の帯で示した．インターカレーター（臭化エチジウム）は塩基対の間に入り込み，DNA を弛緩させる．臭化エチジウムの場合，インターカレートされると紫外線照射によって 590 nm の蛍光を発するので，DNA が可視化される．

トになり染色体を構成する．

IV.1.6 染色体とクロマチン

　遺伝を担っている DNA は，染色体 chromosome と呼ばれる構造体に収納されている．染色体は本来，真核生物の細胞分裂や減数分裂のときに強く染色される構造体として定義されていた．しかし，今日では原核生物中の DNA を表すときにも用いられる．原核生物と真核生物の染色体は，構造的にも遺伝子構成においても大きく異なっている．

A　原核生物の染色体

　ほとんどの原核生物ゲノムの大きさは，5×10^6 塩基対以下の 1 本の環状 DNA 分子である．それが，核様体 nucleoid と呼ばれる薄く染まる領域に存在している．大腸菌の場合，DNA の全長は 1.6 mm であり，大腸菌細胞が 1 μm×2 μm の大きさであることから，比較的小さな空間に収まる必要がある（図 IV.1.12）．この過程に超らせん化が寄与している．大腸菌の DNA

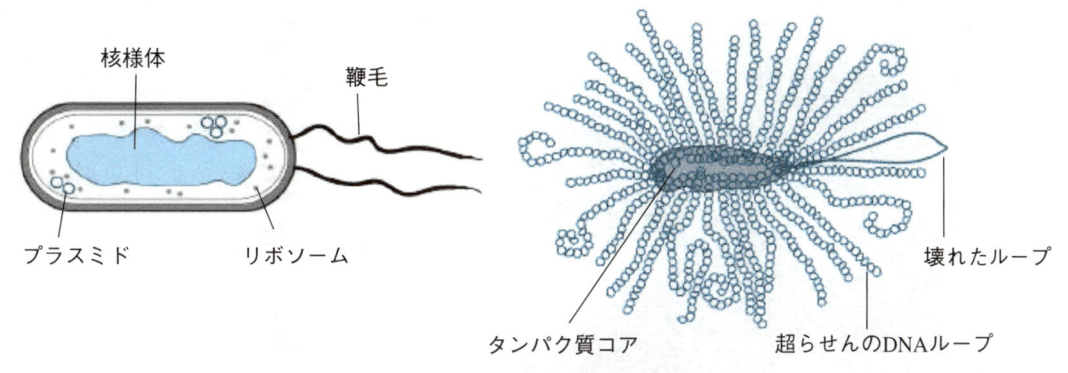

図 IV.1.12　原核生物の細胞（左）と染色体（右）
原核生物の染色体 DNA は，膜構造で隔離されてはいないが，タンパク質と DNA の複合体として核様体と呼ばれる染色される程度の違う領域に存在している．細胞には，独立して複製されるプラスミドが存在する場合もある．DNA は右図のように超らせんを形成し，数十か所でタンパク質のコアに結合している．

は 40〜50 か所でタンパク質コアに付着し，そのコアから超らせんループが細胞質内で放射状に伸びている．もし DNA 鎖切断が 1 か所で起きても，超らせん DNA 全体がほどけるのを防いでいる．核様体を構成するタンパク質には，超らせんを制御する DNA トポイソメラーゼと，真核生物のヒストンに働きが似ている HU タンパク質がある．HU は 2 量体を形成し，そのまわりを DNA 約 60 bp が巻きついているが，真核生物のヒストンと異なり，HU に巻きついていないDNA 領域も多い．さらに，ポリアミン類（スペルミンやスペルミジンなどの多価カチオン分子）も，負に荷電した DNA のコンパクト化のために機能している．

B　真核生物の染色体

　原核生物に比べると，真核生物のゲノムはかなり大きい．さらに，いくつかの直線状 DNA 分子に分かれ，それぞれが 1 本の染色体を形成している．また，核という明確な膜で区切られた空間に収納されるため，原核生物よりさらに高度な折りたたみが必要となる．

　真核生物の染色体は，クロマチン chromatin と呼ばれる DNA とタンパク質の複合体（RNA もわずかに含む）からなり，細胞周期によってその形態は劇的に変化する．細胞分裂期（M 期）には高度に凝縮された形（図 IV.1.13）がよく知られている．末端部分にはテロメアと呼ばれる構造があり，内側には染色分体が結合するセントロメアと呼ばれる構造をもっているのが特徴で，それぞれの構造は繰り返し配列から構成されている．それ以外の時期（間期），すなわち染色体 DNA が転写や複製を受ける時期には，ほぐれた状態でビーズが付いたようにみえる細いファイバーや，太めのファイバーが電子顕微鏡で観察される（図 IV.1.14）．クロマチンのタンパク質成分は質量の半分を占め，主にヒストン histone と呼ばれる分子量の小さな塩基性タンパク質か

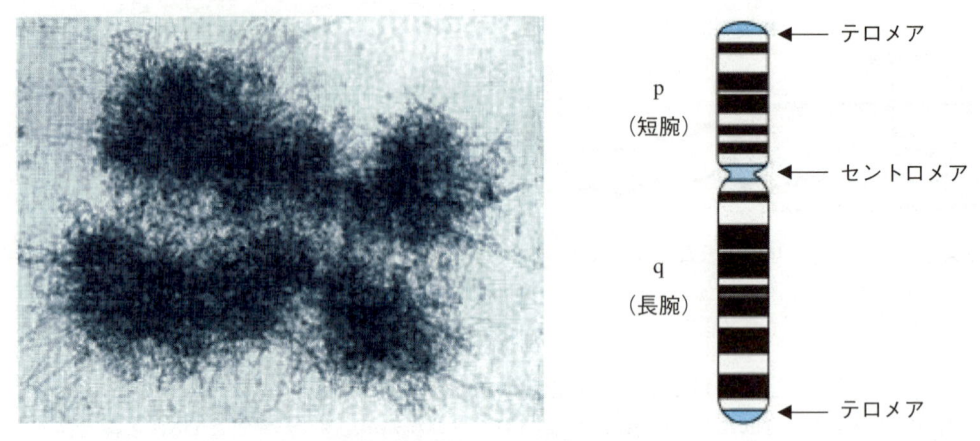

図 IV.1.13　ヒトの染色体構造
左は，分裂期の染色体の電子顕微鏡像である．2つの姉妹染色分体がセントロメアで結合している．右は，ギムザ染色で染色した場合の染色体の模式図で，縞模様がみられる．この縞模様を指標に位置を表す．セントロメア領域とテロメア領域は，位置を示すために青色に塗ってある．ヒトでは22対の常染色体と1対の性染色体（XX＝女性，XY＝男性）の計46本の染色体がある．(D. Vogt & J. G. Vogt；Biochemistry 3rd ed., Wiley Internationl Edition)

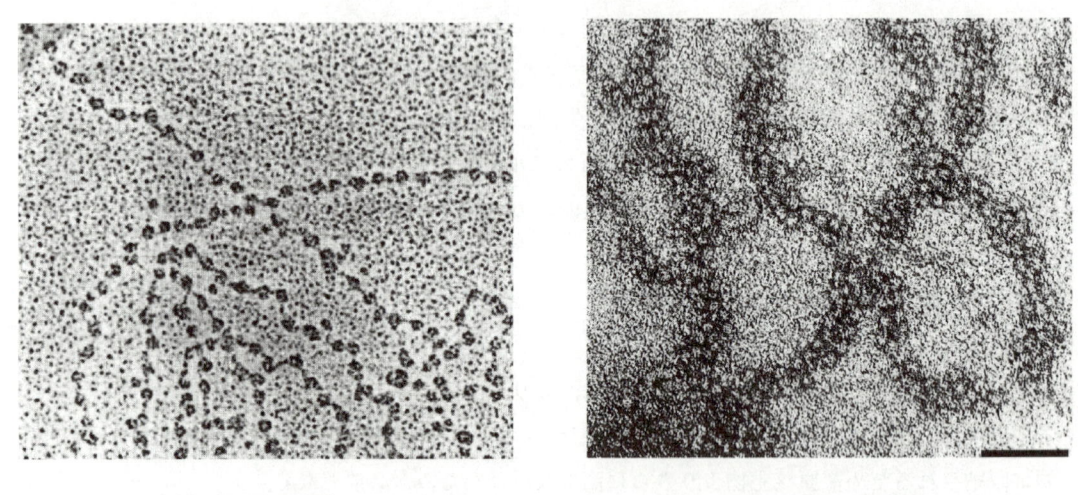

10 nm ファイバー　　　　　　　　　　30 nm ファイバー

図 IV.1.14　間期のクロマチン構造
左はショウジョウバエの10 nmファイバーで，ビーズ状のヌクレオソーム構造がみられる．右は，ヌクレオソームが束になった30 nmファイバーである．右下のスケールは100 nmである．(D. Vogt & J. G. Vogt；Biochemistry 3rd ed., Wiley International Edition)

らなる．

　ヒストンには主に H1, H2A, H2B, H3, H4 の5種類あり，いずれもリジン（リシン），アルギニンが多く，DNAの負電荷のリン酸と静電的相互作用する．また，ヒストンは進化的にも

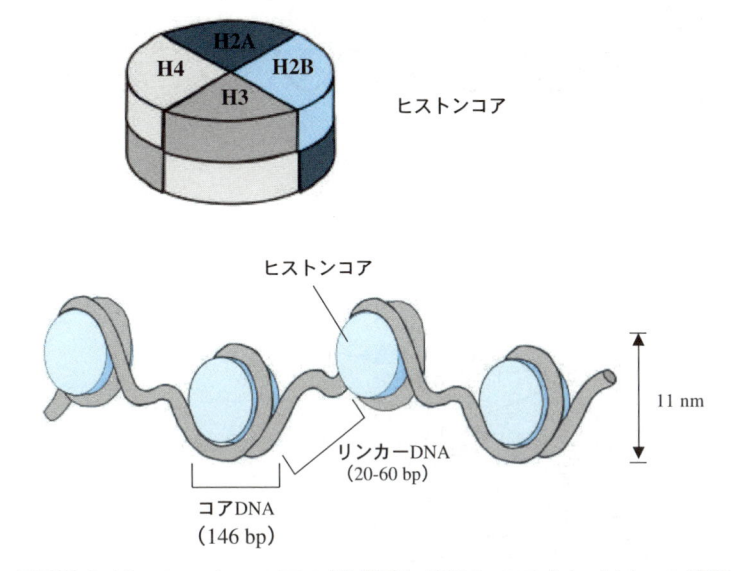

図 IV.1.15 ヒストンコアの模式図と DNA のヌクレオソーム構造
ヒストンコアは，図のように H2A，H2B，H3，H4 が各 2 分子ずつ 8 量体のタンパク質から構成されている．そのヒストンコアに DNA の二重らせんが巻きつく．

非常に保存されたアミノ酸配列をもち，機能的に重要であることを示し，構造と機能がきわめてよく合致しているため，変化の余地がなかったと考えられている．H2A，H2B，H3，H4 はそれぞれ 2 分子ずつ合計 8 個のタンパク質が会合してコアヒストン core histone と呼ばれる 8 量体を形成する．DNA はコアヒストンのまわりを左巻きに 1.65 回巻く．これをヌクレオソーム nucleosome と呼び，真核生物における超らせんの第一段階である（図 IV.1.15）．巻きついている DNA の長さは 146 bp で，どの真核生物でもほぼ同じである．ヌクレオソーム間の DNA 領域をリンカー DNA と呼び，この長さは生物種によって 20〜60 bp と異なる．電子顕微鏡では太さが 11 nm のビーズ状のファイバーとして観察できる．ヒストン H1 はヌクレオソーム間のリンカー DNA に結合し，DNA とヒストンの結合を強固にしている．

ヌクレオソームは，H1 ヒストンタンパク質の関与でさらに 30 nm ファイバーへ凝縮する．このファイバーは 6 個のヌクレオソームが一巻きになって，それが幾重にも重なってソレノイド構造をとったものである．30 nm ファイバーからの凝縮過程は，タンパク質が主の核の骨組（核内スキャフォールド）から放射状に 30 nm ファイバーがループをなし，それがさらにらせんを形成することで凝縮が進み，染色体構造を形成するようになると考えられている（図 IV.1.16）．

凝縮が進むことによって，DNA と相互作用できるタンパク質が DNA に近づけなくなる．したがって，染色体の凝縮がゆるんでいるところは，転写因子や RNA ポリメラーゼが相互作用しやすく，遺伝子発現が盛んに行われている領域であり，ユークロマチン euchromatin と呼ばれる．逆に，染色体の凝縮度の高い領域は，一般的に遺伝子発現が起こっていない．この領域をヘテロクロマチン heterochromatin といい，核の中で濃くみえ，ユークロマチンと区別が可能である．

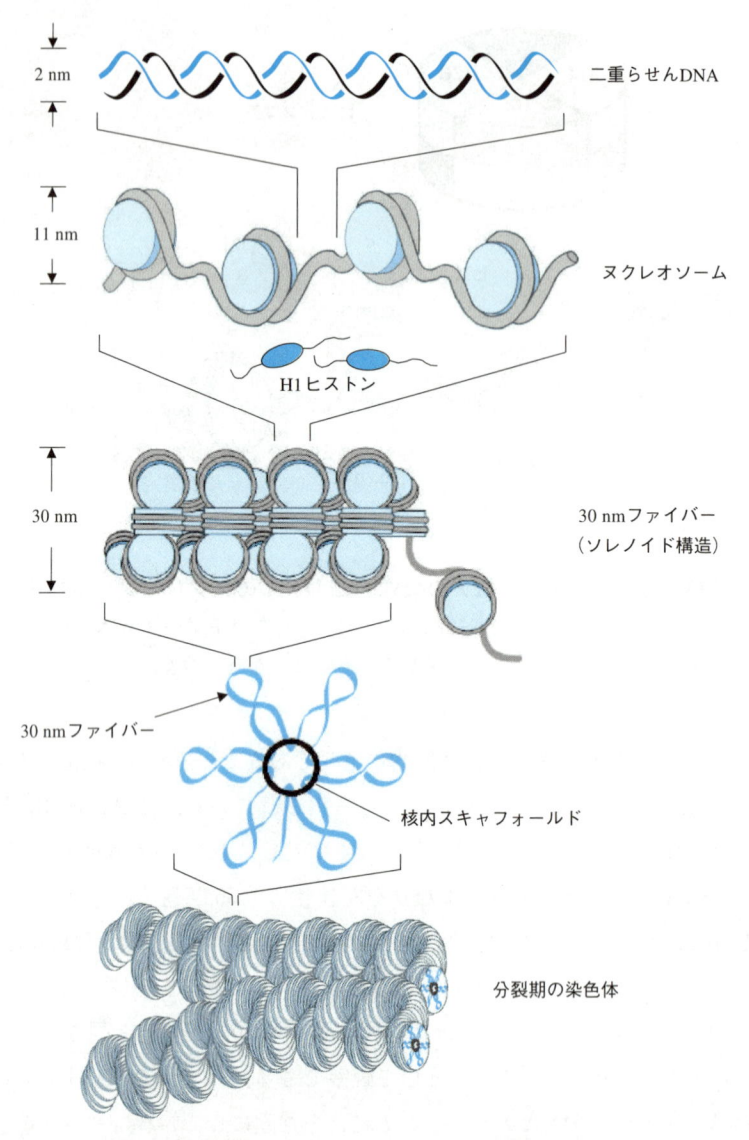

図 IV.1.16 クロマチンの構造
二重らせん DNA が，染色体にまで高度に折りたたまれていく様子を示している．ヒストン 8 量体に巻きつき，ヌクレオソームを形成し，ヒストン H1 により 30 nm ファイバーとして凝縮する．さらに高度ならせんによって，分裂期にみられる染色体にまで折りたたまれる．

IV.1.7 ゲノムの構造

DNA は，これまでみてきたように物理的に核様体や核に収納される．地球上に存在する生物

は，それぞれ固有のゲノムをもっており，サイズ，構造，配列の複雑さなど各生物種に応じて違いがみられる．ゲノムは，生物を構築し維持していくのに必要な生物学的情報を含み，遺伝的に受け継がれるものである．ヒトを含めた生物ならびに生命現象を理解するため，生物種を特徴づけているゲノムの配列情報を明らかにしようという国際的な研究が進み，現在までに大腸菌をはじめとする原核生物からヒトに至る高等真核生物まで，多くの生物種の全DNA塩基配列情報が明らかになってきている．各生物種では異なるが，原核生物と真核生物を比較した場合，それぞれ特徴的なゲノム構造がみられる．

A 原核生物のゲノム

大部分の原核生物のゲノムは真核生物のものより小さく，遺伝子数も少ない．大腸菌の場合，約4.6 Mbpで，約4,300の遺伝子をコードしている．各遺伝子は非常に混み合った状態でゲノム中に存在している．遺伝子と遺伝子の間は短く，中には全く間隔なく遺伝子が並んでいるものもある（図IV.1.17）．また，機能的に関連する遺伝子群が，同一の発現調節を受けるオペロン

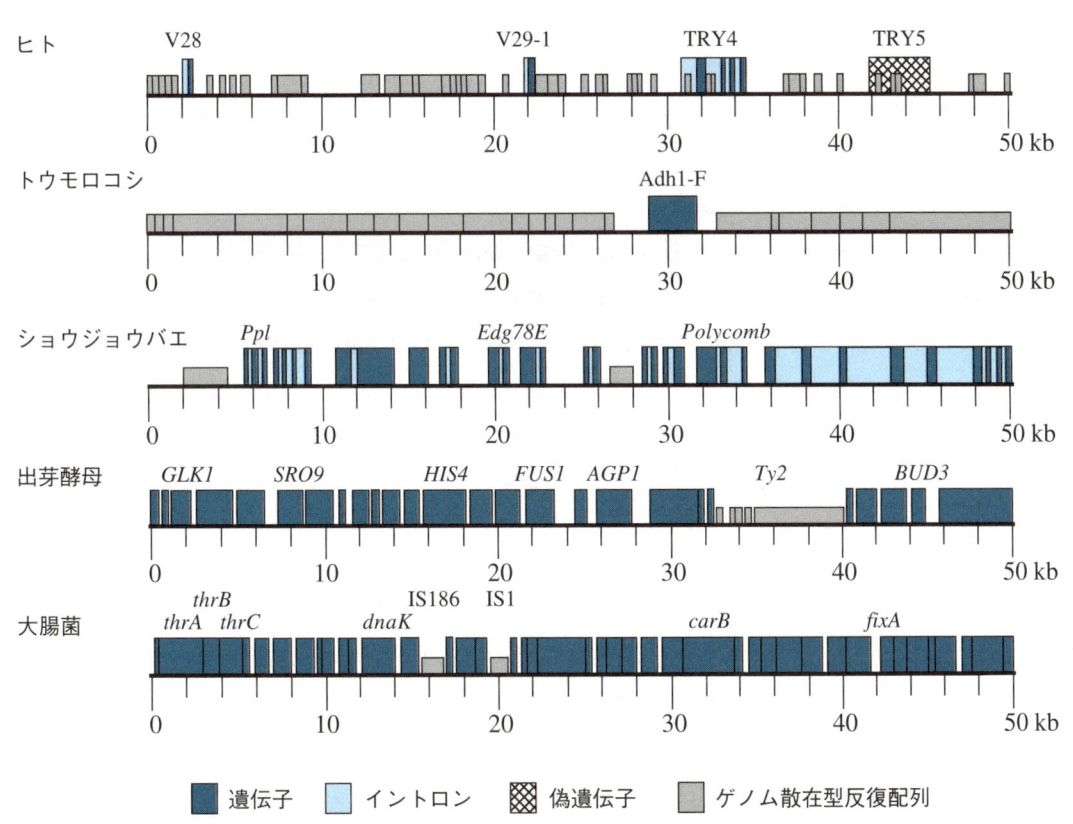

図IV.1.17　各種真核生物のゲノムと大腸菌のゲノムの50 kbの領域の比較
(Genome 2nd edition 日本語版　p36, BIOS Scientific Publishers Ltd.)

表 IV.1.1　ゲノムの比較

	大腸菌	酵母	ショウジョウバエ	ヒト
遺伝子密度(平均値/Mb)	924	479	76	11
遺伝子中のイントロン(平均)	0	0.04	3	9
反復配列のゲノムを占める割合	~0	3.4%	12%	44%

(Genome 2nd edition 日本語版　p35 に大腸菌のデータを加える)

operon として構成されているものが多いのが特徴的である．例えば，アミノ酸のトレオニンを合成する 3 つの遺伝子（thrA，thrB，thrC）は 1 つの mRNA として転写調節される．さらに，真核生物のゲノムのような，遺伝子を分断する配列（イントロン，後述）をもたないこと，反復配列が少ないという特徴がある（表 IV.1.1）．

原核生物には，ゲノムに加え小さな DNA 断片をもつことがしばしばある（図 IV.1.12）．これらはプラスミドと呼ばれ，染色体 DNA と独立して複製される．ほとんどのプラスミドは環状構造で，染色体 DNA がもっていない遺伝子を保有している．このような遺伝子は，原核生物の生存維持には必須ではないが，生存環境によっては有利な生体分子をコードしていることが多い．例えば，抗生物質に対する耐性，窒素固定などの特別な代謝能力に関わる生体分子である．

B　真核生物のゲノム

真核生物の染色体における遺伝情報の構成は，原核生物よりはるかに複雑である．ゲノム構造の特徴として，まずほとんどの真核生物が二倍体 diploid であることがあげられる．すなわち各々の染色体を 2 コピーもっていて（それぞれを相同染色体という），両親より 1 本ずつ受け継ぐものである．例外として，精子や卵などの生殖細胞は一倍体 haploid として存在する．また，酵母などの一部の真核生物は二倍体と一倍体の両方で生存し，それぞれ細胞分裂を行うものもある．次に，サイズが原核細胞よりはるかに大きい．小さいもので出芽酵母の 1.2×10^7 bp で，大腸菌の 2.6 倍ある．ゲノムサイズが大きい生物種ほど複雑になる傾向はあるが，種によっては遺伝子をコードしていない膨大な量の DNA を蓄積しているものがある．ヒトの一倍体ゲノムサイズは約 3×10^9 bp であるが，バッタが 5×10^9 bp，ユリ科の植物では 1.2×10^{11} bp と大きい．

膨大な遺伝情報を保有できる容量があるにもかかわらず，真核生物の DNA 配列は情報をもっている部分が少ない．単位長さあたりの遺伝子の数で比較してみると，酵母で大腸菌の半分，ショウジョウバエ，ヒト，と複雑な生物種ほど遺伝子密度が低い（表 IV.1.1）．ヒトの場合，タンパク質をコードしている領域はせいぜい 1.5 % と推定されている．

ほとんどの真核生物ゲノムの遺伝子は非連続的である．遺伝子の最終転写産物である mRNA（成熟 mRNA）の塩基配列に入らない介在配列を含んでいることが多い．成熟 mRNA に現れる DNA 配列をエキソン exon，現れない介在配列をイントロン intron と呼ぶ（図 IV.1.18）．ヒト

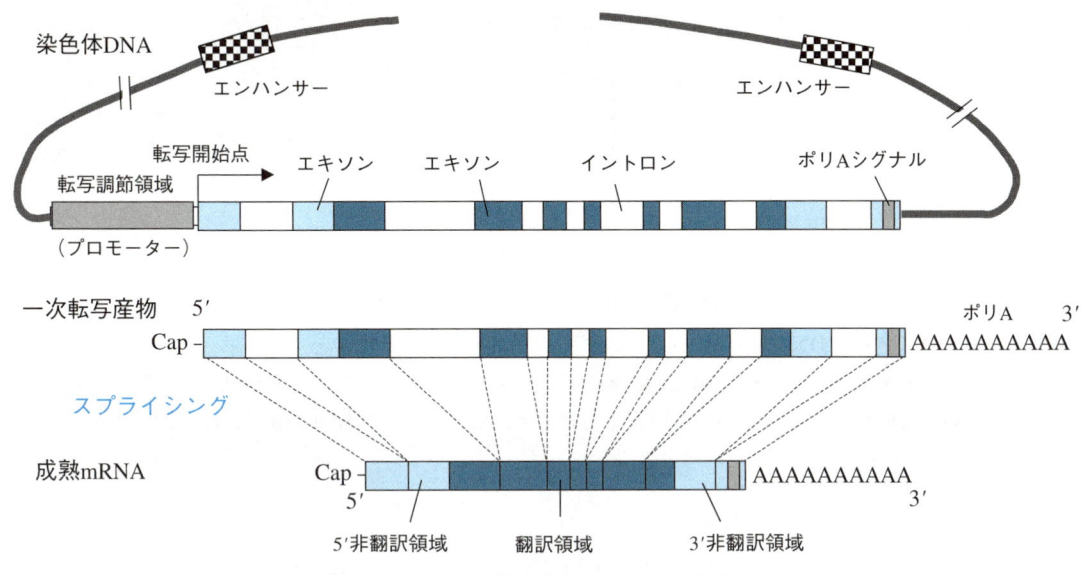

図 IV.1.18　真核生物の遺伝子の構成

染色体上の遺伝子は，転写される領域と転写調節領域，上流（あるいは下流）の離れた位置に存在する発現を増幅する領域からなる．一次転写産物（hn RNA）は，成熟 mRNA に含まれるエキソンと mRNA に含まれないイントロンからなり，5′末端にキャップ構造と3′末端にポリ(A)が付加している．さらに，スプライシングによりイントロンが除去され，成熟 mRNA になる．

の場合，平均して1つの遺伝子に9つのイントロンが存在する．スプライシング機構（後述）によって最初の転写産物からイントロンが除去される．

また，遺伝子の機能を失ったコピーである偽遺伝子 pseudogene を含んでいる．この偽遺伝子は遺伝子の遺物であり，その起源により2種類ある．通常の偽遺伝子は，変異によって塩基配列が変化して不活性化した遺伝子である．もう1つは遺伝子発現の過程でできた mRNA に由来し，DNA にコピーされゲノムに挿入されたものである．この場合，イントロンを含まず，また発現に必要な DNA 配列（プロモーターやエンハンサー配列）が遺伝子の上流域に存在しないため，配列は存在しても機能できない．

真核生物のゲノムにはさらに，反復配列がゲノムのかなりの割合を占めている．反復配列は，縦列反復配列とゲノム散在型反復配列の2つに分類される．縦列反復配列 tandem repeats は，DNA 断片を平衡密度勾配遠心で分離した場合，他の DNA と浮遊位置が異なる DNA として見出されたため，サテライト DNA satellite DNA とも呼ばれる（図 IV.1.19）．数種類のサテライト DNA が存在し，反復単位は 5 bp のものから 200 bp を超えるものまで多様である．この単位が繰り返され，$10^5 \sim 10^7$ bp の長さに及ぶ．染色体のセントロメア領域に存在するアルフォイドDNA はサテライト DNA の一種で，ヒトの場合 171 bp の縦列反復配列である．セントロメアに特異的なタンパク質の結合に寄与している．

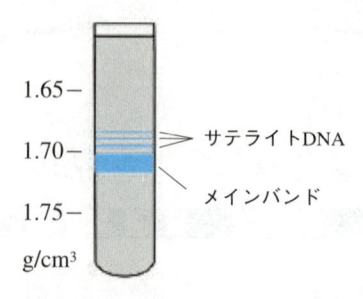

図 IV.1.19　ヒトのサテライト DNA

ヒトのゲノムの DNA 断片を，C_sCl の平衡密度勾配遠心にかけると，主に単一のコピー数からなる DNA 断片はメインの位置に浮遊する．メインバンドの上（密度が軽い）に浮遊する DNA が観察され，サテライト DNA と呼ばれる．これらは反復配列が多く，繰り返し塩基によって GC 含量が異なるために生じる．

　平衡密度勾配遠心ではサテライト DNA 画分には入らないが，反復配列としてミニサテライトとマイクロサテライトと呼ばれる縦列反復配列がゲノム中に存在する．ミニサテライトは 25 bp までの長さの反復単位からなり，20 kb にも及ぶものもある．染色体の末端のテロメアがミニサテライトの一例で，ヒトでは 5′-TTAGGG-3′ のモチーフが何百コピーも存在する．直線状 DNA である真核生物の DNA 末端の DNA 複製において重要な役割をもっている．

　マイクロサテライトは，2，3，4 bp の反復単位が 10 回から 20 回繰り返される．DNA 複製時に，複製酵素が DNA 上でスリップ現象を起こすことで繰り返しが生じたものと考えられている．長さは短いが，ゲノム内に多数存在する．マイクロサテライトの長さ，組合せは各個体で非常に多様であり，そのため DNA 鑑定などの法医学的手段や動植物の由来同定などに利用されている配列である．

　ゲノム散在型反復配列 genome-wide repeats は，ゲノムに広く散在する繰り返し配列のことである．反復単位は通常 1 つの特定の配列だが，短い配列を介して複数の反復単位がクラスターになったものも存在する．このような配列は，ゲノム中で元から存在していた場所とは離れた場所に反復単位を形成させる仕組みによって生じたものと考えられている．DNA 配列を他の場所に移動させる転位 transposition と呼ばれる機構であり，次章でふれる．転位性 DNA 因子であるトランスポゾンによる転位もあるが，一般的に RNA 中間体が関与するレトロ転位による．ヒトにおいて最も多いゲノム散在型反復配列は Alu 配列であり，約 280 bp の長さでゲノム上に 100 万コピー以上存在する．Alu 配列は 7SL RNA 遺伝子由来で，7SL RNA 分子がたまたま逆転写され，その DNA コピーがゲノムに入り込んで生じたと考えられている．

Box IV.1.1

テーラーメイド医療，そして個人の識別から肉の由来まで

　ヒトゲノム解析計画により，ヒトの全 DNA 塩基配列が 2001 年に解読され，さらにヒト以外の多くの生物種においても，ゲノムの全 DNA 塩基配列が判明してきている．DNA 塩基配列からの種の比較が可能になったばかりでなく，同一種の中での個体間相違まで，DNA の配列情報をもとに容易に解析できる時代が到来している．

　ヒトにおける個体間，すなわち個人間の DNA 塩基配列は，一卵性双生児でない限り同じではない．頻度は高いわけではないが，突然変異による 1 塩基置換，欠失や増幅，減数分裂時の組換えによる再編などのために，世代を重ねるごとに少しずつ変化している．その変化が，生存にとって重要な遺伝子内で起これば，疾患の発症やがん化したりする．しかし，ゲノム中のほとんどを占める遺伝子を含まない領域での DNA 塩基配列の変化は，そのまま定着されやすい．

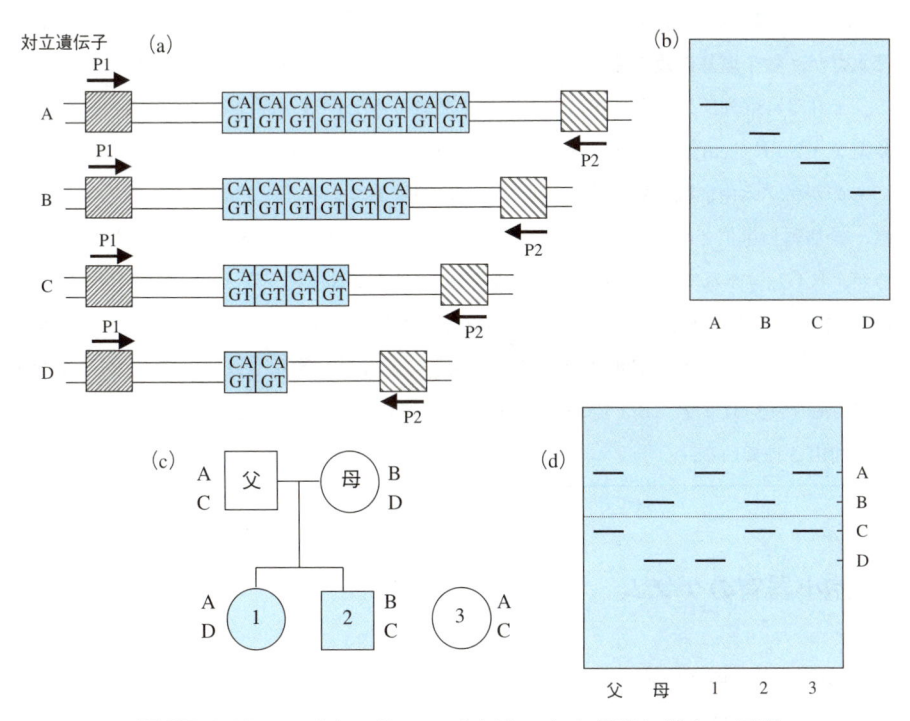

図 IV.1.20　マイクロサテライト法による DNA 鑑定の原理

(a) 長さの異なる CA リピートの検出．例えば 4 つの異なる長さの対立遺伝子があるとして，その長さは CA リピートの両側のユニークな塩基配列部分をプライマー (P1, P2) として PCR にて遺伝子増幅を行う．それを電気泳動で分離すると (b) のようになる．(c) A：C の対立遺伝子をもつ父親と，B：D の母親から 1，2 のような対立遺伝子をもつ子どもができる（他の組み合わせもある）が，3 のような子どもはできない．実際の判定には，繰り返し回数に変化が小さくても検出しやすい 4 bp のマイクロサテライトが用いられ，また 1 つだけでなく数十個のマイクロサテライトでの結果で判定を出す．

個人間の DNA 塩基配列の違いを**遺伝子多型** genetic polymorphism と呼ぶ．ある遺伝病患者群と正常な人との遺伝子多型を詳細に調べることによって，遺伝病の原因遺伝子が推定できる．どの遺伝子多型が疾患と関係するか，現在盛んに研究され，多くの疾患の原因遺伝子が明らかになりつつある．さらに，遺伝子多型解析から，多因子による疾患と考えられている糖尿病や高血圧などの生活習慣病の危険因子，薬剤に対する感受性を左右する因子なども研究されている．近い将来，一連の遺伝子多型を調べることで，かかりやすい病名，有効な薬と副作用を起こしやすい薬などの情報が一人一人入手でき，個人ごとに異なる治療法いわゆるテイラーメイド医療の時代になると考えられている．

遺伝子多型は，いくつかの種類に分類できる．1個の塩基が他の塩基に置き換わったものは，**一塩基多型** single nucleotide polymorphism（**SNP**「スニップ」と発音）と呼ばれる．数百塩基対から千塩基対に1か所程度存在し，ヒトゲノム中には300万〜1000万のSNPが存在していると推定されている．SNPが制限酵素の認識部位に存在した場合，DNAをその制限酵素で切断後，電気泳動でSNPが検出できる．これを，制限酵素切断断片長多型 restriction fragment length polymorphism（**RFLP**）という．次に，欠失あるいは挿入多型がある．通常1〜数十塩基の欠失・挿入だが，数千塩基に及ぶものもある．また，ミニサテライト多型やマイクロサテライト多型がある．それぞれ縦列反復配列だが，個人間でその繰り返し回数が異なるものである．ミニサテライト多型を**VNTR**（variable number of tandem repeat）とも呼び，異なる繰り返し単位（5〜25 bp）のものがゲノム中に数千存在する．1つ1つは通常1コピーのみである．マイクロサテライト多型は，繰り返し単位2bpのものが最も一般的である．$(CA)_n$が一番多く，$(AT)_n$や$(AG)_n$もみられるが，$(CG)_n$はまれである．親子鑑定や犯罪におけるDNA鑑定などは，RFLPをもとにしたDNAフィンガープリント法が古くから用いられているが，PCR法でDNAを増幅して解析するマイクロサテライト法も，サンプル量が微量でも判定可能なため頻用されている（図IV.1.20）．植物，動物でもマイクロサテライトの長さの解析から，同一種の系統をたどることができ，産地の確認などに利用されている．

C 細胞小器官のゲノム

真核生物の細胞内に存在するミトコンドリアと葉緑体には，DNA分子が存在する．ミトコンドリアゲノムの大きさは，生物種によりかなり異なるが，生物の複雑さに関係はない．すべてのミトコンドリアゲノムにはrRNA遺伝子と呼吸に関係する数種類のタンパク質をコードしている遺伝子が存在する．それ以外に転写や翻訳，ミトコンドリアへのタンパク質の輸送に働く遺伝子をもつものもある．葉緑体ゲノムには，光合成に関与する遺伝子のほか，リボソームの遺伝子などを含むものがある．しかし小器官として機能するためには，いずれも核にコードされる遺伝子が必要である．ミトコンドリアと葉緑体は，その昔，独立した細菌として存在していたが，進化の初期段階で真核生物の前駆細胞と共生という形で融合したという**細胞内共生説**が，細胞内小

表 IV.1.2 ウイルスの形態とゲノム

ゲノム形態	env.		ウイルス科	代表的ウイルスとゲノムサイズ
DNA				
1本鎖, 直線状	−		パルボウイルス科	ヒトパルボウイルス, 約 5 kb
2本鎖, 環状	−		ヘパドナウイルス科	B型肝炎ウイルス, 3.2 kbp, 一部1本鎖
			パポバウイルス科	ポリオーマウイルス, 5.2 kbp / SV40ウイルス, 5.2 kbp
2本鎖, 直線状	−		アデノウイルス科	ヒトアデノウイルス, 35 kbp
2本鎖, 直線状	+		ヘルペスウイルス科	単純ヘルペスウイルス, 150 kbp / EB ウイルス, 172 kbp
			ポックスウイルス科	天然痘ウイルス, 約 180 kbp
RNA				
1本鎖(+)	−		ピコルナウイルス科	ポリオウイルス, 7.2 kb
1本鎖(−)	+		ラブドウイル科	狂犬病ウイルス, 12 kb
			オルソミクソウイルス科	インフルエンザウイルス, 13.6 kb（7〜8 の RNA 分子に分節）
1本鎖(+)	+		トガウイルス科	風疹ウイルス, 12 kb
			レトロウイルス科	HIV, 9.5 kb, 2 コピー
2本鎖	−		レオウイルス科	ロタウイスル, 18〜27 kbp（10〜12 の RNA 分子に分節）

env. の項目はエンベロープの有無を表す．また，ゲノムが1本鎖 RNA のところの(+)はセンス鎖で，すぐに mRNA として機能するものである．(−)のウイルスは，RNA が一度相補的 RNA に転写されてから，タンパク質合成が開始される．(−)のウイルスは RNA を鋳型にして RNA を合成する酵素が含まれている．

器官ゲノムの起源として受け入れられている．

D ウイルスのゲノム

　ウイルスは核酸分子とそれを保護する外殻からなり，生きた宿主細胞の中でしか増殖できない寄生体である．ウイルス自身には代謝活性がなく，生命体ではない．しかし，いったん宿主細胞に感染すると，ウイルス核酸は，宿主の核酸とタンパク質の合成系をハイジャックし，ウイルス粒子を生産し続け，宿主細胞本来の代謝系を乱す（参考，大腸菌に感染するファージ，図IV.1.3）．このため，宿主にさまざまな病気を引き起こしたり，細胞のがん化をもたらしたりする．完全なウイルス粒子をビリオン virion と呼ぶが，ビリオンの形態や大きさは多様である．キャプシドといわれるウイルスがコードするタンパク質の外殻に遺伝子である核酸が収納されている．ゲノムとキャプシドだけからできているウイルスは裸のビリオンといえる．複雑なウイルスでは，キャプシドの外側がさらに脂質二重層の外被（エンベロープ envelope）で包まれている．このエンベロープは宿主の細胞膜由来で，ウイルスにコードされた糖タンパク質も含んでいる．裸のビリオンが細胞の外へ出るときに，この細胞膜を巻き込んで飛び出すために存在する．

　細胞のゲノムはすべて2本鎖DNAであるが，ウイルスのゲノムは多様な構造をしている（表IV.1.2）．DNAである場合とRNAである場合があり，また1本鎖である場合と2本鎖である場合がある．1本鎖RNAをもつウイルスのRNAは，そのままmRNAとして機能できるセンス鎖〔(＋)RNA〕であるものと，機能できないアンチセンス鎖〔(－)RNA〕であるものが存在する．(－)RNAのウイルスは，一度相補的なセンス鎖が合成されないと必要なタンパク質をつくることができない．宿主は通常RNAを鋳型として相補的なRNAを合成する酵素をもたない．そのため(－)RNAのウイルスは，RNA依存性RNAポリメラーゼをビリオン中にもっている．

Key words

ゲノム	染色体	複製
転写	翻訳	遺伝子
キャプシド	超らせん	トポイソメラーゼ
クロマチン	テロメア	セントロメア
ヌクレオソーム	オペロン	エキソン
イントロン	縦列反復配列	サテライトDNA
ミニサテライト	マイクロサテライト	遺伝子多型
一塩基多型(SNP)	ゲノム散在型反復配列	エンベロープ

IV.2 DNA 代謝

DNA metabolism

学習目標

この章では，生物が遺伝情報をどのように維持しているか，その仕組みであるDNAの複製過程ならびにDNA修復過程について理解する．さらに，生物の多様性を生んできた遺伝情報のダイナミックな再編に関与するDNA組換えについて理解することを目標とする．

遺伝情報を次世代に引き継ぐという戦略を行ううえで，すべての生物個体は次のような特徴を備えている．速くて正確なDNA合成を行うこと，DNAが被る損傷を効果的に修復することである．しかし，完全に遺伝情報を保存させる仕組みは，環境の変化に対応して種を存続させるためには逆に不利になってしまう．それに対して生物は，みずから遺伝情報を多様化する仕組みをもっている．生殖細胞形成過程での減数分裂時のDNA組換えによって，積極的に遺伝的多様性をもたらし，修復し損ねた変異もある程度の役割を果たしている．このようにDNAの塩基配列として貯蔵されている遺伝情報は，速くて正確なコピーを行うDNA複製 DNA replication と呼ばれる過程，紫外線・放射線・化学物質などによる物理的，化学的反応によるDNA損傷を元に直すDNA修復 DNA repair と呼ばれる過程，そしてダイナミックにDNA配列を並べ替えるDNA組換え DNA recombination と呼ばれる過程によって，適度な安定性を維持している．これらの過程には多くのタンパク質が関与し，さらに互いに関連しあう複雑な過程である．したがって，ゲノムサイズが小さく世代交代の速い原核生物，特に大腸菌での研究から複雑な過程の基本骨格が明らかになってきた．この章では，DNAの代謝過程である3つの過程について，原核生物での基本的過程と真核生物の特徴などを取り上げる．

IV.2.1
DNA複製

すべての生物の増殖には細胞分裂を伴う．遺伝情報はその際に正確に伝達されなくてはならない．細胞分裂の前に行われるDNA複製は，すべての生物で共通した様式で行われる．

A　半保存的複製

DNAは互いに相補的で方向が逆の2本鎖で構成されている．この2本鎖DNAから複製によって2つの2本鎖が生じるが，新しく合成されたDNAがどのような構成になっているかで，3つの可能なメカニズムが考えられる（図IV.2.1）．半保存的複製 semiconservative replicationは，複製の結果できたいずれの2本鎖DNAにおいても，もとになった古い1本鎖DNAと新しく合成された1本鎖DNAがハイブリッドになる．保存的複製 conservative replicationの場合は，1つの2本鎖DNAは両方の鎖とも新しく合成されたもので，もう1つは両鎖とも，もとになった古いDNA鎖に保存されて複製される．3つ目の可能なメカニズムは，分散型複製 disper-

親DNA　新生DNA

保存的複製　　半保存的複製　　分散型複製

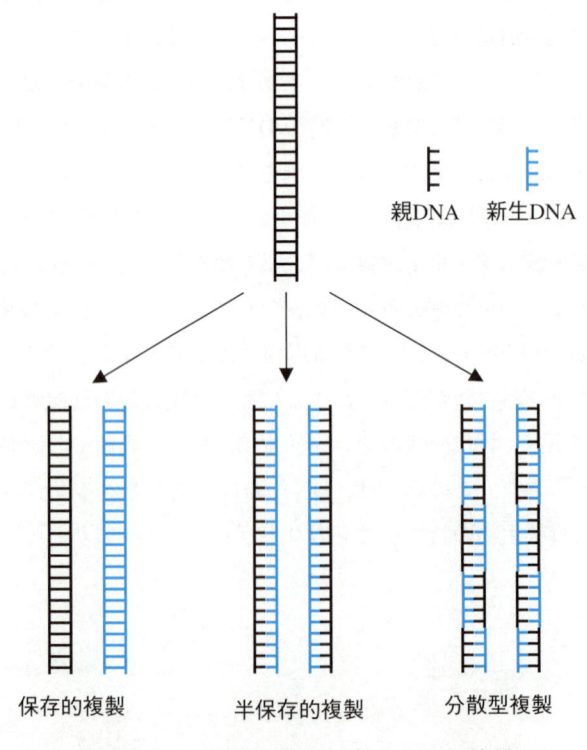

図IV.2.1　DNA複製の考えられる機構

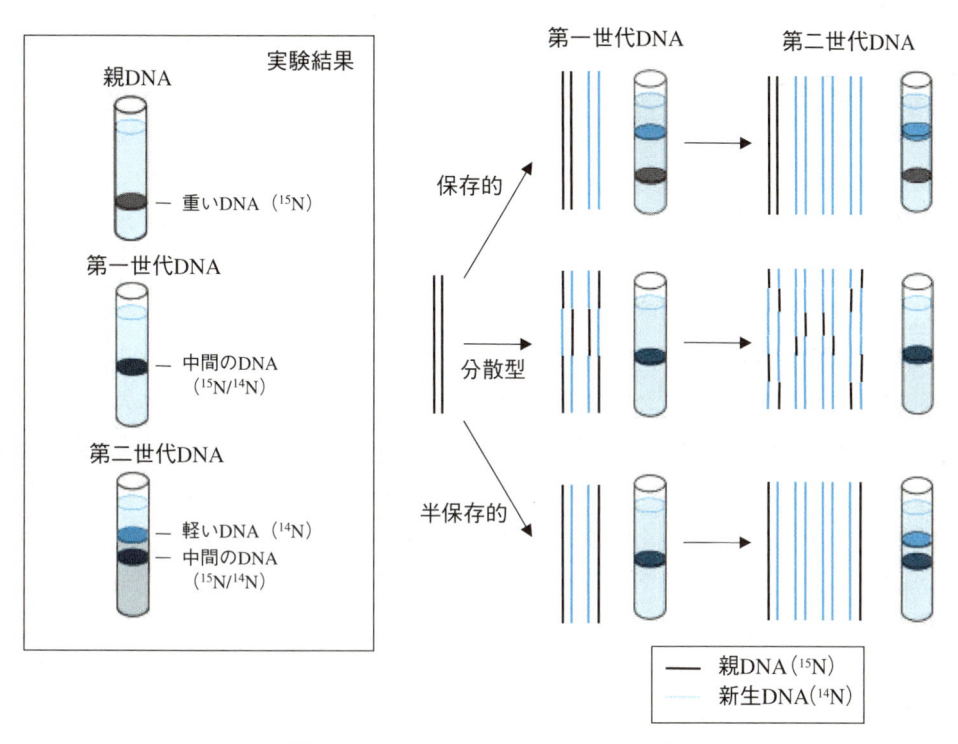

図 IV.2.2　Meselson-Stahl の実験
あらかじめ重い窒素源で標識した大腸菌を，さらに軽い窒素源の培地で二世代分培養した．それぞれの大腸菌から抽出した親DNA，第一世代DNA，第二世代DNAを密度勾配遠心で分析した結果を左側の枠内に示した．右側は，複製の機構による第一世代DNA，第二世代DNAの予想される結果を示してある．以上から，DNAは半保存的に複製されることが示された．

sive replication というもので，新しく合成されたDNA部分と，もとになった古いDNA部分が1本のDNA鎖に混ざって存在するように複製されるものである．

　3つの可能なメカニズムのうち，実際の複製が半保存的であると証明したのが，Meselson-Stahlの実験である（図IV.2.2）．1958年 M. Meselson と F. Stahl は，重い同位元素 ^{15}N を唯一の窒素源として含む培養液で大腸菌を何世代も増殖させた．この大腸菌のDNA（[^{15}N] DNA，H/H）は，通常の ^{14}N を含む培養液で生育させた大腸菌のDNA（[^{14}N] DNA，L/L）よりも，高い密度をもつ．次に，重い同位元素 ^{15}N を含む培養液で増殖させた大腸菌を通常の ^{14}N を含む培養液に移し，細胞数が2倍になった第一世代，4倍になった第二世代のDNAを解析した．密度の違いでDNAを分離できる平衡密度勾配遠心を行ったところ，第一世代のDNAは，重いDNA（H/H）と軽いDNA（L/L）の間の1か所に集まった．第二世代のDNAは，第一世代のDNAの位置と軽いDNAの位置の2か所に集まった．この結果は，第一世代のDNAがH/L，第二世代のDNAがH/LとL/Lのものであることを示し，複製が半保存的であることを証明するものであった．

B 複製フォーク

　半保存的に進行する DNA 複製において，保存される DNA 鎖は鋳型 template として機能し，鋳型の塩基配列と相補的な塩基が次々に連結して新しい DNA 鎖が合成される．複製は，複製開始点 replication origin と呼ばれるゲノム上の特定の領域から開始される．そして 2 本鎖 DNA の巻き戻しが複製開始点の両側で起こり，複製反応は通常両方向へ進む．DNA が巻き戻され，DNA 合成反応が行われている部位を複製フォーク replication fork という（図IV.2.3）．複製の進行に伴い 2 つの複製フォークは遠ざかっていく．複製フォークで巻き戻された 2 本の 1 本鎖 DNA は，5′→3′方向の向きが逆である．これまでに見出されている DNA 合成を触媒する酵素（DNA ポリメラーゼ）は，すべて 5′→3′方向へのみ合成を行う．したがって，片方の DNA 鎖では複製フォークが進行していく方向と DNA 合成をする方向が同じになり，DNA 合成は連続的に合成される．この DNA 鎖をリーディング鎖 leading strand という．これに対して，もう一方の DNA 鎖では，複製できる方向が複製フォーク進行の方向と逆になるため，短い DNA 断片ずつ DNA が合成される．この DNA 鎖をラギング鎖 lagging strand という．ラギング鎖において合成される短い DNA 断片は，発見者にちなんで岡崎フラグメントと呼ばれる（当時，名古屋

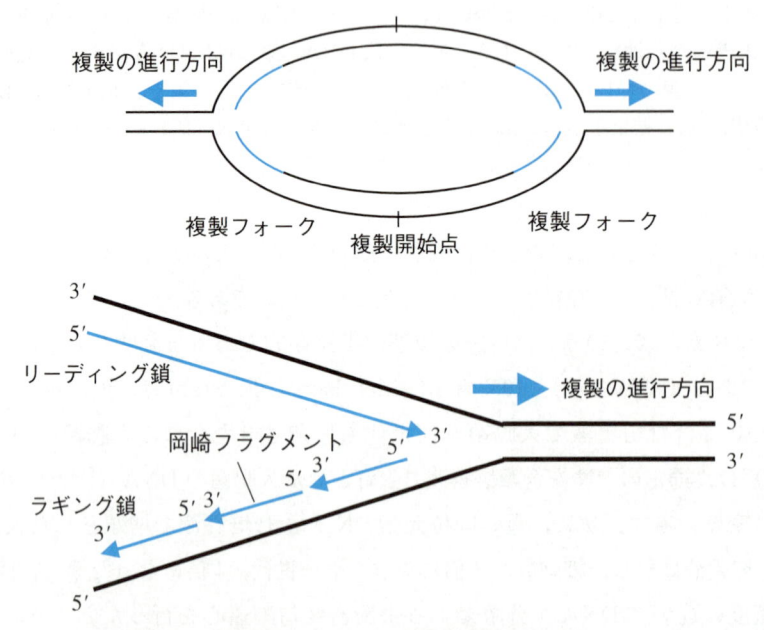

図 IV.2.3　複製開始点からの両方向複製と複製フォーク
青で示したところは，まさに DNA 複製が行われているところである．複製が進行するにつれ，両側へ複製中の領域が進むことになる．下の図では，DNA ポリメラーゼが 5′→3′ の一方向にしか合成できないため，一方では連続的に複製が進行するが（リーディング鎖），他方では不連続的に合成される（ラギング鎖）様子を示している．

大学の岡崎令治らのグループ).

C　DNAポリメラーゼ反応

　ヌクレオチドを重合しDNAを合成する反応は，**DNAポリメラーゼ** DNA polymeraseによって行われる．反応式は次のように表される．

$$(dNMP)_n + dNTP \longrightarrow (dNMP)_{n+1} + PP_i$$

dNMP, dNTPはそれぞれデオキシヌクレオシド5′-一リン酸，デオキシヌクレオシド5′-三リン酸を意味する．また，DNAポリメラーゼは，単なる1本鎖DNAからDNAを合成することができない．必ず**プライマー** primerと呼ばれる反応の手引きをする分子（通常は，鋳型に相補的な短いRNA断片あるいはDNA断片）が必要である．しかも鋳型DNAとプライマーが塩基対をなし，プライマー末端の糖が3′水酸基になっていることが重要である．反応はプライマーの3′水酸基が，新たに合成のために入ってくるデオキシヌクレオシド5′-三リン酸のα-リン

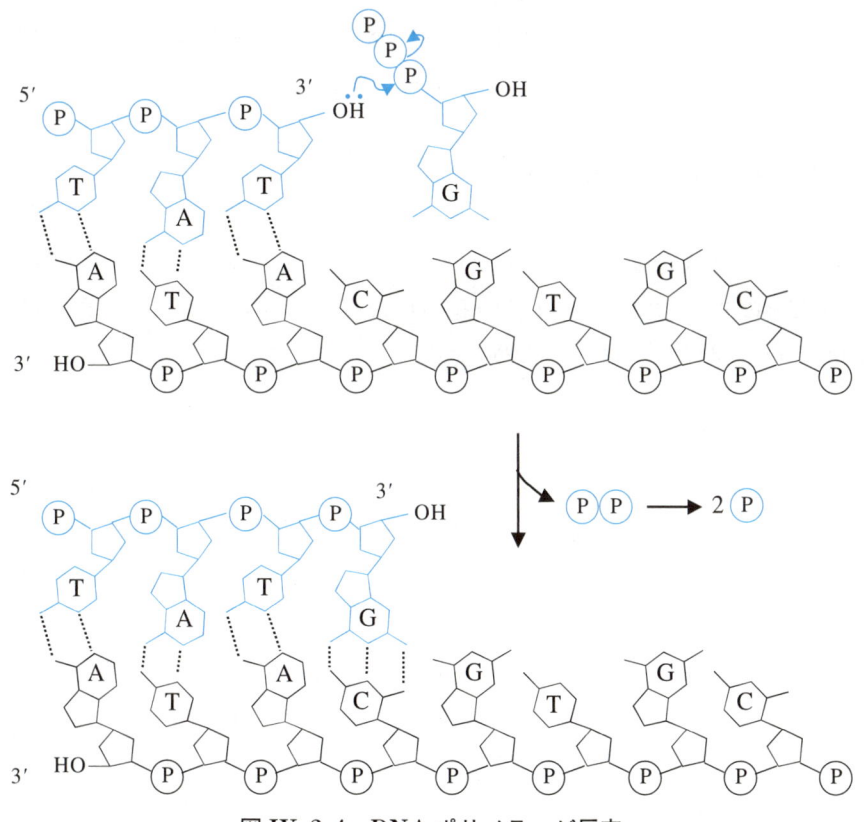

図 IV.2.4　DNAポリメラーゼ反応

DNAポリメラーゼの性質から，合成される鎖の連結される糖は，必ず3′-OHであることが必要である．新しく塩基対を形成する鋳型の塩基と相補的な塩基をもつdNTPのα-リン酸とホスホジエステル結合で連結する．以下，同様の反応が進む．

酸基を求核攻撃し，デオキシヌクレオシド 5′-―リン酸のプライマーの 3′末端への付加とピロリン酸（PP_i）が遊離する．このピロリン酸は別の酵素により 2 つのリン酸に分解される．したがって，2 つの高エネルギーリン酸結合のエネルギーが放出され，これが DNA の重合反応を進める力となっている（図 IV.2.4）．新しく付加されるヌクレオチドは，鋳型 DNA 鎖に対して相補的な塩基をもつヌクレオチドである．すなわち鋳型鎖がアデニンであればチミンが，グアニンであればシトシンが付加される．

　DNA ポリメラーゼは，鋳型 DNA 鎖に相補的なヌクレオチドを取り込んでいくことによって，遺伝情報を相補鎖として複製する．したがって，DNA ポリメラーゼが，鋳型 DNA 鎖と相補的なヌクレオチドを正確に取り込むことは，遺伝情報の伝達にとってきわめて重要なことである．数多く存在する DNA ポリメラーゼの中で，DNA 複製に関与する DNA ポリメラーゼは，鋳型 DNA 鎖と相補的でないヌクレオチドを取り込んだとき，次のヌクレオチドを付加する前にそれを除去する活性をもっている．この活性を 3′→5′エキソヌクレアーゼ活性という．この校正機能 proofreading をもつため，DNA ポリメラーゼの忠実度 fidelity（複製における正確さ）は非常に高い．$10^6 \sim 10^8$ のヌクレオチド重合反応に対して，1 回の誤りが起こる程度の頻度である．さらに，細胞内ではミスマッチ修復といわれる別の機構により，複製時の誤りは，$10^9 \sim 10^{10}$ の塩基対につき 1 回というきわめて低い頻度でしか起こらない．

D　原核生物の DNA 複製反応

　原核生物を代表する大腸菌での DNA 複製反応が，非常に良く解析されている．DNA 複製に関与する 20 以上のタンパク質が知られている．DNA 複製は，開始 initiation，伸長 elongation，終結 termination の 3 段階に分けることができる．

a）DNA 複製の開始

　複製の開始も多くのタンパク質が関与する複雑な反応過程である．複製開始点 origin と呼ばれる染色体上の特定の領域から開始する．大腸菌の複製開始点は，長さが 245 bp で oriC と呼ばれる．この領域には 3 つの 13 bp の縦列繰り返し配列と 4 つの 9 bp の繰り返し配列がある（図 IV.2.5）．4～5 個の DnaA タンパク質が，oriC のそれぞれの 9 bp の繰り返し配列に結合することで複製が開始する．DnaA タンパク質を巻き込むように DNA が巻き，ヒストン様タンパク質である HU と ATP によって，AT の多い 13 bp の繰り返し配列領域の 2 本鎖 DNA が変性し部分的に 1 本鎖になる．DnaB タンパク質の 6 量体がリング形になって，DnaC タンパク質の誘導で 1 本鎖部分に入る．DnaB タンパク質はヘリカーゼ活性をもっており，開裂した 1 本鎖 DNA の両側に複製フォークを形成し，複製の開始過程は終了し，伸長過程へと進む（図 IV.2.6）．

　原核生物のゲノム中には，複製開始点が特定の DNA 領域 1 か所のみである．複製開始点を含み自律的に複製を行いうる機能的な単位をレプリコン replicon という．原核生物の染色体は 1

oriC（大腸菌）

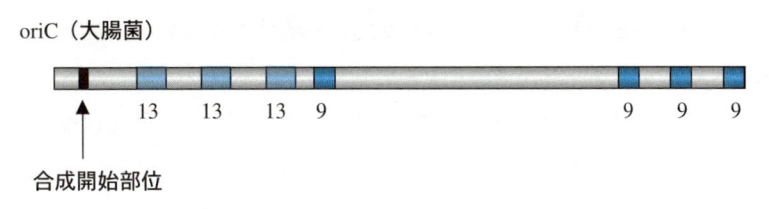

合成開始部位

図 IV.2.5 大腸菌の複製開始点の構造

9 bp の繰り返し配列　■　開始タンパク質である DnaA タンパク質が結合．
13 bp の繰り返し配列　■　開始タンパク質の結合により，2本鎖の開裂が起こる．
1本鎖部分が広がり，実際に黒塗りの部分から DNA 合成が開始される．

開始タンパク質　（DnaA）

最初に2本鎖がほどける領域

（HUタンパク質）

ヘリカーゼなど　（DnaB，DnaC）

（プライマーゼ）
（DNAポリメラーゼ）

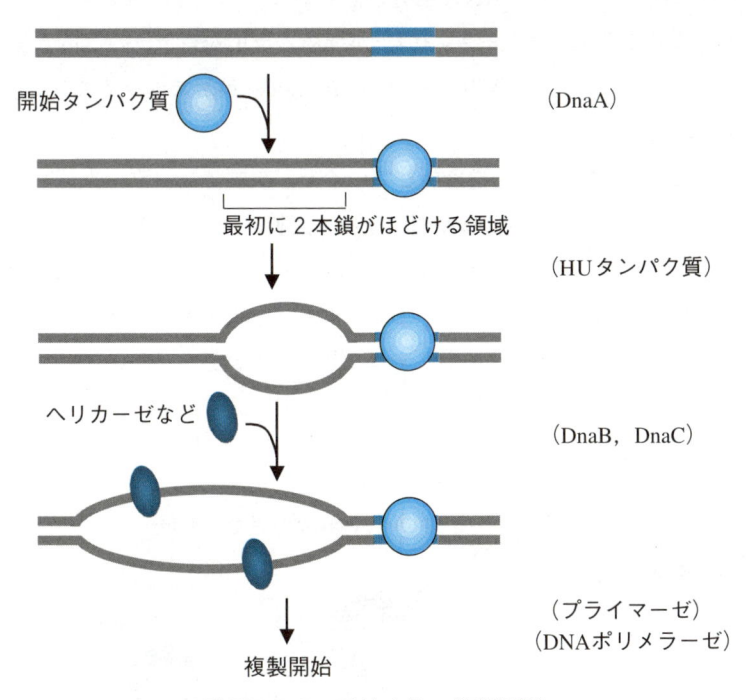

複製開始

図 IV.2.6 原核生物の複製開始

複製開始点近傍の開始タンパク質が結合する配列に，開始タンパク質が結合することにより，
2本鎖の巻き戻し，ヘリカーゼや複製酵素群が動員され，複製が開始される．

レプリコンであるが，細胞内に存在するプラスミドやファージも独立したレプリコンである．

b) DNA 伸長反応

複製フォークでの伸長反応は，いくつかの基本的な段階からなる複雑な過程であり，各段階で特定のタンパク質が機能している．1) 2本鎖DNAの巻き戻し．**DNA ヘリカーゼ** DNA helicase が ATP を分解したエネルギーを用いて2本鎖DNAを巻き戻す．大腸菌では DnaB タンパク質（*dnaB* 遺伝子産物）というヘリカーゼが行う．2) 1本鎖DNAの安定化．巻き戻されて1本鎖になった DNA を1本鎖DNA結合タンパク質 **SSB** が保護する．3) プライマーの合

成．DNA ポリメラーゼはプライマーがないと反応を開始できないので，**プライマーゼ** primase という一種の RNA ポリメラーゼがプライマーとして 5〜10 ヌクレオチドの短い RNA を合成する．大腸菌のプライマーゼは DnaG タンパク質である．リーディング鎖では複製の開始時のみ 1 回だけプライマーが形成されるが，ラギング鎖では不連続的に合成されるので，巻き戻しが一定の長さに達するごとにプライマー合成が必要になる．4) DNA 合成．プライマーの末端に **DNA ポリメラーゼ**がデオキシヌクレオチドを重合して DNA を合成する．大腸菌では少なくとも 10 のサブユニットからなる大きな多酵素複合体である DNA ポリメラーゼ III が行う．5) RNA プライマーの除去．**リボヌクレアーゼ H** が，プライマーとして用いられた RNA 部分を除く．6) DNA ギャップの充填．プライマー RNA 部分が除かれてできた DNA のギャップを，DNA ポリメラーゼ（大腸菌では DNA ポリメラーゼ I）が埋める反応を行う．7) DNA 断片の連結．最後に残った切れ目（ニック）を **DNA リガーゼ** DNA ligase がホスホジエステル結合を形成させ，DNA 断片を連結する．

　DNA ヘリカーゼが 2 本鎖 DNA を巻き戻していくと，複製フォークの進行方向に正の超らせんが蓄積し，それは複製反応を遅らせる原因になる．複製フォークの前方でこの超らせんを軽減させる働きをするのが**トポイソメラーゼ**である（図 IV.2.7）．リーディング鎖とラギング鎖の合成は図 IV.2.7 のように離れた場所で行われるのではなく，DNA ポリメラーゼ III が 2 量体を形成し近い場所で同時に行われると考えられている（図 IV.2.8）．

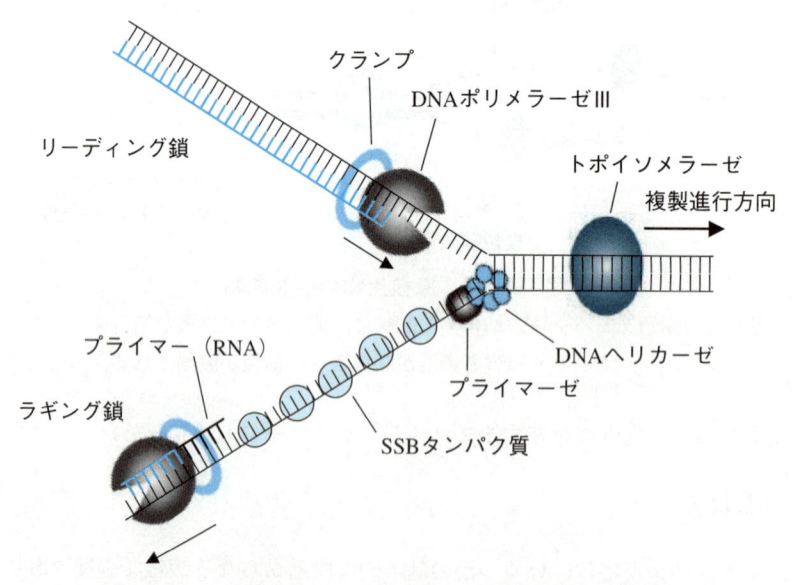

図 IV.2.7　複製フォークにおける DNA 複製の模式図
リーディング鎖では，ヘリカーゼが巻き戻した DNA を鋳型に連続的に合成が進むが，ラギング鎖では，プライマーゼが RNA のプライマーを合成後，DNA ポリメラーゼが複製進行方向とは逆向きに複製する．次のプライマー合成が起こるまで，1 本鎖になった DNA を SSB タンパク質が保護する．

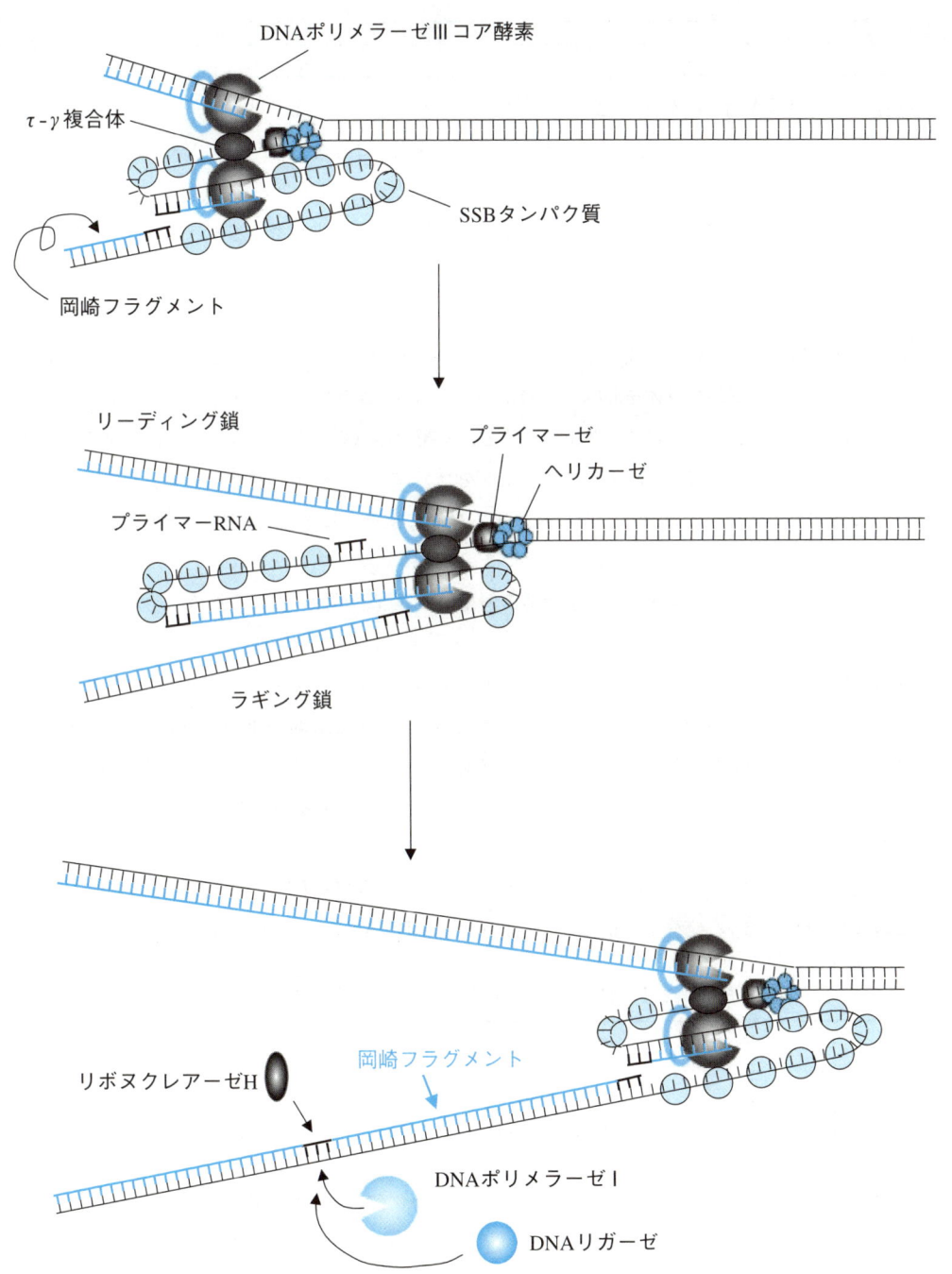

図 IV.2.8 DNA ポリメラーゼ III 2 量体によるリーディング鎖ラギング鎖同時複製のモデル図
ラギング鎖では，複製の進行方向と逆向きに複製反応が進むが，DNA ポリメラーゼは図 IV.2.7 のように別々に存在するのではなく，実際にはリーディング鎖を合成するポリメラーゼと複合体となり 2 量体を形成している．したがって，ラギング鎖の鋳型 DNA は，あらかじめたぐり寄せられたように動くことで複製が進むと考えられている．合成の終わった岡崎フラグメントからリボヌクレアーゼ H によってプライマー RNA が除かれ，DNA ポリメラーゼ I によるギャップ充填，DNA リガーゼよる残ったニックの結合が行われる．

Box IV.2.1

原核生物のDNAポリメラーゼ

　ゲノムDNAの正確な複製や配列の維持のために，細胞には複数のDNAポリメラーゼがある．大腸菌では少なくとも5種類存在し，発見された順番にI, II, IIIのように命名されている．

　DNAポリメラーゼIII（Pol III）はゲノムDNA複製で中心的役割をするポリメラーゼで，少なくとも10のサブユニットからなる多酵素複合体である（表IV.2.1）．コアポリメラーゼは，α, ε, θ からなり，α サブユニットがデオキシヌクレオチドの重合活性をもち，ε サブユニットはヌクレオチドの取り込みの誤りを正す $3' \rightarrow 5'$ エキソヌクレアーゼ活性をもっている．τ サブユニットは2つのコアポリメラーゼが2量体を形成するのに必要である．β サブユニットはそれ自身で2量体となり，鋳型DNA鎖を取り囲むリングを形成する．γ 複合体（5つのサブユニットからなる）はプライマーのある鋳型を認識して，β サブユニットをコアポリメラーゼへ移動させる．DNAポリメラーゼ複合体が一旦鋳型に結合してから解離するまでに重合するヌクレオチドの数を連続合成度（プロセッシビティー processivity）というが，Pol III は β サブユニット（スライディングクランプと呼ばれる）によってポリメラーゼ複合体の鋳型からの解離が抑制されるため，連続合成度が非常に高い．

　DNAポリメラーゼI（Pol I）は，1958年 A. Kornberg によって最初に発見されたポリメラーゼである．Pol III とは異なり1つのポリペプチドからなり，連続合成度も低い．Pol I は，$3' \rightarrow 5'$ エキソヌクレアーゼ活性に加えて，$5' \rightarrow 3'$ エキソヌクレアーゼ活性をもっている．この活性のため，DNA鎖伸長反応時に $3'$ 方向に，すでに鋳型に相補的なDNA鎖あるいはRNA鎖が存在しても，$5'$ 側から1つずつ分解しながら，新たにDNA鎖を合成することができる．DNA複製におけるラギング鎖でのRNAプライマー除去と，その後のギャップの合成やDNA修復に関与している．

　このほか，DNAポリメラーゼII, IV, V はいずれもDNA修復時に働くポリメラーゼである．

表IV.2.1　DNAポリメラーゼIIIのサブユニット

	サブユニット	構造遺伝子名	機能
コア酵素	α	polC (dnaE)	ポリメラーゼ
	ε	dnaQ (mutD)	$3' \rightarrow 5'$ エキソヌクレアーゼ
	θ	holE	不明
	τ	dnaX*	コア酵素の2量体化
	β	dnaN	DNAクランプ
γ 複合体	γ	dnaX	クランプローダー
	δ	holA	β サブユニットを各岡崎フラグメント
	δ'	holB	ラギング鎖に装着させる
	χ	holC	
	ψ	holD	

*dnaX は τ, γ 2つのタンパク質をコードする．

c) DNA 複製の終結

複製開始点から両方向に複製が進行して，環状染色体の複製開始点とほぼ反対側にある終結配列の Ter 領域で，複製フォークが出会うと複製が終結する．この Ter 配列は 20 bp からなり，Tus というタンパク質が結合することによって，一方向からの複製進行を止める．複製フォークの出会った分子は，2 つの環状 DNA が**コンカテマー** concatemer と呼ばれる連鎖状になっている．これを，トポイソメラーゼ II が分離させ，複製が完了する．

E 真核生物の DNA 複製反応

原核生物と真核生物の DNA 複製の様式は，大部分が共通している．しかし，大きく違う点も存在する．これらの相違は真核生物のゲノムの大きさと複雑さに由来している．

原核生物は，細胞分裂周期の大部分を通して複製反応が起こっているのに対して，真核生物の複製は，S 期と呼ばれる特定の時期にのみ起こる（図 IV.2.9）．細胞の増殖と分裂は，顕微鏡下で分裂像のみられる分裂期（M 期）と DNA 合成の起こる S 期，2 つの間の時期を G_1 期，G_2 期と名付けられた時期に分かれている．この時期を厳密に制御することによって，複雑なゲノムをもつ細胞が増殖できるといえる．

また，原核生物の DNA 複製速度は，毎秒 1,000 塩基対にも及ぶのに対して，真核生物ではかなり遅い．複製フォークでの速度は毎秒 50 塩基対程度である．この理由として，複製酵素の能力もあるが，DNA がクロマチン構造により高度に折りたたまれていることにも起因する．

原核生物と比較して，複製速度は遅く，複製すべき塩基数が膨大な真核生物の複製は，かなりの時間を要するはずだが，実際にはそうではない．複製開始点が多数存在し，同時に複製を行っているからである．すなわち真核生物は複数レプリコンであるために，複製時間が短縮されてい

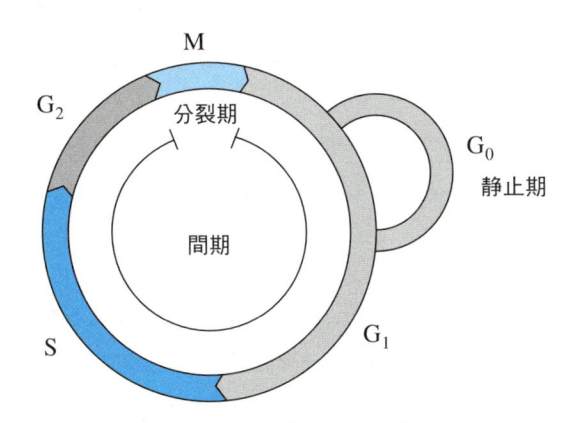

図 IV.2.9　真核生物の細胞周期

DNA 複製は S（合成）期に起こる．増殖を続けない細胞は，分裂期を経て休止期（G_0）に入る．ある増殖刺激により，G_1 期の戻り細胞周期を回ることになる．

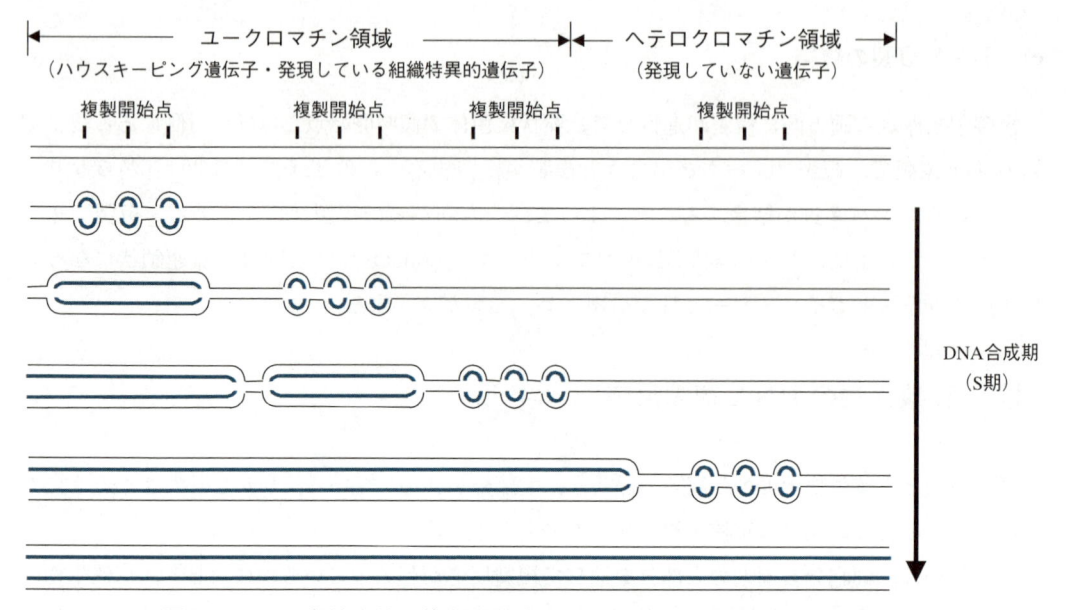

図 IV.2.10　真核生物の複製開始点ならびに複製と転写の時期の関係
真核生物では複製開始点が多数存在し，遺伝子発現のある領域の複製開始点から複製が段階的に行われる．ヘテロクロマチン領域の複製開始点は複製後期にファイアーする（複製が始まる）．

る（図 IV.2.10）．複製は段階的に行われ，遺伝子発現が行われている領域ではS期初期に，発現のほとんどないヘテロクロマチン領域ではS期後期に行われる．クロマチンの凝縮度と複製の時期に密接な関係があることを示している．また，酵母などの比較的単純な真核生物では，複数ある複製開始点に共通した配列が存在することが判明している．しかし，多細胞からなる高等真核生物では，共通配列は見出されていない．DNA 塩基配列の共通性より，構造的な要因が大きいのかもしれない．

さらに，真核生物の岡崎フラグメントの長さは，100〜200 塩基で，原核生物の 1,000〜2,000 塩基よりかなり短い．DNA 複製に関与する酵素も，数が多く機能分担されている．

Box IV.2.2

真核生物の DNA ポリメラーゼ

真核生物からは 10 数種類の DNA ポリメラーゼが今までに知られている．真核生物の DNA ポリメラーゼはギリシャ文字で表す．このうち，ゲノム染色体の複製には DNA ポリメラーゼ α, δ, ε の 3 つの酵素が働いている．DNA ポリメラーゼ α は，4 つのサブユニットから構成され，プライマーゼ活性をもつサブユニットが含まれている．$3' \rightarrow 5'$ エキソヌクレアーゼ活性はもたず，忠実度は低い．また，連続合成度が低く，プライマーゼ活性が必要な複製の開始時と，ラギング鎖での合成開始に関与している．その続きを α に替わって DNA ポリメラーゼ δ と ε が DNA 鎖を伸ば

していく．δ は PCNA と呼ばれるタンパク質と結合し，活性が促進される．PCNA の三次元的構造は，大腸菌の Pol III の β サブユニットとよく似ている．機能的にもスライディングクランプとして連続合成度を高めている．ε は PCNA とは結合しないが連続合成度は高い．両酵素とも 3′→5′エキソヌクレアーゼ活性がある．リーディング鎖とラギング鎖での両酵素の役割分担が指摘されているが，はっきりと証明されていない．DNA ポリメラーゼ ε は，DNA 修復にも関与している．

このほか，DNA ポリメラーゼ γ がミトコンドリア DNA を複製し，β をはじめとする多くの DNA ポリメラーゼは DNA 修復や，δ，ε では合成できないような傷害を受けた鋳型の複製に関与している（誤りがち修復）．

直線状である真核生物のゲノムは，DNA ポリメラーゼだけでは，その性質から複製されるごとにラギング鎖側の末端が短くなってくる．長い間，末端複製問題として未解決であったが，テ

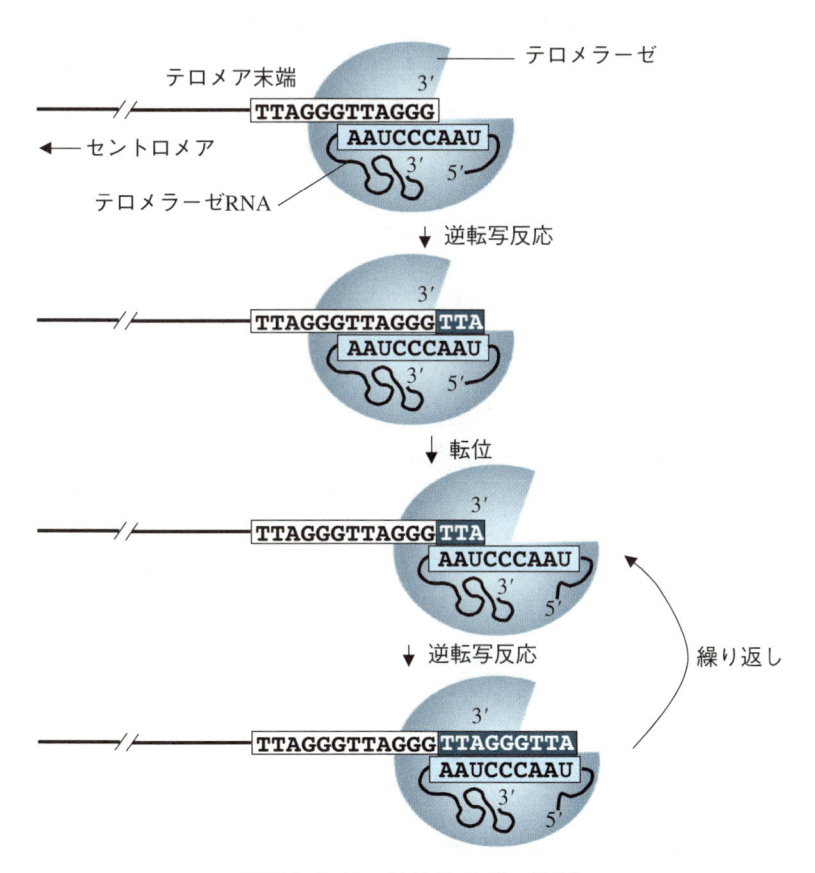

図 IV.2.11 染色体末端の複製

ヒトの染色体の末端部に存在するテロメアは，TTAGGG の繰り返し配列である．その 3′ 末端は，1 本鎖として突き出している．テロメラーゼを構成する RNA 部分に，テロメア配列と相補的な配列があり，塩基対を形成することで，RNA は鋳型として働き，テロメラーゼの酵素部分が，3′ 末端をさらに伸ばす．伸びた DNA 鎖にプライマー RNA の合成とそれに続く DNA 合成で，末端部分の短縮化を防いでいる．

ロメラーゼ telomerase の発見によって解決された．染色体の末端部分はテロメア telomere と呼ばれる繰り返し配列になっている．さらに，3′ 末端側は1本鎖として突出している．テロメラーゼはテロメア配列と相補的な配列の RNA をもち，それを鋳型に突出した1本鎖テロメア部分をさらに伸ばす合成を行う一種の逆転写酵素である（図 IV.2.11）．3′ 末端側1本鎖を伸ばすことにより，反対の DNA 鎖に新たな岡崎フラグメントの合成が可能となり，末端部分の長さが維持される．

Box IV.2.3

テロメラーゼとがん・老化

真核生物の染色体末端テロメアは，縦列反復配列からなる特別な構造をしている．ヒトをはじめ脊椎動物では，5′-TTAGGG-3′ が繰り返されている．生殖細胞や幹細胞のように活発に分裂している体細胞では，テロメラーゼが染色体末端に TTAGGG 反復配列を付加している．しかし，多くのヒト体細胞ではテロメラーゼ活性がなく，分裂を繰り返すごとにテロメアが短くなり，染色体末端の融合により細胞死に至る．また，ヒトの加齢に伴って，細胞のテロメア配列が短くなっている現象も観察され，テロメアの長さと寿命との相関が示唆されている．したがって，体細胞にテロメラーゼを発現させるようにできれば，寿命を延ばせる可能性があり，「不老の薬」への開発につながると注目されている．

また，多くのがん細胞ではテロメラーゼが再活性されている．がん細胞の不死化の一因として，テロメラーゼ活性が考えられている．したがって，がん細胞のテロメラーゼ活性を抑制することで，がん細胞を死滅させる可能性はある．しかし，テロメラーゼを欠損させたマウスは，正常に成育し，テロメアの短縮はある時点で停止し，がんの発生率も正常マウスと同程度であった．テロメアを含めた染色体の構造を守るために，生物はテロメラーゼ以外にもいくつかの経路を用意していることが示唆されている．

IV.2.2

DNA修復

DNA に含まれる遺伝情報，すなわち配列情報はたえず変化の危機にさらされている．複製されるときの DNA ポリメラーゼによる誤りや物理的・化学的要因によって，DNA 塩基配列は変化を起こしうる．DNA の配列変化，すなわち突然変異は生物にとってほとんど有害である．点突然変異から染色体の大きな変化まで，突然変異は様々な形態をとる．したがって，どの細胞においても DNA の誤り（損傷）を修正することは，生存のために重要である．いろいろな要因によって，DNA を構成するヌクレオチドに生じる変化は，II.3 で取り上げた．

A ミスマッチ修復

　DNAポリメラーゼは校正機能をもっていて，間違ったヌクレオチドが取り込まれたら除いて新たに合成する．しかし，この校正機能を逃れても，細胞はそれを修復する機構を備えている．この機構は，塩基の不適正対合（ミスマッチ）をモニターし修復するので，ミスマッチ修復 mismatch repair と呼ばれる．この修復によって，DNA複製の忠実度は $10^2 \sim 10^3$ 倍上昇することになる．ミスマッチ修復では，ミスマッチが変異として固定される以前，すなわち2回目のDNA複製が起こる前に修復される必要がある．また，ミスマッチが入った新しく合成された鎖（新生鎖）を識別することも必要である．

　大腸菌では，Damメチラーゼが DNA 上の GATC 配列のアデニン N^6 位をメチル化する．したがって，複製前のDNA鎖は2本鎖ともメチル化されている．複製直後の新生鎖はまだメチル化を受けていないため，鋳型鎖と新生鎖との識別が可能である．ミスマッチの存在をMutSというタンパク質がモニターし，ミスマッチ部位に結合する（図IV.2.12）．ここにさらにMutLが結合し，MutHを活性化する．MutHはエンドヌクレアーゼ活性をもち，ミスマッチ部位近傍の新生鎖のGATC配列にニックを入れる．ニックはミスマッチ部位の 5′ 側か 3′ 側のどちら

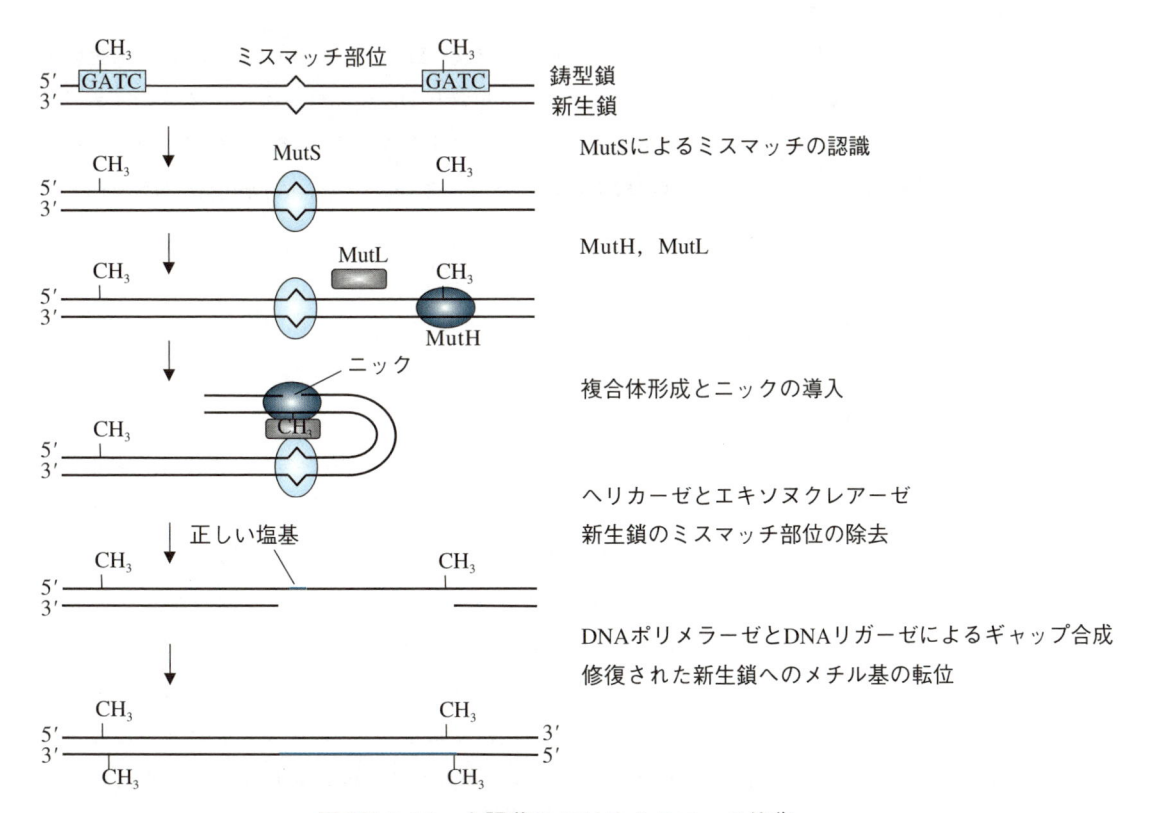

図IV.2.12 大腸菌におけるミスマッチ修復

かで起こり，起こる位置によって関与するヌクレアーゼは異なるが，エキソヌクレアーゼがDNAヘリカーゼⅡとともにミスマッチを含む新生鎖を分解していく．その後は，SSB存在下DNAポリメラーゼⅢによってギャップが埋められ，DNAリガーゼによりDNA鎖が連結され，修復が完了する．

最近，真核生物からも大腸菌のMutS，MutLタンパク質と相同なタンパク質MSH，MLHが見出され，ミスマッチ修復機構が真核生物にも存在することが示唆されている．ミスマッチ修復機構の異常が遺伝性の大腸がんなどの発がんに関与すると示唆されており，現在，研究が進められている．

B　塩基除去修復

DNAの塩基は，生理的な条件下や，生体外から入ってきた化学物質などにより，脱アミノ化やアルキル化の修飾を受ける（図Ⅱ.3.27）．これらの変化により対合する塩基が変わることになる．細胞はこれを防ぐため，**DNAグリコシラーゼ**という酵素をいくつももっている．DNAグリコシラーゼは，変化した塩基を特異的に認識し，塩基とデオキシリボースの間のN-グリコシド結合を切断してヌクレオチドの塩基部分を除去する．これにより，**APサイト**という塩基の取り除かれた部位ができる．

APサイトが形成されると，APエンドヌクレアーゼがAPサイトの5′側または3′側を切断する．大腸菌ではDNAポリメラーゼⅠがAPサイトを含むDNA部分をエキソヌクレアーゼ活性で除去後，新たに相補的なDNA鎖を合成する．最後にDNAリガーゼにより残ったニックを連結して修復反応が終了する．この修復機構を**塩基除去修復** base excision repair（BER）という．

C　ヌクレオチド除去修復

DNA損傷のうちDNA二重らせん構造にひずみを与えるような大きなものは，**ヌクレオチド除去修復** nucleotide excision repair（**NER**）という機構により修復される．例えば，紫外線の照射によってできるシクロブタンピリミジンダイマーや6-4光反応物（図Ⅱ.3.28），薬剤やその他の化合物によるDNA付加化合物 DNA adduct などがNERで修復される．

NERにおいてはエクシヌクレアーゼ excinuclease という酵素によって，損傷部位の5′側と3′側の両方に切れ目を入れる．大腸菌においては，UvrA，UvrB，UvrCタンパク質の3つがエクシヌクレアーゼとして機能する（図Ⅳ.2.13）．最初にUvrAとUvrBの複合体（A_2B）がDNAの損傷をモニターし，損傷部位に結合する．結合によってDNAが少し曲げられたのち，UvrAの2量体が解離しUvrBが損傷の3′側にニックを入れる．続いてUvrCが5′側にニックを入れ，DNAヘリカーゼであるUvrDが損傷の入ったオリゴヌクレオチドを除去する．そして，

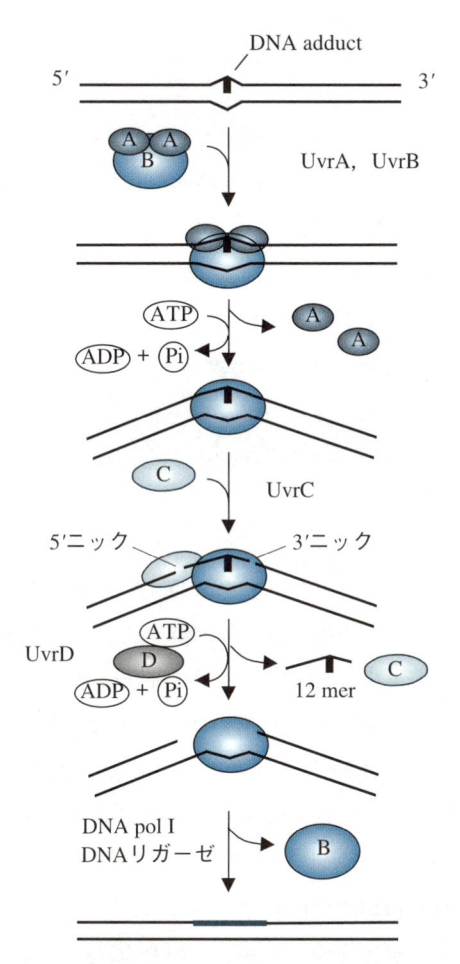

図 IV.2.13　大腸菌のヌクレオチド除去修復（NER）
UvrA がピリミジン 2 量体のような DNA 付加物によるゆがみを認識し，UvrB と複合体を形成し，損傷部位の DNA を曲げる．UvrA が解離した UvrB が，損傷の 3′ 側にニックを入れ，UvrC が 5′ 側にニックを入れる．ヘリカーゼの UvrD が損傷 DNA をはがし，できたギャップを pol I とリガーゼにより埋め，修復が完了する．

できたギャップは DNA ポリメラーゼ I と DNA リガーゼで埋められ，修復反応は終了する．

　真核生物では，さらに多数のタンパク質が関与し NER を行う．色素性乾皮症 xeroderma pigmentosum（XP）という疾患では，紫外線によって皮膚が炎症を起こし，皮膚がんに至ることが知られていた．現在ではこの疾患の原因遺伝子が明らかとなり，NER に関与するタンパク質をコードする遺伝子がほとんどであった．UvrA の機能をする XPC，UvrB の機能をする XPA や XPD，そして XPF と XPG はニックを入れるヌクレアーゼである．疾患のタイプに対応してタンパク質の名前が付けられている．この疾患の原因の解明において，DNA 修復機構の異常が発がんに関係することがはじめて証明された．

D　直接修復

　塩基やヌクレオチドを除去せずに，損傷部位を直接修復する機構も存在する．シクロブタンピリミジンダイマーは，NERでも修復されるが，大腸菌では光回復酵素DNA photolyase が可視光のもとにシクロブタン環を開裂することで，直接修復する．

　また，グアニンがアルキル化剤によりメチル化されたO^6-メチルグアニンは，O^6-メチルグアニン-DNAメチルトランスフェラーゼという酵素によって，メチル基が除かれることで直接修復される．

E　誤りがち修復

　細胞は，DNAが損傷を受けると，損傷部位でのDNA複製を停止させ，DNA修復が完了してから複製を再開させる．しかし，修復できない損傷や鋳型として働く相補鎖が欠失している場合，損傷部位でDNA合成は停止したままで，やがて細胞は死に至る．細胞はこれを回避するための手段をもっている．1つは，鋳型を相同染色体の相同な配列から求める組換え修復を行う（次節参照）場合で，もう1つは損傷部位を乗り越えて複製が進行する場合である．後者を誤りがちトランスリージョンDNA合成 error-prone translesion DNA synthesis（TLS）という．TLSの場合には，鋳型鎖に相補的な正しいヌクレオチドを取り込めないため，誤った塩基が入りやすく，誤りがち修復 error-prone repair と呼ばれる．

　大腸菌では，過度にDNAが損傷を受けた場合，SOS応答というストレス応答機構が働く．このとき誘導されるタンパク質が特別なDNAポリメラーゼ（IV，V）を活性化し，損傷を乗り越えた複製が進む．これらはいずれも忠実度の低いポリメラーゼである．

　真核生物でも，DNAポリメラーゼη（イータと読む）をはじめ，多くのTLSポリメラーゼが見出されている．これらのポリメラーゼは忠実度は低いが，合成できるヌクレオチド数も低いため，変異の頻度を最小限にしている．

IV.2.3　DNA組換え

　DNA上の遺伝情報は，DNA組換え DNA recombination という機構によって再編成される．変異の1つ1つの積み重ねとDNA組換えによって，生物は多種多様になり，環境変化に対する適応を伴った進化を重ねてきた．DNA組換えは，偶然の出来事ではなく，細胞にとって不可欠の過程である．遺伝子を変化させるだけでなく，DNAが放射線や化学物質によって受けた損傷

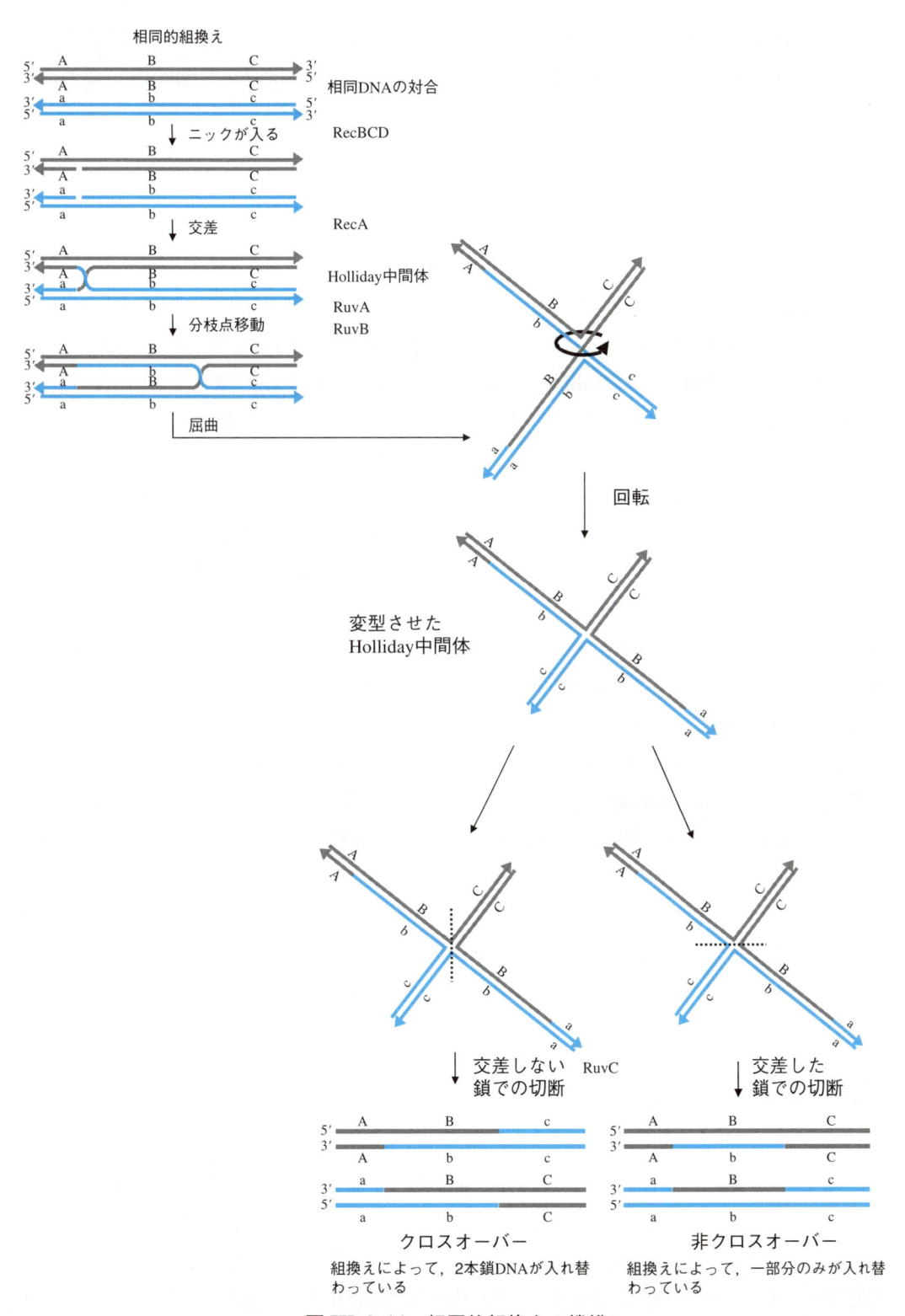

図 IV.2.14　相同的組換えの機構
右側（あるいは中央）に関与するタンパク質を示す．

部位を，相同染色体の損傷していない DNA 鎖と組換えることで，失った配列を回復する働きもある．さらに組換えで遺伝子を再編成することで，多様なタンパク質発現を実現しているものも存在する．

A 相同的組換え

相同的組換え homologous recombination には，2つの相同 DNA 分子の正確な対合が必要である．相同 DNA の対合は，全く同じ配列どうしやほぼ同じ配列間で形成されるが，さらに一部分しか似ていない分子間や，同一分子内でも2つの似た部分があれば対合が形成される．

相同的組換えの機構は，R. Holliday によって提唱された Holliday モデルがよく示している（図IV.2.14）．最初に，2つの相同2本鎖 DNA が並ぶ．次に，2本鎖 DNA のうち1本の DNA 鎖にニックが入り，交差する．ニックを DNA リガーゼがつなぎ，Holliday 中間体と呼ばれる構造になる．交差の結合部は，交差した DNA が解離と対合を繰り返すことで容易に移動できる．この結合部の移動を分枝点移動 branch migration という．分枝点移動によって，異なる DNA 鎖由来の DNA がハイブリッドになったヘテロ2本鎖 heteroduplex 部分が拡大する．最後に，Holliday 中間体の切断が起こり，組み換えられた2つの2本鎖 DNA が生じる．このとき，切断の方向によって，DNA 鎖が相互に交換するクロスオーバー crossover タイプと，一部分だけがパッチのように交換した非クロスオーバータイプになる．

大腸菌においては，最初のニックを入れるのが RecBCD で，RecA タンパク質が結合した1本鎖 DNA が，相同な部位に入り込むことで鎖の交換が行われる．RuvA が Holliday 中間体を認識し，さらに RuvB が両側に結合し，ATP のエネルギーを用いて分枝点移動を行う．RuvAB が離れると RuvC が結合し，Holliday 中間体を切断し，2つの2本鎖 DNA となり組換えが終了する．

細菌においては，相同的組換えは微生物間の DNA 転移，例えば接合や形質転換，形質導入に関与している．また，DNA 損傷のために停止した複製フォークでの組換え修復も相同的組換えであり，複製の再開に役立っている．真核生物では，組換え修復のほか，減数分裂時の組換えが相同的組換えである．

B 部位特異的組換え

部位特異的組換え site-specific recombination は，相同的組換えとは異なり，特別な配列をもった DNA 部分でのみ起こる組換え機構である．組換えが起こる特別な配列は 20〜200 bp と短く，リコンビナーゼという組換え酵素により認識される配列と，DNA 鎖切断と再結合が起こる配列（クロスオーバー領域）からなる．同一 DNA 上に存在する2つのクロスオーバー領域の塩基配列が，同じ方向の場合に組換えが起こると欠失が生じ，異なる方向の場合には逆位が生じ

る．また，環状DNAが挿入される場合は，クロスオーバー領域の塩基配列の方向は同じになる（図IV.2.15）．クロスオーバー配列の両側にあるリコンビナーゼの認識配列にリコンビナーゼがそれぞれ結合し，クロスオーバー配列中の特定の場所を切断し，切れたDNAとリコンビナーゼの共有結合を経て，新しい鎖と組換えが起こる．

大腸菌に感染するラムダ（λ）ファージやP1ファージは，それぞれλインテグラーゼ，Creと呼ばれるリコンビナーゼが機能して，att部位，lox部位でそれぞれ組換えが起こる．P1ファージのCre-loxの組換えは，Creタンパク質とlox配列のみで組換えが起こるので，試験管内で容易に組換えを行う道具として遺伝子工学に利用されている．

真核生物での部位特異的組換えの例として，種々の抗原に対応する多様な免疫グロブリンの産生があげられる．免疫グロブリンは，軽鎖と重鎖から構成されている．V, Jセグメントから1つ1つ産生されるポリペプチドは，著しく配列の異なっている領域（可変部V）と配列が一定な領域（定常部C）に分けられる．これらの可変部は，軽鎖ではVセグメントとJセグメントの遺伝子によってコードされる．Vセグメントには約150の遺伝子群，Jセグメントには5遺伝子群が存在し，それぞれリコンビナーゼの認識配列と隣接している．成熟B細胞へ分化する過程で，RAG1, RAG2と呼ばれるリコンビナーゼによって，部位特異的組換えが生じ，1つずつの遺伝子が選択され，両遺伝子間のDNAは欠失する．理論的にこの組換えで150×5で約750通りの多様な軽鎖ができる．実際には，さらに組換え時の交差する位置に多様性があるため，さらに10倍ほどの組み合わせになる．同様に，重鎖ではV/Jの間にDセグメントが入り（各遺

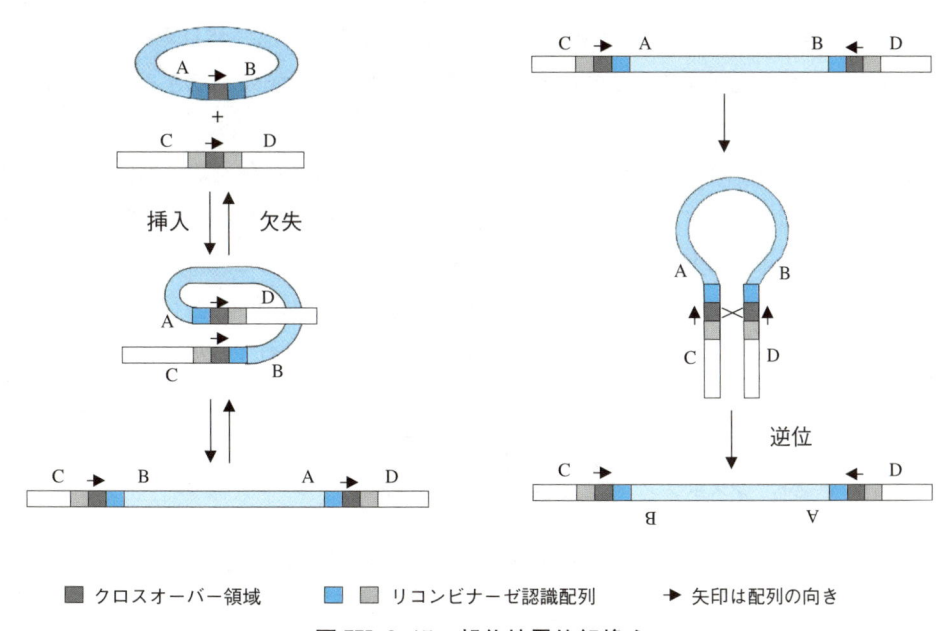

図IV.2.15　部位特異的組換え

部位特異的組換えを起こすDNAには，クロスオーバー領域の両側にリコンビナーゼ認識配列が存在する．クロスオーバー領域の向きにより，挿入-欠失か逆位が起こる．

伝子群の数は軽鎖と異なる），さらに多くの組み合わせからの選択になり，多様な抗原への対応を可能にしている．

C 転　位

転位 transposition は，ある遺伝的因子が DNA 上のある場所（供与部位 donor site）から移動し，別の場所（標的部位 target site）に組み込まれる現象である．この移動できる遺伝的因子を転位因子あるいはトランスポゾン transposon という．トランスポゾンの標的部位は，相同的組換えや部位特異的組換えとは異なり，特定の配列ではない．そのため，トランスポゾンが遺伝子のコード領域や調節領域に挿入された場合，遺伝子の機能を破壊してしまう結果を招く．トウモロコシの研究をしていた B. McClintock は，遺伝子機能の破壊が動き回る DNA によって起こることを 1940 年代に発見した．

細菌のトランスポゾンには，単純トランスポゾンと複合トランスポゾンとがある（図 IV.2.16）．単純トランスポゾンは，転位に必要な逆方向反復配列の間に転位酵素 transposase をコードする遺伝子のみからなり，挿入配列 insertion sequence（IS 因子）とも呼ばれる．複合トランスポゾンは，このほかに転位とは関係のない遺伝子をもっているもので，そのうちのあるものは抗生物質耐性遺伝子である．抗生物質耐性遺伝子をもつ複合トランスポゾンは，細菌類での抗生物質耐性の広がりに重要な機能を果たしている．

転位は，転位酵素が標的部位の 2 本鎖 DNA の各鎖を少し離れた位置で切断する．そしてできた 2 つの付着末端にトランスポゾンが挿入される．その後，1 本鎖部分が DNA ポリメラーゼにより埋められ，転位が完了する．このため，標的部位に重複した配列ができることになる（図 IV.2.17）．

真核生物では，細菌と同様のトランスポゾンのほかに，RNA 中間体を経て転位するレトロトランスポゾンがある．レトロトランスポゾンは，レトロウイルスにみられる末端繰り返し配列 long terminal repeat（LTR）と，転位酵素と，RNA を鋳型にして DNA を合成する逆転写酵素の遺伝子をもつ．レトロトランスポゾンから転写された RNA を中間体として，逆転写酵素で DNA にされた後，転位酵素によって染色体上に挿入される．酵母の Ty 因子やハエの Copia 因

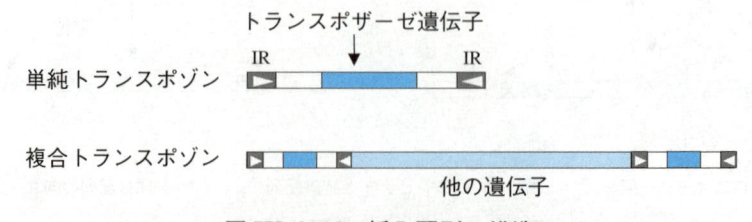

図 IV.2.16　挿入配列の構造

IR は逆方向反復配列．複合トランスポゾンのほかの遺伝子には，抗生物質に対する耐性遺伝子などがある．

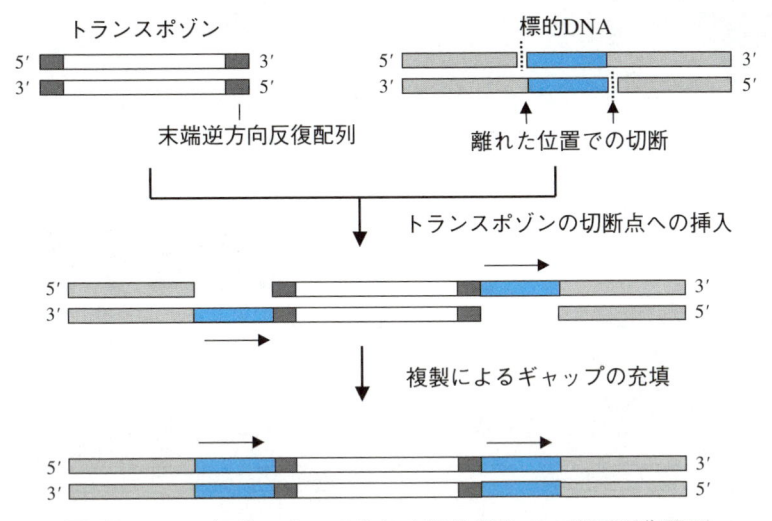

図 IV.2.17　転位によって生じる標的部位での縦列反復配列
トランスポゾンの転位酵素が，標的部位の 2 本鎖 DNA を少し離れた位置で切断する．できた突出末端にトランスポゾン DNA が組み込まれる．1 本鎖 DNA 部分のギャップが複製されて転位が完了する．この転位によって，標的 DNA 配列が重複される．

子などがレトロトランスポゾンとして知られている．

Key words

半保存的複製	複製開始点	複製フォーク
リーディング鎖	ラギング鎖	岡崎フラグメント
プライマー	エキソヌクレアーゼ	**DNA ヘリカーゼ**
プライマーゼ	**DNA リガーゼ**	レプリコン
テロメラーゼ	ミスマッチ修復	塩基除去修復
ヌクレオチド除去修復	誤りがち修復	相同的組換え
部位特異的組換え	転位	トランスポゾン
レトロトランスポゾン		

Ⅳ.3 遺伝子発現

学習目標

1. DNAからRNAへの転写について説明できる．
2. 転写の調節について，例を挙げて説明できる．
3. RNAへのプロセッシングについて説明できる．
4. RNAからタンパク質への翻訳の過程について説明できる．
5. リボソームの構造と機能について説明できる．

　私たちの体は外部からの刺激や異物の侵入に対して様々な反応を示す．それが体の損傷を伴う場合であればそれを修復するシステムが，異物を排除するためであれば免疫と呼ばれる防御機構がそれぞれ動き出す．これらの動きは細胞レベルでみると，このような"非常事態"を受けて必要な"道具"（多くの場合はタンパク質）が必要な場所で必要な分だけ供給されているのである．そしてこの"道具"は細胞内の遺伝子（DNA）に書き込まれた情報を基に転写（mRNA の合成）→翻訳（タンパク質の合成）というステップを経て巧妙につくり出されている．もちろん，この遺伝情報が発現してくるシステムは非常時ばかりでなく，生体を維持するために私たちの体（細胞）の中で常に動いている基幹システムである．そのため，これらの一連のシステムを理解することは薬学を学ぶ上で非常に重要である．本章では，転写と翻訳という細胞内のイベントがどのような生物学的な流れの中で行われているのかを理解することに主眼をおいて学習してほしい．

Ⅳ.3.1 転　　写

　DNA に書き込まれた遺伝情報（塩基配列）は，タンパク質という"形"で表現される過程で

RNA に写し取られるが，この機構を転写 transcription という．その際に DNA の塩基配列がすべて RNA に写し取られているわけではなく，必要な情報が必要なときに必要な分だけ写し取られることによって生体は（細胞は）生命の機能を維持している．この巧妙なメカニズムを担っているのは"転写調節機構"である（図 IV.3.1）．真核・原核細胞を問わず，DNA の情報は必要な塩基配列の反対鎖が鋳型として利用される．これに RNA ポリメラーゼという酵素が相補的な塩基対を形成するようにリボヌクレオチドを取り込み，共有結合でつなぎながら RNA 鎖を合

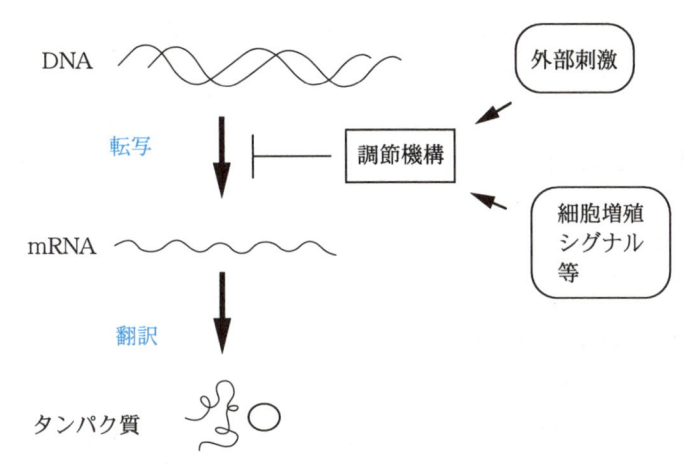

図 IV.3.1　遺伝情報の流れと転写調節
調節機構により正・負の転写制御が行われる．なお，原核細胞では DNA から直接 mRNA が合成されるが，真核細胞では前駆体を経由して mRNA が合成される．

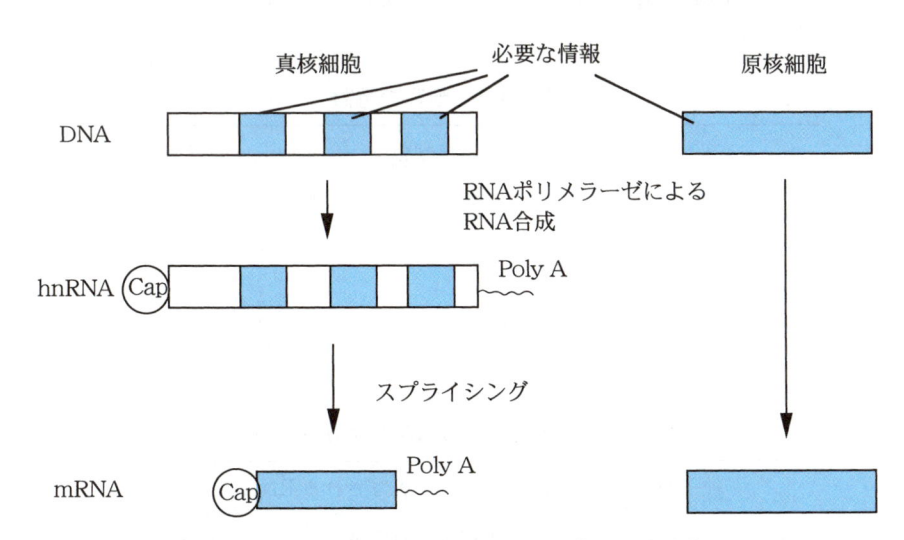

図 IV.3.2　DNA から mRNA 合成までの過程
真核細胞ではプロセッシングという修飾が施されて mRNA が合成される．なお，タンパク質合成のために必要な情報がコードされている領域をエキソン，それ以外をイントロンと呼ぶ．

成していく．これにより必要な塩基配列と全く同じ塩基配列をもつRNAが誕生する（TはUに変換される）．このDNAを鋳型にして合成された**転写物** transcriptは，原核細胞ではそのまま **mRNA**（メッセンジャーRNA）としてその後のタンパク質合成時の鋳型になりうるが，真核細胞の場合，前駆体の形で情報が写し取られ，その後に特殊な修飾を受けることで初めてmRNAとして利用される（図IV.3.2）．この前駆体RNAを **hnRNA**（heterogeneous nuclear RNA）という．また，特殊な修飾を**プロセッシング** processingと呼び，このステップによりmRNAは効率よく核膜孔を通過して翻訳の場（リボソーム）に運ばれる．本章ではこれらの一連の転写メカニズムについて，真核細胞を中心に原核細胞（特に細菌）と適宜比較しながら解説を進めていく．

A　真核細胞での転写

a) DNAからRNAへ

ⅰ) 基本転写とRNA polymerase II

真核・原核細胞ともに転写の第一歩として，RNAポリメラーゼがDNA上の**プロモーター** promoter配列と呼ばれる固有の配列を認識して結合する．続いてDNA上を5′から3′側に移動しながら次々とRNA鎖を合成していく．このように書くと，真核・原核細胞ともに同じメカニズムで作用しているように混同されてしまうが，実際にはそれぞれ異なった酵素・因子が利用されて，独自のメカニズムで反応が進んでいる（表IV.3.1）．DNA側の塩基配列にも工夫があり，プロモーターの上流や内部に遺伝子発現（RNA合成開始）のスイッチオン・オフに重要な役割

表IV.3.1　転写の特徴

	真核細胞	原核細胞
RNAポリメラーゼ	3種類	1種類
RNAポリメラーゼの補助因子	基本転写因子群	σ（シグマ）因子
転写調節	複雑	単純

表IV.3.2　真核細胞のRNAポリメラーゼ

種　類	転写されるRNA
RNAポリメラーゼI	大部分のrRNA
RNAポリメラーゼII	hnRNA（mRNA），一部のsnRNA
RNAポリメラーゼIII	tRNA, 5S rRNA, 一部のsnRNA

を果たす調節領域がある（後述）．真核細胞には3種類のRNAポリメラーゼpolymeraseがあり，それぞれ異なったRNAを転写する（表 IV.3.2）．この中で**RNAポリメラーゼ II**がタンパク質を指令する遺伝子を含めて大部分の遺伝子の転写に関わっている．この酵素は単独では転写を開始することができず，<u>基本転写因子群</u>と呼ばれる複数のタンパク質と共にプロモーターに結合して初めてその機能を発揮する（図 IV.3.3）．この基本転写因子群のうち，**TFIID タンパク質**はプロモーター内の非常に短い配列を認識して結合し，引き続いて複数の因子（タンパク質）と RNA ポリメラーゼ II が集合する．この短い配列は T と A からなるので**TATA ボックス**と呼ばれ，RNA ポリメラーゼ II が働くプロモーターの中に共通配列として転写開始部位の約

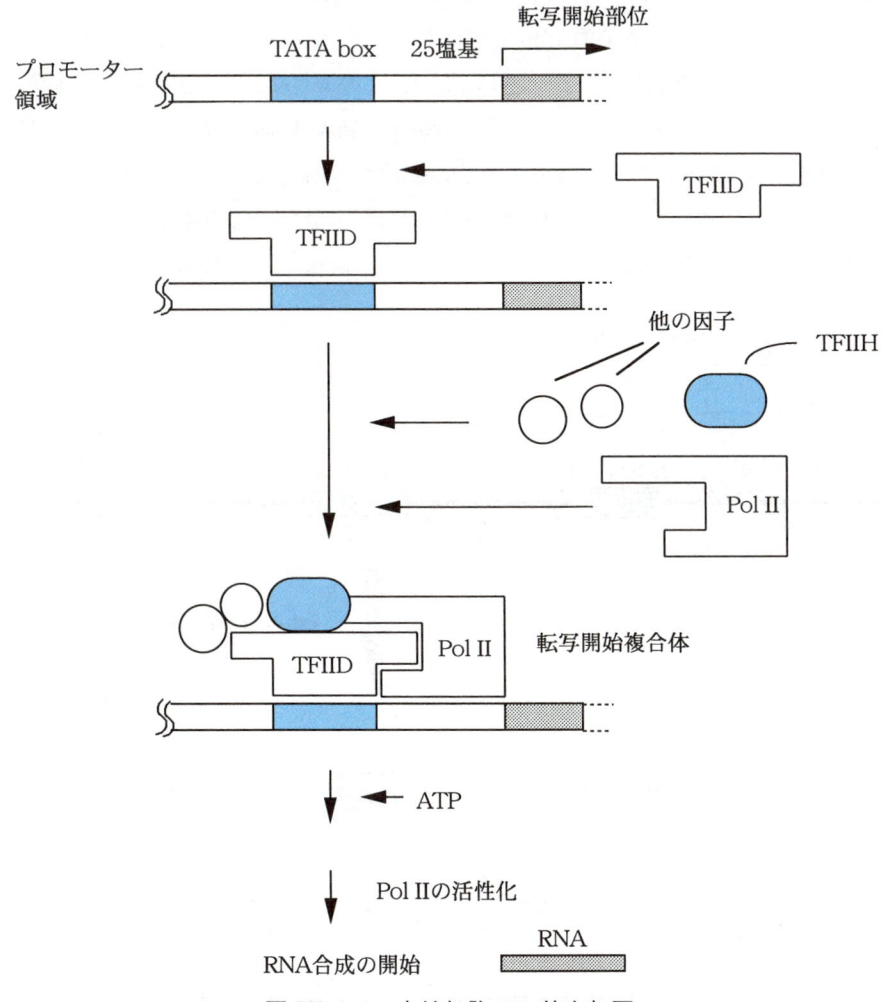

図 IV.3.3　真核細胞での基本転写

転写の中心を担っている酵素は RNA ポリメラーゼ II（Pol II）であるが，TFIID を中心とする基本転写因子群がプロモーターに結合しないと転写は行われない（なお，図中の DNA や酵素・各種因子などの形状や大きさは正確ではない）．

25 塩基上流に存在している．これらの TFIID(このサブユニットを TBP；**TATA box-binding protein** と呼ぶ)-TATA ボックス結合体を中心に集まった開始複合体の構成因子の1つである TFIIH が，RNA ポリメラーゼ II の C 末側の繰り返し配列をリン酸化することでこの酵素が活性化され，RNA 合成が開始される．なお，RNA 合成の開始と共に転写複合体はプロモーターから離脱する．

ii) 真核細胞での転写調節

　細胞中での転写は，前述の基本転写因子と RNA ポリメラーゼ II のみでは効率が悪く，実際にはアクチベーターと呼ばれる調節タンパク質がプロモーターから離れた特定の部位に結合して転写効率を増強 enhance している．そのため，この結合領域はエンハンサーと呼ばれている．エンハンサーはプロモーターから数 kbp も離れている場合があり，その作用を発揮するためにループ化したモデルが提唱されている（図 IV.3.4）．このような転写を活性化する機構とは逆に抑制する配列も存在し，サイレンサーという．遺伝子の発現は外的な因子により様々に変化する．それは生理活性物質や低分子物質による生物学的な刺激の場合，または他の物理的な刺激の場合もあり，それらが直接的にあるいは誘導物質を介して間接的に転写調節機構に作用する．特に誘導物質が作用する DNA 配列は応答配列 responsive element として複数知られている（表 IV.

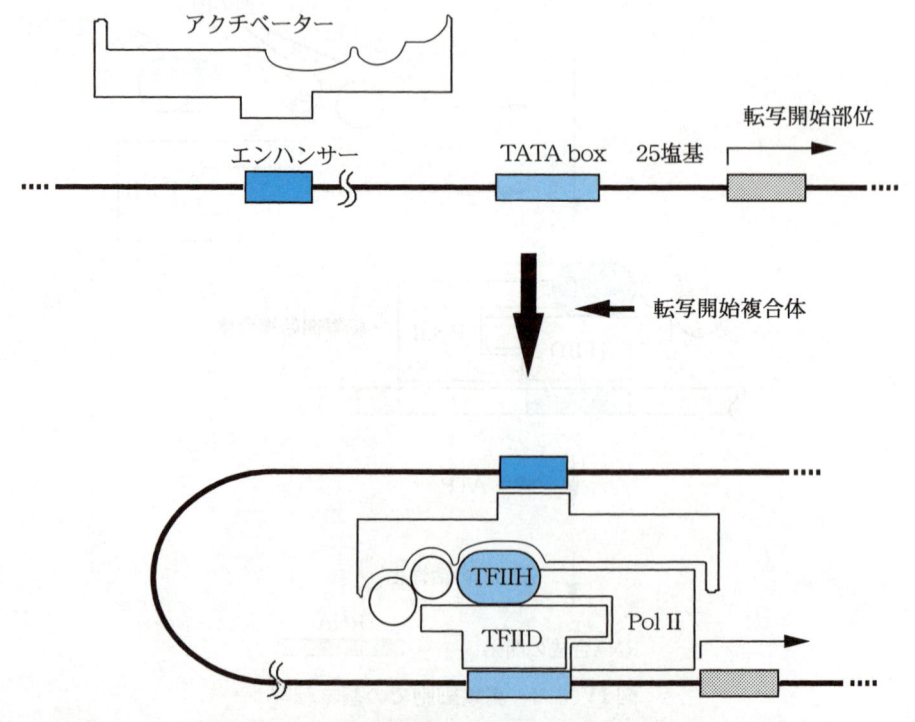

図 IV.3.4　真核細胞での転写活性化のモデル
エンハンサー領域が転写開始部位から数 kbp 離れている場合もあり，ループ構造をとることで活性化の機構が働くと考えられている．

表 IV.3.3 様々な応答配列

応答配列	結合配列	結合因子
重金属応答配列	TGCPCNCGGCC	MTF-1
熱ショックエレメント	CTNGAATNTTCTAGA	HSTF
TPA 応答配列	TGACTCAG	AP-1
cAMP 応答配列	TGACGTCA	CREB
IL-4 応答配列	TTCCNGGAA	STAT 6

P：A or G, N：A, T, G or C

3.3）．この中でも，メタロチオネイン*遺伝子の上流にある金属応答配列には固有の結合因子が結合するが，これに亜鉛やカドミウムなどの金属が結合すると活性化される．これにより重金属のスカベンジングという生体にとって重要な防御機構の一部分が働くことになる．これまで遺伝子発現調節に関して単独のメカニズムを示したが，実際の DNA は細胞中ではヌクレオソーム構造をとってヒストンタンパク質などとクロマチンを構成している．転写活性の高い DNA は凝集度が低いクロマチンに存在していると考えられているが，必ずしも裸の DNA で存在しているわけではなく，転写調節にはヒストンの修飾によるヌクレオソーム構造の変化を含めたさらに複雑なメカニズムが存在していると考えられている．

iii）転写調節因子の構造と DNA 結合能

基本転写や前述の金属応答因子などの転写の調節に関わる様々な因子は結合する DNA 配列が決まっており，それぞれの配列には 1 個以上の調節（結合）因子が存在していることが知られて

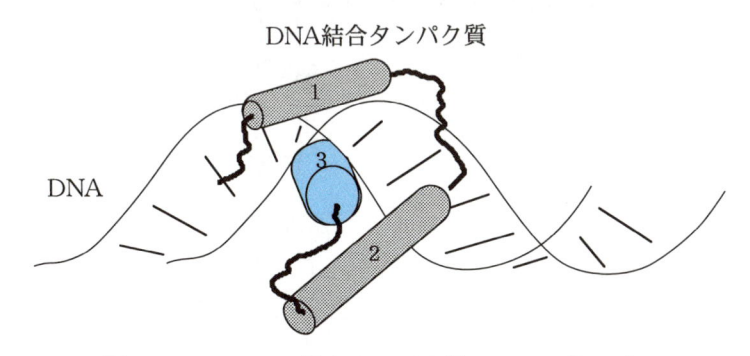

図 IV.3.5　DNA 結合タンパク質のホメオドメイン

円筒は α-ヘリックスを表している．1 本目のヘリックス部分は DNA の塩基と相互作用し，3 本目のヘリックス部分が DNA の主溝 major groove にはまっている（図中の分子の大きさ，距離などは正確ではない）．

＊ 亜鉛，銅，カドミウムなど多種類の重金属に対して高い結合能を有する細胞質タンパク質．生体の恒常性の維持やカドミウムなどの毒性軽減に寄与している．

いる（表IV.3.3）．これらの因子は機能を発揮，とくにDNAと結合するためにタンパク質中に特徴的な**ドメイン** domain 構造を有している．DNA結合ドメインとしても複数知られているが，ホメオドメイン（ヘリックス-ターン-ヘリックス）はその代表の1つである（図IV.3.5）．これは3本のα-ヘリックスからなり，1本目のヘリックス部分がDNAの塩基と相互作用し，3本目のヘリックス部分でDNAの主溝 major groove にはまり込むことで特異性の高い相互作用を示すことができる．他にもロイシンジッパー[*1]，ジンク（Zn）フィンガーモチーフ[*2]などがある．

b） RNAのプロセッシング

i） hnRNAからmRNAへ

真核細胞ではDNAは核に閉じ込められているため，RNAに写し取った情報を細胞質のリボソームへ無駄なく運び出す工夫が必要である．そのため，mRNAとして核膜を通過しやすく，

表IV.3.4　mRNAのプロセッシング

① 5′キャップ化
② 3′ポリアデニル化
③ スプライシング

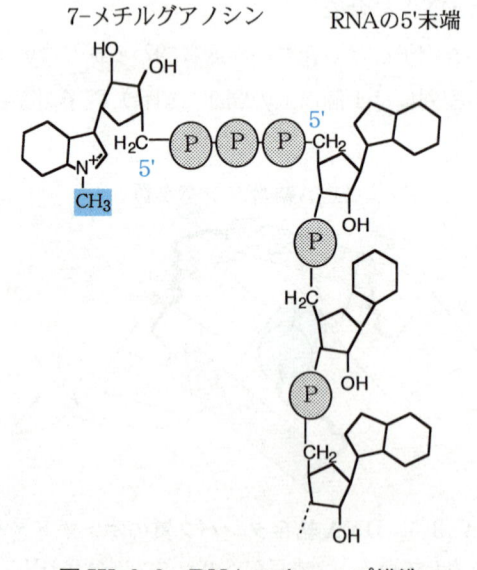

図IV.3.6　RNAのキャップ構造
7-メチルグアノシンとhnRNAの5′末端同士が三リン酸を介して結合している．

[*1] ロイシンが7アミノ酸毎に4〜6回繰り返した特徴的なアミノ酸配列．コイルドコイル構造をとり，2量体タンパク質のロイシン残基がジッパーのように並ぶために，このようにいわれる．
[*2] Zn原子の周りをシステイン残基とヒスチジン残基をもつポリペプチドが折りたたまれている．

かつリボソームで素早く翻訳ができるようにするために，プロセッシングと呼ばれる一連の修飾が施される．RNAのプロセッシングは3段階に分かれている（表IV.3.4）．

① 5′キャップ化　DNAからRNAポリメラーゼIIなどによりhnRNAが合成されるとすぐに5′末端に7-メチルグアノシンが付加され，この現象はキャップ化と呼ばれている（図IV.3.6）．mRNAの5′末端がキャップ化されることによりリボソームでの翻訳時の目印になる．なお，このときの結合は7-メチルグアノシンの5′部位とhnRNAの5′末端の間で三リン酸結合により行われ，通常のヌクレオチド結合と異なっている．

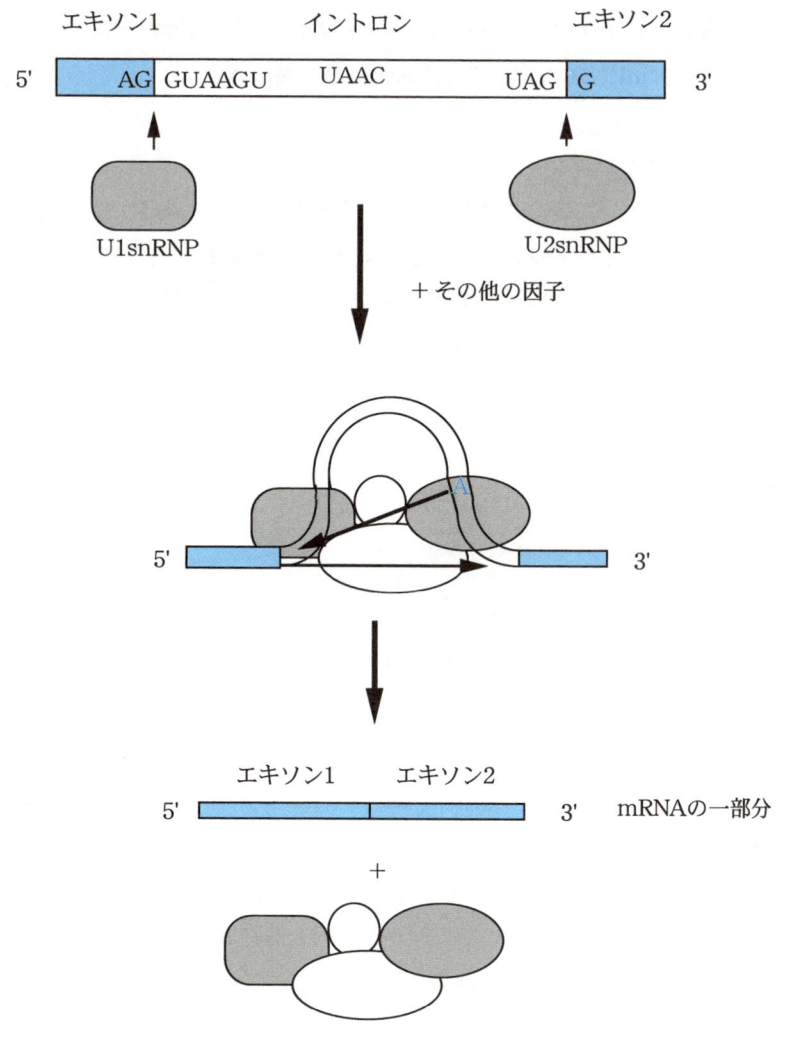

図IV.3.7　スプライシングのメカニズム

特定の塩基配列部位にそれぞれ結合したU1，U2 snRNPと他の因子が集合し，投げ縄のようにしてエキソン間を閉じてイントロンを切除する．その際，イントロン中のアデニンヌクレオチド（A）がイントロンの5′末端を攻撃することによって，一連の切り出しとつなぎ合わせが始まるらしい．

② **3′ ポリアデニル化** hnRNA の 3′ 末端側のある部分は酵素的に切断されて，さらに数百ヌクレオチドにわたるアデニンの繰り返し配列が付加される．これを**ポリ A テイル**と呼ぶことがある．この繰り返し配列の存在により，翻訳終了時にリボソームが速やかに mRNA から離脱できるらしい．

③ **スプライシング** 真核細胞の DNA では，タンパク質の情報が載っている（コードされている）領域が**イントロン** intron と呼ばれる非コード領域で分断されている（図 IV.3.2）．この断続的に並んでいるコード領域は**エキソン** exon と呼ばれ，一般にイントロンより短く，遺伝子全体の一部分となっている．5′ キャップ化ならびに 3′ ポリアデニル化された hnRNA は核内でイントロンが取り除かれ，エキソンのみがつなぎ合わされる．この過程が**スプライシング** splicing であり，これにより mRNA として遺伝情報が核外へ搬送される．

ⅱ）スプライシングのメカニズム

スプライシングの酵素として働くのは RNA と**低分子核内リボタンパク質** snRNP の複合体である．エキソンに挟まれたイントロンにそれぞれ snRNP が結合し"投げ縄"的な方法でイントロンを切り取り，その後エキソン同士を結合することによってスプライシングを遂行させていく．このときイントロンには特定の塩基配列があり，これが目印になって snRNP が結合し，複数の因子と協同で mRNA を完成に導く（図 IV.3.7）．

B　原核細胞での転写

a）　基本転写

原核細胞の RNA ポリメラーゼは，その構成因子の 1 つである σ（シグマ）**因子**がプロモーターを認識して結合する．プロモーター内に存在している転写開始部位から 10 ヌクレオチド程度がポリメラーゼによって合成されると σ 因子は離脱し，転写終結部位（ターミネーター）まで RNA 鎖を合成する（図 IV.3.8）．原核細胞では，RNA ポリメラーゼによって合成された RNA がそのまま mRNA として翻訳に用いられる（図 IV.3.2）．そして，短い非コード配列を介して mRNA 上に複数のタンパク質の情報がコードされている場合があり，この点は真核細胞と大きく異なっている．原核細胞では核がないため転写も翻訳も細胞質で行われ，それゆえ mRNA からの翻訳は転写が完結する前に既に始まっていると考えられている．

b）　転写調節

原核細胞では 1 つの mRNA 上に複数の遺伝情報が書き込まれており，これらは DNA における 1 つのプロモーターが起点となって転写されてきている．このような複数の遺伝子と転写機構はまとめて**オペロン** operon と呼ばれており，このオペロンは細菌などではごく一般的である

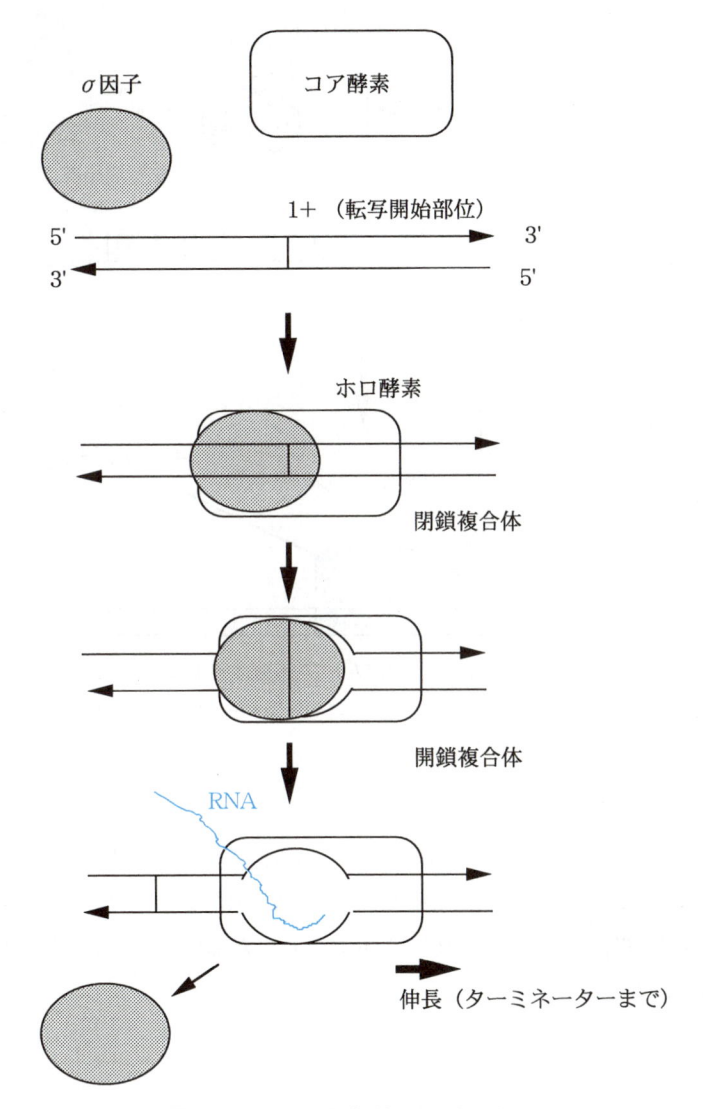

図 IV.3.8　原核細胞での基本転写
RNA ポリメラーゼは，活性本体の酵素（コア酵素）と σ（シグマ）因子が複合体（ホロ酵素）を形成して初めて転写反応が開始される．

（図 IV.3.9）．例えば大腸菌のトリプトファン生合成酵素は，1 つの mRNA 上に 5 つの遺伝子が並んでいる．そしてこれらの遺伝子の発現は，プロモーター内に存在している**オペレーター**と呼ばれる特定の 15 塩基の配列に遺伝子調節タンパク質が結合することで制御されている．細菌がおかれている環境中のトリプトファン濃度が高いと，**リプレッサー**と呼ばれる調節タンパク質がオペレーターに結合するため，プロモーターへの RNA ポリメラーゼ結合が阻害されて，その結果，トリプトファン生合成酵素の mRNA の発現が阻害される．逆に，トリプトファン濃度が低いとリプレッサーがオペレーターに結合できなくなるため，この遺伝子の発現は進行する．こ

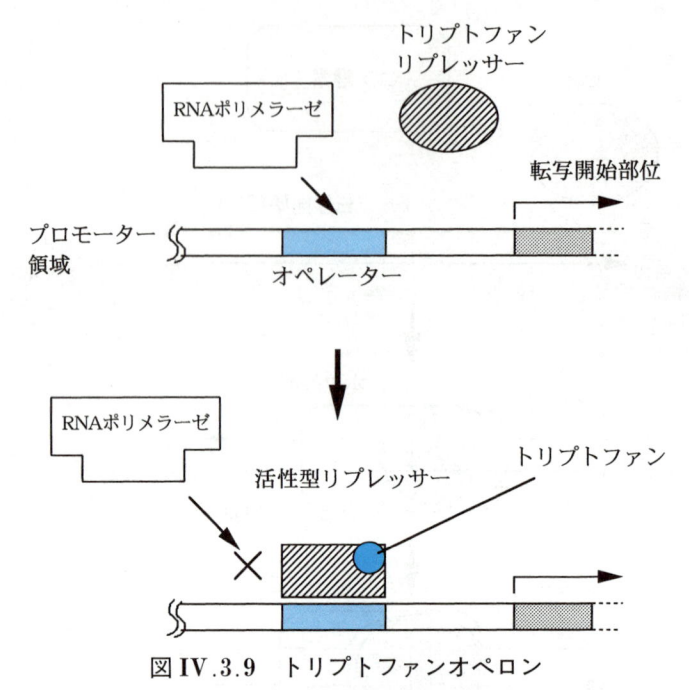

図 IV.3.9　トリプトファンオペロン
トリプトファンが存在するとリプレッサーはDNAに結合し（活性型リプレッサー），
RNAポリメラーゼは結合できない．

のように，外部からの情報を基に転写は調節されている．さらにアクチベーターと呼ばれるリプレッサーとは逆の作用により，転写を制御する因子も知られている．一方，真核細胞にはオペロンはなく，1つの転写単位には1つの遺伝子しか書き込まれていないので，遺伝情報は前述のように巧妙に制御されている．

IV.3.2　翻　　訳

　DNAに書き込まれた情報が前節に紹介した転写機構によってRNAに写し取られ，いよいよ翻訳 translation というメカニズムを介してタンパク質という形で発現される．転写においては，目的の情報（塩基配列）が書き込まれているDNAの片方の鎖に対して相補的なヌクレオチドがRNAで合成されるため，情報の伝達メカニズムが比較的理解しやすかったが，翻訳機構では3つの塩基配列からなる情報（コドン codon）が20種類のアミノ酸へ変換されるという複雑なシステムがとられている．このシステムの中心を担う細胞内器官が細胞質中にあるリボソーム ribosome（rRNAとタンパク質からなる複合体）である．mRNAに写し取られた情報は，リボソームにおいてアミノ酸を運んできたtRNA（アミノアシルtRNA）からアミノ酸が引き継が

れ，ペプチド鎖が伸長することで目的のタンパク質の形になる（形質発現する）．

A　コドンとtRNA

a) コドン

mRNAは4種類のヌクレオチドの組合せでできているのに対して，タンパク質は20種類のアミノ酸が用いられている．そのため，ヌクレオチドとアミノ酸が1つずつ対応しているのでは

一番目の塩基	二番目の塩基				三番目の塩基
	U	C	A	G	
U	Phe	Ser	Tyr	Cys	U
	Phe	Ser	Tyr	Cys	C
	Leu	Ser	x	x	A
	Leu	Ser	x	Trp	G
C	Leu	Pro	His	Arg	U
	Leu	Pro	His	Arg	C
	Leu	Pro	Gln	Arg	A
	Leu	Pro	Gln	Arg	G
A	Ile	Thr	Asn	Ser	U
	Ile	Thr	Asn	Ser	C
	Ile	Thr	Lys	Arg	A
	Met	Thr	Lys	Arg	G
G	Val	Ala	Asp	Gly	U
	Val	Ala	Asp	Gly	C
	Val	Ala	Glu	Gly	A
	Val	Ala	Glu	Gly	G

図 IV.3.10　コドンと対応するアミノ酸
UAA，UGA，UAGの3通りは終止コドンであり，対応するアミノ酸がない．

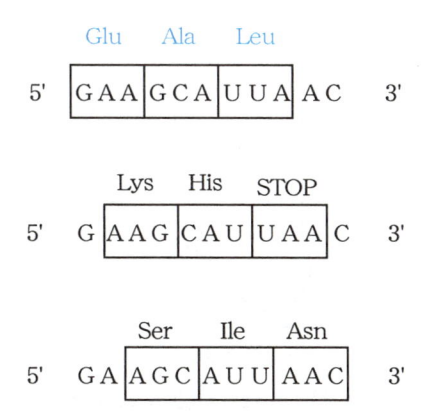

　　　　　　　　Glu　Ala　Leu
5'　　|GAA|GCA|UUA|AC　　3'

　　　　　　　Lys　His　STOP
5'　G|AAG|CAU|UAA|C　　3'

　　　　　　　Ser　Ile　Asn
5'　GA|AGC|AUU|AAC|　　3'

図 IV.3.11　タンパク質の3通りの読み枠
タンパク質合成の際に理論上は3通りの読み枠が可能であるが，実際には開始コドンで決められた読み始めから規則正しくアミノ酸が付加される．

なく，ヌクレオチドのある規則性（genetic code）が対応するアミノ酸を決定している．これがコドンと呼ばれる3種類の（トリプレット）ヌクレオチドの順列からなる"暗号"である．塩基は4種類（A, U, G, C）あるので，3種類の順列は4×4×4，すなわち64通りになる．実際には1種類のアミノ酸に対して複数のトリプレットが存在している場合があり，また64通りすべてがアミノ酸に対応しているわけではない（図IV.3.10）．ここで注意しなければならないのは，1つのmRNAでも"どこから読み始めるか"で原理的には全く別のタンパク質ができてしまう可能性があることである．例を図IV.3.11に示した．現実には真核細胞では1つのmRNAから1種類のタンパク質しかできず，図中に示したような混乱を避けるために開始コドン（AUG）と呼ばれる読み始めの順列がある．それに続いて3ヌクレオチドずつ目的のタンパク質ができるように読み枠が決められ，それぞれ対応するアミノ酸が付加されていく．またタンパク質の合成終了を告げる終止コドンと呼ばれる3ヌクレオチドの順列もmRNAにはコードされている．

b) tRNA

タンパク質合成の際にアミノ酸が直接mRNAのコドンを認識するのではなく，tRNAがアダプターとして介在してタンパク質合成の場（リボソーム）でアミノ酸を付加していく．tRNA

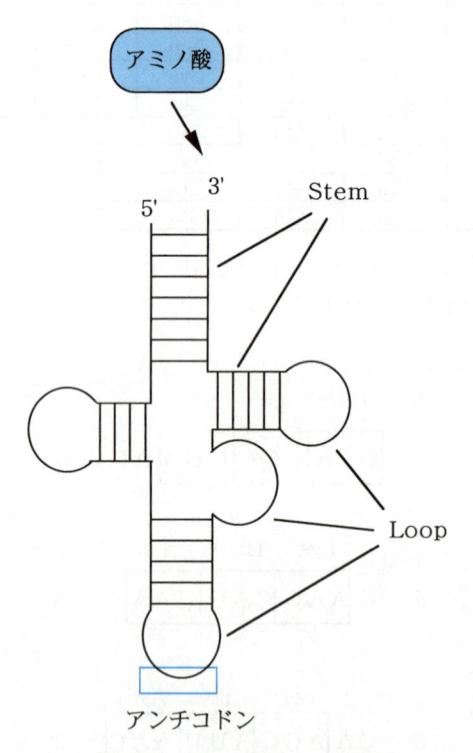

図 IV.3.12　tRNA の構造
塩基対間の水素結合により stem-loop 構造をとっている．ただし，生体内では別の分子の水素結合が影響してより折りたたまれた構造をとっている．なお，第2ループ内にアンチコドンが存在している（アンチコドンループとも呼ばれる）．

は分子内で塩基対間の水素結合により模式的に表すと，クローバ葉状のstem-loop構造をとっている（生体内では，別の水素結合の影響によりさらに折りたたまれた構造をとる）．mRNA上のコドンを認識する場所はloop上にあり，相補的な塩基配列のヌクレオチドにより結合する．このtRNA上の認識部位を**アンチコドン**と呼んでいる（図Ⅳ.3.12）．前述のように1つのアミノ酸を認識するコドンが複数ある場合があり，これに対応するようにtRNAも同じアミノ酸を結合する複数のtRNAが存在する．また，コドンの始めの2つの塩基には正確な塩基対を要求するが，3つ目のコドンが2種類以上の塩基に対応できるtRNAも存在している（図Ⅳ.3.10）．このような塩基対に対する多様性をtRNAの**wobble（ゆらぎ）**と呼ぶ．このおかげでDNAから転写時にRNA polymeraseが間違った（変異を生じた）配列のRNAを合成しても最終的にタンパク質のアミノ酸組成に影響せず，この作用は生体側の維持機構の1つと考えられている．tRNAが対応するアミノ酸を認識して結合するためには，特異的な酵素が働いている．この酵素は**アミノアシルtRNA合成酵素**と呼ばれ，20種類の各アミノ酸に対応した20種類の酵素が存在している．

B タンパク質の生合成

a）リボソーム

mRNAのコドンを認識してアミノアシルtRNAを適当な部分に誘導し，アミノ酸と結合させてタンパク質を合成する場がリボソームである．このタンパク製造装置は50種類以上のタンパク質と数種類のrRNAからなり，**大・小のサブユニット**を形成した極めて大きい複合体である（表Ⅳ.3.5）．なお，真核細胞と原核細胞のリボソームは形および機能が類似している．リボソームにはRNA結合部位が4か所あり，1か所は小サブユニット上のmRNA結合部位，他の3か所は大サブユニット上のtRNA結合部位（A部：アミノアシルtRNA用，P部：ペプチジルtRNA用，E部：Exit用）である（図Ⅳ.3.13）．これらのサブユニットは，mRNAを挟む形で5′側から移動してコドン1組分ずつアミノ酸に翻訳していく．なお，この際のペプチド合成

表Ⅳ.3.5 リボソームの比較

	真核細胞（80S）	原核細胞（70S）
小サブユニット	40S*	30S
含まれるrRNA	18S	16S
大サブユニット	60S	50S
含まれるrRNA	5S，5.8S，28S	5S，23S

＊S：沈降係数の単位（スベドベリ単位）

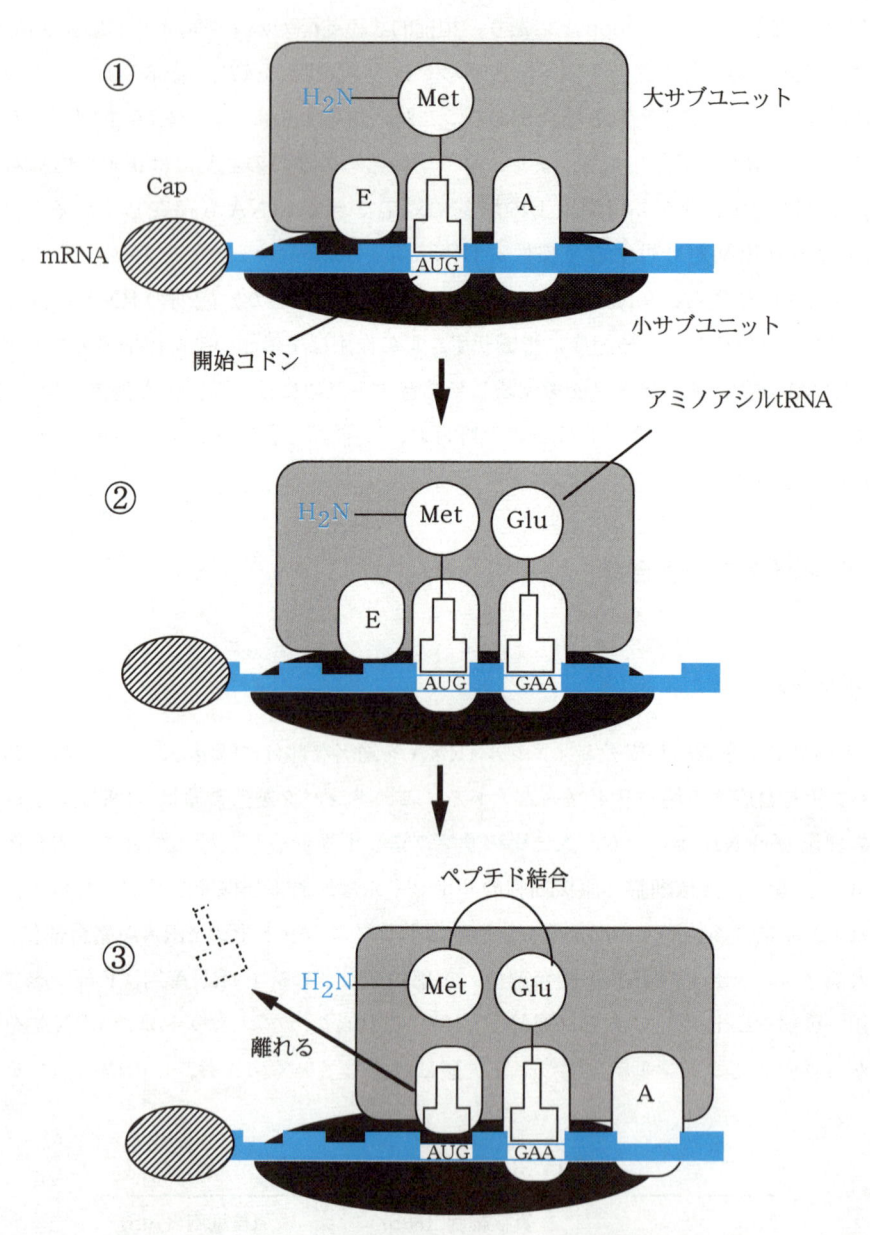

図 IV.3.13 リボソームの構造とペプチド鎖伸展のメカニズム
① 小サブユニットとメチオニン tRNA 複合体が開始コドンを認識して結合し，続いて大サブユニットと P 部を介して複合体を形成する．② 次のコドンを認識してアミノアシル tRNA が A 部に結合する．③ 大サブユニットは mRNA 上を 3′ 側へ 3 ヌクレオチド分移動し，ペプチジル基転移酵素によりメチオニンは，次に付加されるアミノ酸とペプチド結合をする．次の段階で小サブユニットも 3′ 側へ移動し，この際に不要になった tRNA が複合体から解離する（第 1 段階の状態に戻る）．

の速度は意外に速く，真核細胞で1秒間に2アミノ酸，原核細胞（細菌）では10数個のアミノ酸を結合できると考えられている．

b) ペプチド鎖伸展のメカニズム

原核細胞と真核細胞では，ペプチド鎖の伸長のメカニズムは基本的に同じである．タンパク質合成（ペプチド鎖の伸展）にあたって，まずメチオニン（原核細胞ではホルミルメチオニン）および開始因子が結合した開始 tRNA がリボソームの小サブユニットに結合し，mRNA のキャップ構造を認識して結合する．続いて mRNA に沿って移動して開始コドンに出会うと，アンチコドンを介して結合する．次に，リボソームの大サブユニットがこれらの複合体に結合し，このときメチオニン-tRNA 複合体は大サブユニットの P 部と結合することになる（図 IV.3.13 ①）．次に，開始コドンの次のコドンを認識して対応するアミノアシル tRNA が，空いている A 部に結合する（図 IV.3.13 ②）．続いて P 部のメチオニンの tRNA との結合が切れて，A 部にある tRNA と結合したアミノ酸の遊離アミノ基とペプチド結合を形成する．この反応はペプチジル基転移酵素によって行われ，このときに大サブユニットが mRNA 上を 3′側にずれ，mRNA に結合している tRNA はそれぞれ E, P 部に移動することになる（図 IV.3.13 ③）．次の段階では小サブユニットが 3′側に 3 ヌクレオチド分移動し，そのときに E 部にあった tRNA がはずれて最初の形になることで 1 つのペプチド鎖の伸長が完結することになる．ペプチド鎖の伸展はこの一連の反応の繰り返しにより行われるが，リボソームが mRNA 上の終止コドンに出会うことで終結する．

Box IV.3.1

抗菌剤のターゲット

様々な感染症に対する抗菌剤（抗生物質を含む）は，現在の医療において欠くことのできない重要な薬剤である．これらのうち，細菌のリボソームが標的になっている薬剤が多数知られている．本章中で記述したように，細菌（原核細胞）と私たちの体（真核細胞）ではリボソームの構成成分，大きさなどが異なっている．それゆえ，薬剤が細菌のリボソームに選択的に結合してタンパク質の合成を阻害することで細菌の増殖を抑制することができる．しかし厄介なことに，細菌は生き残るための巧妙な対抗手段として，自身のリボソームに突然変異を起こすことで薬剤が結合できないようになる（薬剤耐性菌の誕生）．そして，リボソーム以外を標的にした抗菌剤においても，同様な薬剤耐性菌が出現している．そのため，抗生物質を含めた抗菌剤の乱用が，多くの薬剤に対する耐性菌の蔓延を引き起こし，医療上の大きな問題になっている．

Key words

転写	転写物	mRNA
メッセンジャー RNA	hnRNA	プロセッシング
プロモーター配列	RNA ポリメラーゼ II	基本転写因子群
TFIID タンパク質	TATA-ボックス	TATA box-binding protein
アクチベーター	エンハンサー	サイレンサー
応答配列	ドメイン構造	5′キャップ化
ポリアデニル化	ポリ A テイル	スプライシング
イントロン	エキソン	低分子核内リボタンパク質
σ（シグマ）因子	オペロン	オペレーター
リプレッサー	アクチベーター	翻訳
コドン	リボソーム	アミノアシル tRNA
開始コドン	終止コドン	アンチコドン
ゆらぎ	アミノアシル tRNA 合成酵素	大・小のサブユニット
ペプチジル基転移酵素		

Ⅳ.4 組換えDNA技術と薬学への応用

学習目標

1. 組換えDNA技術の概要を説明できる．
2. 遺伝子クローニング法の概要を説明できる．
3. cDNAとゲノミックDNAの違いについて説明できる．
4. 遺伝子ライブラリーについて説明できる．
5. PCR法による遺伝子増幅の原理を説明できる．
6. RNAの逆転写と逆転写酵素について説明できる．
7. DNA塩基配列の決定法を説明できる．
8. 細胞（組織）における特定のDNAおよびRNAを検出する方法を説明できる．
9. 外来遺伝子を細胞中で発現させる方法を概説できる．
10. 特定の遺伝子を導入した動物，あるいは特定の遺伝子を破壊した動物の作成法を概説できる．
11. 遺伝子工学の医療分野での応用について例を挙げて説明できる．
12. 一塩基変異（SNP）が機能に及ぼす影響について概説できる．

　生化学研究やタンパク質性医薬品の製品化においてしばしば直面する大きな問題は，対象物質を十分量得ることである．この難点は近年になって開発された組換えDNA技術または遺伝子工学という遺伝子を人為的に作り変えて人類に有用な物質や生物を作り出す技術のおかげでほとんど解決された．この遺伝子の組換え recombination という現象は，決して人為的にしか起こりえない特別なものではなく，天然においてすべての生物で普遍的に起こっているものである．例えば，減数分裂の際に起こる相同染色体の交差がその例であり，父親と母親に由来する相同染色体が同じ部位で切断され入れ替わることにより，部分的な遺伝子の組換えが起こっている．つまり，組換えDNA技術の多くは基本的には自然界で起こっている現象を利用したものであり，生化学と分子生物学の基礎が理解できていればその技術に習熟することは比較的容易である．

(a) ゲノムクローニング

目的遺伝子含有 DNA

↓ 制限酵素処理

(b) cDNAクローニング

目的 mRNA 含有 RNA 混合物

↓ 逆転写酵素処理

cDNA 混合物

ベクター

ゲノムライブラリー　　　　　　　cDNAライブラリー

↓ クローニング　　　　　　　　　↓ クローニング

目的遺伝子 DNA 断片を含むベクター　　目的 cDNA 断片を含むベクター

- 目的 DNA（■）の塩基配列決定
- ベクターを発現ベクターに変え，大腸菌などに有用タンパク質をつくらせる

発現ベクター　　大腸菌　　タンパク質

- 遺伝子診断，遺伝子治療

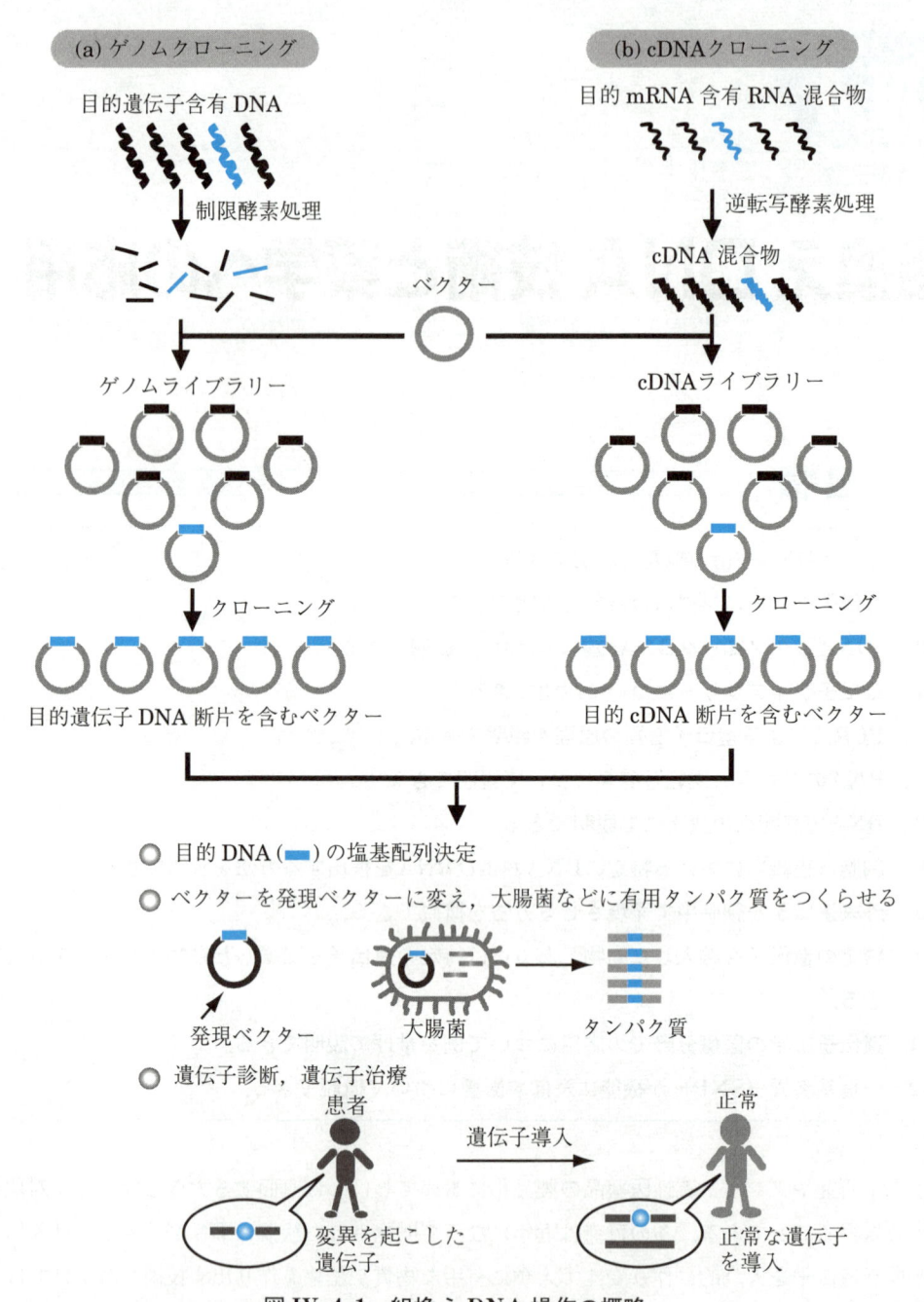

患者 → 遺伝子導入 → 正常

変異を起こした遺伝子　　　　正常な遺伝子を導入

図 IV.4.1　組換え DNA 操作の概略

　組換え DNA 技術のもっとも優れた点は，個々の DNA 分子のクローニング（IV.4.3B 参照）を可能にしたことである．組換え DNA 操作の概略を図 IV.4.1 に示す．まず目的の遺伝子を含む細胞から DNA を抽出し，制限酵素（IV.4.1A 参照）を用いて切断する．得られた DNA 断片混合物をベクター（IV.4.2 参照）に挿入してゲノムライブラリー（IV.4.3A 参照）を作製す

る．次に，このライブラリーの中から，目的の遺伝子を含むベクターをクローニングする．また，目的の遺伝子がコードするタンパク質を利用したい場合には，そのタンパク質を産生している組織からmRNAを取り出し，これから逆転写酵素（IV.4.1D参照）を用いてcDNAを作製後，ベクターに挿入する．得られたcDNAライブラリー（IV.4.3A参照）の中から目的のタンパク質のmRNAに対応するcDNAを含むベクターをクローニングする．その後，ベクターを発現ベクター（IV.4.4D参照）に変えてタンパク質を大腸菌や培養細胞にて産生させたり，その発現ベクターを生殖細胞に導入してその遺伝子を構成的にもつ動物種（トランスジェニック動物）を作製して，目的の遺伝子がコードするタンパク質を産生することができる（IV.4.5A参照）．さらに最近では，組換えDNA技術は遺伝子診断（IV.4.5B参照）や遺伝子治療（IV.4.5C参照）などにも利用され，基礎医学の研究分野のみならず日常の医療分野にも広く利用され始めている．

IV.4.1 組換えDNA技術に必要な酵素類

これまでに，数多くの組換えDNA技術に必要な酵素が自然界から単離されており，現在ではその多くが市販され，容易に入手できるようになった．組換えDNA技術の多くは，基本的には自然界でなされている酵素による核酸の修飾反応を利用したものであるので，これを理解するためにまずその道具の1つであるDNA（RNA）を修飾する酵素群について解説する．

A 制限酵素

細菌は，バクテリオファージなどの形で侵入してくる外敵から身を守るため，外来性のDNAを自己のDNAと区別して分解することができる特有なエンドヌクレアーゼ（ヌクレオチド鎖内部の糖−リン酸結合を切断する酵素）をもっている．これらの酵素の存在により細菌内でのファージの感染・増殖が制限されることから，これら各菌種に特異的なDNA分解酵素のことを制限酵素 restriction enzyme と呼ぶようになった．制限酵素は，一般に4塩基対から8塩基対程度の特有な塩基配列を認識し結合した上で切断する．自己のDNAが同じ塩基配列をもつ場合は，特異的なメチラーゼと呼ばれる酵素により，その認識配列上のアデニンあるいはシトシンをメチル化することにより，制限酵素による自己分解を防いでいる．

制限酵素には大きく分けてI型，II型，III型の3種類存在するが，組換えDNA技術に用いられる制限酵素はすべてII型酵素に分類される．II型制限酵素は，基本的には2回回転対称配列（パリンドロームまたは回文配列とも呼ばれる）を認識し切断するが（表IV.4.1），最近では非対称な認識配列も多くみつかっている．切断面は2本鎖DNAの一方の鎖が飛び出しているも

表 IV.4.1 制限酵素と切断箇所

切断様式	酵素名	起源	認識配列・切断箇所
粘着末端	EcoR I	*Escherichia coli* RY13	G↓A A T T C C T T A A↑G
〃	BamH I	*Bacillus amyloliquefaciens* H	G↓G A T C C C C T A G↑G
〃	Hpa II	*Haemophilus parainfluenzae*	C↓C G G G G C↑C
〃	Hind III	*Haemophilus influenzae* Rd	A↓A G C T T T T C G A↑A
〃	Pst I	*Providencia stuartii*	C↓T G C A G G A C G T↑C
〃	Sal I	*Streptococcus albus* G	G↓T C G A C C A G C T↑G
〃	Xma I	*Xanthomonas malvacearum*	C↓C C G G G G G G C C↑C
平滑末端	Bal I	*Brevibacterium albidem*	T G G↓C C A A C C↑G G T
〃	Sma I	*Serratia marcescens*	C C C↓G G G G G G↑C C C
〃	Hpa I	*Haemophilus parainfluenzae*	G T T↓A A C C A A↑T T G

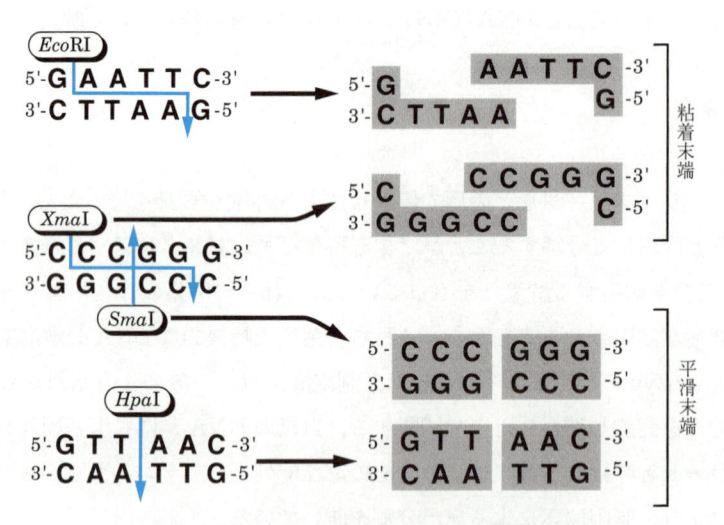

図 IV.4.2　制限酵素の2種の切断様式

のを粘着末端 cohesive end, sticky end と呼び，そろっているものを平滑末端 blunt end と呼ぶ．例えば，大腸菌の制限酵素の１つである *Eco*RI は，GAATTC という回文配列を認識・切断し，図 IV.4.2 に示すような粘着末端を生成するが，*Hpa*I は，GTTAAC という回文配列を認識・切断し，図 IV.4.2 に示すような平滑末端を生成する．また，*Sma*I（CCC↓GGG）と *Xma*I（C↓CCGGG）のように認識配列は同じでも切断部位や切断面が異なるものもある（図 IV.4.2）．

制限酵素の名前は，それが単離された細菌にちなんで付けられている．例えば，*Eco*RI は *Escherichia coli* RY13 株に，*Bam*HI は *Bacillus amyloliquefaciens* H 株にそれぞれ由来する（表 IV.4.1）．現在では，酵素の認識する塩基数や配列の異なる多くの制限酵素が知られているので，制限酵素は組換え DNA 技術において 2 本鎖 DNA を望みの場所で切断するハサミの役目をする．

B DNAリガーゼ

切断された DNA を結合させる酵素が DNA リガーゼ ligase である．DNA リガーゼは DNA の複製や修復に必須の酵素で，細菌やファージだけでなく高等動植物に至るまですべての生物がもっているが，組換え DNA 技術に用いられるのは大腸菌と T4 ファージ由来のものである．T4 DNA リガーゼは，DNA 断片の 5′ 末端のリン酸基と 3′ 末端の OH 基とをホスホジエステル結合で連結する酵素で，粘着末端でも平滑末端でも連結でき，AMP の供与体として ATP を必要と

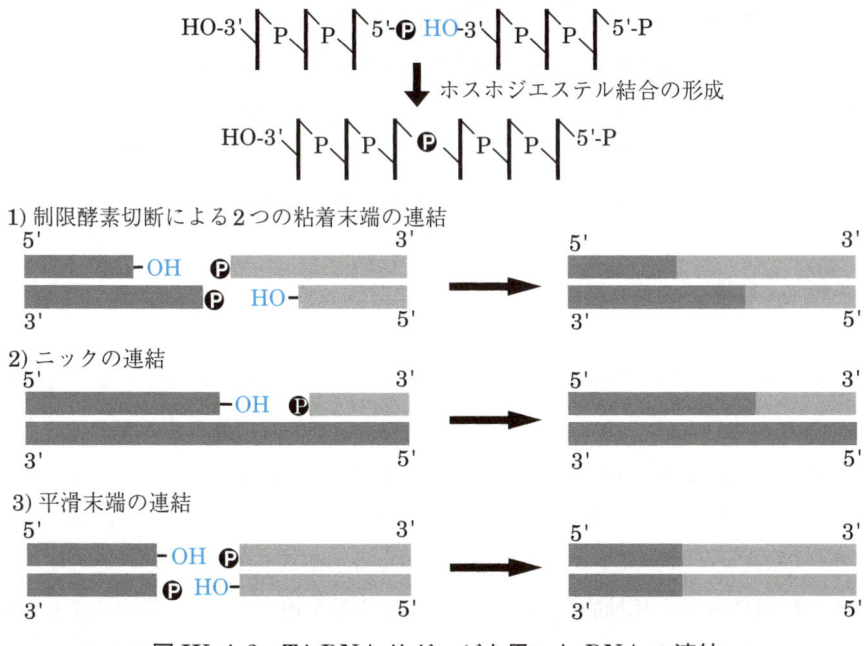

図 IV.4.3 T4 DNA リガーゼを用いた DNA の連結

する(図IV.4.3).それに対して大腸菌 DNA リガーゼは粘着末端どうしの連結しかできず,AMP の供与体として NAD$^+$ を必要とする.

C DNAポリメラーゼ

大腸菌 DNA ポリメラーゼ I,T4 ファージ DNA ポリメラーゼ,*Taq* DNA ポリメラーゼなどが市販され,組換え DNA 操作に使われている.大腸菌 DNA ポリメラーゼ I (Pol I) は鋳型 DNA とプライマーの存在下に,鋳型に相補的なデオキシヌクレオシド三リン酸 (dNTP) を用いて,そのデオキシヌクレオシド-リン酸部分 (dNMP) をプライマーの 3′ 末端の OH 基に転移し,連結させる(図 IV.4.4(a)).Pol I はこのポリメラーゼ活性に加え,3′→5′ 方向へヌクレオチドを除去していくエキソヌクレアーゼ活性と 5′→3′ エキソヌクレアーゼ活性という 2 つの独立した加水分解活性をもつ.これら 3 つの活性は図 IV.4.4(b) に示すように独立したドメインに分かれているので,プロテアーゼによってそれぞれを切断することができる.特に,スブチリシンやトリプシンなどのプロテアーゼで分解すると,ポリメラーゼ活性と 3′→5′ エキソヌクレアーゼ活性をもつクレノウ断片 Klenow fragment と呼ばれる領域と 5′→3′ エキソヌクレアーゼ活性をもつドメインとが分断される.5′→3′ エキソヌクレアーゼ活性は組換え DNA 操作には不都合な場合が多いので,この活性を欠くクレノウ断片が頻用される(図IV.4.4(b)).

T4 ファージ DNA ポリメラーゼは Pol I 同様に鋳型 DNA とプライマーの存在下に,鋳型に相補的な dNTP を用いて,その dNMP 部分をプライマーの 3′ 末端の OH 基に転移し連結させるが,5′→3′ エキソヌクレアーゼ活性はもたない.

また,高度好熱菌 *Thermus aquaticus* から単離した *Taq* DNA ポリメラーゼも鋳型 DNA とプライマーの存在下に,鋳型に相補的な dNTP を用いて,その dNMP 部分をプライマーの 3′ 末端の OH 基に転移し連結させるが,3′→5′ エキソヌクレアーゼ活性をもたない.*Taq* DNA ポリメラーゼを代表例とする耐熱性 DNA ポリメラーゼは,PCR 法(IV.4.3C 参照)の発明により,その組換え DNA 操作における有用性が強く認識されるようになった.

D 逆転写酵素

ある種のがんウイルスやヒト免疫不全ウイルス(HIV)などのレトロウイルスは,逆転写酵素 reverse transcriptase をつくる遺伝子をもっている.逆転写酵素は RNA 依存性 DNA ポリメラーゼとも呼ばれ,鋳型 RNA とプライマーの存在下に,鋳型に相補的な dNTP を用いて,その dNMP 部分をプライマーの 3′ 末端の OH 基に転移し,連結させる.また,逆転写酵素は合成した RNA-DNA ハイブリッドの RNA 部分のみを分解する RNase H 活性も有する.組換え DNA 操作では mRNA から相補的な complementary DNA 鎖(cDNA)を合成するのに用いる.真核 mRNA はポリ(A)の尾があるので,cDNA 合成の際にはオリゴ(dT)をプライマーと

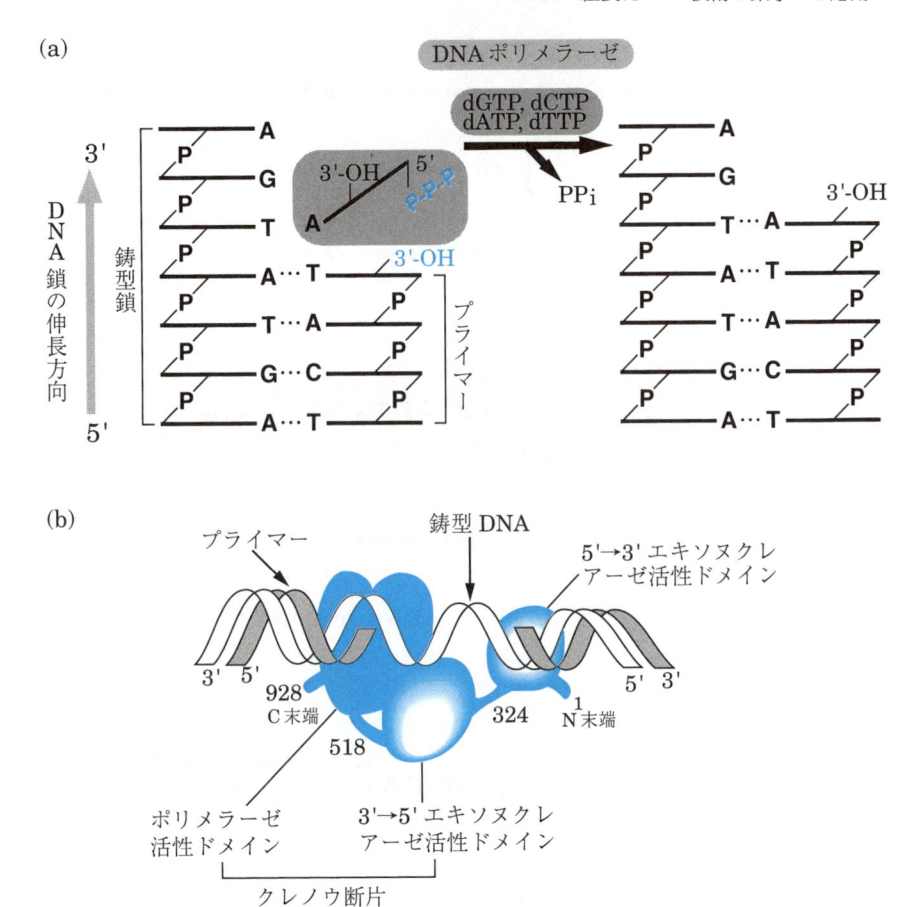

図 IV.4.4 DNA ポリメラーゼによる相補鎖の合成(a)と大腸菌 DNA ポリメラーゼ I の3つの活性ドメインの模式図(b)

((b)は野島 博（1996）遺伝子工学の基礎, p.212, 図14.7, 東京化学同人より引用, 一部改変)

して用いることが多い（図IV.4.5）. 逆転写酵素はレトロウイルスで発見されて以来, 動物細胞など広く生物界に存在することがわかった.

E 末端核酸付加酵素（ターミナルジオキシヌクレオチジルトランスフェラーゼ）

この酵素は, 鋳型なしでプライマーの3′末端のOH基にdNTPのモノヌクレオチド部分を転移重合させる唯一の酵素である. 例えば, この酵素とdATPを用いると, DNA断片の3′末端にポリAの尾を付けることができる（図IV.4.6）. cDNAライブラリー（IV.4.3A参照）を作製する際のホモポリマーの付加や, DNAの3′末端の標識に用いる.

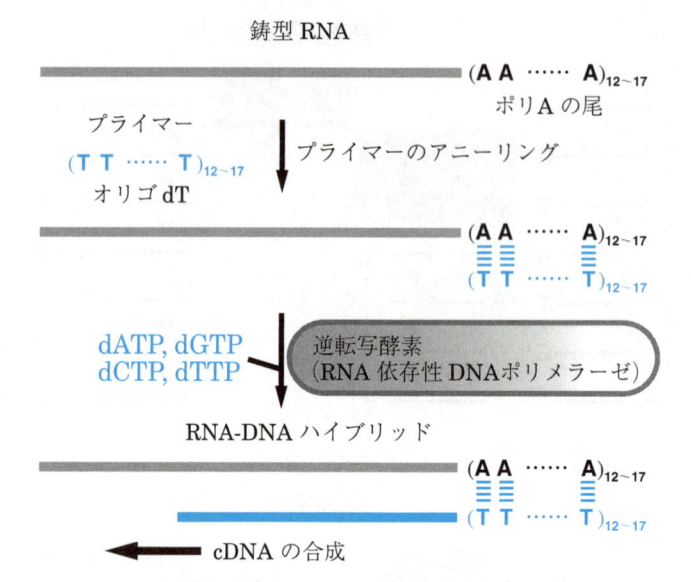

図 IV.4.5　逆転写酵素を用いた mRNA から cDNA の合成図

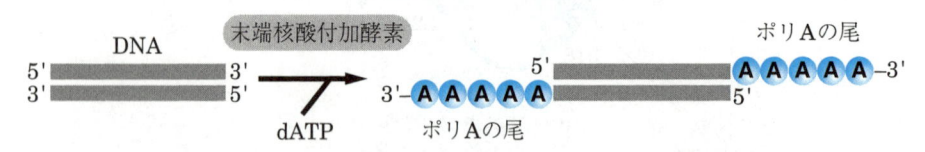

図 IV.4.6　末端核酸付加酵素を用いた DNA 断片の 3′ 末端へのポリ A の付加

IV.4.2　宿主とベクター

　組換え DNA 操作においては，操作を行う場所である宿主 host と操作を行う道具であるベクター vector が必要である．組換え DNA 操作の宿主として必要とされる条件は，ベクターが容易に導入でき忠実に複製されることと，組換え体を容易に選択し増幅できることである．この条件を満たし現在使用されている代表的な宿主は大腸菌 K12 株である．また組換え DNA 操作において，ベクターは特定の DNA をある生物から他の生物へ運ぶ運び手として利用され，このベクターに必要とされる条件は，あまり大きくなく宿主内で機能する DNA 複製起点（DNA 複製の開始点）をもち容易に増幅できることである．この条件を満たし現在使用されているベクターは，プラスミドベクター，ファージベクター，両者の性質を兼ね備えたコスミドなどの混成ベクターの 3 つに大別される．これらの使い分けは基本的には運びたい DNA の大きさでなされる．通常 10 kb 以下の時にはプラスミドベクターを，20 kb 以下のときは λ ファージベクターを，40 kb 程度のときはコスミドベクターを用いる．最近では，より大きな DNA 断片を運べる酵母人

人工染色体の YAC ベクターが開発されている．

A　プラスミドベクター

　プラスミド plasmid は，細菌宿主または酵母中で自立増殖する核外遺伝子であり，複製起点をもち 1〜200 kb の環状 2 本鎖 DNA として宿主 DNA とは独立した形で存在する．また宿主細胞当たりのコピー数も，1〜2 個と少ないものから数千個にも達するものまである．プラスミドは宿主の DNA 複製と協調して複製される．薬剤耐性因子，コリシンおよび F 因子などが代表的なプラスミドである．そのため薬剤耐性因子を含むプラスミドを取り込むことにより，宿主は抗生物質に抵抗性を示すようになる．

　組換え DNA 操作に利用されるプラスミドベクターは，1 つまたは数種の抗生物質耐性遺伝子を選択用遺伝子として含む．例えば宿主細菌をアンピシリン ampicillin（Amp）耐性にするプラスミドは（図 IV.4.7），そのプラスミド DNA 上にアンピシリンを分解する β-ラクタマーゼという酵素の遺伝子（amp^r）をもっている．そのため，アンピシリン耐性プラスミドを含む宿主細菌はアンピシリンを含む培地でも増殖できるので，そのプラスミドを含まない細菌から選択

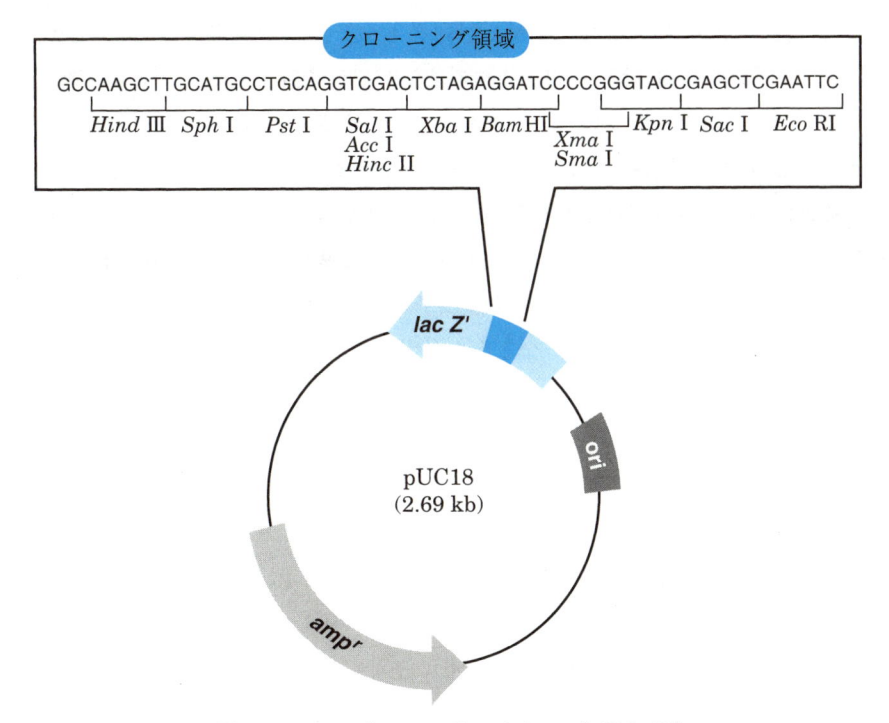

図 IV.4.7　プラスミドベクター（pUC 18）
$lac\ Z'$ は β-ガラクトシダーゼ遺伝子の一部をコードする遺伝子，amp^r はアンピシリン耐性遺伝子，ori は複製開始部位を示す．クローニング領域は β-ガラクトシダーゼの N 末端近くに挿入された 18 アミノ酸をコードする．

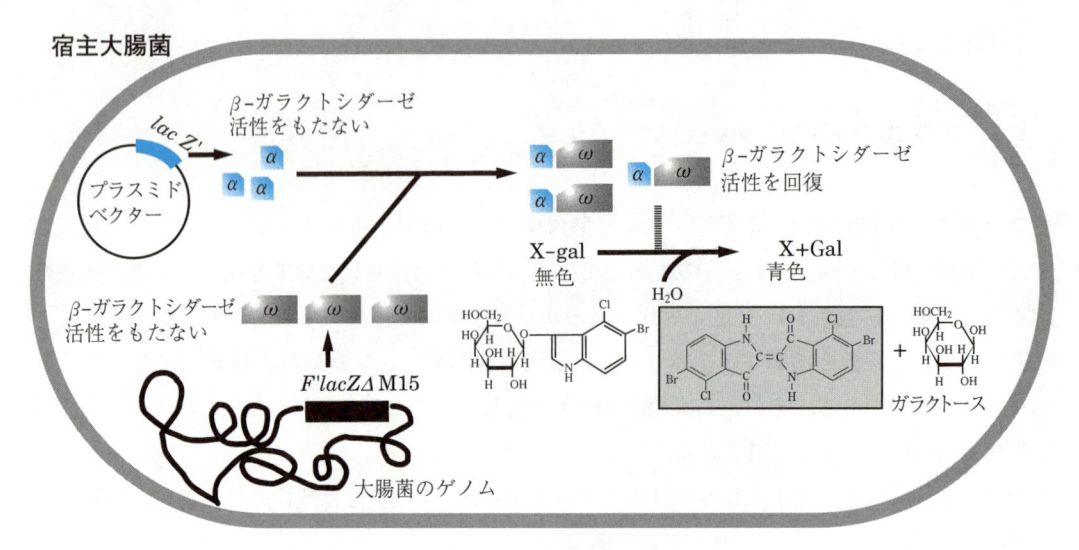

図 IV.4.8　α 相補の原理
（野島　博（1996）遺伝子工学の基礎，p.184，東京化学同人を改変）

的に選び出すことができる．

さらに組換え DNA 操作に利用されるプラスミドベクターは，クローニング領域と呼ばれる多数の制限酵素切断部位をもつ特殊な DNA 配列をもつ．例えば図 IV.4.7 に示したベクター（pUC 18）は，13 種類の制限酵素で切断される部位がそれぞれ 1 か所だけあり，そこにクローニングする外来遺伝子を挿入する．このベクターは lac Z 遺伝子の一部（lac Z'）をもっており，残りの lac Z をもつ宿主大腸菌と接合すると β-ガラクトシダーゼを発現させることができるようになる．そのため，無色の基質である X-gal（5-ブロモ-4-クロロ-3-インドリル-β-D-ガラクトシド）を含むプレート上に青いコロニーを形成する（α 相補 α complementation，図 IV.4.8）．このベクターのクローニング領域に外来遺伝子が挿入されると lac Z が破壊され，活性のある β-ガラクトシダーゼが産生できなくなるため白いコロニーとなり，容易に区別することができる（組換え体の青白選択）．

B　ファージベクター

プラスミド系とファージ phage 系ベクターの基本的な違いは，挿入できる外来遺伝子の大きさと，プラスミドはコロニー colony として検出するのに対し，ファージはプラーク plaque として検出することにある．ファージ DNA を宿主に導入するにはファージ粒子の形で宿主に感染させるので，DNA と外被タンパク質を反応させて粒子を作製しなくてはいけない．この操作は試験管内で可能であり，インビトロパッケージングと呼ばれる（図 IV.4.12 参照）．組換え DNA 操作に繁用されるファージベクターは λ ファージと M13 ファージである．

λ ファージは約 46 kb の直鎖 DNA からなり，両端には cos 部位というファージ粒子に包み

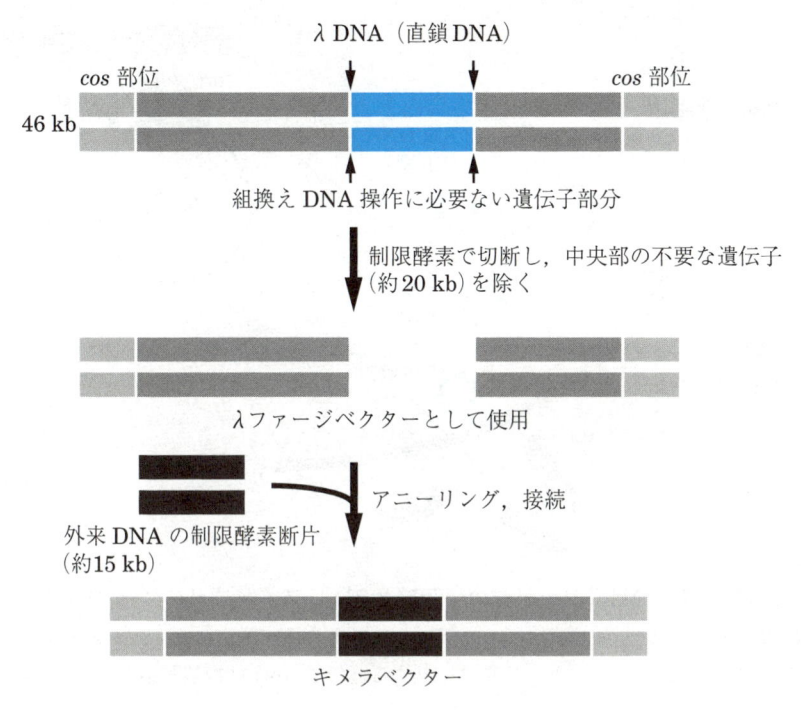

IV.4 組換えDNA技術と薬学への応用

図 IV.4.9 λファージベクターへの外来遺伝子のクローニング

込まれるために必要な12 bpからなる粘着末端配列をもつが，中央部の約20 kbは組換えDNA操作に必要のない遺伝子であるので，その部分を除いたファージがベクターとして用いられる（図IV.4.9）．λファージベクターはプラスミドベクターと比べると取り扱いにくいので，いったんクローニングされたDNA断片の増幅や解析には用いられず，ふつうゲノムあるいはcDNAライブラリー（IV.4.3A参照）の作製のために用いられる．ファージ粒子に包み込まれるためには，ファージDNAがある程度の大きさ（36〜52 kb）になることが必要である．また，挿入可能なDNA断片の大きさがベクターにより異なっているため，ゲノム用（λFIXII，λEMBL3など）とcDNA用（λgt10，λZAPIIなど）に使い分けられている．

M13ファージベクターは約7 kbの1本鎖DNAをもち，大腸菌に感染して増殖するが，溶菌はせずにファージ粒子が細胞外に放出される（図IV.4.10）．菌内では2本鎖（RF型）DNAとして存在するので，組換えDNA操作には制限酵素で切断可能なRF型が利用される．RF型はプラスミドDNAと同様にクローニング領域と呼ばれる多数の制限酵素切断部位をもち外来遺伝子を挿入することができ，さらにα相補性により青白選択が可能である（前項参照）．このRF型DNAをF^+細胞の大腸菌（JM109やDH5αF'など）に組み込み，目的のDNAを含むファージをクローニングする．感染菌の増殖は遅いので，プラークとして検出できる．

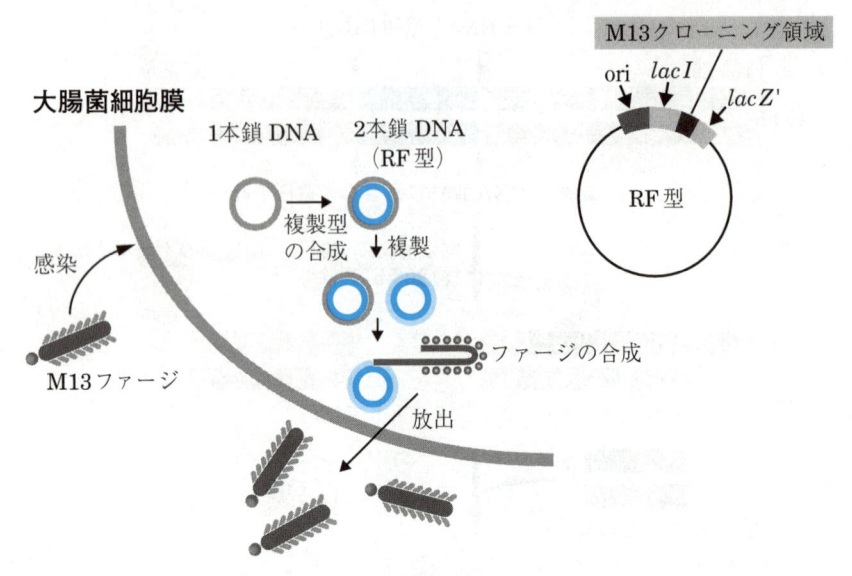

図 IV.4.10　M13 ファージの生活環と M13 ファージベクター（RF 型）
lac Z' は β-ガラクトシダーゼ遺伝子の一部をコードする遺伝子，lac I は lac Z' の転写を調節するタンパク質（lac リプレッサー）をコードする遺伝子，ori は複製開始部位を示す．

C　コスミドベクター

コスミド cosmid は，インビトロパッケージングによってファージ粒子に包み込まれるように λ ファージの cos 部位をもったプラスミドベクターである．これは比較的大きな DNA 断片を挿入できるファージの利点と，扱いやすいプラスミドの利点を生かしたベクターで，約 45 kb までの外来 DNA 断片を挿入することができるので，ゲノムライブラリー作製に用いられる．コスミドにはファージ遺伝子がないので，インビトロパッケージングによってつくられたファージ粒子が宿主細胞に感染・導入されると，プラスミドとして増殖維持される．

D　YAC ベクター

コスミドに組み込める DNA 断片より長いものは，酵母人工染色体 yeast artificial chromosome（YAC）ベクターに挿入する．このベクターを用いると数百 kb 程度の DNA をクローニングすることができるので，特にヒトなどのゲノム解析に有用である．YAC ベクターはテロメア（複製を可能にする DNA の末端），セントロメア（細胞分裂の際に紡錘体に結合する染色体部分），複製起点（自律複製配列 autonomously replicating sequence（ARS））をもち，酵母内で染色体として複製され，かつ安定に保持されるようにした大腸菌と酵母の両方に導入しうるベクターである．しかし，酵母の扱いを含め YAC ベクターを用いる技術は熟練を要するため，広

く普及しているものではない．

IV.4.3 遺伝子クローニング

遺伝子クローニングの概略を理解するためにいくつかの用語の意味を確認しておく．まずクローン clone とは，単一のウイルスや細胞が自己を再生することによりつくり出された集団のことであり，これらはすべて初めのウイルスや細胞の遺伝子が等しく分配されているので，均一な集団となる．クローニング cloning とは，多様な遺伝子構造をもつウイルスや細胞群の集団の中から，同じ遺伝子構造をもつウイルスや細胞集団を選び出す（純化する）ことをいう．実際，生物の特定遺伝子をクローニングするには，生物の全ゲノムを DNA 断片としてファージベクターなどに挿入して多様な組換えファージの集合体を作製し，そこから対象となる遺伝子構造を含むクローンを探す．そのようなファージの集合体を多くの情報が存在する図書館にたとえて遺伝子ライブラリーと呼ぶ．

A 遺伝子ライブラリー

遺伝子ライブラリーには cDNA ライブラリーとゲノムライブラリーの 2 種類がある（図IV.4.1）．高等動物の遺伝子をクローニングする場合は，ふつう扱いやすさから cDNA をまずクローニングし，その後イントロンを含む巨大なゲノム遺伝子のクローニングを行う．

良質の cDNA ライブラリー作製するために現在までいろいろな試みがなされてきたが，以下ではその初期の基本的な作製法の概略を示す（図IV.4.11）．まず，クローニングしたいタンパク質を合成している細胞から全 RNA を調製する．真核細胞の mRNA はポリ（A）の尾があるので，オリゴ（dT）配列をもつオリゴヌクレオチドが結合した樹脂が詰まったカラムに細胞から抽出した全 RNA を通すと，mRNA だけが吸着し，素通りする rRNA や tRNA から分離することができる．得られた mRNA 画分は，オリゴ（dT）をプライマーとし逆転写酵素（IV.4.1D 参照）を用いて cDNA に変換させる．RNase H による mRNA 部分の消化と同時に DNA ポリメラーゼ I を働かせて相補鎖 DNA を合成する．この 2 本鎖 cDNA の 3′末端にターミナルジオキシヌクレオチジルトランスフェラーゼ（IV.4.1E 参照）を作用させ，dC を数個付加させる．この cDNA 混合物をこれとは別に準備しておいた dG が付加した適当なクローニングベクターにアニーリングさせた後，DNA リガーゼ（IV.4.1B 参照）を作用させて環状化させ，cDNA ライブラリーを作製する．

ゲノムライブラリー作製法は，λ ファージをベクターとする場合を例にとり説明する（図IV.4.12）．まず物理的に剪断されていないゲノム DNA を調製し，*Sau*3AI などの制限酵素を用い

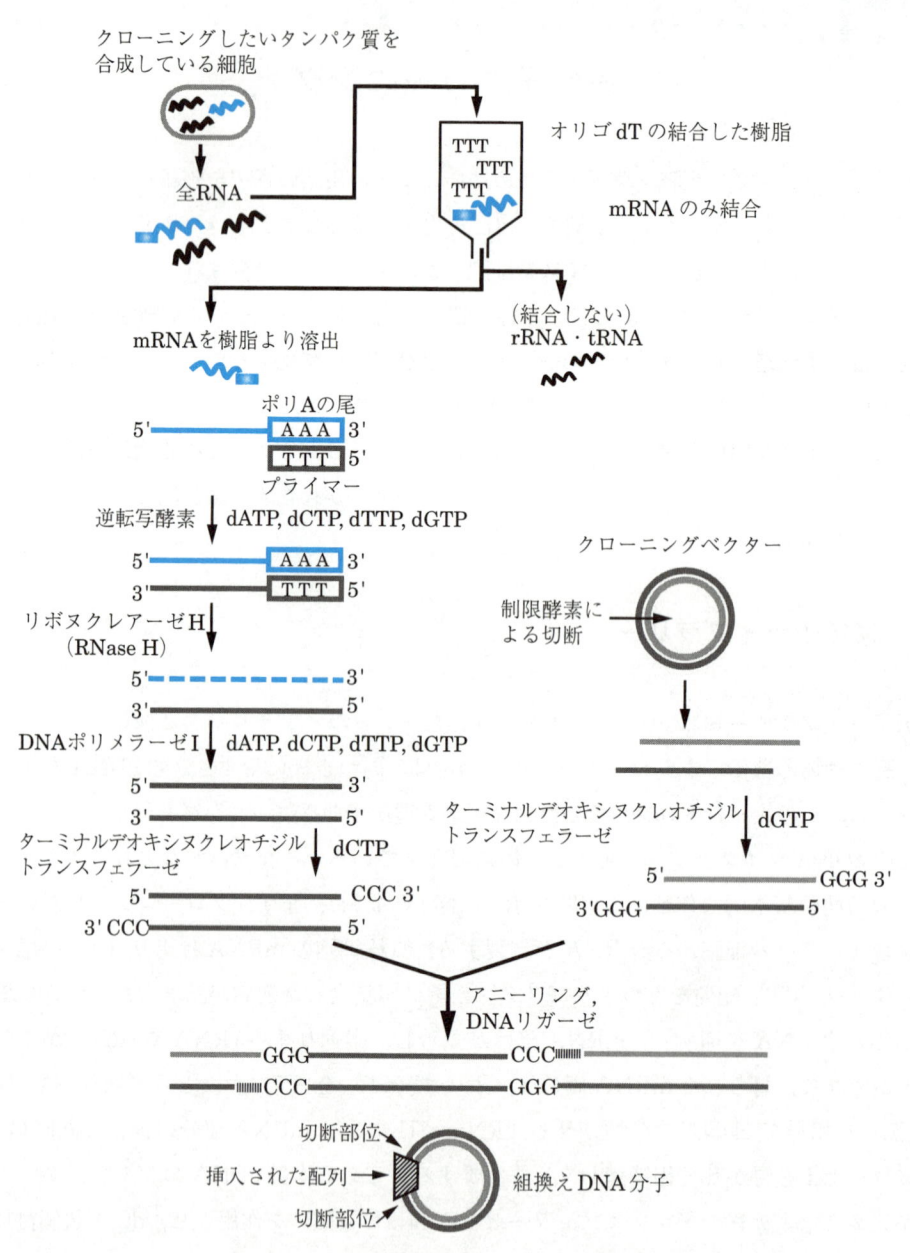

図 IV.4.11　cDNA ライブラリーの作製法の一例

て約 15 kb 程度の大きさに部分消化する．これを *Bam* HI（または *Eco* RI）で消化した λ ファージベクターと DNA リガーゼ（IV.4.1B 参照）を用いて結合させ，インビトロパッケージング（IV.4.2B 参照）によってファージ粒子に包み込み λ ファージゲノムライブラリーを作製する．ファージ粒子に包み込まれるためには，ファージ DNA がある程度の大きさ（36〜52 kb）になることが必要である（IV.4.2B 参照）ので，ゲノム DNA の部分消化物でこの大きさからはずれるものは組み込まれない．

B クローニング

前項で作製したライブラリーから特定のタンパク質に対応する cDNA や遺伝子をクローニングするには，いくつかの方法がある．もっとも初期からよく利用される方法は，合成オリゴヌクレオチド混合物をプローブ probe として用いるものである（プローブとは探針の意味で，どれが目的のものかを探し出すのに用いられるので，このように呼ばれている）．例えば，その遺伝子がコードするタンパク質の部分アミノ酸配列が既知なら，アミノ酸配列から遺伝暗号表を用いて塩基配列を予想し，コドンの縮重より可能性のある配列すべてを含むオリゴヌクレオチドを化学合成する．現在では自動合成装置があり，簡単に合成できる．この混合物の 5′ 末端を放射性元素（^{32}P）などで標識してオリゴヌクレオチドプローブを調製し，A. で作製したライブラリーをハイブリッド形成法（コロニーハイブリッド法とプラークハイブリッド法の 2 つがある）によりスクリーニングする．

コロニーハイブリッド法とプラークハイブリッド法の違いは，スクリーニングするライブラリーがコロニーを形成するもの（プラスミドやコスミドベクターにより作製されているもの）か，

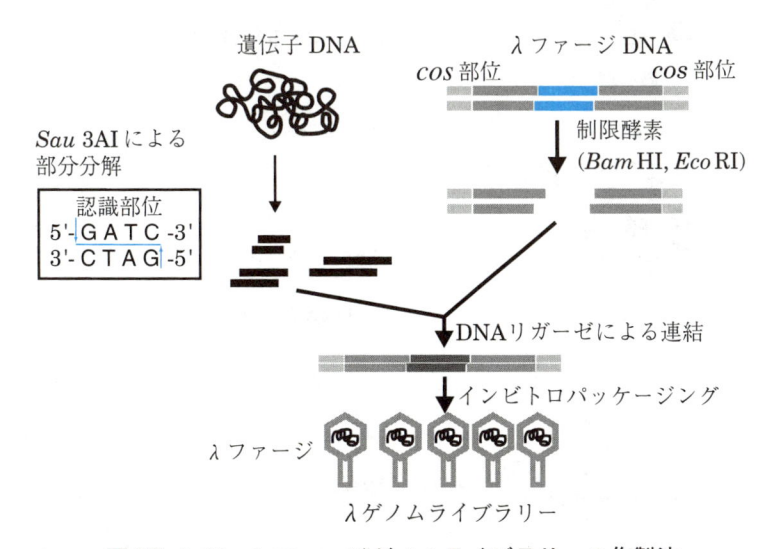

図 IV.4.12 λ ファージゲノムライブラリーの作製法

プラークを形成するもの（ファージにより作製されているもの）かによるものであり，ハイブリッドを形成させる基本的な操作は同じである．ここではプラスミドベクターを用いたcDNAライブラリーからのクローニングを例に挙げる（図IV.4.13）．円形の培地を含むプレートにcDNAライブラリーの大腸菌をまき，コロニーを適当な大きさに増殖させる．このプレートにニトロセルロースフィルターをのせると，各コロニーの一部がそのフィルター上に移る．このフィルターをアルカリ性の液に浸すと大腸菌は溶菌するが，DNAは変性してフィルターに吸着する（変性した1本鎖DNAは，ニトロセルロースフィルターに優先的に結合する）．そしてこのフィルターを中和後，乾燥させDNAを固定化させてから，上記で調製したプローブとハイブリッドを形成させる．目的タンパク質のmRNA由来のcDNAを含むコロニーだけがプローブと

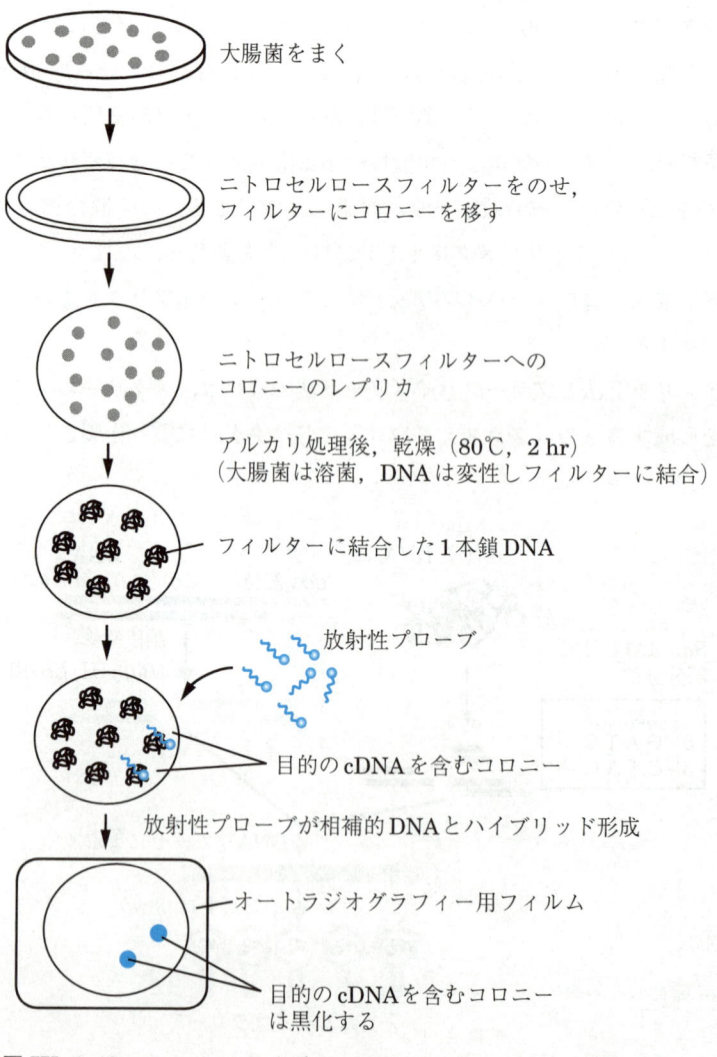

図IV.4.13　コロニーハイブリッド法によるcDNAクローニング

結合し，そのプローブが放射性元素で標識してあればオートラジオグラフィー（IV.4.4B 参照）により検出できる．そこでもとのプレートから対応するコロニーを選び出し回収する．このコロニーは目的タンパク質の cDNA を含むので，クローニングが完了したことになる．

C PCRによる遺伝子増幅

B.で述べたクローニング法に加え，最近では Kelly Mullis が 1985 年に確立した PCR（polymerase chain reaction：ポリメラーゼ連鎖反応）法を用いることが多くなっている．これは変性した鋳型 DNA と 2 種類のプライマーを，DNA ポリメラーゼと dNTP とともに反応させることにより行う．この 2 種類のプライマーは，目的とする DNA の領域を挟むように合成する．PCR 法の原理は図 IV.4.14 に示すように，1) 鋳型となる DNA の熱変性，2) 鋳型 DNA とプライマーのアニーリング，3) DNA ポリメラーゼによる DNA 合成の 3 つのステップから成る．この反応を繰り返すと 1 回ごとに DNA 量は倍増するので，クローン化することなしに目的の DNA の領域を指数関数的に増やすことができる．DNA ポリメラーゼとしては当初大腸菌の DNA ポリメラーゼ I のクレノウ断片（IV.4.1C 参照）が用いられていた．そのため，鋳型 DNA を高温で熱変性させる際にこの酵素は失活するので，各サイクルごとにこの酵素を追加しなくてはいけなかった．しかし，耐熱性 *Taq* DNA ポリメラーゼ（IV.4.1C 参照）の発見によって，熱変性のたびに新たに DNA ポリメラーゼを加える必要がなくなったため，この方法は飛躍的な進展を遂げた．現在では，DNA の熱変性→プライマーのアニーリング→DNA 合成，というサイクルを自動制御する機器が開発され，数時間で目的の DNA 断片を数百万倍に増幅させることが容易になった．特に，PCR 法の利点は未精製の DNA 画分でも鋳型として用いることができる上に，1 分子の DNA でも検出できるほどの高感度をもっているため，組換え DNA 操作のみならず遺伝子診断（IV.4.5B 参照）等の医学や犯罪捜査あるいは考古学的な研究などにも幅広く利用されている．

IV.4.4
クローニングした遺伝子の解析法

前節の方法で目的の遺伝子を含むクローンが得られれば，次に，クローン化した遺伝子の大きさや塩基配列，さらにその遺伝子よりつくられる RNA やタンパク質の発現様式や性質を解析することによりその遺伝子の機能を探ることが行われる．クローニングした遺伝子の解析法は，その目的により多数存在するが，ここでは最も頻繁に使われる代表的な方法を解説する．

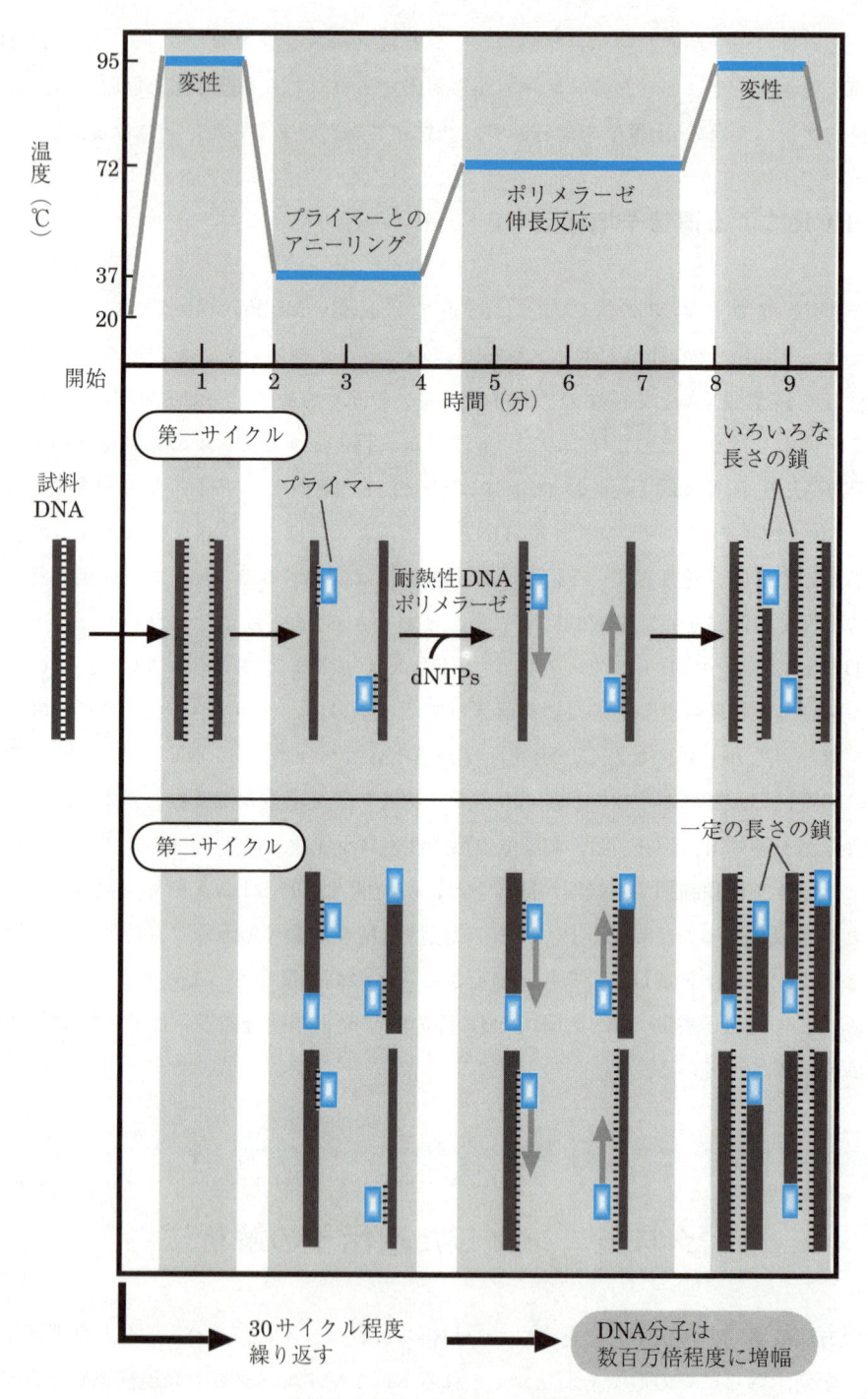

図 IV.4.14　PCR 法の原理

この過程を何回も繰り返すと第二サイクル以後は「一定の長さの鎖」の数はサイクルごとに倍増する．

(野島　博 (1996) 遺伝子工学の基礎，p. 230，図15.6，東京化学同人を改変)

A　電気泳動法

　DNA 断片の大きさを解析するには一般に電気泳動法が用いられる．組換え DNA 操作で用いられる電気泳動法は主として，アガロースゲル電気泳動，ポリアクリルアミドゲル電気泳動，パルスフィールドゲル電気泳動の3種類である．中性の pH では DNA や RNA のリン酸基は負に帯電しており，その単位重量当たりの電荷は一定である．そのため，DNA や RNA は一定方向に電場をかけることにより，アガロースゲル agarose gel やポリアクリルアミドゲル polyacrylamide gel の網目構造の中で分子ふるい効果によって，DNA や RNA の分子サイズが小さいほど速く陽極のほうへ泳動される．したがって，その移動度と分子サイズが逆関係になって分子サイズの違いに基づいて分離することができる（図 IV.4.15(a)）．

　アクリルアミドの粉末や水溶液は神経性毒物であるのに対し，アガロースには毒性がない上ゲル化しやすく扱いやすい．そのため，通常の数百塩基対以上の高分子の核酸の分画や解析にはアガロースゲル電気泳動が用いられ，アガロースゲルで分離の困難な短い核酸（千塩基対，特に百塩基対以下）の分画や解析（特に DNA 塩基配列の解析，IV.4.4C 参照）にはポリアクリルアミドゲル電気泳動が用いられる（表 IV.4.2）．通常は，図 IV.4.15(b), (c) のようにアガロースゲル電気泳動には横型が，ポリアクリルアミドゲル電気泳動は縦型のスラブゲルが用いられる．

　パルスフィールドゲル pulsed-field gel 電気泳動は，アガロースゲル電気泳動で分離できる限界（約 20 kb）を越えた大きな DNA を高い分解能で分離する画期的な方法で，電圧をパルス状に2方向，交互にかけ合うことで，通常のアガロースゲルの網目構造中での分子ふるい効果のみでは分離できなかった 20 kb を越える巨大な DNA 分子を分離できるようになった．ゲル内で巨大な DNA 分子が向きを変えるには大きいほど時間がかかるので，相対的に移動に利用できる時間が短くなり，分子量に基づき分離可能となる．

　分離されたゲル内の2本鎖 DNA 分子を検出するには，エチジウムイオンやアクリジンオレンジ（図 IV.4.16）などの芳香族陽イオンで染色することにより行う．これらの色素は2本鎖 DNA に挿入されて結合し，紫外線のもとで遊離のときよりもはるかに強い蛍光を放つ．10 ng 程度の DNA でもエチジウムブロミドによりアガロースゲル内で検出可能である．

B　ブロッティング法

　特定の塩基配列をもつ DNA の同定は，Edwin M. Southern が開発したサザンブロッティング Southern blotting 法（図 IV.4.17）を用いる．まず，適当な制限酵素（IV.4.1A 参照）を用いて試料 DNA を断片化し，この DNA 断片をアガロースゲル電気泳動（前項参照）で分離した後，ゲルをアルカリ性の溶液に浸して，分離した DNA 断片を1本鎖に変性させる．ゲルにニトロセルロースフィルター（またはナイロン膜）を重ね，ゲル内での分離パターンを保ったまま毛

500   IV　遺伝情報

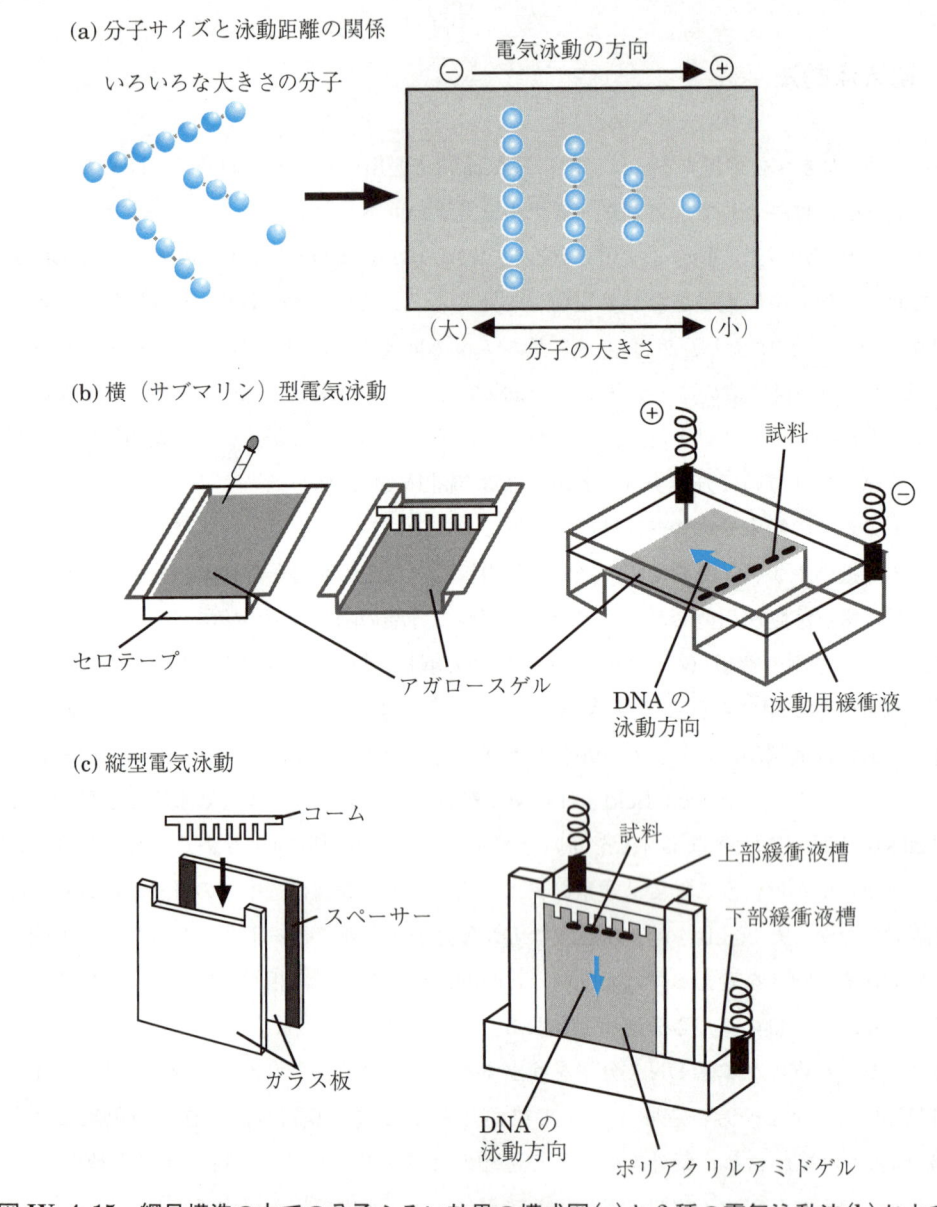

(a) 分子サイズと泳動距離の関係

いろいろな大きさの分子　→　電気泳動の方向（−→＋）

（大）←分子の大きさ→（小）

(b) 横（サブマリン）型電気泳動

セロテープ／アガロースゲル／DNAの泳動方向／泳動用緩衝液／試料

(c) 縦型電気泳動

コーム／スペーサー／ガラス板／試料／上部緩衝液槽／下部緩衝液槽／DNAの泳動方向／ポリアクリルアミドゲル

図IV.4.15　網目構造の中での分子ふるい効果の模式図(a)と2種の電気泳動法(b)および(c)

細管現象を利用して（または電気的に）DNA 断片をフィルターに移行させる（変性した1本鎖 DNA は，ニトロセルロースフィルターに優先的に結合する）．フィルターを 80°C で真空乾燥して DNA を固定化後，目的 DNA に相補的な配列をもつプローブ（IV.4.3B 参照）と反応させ，フィルターに固定化された DNA 断片とハイブリッド形成（IV.4.3B 参照）させる．その後，結合しなかったプローブを洗浄除去し，そのプローブが放射性元素で標識してあればフィルターに X 線フィルムを重ねてオートラジオグラフィーを行う．放射性プローブに相補的な分子の位置は，現像したフィルムの黒化でわかる．このようにして特定の塩基配列を含む DNA 断片をバ

表 IV.4.2　電気泳動用ゲルと DNA 分画範囲

アガロース濃度(%)	DNA のサイズ(×10³塩基対)	ポリアクリルアミド濃度(%)	DNA のサイズ(塩基対)
0.3	5〜60	3.5	100〜1000
0.5	1〜30	5.0	80〜500
1.0	0.5〜7	10	50〜300
1.5	0.2〜4	15	30〜200
2.0	0.1〜3	20	10〜100

図 IV.4.16　エチジウムイオンとアクリジンオレンジの構造式

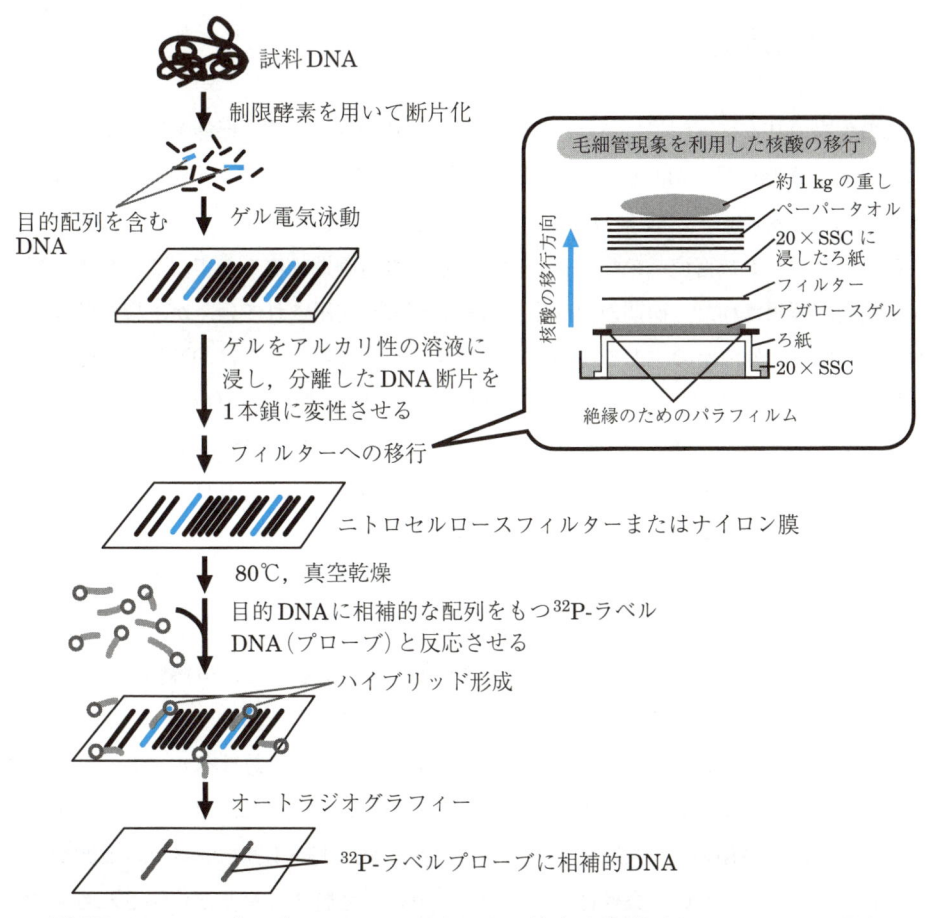

図 IV.4.17　サザンブロッティング法による特定塩基配列をもつ DNA の同定

ンドとして検出することができ，制限酵素により分解された DNA 断片のどれがクローン化した遺伝子を含むかがわかる．

すべての遺伝子は，機能するためには発現されなくてはいけない．発現の最初の段階は遺伝子が RNA 分子に転写されることである．そこで，この遺伝子がどのように発現されるかを理解するために，転写された RNA を解析しなくてはいけない．特定の RNA を検出する場合は，サザンブロッティングの語呂合わせでノーザンブロッティング northern blotting と呼ばれている．RNA は DNA と違い高次構造をとりやすいので，分子量に基づいた分離を得るためにアガロースゲル電気泳動の際に，ホルムアルデヒドやグリオキサールなどを用いて RNA の高次構造を破壊する必要がある．泳動後はそのまま RNA をフィルターにサザンブロッティングと同様に移行させ固定化し，目的 RNA に相補的な配列をもつ RNA または DNA プローブを用い検出する．これにより，目的 RNA がどのような組織でどのような大きさで発現しているのかを知ることができる．

同様に，特定のタンパク質を検出する場合は，ウエスタンブロッティング western blotting と呼ばれる．

C　DNA 塩基配列決定法

すべての生物の基本は遺伝子にあり，その配列により細胞の形態，機能そして寿命も決定される．1975 年に，Allan Maxam と Walter Gilbert が化学切断法による，Frederick Sanger らがジデオキシ法（鎖終結法）による DNA の塩基配列決定法 sequencing をそれぞれ独立に発表した．これらはいずれも数百塩基の配列を一度に決定できる画期的なもので，これにより膨大な数の DNA 配列が解明された．初期の頃は化学切断法がよく利用されていたが，現在ではジデオキシ法が DNA 塩基配列決定の主力を占めるようになった．また，最近は DNA 塩基配列決定の自動化に伴い DNA 断片の標識法として，^{32}P や ^{35}S などの放射性物質を使わずに蛍光色素を用いることが多くなっている．DNA 塩基配列決定により，遺伝子の構造解析はただ翻訳産物のアミノ酸配列をコードするコドンを知るばかりでなく，その遺伝子のまわりにあって発現を制御している塩基配列をも知ることができるようになった．

a）化学切断法（Maxam-Gilbert 法）

この方法は化学的に特定の塩基の所で DNA を切断（部分分解）し，分解物を DNA 断片の長さにより分離し配列を決定する方法である．

化学切断法ではまず，DNA の一端，ふつうは 5′末端を ^{32}P で放射ラベルする．5′末端にリン酸が付加していれば，まずアルカリ性ホスファターゼを用いて除去し，ポリヌクレオチドキナーゼと［γ-^{32}P］ATP を使い，5′末端をラベルする．それを以下のようにジメチル硫酸やヒドラジンなどで処理をすると，用いた条件により 4 種の塩基のうち特定の塩基が修飾されるので，その

後のピペリジン処理によりその位置でDNA鎖が切断される（図IV.4.18）．

① G（グアニン）のみで切断する条件：ジメチル硫酸でGのN7位をメチル化し，ピペリジン処理によりそのグリコシド結合を加水分解し切断する．

② A（アデニン）とGで切断する条件：ギ酸水溶液などの酸性水溶液中でAとGをプロトン化してそのグリコシド結合を加水分解し，ピペリジン処理をする．

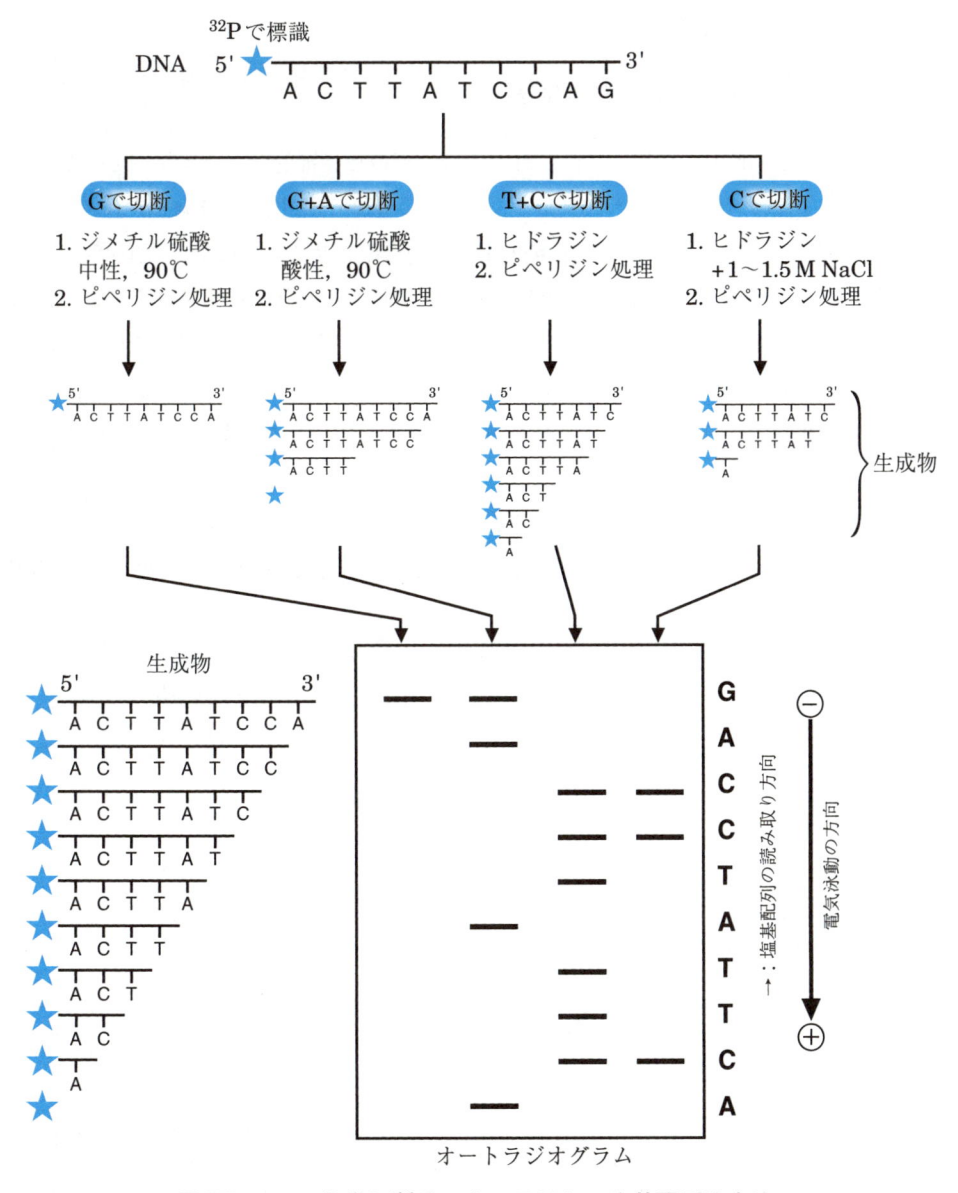

③ C（シトシン）とT（チミン）で切断する条件：ヒドラジンとDNA断片を反応させると，ヒドラジンはCとTのピリミジン環のC4およびC6と反応するので，その後のピペリジン処理

図 IV.4.18　化学切断法による DNA の塩基配列決定法

によりその位置でDNA鎖が切断される．

④Cのみで切断する条件：高塩濃度（1〜1.5 M NaCl）存在下でヒドラジン処理を行うと，Tとは反応せずCとのみ反応するので，その後のピペリジン処理によりCの前でDNA鎖が切断される．

どの反応もDNA鎖がそれぞれ平均一か所ランダムに切断される条件で行う．この4つの方法で断片化したDNA試料（G，A+G，C+T，C）を，尿素を加えたポリアクリルアミドゲル（IV.4.4A参照）にのせ，電気泳動する（図IV.4.18）．DNA試料は一方の端のみ放射ラベルされているので，DNAの塩基配列はこのゲルのオートラジオグラム（IV.4.4A参照）を端から読むことにより決定できる（図IV.4.18）．

b） ジデオキシ法（Sanger法，鎖終結法）

構造決定をしたいDNAを鋳型とし，これの3'末端部位に相補的なプライマーDNAを結合させ，基質となる4種のデオキシリボヌクレオシド三リン酸（dNTP）とDNAポリメラーゼのクレノウ断片（IV.4.1 C参照）を用いて相補的DNAを合成させる．この際，反応液を四等分し，その1つにジデオキシATP（dideoxy ATP, ddATP）（図IV.4.19）を少量加えておく．この化合物はATPの類似体であり，DNAポリメラーゼのクレノウ断片により利用されるが，これがDNAの3'末端となると，3'-OH基が欠損しているので鎖の伸長ははそこで止まる．そのためddATPを少量加えておくと，Aのどこかの位置で停止した，長さの異なるDNA鎖ができる（図IV.4.20）．同様にジデオキシGTP（ddGTP），ジデオキシCTP（ddCTP），ジデオキシTTP（ddTTP）を少量加えた実験をそれぞれ行い，新たに合成した長さの異なるDNA鎖を別々にポリアクリルアミドゲル（IV.4.4A参照）にのせ，電気泳動して分離する（図IV.4.

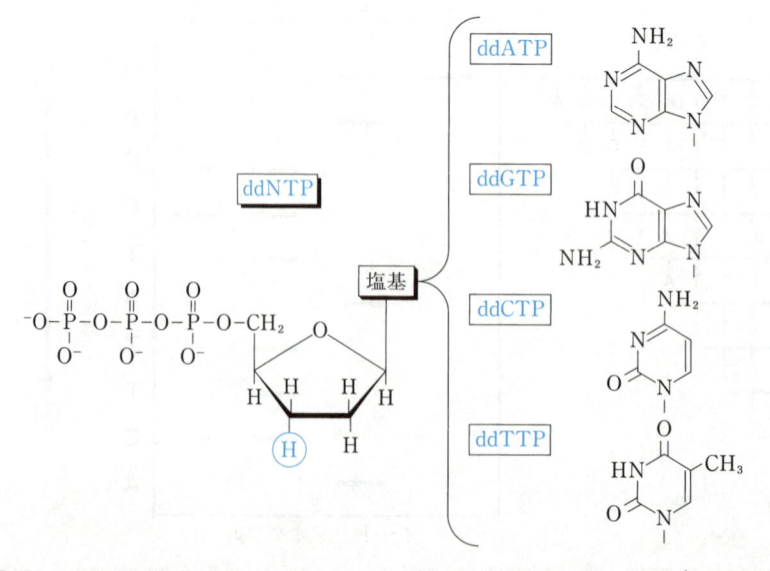

図IV.4.19　4種の2',3'-ジデオキシリボヌクレオシド三リン酸（ddNTP）

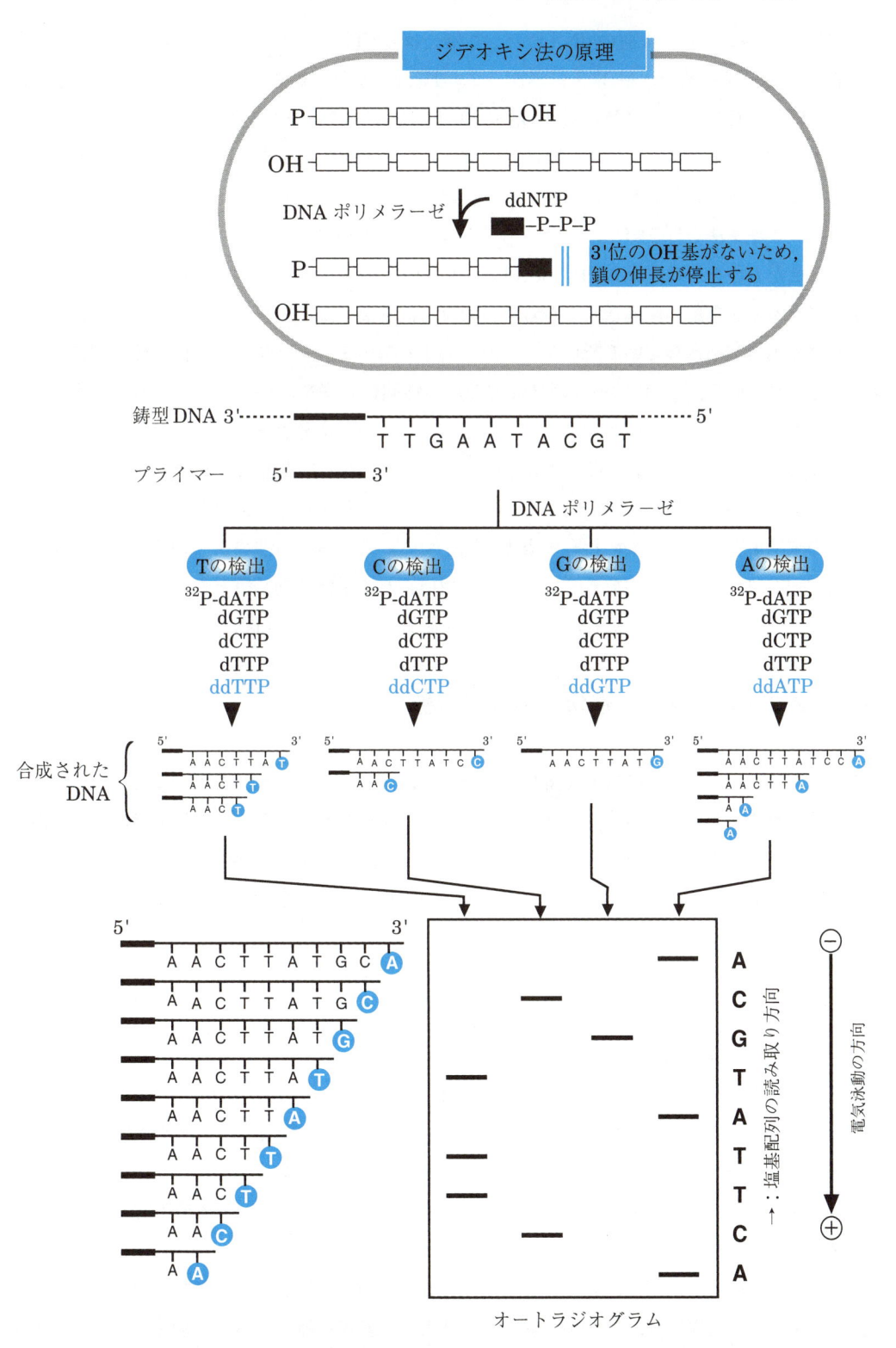

図 IV.4.20　ジデオキシン法による DNA の塩基配列決定法

20)．この合成反応の際，4種の dNTP のうち例えば dATP を ^{32}P で放射ラベルしておくと，新たに合成した DNA 鎖のオートラジオグラム（IV.4.4A 参照）を作成することができる．図 IV.4.20 にみられるように各反応の生成物は 3′ 末端にジデオキシリボヌクレオチドをもった長さの異なる DNA 鎖であり，化学切断法と同様に，短い DNA 鎖から 1 塩基ずつ大きい断片をたどっていくと合成された DNA の塩基配列を決定することができる．

またジデオキシ法を行う際に，プライマー DNA の 5′ 末端に色調の異なった 4 種類の蛍光色素を結合させたものを用い，ddATP, ddGTP, ddCTP, ddTTP のそれぞれの反応ごとに異なった色のプライマーを用い反応させてから 4 つの反応液を混ぜ 1 つのレーンで電気泳動を行い，異なった蛍光色素が結合している断片がゲルを通過する順序を，レーザー蛍光検出機で記録する方法が開発されている．この方法では ^{32}P などの放射性同位元素を用いずに DNA の塩基配列を決定できる．また，この方法の変法として，プライマーに蛍光色素を結合させるかわりに，ddATP, ddGTP, ddCTP, ddTTP にそれぞれ異なった色の蛍光色素を結合させたものを用い，1 つの容器で DNA 合成反応を行う．この新たに合成した DNA 断片混合物を電気泳動にかけ，各断片の末端塩基をそれぞれに特有の蛍光で同定する．これらの方法により約 500 ヌクレオチドの塩基配列を決定することができる．これらに用いられる電気泳動装置と一体化した蛍光検出機は DNA シークエンサーと呼ばれ，コンピュータ制御されデータは自動収集される．

D クローニングした遺伝子の機能解析

クローニングした遺伝子の機能を解析するために，まず，その遺伝子を細胞に導入して発現させ，産生される組換えタンパク質の性質を調べることが行われる．さらに最近では，機能を解析したい遺伝子を動物個体に導入して過剰発現させたり，逆に遺伝子の発現を減らした，あるいはなくした細胞や動物個体を作製し，それらの細胞や動物個体の表現形質を調べることによる機能解析も盛んに行われるようになっている．

a) 細胞を用いた遺伝子の発現

クローニングした遺伝子を発現させるには，その遺伝子の cDNA を発現のための転写と翻訳の調節配列がうまく配置された発現ベクター expression vector と呼ばれるプラスミド（IV.4.2A 参照）に組み込まなくてはいけない．そして，でき上がった発現ベクターを大腸菌，酵母，培養哺乳動物細胞などに組み込むと，それぞれの宿主に対応した効率のよいプロモーター（1 種の転写調節要素）がその発現ベクターに配置されていれば，目的のタンパク質が発現・産生される（図 IV.4.21）．

発現に用いる宿主の選択は，発現させるタンパク質の種類や性質，そして解析目的に応じて行う．大腸菌を用いた発現は，簡便かつ安価であり大量生産が可能であるが，組換えタンパク質が凝集して不溶性の封入体 inclusion body と呼ばれる特殊な構造体を形成するため，発現させた

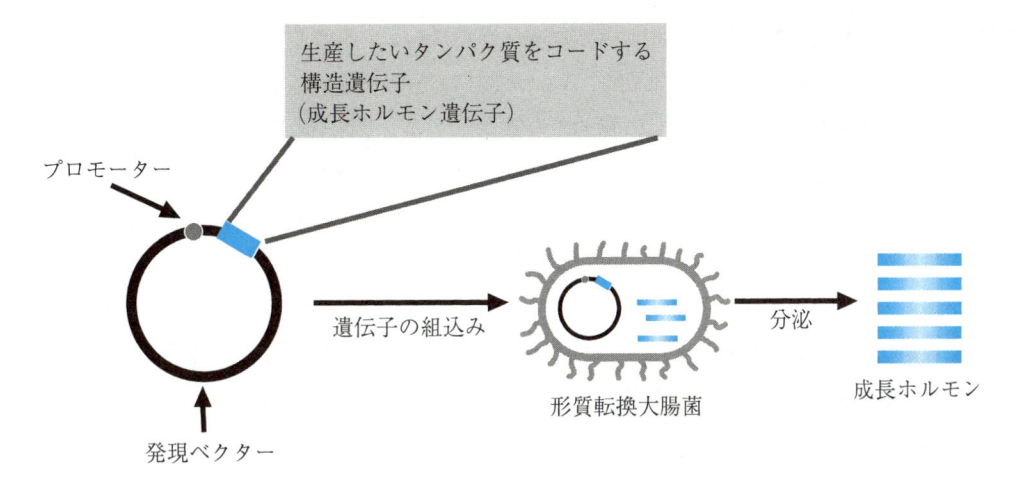

図IV.4.21　大腸菌を用いた組換えタンパク質（成長ホルモン）の大量生産

タンパク質が回収できないことがある．また，真核細胞由来の遺伝子を大腸菌で発現させる場合，大腸菌は酵母や哺乳動物細胞などの真核生物由来の細胞と異なり，リン酸化や糖鎖の付加などの翻訳後修飾が起こらないため，アミノ酸は同一ながら生理活性をもたない組換えタンパク質しか産生されないことがある．

一方，細胞内でのタンパク質の発現部位などを調べるために，プロモーターの下流にGFP（green fluorescent protein）遺伝子を結合させた発現ベクターを用いることがある．GFP遺伝子はオワンクラゲから単離された遺伝子で，GFPが発現すると緑色蛍光を自家発光する．この発現ベクターに解析したいタンパク質の遺伝子を組み込み，適当な細胞に導入すると，細胞が生きたままの状態で，目的とする組換えタンパク質の存在部位や挙動を時間を追って追跡観察できる．最近では，緑に加え，赤や黄，青などの蛍光色を発する発現ベクターも市販され，数種類の遺伝子の発現部位を同一細胞内で観察することが可能である．

b)　RNA干渉（RNAi）

クローニングした遺伝子の機能を解析する手段の1つとして，その遺伝子を内在的に発現している細胞を見出し，その細胞内で目的とする遺伝子の発現を特異的に抑制できれば極めて有効である．その方法として以前は，目的とする遺伝子のmRNAと相補的な塩基配列をもつアンチセンスRNAを細胞に導入し，本来のmRNAとハイブリッド形成をさせてタンパク質への翻訳を阻害する方法が使われていたが，信頼性のある繁用技術とはなりえなかった．最近では，siRNA（small interfering RNAまたはshort interfering RNA）と呼ばれる21〜23塩基からなる2本鎖RNA分子が，それと同じ塩基配列をもつ遺伝子のmRNAを選択的に破壊して遺伝子発現を激減させる（ノックダウンさせる）RNA干渉（RNAi：RNA interference）と呼ばれる現象を利用した方法が使われるようになってきた．この方法は，機能を解析したい遺伝子の発現

を効率的にしかも比較的容易に抑制できるため，線虫やショウジョウバエといったモデル動物から，最近では特に哺乳動物の培養細胞を用いた実験において画期的で強力な解析手段となっている．哺乳動物細胞を用いた実験では，標的となる遺伝子のmRNAの開始コドンから50〜100塩基下流の翻訳領域の配列に基づき21〜29塩基からなる2本鎖RNA（siRNA）を合成し，哺乳動物細胞内に導入する方法が用いられることが多い．この合成siRNAの導入によるRNAi効果は一過性であるので，現在ではsiRNAを発現するようなプラスミドベクターが市販されており，この発現ベクターを細胞に導入することにより持続的にsiRNAを発現させることも可能となっている．また，RNAi干渉法は培養細胞内での利用に限らず，遺伝子治療（IV.4.5C参照）やトランスジェニックマウス（次項参照）作製への応用も試みられている．

c) トランスジェニックマウス

クローニングした遺伝子の機能を解析する手段として，目的の遺伝子を動物個体に導入して過剰発現させることにより，個体の表現形質を観察することが行われる．このような，特定の遺伝子を外から導入して得られた生物個体をトランスジェニック transgenic 生物という．

まず，強制発現させたい遺伝子を適当な発現ベクター中のプロモーターの下流に組み込み，その後，制限酵素を用いて直鎖状にする（図IV.4.22）．次に，これをマイクロマニピュレーターと呼ばれる器具を使って，吸引によって固定された受精卵の雄性前核（精子由来の核）に極微のガラス管を突き刺して注入（マイクロインジェクション）する（哺乳動物の受精卵は，受精後しばらくの間は受精卵の中に卵子由来の核（雌性前核）と進入した精子由来の核（雄性前核）が離れて存在するが，後に両方の核は融合して1つの核になる）．続いて，この受精卵を偽妊娠状態にした雌マウスの卵管内に移植する．産まれた仔マウスの尻尾よりゲノムDNAを抽出して，PCR法（IV.4.3C参照）やサザンブロッティング法（IV.4.4B参照）などにより，注入した遺伝子がどの仔マウスの染色体DNAに組み込まれているかを調べる．このようにして作製されたトランスジェニックマウスの表現形質を調べることにより，機能解析が可能となる．ただし，トランスジェニックマウスに組み込まれている外来遺伝子は，マウスの染色体DNAのランダムな位置に組み込まれること，また，その組み込まれる数（コピー数）も受精卵により異なることから，マウスにより外来遺伝子の発現量に差があることや，遺伝子の挿入により内在性の無関係の遺伝子を壊すことによる影響が出ることがあるので注意が必要である．

d) 遺伝子ノックアウトマウス

上記の方法でトランスジェニックマウスを作製すると，外来遺伝子が染色体のどの部位に入るのかは全くわからない，という問題が生じる．そこで，遺伝子ターゲッティング gene targeting と呼ばれる，自在に設計した遺伝子をマウスの染色体中の内在性の遺伝子と入れ換え，人為的に改変された遺伝子をもつ動物個体を作製する技術が開発された．この技術の開発の鍵となったの

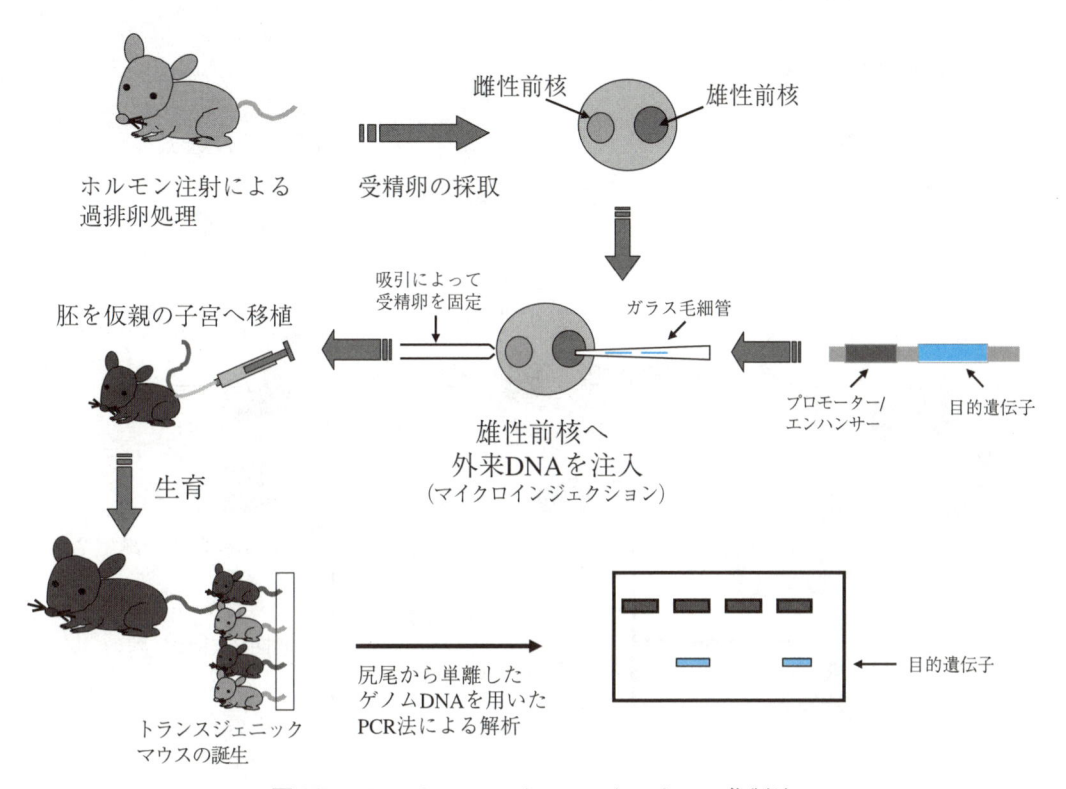

図 IV.4.22　トランスジェニックマウスの作製法

は，全能性 totipotency（あらゆる細胞に分化できる能力）をもつマウスの胚性幹細胞（ES 細胞：embryonic stem cell）株の樹立である．ES 細胞は，全能性をもつ正常細胞でありながら不死 immortality 化しており，シャーレ中でいつまでも培養し続けることができるため，特定の培養条件下で神経や筋肉細胞など様々な細胞に分化可能である．そこで，この ES 細胞に外来遺伝子を導入し，内在性の遺伝子と相同組換えを起こしたうえで，仮親マウスの胚盤胞 blastocyst に注入すると，仮親由来の細胞と ES 細胞由来の細胞が混在するキメラマウス chimera mouse が生まれ，さらにキメラマウスの交配を繰り返すとほぼすべての細胞が ES 細胞由来となったマウスが作製できた．この遺伝子ターゲッティングの技術を応用して，標的遺伝子を改変するかわりに，部分的あるいは完全に削除した遺伝子欠損マウス，すなわち遺伝子ノックアウトマウス gene knockout mouse の作製法が開発された．したがって，ノックアウトマウスは広い意味ではトランスジェニックマウスに含まれるが，作製法の違いにより区別されることが多い．

　まず，欠失させたいマウスの遺伝子を単離して構造決定し（IV.4.3A, B 参照），この遺伝子の一部分をネオマイシン耐性遺伝子（neo）などのマーカー遺伝子と置き換える（図 IV.4.23）．このように作製したターゲッティングベクターを ES 細胞に導入し，マーカー遺伝子（neo を用いた場合は，G418 という薬剤に耐性になること）を指標にして相同組換えを起こした細胞を選択する．選択された組換え ES 細胞をマウスの胚盤胞に注入し，偽妊娠状態にある仮親マウスに

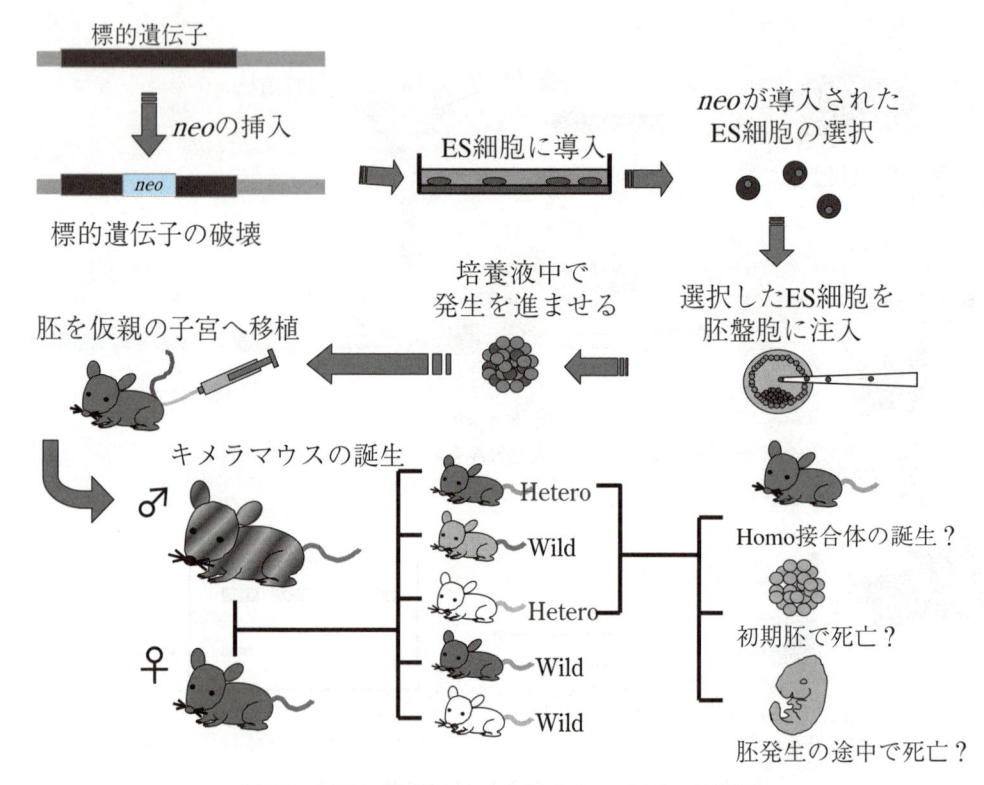

図 IV.4.23　遺伝子ノックアウトマウスの作製法

導入するとキメラマウスが生まれる．キメラマウスの尻尾よりゲノム DNA を抽出して，PCR法（IV.4.3C 参照）やサザンブロッティング法（IV.4.4B 参照）などにより，破壊された遺伝子をもつかどうかを調べる．破壊された遺伝子をもつキメラマウスを野生型マウスと交配させることにより産まれた仔マウスのいくつかは，破壊された遺伝子を片方の染色体にもつヘテロ接合体 heterozygote である．そして，このヘテロ接合体であるマウス同士を交配させると 4 分の 1 の確率で両方の遺伝子が破壊されたホモ接合体 homozygote ノックアウトマウスが誕生する．このホモ接合体マウスの表現型 phenotype を詳細に調べることにより，破壊された遺伝子の機能を知ることができる．しかし，この標的遺伝子が発生に重要なタンパク質をコードする場合は，ホモ接合体マウスは胚性致死 embryonic lethal となり生まれてこないことも多い．最近ではこのことを避けるために，例えば脳においてのみ遺伝子の機能を破壊するといった組織特異的ノックアウトという技術も開発されている．

IV.4.5 医学・薬学への応用

　組換えDNA技術の急速な進歩に伴い，前節までの方法を用いて数多くの遺伝子がクローニングされ，その機能解析が行われている．それにより細胞機能のメカニズムが徐々に遺伝子レベルで明らかになり，またバイオテクノロジー biotechnology や遺伝子工学 genetic engineering と呼ばれる組換えDNA技術を応用する技術も急速に進展してきた．そのため病気や病態の遺伝子レベルでの診断や治療が可能となり，数多くの有用な組換え医薬品が開発，生産されるようになっており，組換えDNA技術の生命科学への貢献は極めて大きいものとなっている．また最近は，これらのゲノム情報を基盤として薬を創出するゲノム創薬 genome-based drug design と呼ばれる新たな創薬の世界も広がりつつある．ここでは，今後益々広く利用されていくと考えられる組換え医薬品 recombinant medicine，遺伝子診断 genetic diagnosis，遺伝子治療 gene therapy について解説する．

A　医薬品生産

　組換えDNA技術が進歩して最初に期待されたのが，微量なタンパク質性医薬品の大量生産であった．例えば，インスリン（糖尿病の治療薬），成長ホルモン（小人症の治療薬），エリスロポエチン（腎臓でつくられる赤血球生産を促進する造血因子で，腎臓病に由来する貧血の治療薬），血液凝固第VIII因子（血友病Aの治療薬）などは広く臨床に利用されている．これらは従来何万頭ものウシやブタから多くの費用と労力をかけて分離精製されていたが，組換えDNA技術の進展により多くの貴重な医薬品が安価，迅速に大量生産されるようになってきた．

　組換え医薬品を大量生産するには，まず，生産したいタンパク質性医薬品のcDNAをクローニング（IV.4.3参照）し，その構造遺伝子を発現のための転写と翻訳の調節配列がうまく配置された発現ベクターと呼ばれるプラスミド（IV.4.4D参照）に組み込む．そして，でき上がった発現ベクターを大腸菌，酵母，培養哺乳動物細胞などに組み込むと，それぞれの宿主に対応した効率のよいプロモーターがその発現ベクターに配置されていれば，目的のタンパク質を大量に得ることができる（図IV.4.21参照）．

　さらに最近では，ウシ，ブタ，ヒツジなどの家畜の受精卵に直接，目的遺伝子を組み込んだ発現ベクターを注入し，外来遺伝子を発現するトランスジェニック動物をつくる試みも行われている（IV.4.4D参照）．この外来遺伝子が生殖細胞に安定に組み込まれれば，その外来遺伝子を発現する動物系統を樹立することができ，医薬品の生産が「動物工場」で行えることになる．例えば，ヒト成長ホルモンや血液凝固因子などの有用医薬品を牛乳中に大量に分泌するトランスジェ

ニックウシをつくれば，細菌などに生産させるよりもずっと経済的である．このような医薬品生産を目的としたトランスジェニック動物を安定的に大量生産する技術として，クローンヒツジ cloned sheep などのクローン動物の作製も行われている．

B 遺伝子診断

組換え DNA 技術の進展に伴って，多くの疾患が遺伝性あるいは外因性の遺伝子異常を伴うことが理解されるようになってきた．それとともに，遺伝子を対象とした診断法は遺伝病ばかりでなく，癌や感染症の診断にまで応用されつつある．特に，PCR 法（IV.4.3C 参照）の開発により，研究分野ばかりでなく日常の診療分野にも広く遺伝子診断技術が利用され始めている．しかし，遺伝子を調べることにより必ず病気の診断ができるわけではないことを理解しておく必要がある．

a）遺伝子診断の対象となる代表的な疾患

ⅰ）遺伝病の診断

1つの特定の遺伝子の変異によって発病する遺伝病では，その遺伝子変異を解析することにより診断ができる．最近は特に，新生児期だけではなく，出生前診断や人工受精の際の着床前診断も可能になっている．その他，いくつかの遺伝子が変異して引き起こされると考えられるごく普通の病気（高血圧や 2 型糖尿病などの生活習慣病など）についても予防，診断，治療のために研究が進行している．

ⅱ）癌の診断

癌は，自己の細胞に存在する癌遺伝子 oncogene や癌抑制遺伝子 tumor suppressor gene の変異に，さまざまな外因が関与して生じると考えられている．この遺伝子の変異は両親から受け継ぐ場合もあれば，生後の環境因子（感染，発癌物質，紫外線，放射線など）によるものや，偶発的な突然変異による場合がある．そのため，癌細胞の特定遺伝子の変異を検出することにより，癌の悪性度の診断や転移の有無の判定などに応用されている．

ⅲ）感染症の診断

それぞれの微生物は特有の遺伝子をもっているので，それを検出することにより，その感染症を引き起こした病原微生物を同定することができる．この方法は従来の方法に比べ，短時間に特定の病原微生物を同定することができる．特に，手術時などに使用される輸血用血液の肝炎ウイルスやヒト免疫不全ウイルスによる感染の有無を検査することは，きわめて重要である．

b) 遺伝子診断の方法

最近ではPCR法（IV.4.3C参照）を用いてその目的遺伝子を増幅し，遺伝子異常を直接調べる方法が主力となっている．これを用いると，患者より少量の血液や咽頭拭い液，毛髪の根元に付着している毛根細胞を採取すれば，そこからDNAを抽出して解析することができる．この場合，目的遺伝子増幅のためにプライマー部分の塩基配列が明らかになっている必要があるが，最近のほぼ完全なヒト全ゲノム塩基配列の公表により問題は解決された．一方，サザンブロット法（IV.4.4B参照）は，プローブとなるDNAさえ得られれば，その塩基配列が不明でも，遺伝子変異を検出することができる．

c) 遺伝子多型

約30億塩基対からなるヒトゲノムの塩基配列には，個人間で比較すると多くの部位で異なっている．この塩基配列の個人差を遺伝子多型 genetic polymorphism と呼んでいるが，突然変異と区別するため，多型はある塩基の変化が人口中1％以上の頻度で存在しているものと定義されている．遺伝子多型には，1）塩基が挿入や欠失しているもの，2）2～40塩基の反復配列の反復回数に個人差があるもの（数塩基～数十塩基のものを VNTR (variable number of tandem repeat)，2～4塩基程度のものをマイクロサテライト microsatellite と呼ぶ），3）1つの塩基が他の塩基に置き換わっているものがある．特に3）の多型は，一塩基多型（SNP：single nucleotide polymorphism, スニップ）と呼ばれ，約千塩基に1つはあると予測されているため，ゲノム全体では300万～1000万か所存在すると考えられている．したがって，他の遺伝子多型に比べると非常に高頻度で見出される．ゲノムDNAの塩基配列にSNPが存在すると，制限酵素（IV.4.1A参照）の認識部位が消失したり新たに出現したりすることがある．その場合，ゲノムDNAを制限酵素で消化すると個体または家系により長さの違うDNA断片が生じる．これを制限酵素断片長多型 restriction-fragment length polymorphism（RFLP）という（図IV.4.24）．RFLPは染色体を区別する遺伝子マーカーの1つで，疾患に連鎖したRFLPが確立されれば欠陥遺伝子が不明の遺伝子診断に有用である．サザンブロット法（IV.4.4B参照）と組み合わせて利用されたもので，1980年代の遺伝子多型解析法の主流であった．最近でも，PCR法を用いて増幅したDNA断片を制限酵素で切断して遺伝子多型を調べることもあり，PCR-RFLPと呼ばれている．特にSNPは他の遺伝子多型に比べてその総数が多いため，後述するように，高密度な遺伝子マーカーとして疾患関連遺伝子の探索に極めて有効であり，また，テーラーメイド（オーダーメイド）医療においても重要な情報を提供する．

d) SNPの分類とSNPが機能に及ぼす影響

SNPはゲノム上に広く存在するが，その存在する場所によって遺伝子やタンパク質の機能に与える影響が異なると考えられる．遺伝子の転写調節に関わるプロモーター・エンハンサー領域

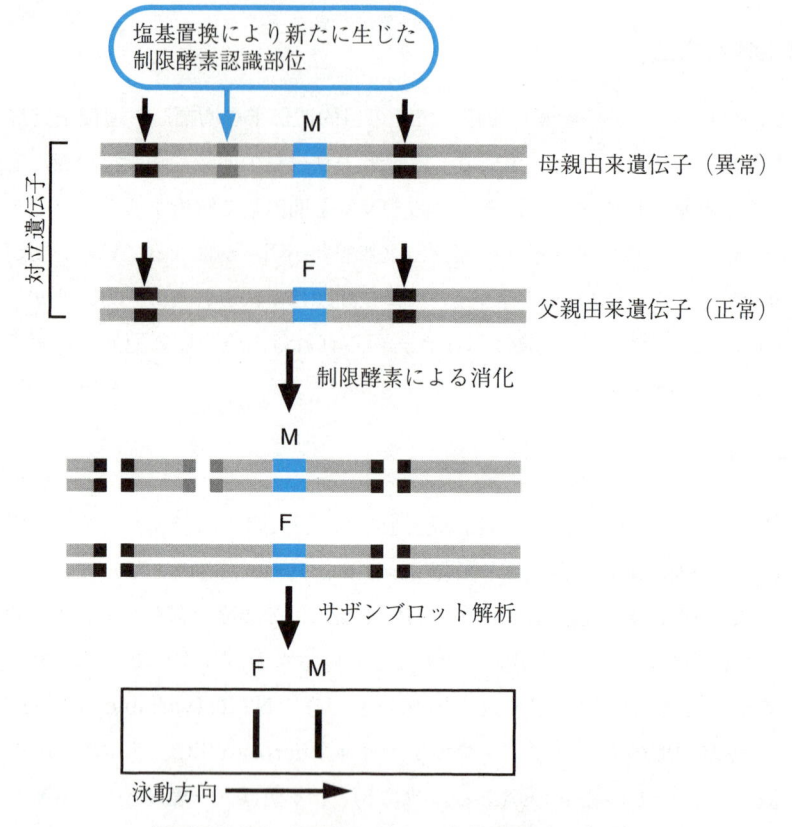

図 IV.4.24　RFLP による遺伝子異常の解析
母親由来の遺伝子には制限酵素により切断される部位が変異により生じたために，
短い DNA 断片が生じた．

に存在する rSNP (regulatory SNP) は，転写因子などの結合に関与する塩基が変化しうるので，遺伝子の転写量に影響を与える可能性がある．また，翻訳領域に存在する cSNP (coding SNP) は，アミノ酸の置換を伴うミスセンス変異や終止コドンに変化してしまうナンセンス変異を起こしうるので，機能の変化したタンパク質や全く機能をもたないタンパク質が産生される可能性がある．さらに，イントロン部分に存在する iSNP (intronic SNP) や非翻訳領域に存在する uSNP (untranslated SNP) も，遺伝子の発現量や転写された mRNA の安定性に影響を与える可能性がある．

e) **SNP の利用**

SNP は他の遺伝子マーカーと比べ高密度であるため，従来の遺伝子マーカーでは不可能であった解析が可能となっている．現在，SNP を系統的に決定して分類するスニップタイピング SNP typing が進んでいる．

ⅰ）疾患関連遺伝子の探索

 遺伝子間の物理的距離が近ければ近いほど，DNAの組換えが起こってもそれら遺伝子はともに移動する可能性が高くなる．したがって，ある疾患と連鎖して動く遺伝子マーカーを探せば，そのマーカーの位置から疾患に関連した遺伝子の位置を絞り込める．SNPは他の遺伝子マーカーと比べ高密度であるため，疾患関連遺伝子の探索が高精度で行える．また，高血圧や2型糖尿病などの生活習慣病のような複数の遺伝子が関与すると考えられている疾患の原因遺伝子の探索にも威力を発揮すると考えられる．

ⅱ）テーラーメイド（オーダーメイド）医療

 ある疾患に対して薬剤を投与した場合，患者の応答性はさまざまで，良く効くもの，あまり効かないもの，全く効かないものなど，かなりの個人差がある．また，重篤な副作用が現れる場合もある．この1つの原因は，薬剤の代謝速度が個人間で大きく異なっているためと考えられる．多くの薬剤はいくつかの薬物代謝酵素の働きによって肝臓で代謝・分解されて排泄されるが，この薬物代謝酵素の遺伝子のSNPが酵素活性を左右し，薬剤の代謝速度に個人差を与えていると思われる．例えば，抗癌剤は，不活性化あるいは活性化に関わる酵素のSNPによって，個々人で薬物代謝酵素の活性やその産生量に大きな違いを生じることが報告されており，6-メルカプトプリンやアザチオプリンでは30倍以上，イリノテカンでは50倍以上もの差があるといわれている．したがって，あらかじめ投与する薬剤の代謝に関わる酵素が既知であれば，その薬物代謝酵素の遺伝子の患者のSNPを調べておけば，分解能力の弱い人には量を減らしたり，強い人には量をふやして処方するといった，テーラーメイド（オーダーメイド）医療が可能となる．このような個人の遺伝子情報保護に関する法的整備を早急に行う必要があるが，将来的には，多くの医療上重要なSNPをはじめとする遺伝子多型情報を個々人がICカードなどに保持し，医療機関において，それらの情報に基づいて適切なテーラーメイド医療を受けることができるようになるものと思われる．

C 遺伝子治療

 遺伝子治療とは，遺伝子の異常で病気になった患者に正常遺伝子を外部から導入して，患者の体内で発現させることにより疾患の治療を行おうとするものである．もともとは先天性の遺伝子病の治療法として考え出されたものであるが，現在では後天性の疾患もその対象に加えられている．

a） 遺伝子治療の方法

 標的細胞を患者から体外に取り出し，培養条件下で目的とする遺伝子を導入し，その細胞を再

び患者の体内に戻すという，自家移植による方法（*ex vivo* 遺伝子治療）が現在は主流である（図IV.4.25）．最近では，遺伝子を直接患者に投与する方法（*in vivo* 遺伝子治療）の技術開発が進められている（図IV.4.25）．遺伝子の導入法にはさまざまなものが開発されてきたが，効率の点で圧倒的に優れているレトロウイルスベクターを用いる遺伝子導入法が現在は主流である．ヒトの遺伝子治療に用いられているマウス由来のレトロウイルスベクター（M-MLV：Moloney murine leukemia virus）は，高い効率でヒトの細胞に感染し染色体DNA内に遺伝子を挿入することができるが，新たなウイルスは産生されず病原性はない．しかし，レトロウイルスベクターを使用する問題点も指摘されており，1つ目に神経細胞などの細胞分裂をしない細胞には遺伝子導入ができないこと，2つ目にベクターが細胞内で組換えを起こし，増殖能力をもつウイルスが出現する可能性，3つ目にベクターが染色体に組み込まれる際に重要な遺伝子を不活性化したり，逆に活性化したりして発癌の危険性を高めることが考えられている．しかし，これまでの多くの動物実験から，レトロウイルスベクターの安全性は非常に高いとされている．現在は，レトロウイルスベクターのほかにアデノウイルスベクターやアデノ随伴ウイルスベクターも用いられるようになっている．また今後は，RNAi干渉法（IV.4.4D参照）を用いた遺伝子治療も行われるようになる可能性が高い．

b) 遺伝子治療の対象となる代表的な疾患

遺伝子治療はまだ安全性が確立された治療法ではないので，現在有効な治療法がなく，致死的ないしは生命が脅かされるような重篤な疾患が対象となっている．そのため，遺伝性の疾患が遺伝子治療の代表的な対象疾患であるが，最近では対象疾患の範囲も広がりつつある．特に，癌や

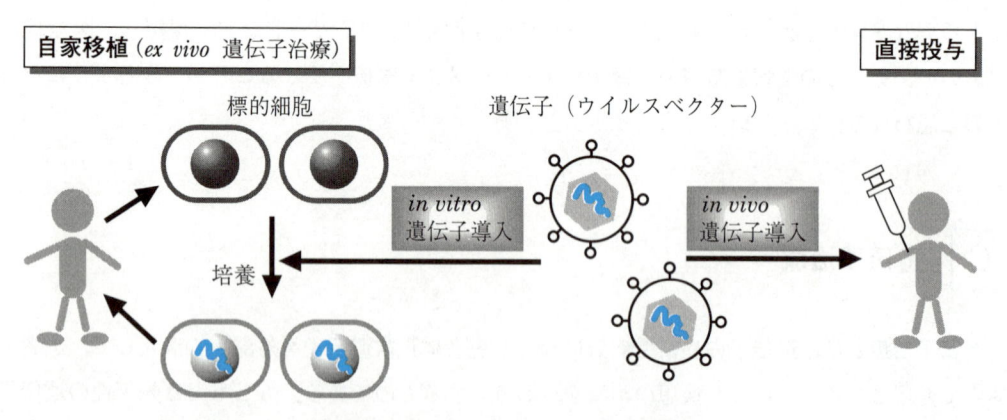

図IV.4.25 遺伝子治療の方法

遺伝子治療の方法には，患者より標的細胞を取り出して *in vitro* でウイルスベクターを用い遺伝子導入してから患者の体内に戻す自家移植法と，ウイルスベクターを直接患者に投与して *in vivo* で遺伝子導入する直接投与法がある．

（村松正実・矢崎義雄編，島田　隆著（1992）遺伝子工学の最前線, p. 136, 図1, 羊土社より引用，一部改変）

後天性免疫不全症候群（エイズ）などは患者数も多く，遺伝子治療の開発が期待されている．将来的には，高血圧や糖尿病のような生活習慣病の治療にも遺伝子治療が導入されるようになる可能性もある．

Key words

制限酵素	修飾メチラーゼ	リガーゼ
DNA ポリメラーゼ	逆転写酵素	cDNA
プラスミド	ファージ	コスミド
ベクター	複製起点	クローニング領域
遺伝子ライブラリー	プローブ	ハイブリッド形成
クローニング	PCR 法	ゲル電気泳動法
ブロッティング法	DNA 塩基配列決定法	発現ベクター
RNA 干渉	トランスジェニック動物	遺伝子ターゲッティング
ノックアウトマウス	ES 細胞	医薬品生産
遺伝子診断	遺伝子多型	RFLP
VNTR	マイクロサテライト	SNP
テーラーメイド（オーダーメイド）医療	遺伝子治療	

日本語索引

ア

アイソザイム 190
アガロース 32
アガロースゲル電気泳動 499
アキシアル 22
アクアポリン 215
アクチビン 404
アクチベーター 468,474
アクリジンオレンジ 501
アゴニスト 376
アコニターゼ 249
アジソン病 371
アスコルビン酸 208
アスコルビン酸酸化酵素 141
アスパラギン 104,334
アスパラギン酸 104,334
アスパラギン酸アミノトランスフェラーゼ 316
アスパラギン酸カルバモイルトランスフェラーゼ 192
アスピリン 310
N-アセチルノイラミン酸 25,63
N-アセチルムラミン酸 25
アセト酢酸 295
アセトン 295
アダプタータンパク質 387
アデニル酸シクラーゼ 379
アデニン 77
アデノシルコバラミン 206
S-アデノシルメチオニン 83
アデノシン3′,5′サイクリック一リン酸 84
アデノシンジリン酸 228
アデノシントリリン酸 7,228
アデノシン5′-トリリン酸 81,228
アデノシン5′-二リン酸 81
アデノシンモノリン酸 228
アトラクチロシド 265
アドレナリン 318,367
アニデル化 194
アニーリング 98
アノマー 20
アビジン 206
アフィニティークロマトグラフィー 149

アフィニティーラベリング 183
アポ酵素 169
アポタンパク質 117,135
アポトーシス 255,411
アミタール 257
アミノアシルtRNA 94,474
アミノアシルtRNA合成酵素 477
アミノ基 102,316
アミノ基転移反応 316
アミノ酸 101,316
　種類 103
　側鎖 102
　代謝 313
　定性試験 159
　滴定曲線 105
アミノ酸自動分析計 154
アミノ酸代謝 203
アミノ酸配列 101,120
　分析装置 156
アミノ酸分析 109
アミノ酸分析計 109
アミノ酸誘導体ホルモン 365
アミノ糖 25
アミノペプチダーゼ 314
アミノペプチダーゼ法 155
アミノ末端 110,120
アミロ-1,6-グルコシダーゼ 279
アミロース 29,236
アミロペクチン 29,236
誤りがち修復 458
アラニン 104
アラニンアミノトランスフェラーゼ 316
アルカプトン尿症 333
アルギニノコハク酸 323
アルギニン 104,323,335
アルギン酸 32
アルコール脱水素酵素 141
アルコールデヒドロゲナーゼ 243
アルコール発酵 243
アルドース 17
D-アルドース 18
アルドステロン 65,371
アルドラーゼ 241
アルブミン 132
アロステリック効果 127
アロステリック酵素 192

アロステリック部位 192
アンタゴニスト 376
アンチコドン 94,477
アンチマイシンA 258
アンドロゲン 64,306
アンドロスタン 368
アンドロステンジオン 64,373
アントロン-硫酸法 45
アンピシリン 489
アンモニア 320
α-アノマー 21
α-アミラーゼ 236
α異性体 20
α化 29
α-ケトグルタル酸デヒドロゲナーゼ複合体 250
αサブユニット 378
α相補 490
α-デンプン 29
α-トコフェロール 56
α-ヘリックス 120
I-細胞病 336
IL-2レセプターファミリー 406
IL-3レセプターファミリー 406
IL-6レセプターファミリー 407
IP_3感受性Ca^{2+}チャネル 383
IP_3受容体 383
IS因子 462
Rコアオリゴ糖 43
R-タンパク質 206
RNA干渉 507
RNAポリメラーゼ 467

イ

イオン結合 119,125
イオン交換クロマトグラフィー 109,147
イオンチャネル型受容体 377
鋳型 444
イス形配座 22
異性化酵素 170
イソアミラーゼ 279
イソクエン酸デヒドロゲナーゼ 249
イソ酵素 190
イソプレノイド 55,56
イソプレン骨格 56
イソロイシン 104

一遺伝子一酵素説　418
一塩基多型　438, 513
Ⅰ型インターフェロン　397
1型糖尿病　363
Ⅰ型トポイソメラーゼ　426
一次構造　118
一倍体　434
一文字記号　104, 110
一酸化窒素　381, 385, 386
遺伝子　3, 417, 418
遺伝子クローニング　493
遺伝子工学　481
遺伝子診断　511, 512
遺伝子多型　438, 513
遺伝子ターゲッティング　508
遺伝子治療　511, 515
遺伝子ノックアウトマウス　508, 509
遺伝子発現　375, 387, 392, 464
遺伝子マーカー　513
遺伝子ライブラリー　493
イノシトール 1,4,5-トリスリン酸　381, 383
イノシン 5′-一リン酸　83
異変　4
陰イオン　217
飲作用　10
インスリン　279, 361, 362
インスリン様成長因子　402
インターカレーション　428
インターフェロン　397
インターフェロンガンマ　398
インターロイキン　394, 396
インドメタシン　310
イントロン　434, 472

Eadie-Hofstee プロット　176
EC 番号　170
EF ハンド　385
ES 細胞　509

ウ

ウイルス
　ゲノム　439, 440
ウエスタンブロッティング　502
ウラシル　77
ウロビリノーゲン　329
ウロン酸　23
Woolf プロット　176

エ

エイコサノイド　63, 308
エキソサイトーシス　9, 73

3′→5′エキソヌクレアーゼ活性　446
エキソン　434, 472
エクアトリアル　22
エクシヌクレアーゼ　456
エストラジオール　64, 372
エストラン　368
エストリオール　64, 372
エストロゲン　64, 306
エストロン　64, 372
エチジウムイオン　501
エチジウムブロミド　499
エドマン分解法　155
エナンチオマー　102
エノラーゼ　242
エノールリン酸　229
エピネフリン　279, 318, 367
エピマー　22
エピマー転換　22
エフェクター　192
エラスターゼ　314
エラスチン　133
エリスロポエチン　398
エルゴステロール　53
エールリッヒ反応　160
塩基　76
塩基除去修復　456
塩基対　87
塩析　146
エンドサイトーシス　10, 73, 314
エンドトキシン　43
円二色性　157
エンハンサー　468
エンベロープ　440
塩溶　146
A型 DNA　90
A キナーゼ　382
ADP リボシル化　83, 194
Alu 配列　436
AP サイト　456
ATC アーゼ　192
ATP 合成酵素　261
ATP/ADP トランスロカーゼ　265
ATP/ADP トランスロケーター　265
Avery, MacLeod, McCarty の実験　419
Embden-Meyerhof-Parnas の経路　237
M13 ファージ　490
MAP キナーゼ　391
MAP キナーゼキナーゼ　391
N-グリコシド結合　134

N-結合型糖タンパク質　282
N 末端　110, 120
Na^+-グルコース共輸送体　72
NADH-CoQ 還元酵素　256
SDS-ポリアクリルアミド電気泳動法　152
SH2 領域　387
SH3 領域　388
Src homology 2 領域　387
Src homology 3 領域　388
Src キナーゼ　388
SS 結合　107, 119
X 線結晶構造解析　158, 186
X 線結晶構造解析法　138

オ

黄色ブドウ球菌　42
黄体形成ホルモン　360
黄体ホルモン　64, 372, 373
応答配列　468
大きい溝　88
岡崎フラグメント　444
オキシトシン　361
2-オキソ酸
　酸化　203
オータコイド　317
オーダーメイド医療　513, 515
オートラジオグラフィー　497, 500
オペレーター　473
オペロン　472
オリゴ糖　134
オリゴヌクレオチド　85, 86
オリゴペプチド　110, 314
オリゴマー　127
オリゴマイシン　265
オリゴマー酵素　188
オルガネラ　5, 255
オルニチン　108
オルニチンサイクル　322
オロチジル酸　347
オロチジン一リン酸　347
オロト酸　347
all-$trans$-レチノール　56
O-グリコシド結合　134
O-結合型糖タンパク質　282
O 抗原多糖部分　43

カ

開口放出　9
開始コドン　476

日本語索引 *521*

回転触媒説 263
解糖 243
解糖系 236,239
回文配列 90,483
外膜 255
界面活性剤 144
化学修飾 183
化学浸透圧説 262
化学切断法 502,503
化学伝達物質 317
化学平衡 226
鍵-鍵穴モデル 168
核 6
核局在化シグナル 392
核酸 75,97
　再生 98
　変性 98
　融解 98
　融点 98
核磁気共鳴 158
核質 6
核小体 6
核タンパク質 136
核内受容体 375,392
核内低分子RNA 96
核膜 6
核膜孔 6
下垂体後葉ホルモン 361
下垂体性小人症 361
下垂体性尿崩症 361
下垂体前葉ホルモン 358,359
下垂体ホルモン 359
加水分解酵素 170
ガストリン 364
カゼイン 136
カタラーゼ 220
褐色細胞腫 368
褐色脂肪組織 265
活性化エネルギー 165
活性型ビタミンD_3 210
活性中心 167
褐変反応 20
滑面小胞体 8
カテコールアミン 318,365,367
カプサイシン 257
鎌状赤血球貧血症 128
ガラクトキナーゼ 244
D-ガラクトサミン 25
ガラクトース 244
ガラクトース1-リン酸ウリジルトランスフェラーゼ 245
顆粒球コロニー刺激因子 398
カルシウム 217
カルシウムイオン 381,384

カルシウム結合タンパク質 210
カルジオリピン 60
カルシトニン 364
カルシトリオール 210
カルバゾール-硫酸法 46
カルバモイルリン酸 322
カルボキシ基 102,316
カルボキシペプチダーゼ 155,314
カルボキシペプチダーゼ法 155
カルボキシペプチダーゼA 221
カルボキシ末端 110,120
カルモジュリン 385
癌遺伝子 512
ガングリオシド 38,63
還元性二糖類 26
肝細胞成長因子 403
間質細胞 373
環状AMP 381
環状2本鎖DNA 489
環状ヘミアセタール 20
官能基 102
癌抑制遺伝子 512
γ-アミノ酪酸 108,318
γ-カルボキシグルタミン酸 108
γ-カルボキシグルタミン酸残基 211

キ

キサンチン酸化酵素 141
キサントプロテイン反応 160
基質 127,165
基質アナログ 179
基質結合部位 167
基質特異性 166
D-キシルロース 20
D-キシロース 17
キチン 31
キナーゼ関連型受容体 378,386
キノンサイクル 258
基本転写因子群 467
キメラマウス 509
キモトリプシノーゲン 189
キモトリプシン 167,185,186,314
逆転写酵素 486
逆方向反復配列 91
吸エルゴン反応 226
吸収 235
球状層 370
球状タンパク質 117,132
競合阻害 178
協奏モデル 193

共役 231
共役部位 260
共有結合 126
共有結合触媒 186
共有結合性修飾 194
キラル炭素 16
キロミクロン 135,298
キロミクロンレムナント 299
銀鏡反応 45
金属活性化酵素 169
金属酵素 169
金属タンパク質 140
Qサイクル 258

ク

グアニジンリン酸 229
グアニル酸シクラーゼ 385
グアニン 77
グアニンヌクレオチド交換因子 380
グアノシン3′,5′サイクリック―リン酸 85
クエン酸回路 246
クエン酸サイクル 246,252
クエン酸シンターゼ 249
クッシング症候群 371
組換え医薬品 511
組換えDNA技術 481
グラム陰性菌 41
グラム陽性菌 41
グリカン 27,134
グリコーゲン 30,235,277
グリコーゲンシンターゼ 278
グリコーゲンホスホリラーゼ 244
グリコサミノグリカン 28,33
グリコシルホスファチジルイノシトールアンカー 37,56,284
グリコヘモグロビンHbA_{1c} 20
グリシン 104,329
クリステ 255
グリセルアルデヒド3-リン酸 241
グリセルアルデヒド3-リン酸デヒドロゲナーゼ 241
グリセロ糖脂質 37,56,63
グリセロリン脂質 56,58
グリセロールリン酸シャトル 267
グルカゴン 279,361,362
グルカン 29
D-グルクロン酸 23
D-グルコサミン 25

グルコース 276
　吸収機構 72
グルコーストランスポーター 70
グルコーストランスポーター2型 72
グルコース6-ホスファターゼ 276
グルコース6-リン酸 276
グルコース6-リン酸イソメラーゼ 240
グルコース1-リン酸ウリジルトランスフェラーゼ 277
グルコース6-リン酸デヒドロゲナーゼ 271
グルコセレブロシド 38
D-グルゴン酸 23
D-グルシトール 23
グルタチオンペルオキシダーゼ 141
グルタミン 104
グルタミン酸 104
グルタミン酸-オキサロ酢酸トランスアミナーゼ 317
グルタミン酸デヒドロゲナーゼ 317
グルタミン酸-ピルビン酸トランスアミナーゼ 317
クレアチニン 329
クレアチン 329
クレアチンリン酸 329
クレチン病 367
クレノウ断片 486
クレブスサイクル 246
グレーブス病 367
クローニング 482,493,495
クローニング領域 490,491
L-グロノラクトンオキシダーゼ 208
クロマチン 136,429,432
クロマトグラフィー 146
クロロフィル 8,138
クローン 493
クローン動物 512
Grifithの実験 419

ケ

形質膜 6,66
系統名 171
血液型抗原 39
血液凝固時間 211
血管内皮増殖因子 404
血小板活性化因子 61
血小板由来増殖因子 388,402

血漿リポタンパク質 297
ケト原性アミノ酸 320
ケトース 17
D-ケトース 19
ケトン体 295
ケノデオキシコール酸 55
ゲノム 417,432
ゲノム散在型反復配列 436
ゲノム創薬 511
ゲノムライブラリー 482,493
ケモカイン 400
ケモカインファミリー 401
ケモカインレセプター 410
ケラタン硫酸 37
ケラチン 133
ゲラニルゲラニオール 56
ゲルろ過クロマトグラフィー 147
限界デキストリン 30
限外ろ過法 151
原核細胞 5
　転写 472
原核生物
　ゲノム 433
　DNA複製反応 446
　DNAポリメラーゼ 450
嫌気的 236
限定分解 112

コ

高エネルギー化合物 228,229
光回復酵素 458
光学対掌体 17
好気的 237
抗菌剤 479
光合成 8
高コレステロール血症 306
抗酸化作用 211
高次構造 119
鉱質コルチコイド 64,307,370,371
甲状腺機能亢進症 367
甲状腺機能低下症 367
甲状腺刺激ホルモン 359
甲状腺刺激ホルモン放出ホルモン 358
甲状腺傍ろ胞細胞 364
甲状腺ホルモン 365
合成酵素 278
向腺性ホルモン 358
酵素 127,164
構造多糖 27
構造特異性 166

酵素活性 171
酵素-基質複合体 174
高速液体クロマトグラフィー 147
酵素前駆体 314
酵素番号 170
酵素反応 208
酵素反応速度論 173
酵素複合体 190
高チロシン血症 333
高度好熱菌 486
酵母人工染色体 492
高密度リポタンパク質 135,298
コエンザイムA 81
コエンザイムQ 257
糊化 29
呼吸鎖 253,256
呼吸鎖電子伝達系 253,256
呼吸の受容体制御 261
国際生化学連合 170
コスミド 488,492
コスミドベクター 492
5′キャップ化 471
5′末端 86
5′-P末端 86
五炭糖 17
五炭糖リン酸回路 269
骨形成因子 404
コドン 474
コハク酸脱水素酵素 257
コハク酸チオキナーゼ 250
コハク酸デヒドロゲナーゼ 251
コハク酸-CoQ還元酵素 257
コラーゲン 132
コール酸 55
ゴルジ装置 9
コルチコステロン 65,370
コルチコトロピン 360
コルチゾール 65,370
コルチゾン 370
コレカルシフェロール 210
コレシストキニン 365
コレステロール 53,299,301
コレステロールエステル 53
コロニー 490
コロニーハイブリッド法 495,497
コンカテマー 451
コンドロイチン硫酸 35
コンホメーション 23
コンホメーション転換 375
CoQ-シトクロムc酸化還元酵素 258
cos部位 490

サ

サイクリック AMP　85, 381
サイクリック GMP　85, 381
最大速度　174
最適温度　172
最適 pH　171
サイトカイン　41, 393, 394
サイトカイン I 型レセプター　405
サイトカイン受容体　406
サイトカインレセプター　405
サイトゾル　237, 323
細胞　3
細胞外酵素　340
細胞外シグナル　374
細胞外マトリックス　11
細胞呼吸　253
細胞骨格　10
細胞死　410
細胞質　5, 237, 323
細胞小器官　5, 255
　　ゲノム　438
細胞内共生説　438
細胞内情報因子　381
細胞内タンパク質　336
細胞壁　6
細胞壁多糖　41
細胞膜　6, 66
細胞膜受容体　374, 376
坂口反応　160
酢酸鉛反応　160
サザンブロッティング　499, 501
鎖終結法　502, 504
サテライト DNA　435
サブユニット　127, 189
サルベージ経路　344
酸-塩基触媒　186
酸化還元酵素　170
酸化還元電位　253
酸化還元反応　204
III 型サイトカインレセプター　408
酸化的脱アミノ反応　317
酸化的リン酸化　253, 260
三次構造　119
三重らせん　91
酸性スフィンゴ糖脂質　63
3′末端　86
3′-OH 末端　86
三炭糖　17
酸無水物　229
三文字記号　104, 110

シ

Sanger 法　504

ジアシルグリセロール　52, 381, 383
シアノコバラミン　205
シアル酸　25
ジイソプロピルフルオロリン酸　183
紫外吸収法　161
色素性乾皮症　457
色素タンパク質　137
シークエンス　120
シクロオキシゲナーゼ　310
脂質　50
　　働き　49
脂質代謝　287
脂質二重層　66
視床下部ホルモン　358
シスチン　107
シスチン残基　126
システイン　104
ジスルフィド結合　119
質量分析法　153
ジデオキシ法　502, 504, 505
2′,3′-ジデオキシリボヌクレオシド三リン酸　504
ジデオキシ ATP　504
至適温度　172
至適 pH　171
シトクロム　255, 258
シトクロム酸化酵素　259
シトクロム c　258
シトクロム c 酸化酵素　141
シトシン　77
シトルリン　108, 323
ジニトロフェニル化法　155
ジニトロフェノール　265
1,25-ジヒドロキシコレカルシフェロール　210
ジヒドロリポイルデヒドロゲナーゼ　191
ジヒドロリポイルトランスアセチラーゼ　191
ジペプチダーゼ　314
脂肪酸　50, 287
ジメチル硫酸　503
シャルガフの法則　87
自由エネルギー　226
自由エネルギー変化　253
臭化エチジウム　427
十字形構造　90
終止コドン　476

従属栄養生物　225
縦列反復配列　435
縮合酵素　249
宿主　488
主鎖　120
腫瘍壊死因子　399
受容体　127, 374
消化　235
消化管ホルモン　364
消化性プロテアーゼ　340
脂溶性ビタミン　198, 202, 210
上皮細胞増殖因子　388, 402
小ペプチド　314
小胞体　8, 336
情報伝達系　374
常用名　171
食作用　10
食餌性タンパク質　313
触媒トライアド　186
触媒部位　167
植物性タンパク質　313
女性ホルモン　64, 306, 372
初速度　173
ショ糖密度勾配法　153
進化　4
真核細胞　5
　　転写　466
親核性　186
真核生物
　　ゲノム　434
　　DNA 複製反応　451
　　DNA ポリメラーゼ　452
神経症　363
腎症　363
芯タンパク質　33
σ 因子　472
C キナーゼ　383
C ペプチド　362
C 末端　110, 120
C_1 ユニットの転移反応　207
cAMP ホスホジエステラーゼ　382
cDNA クローニング　497
cDNA ライブラリー　493
CDP-コリン　83
G カルテット　91
G キナーゼ　385
G タンパク質　378
G タンパク質共役型受容体　377
GDP-GTP 交換反応　379
GFP 遺伝子　507
GPI アンカー　37, 58, 284
GPI アンカー結合型糖タンパク質　284

GTP アーゼ 380
GTP アーゼ活性化因子 380
zinc フィンガー 392

ス

膵臓ホルモン 361
水素結合 119,125
錐体 210
膵島 361
膵島 B 細胞 362
水溶性ビタミン 197,198,203
膵ランゲルハンス島 361
スクアレン 302
スクシニル CoA シンテターゼ 250
スクロース 27
スタチン系コレステロール 306
ステロイド核 368
ステロイドホルモン 55,64,306,368
ステロール 52
スニップ 513
スーパーオキシドジスムターゼ 141
スーパーコイル 423
スフィンゴシン-1-リン酸 61,63
スフィンゴ糖脂質 38,56
スフィンゴミエリン 60
スフィンゴリン脂質 56,58
スプライシング 93,471,472
スペルミジン 320
スペルミン 320
スラブゲル電気泳動法 150

セ

生化学 3
制限酵素 483,484
制限酵素断片長多型 438,513
性腺刺激ホルモン放出ホルモン 359
生体アミン 317
生体膜 49,66
成長ホルモン 360
成長ホルモン放出ホルモン 359
成長ホルモン放出抑制ホルモン 359
静電相互作用 119,125
正のエフェクター 192
生物発光 233
性ホルモン 64,306
生理活性アミン 317
生理活性脂質 63

生理活性ペプチド 112
生理活性リン脂質 61
セカンドメッセンジャー 84,279,381
セクレチン 365
セファデックス 32
セミミクロ・ケルダール法 162
ゼラチン 133
セリワノフ反応 45
セリン 104
セリン-トレオニン型レセプター 409
セリンプロテアーゼ 183
セルロース 31
セルロプラスミン 141
セレクチン 39
セレブロシド 63
セロトニン 318
線維芽細胞増殖因子 402
繊維状タンパク質 117,132
旋光分散 157
染色体 6,136,417,428
先端巨大症 361
先天性代謝異常症 324,331
セントラルドグマ 423
Z 型 DNA 90

ソ

造血因子 398
奏効ホルモン 358
増殖因子 387,396,400
相同的組換え 459,460
挿入配列 462
相補的 88
阻害剤 178
側鎖 120
束状層 370
促進拡散 70
速度論パラメーター 176
疎水性クロマトグラフィー 148
疎水性コア 123
疎水性相互作用 119,123
ソマトスタチン 359,365
ソマトトロピン 360
粗面小胞体 8
ソモギ-ネルソン法 45
D-ソルビトール 23

タ

代謝回転数 177
代謝調節 356
大腸菌 447

ヌクレオチド除去修復 457
ミスマッチ修復 455
大腸菌 DNA ポリメラーゼ I 486
大理石骨病 399
タウリン 108
多機能酵素 190
脱アミノ反応 98
脱共役剤 265
脱炭酸反応 317
脱プリン反応 98
脱分枝酵素 279
多糖類 27
ターミナルジオキシヌクレオチジルトランスフェラーゼ 487
多量体 127
多量体酵素 188
単位 171
炭酸固定 206
炭酸脱水素酵素 141
胆汁酸 54
単純拡散 70
単純脂質 50
単純多糖類 27
単純タンパク質 117,132
淡色効果 97
ダンシル化法 155
男性ホルモン 64,306,373
単糖誘導体 24
単糖類 17
タンパク質 101,114
　一次構造 120
　一般的性質 115
　折りたたみ 336
　研究法 141
　構造 118
　構造解析法 151
　再生 131
　三次構造 123
　修飾 129
　種類 132
　生合成 477
　代謝 313
　ターゲティング 337
　定性試験 159
　定量試験 161
　二次構造 120
　プロセシング 337
　分解 340
　分離精製 142
　分類 117
　変性 130
　四次構造 127
タンパク質分解酵素 141,314

単量体　127
TATA ボックス　467
WS ボックス　405

チ

チアミン　203
チアミン二リン酸　203
小さい溝　88
チオエステル　229
逐次モデル　193
チミン　77
チモーゲン　188, 314
中間径フィラメント　10
中間密度リポタンパク質　298
忠実度　446
中心体　11
中性脂肪　52
中性スフィンゴ糖脂質　63
中性多糖　28
チューブリン　133
超遠心　153
調節酵素　192
超低密度リポタンパク質　135, 298
超らせん　423
直鎖 DNA　490
貯蔵多糖　27
チロキシン　108, 366
チログロブリン　365
チロシン　104, 331
チロシンキナーゼ　387
チロシンキナーゼ型レセプター　409
チロシンキナーゼ受容体　387
チロシン代謝異常　333
チロトロピン　359
チロニン　365
沈降係数　153

ツ

ツイスト数　424

テ

定常状態　175
ディスクゲル電気泳動法　149
低分子核内リポタンパク質　472
低密度リポタンパク質　135, 298
L-6-デオキシガラクトース　24
デオキシコール酸　55
デオキシコルチコステロン　371
デオキシ糖　24, 25
デオキシリボ核酸　3, 75
2′-デオキシリボース　24, 78
デオキシリボヌクレオチド　347
デキストラン　32
デキストリン　29
テストステロン　64, 373
鉄　219
テトラヒドロ葉酸　207, 345
デノボ合成　344
デヒドロエピアンドロステロン　64, 372, 373
デヒドロコルチコステロン　65
7-デヒドロコレステロール　210
テーラーメイド医療　437, 513, 515
デルマタン硫酸　36
テロメア　454
テロメラーゼ　453, 454
転位　462
転位因子　462
転移酵素　170
転化　27
転化糖　27
電気泳動　149
電気泳動法　499
電気泳動用ゲル　501
転写　423, 464, 465
転写因子　392
転写物　466
デンプン　29, 235, 277
点変異　99
DNA 塩基配列決定法　501
DNA 鑑定　437
DNA 組換え　441, 458
DNA グリコシラーゼ　456
DNA 修復　441, 454
DNA 伸長反応　447
DNA 代謝　441
DNA 複製　441, 442
DNA ヘリカーゼ　447
DNA ポリメラーゼ　445, 448
DNA ポリメラーゼIII　450
DNA リガーゼ　448, 485
T4 ファージ　420, 421
T4 ファージ DNA ポリメラーゼ　486
Taq DNA ポリメラーゼ　486
TCA サイクル　246, 252
TFIID タンパク質　467
TGF-β スーパーファミリー　404
TNF/Fas レセプターファミリー　408

ト

糖　15
　定性試験法　44
　定量試験法　45
糖アルコール　23, 24
糖化ヘモグロビン　20
糖原性アミノ酸　320
糖原病　31
糖鎖　15
糖脂質　37, 62
糖質　15
糖質コルチコイド　64, 307, 370
銅試薬　46
糖新生　273, 296
透析法　151
糖タンパク質　33, 133
等電点　105, 146
等電点電気泳動法　150
糖尿病　295, 363
糖尿病性網膜症　363
動物性タンパク質　313
独立栄養生物　225
トコトリエノール　211
トコフェロール　211
N-トシル-L-フェニルアラニルクロロメチルケトン　184
N-トシル-L-リシルクロロメチルケトン　184
ドデシル硫酸ナトリウム　152
L-ドパミン　318
トポイソメラーゼ　425, 426, 448
ドメイン　470
トランジション変異　99
トランスケトラーゼ反応　203
トランスジェニック　508
トランスジェニック動物　511
トランスジェニックマウス　508
トランスバージョン変異　100
トランファー RNA　93
トランスフェリン　73, 141, 220
トランスポゾン　462
トリアシルグリセロール　52, 298
トリオースリン酸イソメラーゼ　241
トリカルボン酸サイクル　246
ドリコール　56
トリプシン　314
トリプトファン　104, 333
トリプトファンオペロン　474
トリヨードチロニン　366
トレオニン　104
トレハロース　27

トレンス反応　45
トロンボキサン　63, 308
トロンボポエチン　399

ナ

内因子　206
内膜　255
生デンプン　29

ニ

II型サイトカインレセプター　407
2型糖尿病　364
II型トポイソメラーゼ　426
ニコチンアミドアデニンジヌクレオチド　82, 204
ニコチンアミドアデニンジヌクレオチドリン酸　82, 204
ニコチン酸　204
二次構造　119
二重逆数プロット　176
二重らせん　87
二糖類　26, 280
二倍体　434
乳酸脱水素酵素　243
乳酸デヒドロゲナーゼ　190, 243
乳汁分泌ホルモン　360
尿細管　218
尿素　323
尿素サイクル　322, 324
ニンヒドリン試液　110
ニンヒドリン反応　160

ヌ

ヌクレオシド　80
ヌクレオシド誘導体　354
ヌクレオソーム　136, 431
ヌクレオチド　75, 80, 344, 353
ヌクレオチド除去修復　456
ヌクレオチドハンドル　198

ネ

ネオマイシン耐性遺伝子　509
熱ショックタンパク質　126
熱力学　225
粘液水腫　367
粘着末端　485
Nelson 発色試薬　46

ノ

脳下垂体性巨人症　361
濃色効果　97
能動輸送　70, 314
ノーザンブロッティング　502
ノルアドレナリン　318
ノルエピネフリン　318

ハ

肺炎双球菌　418
胚性幹細胞　509
ハイブリッド形成法　495, 500
パウリ反応　160
バクテリオファージ　420
白皮症　333
運び手　488
ハース式　20
パスツール効果　245
バセドウ病　367
バソプレシン　361
発エルゴン反応　226
バックボーン　120
発現ベクター　506, 511
ハーラー症候群　37
パラトルモン　210
バリン　104
パリンドローム　90, 483
パルスフィールドゲル電気泳動　499
パルミチン酸セチル　56
ハンター症候群　37
パントテン酸　205
ハンドル　198
反応速度論的方法　186
反応特異性　166
半保存的複製　442
Hershey と Chase の実験　420

ヒ

ビアル反応　46
ヒアルロン酸　34
ビウレット反応　160
ビウレット法　162
ビオチン　206
ビオプテリン　351
比活性　171
非還元性二糖類　27
非競合阻害　180
非受容体型チロシンキナーゼ　388

微小管　10
ビシンコニン酸法　162
ヒスタミン　317
ヒスチジン　104, 326
非ステロイド性抗炎症薬　64, 310
ヒストン　136, 429
ヒストンコア　431
ビタミン　196
ビタミン A　56, 210
ビタミン B_2　137, 204
ビタミン B_6　203
ビタミン B_{12}　205
ビタミン C　208
ビタミン D　55, 210
ビタミン D_3　210
ビタミン E　56, 210
ビタミン K　211
ビタミン K_2　56
必須アミノ酸　104, 313, 325
必須微量元素　220
ヒト染色体　430
ヒドラジン　503
ヒドラジン分解法　155
ヒドロキシプロリン　132
4-ヒドロキシプロリン　107
ヒドロキシリジン　133
5-ヒドロキシリジン　107
ヒドロキシル化反応　208
ヒドロコルチゾン　370
非必須アミノ酸　325
ピペリジン　503
標準自由エネルギー変化　230
ピラノース　20, 21
ビリオン　440
ピリドキサール　203
ピリドキサールリン酸　203, 316
ピリドキシン　203
ピリミジン塩基　77
ピリミジン2量体　100
ピリミジンヌクレオチド　352
　分解　352
　生合成　347
ピルビン酸　273, 274
　脱炭酸　203
ピルビン酸カルボキシラーゼ　274
ピルビン酸キナーゼ　242
ピルビン酸デカルボキシラーゼ　243
ピルビン酸デヒドロゲナーゼ　191
ピルビン酸デヒドロゲナーゼ複合体　191, 248
ピロール　327

ピロロキノリンキノン　197
B型DNA　89
Bキナーゼ　391
pI値　105
PIレスポンス　383, 384
pK値　105
PTB領域　387

フ

ファージベクター　488
ファーストメッセンジャー　381
ファルネシルピロリン酸　303
ファルネソール　56
ファン・デル・ワールス力　119, 124
部位特異的組換え　460
部位特異的変異　184
フィトステロール　53
フィードバック阻害　192
フィブリン　133
フィブロイン　133
封入体細胞病　336
フェニルアラニン　104, 331
フェニルアラニン代謝異常　331
フェニルイソチオシアネート　155
フェニルケトン尿症　331
フェノール硫酸法　46
フェリチン　141
フェーリング反応　44
フォリン反応　160
フォールディング　118
不競合阻害　181
複合脂質　56
副甲状腺　364
副甲状腺ホルモン　364
複合多糖類　28
複合タンパク質　117, 133
複合糖質　15, 33
副腎アンドロゲン　370
副腎髄質ホルモン　365, 367
副腎皮質刺激ホルモン　360
副腎皮質刺激ホルモン放出ホルモン　359
副腎皮質ホルモン　307, 370
フーグスティーン型塩基対　91
複製　423
複製開始点　444
複製起点　488
複製フォーク　444, 448
L-フコース　24
不斉炭素　102
不斉炭素原子　16

o-フタルアルデヒド　110
物質輸送　69
プトレッシン　320
舟形配座　22
負のエフェクター　192
不飽和脂肪酸　295
フマラーゼ　251
プライマー　445
プライマーゼ　448
プラーク　490
プラークハイブリッド法　495
プラスミド　434, 489
プラスミドベクター　488, 489
ブラッドフォード法　162
フラノース　20, 21
フラビン　137
フラビンアデニンジヌクレオチド　82, 204
フラビンタンパク質　137
フラビンモノヌクレオチド　204
プリーツシート　121
プリン塩基　76
プリンヌクレオチド
　生合成　345
　分解　350
フルクトースビスホスファターゼ　275
フルクトース 1,6-ビスリン酸　275
フルクトース 6-リン酸　275
プレグナン　368
プレグネノロン　306
プレプロインスリン　362
プレプロタンパク質　129
プロインスリン　362
プロゲステロン　64, 373
プロスタグランジン　63, 308
プロスタグランジン H$_2$　310
プロセシング　112, 129, 466
プロセシングシグナル　113
プロタンパク質　129
ブロッティング法　499
プロテアーゼ　142, 314
プロテアソーム　342
プロテインキナーゼ　375, 380
プロテインキナーゼ A　382
プロテインキナーゼ B　391
プロテインキナーゼ C　383
プロテインキナーゼ G　385
プロテインホスファターゼ　380
プロテオグリカン　33
プロトヘム　138
プロトポルフィリン　138, 328
プロトマー　189

プロトン駆動力　262
プロビタミン A　210
プロビタミン D$_3$　210
プローブ　495, 500
5-ブロモ-4-クロロ-3-インドリル-β-D-ガラクトシド　490
プロモーター　466, 506, 511
プロラクチン　360
プロラクチン放出ホルモン　359
プロラクチン放出抑制ホルモン　359
プロリン　104
分化因子　387
分子シャペロン　126
分枝点移動　460
分子ふるい効果　500
分泌タンパク質　336

ヘ

ヘアピン　90
平滑末端　485
ヘキソキナーゼ　237
ヘキソサミン　25
ペクチン　32
ヘテロオリゴマー　127
ヘテロ核RNA　96
ヘテログリカン　32
ヘテロクロマチン　431
ヘテロ多糖　28, 32
ヘテロトロピック効果　193
ヘパラン硫酸　37
ヘパリン　36
ペプシン　314
ペプチジル基転移酵素　479
ペプチド　101, 110, 314
ペプチドグリカン　42
ペプチド結合　110, 114
ペプチド鎖伸展メカニズム　479
ペプチド性ホルモン　358
ヘミアセタール　20
ヘミケタール　20
ヘム　138, 258, 327
ヘムタンパク質　137
ヘモグロビン　139
ペルオキシソーム　10
ヘルパーT細胞　411
ペントースリン酸回路　269, 270
β-アノマー　21
β-アミノイソ酪酸　352
β-アラニン　108, 352
β異性体　20
β-カロテン　56, 210
β構造　120

β鎖　120
β-シート構造　120
β-ターン　120,122
β-デンプン　29
β-ヒドロキシ酪酸　295
β-ヒドロキシ-β-メチルグルタリル CoA　302
β-フィトステロール　53
β-プリーツシート　121
β-N-グリコシド結合　80

ホ

補因子　169
放出ホルモン　358
放出抑制ホルモン　359
放線菌　265
補欠分子族　117,169
補酵素　137,169,203
補酵素 A　205
補酵素 Q　257
ホスビチン　136
ホスファチジルイノシトール　37,58
ホスファチジルエタノールアミン　58
ホスファチジルコリン　58,61
ホスファチジルセリン　58
ホスファチジン酸　60
ホスホエノールピルビン酸　274
ホスホエノールピルビン酸カルボキシキナーゼ　275
ホスホグリセリン酸キナーゼ　242
ホスホグリセリン酸ムターゼ　242
6-ホスホグルコノラクトナーゼ　271
ホスホグルコムターゼ　244
6-ホスホグルコン酸デヒドロゲナーゼ　271
ホスホジエステル結合　86
4′-ホスホパンテテイン　205
ホスホフルクトキナーゼ　240
ホスホリパーゼ C　383,379,390
ホスホリボシルピロリン酸　345
ホモオリゴマー　127
ホモシステイン　108
ホモジナイズ　142
ホモ多糖　28,29
ホモトロピック効果　193
ポリアクリルアミドゲル電気泳動　499
3′ポリアデニル化　472

ポリアミン　319,320
ポリシストロン性　93
ポリヌクレオチド　85,86
ポリフェノール　56
ポリペプチド　110,114
ポリメラーゼ連鎖反応　497
ポーリン　255
ポリ ADP リボシル化　83
ポルフィリン　137,327
ポルホビリノーゲン　328
ホルモン応答配列　392
ホロ酵素　169
ホロタンパク質　117
ボンクレキン酸　265
翻訳　423,474
翻訳後修飾　129
Holliday モデル　460

マ

マイクロインジェクション　508
マイクロサテライト　436,437,513
マイクロマニピュレーター　508
膜動輸送　73
膜輸送　218
マクロファージコロニー刺激因子　398
末端核酸付加酵素　487
マトリックス　255
マルトース　27
Maxam-Gilbert 法　502

ミ

ミオグロビン　138
ミオシン　133
ミカエリス定数　175
ミカエリス-メンテンの式　175
ミクロフィラメント　10
ミクロ RNA　96
水　214
ミスマッチ修復　455
ミセル　66,144
ミップ-1　400
ミトコンドリア　7,254,322
ミトコンドリア・イヴ　260
ミトコンドリア DNA　260
ミニサテライト　436
ミロン反応　160

ム

無機物　212

ムコ多糖代謝異常症　33
ムコリピドーシス II　336

メ

メイラード反応　20
メタロエンザイム　169
メタロチオネイン　469
メタロプロテアーゼ　221
メチオニン　104,334,479
メチオニンシンターゼ　206
メチラーゼ　483
メチル化　194
O^6-メチルグアニン　458
メチルコバラミン　206
メチルマロニル-CoA ムターゼ　206
メッセンジャー RNA　93,466
メナキノン　56
免疫グロブリン　461
メンソール　56
Meselson-Stahl の実験　443

モ

網状層　370
モノアシルグリセロール　52,298
モノシストロン性　93
モノ ADP リボシル化　83
モーリッシュ反応　45

ユ

誘導適合説　168
ユークロマチン　431
ユビキチン　341
ユビキノール　258
ユビキノン　257
ゆらぎ　477
UDP-ガラクトース 4-エピメラーゼ　245
UDP-グルコース　83
UDP-グルコース 4-エピメラーゼ　280
UV 法　161

ヨ

葉酸　207
葉緑体　8
四次構造　118
IV型サイトカインレセプター　409
四炭糖　17

ラ

ライジング数　424
ラギング鎖　444, 449
ラクトシルセラミド　63
ラクトース　27
ラクトン　23
ラセンのトポロジー　424
ラミン　133
卵巣ホルモン　372
ランダムコイル構造　121
ランテス　400
卵胞刺激ホルモン　360
卵胞ホルモン　372
Lineweaver-Burk プロット　176
λ ファージ　490
λ ファージゲノムライブラリー　495
λ ファージベクター　491
Ras MAP キナーゼ　389
Ras タンパク質　389

リ

リアーゼ　170
リガーゼ　170
リガンド　127
リジン　104
リソソーム　9
リゾホスファチジン酸　61, 63
立体異性体　16, 102
立体特異性　166
立体配座　22
リーディング鎖　444, 449
リトコール酸　55
リピド A　43
リプレッサー　473
リブロースリン酸 3-エピメラーゼ　271
リボ核酸　75
5-リポキシゲナーゼ　311
リボザイム　92, 167
リポ酸　206
リボース　78
リボースリン酸イソメラーゼ　271
リポソーム　66
リボソーム　6, 136, 474, 477
リボソーム RNA　96
リポ多糖　43, 58
リポタンパク質　134
リボヌクレアーゼ H　448
リボヌクレオチド還元酵素　347
リボフラビン　137, 204
両性イオン　105
リンキング数　424
リンゴ酸-アスパラギン酸シャトル　268
L-リンゴ酸デヒドロゲナーゼ　251
リン酸　80
リン酸エステル　349
リン酸化　194, 375
リン脂質　58
リンタンパク質　136
リンホカイン　394

レ

レセプター　127
レチノール　210
11-*cis*-レチノール　210
レッシュ・ナイハン症候群　345
レトロウイルス　486
レトロウイルスベクター　516
レトロトランスポゾン　462
レプリコン　446

ロ

ロイコトリエン　63, 308
ロイシン　104
ロウ　56
六炭糖　17
ロテノン　257
ろ胞　365
ろ胞上皮細胞　365
ローリー法　162

ワ

ワックス　56
Watson-Crick 塩基対　89
YAC ベクター　489, 491

外国語索引

A

acceptor control 261
N-acetylmuramic acid 25
N-acetylneuraminic acid 25
aconitase 249
acromegaly 361
ACTH 360
activation energy 165
active center 167
active transport 314
activin 404
adaptor protein 387
adenine 77
adenosine 3′,5′-cyclic monophosphate 85
adenosine 5′-diphosphate 81
adenosine 5′-triphosphate 81, 228
adenosylcobalamine 206
adenylation 194
adenylyl cyclase 379
ADP 81,228
ADP ribosylation 194
adrenal androgen 370
adrenocorticotropic hormone 360
aerobic 237
affinity chromatography 149
affinity labeling 183
agarose 32
agonist 376
A kinase 382
Akt 391
β-alanine 108
alanine aminotransferase 316
albumin 132
alcohol dehydrogenase 141, 243
alcohol fermentation 243
aldolase 241
aldosterone 371
allosteric effect 127
allosteric enzyme 192
allosteric site 192
ALT 316
amino acid 101
amino acid analyzer 109,154
amino acid sequence 101
γ-aminobutyric acid 108
amino group 102,316
aminopeptidase 314
amino suger 25
AMP 228
ampicilin 489
α-amylase 236
amylo-1,6-glucosidase 279
amylopectin 29,236
amylose 29,236
anaerobic 236
androgen 373
androstane 368
androstenedione 373
annealing 98
anomer 20
antagonist 376
anticodon 94
antimycin A 258
apoenzyme 169
apoptosis 255
aquaporin 215
argic acid 32
arginine 323
argininosuccinate 323
ascorbic acid 208
ascorbic acid oxidase 141
aspartate aminotransferase 316
AST 316
asymmetric carbon 16,102
ATP 7,81,228
ATP synthase 261
atractyloside 265
autotroph 225
avidin 206

B

Basedow disease 367
base excision repair 456
base pair 87
BER 456
biochemistry 3
biologically active peptide 112
biopterin 351
biotin 206
blunt end 485
BMP 404
boat conformation 22
bone morphogenetic protein 404
bongkrekic acid 265
branch migration 460

C

calcitonin 364
calcitriol 210
calcium ion 381
calmodulin 385
CaM 385
cAMP 85,381
cAMP phosphodiesterase 382
carbamoyl phosphate 322
carbonic anhydrase 141
carbonylcyanide-m-chlorophenylhydrazone 265
4-carboxyglutamic acid 108
carboxy group 102,316
carboxypeptidase 155,314
β-carotene 210
casein 136
catalytic site 167
CCCP 265
CD 157
cDNA 486
cell 3
cellulose 31
cell wall 6
central dogma 423
centrosome 11
ceruloplasmin 141
cGMP 85,381,385
chair conformation 22
chemical mediator 317
chemical modification 183
chemiosmotic hypothesis 262
chemokine 400
chimera mouse 509
chitin 31
chlorophyll 8,138
chloroplast 8
cholecalciferol 210
cholecystokinin 365
chondroitin sulfate 35
chromatin 136,429

chromatography 146
chromoprotein 137
chromosome 6,136,417,428
chylomicron 135,298
chylomicron remnant 299
circular dichroism 157
citrate synthase 249
citric acid cycle 246
citrulline 108,323
clone 493
cloning 493
CoA 81
codon 474
coenzyme 137,169
coenzyme A 205
coenzyme Q 257
cofactor 169
cohesive end 485
collagen 132
colony 490
colony stimulating factor-1 398
competitive inhibition 178
complementary 88
α-complementation 490
complex carbohydrate 33
concatemer 451
concerted symmetry model 193
condensing enzyme 249
cone 210
conformation 22
conformational change 375
core protein 33
corticosterone 370
corticotropin 360
corticotropin RH 359
cortisol 370
cortisone 370
cosmid 492
coupling 231
coupling site 260
covalent modification 194
creatine 329
creatine phosphate 329
creatinine 329
cretinism 367
CRH 359
cristae 255
cruciform 90
CSF-1 398
C-terminus 110
CXCL8 400
CXCL12 400

cyanocobalamin 205
cyclic AMP 381
cyclic GMP 381
cyclopentanoperhydrophenanth-rene 368
cymotrypsin 314
cystine 107
cytochrome 255,258
cytochrome c oxidase 141
cytokine 41
cytoplasm 5
cytosine 77
cytoskeleton 10
cytosol 5,237

D

DCCD 265
ddATP 504
deblanching enzyme 279
decarboxylation 317
7-dehydrocholesterol 210
dehydroepiandrosterone 372
denaturation 98,130
de novo synthesis 344
deoxycorticosterone 371
deoxyribonucleic acid 75
2-deoxy-D-ribose 24
2′-deoxyribse 78
deoxysugar 24
dermatan sulfate 36
dextran 32
dextrin 29
DFP 183
DG 381,383
diabetes insipidus 361
diabetes mellitus 363
diacylglycerol 381
dialysis 151
dicyclohexyl carbodiimide 265
dideoxy ATP 504
differentiation 387
dihydrolipoyl dehydrogenase 191
dihydrolipoyl transacetylase 191
1,25-dihydroxycholcalciferol 210
diisopropyl fluorophosphate 183
dinitrophenol 265
dipeptidase 314
diploid 434
disaccharide 26

disc gel electrophoresis 150
disulfide bond 107,119
DM 363
DNA 3,75,85,418
DNA helicase 447
DNA ligase 448,485
DNA metabolism 441
DNA polymerase 445
DNA recombination 441,458
DNA repair 441
DNA replication 441
domain 470
L-dopamine 318
double helix 87
double reciprocal plot 176

E

ECM 12
Edman degradation procedure 155
E-FAD 251
effector 192
EF hand 385
EGF 396,402
elastase 314
elastin 133
electrophoresis 149
embryonic stem cell 509
enantiomer 17,102
endergonic reaction 226
endocytosis 10,314
endoplasmic reticulum 8,336
endotoxin 43
enolase 242
envelope 440
enzyme 127,164
enzyme activity 171
Enzyme Commission Number 170
enzyme kinetics 173
enzyme-substrate complex 174
epidermal growth factor 388,402
epimer 22
epimerization 22
epinephrine 279,318
EPO 398
error-prone repair 458
erythropoietin 398
essential amino acid 104
estradiol 372
estrane 368

estriol 372
estrogen 372
estrone 372
ethidium bromide 427
euchromatin 431
eukaryote 5
evolution 4
excinuclease 456
exergonic reaction 226
exocytosis 9
exon 434, 472
expression vector 506
extracellular matrix 12

F

FAD 82, 137, 204
fatty acid 51
feedback inhibition 192
ferritin 141
FGF 396, 402
fibrin 133
fibroblast growth factor 402
fibroin 133
fidelity 446
first messenger 381
flavin 137
flavin adenine dinucleotide 204
flavin mononucleotide 204
flavoprotein 137
FMN 137, 204
folding 118
folic acid 207
follicle stimulating hormone 360
fructose-bisphosphatase 275
FSH 360
L-fucose 24
fumarase 251
functional group 102

G

GABA 108, 318
galactoce 1-phosphate uridyl-transferase 245
galactokinase 244
D-galactosamine 25
GAP 380
gastrin 364
G-CSF 398
GDP-GTP exchange reaction 379

GEF 380
gelatin 133
gel filtration chromatography 147
gene 3, 418
gene expression 375
gene knockout mouse 509
gene targeting 508
gene therapy 511
genetic diagnosis 511
genetic polymorphism 438, 513
genome 417
genome-based drug design 511
genome-wide repeats 436
gestagen 373
GH 360
GIH 359
glucagon 279, 362
glucan 29
D-glucitol 23
glucocorticoid 370
gluconeogenesis 273
D-gluconic acid 23
D-glucosamine 25
glucose-6-phosphatase 276
glucose 6-phosphate dehydrogenase 271
glucose 6-phosphate isomerase 240
glucose-1-phosphate uridyltransferase 277
D-glucuronic acid 23
GLUT2 72
glutamate dehydrogenase 317
glutamate oxaloacetate transaminase 268, 317
glutamate pyruvate transaminase 317
glutathione peroxidase 141
glycan 27, 134
glyceraldehyde 3-phosphate dehydrogenase 241
glyceroglycolipid 37
glycoconjugate 15, 33
glycogen 30, 235
glycogen phosphorylase 244
glycogen synthase 278
glycolipid 37
glycolysis 236
glycoprotein 33, 133
glycosaminoglycan 33
glycosphingolipid 38
glycosylphosphatidylinositol anchor 284

GM_2 63
GM_3 63
GM-CSF 398
GnRH 359
Golgi apparatus 9
gonadotropin RH 359
GOT 268, 317
GPCR 377
G protein 378
G protein-coupled receptor 377
GPT 317
granulocyte colony stimulating factor 398
Graves' disease 367
green fluorescent protein 507
GRH 359
growth factor 387, 400
growth hormone 360
growth hormone IH 359
growth hormone RH 359
GTPase 380
GTPase activating factor 380
guanine 77
guanine nucleotide-exchange factor 380
guanylyl cyclase 385

H

hairpin 90
haploid 434
HDL 135, 298
heat shock protein 126
α-helix 120
heme 138, 258, 327
hemoglobin 139
hemoprotein 137
heparan sulfate 37
heparin 36
hepatocyte growth factor 403
heterochromatin 431
heterogeneous nuclear RNA 96, 466
heterooligomer 127
heteropolysaccharide 32
heterotroph 225
heterotropic effect 193
hexokinase 237
hexosamine 25
hexose 17
HGF 396, 403
high density lipoprotein 135, 298

high performance liquid chromatography 147
histone 136, 429
H^+, K^+-ATPase 71
HMG-CoA 302
hnRNA 96, 466
holoenzyme 169
homocysteine 108
homogenize 142
homologous recombination 460
homooligomer 127
homopolysaccharide 29
homotropic effect 193
Hoogsteen pairing 91
hormone-response element 392
host 488
HPLC 147
hyaluronic acid 34
hydrolase 170
hydrophobic interaction chromatography 148
hydroxylysine 133
5-hydroxylysine 107
hydroxyproline 132
4-hydroxyproline 107

I

I-cell disease 336
IDL 298
IFN 397
IFNγ 398
IGF 396, 402
IH 359
IL 394
IL-1 396
IL-2 396
IL-3 396
IL-4 397
IL-6 397
IL-7 397
IL-8 400
IL-11 397
IMP 83
inborn errors of metabolism 331
induced fit theory 168
inhibitor 178
initial velocity 173
inorganic compounds 212
inositol-1, 4, 5-trisphosphate 381

insertion sequence 462
insulin 279, 362
insulin-like growth factor 402
interferon 397
interleukin 394
interleukin-8 400
intermediate density lipoprotein 298
intermediate filament 10
International Union of Biochemistry 170
intrinsic factor 206
intron 434, 472
intronic SNP 514
inversion 27
inverted repeat 91
invert sugar 27
ion-exchange chromatography 109, 147
ionotropic receptor 377
IP_3 381, 383
IP_3 receptor 383
IP_3-sensitive Ca^{2+} channel 383
iSNP 514
isoamylase 279
isocitrate dehydrogenase 249
isoelectric focusing electrophoresis 150
isoelectric point 105
isomerase 170
isozyme 190
IUB 170

K

keratan sulfate 37
keratin 133
α-ketoglutarate dehydrogenase complex 250
ketose 17
kinase-related receptor 378
kinetics parameter 176
Klenow fragment 486
Krebs' cycle 246

L

lactate dehydrogenase 190, 243
lactone 23
lactose 27
lagging strand 444
lamin 133
Langerhans islet 361
LDH 190, 243

LDL 135, 298
leading strand 444
LH 360
LH/FSH-RH 359
ligand 127
ligase 170
limit dextrin 30
linking number 424
lipoic acid 206
lipopolysaccharide 43
lipoprotein 134
lock and key model 168
low density lipoprotein 135, 298
LPS 58
luteinizing hormone 360
lyase 170
lysosome 9

M

macrophage colony stimulating factor 398
macrophage inflammatory protein-1 400
main chain 120
major groove 88
L-malate dehydrogenase 251
maltose 27
MAPK 391
MAPKK 391
mass spectrometry 153
matrix 255
maximum velocity 174
M-CSF 398
melanocytoma 368
melting 98
melting temperature 98
membrane receptor 375
messenger RNA 93
metal-activated enzyme 169
metalloenzyme 169
metalloprotein 140
methylation 194
methylcobalamine 206
1-methyl-4-phenylpyridinium ion 257
micelle 144
Michaelis constant 175
Michaelis-Menten equation 175
microfilament 10
micro RNA 96
microsatellite 513

microtubule 10
mineralocorticoid 370,371
minor groove 89
MIP-1 400
miRNA 96
mismatch repair 455
mitochondrion 7
mitogen-activated protein kinase 391
M-MLV 516
molecular chaperone 126
Moloney murine leukemia virus 516
monocistronic 93
monomer 127
MPP$^+$ 257
mRNA 93,466
MS 153
mucopolysaccharidosis 33
multi-enzyme complex 190
multi-functional enzyme 190
mutation 4
myoglobin 138
myosin 133
myxedema 367

N

NAD$^+$ 82,204
NADP$^+$ 82,204
Na$^+$,K$^+$-ATPase 70,72
NANA 63
negative effector 192
NER 456
niacin 204
nicotinamide adenine dinucleotide 204
nicotinamide adenine dinucleotide phosphate 204
nicotinic acid 204
ninhydrin 110
nitric oxide 381,386
NMR 158
non-competitive inhibition 180
non-receptor tyrosine kinase 388
norepinephrine 318
northern blotting 502
NSAIDs 64,311
N-terminus 110
nuclear envelope 6
nuclear localization signal 392
nuclear pore 6
nuclear receptor 375,392

nucleic acid 75
nucleolus 6
nucleophilicity 186
nucleoplasm 6
nucleoprotein 136
nucleoside 80
nucleosome 136,431
nucleotide 75,344
nucleotide excision repair 456
nucleus 6

O

oligomer 127
oligomeric enzyme 189
oligomycin 265
oligonucleotide 86
oligopeptide 110,314
oligosaccharide 134
operon 472
optical rotatory dispersion 157
optimal pH 171
optimal temperature 172
ORD 157
organelle 255
ornithine 108
ornithine cycle 322
orotic acid 347
oxidative deamination 317
oxidative phosphorylation 260
oxidoreductase 170
oxytocin 361

P

PAF 61
parindrome 90
PALP 316
pancreatic islet 361
pantothenic acid 205
parathormone 210
parathyroid hormone 364
PBG 328
PCR 496,498
PDGF 396,402
pectin 32
pentose 17
pentose monophosphate pathway 269
pepsin 314
peptide 101,110,314
peptide bond 110,114
peptidoglycan 42
peroxisome 10

PFK-1 240
phagocytosis 10
phenylisothiocyanate 155
phenylketonuria 331
phosphodiester bond 86
phosphoenolpyruvate carboxykinase 275
phosphofructokinase 240
phosphoglucomutase 244
6-phosphogluconate dehydrogenase 271
phosphogluconate pathway 269
6-phosphogluconolactonase 271
phosphoglycerate kinase 242
phosphoglycerate mutase 242
phospholipase C 379,383
phosphoprotein 136
phosphorylation 194,375
phosvitin 136
photolyase 458
photosynthesis 8
o-phthalaldehyde 110
PIH 359
PI-3K 391
PI-3 kinase 391
pinocytosis 10
PI response 383
PITC 155
pituitary dwarfism 361
pituitary gigantism 361
PKU 331
PL 203
plaque 490
plasmid 489
platelet-activating factor 61
platelet-derived growth factor 388,402
pleated sheet 121
PLP 203
point mutation 99
polyamine 320
polycistronic 93
polymerase chain reaction 497
polynucleotide 86
polypeptide 110,114
polysaccharide 27
porin 255
porphobilinogen 328
porphyrin 137,327
positive effector 192
PQQ 197
pregnane 368

PRH 359
primary 118
primase 448
primer 445
probe 495
processing 112, 129, 466
processing signal 113
progesterone 373
prokaryote 5
prolactin 360
prolactin IH 359
prolactin RH 359
promoter 466
prosthetic group 117, 169
protease 142, 314
proteasome 342
protein 101, 114
protein kinase 375
protein kinase A 382
protein kinase B 391
protein kinase C 383
protein kinase G 385
protein phosphatase 380
protein sequencer 156
proteoglycan 33
protoheme 138
protomer 189
proton motive force 262
protoporphyrin 138, 328
provitamin A 210
PRPP 345
pUC 18 489
purine 76
putressin 320
pyridoxal 203
pyridoxal phosphate 203, 316
pyridoxine 203
pyrimidine 77
pyrrole 327
pyruvate carboxylase 274
pyruvate decarboxylase 243
pyruvate dehydrogenase 191
pyruvate dehydrogenase complex 191, 248
pyruvate kinase 242

Q・R

quaternary structure 118

random coil 121
RANKL 399
RANTES 400
Ras protein 389

R-binder 206
reaction specificity 166
receptor 127, 374
receptor kinase 378
recombinant medicine 511
regulated upon activation, normal T cell expressed and secreted 400
regulatory enzyme 192
regulatory SNP 514
release inhibiting hormone 359
releasing hormone 358
renaturation 98, 131
replication 423
replication fork 444
replication origin 444
replicon 446
rER 8
respiratory chain 253
respiratory electron transport system 253
responsive element 468
restriction enzyme 483
restriction-fragment length polymorphism 438, 513
11-*cis*-retinal 210
retinol 210
reverse transcriptase 486
RFLP 438, 513
RH 358
riboflavin 204
ribonucleic acid 75
ribose 78
ribosephosphate isomerase 271
ribosomal RNA 96
ribosome 6, 136
ribozyme 92, 167
ribulosephosphate 3-epimerase 271
RNA 75
RNAi 507
RNA interference 507
RNA polymerase 467
rough-surfaced endoplasmic reticulum 8
rRNA 96
rSNP 514

S

saccharide 15
salting-in 146
salting-out 146
salvage pathway 344

satellite DNA 435
SDF-1 400
SDS 152
SDS-PAGE 152
secondary structure 119
second messenger 84, 279, 381
secretin 365
semiconservative replication 442
Sephadex 32
sequence 120
sequencing 502
sequential transition model 193
sER 8
serineprotease 183
short interfering RNA 507
sialic acid 25
side chain 102, 120
signal transduction system 374
single nucleotide polymorphism 438, 513
siRNA 507
site-directed mutagenesis 184
site-specific recombination 460
slab gel electrophoresis 150
small interfering RNA 507
small nuclear RNA 96
smooth-surfaced endoplasmic reticulum 8
SNP 438, 513
snRNA 96
sodium dodecylsulfate polyacrylamide gel electrophoresis 152
somatostatin 365
somatotropin 360
D-sorbitol 23
Southern blotting 499
specific activity 171
spermidine 320
spermine 320
splicing 93, 472
SSB 447
Staphylococcus aureus 42
starch 29, 235
steady state 175
stereoisomer 102
stereospecificity 166
steroid hormone 368
sticky end 485
storage polysaccharide 27
Streptococcus pneumoniae 418

Streptomyces rutgersensis 265
stromal cell-derived factor 400
structural polysaccharide 27
β-structure 120
structure specificity 166
substrate 127, 165
substrate analog 179
substrate specificity 166
subtrate-binding site 167
subunit 127, 189
succinate dehydrogenase 251
succinate thiokinase 250
sucrose 27
sucrose density gradient centrifugation 153
sugar 15
sugar alcohol 23
sugar chain 15
supercoil 424
superoxide dismutase 141
surfactant 144
systematic name 171

T

tandem repeats 435
TATA box-binding protein 468
tauline 108
telomere 454
telomerase 454
template 444
tertiary structure 119
testosterone 373
tetrahydrofolic acid 207
tetrose 17
TGF-β 404
thermodynamics 225
Thermus aquaticus 486
THF 345
thiamine 203
thiamine pyrophosphate 203
thrombopoietin 399
thymine 77
thyroglobulin 365
thyroid hormone 365
thyroid stimulating hormone 359
thyrotropin 359
thyrotropin RH 358
thyroxine 366
TLCK 184, 185
TNF 399

topoisomerase 426
N-tosyl-L-lysysyl chloromethylketone 184
N-tosyl-L-phenylalanyl chloromethylketone 184
TPCK 184, 185
TPO 399
TPP 203
transamination 316
transcript 466
transcription 423, 465
transcription factor 392
transferase 170
transferrin 141
transfer RNA 93
transgenic 508
transition mutation 99
translation 423, 474
transposition 462
transposon 462
trans-retinal 210
transversion mutation 100
trehalose 27
TRH 358
tricarboxylic acid cycle 246
triiodothyronine 366
triose 17
triosephosphate isomerase 241
triple helix 91
trivial name 171
tRNA 93, 476
trypsin 314
TSH 359
tubulin 133
tumor necrosis factor 399
tumor suppressor gene 512
β-turn 120
turnover rate 177
twist number 424
twitter ion 105
tyrosine kinase 387
tyrosine kinase receptor 387
tyroxine 108

U

ubiquinol 258
ubiquinone 257
ubiquitin 341
UCP 265
UDP-galactose 4-epimerase 245
UDP-glucose 4-epimerase 280
ultra centrifugation 153

ultrafiltration 151
uncompetitive inhibition 181
uncoupler 265
uncoupling protein 265
unit 171
untranslated SNP 514
uracil 77
urea cycle 322
urobilinogen 329
uronic acid 23
uSNP 514

V

variable number of tandem repeat 438, 513
vascular endothelial growth factor 404
vasopressin 361
VDAC 255
VEGF 396, 404
very low density lipoprotein 135, 298
virion 440
vitamin 196
vitamin D 210
vitamin E 210
vitamin K 211
VLDL 135, 298
VNTR 438, 513
voltage-dependent anion channel 255

W

Warburg-Dickens pathway 269
western blotting 502
wobble 477
writhing number 424

X

xanthine oxidase 141
xeroderma pigmentosum 457
X-gal 490
XP 457
X-ray-crystallography 186
X-ray crystal-structure analysis 138
D-xylulose 20

Y・Z

yeast artificial chromosome 492

zinc finger 392
zona fasciculata 370
zona glomerulosa 370

zona reticularis 370
zymogen 188, 314

NEW 生化学
[第2版]

定価（本体 8,500 円＋税）

編集　堅田　利明（かた だ　とし あき）
　　　菅原　一幸（すが はら　かず ゆき）
　　　富田　基郎（とみ た　もと お）

発行者　廣川　節男

東京都文京区本郷3丁目27番14号

平成11年4月25日　初版発行©
平成18年3月31日　第2版1刷発行
平成23年2月10日　第2版5刷発行

編者承認
検印省略

発行所　株式会社　廣川書店

〒113-0033　東京都文京区本郷3丁目27番14号
〔編集〕電話　03(3815)3656　FAX 03(5684)7030
〔販売〕電話　03(3815)3652　FAX 03(3815)3650

Hirokawa Publishing Co.
27-14, Hongō-3, Bunkyo-ku, Tokyo